抽水蓄能机组设计制造、安装调试与事故诊断

中国水利水电第十四工程局有限公司组织撰写

何少润 等 著

中国水利水电出版社
www.waterpub.com.cn
·北京·

内　容　提　要

本书总结了作者在广州抽水蓄能电站、天荒坪抽水蓄能电站、惠州抽水蓄能电站、清远抽水蓄能电站、深圳抽水蓄能电站以及海南琼中抽水蓄能电站等多个抽水蓄能电站的安装调试、运行检修及建设管理工作中的经验成果，主要内容包括：抽水蓄能机组设计、制造及装配，抽水蓄能机组结构优化改造，抽水蓄能机组相关试验与验收，抽水蓄能机组安装调试工艺，抽水蓄能机组相关标准的评判与深化，抽水蓄能机组故障诊断与处理。

本书是作者耕耘抽水蓄能电站工程三十余年的经历、经验的积累和总结，对从事抽水蓄能机组设计制造、安装调试、建设管理与运行维护的管理和技术人员，以及相关专业院校师生，具有一定的参考和借鉴价值。

图书在版编目（CIP）数据

抽水蓄能机组设计制造、安装调试与事故诊断 / 何少润等著. -- 北京：中国水利水电出版社，2024.3
ISBN 978-7-5226-2133-3

Ⅰ. ①抽… Ⅱ. ①何… Ⅲ. ①抽水蓄能发电机组－研究 Ⅳ. ①TM312

中国国家版本馆CIP数据核字(2024)第051209号

书　　名	**抽水蓄能机组设计制造、安装调试与事故诊断** CHOUSHUI XUNENG JIZU SHEJI ZHIZAO ANZHUANG TIAOSHI YU SHIGU ZHENDUAN
作　　者	中国水利水电第十四工程局有限公司组织撰写 何少润　等著
出版发行	中国水利水电出版社 （北京市海淀区玉渊潭南路1号D座　100038） 网址：www.waterpub.com.cn E-mail：sales@mwr.gov.cn 电话：(010) 68545888（营销中心）
经　　售	北京科水图书销售有限公司 电话：(010) 68545874、63202643 全国各地新华书店和相关出版物销售网点
排　　版	中国水利水电出版社微机排版中心
印　　刷	天津嘉恒印务有限公司
规　　格	184mm×260mm　16开本　39印张　949千字
版　　次	2024年3月第1版　2024年3月第1次印刷
定　　价	**218.00元**

序

35 年前的 1988 年，中国水利水电第十四工程局有限公司（简称"水电十四局"）承建了当时中国最大的抽水蓄能电站——广州抽水蓄能电站，开创了以"科学管理、均衡生产、文明施工"的项目法施工管理先河，国家建设部、能源部、电力部先后两次召开现场经验交流会，向全国推广"广蓄经验"。35 年来，水电十四局已承建（参建）了 39 座抽水蓄能电站，承担了 66 台抽水蓄能机组安装，截至 2023 年 12 月 31 日已投产 52 台，全国占比 27.23%；投产容量 16530MW，全国占比 32.35%，成为当前国内完成抽水蓄能机组投产容量第一，持续施工时间最长的建设企业。

水电十四局一直引领国内大型抽水蓄能机组安装技术，特别擅长高水头大容量抽水蓄能机组安装：完成国内第一批大型抽水蓄能机组安装——广州抽水蓄能电站 8 台机组，天荒坪抽水蓄能电站 6 台机组；完成第一台国产抽水蓄能机组安装——广东惠州抽水蓄能电站 4 号机组；完成第一座完全国产化高水头、大容量抽水蓄能电站——福建仙游抽水蓄能电站的机组安装；完成了目前国内水头最大、转速最高的单级抽水蓄能电站——浙江长龙山抽水蓄能电站的机组安装；完成了目前国内单机容量最大的抽水蓄能电站——阳江抽水蓄能电站的机组安装；作为首个以施工单位为主调的项目，在山东沂蒙抽水蓄能电站机组启动试运行中优质完成 4 台机组的启动调试工作，赢得了各方单位的好评；在福建永泰抽水蓄能电站创造了 1～4 号机组整组调试仅用时 10～19 天的行业壮举；优质高效完成了浙江长龙山抽水蓄能电站（6×350MW）的机组整组调试，该电站一个厂房安装两种转速机组，600r/min 机组是目前该容量水平下全世界转速最高的抽水蓄能机组，也是目前华东地区最大的抽水蓄能机组，综合制造难度、安装难度已接近抽水蓄能技术极限，被誉为当今世界抽水蓄能机组的"珠穆朗玛峰"。

70 年厚积薄发，接续"地下铁军""水电劲旅"精神，经过 30 多年持续发展和建设，水电十四局不断摸索和总结项目管理和技术创新，积累了丰富的抽水蓄能电站施工管理经验，全面掌握了抽水蓄能电站机电安装核心施工技术，拥有关于抽水蓄能电站机电设备设计、设备制造、驻厂监造，安装、调试、机组整组调试及试运行，维护及检修等全范围、全生命周期服务的雄厚实力，具备高质量完成抽水蓄能电站各项施工任务的核心竞争力，成为当今全国抽水蓄能电站建设的"王牌"。

水电十四局先后完成抽水蓄能机电安装相关课题 11 个，其中"高水头大容量抽水蓄能机组安装技术及技术创新"获得 2007 年度中国施工企业管理协会科学技术奖技术创新成果特等奖，"超高水头大容量抽水蓄能机组安装技术"获得中国职工技术协会 2023 年职工技术创新成果二等奖；编写 36 个抽水蓄能电站机电安装施工工法，其中 19 个被评为省部级工法，包含 4 个中国电力建设工法、13 个中国电建工法（含原中国水利水电建设股份公司工法）、3 个云南省工法、5 个水利水电建设工法；共发布 22 个抽水蓄能电站机电安装相关 QC 小组活动成果，获得省部级一等奖 2 项、二等奖 14 项、三等奖 6 项；先后获得 58 个抽水蓄能电站机电安装实用新型专利授权；承担机电安装的抽水蓄能电站，获得国家优质工程金奖 1 项、中国建设工程鲁班奖 1 项、中国土木工程詹天佑奖 2 项、中国安装工程优质奖（安装之星）1 项、其他省部级奖项 6 项。其中广州抽水蓄能电站还被评为新中国成立六十周年百项经典暨精品工程，清远抽水蓄能电站获得国家水土保持生态文明工程奖。

持续 35 年的抽水蓄能电站机电安装及检修经历，培养了一大批机组安装、检修的专业人才，水电十四局已建成 2 个国家级技能大师工作室，9 个云南省技能大师工作室、2 个昆明市名匠工作室，相关大师工作涵盖机电安装各专业类别，拥有机电安装专业技能人才千余人，其中特级技师 15 人、高级技师 26 人、技师 53 人；储备了诸多熟悉机电设备安装的工程技术人员。

路途漫漫，灿若星河。"双碳"战略下的抽水蓄能业务机遇与挑战并存，"抽蓄王牌"的道路必定是风雨兼程，秉承自强不息勇于超越精神的水电十四局人仍在"奋笔疾书"，在一座座抽水蓄能电站上让"抽蓄王牌"熠熠生辉。

国内抽水蓄能机组的水泵水轮机、电动发电机以及进水球阀等主机设备更是走过了技术引进、合作开发和国产化艰难跋涉的漫漫征途，期间也倾注了广大工程技术人员呕心沥血的奉献，本书的作者就是这支队伍中的典范。

何少润，1967 年毕业于华东水利学院（现名河海大学），曾担任中国水利水电第十四工程局机电安装工程总公司总经理，亲自组织、指挥了闻名遐迩的鲁布革水电站机电安装工程。1989年奔赴南粤，主持、指挥广州抽水蓄能电站一期工程的机电安装项目。随后，担任中国水利水电第十四工程局副局长，参加、组织了天荒坪抽水蓄能电站、广州抽水蓄能电站二期工程。在这期间，通过实战、积累和总结，在《水力发电学报》《水电站机电技术》《水电与抽水蓄能》等知名期刊发表过多篇论文。2006年退休以后，受聘担任南方电网调峰调频发电公司技术顾问至今，参加了惠州抽水蓄能电站、清远抽水蓄能电站、深圳抽水蓄能电站、海南琼中抽水蓄能电站以及在建的阳江抽水蓄能电站、梅州抽水蓄能电站的建设管理工作，涉猎电站主机设备的设计制造、安装调试检修以及建设管理诸多方面。

本书是作者从事抽水蓄能电站工程以来的成果总结，对从事抽水蓄能电站机组设备的设计制造、安装调试与建设管理的技术人员而言，具有一定的参考和借鉴价值，也希望借此得到同行们的精心指导和教正，以求共同提高，为祖国的抽水蓄能事业做出新的奉献。

中国水利水电第十四工程局有限公司董事长、党委书记　王曙平

2024年1月

前言

本人自 20 世纪 90 年代参加广州抽水蓄能电站建设以来，先后在中国水利水电第十四工程局有限公司、南方电网调峰调频发电有限公司持续工作四十余年，从事水电站施工、安装调试、运行检修及建设管理工作。自 1990 年以来主要参与了广州抽水蓄能电站一、二期工程，天荒坪抽水蓄能电站，惠州抽水蓄能电站，清远抽水蓄能电站，深圳抽水蓄能电站以及海南琼中抽水蓄能电站等多个抽水蓄能电站的安装调试、运行检修及建设管理相关工作。在此，将平时的业务论述（包括在不同期刊上已发表的论文）、工作总结，以及与制造厂家、设计院的沟通文件进行了系统的整理与编纂。全书共分六章：抽水蓄能机组设计、制造及装配，抽水蓄能机组结构优化改造，抽水蓄能机组相关试验与验收，抽水蓄能机组安装调试工艺，抽水蓄能机组相关标准的评判与深化，抽水蓄能机组故障诊断与处理。

本书编写过程中，中国水利水电第十四工程局有限公司及其属下机电安装事业部组织编委会开展了大量具体工作并给予了很大支持和帮助，陈泓宇[1]、王建华[2]、雷兴春[1]、顾志坚[3]等多人也参与了部分内容的写作；施玉泽[2]、杨庆文[2]、张晓东[2]、杨梦起[1]等人提供了许多宝贵的资料和试验数据；王建利[2]、刘和林[2]、杨仕莲[2]等同志以及中国水利水电出版社的编辑对全书进行了详细的审阅和修改，在此一并表示谢意。

全书收纳内容始自 20 世纪 90 年代，其中有的由于年代久远，限于当时学识肤浅、对抽水蓄能知识理解不深，以及所掌握相关信息范围的局限性等多方面原因，有的论述实有难登大雅之堂之嫌。就总体而言，限于本人水平有限，书中难免存在疏虞、谬误之处，恳请广大业内行家不吝教正。

何少润

2024 年 1 月

---

[1] 南方电网调峰调频发电有限公司。
[2] 中国水利水电第十四工程局有限公司机电安装事业部。
[3] 南方电网调峰调频发电有限公司深圳水电厂。

工程与单位全称及简称对照表

类别	全　称	简称	说明
工程	广州抽水蓄能电站一期工程	GZ-Ⅰ	统称广州抽水蓄能电站（或水电厂）
	广州抽水蓄能电站二期工程	GZ-Ⅱ	
	天荒坪抽水蓄能电站	THP电站	
	惠州抽水蓄能电站	惠蓄电站	
	清远抽水蓄能电站	清蓄电站	
	深圳抽水蓄能电站	深蓄电站	
	海南琼中抽水蓄能电站	海蓄电站	
	仙游抽水蓄能电站	仙蓄电站	
	仙居抽水蓄能电站	仙居电站	
	黑麋峰抽水蓄能电站	黑麋峰电站	
	蒲石河抽水蓄能电站	蒲石河电站	
	呼和浩特抽水蓄能电站	呼蓄电站	
	桐柏抽水蓄能电站	桐柏电站	
	西龙池抽水蓄能电站	西龙池电站	
	沙河抽水蓄能电站	沙蓄电站	
	响水涧抽水蓄能电站	响水涧电站	
设备制造厂家	法国阿尔斯通有限公司	法国ALSTOM	
	德国福伊特西门子水电集团	德国VOITH	主要制造电动发电机
	上海福伊特水电设备有限公司	上海VOITH	主要制造水泵水轮机
	挪威克瓦纳集团公司	挪威KVAERNER	
	东芝水电设备（杭州）有限公司	THPC	
	日本东芝集团电力系统公司	日本东芝电力	
	东方电气集团东方电机有限公司	东电	
	哈尔滨电机厂有限责任公司	哈电	
	通用电气水电设备（中国）有限公司	GE（中国）	
	通用电气公司加拿大子公司	CGE	
	天津阿尔斯通水电设备有限公司	天阿	已于2015年被GE（中国）收购

类别	全 称	简称	说明
设备制造厂家	安德里茨（中国）有限公司	ANDRITZ	
	大连三环复合材料技术开发股份有限公司	大连三环	
建设设计监造施工单位	南方电网调峰调频发电有限公司	调峰调频公司	
	法国电力集团公司	EDF	承接监造业务
	中国水利水电第十四工程局有限公司	FCB	
	中国电建集团中南勘测设计研究院有限公司	中南院	

目录

1　抽水蓄能机组设计、制造及装配

我国抽水蓄能工程建设始自 20 世纪六七十年代岗南、密云两个小型混合式抽水蓄能电站的探索尝试，直到八九十年代广州抽水蓄能电站引来第一个建设高潮，至今，已经走过了技术引进、合作开发及最终全方位国产化艰辛跋涉的漫漫征途。本章主要从抽水蓄能电站长期安全、稳定运行基本点出发，针对水泵水轮机、进水球阀和电动发电机等关键部件的设计、制造及装配的部分专题进行讨论和剖析。

1.1　水泵水轮机

1.1.1　水泵水轮机设计

清蓄电站因在国内抽水蓄能电站中首次引进日本长短叶片转轮（其结构特征是 5 个长叶片和 5 个短叶片相间组成的可逆式转轮，下同）这一关键核心部件而倍受关注。清蓄电站投入运行以来所体现的各工况振摆、噪声均较低的长期稳定安全运行状态更获得业内普遍赞誉。本节详细介绍了 THP 电站和 GZ-Ⅱ 电站应用的单导叶接力器及导叶不同步装置，清蓄电站引进应用的径向式主轴密封，同时还深入剖析了 GZ-Ⅰ 电站浮动式机械主轴密封的改进工作。

1.1.1.1　长短叶片转轮的应用

1. 长短叶片转轮在国外的应用

（1）日本阿祖弥抽水蓄能电站是世界上首次采用长短叶片转轮的高比转速水泵水轮机的抽水蓄能电站，在整个运行范围内水轮机效率得到明显改善，优于同类常规机组约 1%～2%，尤其是 100% 负荷时效率会提高 5%；泵工况效率提高值虽然不是很稳定，但至少也在 5% 之上。而且，长短叶片转轮具有很好的抗气蚀性能，机组在 30% 出力时仍能稳定运行。

（2）日本神流川抽水蓄能电站净水头 653m、额定出力 482MW，其低比转速水泵水轮机采用了 5+5 长短叶片转轮。转轮进口高度较之常规七叶片转轮增大了 1.6%，叶片入口直径减少了 3%，流道的水力性能得到明显改善。水轮机工况在最低净水头、30% 输出功率时仍可稳定运行，在整个运行范围内泵工况效率和运行也都有相当大的改善。第一台机组 2005 年 12 月投入商业运行，总装机容量 2820MW（470MW×6）时，成为世界最大的抽水蓄能电站，获得在福冈举行的第七届亚洲流体机械国际会议（AICFM）颁发的水泵水轮机模型发展奖[1]。

2. 长短叶片转轮在国内的应用

（1）鲁布革水电站的水轮机采用挪威克瓦纳集团公司（Kvaerner）设计制造的长短叶片转轮，这是我国常规水电站首次应用的实例。水电站设计水头 312m，额定出力 153MW，额定流量 53.5m³/s，额定转速 333.3r/min，转轮直径 3.442m。自 1988 年第一台机组投入运行以来，最高效率达 94.6%，证明了长短叶片转轮具有高效率、耐磨蚀的优良性能。

（2）万家寨引黄工程的离心水泵采用长短叶片组合的转轮，在水流含沙量多年平均达 0.94kg/m³ 的运行条件下，满足了水泵高扬程、大流量、高效率、抗汽蚀、耐磨蚀的要求。

（3）继鲁布革水电站之后，我国常规水电站采用长短叶片转轮的还有石板水电站、大盈江水电站（THPC 设计制造的 φ4000mm、15＋15 长短叶片转轮）、周宁水电站（带倾角的 X 形长短叶片转轮），这些水电站发电运行以来都表现出了较好的运行稳定性和抗磨蚀性能。

3. 长短叶片转轮设计理念与优点

（1）对于在含沙水流中运行的水力机械（水轮机、水泵水轮机），在不影响水力效率的前提下，采用长短叶片转轮能够增强叶轮的抗汽蚀、耐磨损性能，达到经济、耐用、安全的运行指标。

采用长短叶片组合提高叶片出口部位的导流性能，改善了流态，避免（或减少）了脱流现象的发生，防止涡流的产生，明显改善抗汽蚀、耐磨损的性能，尤其在部分负荷和超负荷运行情况下的抗泥沙磨损性能有较大幅度的提升。

增加的短叶片使得水泵工况出口部位的节距减小一半，加大叶栅稠密度，提高叶片对水流的导流（约束）能力，避免出口液流偏离叶片的现象。同时，叶片出口部位单位面积上的负载大为减小。

长短叶片转轮上冠处相对较小的出口直径及转轮下环侧叶片较短的特点使得叶片正、背面压力差减小，有效避免或缓解了下环至转轮体之间不均衡流态和低压区空蚀等水力不稳定因素。试验表明，长短叶片转轮在设计工况及大部分区域内空蚀安全裕度增大，仅在空载、最大水头最小流量、最小水头最大流量等极端不利运行工况下有一定程度的空腔空蚀和翼型空蚀。

（2）效率会有比较明显的提高。高水头的混流式水轮机，进口处的相对流速一般为 10m/s 左右，而出口处的相对流速一般为 40m/s 左右，因为水力的摩擦损失大体上和水流速度的 2 次方成正比，故在转轮中水力的摩擦损失绝大多数出现在叶片的出水边附近。而长短叶片转轮的这个区域只有长叶的叶片面积是减小了的，所以水力损失并没有增加，水轮机的效率的负面影响也没有增大。

根据流线-流面优化导流性能的要求布置短叶片的位置（并非一定在两个长叶片的中间位置），使得转轮出口流速正背面分布均匀，绕流叶片后汇合的水流更平稳、顺畅，转轮整体流态改善，尤其是出口处圆周速度的降低使转轮压力脉动性能改善。

长短叶片转轮通过带倾角的出口形状和上冠处相对较小的出口直径（由于在泵工况下，叶片出口滑移减小了，与水头-流量特性相适应的叶片直径或者说叶片出口角可以设计得小一点），减小了尾水管压力脉动和叶片间涡流，增大了稳定运行范围和高效率区。

（3）长短叶片转轮出口的空间是由相邻的长叶片确定的，较之常规多叶片转轮其空间要宽裕，既可以解决制造、维修方面的难题，又具备了多叶片转轮在性能方面的大部分优点。同时，还能提高整个转轮的刚度和可靠性。

4. 清蓄电站1号机组长短叶片转轮的验证[2]

（1）清蓄电站是一座日调节型纯抽水蓄能电站，其主要技术参数见表1.1.1。电站采用的是水力性能、振动特性模型试验结果都较为优秀的在圆周方向设置5+5长短叶片转轮。

表 1.1.1　　　　　　　　　　　清蓄电站机组主要技术参数表

参　　数	数　　值	参　　数	数　　值
机组台数/台	4	额定水头 H_r/m	470.0
单机容量/MW	320	水轮机额定出力/MW	326.5
额定转速 n_r/(r/min)	428.6	最大发电流量/(m³/s)	77.65
水泵比转速 η_q/(m·m³/s)	31.6	最低扬程/m	450.72
飞轮力矩 GD^2/(t·m²)	6010	最高扬程/m	509.26
转轮直径 D_1/m	4.326	最大抽水流量/(m³/s)	65.2
最小水头 H_{min}/m	440.39	水泵最大入力/MW	331
最大水头 H_{max}/m	502.73	机组吸出高度/m	−66

（2）空载启动及运行的稳定性。

1）机组在空载调试阶段，上库水位约591.43m，比上库正常蓄水位612.50m低21.07m，仅比上库死水位587.00m高4.43m，下库水位129.24m，水头约462.19m，即在水头462.19m空载持续运行，转速基本无波动，并均能顺利通过自动并网试验（见图1.1.1）。机组自动开机超调量0.17Hz，启动时间19.8s，验证了全特性曲线所标示的"无S特性，任何水头均可正常并网"的预期。

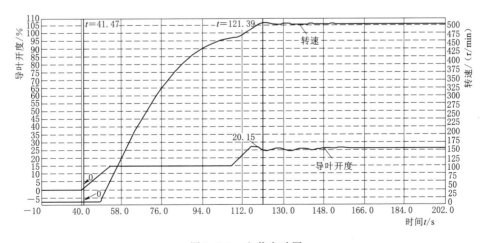

图 1.1.1　空载启动图

2）机组空载摆度见表1.1.2，从表1.1.2中可以看出，机组空转工况上、下机架振动及上、下导轴摆度均较小，只是受空转工况流场不太稳定的影响，顶盖振动和水导摆度略大（但仍在可运行范畴）。其余振动值均在优良运行区。

表1.1.2　　　　　　　　　　　机组空载摆度振动幅值

摆度/μm	空载	上导X向摆度	上导Y向摆度	下导X向摆度	下导Y向摆度	水导X向摆度	水导Y向摆度
	通频幅值	184	169	149	142	253	274
	转频幅值	108	98	65	63	62	63
振动值/(mm/s)	空载	上机架水平振动	上机架垂直振动	下机架水平振动	下机架垂直振动	顶盖水平振动	顶盖垂直振动
	通频幅值	0.5	0.71	0.68	0.85	1.05	2.88
	转频幅值	0.016	0.46	0.15	0.058	0.047	0.8

（3）机组在水头为463.00m时，采用手动模式进行了120％电气过速试验（接力器行程为65％），最高转速升至123％的额定转速（见图1.1.2）。从现场曲线和解析波形分析，压力和转速上升幅值正常，也没有S特性现象出现。

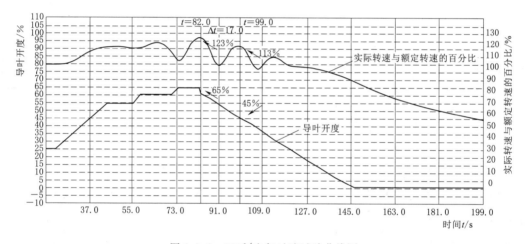

图1.1.2　120％电气过速试验曲线图

（4）机组在水轮机工况先后进行了甩负荷试验（见表1.1.3及图1.1.3）。从几次甩负荷结果来看，转速上升值均比厂家水泵水轮机调节保证计算值低约4％，蜗壳最大水压上升幅值也低约10％，而尾水管最小水压约高12％，均能较好地满足控制值要求。同时，甩320MW负荷时尾水管出口压力波动约25m，也为后续顺利进行双机或多机甩负荷试验提供了判据。所有这些，也是长短叶片转轮有利于机组稳定性能的强势证明。

表1.1.3　　　　　　　　　　　机 组 甩 负 荷 测 值

项　目	工　况				
	甩80MW	甩160MW	甩240MW	甩305MW	甩317MW
上库水位/m	597.00	597.08	596.82	596.57	604.89
下库水位/m	132.20	132.51	132.42	132.63	124.43

续表

项　目	工　况				
	甩 80MW	甩 160MW	甩 240MW	甩 305MW	甩 317MW
水头/m	464.8	464.57	464.40	463.94	480.46
蜗壳最大水压/MPa	5.570	5.720	5.875	5.886	5.916
蜗壳最小水压/MPa	5.360	5.190	5.05	4.926	5.089
尾水管最大水压/MPa	1.034	1.288	1.270	1.301	1.057
尾水管最小水压/MPa	0.853	0.739	0.708	0.736	0.541
最大转速上升/%	106.1	116.4	125.3	127.0	131
导叶关闭时间/s	32	50	67	69	70
导叶开度/%	35.60	53.00	72.77	93.70	91.53
功率/MW	80.00	160.00	244.00	305.90	317.01

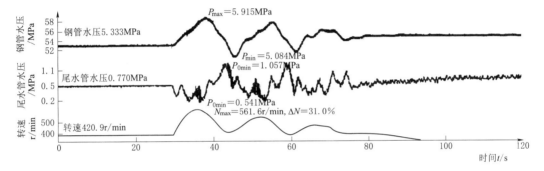

图 1.1.3　甩负荷波形图

（5）水轮机工况 25％、37.5％和 50％负载运行测录的机组振摆见表 1.1.4，从表 1.1.4 中可以看出，25％负载时仅水导和顶盖的通频稍大，其他振摆都还正常；37.5％和 50％负载时机组则完全处于可以长期安全稳定运行的允许范围。

（6）1 号机组水泵工况在高低扬程均进行了较长时间运行，由水泵工况热稳定性试验结果知（见表 1.1.5），整个大轴摆度的绝对值均比较小（均在优良运行区），水导摆度甚至比上导摆度和下导摆度幅值还要小；上、下机架水平垂直振动和顶盖水平垂直振动均处在标准优良运行区。从表 1.1.5 中可以看出，长短叶片转轮水泵水轮机在机组水泵工况全扬程运行是高效稳定的。

表 1.1.4　　　　　　　　　水轮机工况负载运行机组振摆

项　目			上导 X 向	上导 Y 向	下导 X 向	下导 Y 向	水导 X 向	水导 Y 向
摆度/μm	80MW（25％）	通频振幅	160	153	159	156	338	340
		转频	92	83	86	85	161	167
	120MW（37.5％）	通频幅值	132	125	156	144	206	232
		转频	85	77	89	89	72	75
	160MW（50％）	通频幅值	158	140	205	198	195	223
		转频	93	82	127	127	66	69

续表

工况			上机架水平向	上机架垂直向	下机架水平向	下机架垂直向	顶盖水平向	顶盖垂直向
振动值 /(mm/s)	80MW (25%)	通频幅值	0.59	0.59	0.67	0.67	1.31	2.74
		转频	0.360	0.009	0.130	0.028	0.083	0.092
	120MW (37.5%)	通频幅值	0.42	0.46	0.48	0.34	0.88	1.38
		转频	0.300	0.005	0.130	0.020	0.040	0.030
	160MW (50%)	通频	0.30	0.33	1.69	0.30	0.48	0.84
		转频	0.210	0.007	0.160	0.041	0.042	0.024

表 1.1.5　　　　　　　　　　水泵工况热稳定性试验结果

工况			上导 X 向	上导 Y 向	下导 X 向	下导 Y 向	水导 X 向	水导 Y 向
摆度/μm	水泵工况	通频	145	138	148	149	64	66
		转频	118	111	110	105	32	37

工况			上机架水平向	上机架垂直向	下机架水平向	下机架垂直向	顶盖水平向	顶盖垂直向
振动值 /(mm/s)	水泵工况	通频	0.29	0.32	0.53	0.34	0.76	0.9
		转频	0.24	0.02	0.22	0.09	0.03	0.03

5. 结语

（1）清蓄电站模型试验的资料以及机组在空载、过速和甩负荷试验的测录数据可以证明，长短叶片转轮的采用有效解决了低比转速抽水蓄能机组低效率的难题。首先，长短叶片转轮直径的减小（包括转轮的上冠和下环）使得整机尺寸减小、圆盘损失减少，同时水泵工况转轮出口部位叶栅稠密度增大，流道具备良好、通畅的导流性能。其次，长短叶片转轮能够优化叶轮入口的旋转速度，尤其是在偏离设计工况（如承担部分负荷运行区域）时，减小叶轮冲角，减缓由叶轮内二次流、水流的分离和分层效应相互影响、激发造成的尾流与射流区间的速度梯度，在一定流量范围区域降低回流出现的临界速度，从而延缓回流的产生。尤其是对旋转线速度、叶片曲率大的低比转速水泵水轮机，能有效避免由于回流和脱流挤压主流（射流）空间导致的能量损失急剧上升以及随生压力脉动所产生的机械振动和噪声。如前所述，水轮机运行高效率区加宽、延伸到了 30%～40% 负荷区段，从整体上较大提高了水轮机效率。

（2）长短叶片转轮很好地解决了水轮机工况部分负荷下运行范围由于进口处空蚀而受限的难题。一般高水头水泵水轮机由于其高流速和高强度空化，即使是轻微的初生空化都会导致严重的损坏，避免进口空化的形成往往成为水轮机运行范围的限制条件。清蓄电站长短叶片转轮由于叶片总面积随叶片数量同步增加，其单位面积所承受的荷载相应减小，最终的效果是叶片正压面和负压面压力差降低，从而有效地改善转轮抗空蚀的性能。叶片直径和叶片角度的减小使水轮机工况下相对流速的叶片入流角变化减少，使得转轮进口的空化特性得到提高，也减小整个出力范围的轴振动。其运行试验表明其能在 30%～40% 负荷范围内稳定、可靠、长时间运行，这足以证明，长短叶片转轮在相当宽的运行范围内具有进口处空化较少、效率更高、压力脉动更小的特点，较好地解决了低比转速抽水蓄能机组一般都存在部分负荷运行区域运行不稳定的问题。

（3）一般高水头可逆式机组在水泵工况时流量随扬程的变化会比较大，清蓄电站机组水泵工况高、低扬程热稳定性试验数据表明：其一，由于长短叶片转轮（与同等的七叶片转轮相比较）增加了总叶片数，使得每个叶片的负荷有所降低，减小了负荷运行时的压力脉动，也减少了尾水管的压力脉动，机组可运行范围会有所加宽，尤其水泵工况更为显著。其二，由于叶片角度的减小使泵水头随流量的变化变小，从而使一定水头范围内的入流角的变化减少，这就导致空化特性的提高。因此，水泵流量随扬程的变化较小，使得运行于高扬程时得到更大的泵流量，减少水泵运行所需的总时间。这就意味着，清蓄电站采用长短叶片转轮有效解决了运行中的扬程变化范围受限的难题。

（4）为了验证甩负荷时所有机组的相关参数满足调节保证计算要求，确认相关控制和保护逻辑满足设计要求，确保机组及水道安全，清蓄电站于 2016 年成功进行了发电工况下四台机组同时甩 25％、50％、75％和 100％负荷试验。测量的主要参数数值与理论计算结果较为接近（蜗壳最大水压、尾水管水压偏差在 5％以内，最大转速上升率的偏差在 3％以内），均在要求值范围内，机组各振动摆度及轴承温度变化趋势正常稳定。试验验证了长短叶片转轮水力过渡过程模拟程序、相关修正取值和导叶关闭规律的合理性和准确性。同时进行的水泵抽水断电工况等现场试验，其结果与计算结果也几乎一致，完全满足各项保证值的要求。这些都为水泵水轮机机组调保计算、水力设计、结构设计和一洞多机选型提供了实践依据，多方面、多层次推动了国内抽水蓄能电站工程建设的进展。

1.1.1.2 单导叶接力器的应用

水轮发电机组导水叶开度的控制，通常是由两个导叶接力器驱动一个通过拐臂、连杆与单个导叶相连接的导叶控制环来完成。作为这一方式的扩展，德国 VOITH 开发了一种电子液压（简称"电液"）单导叶接力器控制系统，它较常规的操作环系统具有一些突出的特点，这些特点对于大型抽水蓄能机组则更能体现其优越性。自 1973 年以来，单导叶接力器控制系统在 20 多台机组上安装、调试，并取得了成功（见表 1.1.6）。

表 1.1.6　采用德国 VOITH 单导叶接力器控制系统的抽水蓄能电站统计

序号	国家	抽水蓄能电站名称	机型	数量/台	输出功率/MW	水头/m	年份
1	德国	Waldeck Ⅱ	Francis	2	239	341	1973
2	德国	Langenprozelten	PT	2	78	280～310	1975
3	奥地利	Rodund Ⅱ	PT	1	300	347	1975
4	奥地利	Kuhtai	PT	2	151	319～440	1980
5	西班牙	Gabriely Galan	PT	1	110	31～60	1982
6	西班牙	Aguayo	PT	4	95	288～341	1983
7	西班牙	Estangento	PT	4	114	358～401	1985
8	南斯拉夫	Obrovac	PT	2	140	550	1984
9	西班牙	La Muela	PT	3	211	486～524	1988
10	德国	Herdecke	PT	1	153	145～165	1988
11	中国	GZ－Ⅱ	PT	4	300	522	1999

从表中可以看出，就所获得的运行经验和效益而言，电液单导叶接力器控制系统曾被认为是新型导叶控制系统。

1. 早期的电液单导叶接力器控制系统

为了阐述德国 VOITH 所开发的电液单导叶接力器控制系统的特点，有必要回顾这一开发过程的初期阶段，简要说明如下。

（1）初期开发的电液单导叶接力器控制系统见图 1.1.4，其每个导叶由各自的接力器来提供所需的调节力，而各个导叶之间的平衡是通过一个只适宜传递微小力矩的圆周形连杆来保证的。这些单导叶接力器借助于一个联合液压阀进行操作，当有异物卡在两个相邻的导叶中间时，该导叶所设置的破断型连接件可以隔离这一导叶的动作，从而避免遭受损坏。

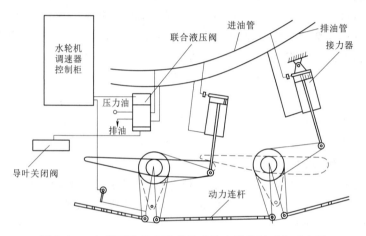

图 1.1.4 初期开发的电液单导叶接力器控制系统示意图

由于这一控制系统是通过专用的圆周形动力连杆来实现导叶同步的，其最明显的弱点是，如果接力器在导叶失调的同时增加力矩，动力连杆就难以再传递所施加的力矩。这样就可能导致机组的失控。据查，在曾使用过这一类型导叶控制系统的某一个大型混流式水轮机的水电站，就发生了因上述弊病而导致的机组事故。这足以证明该控制系统是难以得到推广的。

（2）机械型单导叶接力器控制系统[3]。电液单导叶接力器控制系统开发的第二阶段是取消了先前的圆形连杆来作为动力连杆，而是采用可控制的连杆系统，亦即各导叶控制阀通过可控制的连杆系统来达到导叶之间的平衡操作。这一机械液压单导叶接力器控制系统必须将其所有零部件直接安装在导叶上，这就受到顶盖上部空间狭窄的条件限制。

（3）其后采用经过改良的电液单导叶接力器控制系统则消除了布置方面的局限性，并尽可能体现其他诸多方面的可塑性。

2. 德国 VOITH 的电液单导叶接力器控制系统

（1）德国 VOITH 的电液单导叶接力器控制系统的主要特点是通过电子信号将联合开度整定值发送给每个导叶各自的电液开度控制环节。该系统包括下列元件：接力器、带液压放大作用的伺服阀（配压阀）、反馈器、能以其平均值进行同步控制的电液开度控制器、同步监控器（反馈控制）、液压安全设备（导叶关闭阀）。

从图 1.1.5 中所示的电液单导叶接力器控制系统可以看出，每个活动导叶都是由专一的接力器活塞来控制的，接力器活塞则是由一个动圈式放大阀（电液转换器）、一个主配压阀和一个反馈器及单独的控制回路来控制、调节的。其控制、调节的过程为：第一，当每一个电子液压导叶在任一开度时，反馈装置会分别传送出不同的电流值；电气柜内的控制器在每一个计算周期内对所有导叶开度进行平均值计算，再用平均值分别与各导叶的反馈值进行减法运算，得到的各偏差值用于同步监视。第二，平均值用并联方式送入各导叶电流放大器中与导叶反馈、开度设定组成放大、随动及纠偏环节，给出每一个导叶所需的电流值传送到该导叶的动圈式放大阀。第三，动圈式放大阀内的线圈根据电流值的大小而上下移动，从而带动阀芯杆上下移动来控制进油或排油的大小进而开启或关闭导叶。第四，反馈装置再根据新的开度返回另一新的电流值，如此反复进行负反馈调节，直至达到稳定的同步状态。

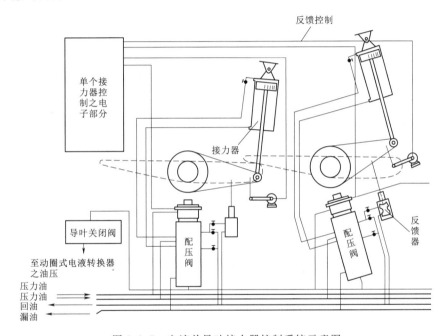

图 1.1.5　电液单导叶接力器控制系统示意图

（2）水轮机操作过程中，导叶开度整定值是由调速器的机组转速控制器、功率控制器或导叶在水泵抽水运行过程中的导叶开度与水头关系给出的，同时又能使机组处于最佳效率状态下稳定运行的数值。导叶开度整定值也可以由较高/较低方式输入的手动控制系统给出。

（3）由每个导叶各自的反馈变送器测录这些导叶的开度实际值及其与实际值的平均值之间的差值，这一差值又作为附加设定值导入并按系统功能进一步处理。这就意味着，如果某个导叶滞后于平均值，接力器就会按照其滞后的幅值施加作用力，以加速导叶的开度；如果某一导叶超前该平均值的话，限制装置发出刹住该导叶的指令；这样，机组的各个单导叶便会处于最佳的同步状态。

（4）同时具备保证顺利进行从调速器自动运行切换到手动运行的功能。

（5）同步监控功能是对应于开度平均值与开度实际值之间的差值超过一个可调整的极限时的特殊情况，这时可通过这一监控功能对机组实行紧急停机。如 GZ-Ⅱ 电站设定，当开度平均值与开度实际值之间的差值超过 3％ 并延时 3s 时实行紧急停机。

（6）导叶关闭与开启时间的确定是通过液压控制回路和电子开启控制环节中的孔板来实现的，通过该系统也可以提供一个分段的关闭时间规律，而根据各抽水蓄能电站实际需要也可不予设置分段关闭，如 GZ-Ⅱ 电站。

（7）电液单导叶接力器控制系统具有其独特的安全系统，它不但对信号和导叶的同步施加监控，而且事故紧急停机阀是与每个导叶控制阀的事故紧急停机活塞相连接的。这就意味着，当发生事故紧急停机时，每个导叶控制阀就可以不通过数字式水轮机调速器，也不必通过相关电液阀而直接关闭导叶。

（8）为增加安全度，一般还设置有备用功能的事故紧急停机阀。这是一个调节动圈式电液阀，使系统本身具有关闭的趋势。当发生故障时事故紧急停机阀使每一个导叶阀也可以进入关闭位置。

3. GZ-Ⅱ 电站的数字式单导叶控制系统

GZ-Ⅱ 电站调速器的控制是德国 VOITH 电子液压单导叶控制系统的创新阶段，GZ-Ⅱ 电站的导水机构共有 20 个导叶，为了精确控制每个导叶的开度，各导叶均配备有相应的独立精密元件，这些元件构成了 20 个闭环控制系统。由于任意一个独立元件故障均可导致控制环节故障，而控制环节故障又可直接导致机组的紧急停机。所以，这些元件均应具有良好的可靠性。GZ-Ⅱ 电站数字式单导叶控制系统见图 1.1.6。

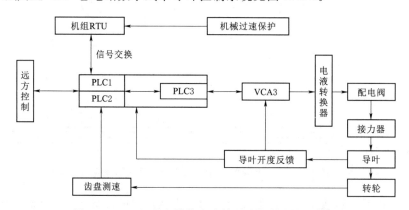

图 1.1.6　GZ-Ⅱ 电站数字式单导叶控制系统示意图

（1）各控制环节的主要部件。

1）可编程序控制器 PLC1、PLC2 及 PLC3。模拟量分配模块（PLC1、PLC2），将开度信号分配至 PLC3 的模拟量测量通道和相应的 VCA3（放大器卡，20 个），PLC1、PLC2 的功能完全相同，正常情况下 PLC1 主用，PLC2 备用，当主用故障时可自动切换到备用方式下运行。调速器的可编程逻辑控制器（PLC）采用的是 32 位的微处理器，每块 CPU 卡使用两个 CPU 芯片（CPU0 和 CPU1）协调工作，可运行不同的控制程序，PLC1 的 CPU0 主要进行 PID 计算，CPU1 主要进行逻辑控制。

PLC3 与 PLC1 的 CPU 结构相同，也采用双 CPU 协同工作，其主要功能为完成导叶开度控制、完成导叶的同步控制、监视导叶的同步保护。

各 PLC 之间的信号通过 RS485 进行数据的交换；PLC 与 RTU 信号交换通过 I/O 进行数据交换，模拟量采用 4～20mA 信号；也可通过 Profibus 与 RTU 交换数据，但此方式在 GZ-Ⅱ水电站目前仍在试验中。

2）VCA3（放大器卡，20 个）的主要功能为将 PLC3 的开度设定信号放大，产生 125Hz 的频率信号，保护电液转换器、手动控制导叶。

3）电液转换器（20 个）的功能为执行开度控制信号，驱动主配压阀工作、产生 125Hz 的频率信号，防止电液转换器和主配压阀阀芯发卡。

（2）速度信号的检测。

1）齿盘测速：共装有 2 个测速探头，测速探头 1 的信号并接于 PLC1 或 PLC2，接入各 PLC 的 F200 测速卡通道 1 中。齿盘测速的优点是在电气制动投入和低转速时仍然可精确测量机组的转速信号，残压测速则因为上述两种情况下均没有足够的电压而不能工作；测速探头 2 的信号接入电气过速保护装置后变换成电气过速动作信号和 4～20mA 信号，前者直接导致快速停机，后者送入 PLC1 和 PLC2 的相应模拟量通道，当测速探头 1 故障时主用 PLC 自动选择该信号作为速度反馈。

2）网频信号。取自厂房内 500kV 的 PT 回路，变压后分别送 PLC1 或 PLC2 的 F200 测速卡通道 2 中，作为调速器的转速控制目标。

3）机械过速装置测速：该装置安装于发电机的顶部，利用离心飞摆原理测量转速，信号直接作用于机组的 QSD 回路。

4. 导水机构的安装、调整

单导叶接力器配套的导水机构在安装、调整的程序及工艺上与常规导水机构是类似的。

（1）当全部导叶置于"关闭"位置，20 个导水叶的导叶关闭密封点形成一个围绕机组中心的均匀的圆时，应检查导叶关闭密封点的间隙，确认均未超过导叶间隙允许极限。导水叶间关闭的接触长度，必须全部用塞尺进行检查，必要时需要打磨或锉导叶下游面（尾部）密封，以形成平行表面和合适的间隙。根据 GZ-Ⅱ电站对导水叶机构的装配要求，导叶在关闭位置时，导叶间垂直密封面间隙最大不能超过 0.08mm，在顶盖与导水叶之间间隙为 0.22mm。

（2）导叶接力器设计行程 260.8mm，相应的导叶开度 265mm，当开度为 0% 时导叶关闭（带接力器 1.70mm 的平均预压行程值），反馈传感器调整值 4.0mA；当开度为 100% 时导叶设计开度 266mm，反馈传感器 20.0mA，相对应导叶的转角为 26°。导叶接力器最大行程为 280mm。

（3）接力器的开关时间。

1）每一个接力器液压和电子系统的开关时间见表 1.1.7，从表 1.1.7 中可以看出，GZ-Ⅱ电站未投入同步控制电子系统时，液压系统操作接力器的开启（关闭）时间彼此之间差异是较大的；而投入同步控制电子系统时，电子系统操作接力器的开启（关闭）时间则是整齐划一的。应予指出的是，当实现同步控制的电子系统投入工况开启（或关闭）至相应位置的时间，往往要比液压控制系统单独调整时间要长些。

表 1.1.7　　　　　　　　　接力器液压和电子系统开关时间表

序号	液压操作时间			电子系统操作时间	
	t_c/s	t_o/s	t_w/s	t_c/s	t_o/s
1	29.2	14.2	30.0	38.0	25.0
2	27.4	10.4	30.0	38.0	25.0
3	27.2	10.2	28.0	38.0	25.0
4	29.6	14.2	29.0	38.0	25.0
5	30.2	14.2	31.0	38.0	25.0
6	28.6	14.2	30.0	38.0	25.0
7	29.2	14.3	29.0	38.0	25.0
8	28.4	10.8	31.0	38.0	25.0
9	26.6	10.2	27.0	38.0	25.0
10	29.0	14.2	30.0	38.0	25.0
11	30.4	14.2	27.0	38.0	25.0
12	32.0	14.5	33.0	38.0	25.0
13	30.0	14.0	30.0	38.0	25.0
14	29.6	14.2	30.0	38.0	25.0
15	30.0	14.2	31.0	38.0	25.0
16	31.0	14.2	31.7	38.0	25.0
17	29.4	14.2	31.0	38.0	25.0
18	30.2	14.6	31.4	38.0	25.0
19	30.6	14.2	31.6	38.0	25.0
20	31.2	14.6	34.0	38.0	25.0

注　t_c 为关闭时间；t_o 为开启时间；t_w 为充水时间。

2）经实测，流道充水工况与无水工况的关闭时间略有差异：

a. 充水工况

$$t_{c\ hydr}=31s(t_{c\ electr}=38s),t_{o\ hydr}=15s(t_{o\ electr}=25s)$$

b. 无水工况

$$t_{c\ hydr}=30s,\ t_{o\ hydr}=14s$$

式中：c hydr 为液压关闭操作；o hydr 为液压开启操作；c electr 为电子系统关闭操作；o electr 为电子系统开启操作。

3）首先在接力器控制回路进行比例增益 K_P 优化试验，当 $K_P=300\%$ 时得到最优瞬态曲线；然后对 1~7 号接力器进行校验，确定最终调整值为 $K_P=300\%$。

5. 单导叶接力器控制系统的优点[4]

从 GZ-Ⅱ电站应用电子液压单导叶接力器控制系统可以了解到，由于电液单导叶接力器控制系统用其智能控制系统取代了笨重的、维修不便的操作机构，可根据水道特点使不同导叶以不同开度方式运行。其运行优点有以下几个方面。

（1）由于不需要安装笨重的控制操作环，仅仅需要安装一些小型和轻型的元件，这就使得安装工作要容易、方便得多。

（2）电液单导叶接力器控制系统使用智能型、数字控制的技术研究成果取代了笨重的剪断销或者破断件等部件，如果有异物卡在相邻的两个导叶之间，相应导叶的接力器在导叶还未关闭的时候就立即停止。除掉异物之后（通常是重新再开启一次导叶），就能自动恢复各导叶的同步，机组不需要进行调整工作就可以继续运行。

（3）由于在检修时，不需要更换任何部件，维护工作是比较简易的。

（4）由于单导叶接力器的存在，使其不会像传统形式那样因为剪断销的破断而失去控制。因此，在导叶上不需要再设置摩擦制动之类的装置。对于水泵水轮机而言，这一优点特别值得一提，这是由于在不稳定运行状态下，导叶往往会产生开启的力矩或者力矩的改变。

（5）每个导叶上的油液驱动均具有减振效果，这对机组运行工况显然是有利的。

（6）进入顶盖和导轴承的通道要相对畅顺得多，这使维修有了更便利的条件。

（7）还值得一提的是，水泵水轮机往往在水轮机工况并网前的临界点即飞逸线运行时，由于低水头段空载开度相应较大，未能避开 S 不稳定区，就给机组的并网发电或由调相工况转发电运行以及水轮机工况的甩负荷停机造成了极大困难。为了让机组避开 S 不稳定区而保持机组的稳定运行，常规的水轮机导水机构必须加装导叶不同步（misaligned guide vanes）装置（简称"MGV 装置"），其复杂的工艺大大增加了安装调试的难度。而单导叶接力器控制系统就能够轻而易举地实现"预开导叶"的功能，解决运行工况未能避开 S 不稳定区的问题。

6. 单导叶接力器控制系统的缺点

（1）控制回路元件多，易发生故障，任意一个独立元件故障均可导致控制环节故障，而控制环节故障又可直接导致机组的紧急停机。

（2）在 GZ-Ⅱ 电站运行中仍然出现过导叶同步性不好的工况。

（3）在 GZ-Ⅱ 电站运行中还出现过个别单导叶接力器活塞杆偏磨导致漏油的情况，通过改变轴封的形式才得以制止。

（4）相对而言，造价还是比较昂贵的。

综上，尽管电子液压单导叶接力器控制系统具备不少优点，但它的应用前景还有一定的局限性。

1.1.1.3 导叶不同步装置的应用

THP 水电站首台机组试运行期间，由于水头仅 540m，机组在水轮机工况同期转速 500r/min 下无法稳定运行。其时，接力器行程范围为 160～165mm，对应的导叶转角约 4.5°，转速摆动频率超过 0.07Hz。当用开度限制机构限制导叶时运行稳定的转速低于 475r/min，而在自动调节工况时转速摆动逐步增加，这就给机组的并网发电或由调相工况转发电运行以及水轮机工况的甩负荷停机造成了极大困难。经分析，这是由于低水头段空载开度相对较大，并网前机组在其临界点即飞逸线运行时未能避开 S 不稳定区的缘故。为使机组能够正常投入试运行，水泵水轮机制造商挪威克瓦纳集团公司（KVAERNER）把"预开导叶法"的原理应用于 THP 水电站水泵水轮机，研发了导叶不同步装置（MGV 装置），并在挪威科技学会水力研究室进行了加装 MGV 装置的一系列模型试验。

该研究室的一套试验台是 1994 年专门为 THP 水电站水泵水轮机配置的，其试验水头为 10～16m，最大流量为 0.3m³/s。进行模型试验是为了进一步证实加装 MGV 装置能够稳定水泵水轮机空载等工况的运行性能，同时验证所加装的单导页接力器满足所需最大液压力矩的设计要求。

1. 加装 MGV 装置的模型试验

（1）挪威 KVAERNER 未加装 MGV 装置的水泵水轮机原设计全特性流量曲线图见图 1.1.7，最初认为，尽管在飞逸转速区域机组处于边缘状态，但试验资料表明机组仍是稳定的，而由于真机运行工况与模型试验的差异是客观存在的，事实证明这种边界状态是不能被接受的。

而在导水叶上加装 MGV 装置的试验结果表明模型在空载运行时的工况得到较大幅度的改善，其全特性流量曲线见图 1.1.8。加装 MGV 装置所进行的导叶转角 $\Delta\alpha$ 分别为 18°、22°和 26°的一系列试验表明，在 5 号和 18 号导叶上加装 MGV 装置较之于其他导叶更其稳定，$\Delta\alpha$ 也相对更大一些。

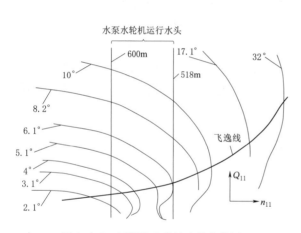

图 1.1.7　原设计全特性流量曲线图

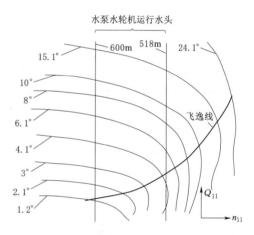

图 1.1.8　加装 MGV 装置后的全特性流量曲线图

（2）同时，挪威 KVAERNER 还提供了在试验台上所进行的用球阀节流的空载运行工况试验资料，并认为这种方法对高转速机组的效果可能也会有效，同样有利于 THP 电站水泵水轮机空载运行工况的改善，而且所增加的工作量也要少得多。

2. MGV 装置的工作原理

（1）预开导叶法工作原理见图 1.1.9[4]。

1）将对称设置的两个导叶的拐臂改装为一个像剪刀一样的双连杆结构，连杆 1 中部铰接于导叶上，其一端连接在控制环上，另一端与单接力器的活塞杆相连接。连杆 2 的一端固定在导叶上，另一端连接在单接力器的缸体上。

2）单导叶接力器只能运动至两端部位置，在其运动时，连杆 1、连杆 2 可以相对转动，而引起所控制导叶相对于其他导叶的预开启（关闭）或者与其他导叶一起动作。

3）控制环的所有动作同时传递给这两个预开启导叶在内的所有导叶。

4）通过一组压油管路、一组电磁阀及一个控制阀，将控制环的位置传递辅助信号至各接收部位以达到预开启相关特定导叶的目的。

5）预开启导叶上装有限位块，能够对控制阀的阀杆起限位作用，当机组自部分负荷至满负荷区间运行时能够防止预开启导叶超过其最大开度。

6）预开导叶法能够在低水头段稳定空载时的转速，缩短机组并网所需的时间，既减小了工况转换期间的能量消耗，又提高了旋转备用的稳定性。尽管某些动力参数相对无预开启导叶的大，但 COO-Ⅱ 电站机组模型试验和真机试验的测定值都没有超过设计值。同时，由调相转发电及关机时的运行条件也大为改善；预开导叶法在欧洲卢森堡的维也丹（Vianden）抽水蓄能电站也曾有过成功的实践。

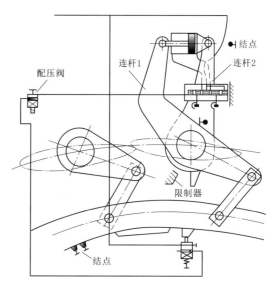

图 1.1.9　预开导叶法工作原理图

（2）德国 VOITH 在比利时 COO-Ⅱ 抽水蓄能电站的水泵水轮机首先使用了"预开导叶法"，即先把两个圆周上对称的导叶打开 23°且保持到其他导叶打开至某一特定开度后再进入同步操作，在其他导叶较小开度时就能得到相应的流量和速度。由于在导叶较小开度时避开了 S 不稳定区，机组运行稳定性能得到明显改观。新特性曲线在给定的运行范围内，除了最低水头的一个极小区域外不再出现反水泵运行工况。在运行水头范围内导叶所有开度线与各种负荷的转矩线都只有一个清晰的交点，亦即相对应的单位转速 $n_1' =$ 常数，这意味着运行工况是稳定的。机组并网后，为了保持负载工况下的稳定性，其他导叶在控制环的操作下，继续开启而两个预开启导叶仍保持不变。当达到某一功率（COO-Ⅱ电站为 80MW）或导叶开启至一个特定角度后，预开启导叶才与其他导叶同步随功率增大继续开启至最大。在机组卸负荷时，两个预开启导叶先于其他导叶设定在相应负荷（COO-Ⅱ电站为 65MW）的一个特定开度。当然，预开启导叶对机组的效率会产生一定的影响，例如，在选定的预开启角为 23°的情况下，效率会下降约 2%。但是，因为预开启仅发生在部分负荷的工况下，此时 2%的下降率相对于部分负荷时的低效率已经微不足道了。

3. MGV 装置的装配

（1）在 5 号和 18 号导叶轴柄上端加装的 MGV 装置主要由连杆臂托架、导叶轴延伸杆、导叶臂、锁定环、推力环、摩擦垫、液压缸及调整块等组成，见图 1.1.10。

（2）在 5 号和 18 号导叶轴柄上端加装 MGV 装置的实施步骤。

1）导叶轴延伸杆与导叶轴柄之间原装配有摩擦垫。

2）用卡环式嵌套将导叶轴延伸杆与导叶轴柄准确定位后用两个临时长柄螺杆及螺母将其把合紧固在一起，导叶轴延伸杆上钻有与导叶轴相对应的 7 个螺孔和 2 个销钉引孔。

3）利用销钉引孔钻铰锥销孔并用 2 个 ϕ25mm 锥销定位，然后拆除长螺杆、螺帽及

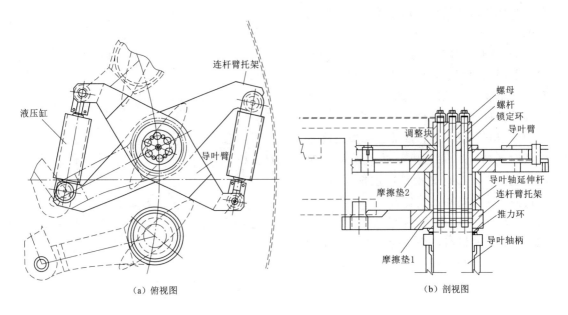

（a）俯视图　　　　　　　　　　（b）剖视图

图 1.1.10　MGV 装置结构示意图

嵌套等调整工具。

（3）将具有自润滑衬套式径向支撑的连杆臂托架（其下部连杆与控制环连接）精确装配就位，这种衬套可避免连杆臂托架的重量转移到导叶上，而是转移至下部装配在导叶轴套上具有双向轴承的推力环，以保证连杆臂托架几乎没有摩阻力矩，始终能与其他导叶保持同步。

（4）锁定环装配。

1）在导叶轴延伸杆顶部位置放置摩擦垫 2，使不同步导叶和其他导叶一样，靠摩擦力传递力矩，用摩擦位移来保证其他零部件的安全，既起"剪断销"的作用，又能避免发生导叶失控现象时的事故扩大。

2）装配焊有调整块的导叶臂。

3）在延伸轴上装配锁定环，并用 2 个永久长柄螺杆及螺母紧固，扭紧力矩为 1990N·m。

4）在锁定环和延伸段上配钻 2 个孔并钻铰 ϕ25mm 锥销定位。

（5）松开螺帽转动调整导叶臂至合适位置装配 2 个双头轴承的液压缸（液压缸 ϕ180mm/80mm×200mm，容积 8.04L，活塞杆操作速度不小于 25mm/s），装配时须施加预压 3.5MPa，这种双液压缸装置是按无弯矩设计的，液压缸两端均设置有自由轴承，其所可能产生的轴向力大约为 1.5kN，这是可以忽略不计的。

（6）对称压紧所有螺帽（扭紧力矩为 1990N·m），同时检查锥销的紧固程度应合乎要求。

（7）将调整块钻孔定位。

（8）安装相应的操作管路。

4. MGV 装置控制系统及操作管路

MGV 装置控制系统及操作管路分别见图 1.1.11、图 1.1.12。

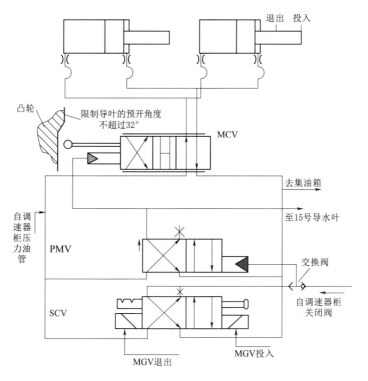

图 1.1.11 MGV 装置控制系统示意图

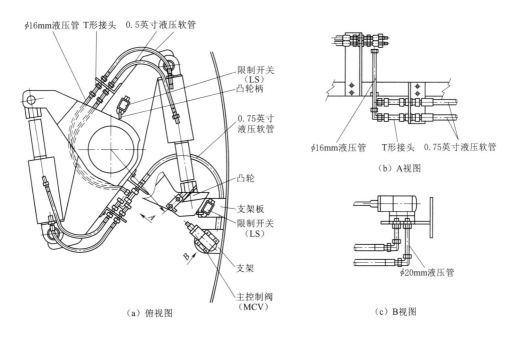

图 1.1.12 MGV 装置操作管路示意图

（1）双向电磁液压控制阀（solenoid control valve，SCV）具有控制水轮机使其处于 MGV 装置"投入"或"退出"的功能，液压弹力回复的导向阀（pilot mode valve，PMV）与 SCV 组成每台机一套的总控制阀组，设置于机坑内壁的阀座上。

（2）5 号和 18 号导叶各设置一个 NG10 型主控制阀（main control valve，MCV），分别设置于 5 号和 18 号导叶部位处机坑内壁的支架上，见图 1.1.12（b）。

（3）控制油源自调速器柜内的关闭阀，以 $\phi 12mm/\phi 8mm$ 管路进入机坑连接至机坑内壁的 SCV、PMV，再从阀组以 $\phi 12mm/\phi 8mm$ 管路通向 5 号和 18 号导叶的主控制阀 MCV，控制油压设计值为 $5.0\sim 5.4MPa$。

（4）压力油源取自调速器机械柜后部 $\phi 100mm$ 的压力油管，以 $\phi 20mm$ 管路进入机坑并连接至 5 号和 18 号导叶处的主控制阀 MCV，见图 1.1.12（b）。

（5）回油以 $\phi 25mm/\phi 20mm$ 管路自控制阀排向油压装置的集油箱。

（6）装设了必要的位置限制器，即限制开关（LS），其功能是限制、报警及连锁。其中 4 个限制开关（每台水轮机），分别设置在如图 1.1.12 所示位置；对应于 NG10 主控制阀阀杆的凸轮装置设置在 5 号和 18 号导叶臂上（即每台水轮机共有 2 个），用于限制导叶的预开角度不超过 32°，见图 1.1.12（a）。

5. MGV 装置的工作条件及控制程序

（1）根据德国 VOITH 的设计，加装 MGV 装置的调速器系统在机组同期前空载额定转速运行、机组在甩负荷后的空载额定转速运行及机组并网运行和机组背靠背启动工况下都是有效的。

（2）THP 电站所采用的整定值为：同期运行水头、背靠背启动水头、甩负荷水头和并网运行水头均不大于 550m。

（3）由模型试验确定的导叶最大预开启角度为 22°，导叶关闭方向液压缸操作时间最小值为 8s（即相当于 $2.75°/s$ 的速度），最大值为 11s（即相当于 $2.0°/s$ 的速度）；同时，为避免损坏液压缸，控制环最小动作时间也限制为相当于其速度不超过 $1.3°/s$。

（4）水轮机工况的动作过程。

1）开机程序。

a. 机组以水轮机方式启动，主接力器控制导叶同步开启。

b. 机组转速上升至 90% 额定转速时，小接力器（液压缸）全开启，其时主接力器与小接力器的合成开启开度约等于 70% 导叶全开度。

c. 机组进入空载稳定运行工况。

d. 合发电机负荷开关（GCB）同期并网发电运行，小接力器全关，所有导叶处于主接力器控制下的同步开启状态。

2）停机程序。

a. 跳 GCB 甩负荷，机组转空载运行。

b. 所有导叶同步关至空载开度，小接力器全开。

c. 停机或转水轮机方向调相（SCT）运行，主接力器和小接力器同时全关。

3）机组在以下工况转换时小接力器不参与调节：停机（ST）→水轮机方向调相（SCT）→发电（GO）→水轮机方向调相（SCT）→停机（ST）。

一般认为，预开导叶法对 SCT→GO→SCT 的工况转换也能取得较好的效果，但在 THP 电站却不明显，还相对增加了机组转动和固定部件的振动。所以，在这些工况转换时取消了 MGV 装置"投入"的设定。

（5）MGV 装置动作逻辑见图 1.1.13。

从图 1.1.14 中可以看出，该逻辑图是个"与门"形式，即在以下条件均予满足的情况下，MGV 装置具备投入的功能：机组工作水头低于 550m；机组在水轮机工况运行；机组在非调相工况运行；小接力器行程在其最小与最大值范围内，相当于导叶转角在 $1°\sim10°$ 之间。

6. MGV 装置的调试及分析

（1）在厂家主持下，THP 电站在水头 551.95m 工况下（其时上库水位 890.22m，下库水位 338.27m）分别进行了未投入 MGV 装置及投入 MGV 装置的试验。

1）未投入 MGV 装置时，机组转速升至 500r/min 时开始出现振荡，略高于 500r/min（约 507r/min）时振荡加剧，转速最大升至 522.9r/min，振幅近 50r/min，水泵水轮机组已不能稳定运行，未投入 MGV 装置时机组转速的变化曲线见图 1.1.14。

2）投入 MGV 装置，导叶主接力器行程达到 58mm 时，机组转速已达到 500r/min，而主接力器行程为 187.9mm，机组转速升至 548.5r/min 时（即机组过速工况）仍能稳定运行，投入 MGV 装置后机组转速的变化曲线见图 1.1.15。

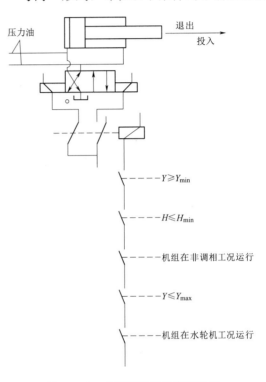

图 1.1.13 MGV 装置动作逻辑图
Y—导叶转角，Y_{min} 取 $1°\sim2°$，Y_{max} 取 $10°$；
H—机组工作水头；H_{min}—550m

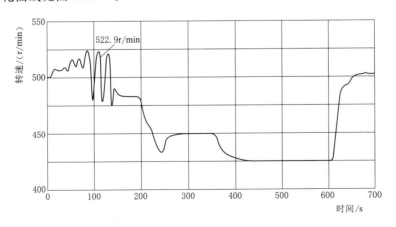

图 1.1.14 未投入 MGV 装置时机组转速的变化曲线图

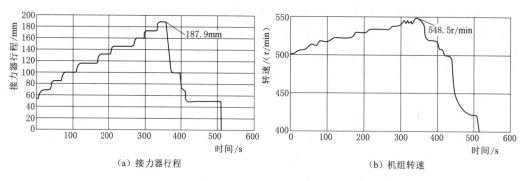

（a）接力器行程　　　　　　　　（b）机组转速

图 1.1.15　投入 MGV 装置后机组转速的变化曲线图

（2）1999 年 10 月 11 日 THP 电站在 519.71m 水头工况下（其时上库水位 862.91m，下库水位 343.20m）再次进行了试验。

1）当未投入 MGV 装置时，机组达到额定转速时即产生波动，最大转速波峰达 513.3r/min，振幅约 50r/min（其时主接力器最大行程为 188.2mm），即机组出现剧烈振荡并造成停机，未投入 MGV 装置时机组达到额定转速的曲线见图 1.1.16。

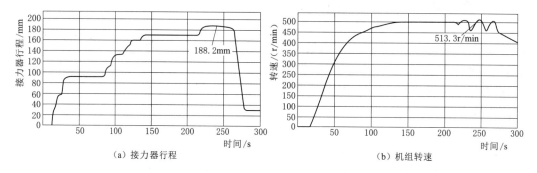

（a）接力器行程　　　　　　　　（b）机组转速

图 1.1.16　未投入 MGV 装置时机组达到额定转速的曲线图

2）在同样的水头工况下当投入 MGV 装置时，机组转速升至 538.1r/min，主接力器行程达到 202.8mm 才开始出现震荡而失去稳定运行状态，投入 MGV 装置时机组升速至失去稳定状态的曲线见图 1.1.17。

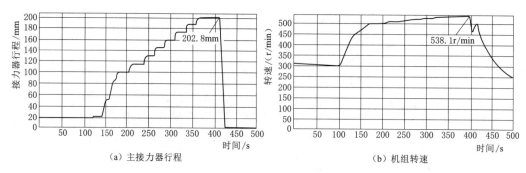

（a）主接力器行程　　　　　　　　（b）机组转速

图 1.1.17　投入 MGV 装置时机组升速至失去稳定状态的曲线图

（3）同时，所检测机组在各种工况下的振动情况见表 1.1.8。

表 1.1.8　　　　　　　　　　　　机 组 振 动 情 况 统 计

运行工况	顶盖振动 /(mm/s)	水导轴承振动 /(mm/s)	大轴 X 向摆度 /μm	大轴 Y 向摆度 /μm
未投入 MGV 装置	0.217	0.291	298.8	295.1
投入 MGV 装置	7.68	1.8	170.3	157.6

从表 1.1.8 中可以看出，投入 MGV 装置时，顶盖、水导轴承的振动增幅较大，而大轴摆度变化不大。这是由于投入不同步导叶的过程中，导叶与水流的撞击相对加剧的缘故，但机组的稳定运行工况还是得到保证的。

（4）根据几台机组运行情况观察，机组并网后空载运行及 150MW 负荷以下（任意水头）的运行工况均不是很理想，投入 MGV 装置也不能改善。所以，MGV 装置在机组并网运行后均设置于"未投入"状态。

实践证明，采用 MGV 装置，机组在水轮机工况启动至并网的全过程和甩负荷停机过程都收到了预期效果。

1.1.1.4　径向式主轴密封的应用

双向旋转的水泵水轮机一般具有安装高程低、主轴密封压力高的特点，目前较多采用的是机械型平衡式轴向平面密封。由于设计、制造、材质选用及安装精度等多方面原因，主轴密封烧损和故障曾一度困扰着部分抽水蓄能电站的运行，尽管采取了多种相对应的措施，但面对机组繁杂多变的运行工况，密封件的自动调整能力还是存在一定的局限性，密封件的强度、耐磨蚀能力及密封性能，要达到至少运行 18000～20000h 密封件无需更换的要求是有一定难度的。

清蓄电站采用了在国内运用较少的日本东芝电力设计的多层扇形块式自补偿径向接触型机械密封，本节将对这种类型的主轴密封进行分析和评价。

1. 清蓄电站主轴密封结构特点及工作原理

（1）结构特点。清蓄电站主轴密封采用的是多层扇形块式自补偿径向接触型机械密封，密封块布置为轴向 3 层（上层、中层为碳精密封，下层为树脂密封），每层周向由 12 块高分子材料（其材料参数见表 1.1.9）扇形块组成封闭圆环，密封块外径设计为斜面结构（上层和中层密封斜面向上，下层密封斜面向下），与外面安装的提供辅助径向补偿力周向拉伸弹簧的倾斜面密封压板圈配合，环抱衬套 ϕ1050mm 不锈钢的旋转轴颈（表面硬度 260～300HB），达到密封阻断水流的效果。主轴密封结构见图 1.1.18，其中，上层密封环为抗大气压力密封，下层密封环为抗水压力密封，大气压力、水压力与外面安装周向拉伸弹簧机械压力对密封件径向力和轴向力起着平衡作用。

表 1.1.9　　　　　　　　　　密封块选用材料参数表

参数	肖氏硬度	工作温度 /℃	摩擦系数 （水润滑）	极限伸长 /%	抗压强度 /MPa	抗拉强度 /MPa	抗剪强度 /MPa	介质 pH 值
数值	67	−10～50	0.01	207	35.4	37.9	32.7	5～9

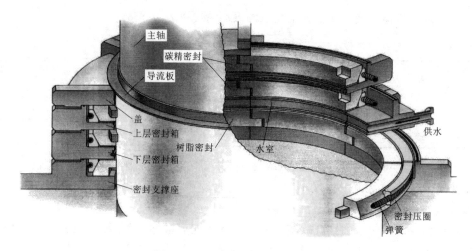

图 1.1.18　主轴密封结构示意图

（2）工作原理。主轴密封三道密封设置在由不锈钢密封箱盖板（8 瓣），上层、下层密封箱（各 8 瓣）和碳钢制的主轴密封支撑座（4 瓣）组成的箱体中，见图 1.1.19。其工作原理为[5]：

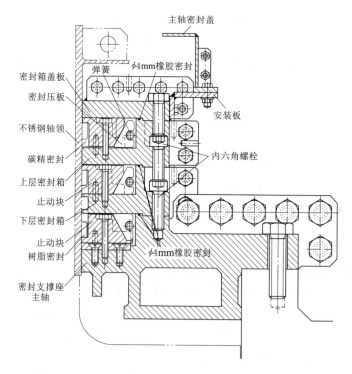

图 1.1.19　主轴密封结构剖视图

1）实现热交换的密封水分两路通入三层密封环所形成的空腔：一路通过下环通孔注入，起到润滑、冷却的效果，完成循环后的密封水经过密封腔后从上环通孔流出；另一路注入顶环下部通孔，保持顶环内压力，有效地阻止了空气进入密封腔内，密封水进入上密封块循环润滑、冷却后，经顶环上部通孔流出和顶环盖溢出，见图 1.1.19。

2) 在机组运行时，主轴密封端面将形成 $30\sim40\mu m$ 的一层稳定的水膜，当密封间隙有渗漏时，由于密封环内外径的压差促使水流流动，而流体通过缝隙受到密封面水膜的黏性力作用，产生节流效果，压力逐步降低而达到密封的效果。当密封块磨损后，通过弹簧的弹力使工作密封块沿着固定环径向移动，起到密封自补偿的作用。

3) 弹簧的设置主要用于提供安装、停机时的初始"抱紧力"（包括机组运行中克服主轴振动），使扇形块能够正确就位，即径向抱紧轴径，扇形块背压面靠紧主轴轴套，从而使密封水能够有效建立起稳定的密封压力。

2. 密封压力平衡

径向主轴密封承受的密封压力是指扇形密封块应获得的用于克服其与轴颈间的漏水压力而实现密封作用的径向力，由密封水压力和弹簧力组成（见图 1.1.20）。其中，引至扇形块背侧清洁压力水的压力是起主导作用的（见图 1.1.20 中背侧水压腔），而弹簧力只占密封压力的很小比例。

(1) 密封水分为主辅两路（见图 1.1.20）。其中：

$$P_1 = KP_2 \qquad (1.1.1)$$

式中：P_1 为引入密封装置的密封水压力，MPa；P_2 为密封装置前被密封水的压力，MPa；K 为系数，取 $1.15\sim1.2$。

清蓄电站最大尾水压为 0.979MPa，THPC设定密封水压力为 1.229MPa。主轴密封漏水量

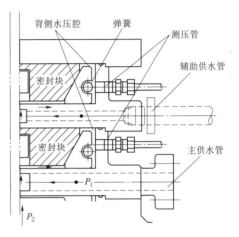

图 1.1.20 密封块压力示意图

设计值为 220L/min，当机组停机主辅供水停止时，主轴密封漏水量约为 180L/min。

(2) 每相邻瓣密封块之间设置具有导向销和 M12 固定螺栓的止动块，可以配合调整磨损余量为 10mm 浮动状态的碳精密封或树脂密封，止动块结构见图 1.1.21。

(3) 设置的弹簧主要用于提供安装、停机时径向抱紧轴颈的初始"抱紧力"，使扇形块能够正确就位，还能克服机组运行中的主轴振动，从而保证密封水能够始终建立起稳定的密封压力。扇形密封块达到最大补偿量时，作用于单块扇形块上的弹簧径向力 T 为

$$T = \frac{KM_s g}{\cos\theta} \qquad (1.1.2)$$

式中：θ 为弹簧力与主轴轴线间的锐角角度值，（°）；K 为系数，推荐 K 取 $1.2\sim1.5$；M_s 为单块扇形块质量，kg；g 为重力加速度，m/s^2。

亦即，当扇形密封块达到最大补偿量时，弹簧径向力的最小值对扇形块形成的轴向分力能够克服扇形块重力（忽略浮力作用）并略有裕量。

3. 密封内水的流向及流量

密封内水的流向及压力见图 1.1.22。

(1) 供水量 Q＝排水量 Q_1＋排水量 Q_5，$Q_1＝Q_2＋Q_3＋Q_4$，$Q_5＝Q_6＋Q_7＋Q_8$。

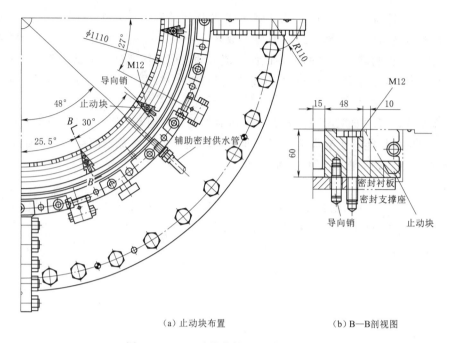

（a）止动块布置　　　　　　　　（b）B—B剖视图

图 1.1.21　止动块结构图（单位：mm）

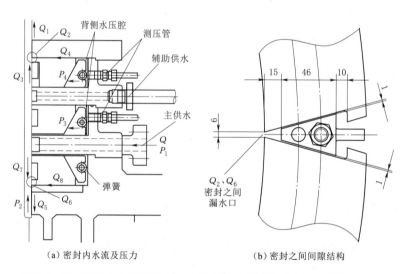

（a）密封内水流及压力　　　　　　　（b）密封之间间隙结构

图 1.1.22　密封内水流及压力和密封之间间隙结构示意图（单位：mm）

其中：Q_1 为顶盖排水量；Q_2 为上层密封之间间隙处漏水量；Q_3 为上层密封滑动面处漏水量；Q_4 为上层密封背面漏水量；Q_5 为向密封下方的排出水量；Q_6 为下层密封之间间隙处漏水量；Q_7 为下层密封滑动面处漏水量；Q_8 为下层密封背面漏水量（见图1.1.22）。

（2）通过主轴密封装置模型试验进行换算，并考虑模型与真机运行状态的差异，THPC测算清蓄电站的供水量为 362.0L/min，排水量为 192.3L/min；经估算余量后主轴密封供水量暂定为 400L/min，则其时顶盖排水量约为 210～220L/min；而当机组停机主辅供水均停止时，主轴密封漏水量约为 180L/min。这就意味着，即便主轴密封冷却水中断，也不致出现即断即烧损密封块的现象（THPC 的保证值是：正常工况可安全运行 15min，压水工况时为 3min）。

（3）排到顶盖的漏水依次经过中层密封和上层密封分 2 个阶段减压，理想的状态是 $P_4/P_3=0.5$。P_4 为上层密封背压；P_3 为中层密封背压。

一般，由于密封效果的不同会产生不平衡，其范围是 $P_4/P_3=0.1\sim0.9$。清蓄电站为了保持并调整该范围，采用了向上层密封箱辅助供水并排水的设计。当上层、中层的密封背压范围超差（即 $P_4/P_3>0.9$，这种情况较多）时，可以采取打开上层排水阀/关闭上层供水阀的方式排出上层密封的压力进行调整。同时，如若出现 $P_4/P_3<0.1$ 的情况（一般不会发生），也可以通过打开辅助供水阀门，关闭辅助排水阀门的方式进行调整。总之，在密封背压超差时会产生供水量偏少或是漏水偏少的情况，应调整背压而不是提高供水量。

在实施压力调整之后到压力逐渐稳定需 1~2 周的监控、调整，达到扇形密封块与轴颈摩擦副总漏水量大于摩擦副冷却所需过水流量，这样就能带走摩擦损耗产生的热量，保持运行稳定、可靠。

4. 密封块补偿量及实际磨损量监测的完善

为保证扇形块磨损后的自动补偿，扇形块之间的搭接需留有允许其径向补偿的"补偿间隙 B"：

$$B=2\pi a/Z \tag{1.1.3}$$

式中：a 为单边安全径向补偿量，m；Z 为扇形块数量。

下面以 THPC 和国内典型工程为例进行介绍。

（1）THPC 设计各密封块间有 6mm 的相等间距以确保密封块均匀的直径磨损，并形成清洁压力水的适当泄漏，以提高润滑和冷却效果，见图 1.1.22（b）。密封块磨损监测见图 1.1.23，在密封块背面以螺纹连接的形式安装一根检测棒伸出到密封箱外部，通过测量检测棒的位移量来实现密封磨损量的监测，其测量值和初次测量值的差值即为磨损量（密封块的最大磨损量为 10mm）。必须注意的是，测量后应将磨损检测棒的螺杆外部长度 L 拉到 80mm 以上的位置并用螺母固定，以免加速碳精密封的磨损速度或是引起破损。

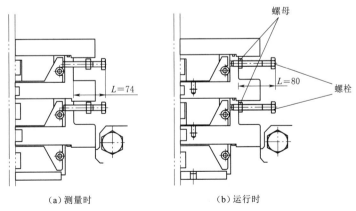

（a）测量时　　　　　　　　　　　（b）运行时

图 1.1.23　密封块磨损量监测示意图（单位：mm）

从图1.1.23中可以看出，该径向式主轴密封未设置和密封扇形环一起径向移动的磨损量检测器，密封块磨损量的测量须在机组停机或检修时进行，而在运行中缺乏密封块实际磨损量的监测。

（2）瀑布沟水电站等工程项目的径向式密封所采用的磨损量指示器装置[6]，可在机组运行中进行机械、电气双项指标检测，其装置见图1.1.24。

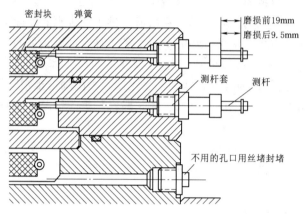

图1.1.24　瀑布沟水电站主轴密封磨损检测装置示意图

5. 清蓄电站径向式主轴密封的安装调整

清蓄电站径向式主轴密封的安装调整工艺流程见图1.1.25。对其中的主要步骤介绍如下。

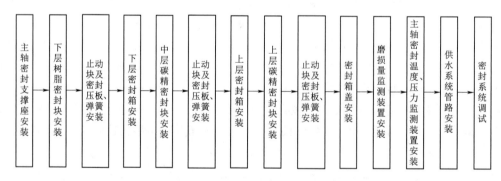

图1.1.25　清蓄电站径向式主轴密封的安装调整工艺流程图

（1）主轴密封支撑座安装。水轮机主轴与转轮联轴完成后进行主轴密封支撑座的正式安装。

1）装配并仔细清扫主轴上的不锈钢轴套。

2）支撑座与顶盖的密封采用 $\phi4mm$ 橡胶圆盘根，根据顶盖密封槽的实际周长缩短10～20mm进行黏结并在涂抹润滑脂后安装在密封槽内（见图1.1.26）。

3）在机坑将4瓣主轴密封支撑座环抱水轮机主轴组合成整体，合缝面涂密封胶。

4）将支撑座按 $8\times\phi20mm$ 锥销（包括销钉垫片和螺帽）定位于顶盖上，检查以下内容：

a. 用塞尺检测支撑座内径侧与主轴轴套的间隙应为（1±0.20)mm。

b. 定位销钉与销钉孔的接触面积不少于定位销钉表面积的70%。

5）安装把合40个M36固定螺栓，并按500N·m紧固力矩（允许偏差±50N·m）对称分2次进行紧固，所有的螺栓均加销定胶或其他合格的相同等级的螺纹锁定胶进行锁定。

6）应用"卡耶里法"测量密封支撑座的波浪度和水平度，波浪度不能大于0.05mm，水平度不大于0.02mm/m（见图1.1.26）。

（2）下层树脂密封块安装。

1）用金属清洗剂清洗干净支撑座，用刀口平尺对不锈钢密封衬板平面进行检查，研磨消除所有高点，然后安装在密封支撑座上。

2）用清洗剂清洗干净12瓣树脂密封表面的保护油脂，用刀口平尺对各平面（尤其是搭接口）进行检查，用精细油石对树脂密封各表面进行研磨消除所有高点。

3）将树脂密封按设计放置在支撑座的相应位置。

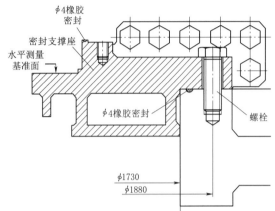

图 1.1.26　主轴密封支撑座安装示意图（单位：mm）

4）依次安装止动块导向销、止动块及M12固定螺栓。

5）对号装配密封压板及弹簧。

6）用塞尺检查树脂密封与主轴轴套之间应间隙，局部间隙应小于0.03mm。

（3）中层碳精密封块安装。

1）根据中层碳精密封支撑座上部密封槽实际长度黏结φ4mm橡胶密封，并在密封槽内涂抹润滑脂，将黏结好的密封块装入槽内（见图1.1.26）。

2）在安装间用金属清洗剂清洗干净8瓣下密封箱，用连接销钉螺栓和涂抹锁定胶的连接螺栓各组合4瓣以形成2个对称半环。然后吊入机坑再将2个半环组装成一个整环（所有合缝面涂密封胶），按500N·m紧固力矩（±50N·m）分2次紧固连接螺栓，组合面之间应无间隙，局部间隙应小于0.05mm。组装时分瓣面应严格对齐，充分把合分瓣面螺栓后再拧紧纵向的螺栓，把合顺序的颠倒将可能造成把合不足从而使螺栓损坏。

3）用内六角圆柱头螺栓将下密封箱安装在密封支撑座上。

4）用清洗剂清洗干净12瓣碳精密封块表面的保护油脂，用刀口平尺对各平面（尤其是搭接口）进行检查，用精细油石对树脂密封各表面进行研磨消除所有高点。

5）将碳精密封块按设计位置放置在支撑座的相应位置。

6）依次安装止动块导向销、止动块及M12固定螺栓。

7）对号装配密封压板以及弹簧。

8）用塞尺检查碳精密封与主轴轴套之间应有间隙，局部间隙应小于0.03mm。

（4）上层碳精密封块安装。

1）完成（3）中层碳精密封块安装中1）～8）的操作。

2）根据上层密封箱上部密封槽实际长度黏结 ϕ4mm 橡胶密封，并在密封槽内涂抹润滑脂，将黏结好的密封装入槽内。

3）用金属清洗剂清洗干净8瓣密封箱盖板并在安装间组装成两半，然后吊入机坑安装在上层密封箱上，用 M24 螺栓固定，合缝面涂密封胶。

4）所有销、螺栓、螺母、止动螺钉均涂止动胶，同时需点焊处理。

5）最后安装主轴密封箱盖，密封箱盖板分为6瓣，组装时要将分瓣面拉平，在将分瓣面的螺栓充分把合后再拧紧纵向的螺栓（如果把合顺序颠倒则会造成把合不足从而使螺栓损坏）。

（5）主轴密封温度、压力监测装置安装。刻度盘式温度计的安装见图 1.1.27。上、下层密封箱压力监测见图 1.1.28。主轴密封下部压力监测见图 1.1.29。

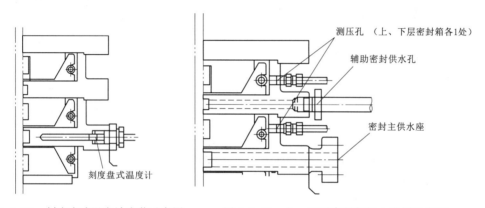

图 1.1.27　刻度盘式温度计安装示意图　　图 1.1.28　上、下层密封箱压力监测示意图

（6）供水系统管路安装。清蓄电站设计额定工况的供水量 400L/min，其主轴密封管路安装注意事项如下。

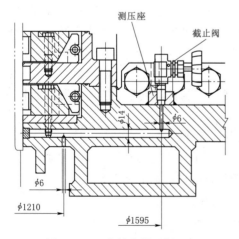

图 1.1.29　主轴密封下部压力监测示意图（单位：mm）

1）自 ϕ65mm 主管配接 $4\times\phi$25mm 高压软管的主轴密封主要供水管路系统（见图 1.1.30）。

2）主轴密封辅助供水管路系统见图1.1.31。

3）主要辅助供水管路必须实施压力调整，然后至压力逐渐稳定需 1～2 周的监控。

4）所有管接头与密封在安装时都应涂抹润滑脂，管路焊缝焊接要用气体保护焊，配制焊接的管路要用工作压力的 1.5 倍压力（保压时间40min）进行压力试验。

5）另外，尾水管内接有 2 根排气管用于压水运行，一根设置在主轴密封支撑座的台子上；另一根设置在台子下面。

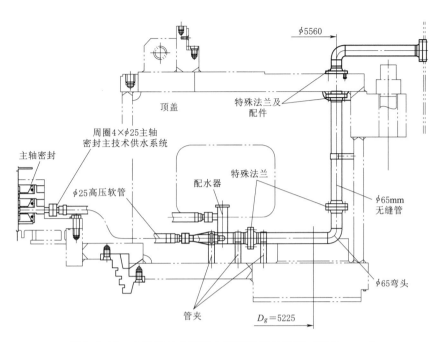

图 1.1.30 主轴密封主要供水管路系统示意图（单位：mm）

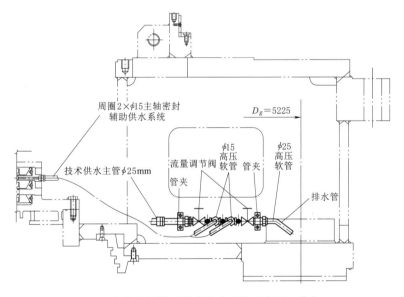

图 1.1.31 主轴密封辅助供水管路系统示意图（单位：mm）

6. 结语

（1）径向式主轴密封结构相对简单、布置紧凑、便于运行维护及更换密封件，具有轴向自由度大，径向补偿量大，对旋转轴的振动、偏摆、水轮机轴对密封腔的偏斜敏感度不高的特点，不失为一种在可逆式机组中使用寿命长、应用前景可观的主轴密封结构。

（2）径向式密封曾应用于隔河岩水电站、回龙抽水蓄能电站，效果较好。日本神流川抽水蓄能电站、奥清津抽水蓄能电站等也采用此密封形式，其中神流川电站为抽水蓄能电站，水头为 675m，扬程为 728m，密封性能、运行绩效均良好。

（3）清蓄电站投入运行以来，运行时间最长的 1 号机组截至 2020 年 6 月 30 日总计运行达 14774.90h，其碳精密封磨损量（上、中环）分别为 3.73mm 和 0.65mm，远小于设计值 10mm，完全符合设计要求。

（4）清蓄电站主轴密封的不足之处有：

1）增设了主轴抗磨不锈钢衬套（表面硬度 260～300HB），在其发生较大磨损时不易修复或更换。

2）扇形密封块的材料对耐磨性、硬度及刚度、摩擦系数、加工性能及水中尺寸稳定性等要求较高，制造成本也较高。

1.1.1.5 浮动式机械主轴密封的改进

GZ-Ⅰ电站水泵水轮机浮动式机械主轴密封结构见图 1.1.32。

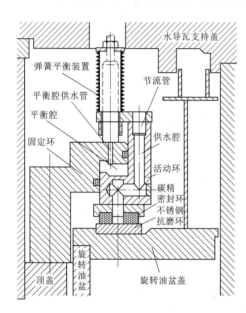

图 1.1.32 GZ-Ⅰ电站水泵水轮机浮动式机械主轴密封结构示意图

1. 主要部件及功能

（1）活动环由 ZSCN17-04M 不锈钢制成，可上下移动，环的下端面槽内紧固有 CY1OF 的碳精密封环。

（2）碳精密封环与下面的不锈钢抗磨环（材质为 Z20Cr13，布氏硬度 200～300HB）相贴合组成摩擦副，抗磨环紧固在 E28-4 钢板制成的旋转油盆上盖上，随主轴转动。

（3）活动环与 E28-4N 制成的固定环间有适当间隙，用 U 形橡胶密封封水，同时起限制活动环径向移动的作用。

（4）活动环上部装有由 6 套弹簧、螺栓和导向杆构成的弹簧平衡装置，对活动环起向下紧压的作用，弹簧的固定螺杆有效地限制了活动环的旋转；同时，活动环可以在轴向一定范围内自由平衡，使主轴密封碳精密封环与不锈钢抗磨环之间的接触面能趋于紧密结合。

（5）当机组运转时，通过活动环上部配有节流装置的不锈钢管向密封环下部的供水腔供水，同时通过导环上部的平衡腔供水管向导环与活动环之间的平衡腔供水以平衡压力；碳精密封环外环外圈压力为被密封水压，碳精密封环内环内圈压力为大气压；节流管供水压力通常大于被密封水压力，且在一定程度上起到稳定密封面水膜压力变化的作用。

2. 工作原理

减压后的密封供水经过滤器分两路送到密封装置：一路至平衡腔，另一路经节流片调节后送到供水腔。当碳精密封环与不锈钢抗磨环两相对滑动面密切接触时，供水腔内的水压及密封水压使活动环向上浮起，使两滑动面分离；当两滑动面间隙过大时，由于漏水量增加，供水腔内的水压势必下降，活动环在平压腔水压、弹簧弹力及自重作用下迫使两相对滑动面靠近。所以，只要将水压调整合适，并设计合理的活动环尺寸，就可使活动环浮起并处于力的平衡状态，即两相对滑动面始终保持微小的间隙。即便密封水压因水轮机工况和水头的不同发生变化时，相对滑动面间隙也不会产生影响运行的变化。

3. 碳精密封环烧损事故及处理

机组安装调试期间就屡次发生碳精密封环烧损事故。GZ-Ⅰ电站1号机自1993年3月投入调试运行至9月短短7个月时间，因主轴密封严重磨损甚至烧坏的事故达6次之多，其中最严重的情况是碳精密封环大面积出现裂纹乃至大块崩塌，抗磨环一般也出现严重磨损。在该时段，主轴密封运行技术参数如下：平压腔压力 $P_1=1.45$MPa；供水腔压力 $P_2=(1.35\pm0.5)$MPa；密封腔水压 $P_S=(10\pm0.25)$MPa。设计制造厂家法国ALSTOM 最初把密封环磨损的原因归结为：

（1）水质不纯或管内有异物，原设计的 $100\mu m$ 的滤水器不能满足要求。

（2）作用在碳精密封环上的压力不稳定，水膜厚薄不均，甚至有时出现无水膜状况。

设计制造厂家多次派出专业人员到工地采取措施处理事故，如改变供水管节流孔径以调整压力并加装 $50\mu m$ 滤水器，均无法避免重装上的新碳精密封环和抗磨环被烧损。

4. 对密封结构的初步分析

密封结构可以认为是两组绕同一轴线以相等转速旋转的中空端面水润滑轴承。据统计，一般反击式水轮机如采用该结构，其密封环平均半径 $R_{CP}=1/2(R_1+R_4)$ 处的线速度 v（见图1.1.33）应小于 20m/s[7]。

当雷诺数 $Re\leqslant2400$ 时，密封摩擦面间隙间的水流运动可以认为是轴对称层流。而 GZ-Ⅰ 电站水泵水轮机组的密封平均半径 R_{CP} $[R_{CP}=1/2(R_1+R_4)=1/2\times(797.5+887.5)=842.5mm]$ 处的线速度为：$v=2\pi R_{CP}n=2\times3.14\times842.5mm\times500/60s=44.09$m/s

要使 $Re=hv/r$ 不大于2400，则：$h\leqslant Rer/v=0.055$mm。r 为 20℃时水有运动黏度系数，$r=1.102\times10^{-8}$，即水膜厚度小于 0.055mm。

所以，以下几种情况都有可能导致密封环急剧磨损，甚至烧坏。

（1）水质不纯，混有大于 $50\mu m$ 的颗粒杂质。

（2）抗磨环上表面或密封环下表面的粗糙度和不平度（波浪度）超过 0.05mm。

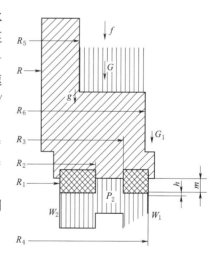

图 1.1.33 密封结构示意图

（3）密封环的设计参数不合理，导致上浮力和下压力不平衡。

（4）机组轴线状态不理想，旋转油盆上平面振摆较大（但这一点应可排除）。

经将主轴密封供水系统全部用不锈钢管路改造，并在 500kV 出线场的消防水池加装

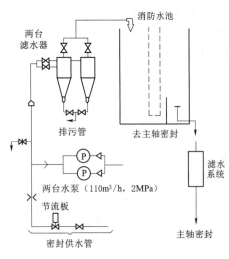

图 1.1.34　主轴密封供水系统示意图

$50\mu m$ 离心式滤水器，解决了水中混有大于 $50\mu m$ 的颗粒杂质的问题（见图 1.1.34）。

但经实测，1 号机抗磨板的径向倾斜度达到 0.37mm，周向波浪度达到 0.10mm，纯属旋转油盆盖和抗磨环的加工误差，这有可能是造成密封环和抗磨环磨损的重要原因。

5. 碳精密封环结构的参数

由于水膜厚度 h 很小（约 0.055mm），可以认为水膜中压力沿 h 的变化忽略不计。根据流体力学中不可压缩黏性液体层流运动的纳维-斯托克斯方程进行化简求解，得出密封环间隙内水压对活动环的总上抬力，其中 $R_1 = 797.5mm$，$R_2 = 832.5mm$，$R_3 = 862.5mm$，$R_4 = 887.5mm$。

$$W = \frac{\pi}{2}\left(\frac{R_4^2 - R_3^2}{\ln\frac{R_4}{R_3}} - \frac{R_2^2 - R_1^2}{\ln\frac{R_2}{R_1}}\right)P_2 + \frac{\pi}{2}\left(2R_4^2 - \frac{R_4^2 - R_3^2}{\ln\frac{R_4}{R_3}}\right)P_1 - \frac{\pi}{2}\left(2R_1^2 - \frac{R_2^2 - R_1^2}{\ln\frac{R_2}{R_1}}\right)P_0$$
$$- \frac{3\pi}{40}\rho\omega^2\left[(R_4^2 - R_3^2)\left(R_4^2 + R_3^2 - \frac{R_4^2 - R_3^2}{\ln\frac{R_4}{R_3}}\right) + (R_2^2 - R_1^2)\left(R_2^2 + R_1^2 - \frac{R_2^2 - R_1^2}{\ln\frac{R_2}{R_1}}\right)\right]$$

$$(1.1.4)$$

式中：ρ 为水流密度，$102kg \cdot s^2/m^4$；ω 为机组转动角速度，52.3rad/s；P_0 为大气相对压力，$P_0 = 1$。

由于结构上已保证 $M = 15mm > h = 0.055mm$，且：

$(R_3 - R_2)/(R_4 - R_1) = (862.5 - 832.5)/(887.5 - 797.5) \geqslant 0.5$，则 P_2 视为衡压（见图 1.1.33）。

把式（1.1.3）简写为

$$W = AP_2 + BP_S - C\omega^2 \qquad (1.1.5)$$

其中

$$A = \frac{\pi}{2}\left(\frac{R_4^2 - R_3^2}{\ln\frac{R_4}{R_3}} - \frac{R_2^2 - R_1^2}{\ln\frac{R_2}{R_1}}\right) \qquad (1.1.6)$$

$$B = \frac{\pi}{2}\left(2R_4^2 - \frac{R_4^2 - R_3^2}{\ln\frac{R_4}{R_3}}\right) \qquad (1.1.7)$$

$$C = \frac{3\pi}{40}\rho\left[(R_4^2 - R_3^2)\left(R_4^2 + R_3^2 - \frac{R_4^2 - R_3^2}{\ln\frac{R_4}{R_3}}\right) + (R_2^2 - R_1^2)\left(R_2^2 + R_1^2 - \frac{R_2^2 - R_1^2}{\ln\frac{R_2}{R_1}}\right)\right]$$

$$(1.1.8)$$

将原结构参数代入式（1.1.5）～式（1.1.7）计算得：$A=3190\text{cm}^2$；$B=690\text{cm}^2$；$C=15.6\text{cm}^2$。

由于间隙上抬力加上 P_2 进入供水腔向上的作用力方为上抬力总和，则

$$W_0=W+P_2\pi(R_3^2-R_2^2)=3190\times13.5\times1.02+690\times10\times1.02-15.6\times52.3^2$$
$$+13.5\times3.14\times1.02\times508.5=43926+7038-42671+21986-30279\text{kg}$$

$$\text{(1.1.9)}$$

而浮动密封环所受到的向下总压力为（见图 1.1.35）

$$F=G+g+f+G_1 \qquad\qquad\text{(1.1.10)}$$

其中

$$G=P_1\pi(R_6^2-R_5^2)$$

$$G_1=P_s\pi(R_4^2-R_6^2)=1419\text{kg}$$

式中：G 为平压腔所形成的下压力，取 451030N；g 为浮动密封环自重，6500N；f 为弹簧平衡装置形成的下压力，25000N。

则 $F=45103+650+2500+1419=496720\text{N}$。

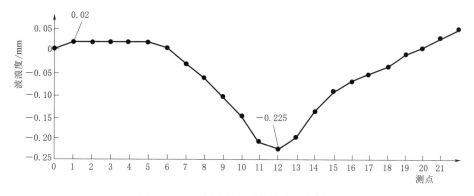

图 1.1.35 密封底座面的波浪度曲线图

由此可见，W_0 与 F 是不平衡的，即 W_0 偏小。从式（1.1.5）中可以看出，由于 ω 值较大，诸 R 值的选择不尽合理，使密封间隙内及供水腔内的水流对密封块的总作用力偏低，密封环在下压力作用下贴紧抗磨环，导致仅有 0.055mm 的水膜厚度 h 趋于减小。当抗磨环表面和碳精密封环表面的粗糙度和不平度过大时，浮动密封环底板平面波浪度的实测值（见图 1.1.36）最大误差约为 0.10mm。连续性水膜就会被破坏，形成半干摩擦甚至干摩擦，于是碳精密封环急剧磨损，进而烧损，乃至大块崩落、振裂。

同时还应注意到，要使碳精密封内外两环所受到的上抬力相平衡，应合理选择 (R_4-R_3) 及 (R_2-R_1)，即两环径向宽度的尺寸，使内外密封环的接触应力分布均匀。而原设计外环与内环的接触应力比为：$\dfrac{(887.5-862.5)\times10+0.5\times(13.5-10)\times(887.5-862.5)}{0.5\times(832.5-797.5)\times13.5}=\dfrac{1.24}{1.0}$。

显然，外环所受到的上抬力大于内环所受到的上抬力，亦即外环水膜的形成较内环好，这就是往往内环磨损较外环严重的主要原因。

6. 浮动密封环及抗磨环的加工精度测量

（1）抗磨环的径向倾斜度。将合象水平仪沿圆周径向置于抗磨环上进行多点测量，结

果表明，抗磨环径向倾斜度达 0.37mm/100mm，即 3.7mm/m，经现场排除制造工艺误差后，重装后测量，其倾斜度仍达到 1.0mm/m。

（2）抗磨环上平面的波浪度。用合象水平仪沿圆周在抗磨环上进行封闭式测量，测量得的波浪度达到 0.08～0.11mm。

（3）浮动密封环碳精密封底座面的波浪度。如前所述，其最大值超过 0.10mm［见图 1.1.35，（0.225＋0.02)/2＝0.1225］。实际标准应为：波浪度不得超过 0.05mm；径向倾斜度（不论是凹下还是凸起）不得超过 0.5mm/m。

据此分别进行处理后，2 号机抗磨环波浪度最大为 0.04mm（见图 1.1.36）。浮动密封碳精环重新加工后的密封底座精度曲线见图 1.1.37。抗磨环经加垫处理后其倾斜度也达到了要求。

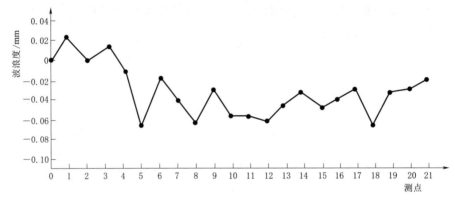

图 1.1.36　抗磨环波浪度曲线图

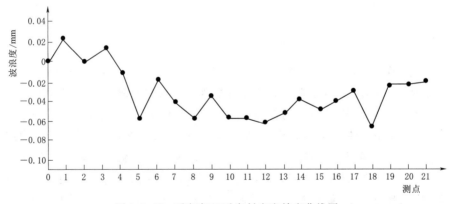

图 1.1.37　重新加工后密封底座精度曲线图

7．对碳精密封环及抗磨环所采取的措施

（1）厂家曾提出将碳精密封内外环沿圆周各加工 16 个小槽（见图 1.1.38），但由于这些小槽明显不利于运行水膜的形成及其连续性，最终取消了这项措施。

（2）对碳精密封和抗磨环进行的改进。

1）用经渗锑处理的 MY1OK 材质的碳精取代原来的 CY1OF 材质的碳精，新材料的主要特点是表面孔隙度仅 2%，而原材料则为 13%，其他性能见表 1.1.10。

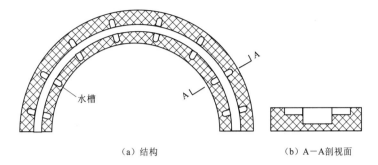

（a）结构　　　　　　　　（b）A—A剖视面

图 1.1.38　碳精密封环示意图

表 1.1.10　　　　　　　　　　　新旧材料性能对比表

碳精型号	肖氏硬度	松密度 /(kg/m³×10³)	横向弯曲强度 /(kgf/cm²)	热膨胀系数 /(×10⁻⁶/℃)	动力弹性模数 /(kgf/cm²×10³)
CY10F	70	1.65	540	3.8	200
MY10K	80	2.50	910	4.7	340

碳精型号	表面孔隙度 /%	剪切强度 /(kgf/cm²)	抗压强度 /(kgf/cm²)	热传导系数 /[W/(m·K)]	用途
DY10F	13	340	1400	12.0	活塞环导向器
MY10K	2	560	2810	13.0	密封环

2）对不锈钢抗磨环进行离子氮轰击硝化处理，使其硬度达到维氏硬度 1000，并将原设计的四半组圆改为两半组圆。

3）将 R_3 从 862.5mm 扩大为 864.5mm，R_2 自 832.5mm 减少为 828.5mm。根据式（1.1.9）计算得 W_0 为 50034.7kg。

可以认为，W_0 与 F 是基本平衡的，而且上抬力略高于下压力对克服两道 U 形盘根的摩阻力形成水膜是有利的。密封运行温度曲线见图 1.1.39，从图 1.1.39 中可以看出，曲线 1 是碳精密封改造前的温度上升状况，开机仅 6min 即达到 30.8℃，曲线 2 是碳精密封改进后的温度上升状况，50min 后即稳定在 27.6℃，运行工况已经得到改善。

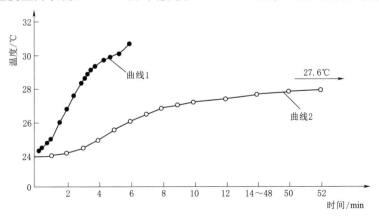

图 1.1.39　密封运行温度曲线图

（3）经再次试验及调整，有关参数改变为：$P_1 = (1.5 \pm 0.25)$MPa；$P_2 = (1.4 \pm 0.25)$MPa；$P_S = (1.0 \pm 0.25)$MPa。

则

$$W_0 = 14 \times 1.02 \times 3342 + 10.0 \times 1.02 \times 638 - 30674 + 27392 + 1820$$
$$= 52769.36\text{kg}$$

而这种工况下的下压力的计算为：$G = 46658$kg；$G' = 1419$kg。

$$F = 46658 + 650 + 2500 + 1418 = 51226\text{kg}$$

这时碳精密封环的温度基本稳定在 24.14℃，运行工况得到进一步的优化。

8. 结语

从以上分析可以认为，经改进的主轴浮动式密封环结构能够满足机组运行要求，但还需经过长期运行考验来证实。还应引起重视的是：

（1）改进参数后，内外环接触应力比值仍未改善：

$$\frac{[(887.5 - 864.5) \times 10.0 + 0.5 \times (14 - 10) \times (887.5 - 864.5)]}{0.5 \times (828.5 - 797.5) \times 14} = \frac{1.27}{1.0}$$

所以，内环磨损较外环严重的现象仍可能发生。

（2）采用碳石墨材料，此材料存在易碎特点，工作不稳定、寿命较短（若将碳精环的边缘加工成圆弧过渡或 45°倒角，可以避免碳精环边缘的应力集中），对于 GZ - Ⅰ电站高水头、大容量单级混流可逆水电机组而言是不太合适的。

（3）根据设计计算，将供水压力设定为 1.3~1.4MPa，密封压力取 0.8~1.0MPa；并进一步调整节流孔流量系数、弹簧刚度、密封环尺寸等，可以达到正常工况的水膜厚度不小于 0.1mm。

（4）为了获得较为理想的使用寿命及较短的采购周期以及设计上考虑检修更换的方便，密封环选择耐磨损、摩擦系数小或具有自润滑性质的材料无疑对密封寿命是有好处的。建议采用赛斯德尔材料，其材料性能见表 1.1.11。

表 1.1.11　　　　　　　　密封材料性能表

材料名称	代号	密度 /(g/cm³)	吸水率 /%	抗拉强度 /MPa	伸长率 /%	冲击韧度 /(J/m²)	邵氏硬度 /度	使用温度 /℃
赛龙	SXL	1.16	1.37	37.9	207	149.1	67	107
赛斯德尔		0.93	0.01	19	50	120	62	80
原"碳精"		1.84	0	51.7	8	18.48	80	260

赛斯德尔材料近 10 多年来国内有较多的使用业绩，包括三峡水利枢纽、惠蓄电站（惠蓄电站与 GZ - Ⅰ电站在水头、转速、吸出高度等参数上较为接近）。从材料性能看赛斯德尔材料具备耐磨损、耐冲击等密封环需要的特性，水润滑条件下及干摩擦下摩擦系数小并具有自润滑性能，具有制作密封环所需要的特性。在强度上，从惠蓄电站的使用情况可以看出也是安全的。因此，将其用于此类主轴密封中可以达到良好的效果。

1.1.2　水泵水轮机制造

高水头、高转速的水泵水轮机由于机组启停频繁、工况转换以及 S 特性、"驼峰"等多方面因素，其所产生的压力脉动、振动摆度、空蚀、金属剥蚀及部件疲劳破坏的概率和幅值都要较常规机组大得多。又由于在水头、转速相仿的情况下其结构设计各具特色，因此各设计制造厂家对其各个环节所采取的特殊举措和技艺很值得开展深层次的研究。本节对其中的转轮叶片焊缝圆角的选定、导水叶轴套的选用、尾水肘管的制造与安装进行了阐述，同时剖析了深蓄电站转轮焊接质量存在的隐患成因以及处理措施等，可供其他项目工程借鉴参考。

1.1.2.1　转轮叶片焊缝圆角的选定

在水轮机模型转轮加工过程中，装配式的叶片和上冠、下环接合部是没有圆弧过渡的，而真机的焊缝则需要一定半径的圆弧过渡以减少焊缝结合部的应力集中（见图 1.1.40）。

（1）转轮叶片焊缝圆角 r 与转轮出口直径 ϕ_S 和叶片数量 n_a 有关，常用的计算公式为

$$r=(\phi_S/150)\times(13/n_a)^{1/2}\pm15\% \tag{1.1.11}$$

特殊情况（如叶片进口太接近止漏环），可取

$$r=(\phi_S/300)\times(13/n_a)^{1/2}\pm15\% \tag{1.1.12}$$

如惠蓄电站转轮叶片焊缝圆角 r 原设计为 35mm，清蓄电站则为 40mm。

（2）由于法国 ALSTOM 在包括惠蓄电站在内的多个抽水蓄能电站运行中发现叶片与下环交界处产生许多小气穴（见图 1.1.41），经过验证，厂家对新建的电站进行了旨在进一步提高技术可靠性的修改（见图 1.1.42）。

图 1.1.40　清蓄电站模型转轮

图 1.1.41　惠蓄电站 3 号机转轮 9 号叶片空蚀情况

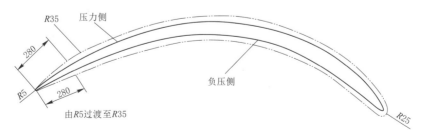

图 1.1.42　修正后转轮叶片与下环的焊角示意图（单位：mm）

法国 ALSTOM 技术部门认为，该技术修正会增加该部位的应力集中，但由于此处载荷较小，已进行的转轮应力分析计算表明，不会对转轮的平衡造成影响。惠蓄电站较长时间的运行实践也证明，将长度 280mm 范围内的叶片与下环焊缝进行自 $R35$mm 向 $R5$mm 的过渡性打磨，明显达到了降低空蚀的效果。

1.1.2.2 导水叶轴套的选用

水轮机导叶的转动不可避免地会导致轴承孔表面材料和轴径的磨蚀或磨损，同时由于导叶轴颈在额定转速状态下运行时产生约 0.5Hz 的摆动，随着轴套单位压力的大小不同程度地加剧磨损。只能通过采取有效措施尽可能地减少这种磨损、延长使用寿命，一般以满足一个大修期的需要为宜。

(1) 2002 年 GZ-Ⅰ电站开始使用 Orkot 型浸有热固树脂专门纤维、均匀扩散的固体润滑剂和另外添加剂复合而成的自润滑轴套，长期运行中由于吸水膨胀，普遍出现脱层（见图 1.1.43）、开裂、鼓包等缺陷，甚至导致导叶无法正常开启。

(2) 日本 OILESS 工业株式会社上海公司（简称上海 OILESS 公司）生产的 FZ-5 型铜基镶嵌自润滑轴承具有耐磨性能好、寿命长、摩擦系数低（0.08～0.13）的特点，适用于低速重载工况。自 20 世纪 90 年代问世以来，在几乎所有的大中型水电站导叶轴承现场应用效果一直良好，技术性能是稳定可靠的。但 FZ-5 型自润滑轴承确实存在"盲区磨损"现象（见图 1.1.44），由于机组稳定运行中，导叶往往一直处在约 0.5Hz 的摆动状态，这就造成固体镶嵌自润滑轴承在随着导叶轻微摆动时摆动行程在固体镶嵌润滑剂的节距以内，未形成润滑保护膜的部分出现金属直接接触而引起磨损，当导水叶处于微开状态时，导叶轻微摆动现象所造成的磨损就会更严重。而目前，"盲区磨损"现象可以通过减小自润滑颗粒直径（保持总面积不变）等改进方式予以妥善解决，如目前上海 OILESS 公司推荐的 500SP1-SL464 型。

图 1.1.43　GZ-Ⅰ电站 Orkot 型导叶轴套脱层

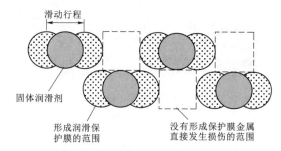

图 1.1.44　磨损机理示意图

(3) 当然，在 THP 电站经多年使用一直正常的 DEVA 公司 BM 系列双金属自润滑材料轴套，无论在水润滑或干摩擦状态下均具有低摩擦、低磨损等诸多优良的性能，在国外大型水力发电设备上，均得到了广泛的应用，值得推广。

1.1.2.3 尾水肘管的设计与安装

(1) 尾水肘管断面形状的进化。自 GZ-Ⅰ电站起步至今，尾水肘管的断面形状大多都从椭圆形断面进化到现在广泛采用的全圆形断面。其优点主要有：①整体尺寸相对较小；②刚度好，具有抗翘曲变形能力，无须设置拉锚，减少了工地焊接工作量及钢筋、预埋管路敷设的难度；③扩散段底部浇筑混凝土无脱空之虞，减少灌浆工作量和难度；④安装难度相对较小，有利于缩短工期。这是一种经过实践验证的先进设计。

（2）而 THPC 在清蓄电站则以有利于减少水利损失、减少土建开挖量和减少压水工况下的空气流失为由依然采用椭圆形断面。日本东芝电力的解释是已对尾水管的形状和锥管高度是进行了改良：①尾水管尺寸能够确保在水轮机水流进口和出口之间的水力损失最小时，使压力恢复。②尾水锥管设计得足够长，可以消除偏流现象和水泵工况中转轮进口的旋流现象。③尾水管肘管已设计成在调相运行时可减少向下池泄漏压缩空气量的形状。日本东芝电力强调，针对吸出高度大且转轮转速高的高水头水泵水轮机，开发了清蓄项目水面下压时空转轴入力和压缩空气流失量较少的尾水管，是很有可取之处的。

（3）正是由于 THPC 采用椭圆形断面尾水肘管，尾水管支腿设置部位的刚度更不宜忽视。分析认为清蓄电站原设计的支腿未与环节筋板设置、焊接为一体，会使得支腿处尾水管由于局部应力集中而产生挠曲变形，容易造成混凝土浇筑不密实而加大灌浆难度。经过沟通和磋商，THPC 全部进行了设计修正。

（4）招标文件应适当强调尾水肘管工厂预装的重要性。在以往多个电站施工中，均出现肘管工地组焊时由于管段接缝周长偏差而采取对管口纵向开口的处理措施，既增大施工难度也增多 T 形焊缝的探伤检验工作量。而在清蓄电站，根据东电在惠蓄电站 4 号机的成功实践，经与 THPC 协商并取得共识，采取了尾水肘管各管段在工厂车间预装工序，无论在施工工期还是施工质量上均收益颇多。

（5）重视焊接质量，强化探伤检测。水电站的尾水肘管、尾水钢衬均需承受一定的水压，尤其是抽水蓄能机组尾水压力都比较高，例如惠蓄电站尾水压力达到 90m 水柱，相当于常规机组的蜗壳压力，理应和引水钢管一样同属于"压力钢管"范畴。

然而，清蓄电站尾水管焊接焊缝原设计（无论是 THPC 工厂还是现场）都仅做 MT、PT 无损探伤，显然是将尾水肘管的焊缝纳入不属于一类、二类焊缝的其他焊缝（三类焊缝），这是应引起重视并予以纠正的。

焊缝内部无损探伤长度占焊缝全长的百分比应不少于《水电水利工程压力钢管制造安装及验收规范》（DL 5017—2007）中第 6.4.4 条规定（见表 1.1.12）。

表 1.1.12 无损探伤长度占焊缝全长百分数表

钢 种	超声波探伤/%		射线探伤/%	
	一类	二类	一类	二类
碳素钢和低合金钢	100	50	25	10
高强钢、不锈钢、不锈钢复合钢板	100	100	40	20

注 1. 钢管一类焊缝，用超声波探伤时，根据需要可使用射线探伤复验。

2. 探伤部位应包括全部 T 形焊缝及每个焊工所焊焊缝的一部分。

综上所述，对于碳素钢材质的清蓄尾水肘管焊缝，其探伤的执行标准应按超声波探伤二类 50% 来界定。

1.1.2.4 深蓄电站水泵水轮机转轮的焊接质量

深蓄电站水泵水轮机转轮焊接结构见图 1.1.45，其上冠与泄水锥的焊缝、分环瓣下环的焊缝均为全焊透非等强焊缝，焊料用奥氏体焊丝 316L，焊缝等级划为三级。图纸"技术要求"的说明是：第一层焊完后进行 100％PT 检查，随后第三层焊完后及全部焊完后进行 100％PT 检查。

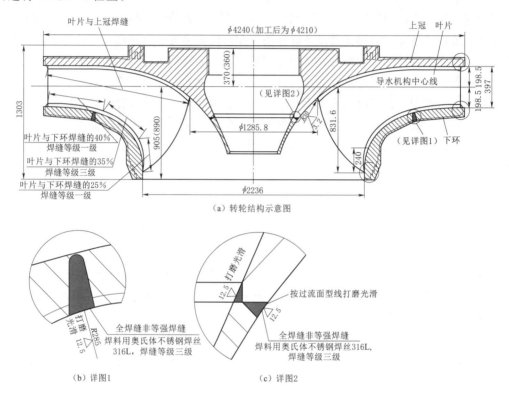

图 1.1.45 深蓄电站水泵水轮机转轮焊接结构示意图（单位：mm）

由于焊接完成后的转轮各外部轮廓大致都留有 13～15mm 的加工切削余量，当加工完成再进行焊缝 PT 探伤时的情况见图 1.1.46。

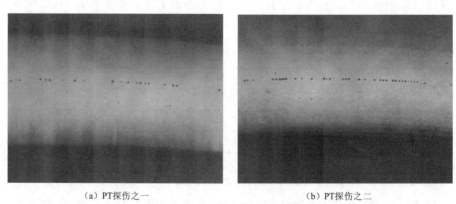

图 1.1.46 转轮下环对接焊缝 PT 探伤

1. 焊缝检测情况的判定和处理

（1）根据《混流式水轮机转轮现场制造工艺导则》（DL/T 5071—2012）规定，分上、下环分步组装焊接的深蓄电站转轮下环焊缝原应属于应实施 100％UT 的范围。但为控制该焊缝的变形烈度，同时根据该焊缝部位实际应力强度，设计部门要求对该焊缝采用奥氏体不锈钢焊丝进行焊接。下环内、外环坡口焊缝，采用单面焊双面成型工艺。在下环过流面侧、焊缝根部位置铺设特殊定制的陶瓷垫片，保证焊缝根部成型质量。由于采用奥氏体不锈钢焊丝造成焊缝晶粒粗大，超声波散射衰减严重，被散射的超声波沿着复杂的路径传播到探头，引起草波，使信噪比下降，甚至噪声会湮没缺陷波。因此，普遍认为常规的奥氏体不锈钢焊缝不太可能应用超声波检测[9]。同时，奥氏体不锈钢没有磁性也不能进行磁粉探伤（MT）[10]。因此，根据《高压容器建造》（ASME Ⅷ第 3 册）之 KF‐225 液体渗透检查中"所有奥氏体铬镍合金钢、奥氏体‐铁素体双相钢和镍合金钢的焊缝，无论对接或角焊缝，都应按照液体渗透法（见 KE‐334）进行检查"的规定，仅对之设定进行 PT 检查。

（2）根据《高压容器建造》（ASME Ⅷ第 3 册）之 KE‐233.2 磁粉和液体渗透检测验收标准的规定，"一条线上存在边到边的间隔不大于 1/16in（1.6mm）的 4 个或更多的圆状显示为不合格""在任何主尺寸不大于 6in（152mm）的 $6in^2$（$3871mm^2$）区域内有 10 个或更多凹状显示时为不合格"，图 1.1.46 所示的 PT 探伤结果显然都属于缺陷。

（3）按照常规处理方式并参考美国国家标准第 20 版［AWS D1.1/D1.1M（2006）］所提供提高疲劳寿命的焊缝修整方法进行缺陷处理，直至 PT 探伤检测合格。

2. 设计制造厂家划定的焊缝级别

《钢结构设计规范》（GB 50017—2003）中将焊缝分为三个质量等级，其中，全焊透的三级焊缝可不进行无损检测。但第 7.1.1 条还规定：焊缝应根据结构的重要性、荷载特性、焊缝形式、工作环境以及应力状态等情况，按下述原则分别选用不同的质量等级：在需要进行疲劳计算的构件中，凡对接焊缝均应焊透，其质量等级为二级。

因此，可以推断将需要进行疲劳计算的深蓄电站水泵水轮机转轮下环的对接焊缝划入"三级"范畴是有失偏颇的。尽管由于采用了奥氏体不锈钢焊丝的确难以进行超声波检测也不能进行 MT，但也应采取相应措施保证焊缝的焊接质量。

3. 结语

（1）鉴于抽水蓄能机组高转速转轮上冠与泄水锥的焊缝、分环瓣下环的焊缝的特殊状况，不宜将其划为"三级焊缝"。至少，应在相关的"技术要求"中予以详细说明并提出合适的处理措施。

（2）现所确定的验收标准"第一层焊完后进行 100％PT 检查，随后第三层焊完后及全部焊完后进行 100％PT 检查"。显然没有对留有 13～15mm 加工切削余量引起足够重视，更兼施工作业人员的疏忽或未尽责，以致出现图 1.1.46 所示的焊接质量事故。

（3）对此焊接质量事故应在严格保证转轮不发生有害变形的前提下采取刨除缺陷进行补焊及打磨加工的必要措施。

（4）对后续机组应制定该处焊缝在焊接过程中宜进行逐层 PT 探伤的技术要求。

（5）此外，转轮装配时，保证两个叶盘之间的焊缝根部预留 2mm 间隙和 2mm 钝边，使得焊缝根部焊接熔合较好，同时在焊缝另一侧采用焊缝清根，确保焊缝全熔透。整个焊缝焊接完成后，对焊缝全断面进行 100％UT＋100％MT 探伤检查，保证焊缝根部已完全焊透。

1.2 进水球阀

由于机组启停频繁以及甩负荷时进水球阀往往参与关闭等因素，高水头水泵水轮机进水球阀将经受较常规机组更强劲的压力脉动、径向轴向振动、上下游密封磨蚀、轴承磨蚀及自激振荡等的严峻考验。因此，其结构设计（含设计理念）、制造装配的特色也是形式多样的。当然也应该通过更多途径的沟通、商榷以求得优化。

本节对进水球阀阀座基础结构、进水球阀上下游主密封材质可靠性以及枢轴轴套结构优劣评判等方面进行了较为深入的剖析，并提出了一些新的见解。

1.2.1 进水球阀阀座基础结构

以高水头、高转速为表征的抽水蓄能电站的进水球阀在机组启停、工况转换以及甩负荷时，会有一个作用在活门上的强大水流推力（如仙蓄电站进水球阀全关时的水推力达到 27.7MN）。该力是由阀体通过上游接管传递到上游压力钢管上再向混凝土基础传递，而不能由进水球阀地脚螺栓来承受。但是，阀体在上游水道瞬间推力作用下有一个沿着水流轴向移动的趋势，而球阀基础混凝土支墩由于材质、体积的原因是不设计用来承受进水球阀所带来的水推力的。因此，在设计、选用进水球阀时都采用进水球阀底座与基础板（埋设于混凝土支墩）之间保证能够相对滑动的设计。比如《水轮机进水球阀选用、试验及验收规范》（NB/T 10078—2018）第 5.1.15 条规定："进水球阀底座应允许在基础板上沿压力钢管方向少量位移，最大允许位移量应按进水球阀关闭时的最大水推力等引起的阀体轴向移动计算确定，基础板滑动面间应有防锈措施。"因此，各设计制造厂商分别选择了各具特色的基础座滑动面的结构型式，具体如下。

1. 法国 ALSTOM 系列

GZ-I电站、惠蓄电站和海蓄电站采用了法国 ALSTOM 系列进水球阀底座基础结构。

（1）GZ-I 电站进水球阀底座基础结构见图 1.2.1，其特点是：①球阀底座基础结构由带套管基础螺杆（含调整配件），基础板装配（含调整件）和附有螺套、垫圈、螺母的全扣紧固螺钉装配（与球阀底座把合）三部分组成。其中，基础螺杆装配浇筑于二期混凝土（球阀支墩），再和基础板共同浇筑于三期混凝土中。②M64×4（光杆部分 ϕ75mm）的基础螺栓长约 2370mm，套管长 700mm，基础螺杆的上端部可以在套管内有一定的调节裕量以弥补浇筑三期混凝土时埋设的误差。③在浇筑三期混凝土前，安装并调整基础板的水平度与高程符合图纸的设计要求。④球阀就位时底座与基础板、基础螺杆的把合见图 1.2.2，长螺套下连基础螺杆、上连球阀底座紧固螺栓，其外径 ϕ105mm 与底座、基础板 ϕ120mm 螺孔有一定调节裕量；底座紧固螺栓下端面与基础螺杆上端面设计有 5mm 间隙，应在现场测量确定全扣螺钉的拧入量。⑤球阀底座下平面和基础板上平面加工精度均要求达到 Ra3.2，安装时接触面涂抹润滑剂；且基础底板设计有注油通道和油槽，可以从设置在侧面的油杯向滑动面注入润滑剂。⑥浇筑三期混凝土经养护后紧固螺栓的预紧力矩为 250N·m。

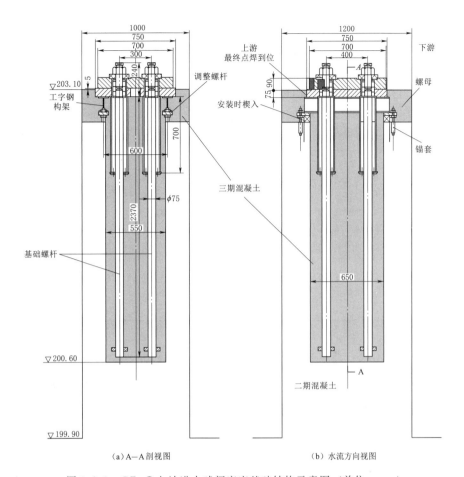

（a）A—A剖视图　　　　　（b）水流方向视图

图 1.2.1　GZ-Ⅰ电站进水球阀底座基础结构示意图（单位：mm）

（2）惠蓄电站进水球阀底座基础结构见图 1.2.3，其特点如下。

1）球阀基础是由 8 根 M60 基础螺杆（用螺母直接与球阀底座把合）、基础板（含调整附件）两部分组成，基础螺杆和基础板均浇筑于三期混凝土中（球阀支墩为二期混凝土）。

2）M60 基础螺杆长约 705mm，在与二期混凝土中的锚筋连结固定后直接浇筑于三期混凝土中。由于基础螺杆是直接通过螺母与球阀底座把合紧固的，需要安装施工队伍具有较高的工艺水平，才能确保基础螺杆与基础板埋设的位置、高程及水平度达到设计要求。

3）惠蓄电站球阀基础板埋设部件装配

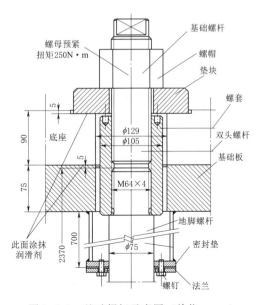

图 1.2.2　基础螺杆示意图（单位：mm）

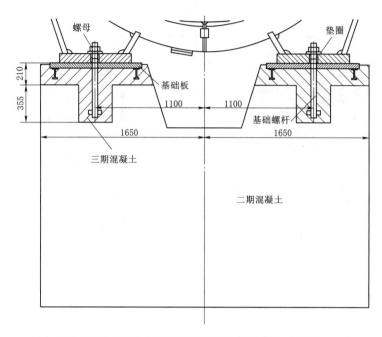

图 1.2.3　惠蓄电站进水球阀底座基础结构示意图（单位：mm）

见图 1.2.4，其作业程序是根据球阀的中心、里程和球阀底座尺寸，在二期混凝土的基础锚筋上焊接高程调整螺栓→将调整支座装配于高程调整螺栓上→把基础螺栓穿入基础板→调整螺杆外露部分到基础板上的距离→套上保护套管和螺母→整体吊放至安装位置的基础埋件上→配合工字钢调整球阀基础板的水平、中心和高程（要求基础板水平度不大于 0.10mm/m、高程偏差不大于 1mm、中心偏差不大于±2mm）→调整合格后在百分表监控下进行点焊加固→终检后进行三期混凝土浇筑。

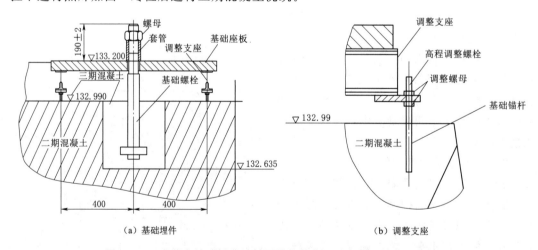

（a）基础埋件　　　　　　　　　　　　　　　（b）调整支座

图 1.2.4　惠蓄电站球阀基础板埋设部件装配示意图（单位：mm）

　　4）吊装球阀后用液压工具按（1400±140)N·m 扭矩对称拧紧固定螺母和垫圈（见图 1.2.4）。

5）球阀底座下平面和基础板顶面两个接触面的加工光洁度均为 Ra3.2，安装时涂抹二硫化钼（MoS₂）润滑脂，使得球阀底座与基础板紧密贴合时形成油膜起到润滑作用。

（3）海蓄电站球阀基础见图 1.2.5，其结构特点如下。

1）球阀基础是由 8 根 M60 基础螺杆（上端部丝牙连接长螺母）、基础板（含调整附件）和 M60 全扣丝杆（带螺母，与球阀底座把合）三部分组成。基础螺杆和基础板均浇筑于三期混凝土中（球阀支墩为二期混凝土）。

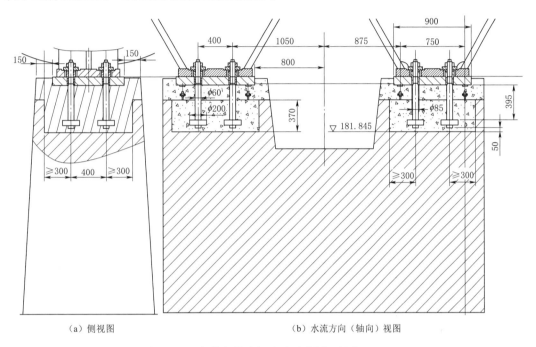

（a）侧视图　　　　　　　（b）水流方向（轴向）视图

图 1.2.5　海蓄电站球阀基础示意图（单位：mm）

2）M60 基础螺杆长约 570mm，在与二期混凝土中的锚筋连接固定后直接浇筑于三期混凝土中。由于基础螺杆是直接通过螺母与球阀底座把合紧固的，需要安装施工队伍具有较高的工艺水平，才能确保基础螺杆与基础板埋设的位置、高程及水平达到设计要求。

3）球阀就位时底座与基础板的把合结构见图 1.2.6，在螺母 1000N·m 拧紧力矩作用下的垫片与阀体底座之间、阀体底座与基础板之间是紧密贴合没有间隙的。

4）球阀底座下平面和基础板顶面两个接触面的加工光洁度均为 Ra3.2，安装时涂抹二硫化钼润滑脂，阀体底座与基础板之间紧密贴合形成油膜在相对滑动时能起到润滑作用。

2. 德国 VOITH（伏伊特）系列

GZ-Ⅱ电站采用了德国 VOITH 系列进水球阀基础结构（见图 1.2.7），其特点如下。

1）球阀基础由基础螺栓组装（含套筒）、带滑板的基础板（含调整附件）和附有定距隔套的紧固螺母组合（直接将球阀底座与基础螺杆把合）三部分组成。其中，基础螺栓组装浇筑于二期混凝土中；套管中的地脚螺杆、基础板（含调整附件）浇筑于三期混凝土（非收缩型）中。

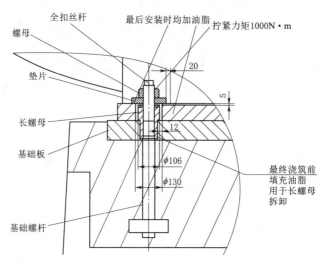

图 1.2.6　球阀基础把合结构示意图（单位：mm）

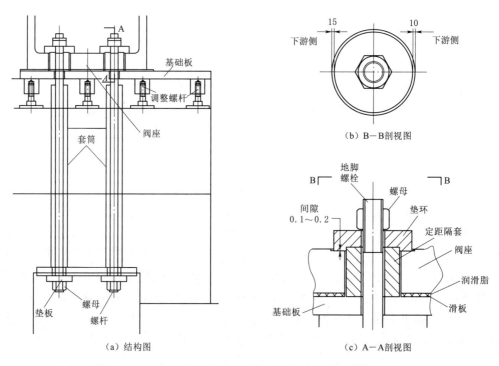

图 1.2.7　GZ-Ⅱ电站进水球阀基础结构示意图（单位：mm）

2）M80×6 地脚螺杆长 2540mm 穿过基础板直接把合球阀底座，其上端部可以在套管内有较大的调节裕量以弥补浇筑二期混凝土埋设时可能引起的误差。

3）基础板可用浇筑于二期混凝土的调整螺钉调整其高程、水平度及方位，尤其是基础板上方厚 12mm 的铝铜板的高程和水平度应符合图纸设计要求，最终交付三期混凝土浇筑。

4）球阀就位时底座与基础螺杆把合结构见图 1.2.7 （c），具体作业程序是：准确测量球阀底座鱼眼孔深度和定距隔套原高度→确定每个定距隔套的加工尺寸→进行隔套加工→调整合适的球阀底座鱼眼孔与定距隔套的上下游间隙→采用液压拉伸器按 67MPa 拧紧螺母、通过垫环将定距隔套紧压于基础板上→检测垫环至球阀基础螺栓鱼眼孔端面间隙应为 0.1～0.2mm。

5）滑板上、下表面及基础板上平面加工精度均为 Ra6.3，安装时涂抹 MoS$_2$ 润滑剂使得阀体底座与滑板构成良好的摩擦副。

3. ANDRITZ（中国）系列

仙蓄电站和深蓄电站采用了 ANDRITZ（中国）系列的进水球阀底座基础结构。

（1）仙蓄电站进水球阀底座基础结构见图 1.2.8，其特点如下。

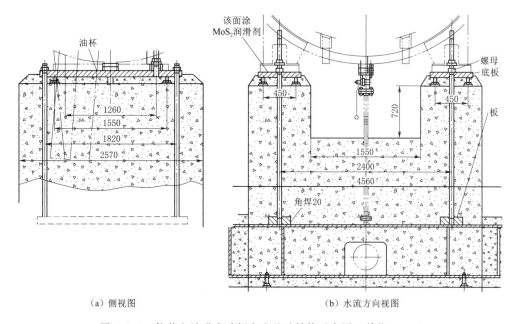

（a）侧视图 （b）水流方向视图

图 1.2.8　仙蓄电站进水球阀底座基础结构示意图（单位：mm）

1）球阀由基础框架（含支撑基础板的地脚螺杆）、基础板（含调整附件）和附有定距隔套的紧固螺钉（与球阀底座把合）三部分组成。基础框架浇筑于一期混凝土和二期混凝土中；基础板浇筑于三期混凝土（非收缩型）中。

2）支撑基础板的 M64 地脚螺杆长约 2100mm，随其基础框架直接浇筑于二期混凝土中，其浇筑后的定位对基础板的方位影响较大，安装调整及固定时需要采取稳妥的作业措施。

3）在浇筑三期混凝土前，安装并调整滑板式基础底板的水平度、高程与方位符合图纸设计要求。

4）球阀就位时底座与基础板把合结构见图 1.2.9，定距隔套的高度在现场根据实际测定使底座上平面与垫块之间有 0.2～0.3mm 的间隙，压力钢管处于排空状态时定距隔套处于中间位置。

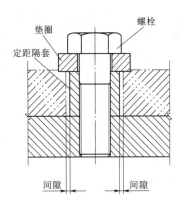

图 1.2.9 底座与基础板把
合结构示意图

5）球阀底座下平面加工精度要求达到 Ra3.2，与表面有润滑油槽的滑动式基础底板之间需涂 MoS₂ 润滑油脂；且基础底板设计有注油通道，可以从设置在侧面的油杯向滑动面注入润滑油脂。

6）浇筑三期混凝土经养护后紧固螺栓的预紧力矩为 5150N•m。

（2）ANDRITZ（中国）在仙蓄电站实践的基础上经改进用于深蓄电站进水球阀底座基础结构见图 1.2.10。

1）球阀基础由框架式安装模板、带滑板的基础板（含调整附件）和附有定距隔套的紧固螺钉（与球阀底座把合）三部分组成。其中，框架式安装模板浇筑于一期混凝土和二期混凝土中；框架式安装模板套管中的地脚螺杆、基础板浇筑于三期混凝土（非收缩型）中。

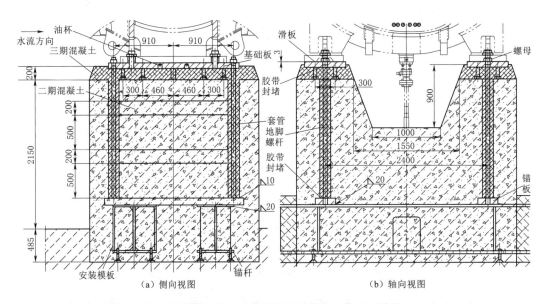

（a）侧向视图　　　　　　　　　（b）轴向视图

图 1.2.10 深蓄电站进水球阀底座基础结构示意图（单位：mm）

2）框架式安装模板套管中的 M64 地脚螺杆长约 2100mm，其支撑、固定基础板的上端部可以在套管内有较大的调节裕量以弥补框架式安装模板在浇筑二期混凝土时埋设的误差（±2mm 之内）。

3）在浇筑三期混凝土前，安装并调整包括滑板的基础板的水平度、高程与方位符合图纸设计要求。

4）球阀就位时底座与基础板把合结构见图 1.2.11，左右支墩基础板上各均布四块 750mm×150mm×3mm（厚度）的滑板，其材质为 FZB06（双金属自润滑材料），具有承载能力高、减摩耐磨性能好的特点，定距隔套的高度在现场根据实际测定使底座上平面与垫块之间有 0.2～0.3mm 的间隙。

5）球阀底座下平面加工精度要求达到 Ra3.2，与表面有润滑油槽的滑动式基础底板之间需涂 MoS_2 润滑油脂；且基础底板设计有注油通道，可以从设置在侧面的油杯向滑动面注入润滑油脂。

6）浇筑三期混凝土经养护后紧固螺栓的预紧力矩为 5150N·m。

4. 日本东芝电力系列

（1）清蓄电站采用了日本东芝电力系列的进水球阀底座基础结构（见图 1.2.12），其结构特点如下。

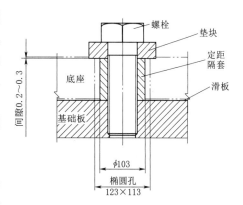

图 1.2.11　底座与基础板把合结构示意图（单位：mm）

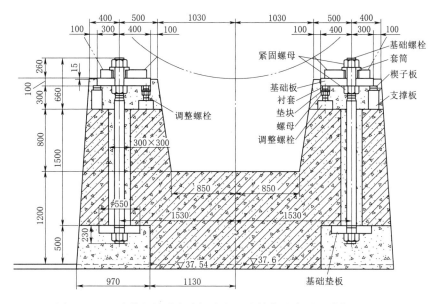

图 1.2.12　清蓄电站进水球阀底座基础结构示意图（单位：mm）

1）球阀基础由安装框架定位基础螺栓、基础板（含调整附件）和附有定距套筒的紧固螺母（与球阀底座把合）三部分组成。其中，安装框架（包括基础螺栓下端部）焊接固定于一期混凝土的预埋钢筋上并浇筑于二期混凝土中；基础螺栓上部一段与基础板浇筑于三期混凝土（非收缩型）中。

2）M125×6 基础螺栓长 2390mm，通过安装框架的精心施工准确定位（见图1.2.13）。

3）在浇筑三期混凝土前，安装并调整基础板的水平度、高程及方位符合图纸设计要求。

4）球阀就位时底座与基础板把合结构见图 1.2.14，定距套筒的高度在现场根据实际测定使底座上平面与垫块之间有 0.1～0.3mm 的间隙。

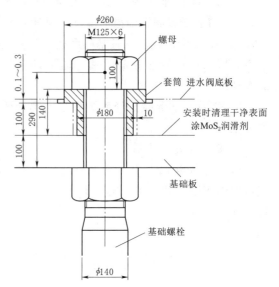

图 1.2.13　清蓄电站球阀框架　　　　　　图 1.2.14　底座与基础板把合结构
　　　　　　　　　　　　　　　　　　　　　　　　示意图（单位：mm）

5）球阀底座下平面及基础板上平面的加工精度均为 Ra12.5，安装时接触面需涂 MoS_2 润滑油脂。

6）浇筑三期混凝土经养护后紧固螺栓的力矩使得螺 M125 栓伸长值（0.23±0.02)mm。

（2）四台机组投入运行后均发现球阀阀体基础三期混凝土有不同程度的裂隙，其中以 4 号机组最为严重（见图 1.2.15）。

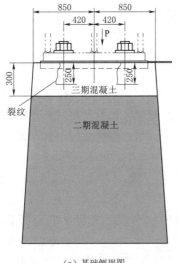

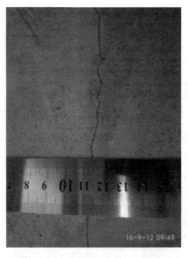

（a）基础侧视图　　　　　　　　　　　　（b）裂隙照片

图 1.2.15　球阀基础裂隙情况图（单位：mm）

THPC 分析认为，虽然产生裂隙的三期混凝土已不再承受拉应力，但固结于二期混凝土的基础螺栓在整体强度上还不会受到影响。鉴于裂隙状况可能会有恶化的趋势，建议进一步查找原因并研究遏制裂隙的对策。

5. 结语

（1）在球阀底座与基础板之间采用切实有效的相对滑动设计无疑是相当重要的。

根据惠蓄电站球阀的实际监测[8]，阀体在各种工况下的位移见表 1.2.1。

表 1.2.1　　　　惠蓄电站球阀阀体与混凝土支墩在各种工况下的位移表　　　单位：mm

工　况	球　阀　阀　体		混　凝　土　支　墩	
	轴向	垂向	轴向	垂向
开机空载	0.097	0.004	0.016	0.068
180MW 负荷	0.006	0.001	0.003	0.010
300MW 负荷	0.010	0.002	0.006	0.016
停机	1.075	0.005	0.057	0.115
水泵工况关机	0.938	0.008	0.083	0.241
发电工况开机	0.678	0.014	0.127	0.095
空载关球阀	0.336	0.007	0.010	0.030
50％负荷关球阀	1.097	0.099	0.105	0.163
100％负荷关球阀	1.672	0.204	0.295	0.728

从表 1.2.1 中可以看出，机组停机时阀体轴向位移为 $1.075-0.057=1.018$mm，50％负荷关球阀时阀体轴向位移为 $1.097-0.105=0.992$mm，100％负荷关球阀时阀体轴向位移为 $1.672-0.295=1.377$mm。足以证实必须在球阀底座与埋设于混凝土支墩的基础板之间采取能够相对滑动的设计才能有效减小球阀对混凝土支墩的推力，避免支墩混凝土承受过大的拉应力。

（2）采用框架式安装模板或者基础框架（如仙蓄电站、深蓄电站和清蓄电站）有助于准确定位基础螺栓，使得球阀基础板埋设中心、高程能够较好地满足设计要求和实际需要。

（3）较长的埋设于二期混凝土中的地脚螺杆（如 GZ-Ⅰ电站的 M64×2370mm、GZ-Ⅱ电站的 M80×2540mm、仙蓄电站和深蓄电站的 M64×2100mm、清蓄电站的 M125×2390mm）对球阀基础板的固定是有利的，显然优于较短而又仅埋设于三期混凝土中的基础螺栓。

（4）采用附有套管的地脚螺杆（如仙蓄电站、深蓄电站和 GZ-Ⅱ电站）使得其固定基础板的上端部可以有较大的调节裕量，可以弥补浇筑二期混凝土时可能潜在的埋设误差，而浇筑于二期混凝土中又直接与球阀底座穿接紧固的基础螺栓则需要更为精湛的施工工艺和较长的作业时间。

（5）球阀底座与基础板之间衬垫承载能力高、减摩耐磨性能好的滑板（如 GZ-Ⅱ电站厚 12mm 的铝铜板、深蓄电站 3mm 双金属自润滑材料 FZB06）能够有效避免接触面锈结、大大降低相对滑移时的摩阻力，从而大大降低基础混凝土所可能承受的拉应力。

（6）采用在现场根据实际测定并加工定距隔套的高度，使得球阀基础紧固时其底座上平面与垫块之间可以保持 0.2～0.3mm 的间隙，这种有助于阀体少量轴向移动的设计明显优于仅靠润滑脂降低摩阻力而接触面无预留间隙的固定方式。

（7）适当提高球阀底座下平面和基础板上平面的加工精度对滑动面的相对移动肯定是有利的，建议达到深蓄电站、仙蓄电站、海蓄电站所采用的 Ra3.2 的加工精度要求（半精加面），能使得安装时接触面涂抹二硫化钼润滑油脂的实效和时效更佳。而清蓄电站球阀基础底板下平面和基础板上平面的加工精度设计仅为 Ra12.5（属于可见加工痕迹的粗加工非配合的加工面），其实际效果自然要差得多。

（8）采用设计有注油通道和接触面有润滑油槽的基础板（如 GZ-Ⅰ电站、仙蓄电站和深蓄电站），可以随时从设置在侧面的油杯向滑动面注入润滑油脂，始终保持阀体相对位移时的低磨阻状态。

（9）球阀底座和基础板摩擦面的正压力是由底座紧固螺栓的拧紧力矩和球阀正常启闭时相应的下压力两部分组成的，球阀阀体沿水流方向滑移时底座与球阀基础板之间的摩擦力也是与此正压力成正比的。因此，适度控制球阀固定螺母的拧紧力矩也是不可忽视的，设计有滑动垫板和定距隔套（预留设计间隙）的可以设定稍大，而采用直接压紧方式的则应适当降低拧紧力矩。如清蓄电站仅在对约 240mm 螺杆长度进行伸长的情况下，设定基础螺杆的伸长量为（0.23±0.02）mm，其所产生过大的轴向力可能使得定距套筒的弹性变形超过预留设计间隙，导致滑动面摩阻增大、基础混凝土承受超载拉力出现裂隙。

（10）安装初期，由于场地湿度大，同为 Q345 材质、加工精度偏低的阀体座板与基础板可能因锈蚀而粘接在一起形成较大静摩阻力，这个不利因素也要在设计阶段予以考虑。

1.2.2 进水球阀上下游主密封

在 GZ-Ⅱ电站机组大修期间，为了解决 4 台球阀上下游密封不同程度泄漏水量超标及上下游密封投退腔间窜压问题，对上下游固定密封环、活动密封环及投退腔固定铜环密封面进行了全面检查并采取了补焊及加工修复等措施。

1. 球阀解体后的检查情况

（1）球阀解体后上下游固定密封环损伤情况见表 1.2.2 及图 1.2.16～图 1.2.18。

表 1.2.2　　　　　　　　　　　固定密封环损伤情况表

阀号	上游检修密封	下游工作密封
8	密封面有多处较深凹坑及较多磨损痕迹	密封面有多处较深凹坑及较多磨损痕迹
7	有一处较深凹坑	密封面有多处较深凹坑及较多磨损痕迹
6	密封面仅有较浅磨损痕迹	密封面有多处较深凹坑及较多磨损痕迹
5	密封面较好，无明显坑点、汽蚀	密封面有多处较深凹坑及较多磨损痕迹

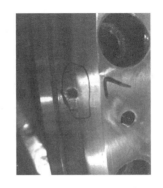

图 1.2.16　8 号上游固定密封环　　　　图 1.2.17　7 号下游固定密封环

（2）上下游活动密封环损伤情况见表 1.2.3 及图 1.2.19。

表 1.2.3　　　　　　　　　　　　活动密封环损伤情况表

阀号	上游检修密封	下游工作密封
8	中间盘根槽由于密封破损导致汽蚀严重	密封面较好，无坑点、汽蚀
7	密封面较好，无坑点、汽蚀	密封面较好，无坑点、汽蚀
6	密封面存在一段约 100mm 长的较深磨损痕迹	密封面较好，无坑点、汽蚀
5	密封面较好，无坑点、汽蚀	密封面较好，无坑点、汽蚀

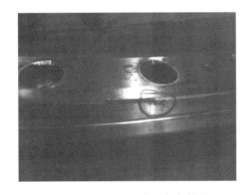

图 1.2.18　6 号下游固定密封环　　　　图 1.2.19　8 号球阀上游活动密封环

（3）上游活动密封环投退腔铜环损伤情况见表 1.2.4 及图 1.2.20～图 1.2.22。

表 1.2.4　　　　　　　　　上游活动密封环投退腔铜环损伤情况表

阀号	投　入　腔	退　出　腔
8	铜环与活动环接触密封面无坑点、汽蚀	铜环与活动环接触密封面有较多磨损痕迹，有的因活动环密封破损导致汽蚀
7	铜环与活动环接触密封面无坑点、汽蚀	铜环与活动环接触密封面有较多磨损痕迹，有因汽蚀导致的沟槽
6	铜环与活动环接触密封面无坑点、汽蚀	铜环与活动环接触密封面有较多磨损痕迹，有因汽蚀导致的沟槽
5	铜环与活动环接触密封面无坑点、汽蚀	铜环与活动环接触密封面有较多磨损痕迹

(a)因磨损导致的汽蚀

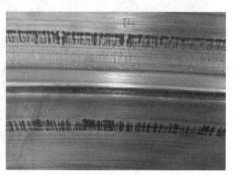

(b)磨损痕迹

图 1.2.20 8号球阀上游密封退出腔铜环

图 1.2.21 7号球阀上游
密封退出腔铜环

（4）下游活动密封投退腔铜环损伤情况见表1.2.5。

2. 初步分析

（1）各工作部件现状分析。

1）由于下游工作密封动作比较频繁，其固定密封环均呈现"密封面有多处较深凹坑及较多磨损痕迹"，而动作较少的上游检修固定密封环状况则稍好，但也存在凹坑和磨损痕迹。

2）上下游活动密封环密封面基本完好无损。

3）日常处于无压状态的上游活动密封投入腔铜环基本完好。

4）日常充高压水的上游活动密封退出腔铜环均呈现铜环与活动密封环接触密封面有较多磨损痕迹及因汽蚀导致的沟槽。

5）尽管下游活动密封动作比较频繁，但其投退腔铜环与活动密封环接触密封面均无坑点、汽蚀。

(a)汽蚀沟槽

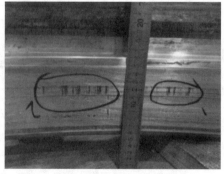

(b)磨损痕迹

图 1.2.22 6号球阀上游密封退出腔铜环

表 1.2.5 下游活动密封环投退腔铜环损伤情况表

阀号	投 入 腔	退 出 腔
8	铜环与活动环接触密封面无坑点、汽蚀	铜环与活动环接触密封面无坑点、汽蚀
7	铜环与活动环接触密封面无坑点、汽蚀	铜环与活动环接触密封面无坑点、汽蚀
6	铜环与活动环接触密封面无坑点、汽蚀	铜环与活动环接触密封面无坑点、汽蚀
5	铜环与活动环接触密封面无坑点、汽蚀	铜环与活动环接触密封面有多道较深划痕，但不成片状

由以上部件现状初步判断，固定密封环和活动密封环的损伤可能与二者的硬度差以及活动密封环所采用的密封圈有关。

（2）对固定密封环和活动密封环的硬度差的初步分析。

1）GZ-Ⅱ电站球阀活动密封环采用 SA182-93B F6NM（属于马氏体不锈钢，硬度 207～243HB），上下游固定密封环分别采用均属于奥氏体不锈钢的 SA182-93B F316L（硬度不大于 187HB）和 SA182-93B F316N（硬度不大于 217HB），设计要求活动环硬度高于固定环。因此，硬度较高的上、下游活动密封环均未出现"凹坑和磨损"；而动作比较频繁的下游固定密封环均出现"密封面有多处较深凹坑及较多磨损痕迹"；工作并不频繁的上游固定密封环也有类似情况，只是损伤程度有所区别而已。

2）而惠蓄电站、海蓄电站进水球阀均采用不锈钢材料制造活动密封环和固定密封环，其活动密封环的硬度要求比固定密封环低 35HB（见图 1.2.23），经长期运行工作一直正常、良好。

3）同时，由于活动密封环为圆锥形，固定密封环为球形，密封啮合为线接触，当球阀活门中心产生偏移（在推力间隙范围内），啮合线也会产生微量变化，因此在硬度较低的固定密封环生成压痕交错部位发生较大超标泄漏。

（3）活动密封环与投退腔之间密封圈形式的更换。

1）由于下游活动密封在之前的检修中已将原 O 形密封圈更换为 D 形密封圈（见图 1.2.24），在活动密封环往复移动时，密封圈不至于在槽内扭曲翻转而损坏，失去密封效果，密封性能良好。所以，下游活动密封投退腔铜环均无损伤。

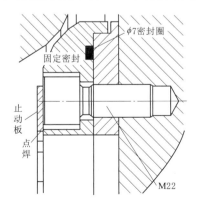

图 1.2.23 惠蓄电站固定密封环示意图
（单位：mm）

（a）原O形密封圈

（b）更换后的D形密封圈

图 1.2.24 更换前后的密封圈

2）由于正在运行的一管多机电站不可能对上游活动密封环更换密封，因此，日常充高压水的上游活动密封退出腔铜环均呈现铜环与活动环接触密封面有较多磨损痕迹及因汽蚀导致的沟槽，而日常处于无压状态的上游活动密封投入腔铜环基本完好。

3）改进型 D 形密封圈（见图 1.2.25）曾经用于改造后的 THP 电站，其密封压缩量、耐磨性、抗变形及抗扭转能力都已得到实践的验证[9]。

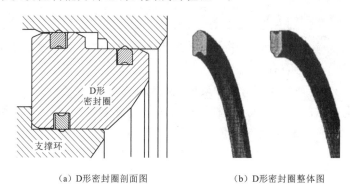

（a）D形密封圈剖面图　　　　　　　（b）D形密封圈整体图

图 1.2.25　THP 电站球阀活动密封环 D 形密封圈

3. 密封副硬度差的设计依据

（1）一般设计制造商均设定活动环和固定环中的易更换件硬度略低，其依据来自于《混流式水泵水轮机基本技术条件》（GB/T 22581）第 4.2.1.9 条"转轮的转动迷宫环与固定迷宫环或止漏环硬度差应不小于 20HB"、第 4.2.1.13 条"导叶端部与之相应的抗磨板之间宜有不小于 20HB 硬度差异"，以上均指的是固定环硬度低于活动环的硬度。

（2）在设计制造商自身的设计要求之外，查阅相关密封副硬度的标准规范有：

1）《石油、石化及相关工业用法兰端和对焊端钢制截止阀与和截止止回阀》（BS 1873：1990）的表 2 内件材料、硬度和可接受的规范中对阀体和闸板密封面同为 13Cr 的规定是"最小硬度为 250HB，二者之间的最小硬度差为 50HB。"

2）《实用阀门设计手册（第二版）》[10] 中采用的也是 BS1873：1990 的规定。

因此，50HB 的硬度差也就成了一些设计制造商的设计依据。

（3）据查相关规范确无活动环硬度高于固定环或固定环硬度高于活动环的硬性规定，以上所述的转轮的转动迷宫环与固定迷宫环、导叶端部与之相应的抗磨板以及阀体和阀瓣密封面均属于摩擦副或动密封副，与球阀上下游密封这样的静密封副显然是有区别的。因此，将上述相关摩擦副或动密封副的规定套用于球阀上下游密封这样的静密封副是不尽合适。

4. 对固定密封环硬度偏低会造成密封面磨损的验证

为了验证固定密封环硬度偏低是否会造成"密封面有多处较深凹坑及较多磨损痕迹"，采用硬度计分别检测了活动密封环和固定密封环的硬度。

检测结果表明，由于材质、热处理等多方面原因，密封环实际硬度值之间的差异还是明显存在的（见表 1.2.6）。

通过表 1.2.6 的测值的对比、分析和判断，其结论如下。

表 1.2.6 活动密封环和固定密封环硬度检测表

序号	部件名称	材质	硬度/HB					硬度平均测值/HB
1	5号上游活动密封环-1	SA182-93B F6NM	308	308	313	306	312	309
	5号上游活动密封环-2		299	307	315	301	305	305
	5号上游活动密封环-3		299	308	312	310	310	308
	5号上游活动密封环-4		308	307	315	307	306	309
2	5号上游固定密封环 N	SA182-93B F316	310	295	297	290	305	299
	5号上游固定密封环 M		340	351	308	335	337	334
	5号上游固定密封环 L		323	313	299	300	295	306
	5号上游固定密封环 R		304	312	322	310	298	309
3	5号下游固定密封环 N	SA182-93B F316	276	270	271	268	285	274
	5号下游固定密封环 M		266	271	273	273	282	273
	5号下游固定密封环 L		290	269	281	269	269	276
	5号下游固定密封环 R		282	279	270	267	259	271
4	8号上游活动密封环-1	SA182-93B F6NM	287	306	288	295	305	296
	8号上游活动密封环-2		297	296	303	300	285	296
	8号上游活动密封环-3		293	289	295	304	301	296
	8号上游活动密封环-4		305	308	301	299	287	300
5	8号上游固定密封环 N	SA182-93B F316	255	235	238	242	243	243
	8号上游固定密封环 M		237	240	242	232	233	237
	8号上游固定密封环 L		250	245	255	226	234	242
	8号上游固定密封环 R		238	239	237	260	259	247

（1）5号上游固定密封环的硬度测值达到290～351HB；而5号上游活动密封环硬度测值则为299～315HB，两者的硬度值相近，甚至相当一部分区域活动密封环密封面的硬度还低于固定密封环。因此，5号上游固定密封环的密封面基本完好，无坑点、汽蚀的现象就能得到圆满的解释。

（2）8号的上游固定密封环硬度测值达到235～260HB，而其上游活动密封环硬度测值为287～308HB，活动密封环硬度比固定密封环高了将近60HB。那么，固定环密封面之所以均呈现多处较深凹坑及较多磨损痕迹的现象也就顺理成章了。

（3）其他机组硬度较高的上、下游活动密封环均未出现"凹坑和磨损"，也可予以进一步证实。

5. 结语

（1）球阀上下游密封这样的静密封副与摩擦副或动密封副显然是有区别的，因此，将相关摩擦副或动密封副的规定套用于球阀上下游密封这样的静密封副也不尽合适。

（2）GZ-Ⅱ电站球阀检修的经验可以证明密封面的损伤是与其硬度差密切相关的。

1）固定密封环硬度低于活动密封环的硬度，而且差值比较大，其密封面损伤的程度也相对要大很多。

2）固定密封环和活动密封环硬度相近的密封面损伤程度很小或者说基本没有损伤。

因此，对于球阀上下游密封这样的静密封副是否设置硬度差是值得商榷的。

（3）法国 ALSTOM 设计制造的惠蓄电站、GE（中国）设计制造的海蓄电站都明确要求固定密封环的硬度比活动密封环高 35HB，多年以来一直运行正常。而 GZ-Ⅰ电站球阀上下游密封副又几乎没有硬度差，也能长期稳定运行。

我们还注意到，BS 1873：1990 中也同时规定了"对于 Cr（阀体）和 HF（闸板）之间的硬度差'应按制造厂的标准确定'"，《实用阀门设计手册（第二版）》也规定了"阀件和楔式密封面之间的硬度差没有要求""阀件和楔形密封面之间的硬度差应按各制造厂标准"。综上所述，在招标文件或合同中强行规定活动密封环与固定密封环的硬度差是未必合适的，但适当控制两者硬度差的幅值则是完全必要的，建议控制在 ±35HB 范围内以供各大设计制造厂商商榷。

1.2.3 进水球阀的枢轴轴套

进水球阀枢轴轴套结构、材质及密封形式的选用历来都是相关单位至为关注的焦点。

1. 枢轴轴套结构

以清蓄电站为例进行说明。其公称直径 2376mm 的进水球阀结构为横轴双面密封型式，水压操作。其特点有以下方面。

（1）枢轴镶套不锈钢钢套两端封焊后再进行精加工，其加工精度应是能够得到保证的（见图 1.2.26）。

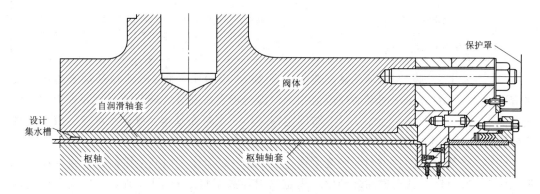

图 1.2.26 枢轴轴套示意图

注：枢轴外径 $\phi770^{0}_{-0.08}$；枢轴轴套外径 $\phi790^{0}_{-0.08}$；自润滑轴套内径 $\phi790^{+0.70}_{+0.65}$；

自润滑轴套外径 $\phi830^{0.0415}_{0.0166}$；阀体轴孔内径 $\phi830^{+0.10}_{0}$。

（2）自润滑铜套与阀体采用过盈配合，ϕ830mm 的自润滑铜套厚 20mm，其过盈量为 0.166～0.415mm。

过盈配合必然给轴套的更换工作带来极大难度，例如十三陵抽水蓄能电站 4 号机球阀耳轴漏水严重，检修时利用耳轴轴承（耳轴轴承厚度为 24.5mm，与阀体采用过盈配合）端面的 4 个对称的 M12×1.75 的螺孔用 4 根丝杠借助一个自制的圆盘拔轴承，但没有拔动，后在端面均匀增加 8 个 M12×1.75 的丝孔，共 12 根丝杠拔轴承，最终导致轴承破坏性轴向断裂。另外，2004 年投入运行的摩洛哥 2×150MW 艾富里尔抽水蓄能电站，其水头 550m 的 ϕ1.4m 球阀于 2008 年因球阀耳轴轴套漏水严重，拔轴套时因作业困难而采取了非正常的措施手段。

（3）清蓄电站原设计球阀接力器端枢轴轴套结构见图 1.2.27（a），其轴套凸台在阀体内侧用销钉螺栓固定，这就意味着必须大解体球阀才能更换轴套，而这对检修造成的难度是难以被接受的，修改后的轴套结构见图 1.2.27（b）。

2．球阀枢轴轴套材质

（1）国产 FZ‐5 铜基镶嵌自润滑轴承（见图 1.2.28）的润滑机理是固体润滑剂在与对磨偶件的相对滑动过程中在挤压变形和摩擦力的作用下产生转移膜，在剪切力的作用下产生层状滑移，使摩擦副产生自润滑，实测摩擦系数为 0.08～0.13。这种轴承在水力发电领域得到广泛应用，效果不错。

（2）GZ‐Ⅱ电站由美国 VOITH 设计的球阀枢轴轴套（见图 1.2.29）采用日本 OILES 公司的 500 号特殊强力黄铜基固体润滑剂镶嵌轴承（OILES 500SPSL‐401）。使用 10 多年来运转稳定，未发现异常。

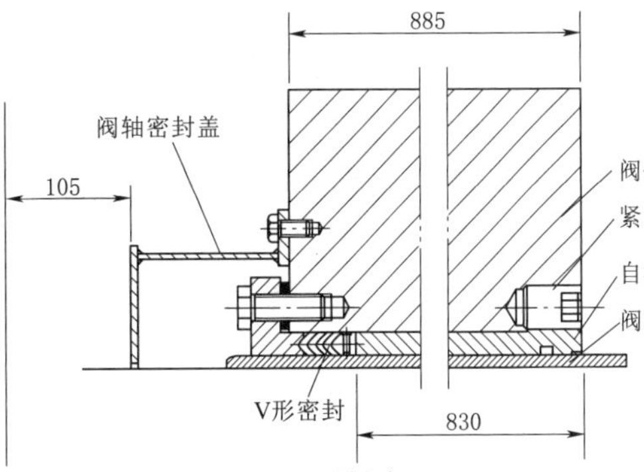

但由于导叶轴套使用 7 年后发现

（a）原方案

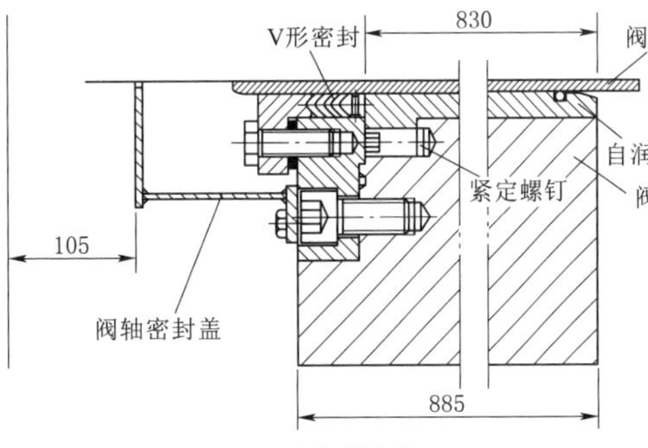

（b）新方案

图 1.2.27　清蓄电站原设计球阀接力器端枢轴轴套结构示意图（单位：mm）

普遍有约 0.50m 的磨损量，经分析认为，由于机组稳定运行中，导叶往往一直处在约 0.5%的摆动（0.5Hz）状态之下，这就造成固体镶嵌自润滑轴承在随着导叶轻微摆动时，摆动行程在固体润滑剂的节距以内，在滑动部分不能形成材料的临界薄膜润滑的范围，未形成润滑膜的部分出现金属直接接触而引起磨损（见图 1.1.44）。当导水叶处于微开状态时，导叶轻微摆动现象所造成的磨损就会更加严重。2007 年在机组检修时曾以大连三环制造的 FZB053 替代，但使用不到两年即出现最大磨损量达 1mm 的异常情况。

图 1.2.28 FZ-5 铜基镶嵌自润滑轴承

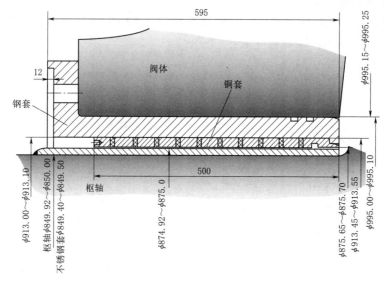

图 1.2.29 GZ-Ⅱ电站枢轴轴套示意图（单位：mm）

（3）日本东芝电力在西龙池抽水蓄能电站球阀用的就是日本 OILES 公司的产品，运行多年未见异常。

3. 枢轴轴套密封形式的比较

（1）THP 电站。

1）球阀轴套密封原设计为 U 形，由于球阀枢轴处水压较高，受压后密封圈的唇口与枢轴、枢轴端盖的压紧力、摩擦力相应也大。同时，在压力钢管轴向水推力作用下，球阀枢轴偏心导致密封圈周边的摩擦力不均，枢轴旋转时带动 U 形密封圈旋转，导致密封圈局部唇口折叠、挤压磨损而影响密封效果。

2）后改用五层 V 形结构的密封圈，由于能够较好地自适应密封腔间隙不均，抵抗密封环因枢轴旋转而造成的扭曲变形，从而提高密封圈的可靠性和使用寿命，早期效果是不错的。但随着机组运行时间的增长，轴瓦磨损越来越严重，偏心加大，出现漏水的情况。

3）现在又改用进口的单层 U 形密封和主辅两层的 U 形密封，单层 U 形密封为 SKF 系列进口 THP01-PH 型的密封圈（见图 1.2.30）。

（2）GZ-Ⅱ电站球阀轴套密封（见图 1.2.31）多年运行良好，可供借鉴。

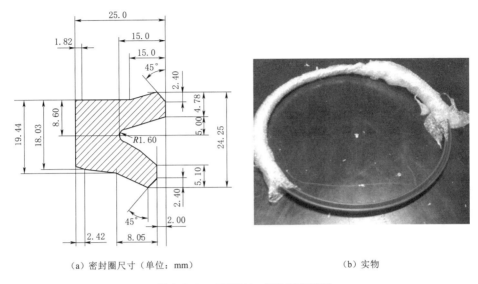

（a）密封圈尺寸（单位：mm）　　　　（b）实物

图 1.2.30　THP01-PH 型密封圈

（3）清蓄电站采用的轴套密封形式（见图 1.2.32），经长期运行证明是稳定可靠的。

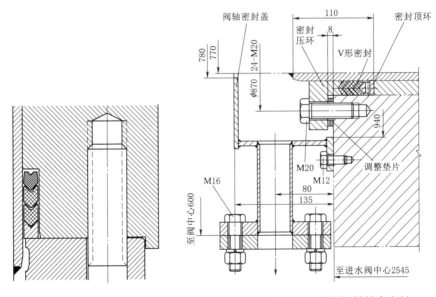

图 1.2.31　GZ-Ⅱ电站球阀轴套密封　　　图 1.2.32　清蓄电站球阀枢轴轴套密封
　　　　　示意图　　　　　　　　　　　　　示意图（单位：mm）

1.3　电动发电机

　　由于抽水蓄能机组具有频繁启动、正反转、机组转动惯量 GD^2 小、电动发电机长径比明显较大、转子强度要求高及通风困难等特点，使电动发电机电磁及结构设计较为复杂，而且随着机组容量的加大，设计难度相应增加。本章就弹簧簇推力轴承、厚环板磁轭制造装配以及机组轴系制作装配等进行了全面介绍，同时还剖析了磁极铁芯的装配质量。

1.3.1　电动发电机设计

本节详细介绍了首次用于国内大型抽水蓄能电站的 THP 电站所采用的弹簧簇支撑式推力轴承和清蓄电站所采用的无预压式弹簧簇推力轴承。同时介绍了 GZ－Ⅱ 电站、清蓄电站引进以及深蓄电站开发的电动发电机厚环板磁轭结构的设计特点，并对其运用过程中的完善和改进进行了深入分析、探索。

1.3.1.1　预压式弹簧簇支撑式推力轴承

弹簧簇推力轴承是一种适合于重载、高 PV 值的多点支撑方式的轴承，尽管该结构对弹簧的材质和制造工艺要求甚高，但由于其具有结构简单紧凑，整体尺寸小、重量轻及支撑高度低等特点；其弹簧簇（也称"弹簧束"）又可根据轴瓦承受载荷的大小，自行调整高度，直至形成能承受载荷的油楔；同时，无需现场刮瓦，有利于工地安装调整，轴瓦受力良好，对机组稳定性，减少振动、摆度都是有利的。目前，在抽水蓄能电站得到推广应用。

弹簧簇推力轴承大致有三种不同的类型：预压式、无预压式和碟簧式（见图 1.3.1）。THP 电站采用的是图 1.3.1（a）预压式；清蓄电站采用的是图 1.3.1（b）无预压式；仙蓄电站则采用图 1.3.1（c）碟簧式。

　　　（a）预压式　　　　　　　　（b）无预压式　　　　　　　（c）碟簧式

图 1.3.1　弹簧簇推力轴承的三种类型

1.3.1.1.1　THP 电站预压式弹簧簇推力轴承

由 CGE 设计制造的电动发电机弹簧簇推力轴承的应用已有近 100 年的历史，CGE 公司对该类型推力轴承的设计、制造及应用具有相当丰富的经验：

为了适应抽水蓄能机组的特殊要求，对应于 THP 推力轴承的 PV 值，CGE 公司又进行了一系列轴承模型试验，如对平均直径 940mm（外径 1168mm，内径 711mm）的模型推力轴承在试验速率 620r/min 各稳态工况及过渡工况进行长时间运行校验。同时，还进行了以下试验：①推力油槽不同油位的运行；②停机后即开机等频繁开停机试验；③在飞逸转速状态下运行了 20min；④冷却水中断状态下运行了 15min；⑤未投入高压油顶起装置工况下的停机试验。以冷却水中断 15min 运行为例，其时油温上升至 71℃，所对应的推力轴瓦温度约为 99℃，低于 115℃ 的设计保证值。经过上述试验达到了验证推力轴瓦无损伤也无其他异常变化的预期目的，同时结合相关计算机程序确定了 THP 原型推力轴承的结构型式和主要技术参数。

1. 结构型式和主要技术参数

（1）推力轴承结构。推力头与镜板之间用螺杆把合（见图 1.3.2），并配套以绝缘套筒和垫圈使推力头与镜板保持良好的电隔离状态（由于 THP 电站在运行中推力轴承多次出现绝缘下降甚至为零的故障，所以采用绝缘垫圈防止轴电流已经不是先进的结构型式）。镜板上开有的 10 个辐向油孔能在机组转动时，有效地将经油冷却器冷却后沿回油管流至 A 腔的冷油泵出，促进良好的油流循环。推力轴瓦共 10 块，采用双层结构，上层是镶有巴氏合金总厚 38mm 的铜瓦，下层为厚 50mm 的钢瓦，两者用 5 颗 M12 螺钉把合。瓦间相隔采用 5 颗长螺杆固定在基础环上的键条并由径向的内环板和压板限位在基础环上。每块轴瓦外缘设有一对形成冷却油流通回路的吸喷油嘴，单块轴瓦下面放置着 46 个预压式小弹簧，四周设置挡块使其固定在基础环上。由于抽水蓄能机组是双向旋转的，所以，弹簧簇的布置是对称的。基础环则固定在上机架环座上，基础环与环座的接合面须经刮削研配，其接触面积应达到 70% 以上。

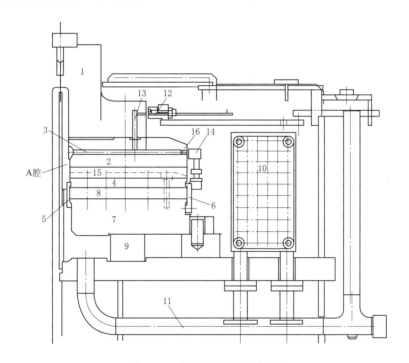

图 1.3.2　推力轴承结构示意图

1—推力头；2—镜板；3—辐向油孔；4—推力瓦；5—内环板；6—压板；7—基础环；
8—弹簧簇；9—上机架环座；10—油冷却器；11—回油管；12—推力密封；
13—推力油道；14—吸喷油嘴；15—键条；16—节流塞

图 1.3.2 中的项 12 "推力密封" 是 THP 电站推力轴承的特色之一，这种类似小导轴瓦的巴氏合金密封是由推力镜板上油泵孔向上的分支小油道供油润滑及冷却的，运行中推力密封的温度一般不超过 60℃。

（2）推力瓦结构主要技术参数见表 1.3.1，弹簧簇推力瓦结构见图 1.3.3。

表 1.3.1   推力瓦结构主要技术参数表

项　目	数值	项　目	数值
双层钨金瓦块数/块	10	弹簧簇弹簧个数/个	46
推力瓦外径/mm	1620	推力瓦内径/mm	712
平均直径/mm	1251	瓦间距/mm	53.8
轴瓦夹角/(°)	36	径向宽度 B/mm	454
周向平均长度 L/mm	342	推力轴承总损耗/kW	289
机组总推力负荷 W/MN	5.96	单块瓦负载 W_0/kN	596
单块瓦面积/cm²	1430	瓦总面积/cm²	14300
瓦面平均压力 P_0/(N/cm²)	416	平均线速度 v/(m/s)	32.75
PV 值/[kN/(mm·s)]	1362.4	最大圆周线速度 v_1/(m/s)	42.4
推力轴瓦正常运行温度/℃	≤78	报警温度/℃	85
事故停机温度/℃	90	推力轴承进油温/℃	≤42

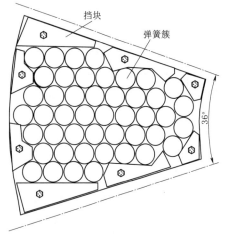

图 1.3.3　弹簧簇推力瓦结构示意图

2. 双层瓦结构及其润滑和冷却

（1）由于属于较厚型轴瓦，须采取特殊措施减小或消除热变形。为此，THP 电站采用了双层瓦及层间强迫循环冷却结构。

1）双层瓦结构的上部是厚（38±0.30）mm 散热性能良好的铜瓦，顶面镶有厚仅 2.5mm 的巴氏合金，瓦面中部是为常规高压油顶起装置所设置的环状沟和相应的管路。

2）为了有利于瓦面油楔的形成，针对抽水蓄能机组双向旋转的特点，瓦面的两侧边都刮削成宽度为 50（内径侧）～90（外径侧）mm、由 0.025mm 自深渐浅的进出油侧。

3）铜瓦背面的两侧开有用来放置 O 形橡皮密封条的盘根槽，槽间沿圆周是 128 条油沟，其深度分别为 0.92mm、1.88mm、2.84mm 和 3.8mm 各 32 槽，宽度均为 1.6mm（见图 1.3.4）。

4）铜、钢瓦是采用 5 颗 M12 螺钉紧密把合，上、下瓦装配后，铜瓦和钢瓦之间的间隙应小于 0.07mm，且其间隙深度不超过 10.0mm（THP 电站的铜瓦、钢瓦间隙均小于 0.03mm）。

5）每块钢瓦与铜瓦相应的进或出油侧位置还配置了温度传感器的检测孔（见图 1.3.5）。

（2）钢瓦顶面布置于铜瓦密封槽位置的内侧各有一条进、回油道（因机组旋转方向不同而互为进、回油道，油流循环通道见图 1.3.5（项 c、d），分别与吸喷油嘴（项 a、b 也因机组旋转方向不同而互为吸、喷功能）相连通，形成油流循环冷却的主要通路。其工作原理为：

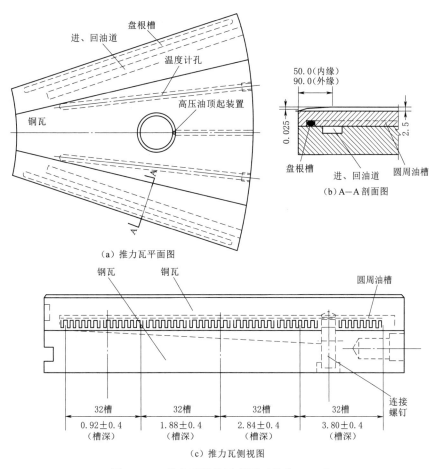

（a）推力瓦平面图

（b）A—A剖面图

（c）推力瓦侧视图

图 1.3.4　推力瓦结构示意图（单位：mm）

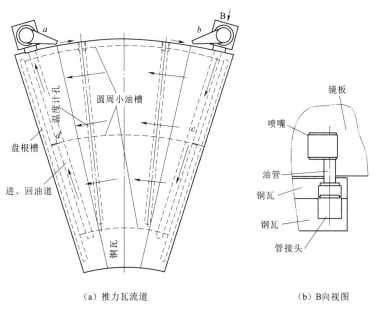

（a）推力瓦流道

（b）B向视图

图 1.3.5　油流循环通道示意图

1）当水轮机工况运行机组顺时针旋转时，经冷却器冷却的冷油由 A 腔通过镜板上的油孔的节流塞（见图 1.3.2，项 16）泵出，形成沿镜板外缘切线方向高速喷射的油流。其作用之一是在 a 喷嘴（见图 1.3.5）处形成负压区，使 a 喷嘴自与其连接的钢瓦油道 d 往外抽油；同时，高速油流又进入迎面开口的 b 喷嘴，通过油道 c 分别顺着铜瓦瓦背的 128 个圆周小沟槽冷却铜瓦后再通过油道 d 将热油从 a 喷嘴射出，完成冷热交换的高效循环（两侧之 O 形密封条确保了油道的闭路循环）。由于导热性能良好的铜瓦在油流循环冷却下的热变形较小，而刚度较大的钢瓦使轴瓦整体在荷载下的弹性变形能与之基本相抵消。

2）当机组为水泵工况运行时，油流循环的方向与上述相反。

3）镜板与轴瓦之间的润滑与常规机组是相同的。

（3）轴瓦总厚度 $T=88\text{mm}$，即 $T/L=88/342=0.26$，符合为减小轴瓦的弹性变形所规定的：$0.2 \leqslant T/L \leqslant 0.3$。如 1 号机的 10 块瓦厚度范围为 88.07～88.17mm，2 号机为 87.99～88.08mm，相邻瓦块的厚度误差均小于 0.05mm，其加工精度的要求是很高的。

3. 弹簧簇结构设计

1）小弹簧是弹性支撑结构的主要部件，弹簧簇结构见图 1.3.6。

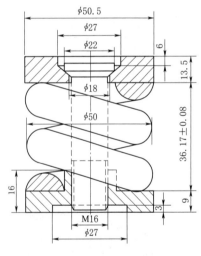

图 1.3.6　弹簧簇结构
示意图（单位：mm）

弹簧有效圈数 $n=2$；弹簧丝直径 $d=14\text{mm}$；弹簧圈外径 $D=50\text{mm}$；弹簧中径 $D_2=D-d=36\text{mm}$；上下夹板外径 $\phi=50.5\text{mm}$；预压螺杆为 M16；弹簧预压力 $P_1=(770\pm4.5\text{kg})$；预压后的弹簧结构总高度调整为 $(58.67\pm0.08)\text{mm}$，即：预压后的弹簧高度为 $(58.67\pm0.08)-13.5-9=(36.17\pm0.08)\text{mm}$；单个弹簧重量 $g=0.68\text{kg}$；弹簧材料选用 50CrVA，许用极限剪应力 $\tau=735\text{N/mm}^2$；强度极限 $\sigma_b=1470\text{N/mm}^2$；剪切弹性模数 $G=78400\text{N/mm}^2$。

2）根据以上资料我们对弹簧簇结构的技术指标测算如下[11]：

弹簧指数 $C=(D-d)/d=(50-14)/14=2.57$；曲度系数 $K=(4C-1)/(4C-4)+(0.625/C)=9.28/6.28+0.24=1.72$；允许极限负荷 $P_3=(\pi d^3/8KD_2)\tau=(8616/495.4)\times735=12783\text{N}$；弹簧刚度 $P'=(Gd^4)/(8D_2^3n)=(3011814400/746496)=4035\text{N/mm}$。

允许极限负荷下的变形：单圈变形 $f_3=(\pi D_2^2/GdK)\tau=(4069/18887872)\times735=1.59\text{mm}$；总变形 $F_3=P_3/P'=nf_3=3.18\text{mm}$。

弹簧节距 $t=1.59+d=15.59\text{mm}$；弹簧自由高度 $H=nt+0.5d=38.18\text{mm}$，与实测数是相符的；允许极限负荷下的高度 $H_3=H-F_3=35\text{mm}$；

在弹簧预压力 $P_1=(770\pm4.5)\text{kg}$ 作用下：弹簧压缩量 $f_1=P_1/P'=1.91\text{mm}$；弹簧预压后的高度 38.18-1.91=36.27mm，与实测值也是相符的。

预压螺杆拉应力 $\sigma = P_1/S_0 = 546\mathrm{kg/cm^2}$ 不大于其所采用不锈钢材质的许用应力；S_0 为 M16 螺杆最小截面面积 $141\mathrm{mm^2}$，螺杆的材料选用高强度不锈钢显然是能够满足强度要求的。

4. 弹簧簇支撑结构工作性能[12]

（1）弹簧工作负载 $W_1 = W_0/m = 596\mathrm{kN}/46 = 12956\mathrm{N}$。

其中，W_0 为单块瓦的负载；m 为单块瓦下的弹簧数。

（2）弹簧稳定性指标 $b = H/D_2 = 38.18/36 = 1.06 \leqslant 2.6$，这证明了弹簧的设计是稳定的。

（3）支撑预压力与负载之比 k。

1）支撑预压力 $P_0 = mP_1 = 46 \times 7700 = 354200\mathrm{N}$，其中 P_1 为弹簧预压力，为 7700N。

2）弹簧可供负载的压缩量是充裕的：$k = P_0/W_1 = 354200/596000 = 0.594$。

3）水轮发电机转动部分的总重量 4362000N 大于弹簧支撑预压力 3542000N，所以，整体负荷降至弹簧支撑预压力以下从而导致荷载能力为零危害轴承的工况是不会出现的。

（4）弹簧簇支撑结构的负载压缩量 f_4。

1）单块瓦的支撑刚度 $P'' = mP' = 46 \times 4035 = 185610\mathrm{N/mm}$。

2）单块瓦在负载下的支撑压缩量 $f_2 = W_1/P'' = 596000/185610 = 3.21\mathrm{mm}$。

3）$f_4 = f_2 - f_1 = 3.21 - 1.91 = 1.3\mathrm{mm}$。

当最大推力负载作用时，机组转动部件的高程的变化量将达到 1.3mm，这个数值略大。为了能满足水轮机过流部件的设计要求，在机组安装过程中应适当考虑 f_4 因素的影响。

（5）一般要求负载安全系数 $\eta = P_3/W_1$ 不小于 1.0，但对于 THP 电站而言：$\eta = 12783/12956 = 98.7\% \approx 1.0$。众所周知，机组的推力负载的主要成分是机组转动部件的重量和轴向水推力。经查阅：

1）机组轴向水推力的合同保证值为：稳态条件下，水轮机工况轴向水推力 $P_{ap} \leqslant 150\mathrm{t}$，而水泵工况轴向水推力 $P_{ap} \leqslant 150\mathrm{t}$（向下）；瞬变状态下，最大向上轴向水推力不大于 400t，最大向下轴向水推力不大于 200t；在所有运行条件下，最大向下轴向力（包括水泵水轮机转动部分重量）不大于 285t。

2）稳态轴向水推力的修正值：水轮机正常运行范围内，当净水头 $H_P = 520\mathrm{m}$ 时，$P_{ap} = -50\mathrm{t}$（向上），净水头 $H_P = 600\mathrm{m}$ 时，$P_{ap} = 0\mathrm{t}$；水泵正常运行范围内，轴向 $P_{ap} = +62\mathrm{t}$（向下）；此计算结果是在压力平衡管与上冠 8 个减压孔全开的条件下得出的，而性能保证试验是在上冠只开启 4 个减压孔，压力平衡管关闭的条件下进行的；所以，机组实际承受的推力负载约为：4362kN + 620kN = 4982kN。

弹簧工作负载应为：$W_1' = W_0'/m = 4982000\mathrm{N}/46 = 10830\mathrm{N}$，则负载安全系数实际值 $\eta = P_3/W_1' = 12783/10830 = 1.18$，是符合要求的。

5. 结语

（1）THP 电站的推力轴承在安装调整时，各瓦面的相对高度误差为 $\Delta h = \pm 0.15\mathrm{mm}$，则各轴瓦间的负载差：$\Delta W = P'' \Delta h = 185610 \times 0.15 = 27841.5\mathrm{N}$。

即各轴瓦间的负载不均匀度是较小的：$\zeta = \Delta W/W_0 = 27841.5/596000 = 4.67\%$。

由于弹簧簇的负载压缩量是足够充裕的，所以，弹簧簇支撑式推力轴承完全能够在压缩量裕度范围内平衡相互间的负载差。THP 电站 1 号、2 号机推力轴瓦温度见表 1.3.2，温度传感器分布见图 1.3.7，从表 1.3.2 中可以看出，同一类测温点的瓦温温差一般都在 2～3℃ 之间，至多不超过 5℃，这充分说明了弹簧簇支撑式推力轴承能良好吸收不均匀负载的特点。

表 1.3.2　　　　　THP 电站 1 号、2 号机推力轴承轴瓦温度表　　　　　单位：℃

检测部位	水轮机工况（300MW）		水泵工况（−320MW）	
铜瓦进油侧 1	RTD1①	59.7	RTD4	66.4
铜瓦进油侧 2	RTD5	59.6	RTD8	63.2
铜瓦进油侧 3	RTD9	58.5	RTD12	61.1
铜瓦进油侧 4	RTD13	60.5	RTD16	66.4
铜瓦进油侧 5	RTD17	62.4	RTD20	62.4
平均值	60.14（+2.26/−1.64）②		63.9（+2.5/−2.8）	
铜瓦出油侧 1	RTD4	65.7	RTD1	71.5
铜瓦出油侧 2	RTD8	65.7	RTD5	76
铜瓦出油侧 3	RTD12	66.7	RTD9	72
铜瓦出油侧 4	RTD16	67.9	RTD13	74.1
铜瓦出油侧 5	RTD20	65.6	RTD17	75
平均值	66.32（+1.58/−0.72）		73.72（+2.28/−2.22）	
钢瓦进油侧 1	RTD3	54.2	RTD2	59
钢瓦进油侧 2	RTD7	55.4	RTD6	58.5
钢瓦进油侧 3	RTD11	54.8	RTD10	57.2
钢瓦进油侧 4	RTD15	55	RTD14	58.9
钢瓦进油侧 5	RTD19	55.7	RTD18	59.3
平均值	55.02（±0.82）		58.58（+0.72/−1.38）	
钢瓦出油侧 1	RTD2	59.4	RTD3	66.2
钢瓦出油侧 2	RTD6	60.4	RTD7	66.2
钢瓦出油侧 3	RTD10	57.4	RTD11	64.8
钢瓦出油侧 4	RTD14	57.6	RTD15	66.7
钢瓦出油侧 5	RTD18	59	RTD19	64.2
平均值	58.76（+1.64/−1.36）		65.62（+1.08/−1.42）	

注　①RTD∗ 为检温计编号；②括号内数值表示了温度在均值的浮动范围。

（2）由于每块瓦弹簧簇的分布面积 $A_1 \approx m \times \phi^2$，所以弹簧簇分布面积占轴瓦总面积的百分比 $Q = A_1/A_0 = (46 \times 50.5^2)/143000 = 82\%$。

亦即整块轴瓦 82% 的面积支撑在 46 个小弹簧上，轴瓦支撑在弹簧簇上所产生负的弹性拱与运行状态的热变形是相互抵消的，这样就能保证瓦面基本全部接触面平均承压，使比压 P 分布均匀。由模型试验测算的轴承油膜压强和厚度分布所证实的（见图 1.3.8），

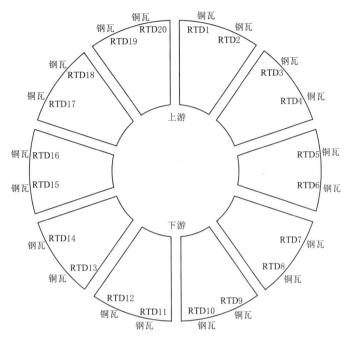

图 1.3.7　温度传感器分布图

瓦面的比压油膜（进、出油侧平均油膜厚度之比）和压强分布是均衡的，并能始终处于最佳承载动压运行状态。这意味着弹簧簇的弹性具有自动调节、平衡瓦的受力和保证瓦面自由随动倾斜的功能，无论是水轮机工况还是水泵工况都会产生由进、出油侧油膜厚度差所形成的油楔，使推力轴瓦的润滑和冷却效果得到极大的改善。

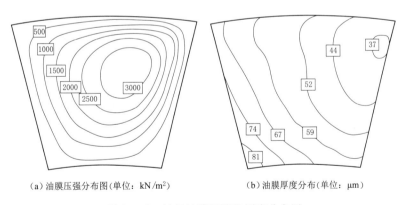

（a）油膜压强分布图（单位：kN/m²）　　　（b）油膜厚度分布（单位：μm）

图 1.3.8　轴承油膜压强和厚度分布图

综上所述，弹簧簇支撑式推力轴承具有结构简单紧凑，整体尺寸小、重量轻及支撑高度低等特点，同时也不采用现场刮瓦工艺，因此对工地安装是有利的。尽管该结构对弹簧的材质和制造工艺要求甚高，但在引进的八盘峡水电站 36MW 机组、隔河岩水电站 300MW 机组（CGE 公司设计制造）及二滩水电站 550MW 机组都已获得有益的经验，东方电机厂设计制造的仙游抽水蓄能电站也实现了成功的实践。

THP 电站预压式弹簧簇推力轴承更集中体现了良好的润滑、冷却性能和安全、稳定的承载功能以及弹簧簇的变形特性能够有效地吸收不均匀负荷并形成液体润滑的油楔等弹性推力轴承的基本特点，再次证明了这种结构损耗小、瓦温低及运行稳定的弹性推力轴承的应用前景是相当广阔的。

1.3.1.1.2 仙蓄电站预压式弹簧簇推力轴承

（1）结构特点。12 块双层结构推力轴瓦的上层是镶有巴氏合金的轴瓦，厚 50mm，下层为厚 70mm 的钢瓦；钢瓦顶面设置类似于 THP 电站 GE 机组的周向环状沟槽，所不同的是未设计连通吸、喷油嘴所形成的封闭循环油路；单块轴瓦下面密集放置着 66 个带有上下夹板和预压螺杆的碟簧簇，轴瓦径向偏心值（支撑直径 1725mm）为 8%；机组额定推力负载 750t，过渡最大推力负载 1082t（见图 1.3.9）。

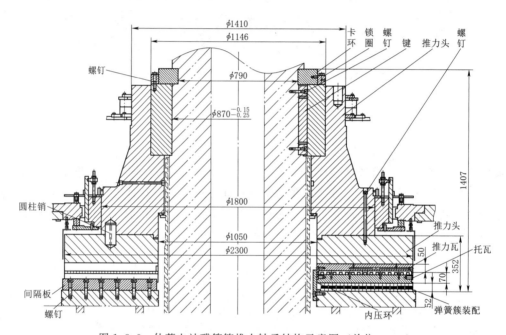

图 1.3.9 仙蓄电站碟簧簇推力轴承结构示意图（单位：mm）

（2）碟簧簇性能。碟簧簇及簧片结构见图 1.3.10，碟簧簇技术参数见表 1.3.3。

表 1.3.3 碟 簧 簇 技 术 参 数 表

项 目 名 称	参 数 值	项 目 名 称	参 数 值
碟簧外径 D/mm	45.0	弹簧簇外径/mm	50
碟簧内径 d/mm	20.0	弹簧高程/mm	60
碟簧片数	6	组装高度/mm	52.3
单片厚度 t/mm	3.91	弹簧簇碟簧组合方式	串联
碟簧数量（每块）	66	碟簧额定负载/kN	28
预压力/N	5000±500	弹簧簇刚度/(kN/mm)	7
材料	60Si2MnA		

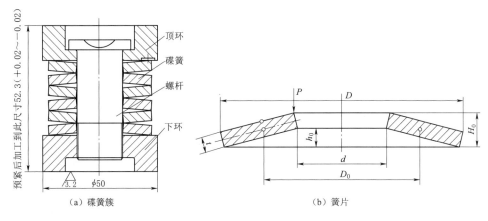

图 1.3.10　碟簧簇及碟片结构示意图（单位：mm）

D—碟簧外径；d—碟簧内径；D_0—碟簧中径；t—单片厚度；

P—碟簧额定负荷；H_0—碟簧自由高度；OM—重心

（3）分析评价。仙蓄电站是首次应用碟簧束推力轴承的可逆式机组推力轴承，进一步开拓了弹簧簇推力轴承的应用前景。

1）对于瞬时最大推力负载 1082t，每块瓦负载则达到 $1082000\text{kg} \div 12 = 90166.67\text{kg}$，可能超过每块瓦的极限承载力，这种工况是不安全的，至少会严重影响弹簧簇的工作寿命。

2）推力瓦温度计的开孔位置过于靠近瓦面中部（见图 1.3.11）所测得的结果不能反映轴瓦的实际最高温度，有必要修正轴瓦 RTD 温度计开孔位置，使得 RTD 温度计能够更真实反映轴瓦的实际运行状况。

3）推力轴承模型试验中，发电、水泵工况瓦间油温分别为 38.5℃ 和 37.0℃；油槽油温分别为 44.4℃ 和 42.3℃；推力瓦温度分别达到 73.2～75.8℃ 和 71.5～75.3℃。上述数据能够说明，由于推导油槽内油循环路径设计得不尽合理，导致了系统油循环效果较差、轴瓦瓦温偏高。推力瓦托瓦虽设计有类似于 THP 电站的周向环状沟槽，但也有并未形成封闭循环冷却的油路（见图 1.3.12）。在机组旋转时，"C" 和 "D" 腔之间形成不了压差，沟槽区域 "E" 可能是个油流的"盲区"，并不能对推力瓦起到显著的冷却作用。

4）而根据《水轮发电机组安装技术规范》（GB/T 8564）在过渡最大水推力下推力轴承的支撑压缩量 $S = \dfrac{P}{CZm} - u = \dfrac{10608000}{7160 \times 12 \times 66} - 0.8125 = 1.87 - 0.8125 = 1.06\text{mm} \approx 1.0\text{mm}$，还是能够被接受的。

1.3.1.2　无预压式弹簧簇推力轴承

1. 清蓄电站无预压式弹簧簇推力轴承设计解析

对清蓄电站无预压式弹簧簇推力轴承在发电工况额定转速运行时推力瓦最小油膜厚度保证值、降低油膜温度（含瓦面温度）、降低油膜压力（减少推力瓦和镜板变形）三大设计关键进行了解析（水泵工况反向旋转解析特性相似）（见图 1.3.13～图 1.3.15）。

从图 1.3.13～图 1.3.15 中可以看出：

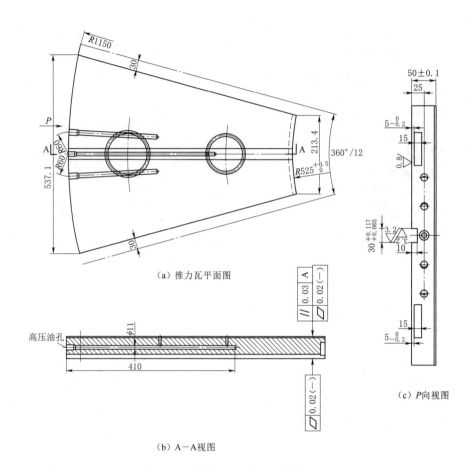

（a）推力瓦平面图

（b）A—A视图

（c）P向视图

图 1.3.11　推力瓦示意图（单位：mm）

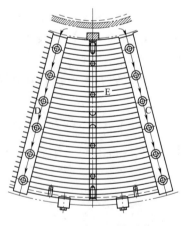

图 1.3.12　钢瓦油槽示意图

（1）油膜厚度呈现出良好的连续、均匀、动态的楔形收敛过程，最小动压油膜出现在推力瓦中心距出油侧（也称"进油边"）20％左右的区域内，且最小油膜厚度大于 0.04mm，而在瓦面的周向中心位置最小油膜厚度达到 0.08mm。

（2）瓦周向油膜温度上升缓慢，径向油膜温度基本呈正态对称分布，油膜压力最大区域油膜温度不大于 70℃，瓦面的大部分温度在 60℃ 左右，最高油膜温度出现在推力瓦出油侧的局部区域，总体推力瓦油膜温升不大，对推力瓦和推力镜板造成的热凸变形值可控制在一定的范围。

（3）周向油膜压力从瓦进油侧缓慢上升，至偏移瓦中心 60％ 后瓦面出现最大值后迅速下降；径向油膜压力则按瓦半径中心对称分布，其所产生的瓦体变形可以部分抵消推力瓦体热凸变形，说明采用弹簧簇支撑推力瓦具有良好的适应瓦面综合变形特性。

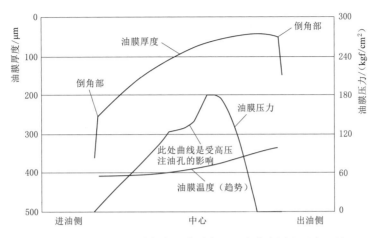

图 1.3.13 推力瓦圆周方向油膜厚度和压力分布图（瓦中心处）

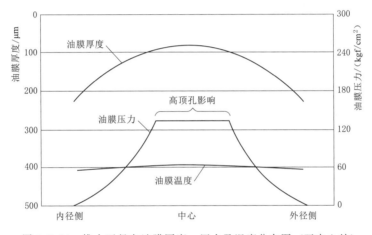

图 1.3.14 推力瓦径向油膜厚度、压力及温度分布图（瓦中心处）

由此可知，由于油膜摩擦损耗发热导致热凸变形与油膜压力所产生弹性凹变两者相互叠加抵消部分影响，推力瓦体综合变形呈微凸，其最大值在较小区域内仅约 0.06～0.07mm，瓦面综合变形是适于良好运行的。

2. 清蓄电站推力轴承总体结构

（1）推力轴承设置于下机架，由推力头、镜板、推力轴承座、推力弹簧底座、推力弹簧、推力瓦、镜板和相关附件组成。其中，与下导轴承共用的推力头与下端轴是一个整体，在

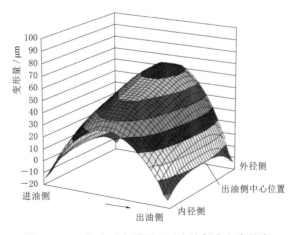

图 1.3.15 推力瓦变形图（瓦出油侧中心为基准）

厂内整体加工而成；镜板与推力头通过螺栓把合在一起；推力瓦、弹簧簇和弹簧底座通过止动板连在一起，形成一个相对的整体弹性结构；推力弹簧底座与推力轴承座无螺栓把合，仅通过 2 颗 ϕ60mm 销进行定位（见图 1.3.16）。

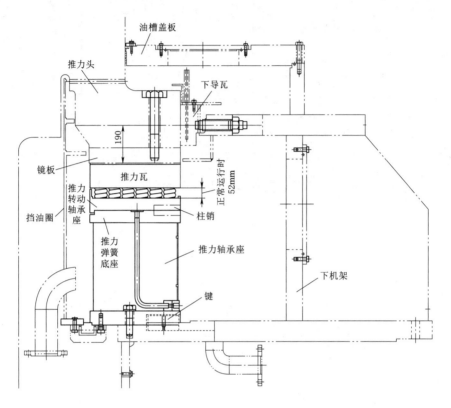

图 1.3.16　清蓄电站推力轴承结构示意图（单位：mm）

　　（2）推力轴承设有 12 块上层镶有厚 4mm 的巴氏合金的轴瓦，瓦厚 120mm，长宽比 $L/B \approx 1$。每块推力瓦下有 34 个无预压螺旋弹簧簇，每个 ϕ65mm 弹簧的自由高度为 51.41mm，额定受力 2t 以上；推力瓦的最大负荷可达 1009.5t。弹簧簇采用中心对称布置方式，保证每块瓦推力弹簧合力中心和推力瓦受力中心位置基本一致。推力弹簧两侧装设的止动块，以及推力瓦两侧的间隔块，可使推力弹簧始终与推力瓦处于最佳组合状态（见图 1.3.17）。

　　（3）推力瓦与推力瓦间隔块之间的间隙要控制在 0.50～0.70mm 之间，以保证推力瓦在运行中能够灵活摆动形成润滑油膜，推力瓦间的挡块同时起到承受推力瓦周向力的作用。推力瓦外径侧在底座与推力瓦间设置了 2 块止浮板（见图 1.3.18），以防止推力瓦在径向和轴向发生窜动，但要确保推力瓦能自由上、下浮动。

　　3. 清蓄电站无预压式弹簧簇推力轴承的技术参数[13]

　　（1）主要技术参数见表 1.3.4。

　　（2）THPC 应提供以下出厂检测记录。

　　1）所有弹簧自由高度为 (54.1±0.15)mm，见图 1.3.19。

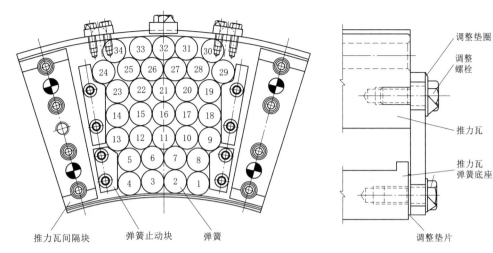

图 1.3.17　34 个弹簧簇布置图　　　　图 1.3.18　止浮板示意图

表 1.3.4　　　　　　　　　　　　主　要　技　术　参　数　表

项目名称	规格	备　注
簧丝直径/mm	$\phi 19$	
弹簧外径/mm	$\phi 65 \pm 0.6$	弹簧外部卷尺寸
弹簧中径/mm	$\phi 46$	弹簧外径和内径的平均值
弹簧内径/mm	$\phi 27$	弹簧内部卷制尺寸
总圈数	3.0	
有效圈数	1.0	指参与变形的圈数减去支撑圈数
旋转方向	右	
自由高度/mm	54.1 ± 0.15	没有负荷时的高度
材质	51CrV4	
抗拉强度/MPa	$\sigma_b \geqslant 1275$	
屈服强度/MPa	$\sigma_S \geqslant 1130$	
弹簧刚度 C/(kN/mm)	10.5 ± 1.05	弹簧产生单位变形的载荷
节距 t/mm	25.6	弹簧两相邻有效圈截面中心线的轴向距离
绕旋比	$C=D/d=3.42$	弹簧中径与钢丝直径的比值

注　弹簧的支撑圈数可取范围为 1.5～2.5 圈，其主要功能是在径向均衡弹簧负载，同时加强弹簧的缓冲性能。

2）所有合格弹簧簇在静止时仅承受机组转动部件重量 544.5t（无水推力）、单个弹簧簇的受力为 13078.7N 试验荷载时的高度出厂检测记录应为 52.85＝54.1－（13078.7/10500），其中（10500±1050)N/mm 为弹簧簇的弹簧系数。

3）所有合格弹簧簇在额定最大推力负载（24247.8±2425)N 试验荷载时的高度出厂检测记录 54.1－（24247.8/10500）＝51.79，其中（10500±1050)N/mm 为弹簧簇的弹簧系数。

4）弹簧的特性曲线。表征弹簧荷载与其变形之间关系的曲线，称为弹簧特性曲线。

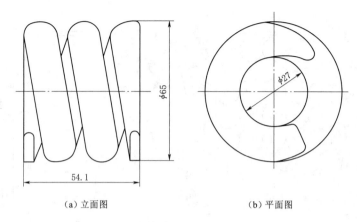

（a）立面图　　　　　　　　　　（b）平面图

图 1.3.19　弹簧结构示意图（单位：mm）

对于压缩弹簧而言，其特性曲线近似于一条直线（见图 1.3.20），THPC 应提供至少 10％无机抽查的弹簧簇特性曲线图。

4. 弹簧簇布置合理性的剖析

（1）小弹簧支撑轴瓦的面积。

1）轴瓦面积 $S = \left[\pi\left(\dfrac{D_0}{2}\right)^2 - \pi\left(\dfrac{D_1}{2}\right)^2\right]\dfrac{\alpha}{360} = \left[\pi\left(\dfrac{2660}{2}\right)^2 - \pi\left(\dfrac{1750}{2}\right)^2\right]\dfrac{24}{360} = 210019\text{mm}^2$。

2）单块瓦小弹簧簇支撑面积 $\delta = 34 \times 65^2 = 143650\text{mm}^2$（单个小弹簧的支撑面积按其外径平方计算）。

3）$\delta/S = 68.4\%$，即弹簧簇支撑面积是轴瓦面积的 68.4％，与 THP 电站的 69.2％、仙蓄电站的 66.55％ 相当，日本东芝电力设计在每块瓦圆周方向布置范围约 72％（设计标准为 65％～75％），也是符合在进、出油区域尽可能减少弹簧数量的原则，这样可以适当减小进、出油区域的刚度，使轴瓦向下变形增大而易于形成油楔，增大膜厚、降低油膜温度。

（2）推力轴承面压计算。

1）推力瓦有效面积 $A = \dfrac{\pi}{4}\left(D_0^2 - D_1^2\right)\dfrac{Z_P\theta}{360} = \dfrac{\pi}{4}\left(266^2 - 175^2\right) \times \dfrac{12 \times 24}{360} = 25202.27\text{cm}^2$。

2）轴瓦的平均面压 $P = \dfrac{W}{A} = \dfrac{1009500}{25202.27} = 40.06\text{kg/cm}^2$。

均比 THP 电站的 36.55kg/cm² 和仙蓄电站的 25.21kg/cm² 要大。

（3）许用极限压力（弹簧材料选用 50CrVA）。

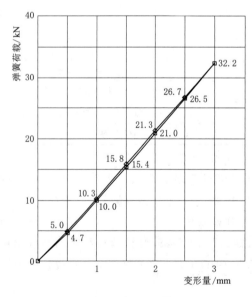

图 1.3.20　弹簧特性曲线图

1）弹簧指数 $S=(D-d)/d=(65-19)/19=2.42$。（$D$ 为弹簧外直径；d 为弹簧丝直径）

2）曲度系数 $I=\dfrac{4S-1}{4S-4}+\dfrac{0.615}{S}=1.782$。

3）剪切弹性模量 $G=\dfrac{8CD_2^3n}{d^4}=125478\text{N/mm}^2$。（$C$ 为弹簧刚度，即弹性系数；n 为弹簧有效圈数；D_2 为弹簧中径，$D_2=D-d$）

4）当许用极限剪切应力 $\tau_j=0.6\times1275\text{MPa}=765\text{MPa}$ 时，允许极限负荷 $P=\dfrac{\pi d^3}{8ID_2}\tau_j=\dfrac{3.14\times19^3}{8\times1.782\times46}\times765=25124.44\text{N}$。

（4）弹簧簇安全系数。

1）弹簧簇工作负载 P_2（相对于额定推力负载 1009500kg）$=\dfrac{1009500}{12\times34}=2474.3\text{kg}$。

2）弹簧簇安全系数 $\eta=P/P_2=25124.44/(2474.3\times9.81)\approx1.04$。

应还能够被接受的。

但对于瞬时最大推力负载 1224.5t，每个弹簧簇负载则达到 $1224500\text{kg}\div12\div34=3001.2\text{kg}$ 时，则每个弹簧簇安全系数 $\eta=P/P_2=25124.44/(3001.2\times9.81)=0.85<1.0$，会对弹簧簇工作寿命有影响。

（5）弹簧簇预压缩量。

1）根据 THPC 提供弹簧簇预压缩量 μ 为 2mm。

2）当额定推力荷载为 1009.5t 时，推力轴承整体的轴向位移量 $\lambda=\dfrac{P}{CZm}-u=\dfrac{1009500\times9.81}{10500\times12\times34}-2=2.312-2=0.312\text{mm}$。

3）当最大推力荷载为 1244.5t 时，推力轴承整体的位移量 $\lambda=\dfrac{P}{CZm}-u=\dfrac{1244500\times9.81}{10500\times12\times34}-2=2.85-2=0.85\text{mm}$。

最大推力负载作用时推力轴承的压缩变形值 0.85mm＜1mm，达到了控制机组转动部件的高程变化量不超限的要求。

5. 清蓄电站无预压式弹簧簇推力轴承的进一步探析

（1）推导机架安装高程。

1）在水泵水轮机、发电电动机联轴及转子吊装各步骤中，应确保水泵水轮机导叶中心与转轮中心的高度差符合设计值和规范要求。而转子吊装完成后，应根据在水推力作用下下机架的挠度值（含弹簧的挠度），调整转轮中心高程使其高于导叶中心高程，高度差即为上述计算的挠度值（安装偏差应在±0.5mm 以内）。由于无预紧力弹簧簇推力轴承的压缩量达到（54.1－51.41＝2.69mm），显然与《水轮发电机推力轴承、导轴承安装调整工艺导则》（SD 288—88）的要求 h_3（弹簧簇推力轴承的压缩量）≤1mm 是有差距的（隔河岩水电站、二滩水电站、THP 电站、仙蓄电站等采用弹簧簇推力轴承的机组都能满足这个要求）。而清蓄电站推力轴承采用无预压式弹簧簇，形成机组空载/额定负载/最大推力负载时的水轮机转轮中心与导水机构中心的高程差达到 1.3～1.5mm。

2）转轮安装高程偏差的影响：若转轮下沉，上冠外围会产生一个抑制压力，背压室压力上升，将转轮更加往下压。这是一种不稳定的现象，存在转变为转轮上、下振荡的风险。为避免这种现象，可以将转轮设计高程提高一点或把进口设计成坡口形状，避免转轮上、下振荡时产生抑制压力，并考虑水推力作用。或者将转轮进口高度设计成比静止部件高度要高，使得即使转轮上、下振荡，在转轮进口处也不会产生抑制压力。

3）在推力轴承支架承受设计载荷时的轴向挠度值为 1.26mm 的同时，清蓄电站转轮的设计理念是（见图 1.3.21）：转轮进口上下各加工有高度 1.5mm 的坡口，见图 1.3.21（a）、（b）；而顶盖、底环相应部位也加工有高度 1.0mm 的坡口。实践证明，日本东芝电力的这种设计配合无预压式弹簧簇较好地缓解了转轮振荡或 S 振动的疑难问题。

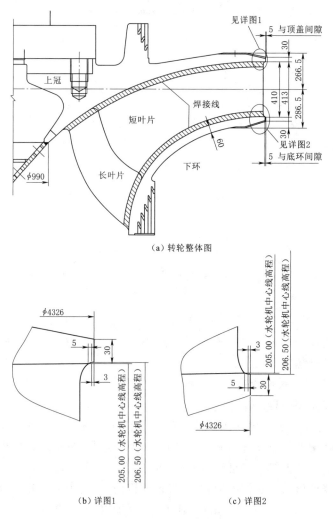

图 1.3.21 清蓄电站转轮进口示意图（单位：mm）

（2）测温孔位置设置。由于抽水蓄能机组双向旋转的特点，一般测温孔均分别设置在进出油侧，用来观测发电、抽水两种工况进出油侧瓦温的温差，进一步证实轴瓦运行的正常、稳定性。清蓄机组推力瓦测温装置的布设存在两个弊端：其一，不能正常反映瓦块进出油侧的温差；其二，右侧测温孔距离瓦中心仅 60mm，且距离瓦面达 30mm，略偏大，见图 1.3.22，该区域不属于瓦温最高区域，所测得瓦温可能偏低，这是不够理想的设计。

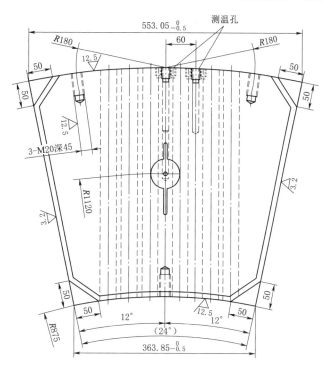

图 1.3.22　清蓄电站机组推力瓦测温孔示意图（单位：mm）

6. 结语

（1）清蓄电站 2015 年 10 月至 2016 年 7 月，1～3 号机组先后投放商业运行，几台机组推力轴承瓦温监测的数据基本一致，推力轴承运行正常，瓦温稳定，性能指标达到了设计与合同目标值。以 3 号机组发电工况与抽水工况瓦温运行稳定后的监控数据为例，抽水工况最高瓦温 63.3℃，而发电工况最高瓦温 59.3℃，抽水工况进出油温差 11℃ 左右，而发电工况进出油温差 6.7℃，说明抽水工况推力轴承瓦温较发电工况略高，抽水工况运行时，转轮向上的轴向水推力相对要小，随着扬程的逐步增大，机组总体向下的轴向水推力可能较之发电工况明显会大很多且无明显波动，这也就是造成水泵工况推力瓦温相对要高的主要成因。但推力轴承瓦温最大值均小于 64℃，小于合同要求值 75℃，可以满足机组运行性能要求并长期、安全稳定运行。

（2）清蓄电站机组 PV 值比常规立式机组大很多，如其推力瓦平均周速 49.48m/s、推力瓦平均面压 4.02MPa，发电电动机推力轴承的 PV 值达 198.91MPa·m/s（三峡水利枢纽单机容量 700MW 机组的 PV 值仅 90.9MPa·m/s）。由于单个推力瓦面积大，承受的 PV 值也较大，所产生的热量较多，为此，推力瓦均设置有 6 个散热通孔。瓦内外径侧四角均进行了倒角，以减少瓦面冷却润滑油的循环阻力，适应机组双向旋转需要。

（3）清蓄电站机组小弹簧的弹性变形能自动调节推力瓦在油膜压力作用下产生的凹变形，各轴瓦温差小于 3℃，说明小弹簧的设置使瓦压力分布更均匀，压力峰值小，承载能力大。

（4）在较宽的推力负荷范围下，在各工况下，进出油油膜温差小于 11℃，出油侧 RTD 温度小于 63℃，油膜温度变化幅度小，油膜厚度变化幅度小。

（5）相对于其他两种预压结构，无预压小弹簧簇有以下优点：①小弹簧一次加工成型，无须二次组装，制造周期短；②结构简单，安装方便；③弹簧精度高，受力均匀。

（6）但测温孔位置设置等存在问题还是有待深入探讨并予以优化的。

1.3.1.3 厚环板磁轭设计、制造与安装

一般国内大容量、高转速抽水蓄能机组的发电电动机磁轭，均采用工地叠装的扇形片式结构。自 GZ-Ⅱ 电站引进德国 SIEMENS 多块厚环板磁轭结构以来，清蓄电站首次引进日本东芝电力厚环板磁轭结构、深蓄电站首次在国内开发设计制造厚环板形磁轭结构的电动发电机，本节对之分别进行详细介绍。

1. GZ-Ⅱ 电站厚环板磁轭结构

德国 SIEMENS 采用四块导磁材料锻造的 $\phi3714mm$ 磁轭环依次叠装，并在组合缝安装接缝销，再用 12 颗 M180 长 3395mm 的紧固螺栓连接成一高度 3800mm 整体结构转子磁轭体（见图 1.3.23）。四个部分分别为上部（高 750mm，重 38.32t）、上中部（高 1250mm，重 60.92t）、下中部（高 1300mm，重 61.44t）和中心体（高 650mm，重 35.23t）。紧固螺栓用液压拉伸工具分四次进行拉紧，其拉紧力分别为：第一次 18.5MPa，第二次 37MPa，第三次 55.5MPa，第四次 74.0MPa，24h 后再用 74MPa 拉力检查螺杆伸长值符合设计要求。由于设计精心、制造精密、安装精准，这种特殊结构的厚

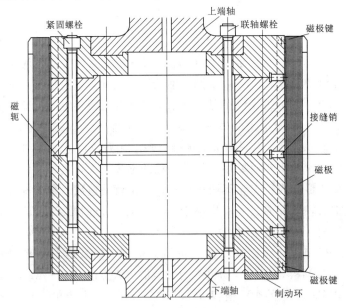

图 1.3.23　GZ-Ⅱ 电站磁轭结构示意图

环板磁轭整个组装过程仅用了两周，经过10多年运行实践证明这种形式结构的磁轭能够满足长期稳定设计要求。

2. 清蓄电站厚环板磁轭结构

(1) 清蓄电站采用日本东芝电力的不设通长把紧螺杆分段厚板环形的典型磁轭结构，见图1.3.24。

1) 磁轭采用50mm和75mm两种规格Q690D/WDER650高强度环形厚钢板叠装而成，共计9段，每段磁轭高度300mm（或350mm），分别用42根M48拉紧螺杆按每极3根紧固成一体。磁轭环板经过调整平面度处理，仅对组合后各段上下平面进行精加工。

2) 各段磁轭高度分别为：第1段(362.5±0.3)mm；第2段(365.0±0.3)mm；第3段(415.0±0.3)mm；第4段(415.0±0.3)mm；第5段(415.0±0.3)mm；第6段(415.0±0.1)mm；第7段(415.0±0.3)mm；第8段(365.±0.3)mm；第9段(382.5±0.3)mm。第1段、第2段、第8段采用L=394mm的拉紧螺栓（含第1段的外径侧14个铰制螺栓，伸长值为0.17~0.19mm）；第3~7段、9段采用L=444mm的拉紧螺栓，伸长值为0.19~0.21mm（螺杆把紧力矩为240~277kgm）。

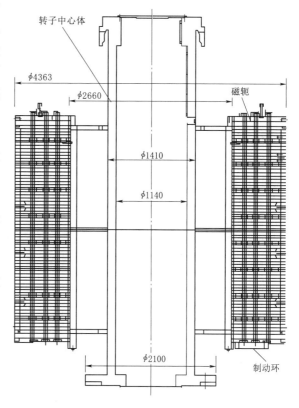

图1.3.24 清蓄电站转子中心体和磁轭结构示意图（单位：mm）

3) 9段磁轭之间通过通风叶片分别加工成H6/js6过渡配合的止口定位（见图1.3.25），在车间通过段间止口定位并用临时螺杆装配成整体进行精加工，而后分段发往工地现场叠装。

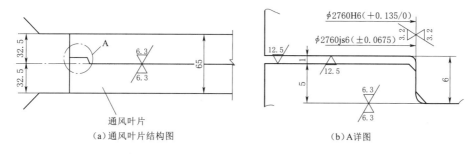

（a）通风叶片结构图　　　（b）A详图

图1.3.25 通风叶片加工示意图（单位：mm）

（2）工厂制作、加工及装配的准备工作[14]。

1）对母材钢板进行不平度联检，若不平度大于 3mm 则需在不加热工况下采用液压机进行整形处理，直至达到要求。

2）对钢板用钢印做好压延方向标记，为使整周强度均匀，堆叠环形磁轭钢板时每张环形钢板堆叠压延方向应错开一个极。

3）采用数控切割下料后再进行不平度检查，若不平度大于 3mm 则需在不加热工况下进行整形处理，直至达到要求（见图 1.3.26）。

4）对整形达到不平度要求后的第 1 段顶层、第 2～8 段底层、顶层及第 9 段底层环形钢板的相应面模板定位布置风扇叶片和导磁块并点焊，然后采用防变形工装紧固后进行预热、焊接（见图 1.3.27）。

图 1.3.26　磁轭环板下料　　　　图 1.3.27　通风叶片和导磁板预热、焊接

5）用于安装制动环的第 1 段水轮机侧厚度 $\delta=75\mathrm{mm}$ 环形钢板在整形达到不平度要求后在设计位置预热焊接 28 只止落块（见图 1.3.28），随即对止落块顶面车削加工至 Re6.3 并镗、铣孔后准备参与第一段堆叠。

（3）第 1 段磁轭车间装配。用内径侧 $2\times14-M48$（光杆部分 $\phi50\mathrm{mm}$）拉紧螺杆把紧 6 层环形磁轭钢板→在圆周方向四个点同步压紧，消除间隙→在内外圆焊搭板固定（见图 1.3.29）→对磁轭外周侧 14 根拉紧螺杆部位铰制螺孔 $\phi50\mathrm{H7}$（＋0.025/0），采用铰制螺栓把合→按设计扭矩再紧固所有螺栓→去除搭板并修磨→对"1""2""3"磁轭环板外圆侧坡口采用分段焊接（见图 1.3.28）→点焊固定螺母→加工底部与制动环结合面至 Re6.3，且与止落块上平面高差为（105±0.1）mm→加工 $\phi3800\mathrm{mm}$ 止口至 H7（＋0.26/0.0）→加工第 1 段磁轭上平面（含导磁块、拉紧螺栓及通风叶片）使与制动环结合面高差为（1362.5±0.3）mm。

（4）第 2～9 段磁轭堆叠。

1）第 2～9 段均用 $3\times14-M48\mathrm{mm}$ 拉紧螺杆按设计扭矩分三次进行紧固，扭矩与伸长量之间的关系，均应满足表 1.3.5 的要求。

2）各段磁轭把紧后并在加工前预热、对称点焊螺母（点焊部位采用磁粉探伤检测）以达到在磁轭上止动的实效（见图 1.3.30）。

3）各段进行风扇叶片、导磁块、压紧螺杆平面精加工，再进行磁轭键槽、T 尾槽、磁轭挡风圈安装槽和外圆加工。

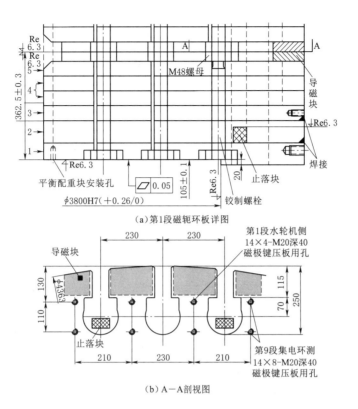

（a）第1段磁轭环板详图

（b）A—A剖视图

图 1.3.28 第 1 段磁轭环板结构示意图（单位：mm）

注：1～5 为第1段各层环板标示。

表 1.3.5 磁轭拉紧螺杆伸长量表

类 型	长度/mm	伸长量/mm	螺杆把紧力矩/(N·m)
第3～7段、第9段	444	0.19～0.22	
第1段、第2段、第8段	394	0.17～0.19	2400～2770
第1段外径侧	394	0.17～0.19	

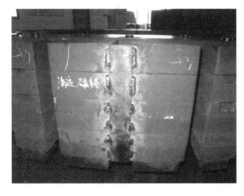

图 1.3.29 搭板固定焊接

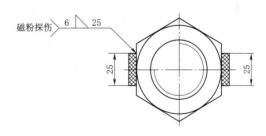

图 1.3.30 M48 螺母点焊止动示意图

（单位：mm）

4）完成各类装配孔钻铰、加工。

（5）车间预装配精加工完成内圆。

1）第 2、3、4、9 段 4 个段用临时螺杆连成一体精加工内圆、外圆及磁轭键槽半精加工。

2）第 5、6、7、8、9 段 5 个段用临时螺杆连成一体完成内圆精加工、外圆尺寸及磁轭键槽半精加工，预装配磁轭键后铣磁极键槽并完成钻配用孔（见图 1.3.31）。

3）第 1～5 段 5 个段磁轭环形钢板用临时螺杆连成一体，以第 5 段为模板精铣磁轭键槽，然后精铣磁轭键槽（见图 1.3.32）。

4）完成 14 块转子制动板粗、精加工并与第一段磁轭环形钢板预装配（见图 1.3.33）。

5）第 1～5 段与第 6～9 段共 9 个段磁轭环形钢板进行整体预组装（见图 1.3.34）。

图 1.3.31　第 5、6、7、8、9 段 5 个段精加工外圆

图 1.3.32　精铣磁轭键槽

图 1.3.33　制动板装配

图 1.3.34　第 1～5 段与第 6～9 段
共 9 个段磁轭预装

3. 深蓄电站厚环板磁轭结构设计

（1）总体结构。深蓄电站电动发电机由哈电设计制造，磁轭采用高强度钢板

（B780CF）厚环板结构，母材经加工成内径 3360mm、外径 4626mm、厚度 60mm 的环板，其上、下两平面精度达到 $0.8\mu m$、平行度 0.2mm。车间叠装程序为：五块环板车镗一体加工把合孔→把合成 300mm 的整体段（每段 14 根短拉紧螺杆）→检测各层把合面无间隙（局部间隙不大于 0.1mm）→钻铰定位销孔（每段 14 根）并用销钉定位→装焊导风叶片块（含导磁块）→在导风叶片块上加工定位止口（上、下段定位止口间隙值为 0.04～0.08mm)→九段磁轭环板整体预装（通过 14 根通长拉紧螺杆固定）→进行内外圆、磁轭键槽及磁极键槽精加工。深蓄电站磁轭总体结构见图 1.3.35。

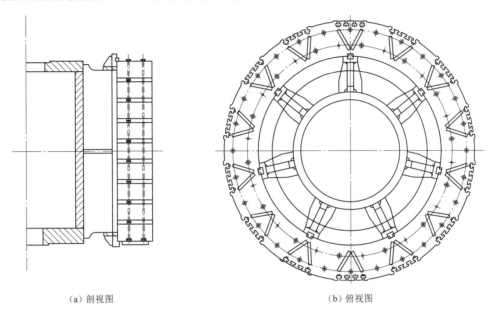

（a）剖视图　　　　　　　　（b）俯视图

图 1.3.35　深蓄电站磁轭总体结构示意图

（2）深蓄电站磁轭与转子支架采用复合式磁轭键结构连接（见图 1.3.36），其能够有效传递扭矩，保证任何工况、转速下的转子运行圆度、同心度和气隙均匀度而不使转子重心偏移而产生振动，其主要特点是：①凸键与转子支架之间带有一定的紧量，必须在车间将凸键进行冷缩然后装配于转子支架立筋的键槽内；②副键在现场安装时磁轭侧切向打紧；③磁轭凸键与磁轭之间加热后按照 1.1 倍额定转速的分离间隙加入调整垫片。

（3）对磁轭键设计的分析。

1）深蓄电站机组具备采用浮动磁轭条件。日本东芝电力在 20 世纪 80 年代初开始研究采用浮动磁轭，经过论证和应用，归纳总结出了其必备的基本条件[15]。即在忽略定子侧变形影响的情况下，通过工程实践经验确定了称之为"磁轭稳定性系数 Y_R"的目标值：

$$Y_R = \frac{d^3}{D^4}\left(\frac{1}{B_g}\right)^2 g_0 \times 10^4$$

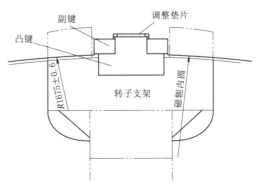

图 1.3.36　复合式磁轭键结构示意图

式中：D 为磁轭的平均直径，m；d 为磁轭半径方向径向宽，mm；B_g 为气隙磁通密度，简称气隙磁密，T；g_0 为气隙长，mm。

水轮发电机组能不能采用浮动磁轭结构，主要看磁轭的稳定性系数能否达到要求值。日本东芝电力经过分析计算和工程实践经验证明，如果磁轭稳定性系数 $Y_R > 5$，水轮发电机组的磁轭就可以采用浮动结构。

清蓄电站的发电电动机磁轭采用整圆钢板，磁轭的平均直径为 3482mm，经测算磁轭稳定性系数为 1900，远大于要求值。因此，采用了 7 组切向组合键结构。

深蓄电站有转子支架的整圆钢板磁轭结构的磁轭半径方向径向宽 $d = 1.2m$，磁轭的平均直径 $D = 4.03m$，气隙磁密 $B_g = 0.9T$，气隙长 $g_0 = 39mm$，则其磁轭稳定性系数 Y_R 约为 3145，无疑是可以采用浮动磁轭结构的。若不采用浮动切向键而采用热打复合键，则可能会给厚环板磁轭结构高精度间隙调整带来负面影响，从而影响偏心值的最终调整质量。

2）为了防止机组甩负荷转速升高时因磁轭与转子支架偏心而产生振动，磁轭和转子支架通常采用分离转速为 1.1～1.4 倍额定转速的磁轭热打键结构，使得磁轭和转子支架在静态时具有一定的径向配合力。转子支架为了能够满足与之相适应的结构强度和刚度，往往需要增加大量的材料并进行大量有限元计算。同时，磁轭热打键也需要投入专用加热设备和保温设施而耗费大量的人力、物力和工期。

而若能采用满足机组安全稳定运行条件的浮动磁轭结构，无疑会简化设计，提高转子支架和磁轭的设计水平、质量，还可以节约材料和缩短安装工期。

（4）哈电对每段整体同钻铰定位销定位后上下面装焊导风块所采取防止变形工装措施进行了完善，取消 32.5mm 双侧导风块 0.04～0.08mm 间隙值止口定位的原设计，改为单侧整厚 65mm，并留有加工余量的导风扇叶片（仅在根部保留段间 H7/h7 的大间隙配合止口），定位焊接后再进行精加工，消除了焊接变形带来的隐患。同时，将装配工艺修改为：第 1 段磁轭内径与转子中心体双边设计间隙为 0.10～0.15mm，用于定位调整磁轭与磁轭凸键径向间隙；磁轭内圆键槽位置放置工具副键周向定位并调整磁轭下平面与各挂钩接触面积符合要求；以第 1 段磁轭为基准进行中心定位，再递次检测每个磁轭凸键与磁轭键槽槽底间隙及磁轭外圆直径和圆度。

（5）精加工关键工序。①精制用于加工内圆键槽和外圆 T 尾槽的整体镗模，镗模与环板导风块止口定位，其同轴度不大于 0.04mm；②9 段组合成整体，按镗模加工磁轭外圆；③外圆检测合格后拆成单独段或两段组合，利用 T 尾槽专用工具定位调整后按镗模加工磁轭内圆；④重新预装组合成整体，进行键槽精铣加工。

（6）哈电用有限元电磁计算软件分析认为增设导磁块对磁极不同位置磁密分布影响不大，并且距离导磁块较远位置的轭部磁密也基本没有变化，在深蓄电站未设置导磁块。由于径向通风道的影响，使得气隙磁场沿轴向呈不均匀分布状态，通风沟部位的磁密是明显较小的。同时，正常运行工况时，工作磁密与饱和磁密确乎相差不大；但在短路或短时非全相运行工况，由于工作磁密增加乃至饱和之后所出现的磁场扩散、漏磁产生涡流损耗的影响可能会剧增。而在径向通风道数量多（达 9 个）、宽度大（达 65mm）的整个轴向长度内，增设导磁块对于改善转子轭部饱和程度的影响是不应忽视的。所以，在厚环板磁轭段间设置导磁块应是有利无弊的。

4. 清蓄、深蓄电站还采取的完善设计的积极措施

(1) 汲取清蓄电站 1 号机组工厂装配的经验教训,第 1～9 段磁轭应整体与转子中心体进行预装配并检测相关尺寸。

(2) 由于深蓄电站磁轭单段环板只有 14 根拉紧螺栓(每极 1 根),9 段组合后也只在外圆侧设置 14 根拉紧螺栓(每极 1 根),每 1 段的环板之间及整体 9 段的段与段之间的把合力(或称整体性、刚度)相对而言是不高的。当其挂装 120t 磁极(14 个)后可能出现的变形状况是不容乐观的,在此,以惠蓄电站为例展开类比性说明:惠蓄电站整个圆周布设 192 根拉紧螺栓的磁轭在挂装 12×8.3t 磁极之后,用塞尺检查磁轭叠片垫块下部的磁轭叠片时,就发现多处存在明显的缝隙(见图 1.3.37)。而在机组高速运转或者机组甩负荷工况后进行检查时,发现部分磁极下部垫块位置的磁轭叠片间出现间隙,最大的达到 0.62mm(见图 1.3.38)。同时,还发现用来调整磁极装配高程的薄垫片从缝隙处脱出危及机组安全运行的现象。

图 1.3.37　磁轭叠片间的缝隙

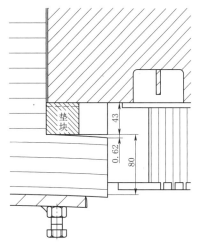

图 1.3.38　磁轭叠片间隙
示意图(单位:mm)

(3) 清蓄电站整圆环板布设 42 根拉紧螺栓,磁极挂装后转子制动板同截面径向水平偏差局部偏差达到 0.76mm,比磁极挂装前增大了 0.51mm;第 1 段、第 2 段导磁块之间也出现 0.40～0.85mm 的间隙。显然,相比较而言,深蓄电站磁轭环板间的把合拉紧力是最偏弱的,应采取措施予以强化,例如将原设计的销钉改为销钉螺栓、通长螺杆分段设置螺母紧固并点焊等。

(4) 深蓄电站在安装间转子装配场专门埋设了支撑 14 个千斤顶的基础环板(见图 1.3.39),在打紧磁轭键之前的磁轭环板叠装全过程必须有效配置 14 个千斤顶,尽可能减少转子磁轭产生以挂钩为支点外圆侧呈悬臂端沉降的趋势,只有在 100% 打紧磁轭键之后加装制动板之前方允许拆除。

(5) 各段环形板套入转子中心体进行调整时(见图 1.3.40),在 7 个非筋板方向支放

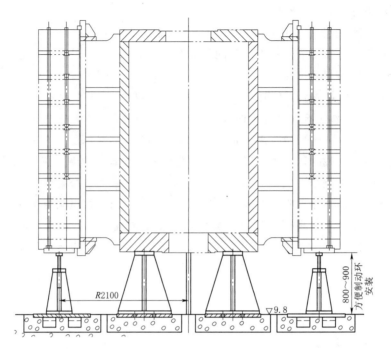

图 1.3.39 安装间转子磁轭组装示意图（单位：mm）

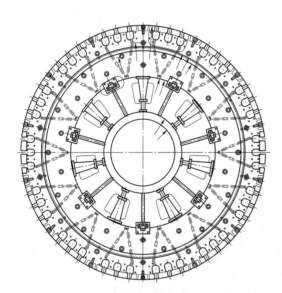

图 1.3.40 采用千斤顶调整磁轭与转轴
同心度示意图

千斤顶于转轴与磁轭之间，顶撑磁轭与转轴之间的间隙，调整磁轭和转轴的中心，使间隙相对差不大于 0.04mm（这些千斤顶在第 9 段磁轭吊装就位前不得拆除）。

（6）吊装下一段时，应根据上一段偏心角度利用千斤顶将其逆方向在极限允许范围内进行合理调整（见图 1.3.40）。然后采用同样方式测量磁轭外圆半径相对值，计算其偏心值及偏心角。再汇总已叠各段测量数据计算其综合偏心值及偏心角，以此作为调整下一段磁轭环板的依据。以此类推，叠装各段磁轭环板。

（7）《水轮发电机组安装技术规范》（GB/T 8564—2003）是国内相关规范中初次提出转子偏心值标准的，是参照法国 ALSTOM 对三峡水力枢纽工程转子偏心值的数值制定了 0.15mm 的幅值。对于高转速抽水蓄能机组而言，这是一要求偏低的质量标准，而且转子磁轭的重量明显大于磁极，其偏心对发电机运行时的不平衡离心力的影响也要大得多，所以对转子偏心值的控制关键是磁轭的安装，磁轭偏心值考核标准高于规定的 0.15mm 应是无可非议的。若按《水轮发电机组安装技术规范》（GB/T 8564）

补充说明的"但最大不应大于设计空气间隙的 1.5%",清蓄电站转子偏心值可达 1.5% × 37.5mm＝56.25mm,远大于 0.15mm,则更其不合理。

目前,严格遵循《水轮发电机转子现场装配工艺导则》(DL/T 5230) 所规定的质量标准是适度的(见表 1.3.6)。

表 1.3.6 磁轭同心度偏差允许表

机组转速/(r/min)	$n<100$	$100≤n<200$	$200≤n<300$	$300≤n<500$
偏心允许值/mm	0.35	0.28	0.20	0.10

1.3.2 电动发电机制造与安装

本节介绍 THPC 在清蓄电站机组轴系制作、安装及调整方面的经验,并对厚环板磁轭的制造和车间装配进行了介绍;同时还剖析了大型抽水蓄能机组磁极铁芯叠压车间所采用的先进设备和工艺。

1.3.2.1 电动发电机轴系制作、安装及调整

清蓄电站电动发电机组轴系包括(自上而下)滑环轴、转子支架、下端轴、水轮机轴和转轮,总长为 15.515m(见图 1.3.41)。对于转速高达 428.6r/min 的双向旋转机组,整个轴系最终的轴线调整必须达到足够的直线度和垂直度,才能确保机组长期、安全稳定运行。这就要求在制造加工及安装调整的全过程,对各个环节力求高标准、严要求,全方位遵循设计相关规定。清蓄电站 1 号机组盘车(轴线调整)则是以机组摆度所达到的质量优良程度,验证了轴系主要部件制作加工、装配调整精良高效的程序控制。

1. 轴系制作、安装及调整的程序

转子支架、下端轴与水轮机轴是整个轴系的主体,轴系制作、安装及调整的程序见图 1.3.42。

从图 1.3.42 中可以看出:(1)~(11) 为机床及其加工要求,即:

(1) 在 T6920A/L160 落地镗床粗镗水机轴与发电机下端轴联轴法兰面 18 个螺栓孔。

(2) 在 HTIII500×140/160L 数控重型卧车精车水导轴领与挡油圈配合的内壁。

(3) 精车水机轴发电机侧法兰面及联轴止口等尺寸。

(4) 装配、镶焊水机轴的径向主轴密封抗磨环。

(5) 在 HTIII500×140/160L 数控重型卧车加工下端轴的推力头 ϕ2665mm 法兰外径,并在与水机轴连接法兰外径 ϕ1730mm 端面平面和外圆车制一小段基准面;然后

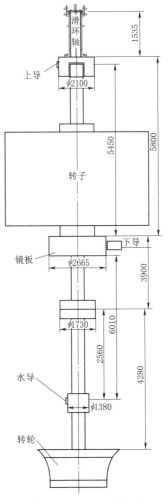

图 1.3.41 轴系示意图
(单位:mm)

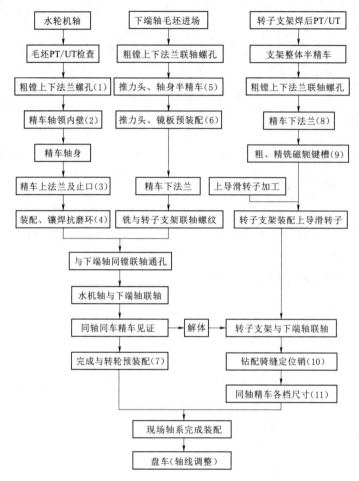

图 1.3.42 轴系制作、安装及调整的程序图

半精车下端轴 ϕ1020mm 轴身和 660mm 高度尺寸的推力头外圆。

（6）在推力头法兰面钻铰镜板装配用 30 - ϕ56mm 通孔（即 30 个 ϕ56mm 通孔，其后符号含义与此类同），并进行推力头与镜板预装配，检查推力头 30 - ϕ56mm 通孔与镜板 30 - M48×3 把合螺孔的同心度。

（7）水轮机轴与发电机下端轴联轴同车各档相关尺寸后解体并进行以下工序：①精镗与转轮连接的 16 - ϕ132＋2 - ϕ117mm（键槽）通孔；②精铣与转轮连接的（290×110）/H7 键槽；③在 BSF - 150B 数控铣镗床中钻镗 6 - ϕ70mm 排气孔；④进行配键工作与转轮预装配。

（8）在 HTⅢ500×140/160L 数控重型卧车精车转子支架下端轴侧法兰面，并检查、见证法兰面的平面度、跳动及止口同心度。

（9）粗、精铣转子支架 7 条磁轭键槽。

（10）转子支架与下端轴联轴并在 HTⅢ500×140/160L 数控重型卧车校调后转 FB200 钻配 6 - ϕ120mm 径向骑缝定位销孔。

（11）转回 HTⅢ500×140/160L 数控重型卧车同轴同车各档尺寸，完成并检查、见证同心跳动和法兰水平及总长、粗糙度品质，然后下机床进行各部位解体。

2. 主要部件的制作加工（任取一台机为例）

（1）水轮机主轴：水轮机主轴毛坯进厂并进行 UT、PT 抽检→在 T6920A/L160 落地镗床中粗镗与发电机下端轴联轴法兰面 18 只螺孔→转 HTⅢ500×140/160L 数控重型卧车精车轴领内壁（与挡油圈配合）→水轮机主轴半精加工后经 PT 检测后完成轴身精车→精车水轮机主轴发电机侧法兰面及联轴止口（见表 1.3.7 和图 1.3.43）→装配、镶焊抗磨环→在 BSF-150B 数控铣镗床中同镗与下端轴的 18-ϕ134mm 联轴通孔（见表 1.3.8 和图 1.3.44）→具备水轮机主轴/下端轴同轴同车条件。

表 1.3.7　　　　　　　　　　水轮机主轴精车表　　　　　　　　单位：1/100mm

测量位置	跳动 A	跳动 B	法兰平面度
1	0	0	−1.5
2	−0.5	0	
3	0	−1.0	−1.5
4	0	0	
5	0	0	−2.0
6	0	0	
7	0	−1.0	−1.0
8	0.5	0	
最大值	1.0	1.0	−2.0
设计质量标准（公差）	2.0	2.0	−2.0

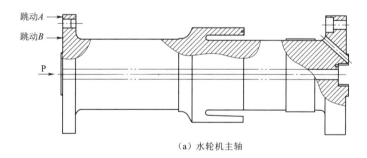
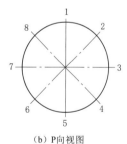

（a）水轮机主轴　　　　　　　　　（b）P向视图

图 1.3.43　水轮机主轴法兰平面度检测示意图

注：1～8 为测量位置。

表 1.3.8　　　　　　　　　　测 量 位 置 表　　　　　　　　　单位：mm

测量位置	设计值	实测值	测量位置	设计值	实测值
孔直径			螺栓直径		
7	$\phi134_{0}^{+0.04}$	134.02	7	孔实测值$_{-0.023}^{-0.014}$	134.02
9		134.02	9		134.02
10		134.02	10		134.02
14		134.02	14		134.02

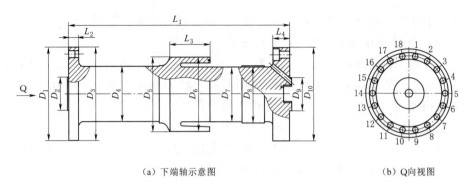

（a）下端轴示意图　　　　　　　　　（b）Q向视图

图 1.3.44　1号机下端轴联轴孔的孔径和联轴螺栓尺寸抽检示意图

注：1～18 为测量位置。

（2）发电机下端轴：下端轴毛坯进场，在 T6920A/L160 落地镗床中粗钻镗与水机轴联轴孔和转子支架联轴孔（18 - ϕ124mm 通孔）→在 HTⅢ500×140/160L 数控重型卧车中加工推力头 ϕ2665mm 法兰外径，并在与水机轴连接法兰外径 ϕ1730mm 二端面平面和外圆光出一小段，留作基面完成→在 HTⅢ500×140/160L 数控重型卧车中对轴身进行 ϕ1020mm 和推力头高度尺寸 660 的半精车→在推力头法兰面钻配完成镜板装配用 30 - ϕ56mm 通孔→下端轴推力头与镜板进行预装配，检查推力头 30 - ϕ56mm 通孔与镜板 30 - M48×3 - 6H 把合螺孔的同心度→在 HTⅢ500×140/160L 数控重型卧车中半精车各档尺寸和下导摆度测量位置处、主轴接地碳刷安装位置处，并在精车后完成珩磨（见表 1.3.9 和图 1.3.45）→下端轴在 FB200 数控铣镗床中铣 6 - M64 主轴起吊螺纹孔和与转子支架联轴 18 - M90×4 螺纹孔完成→具备下端轴/水机轴同轴同车条件。

表 1.3.9　　　　　　　　　下　端　轴　精　车　表　　　　　　单位：1/100mm

测量位置	跳动 A	跳动 B	法兰面的平面度
1	0	0	−1.0
2	0	0	—
3	1.0	0	−1.0
4	1.0	−1.0	—
5	0.5	−0.5	−0.5
6	0	−1.0	—
7	0	−1.0	−1.0
8	0	0	—
最大值	1.0	1.0	−1.0
设计质量标准（公差）	2.0	2.0	−2.0

注　法兰平面度为负值的，说明外部凸内部凹。

（3）转子支架：转子支架焊后进行 MT100％、UT10％无损探伤及尺寸检查，完成喷砂、底漆工序待机加工→在 HTⅢ500×140/160L 数控重型卧车中半精车各档尺寸→在 FB225 数控铣镗床中粗镗下端轴侧 18 - ϕ101mm 通孔和滑转子装配（兼转子起吊）用螺纹孔（上导侧 18 - M64×4 深 100）→转 HTⅢ500×140/160L 数控重型卧车完成精车下端

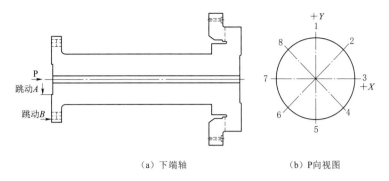

（a）下端轴　　　　　　　（b）P向视图

图 1.3.45　下端轴水机侧法兰面形位公差检查示意图

注：1～8 为测量位置。

轴侧法兰面，并检查、见证法兰面的平面度、跳动及止口同心度（见表 1.3.10 和图 1.3.46 以及表 1.3.11 和图 1.3.47）→完成转子支架 7 条 T 形键槽粗、精铣→具备与下端轴联轴条件（在 TSS－32/40 数控单柱立车中对滑转子内径、止口及高度尺寸精加工，其余尺寸半精车待联轴后进行精加工）。

表 1.3.10　　　　　　　　　　转子支架加工表　　　　　　　单位：1/100mm

测 量 位 置	跳动 A	跳动 B	法兰面的平面度
1	0	0	0
2	0	1.0	−1.0
3	0	1.0	0
4	0	1.5	0
5	1.0	1.5	−2.0
6	1:0	1.5	0
7	0	1.0	—
8	0	0	—
最大值	1.0	1.5	−2.0
设计质量标准（公差）	2.0	2.0	−2.0

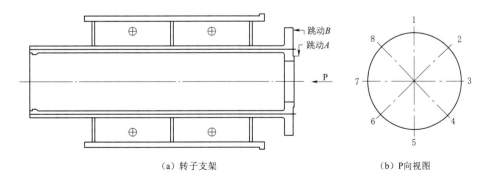

（a）转子支架　　　　　　　（b）P向视图

图 1.3.46　转子支架下法兰平面精车示意图（单位：1/100mm）

注：1～6 为测量位置。

表 1.3.11　　　　　　　　　　　1～8 测量位置表　　　　　　　　单位：1/100mm

测量位置	跳动 A	跳动 B	跳动 C	平面度	测量位置		设计值	实测值
设计值			0.02					
1	0	+0.005	−0.01	−0.01	D_1	$X-X$	$\phi 980$	$\phi 980.93$
2	0	+0.005	+0.005	—				
3	+0.01	+0.005	0	−0.015		$Y-Y$		$\phi 980.93$
4	+0.01	+0.005	+0.005	—				
5	+0.005	+0.005	+0.005	−0.01	D_2	$X-X$		$\phi 980.92$
6	+0.005	+0.01	0	—				
7	0	+0.005	0	−0.01		$Y-Y$		$\phi 980.92$
8	0	0	0	—	测量工具		SK−031.03，SN−023.03	
最大值	0.01	0.01	0.01	−0.015	测量温度/℃		23	
备注	平面度负值表示外径侧高内径侧低				备注			

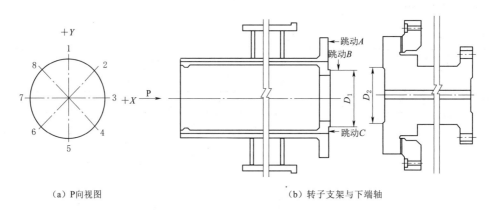

（a）P 向视图　　　　　　　　　　　（b）转子支架与下端轴

图 1.3.47　1 号机组转子支架下端轴侧法兰加工示意图

注：1～6 为测量位置。

3. 主要部件的加工工序

（1）下端轴/水机轴同轴同车。

1）水机轴与下端轴联轴在 CK61315×12/100 数控重型卧车同轴同车各档尺寸并进行形位公差检查（见表 1.3.12 和图 1.3.48）。

表 1.3.12　　　　　　　　　水机轴与下端轴联轴检查表　　　　　　　　单位：1/100mm

测量位置	跳动 A	跳动 B	跳动 C	跳动 D	跳动 E	跳动 F	跳动 G	跳动 H	跳动 J	跳动 K	跳动 L′	跳动 M′
1	0.5	−0.5	−0.5	0	0	−0.5	0	0	0	0	0	0.5
2	0.0	−1.0	−1.0	−1.0	−1.5	−1.5	−1.5	0	0	0	0.5	0
3	1.5	−1.0	0	0	−1.0	−1.5	−1.5	0	1.0	1.0	0.5	−1.0
4	键槽	−2.0	1.5	0.5	0.5	−0.5	0	0.5	1.0	0.5	0.5	−1.0
5	−2.0	−2.0	1.5	0.5	0.5	−0.5	0	1.0	1.0	0.5	0	−0.5

续表

测量位置	跳动 A	跳动 B	跳动 C	跳动 D	跳动 E	跳动 F	跳动 G	跳动 H	跳动 J	跳动 K	跳动 L'	跳动 M'
6	1.5	−2.0	1.0	0.5	0.0	−1.0	−1.0	1.5	−1.0	−0.5	0	1.0
7	1.0	−1.0	0	0	0	−0.5	−0.5	1.5	0	0.0	−0.5	0
8	键槽	−0.5	0	0	0.5	0	0	1.0	−1.0	0.5	0	0
最大值	2.0	1.5	2.5	1.5	2.0	1.5	1.5	1.5	2.0	1.5	1.0	1.5
公差	3.8	3.8	5.0	7.6	7.6	7.6	7.6	1.9	7.6	7.6	3.8	3.8

注 L' 和 M' 需要夹紧水轮机侧法兰后进行测量。

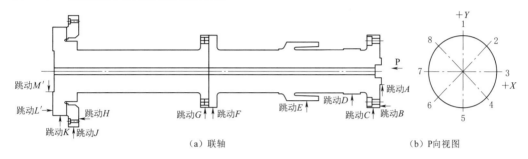

（a）联轴　　　　　　　　　　　（b）P 向视图

图 1.3.48　1 号机组下端轴/水机轴同轴度及跳动检测示意图

注：1~8 为测量位置。

2）联轴同车各档尺寸完成后，进行以下工序：镗与转轮连接 16 - φ132mm 孔及键槽处孔 2 - φ117mm 通孔→铣与转轮连接的宽 290mm、深 110mm、H7 键槽→在 BSF - 150B 数控铣镗床中钻镗 6 - φ70mm 排气孔→进行配键工作与并转轮预装配→下端轴/水机轴精车后进行 100%PT 检测。

（2）在车间创造条件完成机组轴线见证检查（见图 1.3.49 和表 1.3.13）。

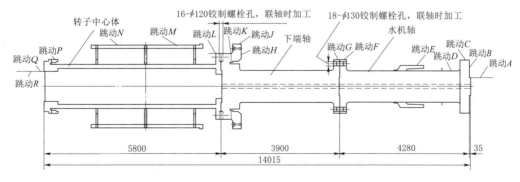

图 1.3.49　机组轴线见证检查图

<table>
<tr><td colspan="17">表 1.3.13 　　　　　　　　机 组 轴 线 见 证 检 查 表　　　　　　　　单位：1/100mm</td></tr>
<tr>
<td rowspan="2">位置</td>
<td>跳动
A</td><td>跳动
B</td><td>跳动
C</td><td>跳动
D</td><td>跳动
E</td><td>跳动
F</td><td>跳动
G</td><td>跳动
H</td><td>跳动
J</td><td>跳动
K</td><td>跳动
L</td><td>跳动
M</td><td>跳动
N</td><td>跳动
P</td><td>跳动
Q</td><td>跳动
R</td>
</tr>
<tr>
<td>跳动公差
ANSI/IEEE 810</td>
</tr>
<tr>
<td>跳动公差
ANSI/IEEE 810</td>
<td>3.8</td><td>3.8</td><td>7.6</td><td>7.6</td><td>7.6</td><td>7.6</td><td>1.9</td><td>7.6</td><td>7.6</td><td>7.6</td><td>7.6</td><td>7.6</td><td>7.6</td><td>7.6</td><td>3.8</td><td>3.8</td>
</tr>
</table>

（3）在工地现场按程序完成轴系逐段装配后进行验证性盘车

1）盘车方式。由于下导中心与推力镜板面高程差只有 190mm，在抱紧下导瓦的情况下，可以较大程度遏制弹性支撑推力轴承因旋转中心线与镜板平面不垂直而呈现的随动性，亦即可以近似地认为是处于刚性支撑状态。因此，THPC 在其作业指导书就确定了刚性盘车的运作方式。

2）轴线调整执行标准。THPC 提供了机组轴线调整质量标准，经与《水轮发电机组安装技术规范》（GB/T 8564）及美国 NEMA 标准对照（见表 1.3.14），是优于 GB/T 8564 和 NEMA 标准的。

表 1.3.14   质量标准对比表

序号	检测项目	THPC 质量标准				GB/T 8564	NEMA 标准
		合 格		优 良			
		绝对摆度 /mm	相对摆度 /(mm/m)	绝对摆度 /mm	相对摆度 /(mm/m)	相对摆度 /(mm/m)	绝对摆度 /mm
1	上导	0.14	0.0233	0.07	0.0116	0.02	0.11
2	水导	0.14	0.0233	0.07	0.0116	0.04	0.11
3	集电环	绝对摆度 0.30mm					

（4）盘车验证。清蓄电站机组轴系在同机床校正保证加工精度的前提下，安装过程中通过键或销钉螺栓以及止口定位，可以消除部分安装误差，虽然不排除安装时止口一侧靠紧等形成的安装累积误差，但这种误差在安装中是能够减小的。也就是说随着机加工水平的提高、推力轴承支撑结构的优化完善，机组盘车的用途已经由原来的检查机组制造和安装水平逐渐改变为检查安装累积误差。当然，盘车作为一种检测手段仍是不可缺少的，特别是多段轴结构的安装，在验证加工、检测缺陷的同时，更重要的是在检测安装上的累积误差。

1）水轮机主轴与转轮在机坑联轴并进行中心、高程及水平调整，其中上法兰水平调整至 0.017mm/mm，机组中心调整见表 1.3.15。

表 1.3.15   机组轴线与水轮机止漏环的中心调整表   单位：mm

测量位置	+Y	+X	−Y	−X
上止漏环	1.47	1.50	1.48	1.47
下止漏环	1.67	1.59	1.62	1.67

2）THPC 原拟下端轴以水轮机主轴上法兰面为基准吊入机坑后在机组 +Y、+X、−Y、−X 四个方向放置钢琴线，用千分尺和耳机进行轴线对中调整（见图 1.3.50），由于实施该方法难度、实测偏差都较大，遂改为下端轴与水机轴联轴单独盘车。

3）下端轴与水机轴联轴单独盘车工艺。盘车记录见表 1.3.16，计算方法见图 1.3.50。

表 1.3.16 　　　　　　　　　　盘 车 记 录 表 　　　　　　　　单位：1/100mm

项目 （+Y 方向）	测量部位	测 量 编 号							
		1	2	3	4	5	6	7	8
百分表 读数	下导轴承	0	1.0	1.5	1.5	1.0	1.5	2.0	1.0
	下端轴下法兰	0	0	−1.0	−3.0	−3.0	1.0	−3.0	2.0
	水轮机轴上法兰	0	−1.0	−2.0	−4.5	−4.5	−0.5	0	2.0
	水导轴承	0	−1.0	−4.0	−6.0	−5.0	−1.5	1.5	0.5
全摆度	下端轴下法兰	0	−1.0	−2.5	−4.5	−4.0	−0.5	−5.0	2.0
	水轮机轴上法兰	0	−2.0	−3.5	−6	−5.5	−2.0	−2.0	1.0
	水导轴承	0	−2.0	−5.5	−7.5	−6.0	−3.0	−0.5	−1.5
净摆度	相对点	1～5		2～6		3～7		4～8	
	下端轴下法兰	4.0		−0.5		2.5		−4.5	
	水轮机轴上法兰	5.5		0		−1.5		−6.0	
	水导轴承	6.0		1.0		−5.0		−6.0	

由于 +X 方位百分表测录数据与表 1.3.16 很接近，故不再列出。可以水导为例按图 1.3.52 的方式计算轴线摆度最大值 J_{max} 和方位角 δ。为计算直观、方便，按惯例将"全摆度值"折算为"计算演变值"，其中，δ 为摆度实际最大点的方位，J_{max} 为最大摆度值（见图 1.3.51）。

从表 1.3.16 中可以看出：

a. 无论是下端轴下法兰、水轮机轴上法兰还是水导轴承，其轴线摆度均接近正弦曲线，说明盘车数据准确、可靠，可作为轴线调整的依据。

b. 距离镜板面最远的水导轴承处的摆度仅 0.078mm，证明轴线的垂直度、直线度均较理想，具备转子（含其上部分）吊入联轴调整的条件。

4）吊入转子联轴进行机组整体盘车，其记录见表 1.3.17、图 1.3.52。

由于 +X 方位百分表测录数据与表 1.3.17 很接近，故不再列出。仍以水导为例按图 1.3.52 的方式计算轴线摆度最大值 J_{max} 和方位角 δ。

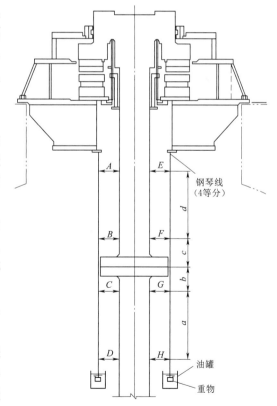

图 1.3.50 原轴系对中调整方法示意图

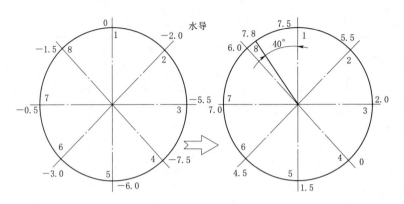

（a）全摆度值　　　　　　　　　（b）计算演变值

图 1.3.51　轴线摆度最大值换算图（单位：1/100mm）

注：1～8 为测量位置。$\delta=\arctan\dfrac{J_{1+2}-J_{1-2}}{J_1-J_{1-4}}=\arctan\dfrac{2-7}{7.5-1.5}=40°$，

$$J_{max}=\dfrac{J_{X+2}-J_{X-2}}{\sin\delta}=\dfrac{2-7}{0.643}=7.8。$$

表 1.3.17　　　　　　　　　　　**盘 车 记 录 表**　　　　　　　　　单位：1/100mm

项目 （+Y方向）	测量部位	测 量 编 号							
		1	2	3	4	5	6	7	8
百分表 读数	集电环轴	−2	−2	−2	−1	0	0	0	−1
	上导轴承	−2	−2	−3	−4	−1	+1	0	−2
	下端轴上法兰	−1	−1	−2	−1	−1	−0.5	0	0
	下导轴承	0	0	−1	−1	0	−0.5	0	−0.5
	下端轴下法兰	1	0	−1	−3	−2.5	−1	1	1
	水轮机轴上法兰	0	−1.0	−2.0	−4.5	−4.5	−0.5	0	2.0
	水导轴承	0	−1.0	−4.0	−6.0	−5.0	−1.5	1.5	0.5
全摆度	集电环轴	−2	−2	−1	0	0	0.5	0	−0.5
	上导轴承	−2	−2	−2	−3	−1	1.5	0	−1.5
	下端轴上法兰	−1	−1	−1	0	−1	0	0	0.5
	下端轴下法兰	1	0	0	−2	−2.5	−0.5	1	1.5
	水轮机轴上法兰	1	0	−0.5	−2	−4	−1.0	−1	2
	水导轴承	1.5	0.5	−0.5	−3.5	−5.5	−3.0	0.5	1.5
净摆度	相对点	1～5		2～6		3～7		4～8	
	集电环轴	−2.0		−2.5		−1.0		0.5	
	上导轴承	−1.0		−3.5		−2.0		−1.5	
	下端轴上法兰	0.0		−1.0		−1.0		−0.5	
	下端轴下法兰	3.5		0.5		−1.0		−3.5	
	水轮机轴上法兰	5.0		1.0		0.5		−4.0	
	水导轴承	7.0		3.5		−1.0		−5.0	

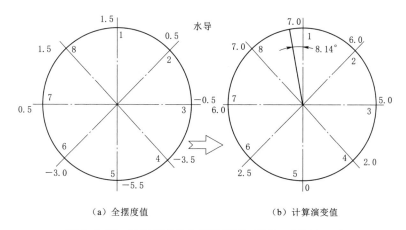

图 1.3.52 轴线摆度最大值换算图（单位：1/100mm）

注：1～8 为测量位置。$\delta = \arctan \dfrac{J_{1+2} - J_{1-2}}{J_1 - J_{1-4}} = \arctan \dfrac{5-6}{7.0-0} = -8.14°$，

$$J_{\max} = \frac{J_{X+2} - J_{X-2}}{\sin\delta} = \frac{5-6}{0.14} = 7.06。$$

从图 1.3.52 中可以看出，整机盘车时水导处的摆度 0.0706mm 达到了表 1.3.14 所规定的优良标准，证明机组轴线状态是相当理想的。

（5）采用弹性盘车验证。

1）弹性盘车的一般工序。

a. 调整镜板摩擦面水平度不大于 0.02mm/m 并将水轮机转轮上下止漏环间隙调整均匀，至机组轴线处于中心位置。

b. 对于三轴承半伞式机组，"弹性盘车"的抱瓦方式一般均采用在推力轴承的上、下方各抱紧一部导轴承（间隙取 0.03～0.05mm 或略放大）使机组轴线处于强迫垂直状态。由于是将轴线摆度和各连结部位的折线度集中反映到镜板的轴向和径向摆度上，盘车时由于镜板滑动面与机组旋转中心不垂直使得弹性支撑垂直强迫性受力而导致镜板呈现一定幅值的轴向跳动，于是可以通过检查镜板平面的轴向跳动量来确定镜板平面的垂线与旋转中心线的偏离角。

c. 由于盘车时所施加在转子对边的力往往是不平衡的，因此在转子盘车转动中摆度读数是会有偏差的。对于刚性支承的推力轴承，只要停止施加这种不平衡的力，转子还能返回到自由的初始位置。而弹性支承就不同了，由于弹性支承能吸收不均衡力，转子就不会完全复位。所以，盘车数据还不能完全定量分析轴线的径向摆度和各连结部位的折线度，使得弹性盘车方式还只能作为刚性盘车有效的验证手段。

d. 对称划分全圆周为 8 点，支放百分表监测各处摆度值及镜板边缘处轴向跳动值。一般，甄别弹性盘车检测数据可信度的标准为：根据 $+Y$、$+X$ 百分表读数绘制的轴线摆度曲线（非拘束瓦）均应是正弦曲线；镜板轴向跳动量小于 0.05mm，其值越小可信度越高。

2）弹性盘车应遵循的标准。

a. 《水轮发电机组安装技术规范》（GB/T 8564）及相关规范是在总结液压支柱式推力轴承和为数不多的其他类型弹性支承推力轴承安装调整及运行经验的基础上，按照轴线各连接段加工精度限制范围而规定机组轴线相对于镜板工作面不垂直度的允许值（跳动量）的。实践证明，不论是轴系的径向摆度（如水导处轴颈的摆度）还是推力镜板的轴向跳动量，都是与机组转速大小密切相关的，仅仅以推力镜板直径大小来确定其轴向跳动量的允许值显然不尽合理。如《水轮发电机组安装技术规范》（GB/T 8564）及相关规范对镜板轴向最大跳动量的规定（见表 1.3.18）等。

表 1.3.18　　　　　　　　　GB/T 8564 中对镜板轴向最大跳动量的规定表

镜板直径/m	轴向摆度/mm	镜板直径/m	轴向摆度/mm
<2.0	≤0.10	>3.5	≤0.20
2.0～3.5	≤0.15		

b. 美国标准《立式水轮发电机和抽水蓄能电站可逆式发电电动机的安装》（NEMA MG5.2—1972）中规定："对弹簧式推力轴承，直接测试推力轴承垂直方向的振幅时，计算公式则为 $0.005L/D$。"即为大轴径向摆动极限值的 1/10，是可供参考的。

c. 但 NEMA MG 5.2 最初发布于 1972 年，并于 1975 年和 1977 年进行了修订，1982 年 9 月 NEMA 被撤销并废止了 MG 5.2，其后归属于《立式水轮发电机和抽水蓄能电站可逆式发电电动机安装指南》（IEEE Std 1095—2012），其中明确规定："……弹性支承推力轴承……将千分表放置在推力轴承的两块瓦上，用以表示这块瓦的轴向位移，然后开机，当机组减速至 1/4 正常转速时应记录千分表读数，这些读数表示推力轴承镜板表面相对于轴线的轴端面跳动，其值应不超过 0.05mm。"

d. 经分析可以认为，"弹性盘车"所遵循的质量标准，应该是既要满足机组安全稳定运行需求，又能充分体现弹性支承推力轴承所具有的自动调平能力。对于盘车检测过程中的中高速立式发电机组或抽水蓄能机组（其镜板直径一般控制在 2.0～3.5m）推力轴承镜板表面相对于轴线的跳动量不超过 0.05mm（0.002 英寸）应是一项基本要求。而对于高转速、大长径比的抽水蓄能机组，直接采用不大于 0.05mm 作为机组弹性盘车时镜板轴向跳动量的控制值应是合适且含有一定裕量的。

3）采取拘束上导、水导瓦验证性进行了弹性盘车验证时的实测数据（见表 1.3.19）。

表 1.3.19　　　　　　　　　盘 车 记 录 表　　　　　　　　单位：1/100mm

项目 （+X 方向）	测量部位	测 量 编 号							
		1	2	3	4	5	6	7	8
摆度和 跳动量	上导轴承	0	0	0	−0.5	−1.0	−0.5	0	1.0
	下导轴承	0	−2.0	−3.0	−3.0	−3.0	−1.0	0	0
	镜板+X	0	0.5	0.5	0	0	0	0	0
	镜板−X	0	1.0	0	0.5	0	0	0	0
	水导轴承	抱紧，以不影响盘车为限							

续表

项目 （+X 方向）	测量部位	测量编号							
		1	2	3	4	5	6	7	8
相对点		1～5		2～6		3～7		4～8	
摆度和 跳动量	上导轴承	1.0		0.5		0		−1.5	
	下导轴承	3.0		−1.0		−3.0		−3.0	
	镜板+X	0		0.5		0.5		0	
	镜板−X	0		1.0		0		0.5	
	水导轴承	抱紧，以不影响盘车为限							

从表 1.3.19 中可以看出，下导（镜板径向）相对上导的摆度是接近正弦曲线（见图 1.3.53），且与镜板轴向跳动的趋势相一致，均证明弹性盘车对刚性盘车验证的一致性。

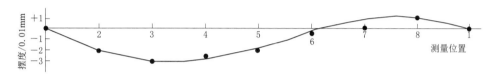

图 1.3.53 下导盘车摆度示意图

4. 结语

（1）由于清蓄电站机组轴系无论是分项工序还是联轴同床校正均在提高精度的高标准要求下进行加工，为机组轴线验证一次性成功奠定了基础，例如：

1）水泵水轮机主轴发电机侧法兰面跳动值最大仅为 0.01mm，小于设计公差 0.02mm。

2）下端轴水泵水轮机侧法兰面跳动值最大仅为 0.01mm，小于设计公差 0.02mm。

3）转子支架下法兰面跳动值最大仅为 0.015mm，小于设计公差 0.02mm。

4）下端轴和水泵水轮机轴联轴同轴同车后检测的主要同轴度及跳动量一般只有设计控制值的 20%～30%，推力头与镜板接合面的跳动量 0.015mm 也小于 0.019mm 的设计控制值（见表 1.3.11）。

5）下端轴、转子支架、滑转子联轴同轴同车后检测的主要同轴度及跳动量一般只有设计控制值的 30%～50%，推力头与镜板接合面的跳动量 0.015mm 也小于 0.019mm 的设计控制值。

（2）由于下导轴承与推力镜板面高程相差无几，在抱紧下导瓦的情况下，弹簧簇推力轴承因旋转中心线与镜板平面不垂直引发的镜板轴向跳动量是可以忽略不计的。清蓄电站 1 号机组整体盘车时镜板跳动量仅为 −0.025～+0.01mm（包含镜面不大于 0.02mm 的加工精度，见表 1.3.19）就是明显的例证，因此可以认为清蓄机型是基本具备刚性盘车条件的。

（3）清蓄电站 1 号机组采用刚性盘车测得的机组摆度。

1）由+Y 百分表测值计算，水导的最大摆度值约 0.07mm，大致在+Y 偏+X 约 8.13°方向；上导的最大摆度值约 0.038mm，大致在+X 偏−Y 约 22°方向。

2）由+X 百分表测值计算也可以得到水导、上导的最大摆度值及其方位。

以上数据都远小于表 1.3.14 所示的 THPC 质量合格标准，甚至小于或接近优良等级，证明清蓄电站机组轴线未经任何调整就已经颇为理想。

（4）THPC 一般不再进行"弹性盘车"工序是可以理解的，当然如仍将其作为一种验证手段予以实施也是无可非议的。

（5）由于制造业机加工精度的普遍提高，机组轴系的摆度已能得到有效控制；通过键、销钉螺栓及止口等定位工艺大幅度消除安装累积误差；尤其是弹性支撑推力轴承自身固有的调平衡功能，使得传统作为检测机组质量手段的盘车工艺逐渐退化成了仅仅是检验安装累积误差的一道附加工序。近期在很多电站也都有机组盘车一次性通过的验证，但是对于多段轴结构的机组安装上的累积误差仍然是难以避免的，作为一种检测手段的盘车工序仍是不可缺少的。

（6）目前，诸多机组的弹性盘车仍以《水轮发电机组安装技术规范》（GB/T 8564）第 9.5.7 之表 34 为准绳，显然起不到精准衡量机组轴线摆度和轴系连接段折线度的作用，进而为轴线调整提供定量分析、处理的依据，当然也难以为机组的安全、稳定运行保驾护航。因此，弹性盘车时镜板轴向跳动量幅值高低的衡量标准应根据机组结构特点、推力轴承自平衡能力的高低，在采集更多弹性支撑机组实际运行成果的基础上予以更其合理的制定，从而提升弹性盘车成为机组轴线的一种卓有成效的验证手段。

1.3.2.2 抽水蓄能电站厚环板磁轭车间加工和现场装配工艺的比较及分析

清蓄电站和深蓄电站均采用厚环板磁轭，其总体结构和环板的规格见图 1.3.24、图 1.3.54 和表 1.3.20。

清蓄电站的经验给深蓄电站这个国产化项目提供了参考资料。

表 1.3.20　　　　　　　　清蓄电站和深蓄电站磁轭结构参数比较表

项目名称	清　蓄　电　站	深　蓄　电　站
钢板材质	Q690D（WDER50）	B780CF
板厚	50mm 和 75mm 两种	60mm
磁轭高度	3570mm	3220mm
	段高度 300mm（350mm），共 9 段	段高 300mm，共 9 段
通风沟槽	高度 65mm，叶片高度 32.5mm	高度 65mm，叶片高度 32.5mm
板面加工要求	非加工面，但经压力机校正，不平度不大于 3mm	上下两平面精度达到 0.8μm、平行度 0.2mm，把合面局部间隙不大于 0.1mm
外/内径	4363mm/2660mm	4626mm/3360mm
磁轭重量	209.63t（不含转子支架 44.5t）	170t
拉紧螺杆	每段 3×14-M48，第一段含 14 根 φ50H7 铰制螺栓，段间无联结螺杆	（3×14-M48mm）+（1×14-M48mm）+（2×14-M48mm 通长 9 段拉紧螺杆）
磁轭键	浮动式切向键（7 个）	复合键（7 个）

1. 清蓄电站车间装配工艺

（1）单块环板下料制作。

1）清蓄电站磁轭钢板均标记有压延方向，以确保堆叠环形磁轭钢板时每张环形钢板堆叠压延方向顺序依次错开一个极，对深蓄电站的磁轭环板也应提出相同的技术要求。

2）清蓄电站的磁轭环板是按设计图输入程序进行数控气割下料，要求下料起始点预钻孔，并应注意当气割从起始切割返回原起始点时接口处进行修补使之平整光滑。深蓄电站磁轭环板的磁极、磁轭键槽和拉紧螺栓孔是在数控立车加工，直接利用数控编程加工把合孔。车镗一体可以很好地保证把合孔的位置度要求。

3）清蓄电站磁轭环板两面均为非加工面，仅要求不平度大于 3mm，在车间装配过程中是存在一些隐患的。而哈电在设计深蓄电站磁轭时正是借鉴了清蓄电站的经验，在厚环板上下两平面精度要求达到 0.8μm、平行度 0.2mm，显然避免了装配、压紧工序中的一些麻烦。

4）清蓄电站磁轭第 1 块（水轮机侧）环形钢板预热焊接 48 只装配磁极的止落块（见图 1.3.28），而无论深蓄电站采取什么方式来定位磁极，清蓄电站的方式都是值得参考的。

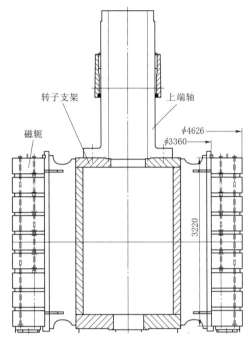

图 1.3.54　深蓄电站转子磁轭结构
示意图（单位：mm）

5）清蓄电站磁轭第 1 块（水轮机侧）用于安装制动环的环形钢板粗加工面留有 10mm 余量，并以此为基准对止落块进行顶面车削加工至 Re6.3。深蓄电站用于安装制动环的磁轭第 1 块（水轮机侧）环形钢板的厚度也是大于 60mm 的，对于具有精加工面的深蓄电站磁轭环板，在考虑焊接止落块（如果有此设计）变形的情况下是还要预先留有一定加工余量的（见图 1.3.28）。

6）清蓄电站在磁轭环板上是设计了每个磁极 4 块导磁块的，深蓄电站则对转子通风沟增设导磁块前后的磁极与转子轭部的磁密变化进行了分析比较，得到的结论是：①是否增设导磁块对转子磁极的磁密分布几乎没有影响；②增设导磁块对改善转子轭部饱和程度的影响也不大。因此，深蓄电站未设计导磁块装置是可以被接受的。

7）清蓄电站对整形达到不平度要求后的第 1 段顶层、第 2～8 段底层、顶层及第 9 段底层环形钢板的相应面采用模板定位布置风扇叶片并焊接导磁块。同时，为了严格控制通风片和导磁块的焊接变形，将经喷砂处理的 2 块环板背靠背采用防变形搭马卡贴并用紧工装螺栓紧固后，才在火焰预热后采用小电流分段跳焊的（见图 1.3.27）。

深蓄电站的风扇叶片是在 5 块环板一起把合成整体，同钻铰定位销定位后装焊的。

（2）第 1 段磁轭环板装配。

1）清蓄电站第 1 段磁轭环板结构见图 1.3.28，深蓄电站第 1 段磁轭结构见图 1.3.62。

2）清蓄电站在吊装第 1 段 6 层环形磁轭钢板时，采用工装夹具进行调整、紧固，然后上数控铣镗床镗铰拉紧螺栓孔（含外周侧 14 根铰制螺孔 $\phi50H7$）。深蓄则采用 5 块环板把合成整体，同钻铰定位销，其具体工艺程序也应借鉴清蓄电站。

3）清蓄电站磁轭每段环板用内径侧 $2\times14-M48$（光杆部分直径 $\phi50mm$）拉紧螺杆把紧 6 层环形磁轭钢板，$\phi50mm$ 的拉紧螺杆应紧靠 $\phi57mm$ 孔位的外径侧放置（零间隙，第 2～9 段同此），在圆周方向四个点同步压紧，消除间隙并在内外圆焊搭板固定（见图 1.3.55）。

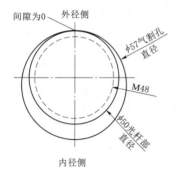

图 1.3.55　清蓄电站磁轭环板拉紧螺杆调整和搭焊示意图（单位：mm）

深蓄电站是利用工具螺杆把合 5 块钢板成整体，内外圆搭焊搭板固定。圆周对称方向先同钻铰销孔 4 个，安装工具定位销，然后利用数控立车编程加工剩余的把合孔。车镗一体可以很好地保证把合孔的位置度要求，加工后安装单段螺栓并可靠压紧。

4）清蓄电站在使用液压扳手按设计扭矩紧固所有永久螺栓并点焊固定螺母，再去除搭板并修磨后，对图 1.3.28 第 1～3 层的磁轭环板外圆侧坡口采用分段焊接，以达到增大第 1 段磁轭环板整体刚度的目的，这是值得深蓄电站借鉴的。

5）清蓄电站磁轭 9 段之间是通过通风叶片过渡配合（H6/js6）的止口定位的（见图 1.3.25）。随即在数控单柱立车上对上平面通风叶片、导磁块、压紧螺杆进行平面精加工，并完成风扇叶片上、下装配用止口精加工。

6）清蓄电站对制动环结合面还要精加工至 Re6.3，使之与上平面高程差为 $(362.5\pm0.3)mm$，且与止落块上平面高程差为 $(105\pm0.1)mm$（见图 1.3.28）。当然，由于加工止落块上平面时的参照面是留有 10mm 余量的第 1 层环板粗加工底面，要达到 $\pm0.1mm$ 的高精度是很难的，事实上清蓄电站 1 号机组现场挂装磁极时也证实了这一点。

如前所述，深蓄电站用于安装制动环的磁轭第 1 块（水轮机侧）环形钢板的厚度也是大于 60mm 的，为了满足装配制动板和与转子支架挂钩的精度要求，增加一道精加工工序也是必要的。

（3）第 2～9 段磁轭堆叠。

1）清蓄电站磁轭第 2～9 段磁轭堆叠程序大致雷同，只是不设销钉螺栓，均用按设计扭矩分 3 次进行紧固，按 50% 力矩值对称紧固一遍，第 2 遍按 80% 紧固，最后按设计力矩值紧固。其紧固扭矩与伸长量的关系采取抽查验证的方式，如第 9 段叠压时验证内圈 1/3 螺栓的伸长量及扭矩与伸长量之间的关系。

深蓄电站每段磁轭环板每极均配备 $14-\phi50$ 销钉螺杆，是有助于保证段间的同轴度控制在导风块止口 0.04～0.08mm 的精度范围内的。

2）各段机加工程序。

a. 清蓄电站各段机加工程序为：在数控单柱立车上精加工上下平面通风叶片、导磁块和压紧螺杆平面→精加工风扇叶片上、下装配用止口尺寸→粗加工内、外圆→粗铣磁极 T 尾槽。

b. 深蓄电站各段部分机加工程序是与磁轭堆叠同步进行的。

①提制镗模，镗模和各段磁轭之间利用定位销和导风块止口定位保证同心度不大于 0.04mm。

②工件正放，利用 T 尾槽定位工具调整两段磁轭（高度 730mm 左右）间的错位，在龙门铣床以镗模为基准加工磁轭内圆的冲片槽。由于冲片槽共计 7 个，为减少加工误差，采用此种方法需要每加工一个冲片槽后重新调整和测量一次镗模，需要采用激光跟踪仪配合测量。加工时需选用成型的精铣刀，保证加工尺寸的一致性和统一性，减少磁轭段间错位。

③用数控镗床和镗模整体加工磁轭外圆及 T 尾槽。

④第 2 段或第 4 段磁轭加工后应进行磁轭键预装，验证加工精度。

2. 清蓄电站转子磁轭现场安装及调整处理

（1）由于 1 号机组转子磁轭在车间未与转子中心体预装配，当第一段套进转子中心体就位装配时，发现其内圆周与立筋均几无间隙，使得第一段环板难以调整，而中心体立筋与磁轭环板上部最大间隙与最小间隙差值达到 0.18mm，远大于设计值 0.04mm。

（2）第 2 段装配调整后磁轭与转子中心体立筋的最大偏差为 1.42－1.20＝0.22mm，而对称最大偏差为 0.13mm（左下）、0.13mm（右下），均超出 0.04mm 的设计要求；第 3 段装配调整后磁轭与转子中心体立筋的最大偏差为 1.45－1.23＝0.22mm，而对称最大偏差为 0.20mm（右上）、0.19mm（右下），也超出 0.04mm 的设计要求；而 4～9 段则渐次好转。经查证，是由于 THPC 采用其传统工艺将转子中心体立筋垂直度（或水平度）的标准值制定为 0.1mm/m，安装承包人调整值为 0.06mm/m，也就与采用铅垂线测量磁轭外圆方法不匹配造成偏差。

（3）经调整、复核中心体的法兰水平度 0.019mm/m≤0.02mm/m，调整、打紧磁轭键后磁轭与转子中心体立筋的间隙相对差大部分均能满足 THPC 根据经验提出的不大于 0.10mm 的修正值。可以相信，各段的叠装基本能保证磁轭与转子转轴同心度，也能有效约束磁轭（包括转子转轴）的偏心值，进而保证磁极挂装后转子整体偏心值不大于 0.15mm。

（4）9 段磁轭叠装完成经 100% 打键调整后，磁轭外圆半径见表 1.3.21。

表 1.3.21 　　　　　　　　　　**磁 轭 外 圆 半 径** 　　　　　　　　　单位：mm

极号	第 1 段	第 2 段	第 3 段	第 4 段	第 5 段	第 6 段	第 7 段	第 8 段	第 9 段
1	1331.31	1331.41	1331.51	1331.37	1331.38	1331.35	1331.39	1331.43	1331.43
2	1331.39	1331.45	1331.41	1331.42	1331.42	1331.43	1331.40	1331.43	1331.45
3	1331.36	1331.49	1331.48	1331.46	1331.43	1331.44	1331.41	1331.41	1331.45
4	1331.32	1331.48	1331.52	1331.47	1331.41	1331.38	1331.40	1331.36	1331.41
5	1331.30	1331.43	1331.51	1331.46	1331.39	1331.40	1331.41	1331.41	1331.40
6	1331.29	1331.44	1331.51	1331.49	1331.38	1331.45	1331.46	1331.42	1331.42
7	1331.29	1331.40	1331.48	1331.43	1331.40	1331.40	1331.43	1331.41	1331.34
8	1331.27	1331.35	1331.46	1331.46	1331.35	1331.48	1331.47	1331.45	1331.41
9	1331.22	1331.33	1331.48	1331.41	1331.34	1331.43	1331.47	1331.47	1331.40

极号	第1段	第2段	第3段	第4段	第5段	第6段	第7段	第8段	第9段
10	1331.30	1331.35	1331.48	1331.43	1331.37	1331.48	1331.47	1331.47	1331.40
11	1331.26	1331.41	1331.53	1331.47	1331.43	1331.50	1331.51	1331.50	1331.47
12	1331.23	1331.36	1331.49	1331.37	1331.40	1331.49	1331.47	1331.44	1331.48
13	1331.26	1331.43	1331.51	1331.38	1331.35	1331.46	1331.46	1331.43	1331.46
14	1331.30	1331.40	1331.41	1331.41	1331.39	1331.45	1331.42	1331.44	1331.47

由于磁轭圆度按照14个磁极测量所得的测值宜换算为16等分，测值换算后采用最小二乘法计算最终的整体偏心值为0.08mm（见表1.3.22），很好地控制在标准范围内。磁极挂装后磁轭与中心体立筋间隙略有增大，如第1段磁极挂装前最大值与最小值之差为0.12mm，挂装后达到0.19mm；第2段自0.06mm增至0.1mm；但对最终的整体偏心值影响并不大。

表 1.3.22   **偏 心 值 计 算 表**   单位：mm

项目名称	第1段	第2段	第3段	第4段	第5段	第6段	第7段	第8段	第9段
$\sum R\sin\theta$	0.235	0.27	−0.075	−0.2	0.14	−0.155	−0.235	−0.085	−0.285
$\sum\limits_{1\sim9} R\sin\theta$	−0.39								
$\sum R\cos\theta$	0.315	0.35	0.0	0.25	0.14	−0.29	−0.28	−0.275	0.185
$\sum\limits_{1\sim9} R\cos\theta$	0.395								
整体偏心值 $e=\dfrac{2}{n}[(\sum R_i\sin\theta_i)^2+(\sum R_i\cos\theta_i)^2]^{1/2}=0.08\text{mm}$									

（5）由于1号机组磁极挂装前未测量止落块顶面高程，磁极挂装后发现磁极中心高差异较大，在分析检查阶段对止落块进行了间接测量，发现其最大高程差达到3.88mm，而且呈波浪状、分布几无规律可言。且磁极T尾与左侧止落块均无间隙，而与右侧止落块均有间隙，最大达到0.80mm。

（6）磁轭装配完成、打紧磁轭键后，磁极挂装前测量转子制动板外圆水平其周向最大偏差为0.44mm，径向最大偏差0.25mm（外侧略低）。装配制动板并挂装磁极后，转子制动板外圆周则出现1.27mm的最大高程偏差，同截面径向水平偏差局部偏差达到0.76mm。均与THPC制定的《发电电动机安装质量检测标准》及行业标准《水轮发电机转子现场装配工艺导则》（DL/T 5230）有一定差距。

（7）存在问题及处理

1）环板不平度的控制力度。THPC原设计要求环板母材的不平度不大于3mm，每段环板把合拉紧螺栓后环板之间的间隙不大于2mm，但由于多方面原因环板把合拉紧螺栓后层间仍普遍存在、最大甚至达到3.5mm的间隙（见图1.3.56）。不规则较大间隙的成因可能有以下几方面：

a. 由于油压机整形处理有一定难度，THPPC将原设计要求的不大于2mm的标准修改为不大于3mm。

　　b. 由于每段磁轭环板上下平面焊接导磁块的位置均在距离拉紧螺杆较远、刚度较差的最外圆 T 槽部位（见图1.3.28），其难以避免的焊接变形势必增大环板之间原已存在的间隙。尽管在车间采用了两张板背靠背、用工艺螺栓和搭块固定、焊前预热及控制焊接顺序等措施，但效果并不满意。

　　c. 通风叶片焊接变形同样是控制难点之一，在一定程度上也使得环板之间的间隙状况恶化。

图1.3.56　磁轭环板之间的间隙

　　2）止落块顶面高程的控制。由于装配工艺程序的要求，需先对第 1 段水轮机侧 $\delta=75\text{mm}$ 板上平面焊接 28 只止落块并进行顶面加工（见图1.3.28之"1"）。由于环板上下平面均非加工面，要想确保止落块顶面与制动环安装面 $(105\pm0.1)\text{mm}$ 的设计要求，需制订周密合理的工艺程序，避免因其非加工面原始不平度造成止落块顶面与该段环板上下加工面的不平行误差，从而造成止落块高程的少量偏差。当然，止落块顶面高程偏差主要取决于环板段自身的刚度。

　　3）第 1 段磁轭是使用 42 颗 M48 螺栓紧固（其中 14 颗为铰制螺栓，见图1.3.28），且对标号"1""2""3"层环板外圆侧坡口采用分段焊接。所有这些都是 THPC 致力于使第 1 段磁轭环板形成一个具有较大刚度整体结构的措施。但是，由于上部磁轭重量的均压作用使得环板非加工接触净面积产生实质性变化（增大）时，环板层间的压应力就会减小，仅有 0.17～0.22mm 的压紧螺杆拉伸量会变小甚至消失，乃至第 1 段磁轭环板的整体性大大削弱。这就意味着磁轭环板由刚性体向挠性体转化，在挂装磁极重量作用下使得单层环板产生挠度是完全可能的。同时，无规则的环板间隙也就可能造成了止落块高度尺寸波浪状、几无规律的沉降不一的状况。

　　磁极挂装后第 1 段、第 2 段间导磁块周圈所出现的间隙（0.4～0.85mm），也能说明第 1 段磁轭环板的挠性化趋势。尽管相对于长达 3570mm 的磁轭而言仅相当于影响较小的残隙，但毕竟削弱了导磁块减小磁位降的功能。

　　目前，THPC 也认为有必要采取相应措施进一步强化分段磁轭环板的刚度。

　　4）按照 THPC 设计，磁轭第 1 段最下部的标号"1"部内径为 $\phi2599\text{mm}$（见图1.3.28、图1.3.57），与转子支架"T"部设计直径间隙应为 0.05～0.15mm，是能够在使用塞尺测量的情况下进行间隙调整的。而实际上现场安装时却出现间隙几乎为零无法调整的情况，由于转子中心体未参与磁轭整体预装，此问题未能提前发现，给现场安装带来一定难度。所以，车间实施磁轭与转子中心体整体预装是不可忽视的重要环节。

　　5）在车间尽管采用了临时拉紧螺杆、止动搭块和装配工艺键等手段来防止工件转移工位时各段错位，但效果也不是很好，现拟在段与段之间配置销孔（至少 4 处），用铰制销钉将段与段精确定位。

　　6）THPC 所提供的测圆架是相对简陋的（见图1.3.58），不但使用不方便而且会影响检测值精度，建议厂家能提供类似法国 ALSTOM 在惠蓄电站使用的测圆架（见图1.3.59）。

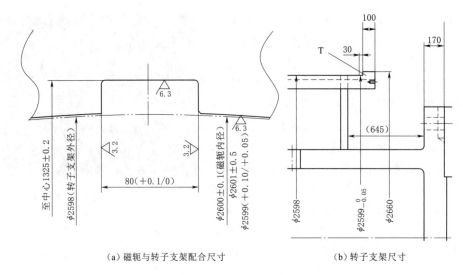

(a) 磁轭与转子支架配合尺寸　　　　(b) 转子支架尺寸

图 1.3.57　磁轭与转子中心体的间隙配合示意图（单位：mm）

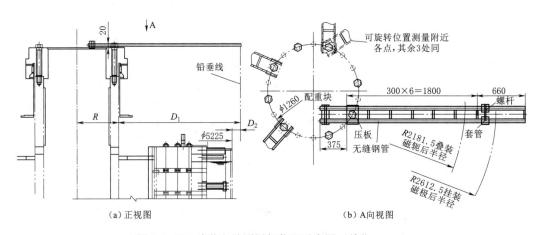

(a) 正视图　　　　　　　(b) A 向视图

图 1.3.58　清蓄电站测圆架装配示意图（单位：mm）

7）由于 9 段磁轭环板是各自独立的结构体，其轴向的整体性是需要依靠打紧磁轭键来维持的。因此，磁轭叠装过程设计配置了 14 个千斤顶，用于打紧磁轭键之前调整其圆周、径向的水平度（见图 1.3.60）。但由于叠装最初几段磁轭环板时部分转子支架立筋挂钩出现间隙，现场施工人员采取调松千斤顶的措施，使得打紧磁轭键之前的装配全过程千斤顶未能有效起到调平、支撑作用，以至于出现转子磁轭产生以挂钩为支点外圆侧呈悬臂端沉降的状况而影响了安装调整工序的正常进行。

3. 其他推荐借鉴或参照的项目

(1) 厂家传统工艺与我国国家标准和行业标准的统一。

日本东芝电力传统工艺要求，以通过塞尺直接测量磁轭与转子支架立筋之间的间隙相对差为基准作为两者同心的判断标准（当立筋数为偶数时，可认为偏心量就是相对差的一半）。THPC 在原编制的《广东清远抽水蓄能机组发电电动机安装质量检测标准》中强调：第一，磁轭与转子转轴之间的间隙相对差不大于 0.04mm；第二，全部叠好后再次确

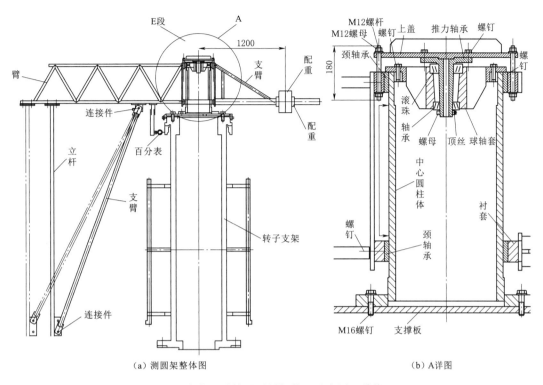

图 1.3.59 惠蓄电站转子测圆架装配示意图（单位：mm）

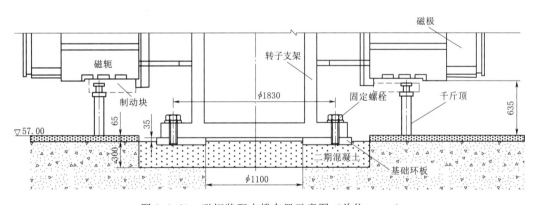

图 1.3.60 磁轭装配支撑布置示意图（单位：mm）

认磁轭与转轴之间的间隙相对差不大于 0.04mm。

其立足点正是致力于确保磁轭与转子转轴的同心度，以使磁轭（包括转子转轴）的偏心值达到要求的精度。而在 1 号机组调整过程中由于加工误差、测量手段等因素导致间隙相对差不大于 0.04mm 的指标难以达到，THPC 根据其经验认为将此指标调整放宽至 0.10mm 并不会影响最终的磁轭偏心值调整精度。

根据《水轮发电机组安装技术规范》（GB/T 8564）和《水轮发电机转子现场装配工艺导则》（DL/T 5230）的要求，则应以测量磁轭外圆半径并通过最小二乘法计算其偏心值。分析认为，这才真正是涵盖了"磁轭外径与内径偏差""转子支架外径偏差""磁轭与转子转轴间隙偏差"等诸多相关因素的综合整体偏心值。THPC 同意采用在滑转子上法兰面内侧水平度不大于 0.02mm/m 并复核转子支架立筋的垂直度不大于 0.1mm/m 的条件下，以最小二乘法计算磁轭整体偏心值：

$$e=\frac{2}{n}\left[(\sum R_i \sin\alpha_i)^2+(\sum R_i \cos\alpha_i)^2\right]^{\frac{1}{2}} \tag{1.3.1}$$

式中：e 为转子的偏心值，mm；n 为转子半径的测点数；R_i 为某测点的半径测量值，mm；α_i 为某测点与 X 轴的夹角，(°)；$\sum R_i \sin\alpha_i$ 为各测点的半径测量值与测点所在位置与 X 轴夹角正弦值的乘积之和，mm；$\sum R_i \cos\alpha_i$ 为各测点的半径测量值与测点所在位置与 X 轴夹角余弦值的乘积之和，mm。

最终，确保最终磁轭整体偏心量不大于 0.15mm，目标值不大于 0.10mm。

（2）清蓄电站在对各段内、外圆尺寸进行粗加工、粗铣磁极 T 尾槽后的工艺程序是：将第 5～9 段共 5 段磁轭环形钢板在 T 尾槽部位用工装螺杆组装、紧固成一体→在段与段极间通风沟处圆周方向 7 处焊接止动搭块→在数控双柱立车中精加工内圆、外圆→在 BSF-150 数控铣镗床中精铣磁极键切向槽→精加工磁轭键槽→在精铣的磁轭键槽内装配工艺键→精铣磁极 T 尾键槽（要求铣到某个 T 槽时，再拆除相应的拉紧螺杆，T 尾槽铣完回装螺杆，不允许一次将螺杆全部拆除，以保证加工基准不会发生变动）。

（3）清蓄电站对第 1～5 段组成大段装配精加工的工艺程序是：将第 1～5 段共 5 段磁轭环形钢板采用临时螺栓组装成一体→在数控双柱立车中以第 5 段为模板精车内外圆尺寸→对磁轭键槽进行精加工→在数控双柱立车中以第 5 段为模板精铣磁轭键槽→以第 5 段为模板精铣磁极键槽。

（4）清蓄电站 9 段整体预装配的工艺程序是：整体吊装第 1～5 段共 5 段与第 6～9 段共 4 段磁轭环形钢板进行预装配→检查磁轭键槽尺寸、垂直度并进行磁轭键与键槽预装配→磁轭共 9 段整体进炉加温至 110～130℃→进行 24h 干燥处理并去除环形钢板间残留冷却液→逐段与转子支架在工厂坑进行预装配。

（5）清蓄电站自 2 号机组起每台机组转子的 9 段磁轭环形钢板在加工工作全部完成后的工艺程序是：磁轭共 9 段进行进炉加温至 110～130℃/24h 干燥处理→逐段与转子支架在工厂地坑进行预装配→逐段对支架装配的间隙、同心度、外圆垂直度、磁极键间隙尺寸及错位尺寸等进行抽检→各段间编、打定位钢印标记进行解体。

4. 清蓄电站磁轭装配的改进

（1）由于磁轭各段之间是通过通风叶片止口定位的，磁轭内侧拉紧螺杆的分布圆直径为 3000mm，其上、下段紧固螺母也形成止口配合［见图 1.3.61（a）］。多台机组在 C 级检修中发现部分磁轭拉紧螺杆螺母止动焊缝出现裂缝［见图 1.3.61（b）］。

对此，应待机组检修时采取措施进一步仔细检查并开展综合性会诊，以期寻求真谛并最终予以妥善解决，确保机组长期稳定运行。

（2）由于惠蓄电站磁轭挂装 12×8.3t 磁极后，发现多处磁极下部垫块位置的磁轭叠片间出现最大达到 0.62mm 间隙、清蓄电站磁轭挂装磁极后径向水平偏差增大以及段间导磁块出现 0.40～0.85mm 间隙的情况，适当增加各段磁轭刚度是必要的。哈电最终修改设计将各段磁轭把合螺栓每极增为四个并全部加工成销钉螺栓，同时用于磁轭安装后整

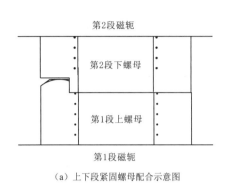

（a）上下段紧固螺母配合示意图　　　　　　　　（b）实物照片

图1.3.61　磁轭拉紧螺杆的螺母图

体把合的通长螺杆也增加为圆周28根（见图1.3.62）。

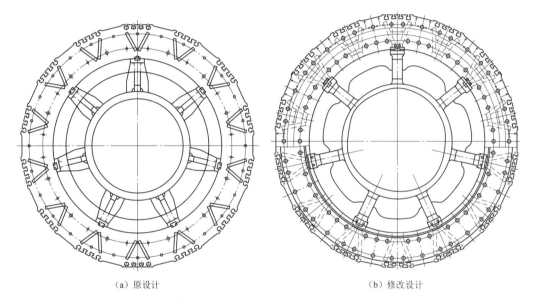

（a）原设计　　　　　　　　　　　　　　（b）修改设计

图1.3.62　深蓄电站磁轭结构示意图

（3）原设计磁轭第1块（水轮机侧）环形钢板是参照清蓄电站留有一定加工余量，用于保证制动板的装配精度［见图1.3.63（a）］。后经设计修改仍采用60mm环形钢板，而制动板则把合于磁轭螺栓（含通长螺杆）端部形成一体，其水平度、波浪度采用螺栓与制动板之间加垫的方法予以调整［见图1.3.63（b）］。

（4）哈电对转子通风沟增设导磁块前后的磁极与转子轭部的磁密变化进行了比较，得出增设导磁块对转子磁极的磁密分布几乎没有影响、对改善转子轭部饱和程度的影响也不大的结论，于是在深蓄电站采用未设置导磁块的设计。

5.深蓄电站工地装配工艺

（1）哈电原设计要求现场安装间装配磁轭时"调整转子中心体法兰平面不超过0.03mm/m，检查磁轭凸键径向及周向垂直度不超过0.03mm/m，检查各挂钩水平高差

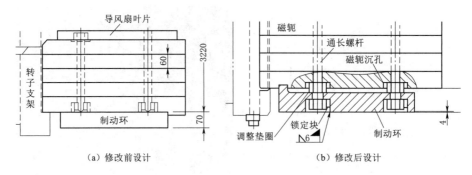

图 1.3.63 深蓄电站制动环结构示意图（单位：mm）

不超过 0.5mm"，汲取清蓄电站的经验教训，确认采用测圆架检测磁轭外圆半径差的一个重要前提条件是转子中心体必须处于垂直状态，即无论是转子中心体上法兰还是下法兰平面的水平度都应调整达到不大于 0.02mm/m（而不应放宽至 0.03mm/m）。如若其上、下法兰面水平度不一致时，可以采用卡耶尔法验证上、下法兰加工面加工精度的可信程度。

（2）哈电原也只要求以"调整磁轭段主力筋与磁轭对点径向间隙间隙差不大于 0.05mm"作为衡量磁轭偏心值的质量标准，但 1 号机组主立筋与磁轭定位段调整时就发现其相对侧间隙偏差一般均为 0.02～0.04mm（仅其中有一个点达到 0.06mm），但测量定位段磁轭外圆半径时相对侧偏差一般均为 0.07～0.13mm，最大的有两处达到 0.17～0.18mm。

根据清蓄电站的经验，仍予执行最小二乘法的计算原则。并按正规程序编制了将 14 个磁极测量值换算为 16 等分的换算表（见表 1.3.23），用于指导现场装配的检测工作。

表 1.3.23 换 算 表

磁极号	测值	点差＋换算比			换算值
1	A		$\times 0.875$		A
2	B	$A-B$		$\times 0.75$	$A-(A-B)\times 0.875$
3	C	$\times 0.63$	$B-C$		$B-(B-C)\times 0.75$
4	D		$\times 0.5$	$C-D$	$C-(C-D)\times 0.63$
5	E	$D-E$		$\times 0.37$	$D-(D-E)\times 0.5$
6	F	$\times 0.25$	$E-F$		$E-(E-F)\times 0.37$
7	G		$\times 0.125$	$F-G$	$F-(F-G)\times 0.25$
8	H	$G-H$		$\times 0.875$	$G-(G-H)\times 0.125$
9	I	$\times 0.75$	$H-I$		H
10	J		$\times 0.63$	$I-J$	$I-(H-I)\times 0.875$
11	K	$J-K$		$\times 0.5$	$J-(I-J)\times 0.75$
12	L	$\times 0.37$	$K-L$		$K-(J-K)\times 0.63$
13	M		$\times 0.25$	$L-M$	$L-(K-L)\times 0.5$
14	N	$M-N$		$\times 0.125$	$M-(L-M)\times 0.37$
					$N-(M-N)\times 0.25$
					$A-(N-A)\times 0.125$

（3）根据清蓄电站的实践经验，取消了原设计"每吊装 3 段磁轭利用压紧工具进行一次预压""在预压达到要求力矩并保压的过程中复检磁轭外圆半径及圆度，复检 T 尾槽及磁轭键槽段间无错牙""检查完毕后在磁轭内外圆处搭焊拉筋，搭焊后拆除压紧工具""在压紧状态下依次将工具螺杆更换为产品螺杆并压紧至图纸要求""在最终压紧完毕后铲除磁轭内外圆搭焊的拉筋"等繁杂的工艺程序，而仅在第 9 段叠装完毕后用通长螺杆进行了最终压紧。

（4）深蓄电站是各段厚环板均采用销钉螺栓的紧固方式，经副键调整磁轭偏心值达到设计要求，计算热加垫厚度时可不予考虑磁轭实测半径与磁轭整体平均半径的偏差。这样就可以避免因"兼顾磁轭外圆"测值而使原已调整达标的偏心值再次出现偏差。

1.3.2.3　转子磁极铁芯装配质量

为了抑制高转速和大容量抽水蓄能机组转子磁极（均属长磁极，一般把长度 2m 以上的磁极称为长磁极）易变形的特点，在结构、工艺方面往往都采取提高磁极铁芯整体性和形状稳定性的措施。目前，大多厂家侧重于选用合适的铁芯片间压力、拉紧螺直径和叠压工艺等，确保装配过程中不产生扭曲和错牙，在受到运输颠簸、起吊变形及运行振动影响时也能够保证铁芯形体平直度等整体稳定性指标。

惠蓄电站机组系由法国 ALSTOM 设计制造，其中由东电合作制造的 4 号机组因磁极挂装卡阻造成磁极键槽和磁极 T 尾大面积损伤，磁极拔出后磁轭上部叠片翘起变形最大处达 28mm，磁极中部 T 尾内侧严重刮磨出深坑（见图 1.3.64）。

 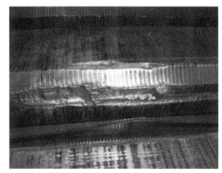

(a) 磁轭叠片翘起　　　　　　　　　　　(b) T尾内侧刮伤

图 1.3.64　惠蓄电站 4 号机组磁极挂装损伤情况

经检测，绝大部分磁极铁芯 T 尾（长度为 2534mm）的不平直度均超过法国 ALSTOM 不大于 0.2mm/m 的设计要求，最大的甚至达到 1.8mm。显然，这是造成磁极挂装卡阻的主要原因之一。

结合惠蓄电站、清蓄电站转子长磁极铁芯装配质量，对包括平直度、扭曲变形及与之相关的选材、下料处理，尤其是叠压工艺及所使用的装备、设施等进行探讨性分析。

1. 铁芯叠压对材料质量的一般要求

（1）磁极铁芯拉紧螺杆若采用冷拉圆钢（这是一种无需再加工、经过"调质"处理的高精度圆钢），要求弯曲度达到 0.5mm/m，至少也应满足《冷拉圆钢、方钢、六角钢尺寸、外形、重量及允许偏差》（GB/T 905—2006）中冷拉圆钢 8～9（h8～h9）级的规定（见表1.3.24）。

表 1.3.24 磁极铁芯拉紧螺杆弯曲度表

级　　别	弯曲度（不大于）/(mm/m)			总弯曲度（不大于）/(mm/m)
	尺寸，mm			
	7～25	＞25～50	＞50～80	7～80
8～9 （h8～h9）级	1	0.75	0.5	总长度与每米允许弯曲度的乘积
10～11 （h10～h11）级	3	2	1	
12～13 （h12～h13）级	4	3	2	

例如，惠蓄电站磁极拉紧螺杆即采用 C35E＋QT（EN10083）冷拉圆钢，平直度要求达到 0.5mm/m，外表涂抹 10～15μm 临时塑胶保护膜，干燥 4h 以上并存放室外 3～6 个月；而清蓄电站磁极拉紧螺杆则采用 35CrMo 热轧调质圆钢。

（2）在一般情况下，拉紧螺杆孔的截面积与冲片面积之比值为 0.03～0.05，如惠蓄电站取值为 0.041，而清蓄电站则只有 0.026。适当增大此比值是有利的，有的设计单位甚至建议达到 0.1。

（3）磁极铁芯冲片孔与拉紧螺杆的装配精度一般应达到 G6/g6 级精度，如清蓄电站铁芯冲片上的孔径为 $\phi 43^{+0.18}_{+0.12}$、拉紧螺杆的直径为 $\phi 43^{-0.08}_{-0.18}$，属于 G5/g5 配合，应是合适的。

（4）磁极铁芯冲片一般用厚 1～1.5mm 的薄钢板冲制，由于母材钢板的延展性决定了其长、宽向厚薄失均现象。有经验的厂家则采取先冲制奇数片，后将钢板翻转180°冲制偶数片（见图 1.3.65）；或者在冲制奇数片后，将钢板按原水平面转360°，再冲制偶数片，用以部分或大部分抵消钢板在宽度方向因厚薄不均而引起的累积偏差，从而减小铁芯叠压后扭斜变形。

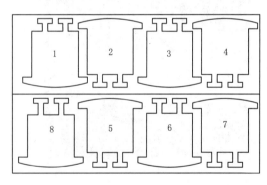

图 1.3.65　芯片冲制下料示意图
注：1～8 为冲制顺序。

（5）当前的芯片冲制工艺均能达到毛刺不大于 0.02～0.03mm，打磨毛刺工艺也已日臻完善。

（6）通常情况下，为了弥补芯片厚薄及毛刺造成的累积偏差，采用在磁极铁芯内加调整垫片的方式，但由于垫片无法加工成楔形，这样会形成铁芯加垫片处有间隙而影响其整体性。因此，要严格控制加垫片的数量和总厚度，一般要求不超过铁芯总高度的0.45%（日本东芝电力的标准）。

2. 铁芯叠压的主要技术参数

磁极铁芯叠压时的预紧力、芯片实际片间压力以及拉紧螺杆的伸长量是铁芯叠压至关重要的技术参数，为了明晰这几大参数之间的关系，现以惠蓄电站为例阐述如下。

（1）叠压工艺原理。法国 ALSTOM 在工厂装配磁极铁芯时，使用双油缸卧式同步压力机对铁芯加压 300t 后穿入磁极拉紧螺杆，并施加一个初始扭矩将其两端与铁芯固定，然后松开压力机。由于铁芯受到压力机预紧力时产生弹性变形使得铁芯内部产生与预紧力相等的内应力，卸掉预紧力后铁芯在内应力作用下的回弹使磁极拉紧螺杆受拉而弹性伸长，并吸收铁芯的部分内应力，其时铁芯内部剩余的内应力必须是能足够维持磁极铁芯刚度的片间压力。当然，由于磁极芯片与磁极压紧螺杆的材质不同，卸掉预紧力后铁芯产生的弹性回弹量与拉紧螺杆产生弹性伸长是不相同的。

（2）毫无例外，法国 ALSTOM 引用的是近似传统指数关系的计算磁极铁芯的压缩率 ε 与所受的预紧力 P 的经验公式[16]：

$$P(\varepsilon) = P_0 e^{k\varepsilon} \tag{1.3.2}$$

式中：P 为冲片受到的预紧应力，kgf/cm^2；P_0 为冲片受到的初始预紧应力，kgf/cm^2，根据厂家的经验，取 $P_0 = 10 kgf/cm^2$；$e = 2.7182818$，为自然对数的底数；k 为系数（当 $P_0 = 10 kgf/cm^2$，k 约为 1800）；ε 为磁极铁芯的压缩率。

（3）卸掉预紧力后铁芯内应残余的应力为

$$P = F_\delta / A_\delta \tag{1.3.3}$$

式中：F_δ 为卸掉预紧力后铁芯内的残余压力，kgf；A_δ 为磁极铁芯冲片净面积，cm^2。

（4）由于铁芯受残余应力所产生弹性压缩的压缩率 q 按下式计算：

$$q = \Delta L_\delta / L_\delta \tag{1.3.4}$$

式中：ΔL_δ 为磁极铁芯受残余应力后的变形，cm；L_δ 为磁极铁芯长度，cm。

由式（1.3.2）～式（1.3.4）得出卸掉预紧力后磁极铁芯内的残余压力 F_δ 与铁芯受力变形 ΔL_δ 的关系：

$$F_\delta = A_\delta P_0 e^{k\Delta L_\delta / L_\delta} \tag{1.3.5}$$

代入数据后得

$$F_\delta = 273495 \times 10 \times e^{1800\Delta L_\delta / 253.4} \tag{1.3.6}$$

（5）卸掉预紧力后拉紧螺杆受到的拉力与螺杆受力变形的关系为

$$\sigma = F_S / (ZA) \tag{1.3.7}$$

式中：F_S 为去掉预紧力后压紧螺杆受到的拉力；Z 为每个磁极的拉紧螺栓数量（8）；A 为拉紧螺杆最小截面面积，cm^2。

（6）由于拉紧螺杆受内部拉力而产生弹性变形，根据虎克定律：

$$\sigma = \varepsilon E \quad (E = 2.1 \times 10^6 kgf/cm^2) \tag{1.3.8}$$

（7）而拉紧螺杆的拉伸率可以表示为

$$\varepsilon = \Delta L_S / L_S \tag{1.3.9}$$

式中：ε 为去掉预紧力后拉紧螺杆受内部拉力产生的拉伸率；ΔL_S 为卸掉预紧力后拉紧螺杆受拉力引起的变形；L_S 为拉紧螺杆的长度（288cm）。

（8）由式（1.3.2）～式（1.3.4）得出去掉预紧力后拉紧螺杆受内部拉力 F_S 与变形量 ΔL_S 的关系：

$$F_S = ZAE\Delta L_S / L_S$$

代入数据后得

$$F_s = 8 \times 13.8474 \times 2.1 \times 10^6 \times \Delta L_s / 288 = 807765 \Delta L_s \qquad (1.3.10)$$

（9）由式（1.3.6）、式（1.3.10）式可以得出的几大技术参数的关系曲线，见图1.3.66。

F_δ 和 F_S 曲线的交点 M 即为磁极铁芯卸掉预紧力后的内部受力平衡点，这时磁极铁芯卸掉预紧力后内部的残余压力 $F_\delta = F_S = 122000 \mathrm{kgf}$，片间压力相应的磁极铁芯的弹性回弹量 $\Delta L_\delta = 0.20 \mathrm{cm}$，拉紧螺杆的弹性伸长量 $\Delta L_S = 0.15 \mathrm{cm}$。由铁芯内部受力平衡后可计算出铁芯工作状态下的片间压力为 $F_\delta / A_s = 122000/2734.95 = 44.61 \mathrm{kgf/cm^2}$。

法国 ALSTOM 在惠蓄电站机组采取的就是上述叠压工艺，取得了较为理想的功效。

3. 双油缸卧式同步压紧装置

（1）目前，国内外制造厂家装配磁极铁芯使用较多的是双油缸卧式同步压紧装置（见图1.3.67）。双油缸卧式同步压紧装置主要由油压泵站、油缸、压机平台、主拉伸丝杆、龙门架、工具端板、导向杆等部分组成。其工作程序如下。

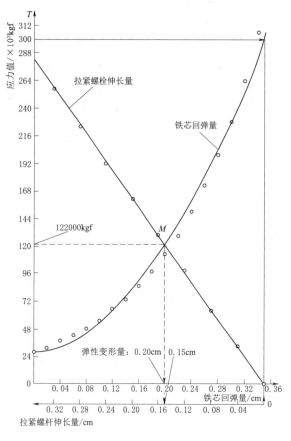

图 1.3.66 铁芯回弹量、拉紧螺杆受力、拉紧螺杆伸长量关系曲线图

1）安装、调整压机平台，使压机平台尺寸符合磁极铁芯的设计要求。

图 1.3.67 双油缸卧式同步压紧装置

2）安装龙门架和两个工具端板，其中一个固定在底座平台上起定位作用；另一个可以在平台的 T 形槽中随油缸的伸缩做纵向移动，起到压紧磁极铁芯的作用。

3）固定端龙门架左右两边各放置一个拉伸油缸，通过两根主位伸丝杆把龙门架、工具端板串连在一起形成一个完整的压紧系统。

4）调节主拉伸丝杆高度，使得铁芯芯片的重心和液压拉伸器的压紧力的中心相重合，形成均匀压力确保磁极铁芯叠装后的形体尺寸达到要求精度。

5）放置固定端板后，按顺序装压铁芯芯片并用侧压板调整芯片的平整度。

6）在叠片长度达到 1m（亦可采用每 500mm 分段压紧）左右时，用压机的油缸和主拉伸丝杆对已经叠压的部分的铁芯进行预压，到叠片长度达到 2m 左右时再预压一次。以此类推，每叠 1m 左右就增加一次预压。

7）放置活动端端板，启动油缸进行预压紧铁芯，通过侧压板上的观察口检测磁极冲片的压紧平整度并测量铁芯的长度，形状等数据。

8）如果测量的数据与设计要求不符，则松开压紧系统，通过增加调节片调整由于磁极芯片厚薄不均造成的偏差，调整完再压紧铁芯，重新测量尺寸等。

9）经过几次预压、再松开、再调整，直至各部分尺寸达到工艺要求。

10）松开压机，取出活动端板。

11）穿入阻尼铜杆和阻尼铜杆连接排。

12）放置活动端端板和工具端板。

13）按照设计要求给整体磁极铁芯施加预紧压力（Q），铁芯产生弹性变形并产生与预紧力相等的内应力。

14）穿入铁芯拉紧螺杆，并用初始扭矩旋紧固定螺帽（用力矩扳手检查紧度）。

15）撤掉压力后铁芯回弹，拉紧螺杆受拉伸长而吸收铁芯部分内应力，铁芯内部剩余的内应力将是足以维持磁极铁芯刚度的片间压力。

16）完成装压工作，使用专用吊具吊出铁芯并重新检查铁芯所有尺寸。

17）当所有尺寸都合格之后，将螺帽与拉紧螺杆点焊固定。

（2）双油缸卧式同步压紧装置，主要有以下优点。

1）经过精心设计和调整，可以使磁极铁芯的重心和液压拉伸器的压紧力的中心相重合，压紧装置施加到磁极铁芯的压力均匀，确保磁极铁芯叠压后的形体尺寸达到要求精度。

2）由于两个拉伸油缸油路并联，同时供油，两个主伸丝杆的拉紧力相等，磁极芯片得到均匀压紧，不产生变形，最终的预压紧力也能够保证铁芯冲片之间达到了理论上所需的单位压力。

3）压紧磁极铁芯过程中，垫加调整片便捷，使得铁芯形体尺寸达到设计要求。

4. 清蓄电站 1 号机组初始采用的磁极铁芯叠压工艺

（1）工艺简介。THPC 在清蓄电站 1 号机组磁极采用的叠压装置见图 1.3.68，该装置设置有中部 300t 拜尔液压机单缸油压机（油缸直径 250mm），通过其 Π 形压头（见图 1.3.69）对铁芯端板施加预紧力。

其叠压程序是：将待装压的磁极铁芯放在两个端压板之间→横向调整活动端压板→调整磁极冲片的齐整度→启动拜尔液压机进行预压紧→测量各部分尺寸→确定磁极冲片由于

厚薄不均造成一定的偏差→松开油压机→适当加入 0.8mm 或 0.3mm 调整片→在叠压过程中分段预压、测量、调整→直至各部分尺寸达到工艺要求→穿入拉紧螺杆、阻尼条→全部铁芯冲片用油压机以 22MPa（相当于 110t 预紧力）预压紧→采用 900kN·m 力矩扳手紧固拉紧螺栓→卸掉油压机压力→磁极铁芯拉紧螺杆以 1500N·m 紧固→磁极铁芯拉紧螺杆以 1790N·m 紧固→检查校验拉紧螺杆的伸长值→螺杆的伸长值达到指定值 1.756～1.872mm→把穿过磁极铁芯的拉杆两端焊固在磁极压板孔中，形成整体磁极铁芯。

图 1.3.68　磁极铁芯叠压装置

图 1.3.69　铁芯预压紧

以上可以看出，THPC 工艺的特点是磁极铁芯片间压应力不取决于液压机给定的预压紧力，而是取决于扭力扳手所赋予拉紧螺杆的最终伸长值。亦即，当拉紧螺杆伸长值达到指定的 1.756～1.872mm，铁芯冲片间的面压达到 97.4～103.9t，相对于净面积 3397.1cm^2 的磁极芯片而言，其铁芯片间压应力约等于设计值 29kgf/cm^2。

（2）THPC 使用的是拜尔液压机，其压力及液压表读数对比见表 1.3.25。

表 1.3.25　　　　　　　拜尔液压机预紧压力及液压表读数对比表

液压表读数/MPa	预紧压力/t	液压表读数/MPa	预紧压力/t
1	2.26865	13	29.49245
2	4.53730	14	31.76110
3	6.80595	15	34.02975
4	9.07460	16	36.29840
5	11.34325	17	38.56705
6	13.61190	18	40.83570
7	15.88055	19	43.10435
8	18.14920	20	45.37300
9	20.41785	21	47.64165
10	22.68650	22	49.91030
11	24.95515	23	52.17895
12	27.22380	24	54.44760

液压表读数/MPa	预紧压力/t	液压表读数/MPa	预紧压力/t
25	56.71625	38	86.20870
26	58.98490	39	88.47735
27	61.25355	40	90.74600
28	63.52220	41	93.01465
29	65.79085	42	95.28330
30	68.05950	43	97.55195
31	70.32815	44	99.82060
32	72.59680	45	102.08925
33	74.86545	46	104.35790
34	77.13410	47	106.62655
35	79.40275	48	108.89520
36	81.67140	49	111.16385
37	83.94005	50	113.43250

从表 1.3.26 中可以看出，当液压表读数为 22MPa 时，预紧压力只有 49.9103t，所以，拜尔液压机所施加的预紧压力是否能达到铁芯冲片设计面压是值得推敲的。

（3）根据 THPC 提供资料的核算。

1）根据 THPC 所提供图纸资料中的技术数据，遵循虎克定律，拉紧螺杆的内应力为

$$\sigma = \varepsilon' E \tag{1.3.11}$$

式中：ε' 为拉紧螺杆受内部拉力产生的拉伸率；E 为弹性模量，为 2.1×10^6，Pa。

2）而螺杆的拉伸率可以表示为

$$\varepsilon' = \Delta L_S / L_S \tag{1.3.12}$$

式中：ΔL_S 为拉紧螺杆受拉力引起的变形，mm；L_S 为拉紧螺杆的长度，$L_S = 3320$mm。

3）拉紧螺杆受到的拉力与螺杆受力变形的关系为

$$F_S = \sigma (ZA) \tag{1.3.13}$$

式中：F_S 为拉紧螺杆受到的拉力，kgf；Z 为每个磁极拉紧螺杆的数量，$Z=6$；A 为压紧螺杆的截面面积，$A = 13.8474$cm²。

4）由式（1.3.11）～式（1.3.13）得出拉紧螺杆受内部拉力 F_S 与变形量 ΔL_S 关系为

$$F_S = ZAE \Delta L_S / L_S \tag{1.3.14}$$

若 $\Delta L_S = 1.872$mm，则 $F_S = 6 \times 13.8474 \times 2.1 \times 10^6 \times 1.872 / 3320 = 98379.9386$kgf。

该值与 THPC 提供的"铁芯压紧力 $P = 97.4 \sim 103.91$t"是相符的。

5）铁芯刚度的冲片片间压力（Q）。$Q = F_S / A_\delta = 98379.9386$kgf/3397.1cm² ≈ 29kgf/cm²，与 THPC 提供磁极铁芯片间压应力 $= 29$kg/cm² 是相符的（29kg/cm² 相当于 98516kgf），材质为 DJL450 的磁极冲片净面积 $A_\delta = 339709$mm² $= 3397.1$cm²。

（4）THPC 存在的问题。从理论上说，拉紧螺栓所施加的扭紧力矩与其伸长值两者应是互成对应关系的。然而，在清蓄电站转子磁极车间装配过程中，由于磁极冲片和拉紧

螺杆的加工质量、磁极叠片装配误差等多方面因素，导致两者之间失去了应有的对应平衡关系。

1）摩擦副的影响。发电机转子磁极拉紧螺栓的拧紧力矩 T 用于使拉紧螺栓产生弹性伸长形成叠片间压应力，主要克服螺纹副的螺纹阻力矩 T_1 及螺母与被连接件支撑面之间的端面摩擦力矩 T_2。与螺栓的拧紧力矩系数 K 值密切相关的 T_1、T_2 的大小主要取决于螺纹当量摩擦系数 f_v 和螺母与被连接件支撑面间的摩擦系数 f_C。

a. 据查，扭紧力矩 T 与轴向力 F_0 的关系为

$$T = T_1 + T_2 = F_0 \tan(\varphi + \rho_v) \frac{d_2}{2} + F_0 f_C \frac{1}{3} \times \frac{D_w^3 - d_0^3}{D_w^2 - d_0^2}$$
$$= K F_0 d \tag{1.3.15}$$

$$K = \frac{d_2}{2d} \tan(\varphi + \rho_v) + \frac{f_v}{3d} \times \frac{D_w^3 - d_w^3}{D_w^2 - d_w^2} \tag{1.3.16}$$

$$\varphi = \arctan \frac{P}{\pi d_2} = \arctan \frac{4.5}{3.14 \times 39.077} = 2.1° \tag{1.3.17}$$

式中：T 为拧紧力矩，N·m；F_0 为拧紧力，N；K 为拧紧力矩系数；d 为螺纹公称直径，42mm；d_2 为螺纹中径，39.077mm；φ 为螺纹升角，即以螺距和中径周长为直角边的三角形中斜边和中径周长的夹角；ρ_v 为螺纹当量摩擦角，$\rho_v = \arctan f_v$；f_v 为螺纹当量摩擦系数，对于通常的螺纹加工表面及润滑情况下的三角形粗牙螺纹，常取 $f_v = \tan \rho_v = 0.15$，即 $\rho_v = \arctan f_v = 8.531°$。其中，$D_w$、$d_0$、$d_w$ 见图 1.3.70。

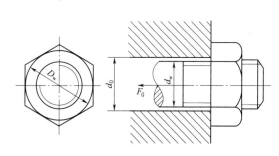

图 1.3.70　螺栓标示图

b. f_C 为螺母与被连接件支撑面间的摩擦系数，当螺母直接与经机加工的支撑面接触的正常条件下，可设取 $f_C = f_v \cos 30° = 0.15 \times 0.866 = 0.13$。

由此可见，K 值主要取决于两个摩擦副的摩擦系数 f_C、f_v，对标准螺栓而言，尺寸大小对 K 值的影响是很小的，根据经验，设定 $f = f_C = f_v = 0.13$ 是近似符合工程实际的。这样，螺栓的拧紧力矩系数 K 可简化为：$K = 1.25f$，则 $F_0 = T/(1.25fd)$。

c. 根据虎克定律：

$$\Delta l = \frac{Fl}{EA} \tag{1.3.18}$$

式中：l 为磁极铁芯＋压板段的高度，3240mm；Δl 为杆件在轴线方向的伸长量值，mm；A 为横截面面积，1451.456mm²；F 为轴向力，即 F_0；D 为螺杆光杆部分直径，43mm；E 为磁轭拉紧螺杆弹性模量，2.10×10^4 kgf/mm²。

$$\Delta l = \frac{Fl}{EA} = \frac{Tl}{1.25fEdA} = \xi T \tag{1.3.19}$$

当 $f = 0.13$ 时，$\xi = \dfrac{l}{1.25fEdA} = \dfrac{3240}{1.25 \times 0.13 \times 2.1 \times 10^4 \times 42 \times 1451.456} = 0.15574682 \times 10^{-4}$。

对于 $T = 1680N \cdot m$（171.254kgfm），$\Delta l_1 = 0.15574682 \times 10^{-4} \times 171.254 \times 10^3 = 2.667mm$。

对于 $T = 1790N \cdot m$（182.467kgfm），$\Delta l_2 = 0.15574682 \times 10^{-4} \times 182.254 \times 10^3 = 2.84mm$。

由以上可知，2.667～2.84mm 明显大于 THPC 提供的 1.756～1.872mm，所以，由于摩擦副 f 和 K 的差异将直接导致扭紧力矩与其伸长值之间的不平衡。

2）磁极冲片叠压卡阻力的影响。铁芯冲片上的孔径 $\phi 43^{+0.18}_{+0.12}$ 与拉紧螺杆的直径 $\phi 43^{-0.08}_{-0.18}$ 之间最小间隙仅有 0.10mm，当叠片齐整度有偏差、冲片和螺杆加工有误差时，冲片和螺杆之间就可能出现卡阻现象（见图 1.3.71），施加扭矩时螺杆因局部拉伸而导致拉伸值偏离正常值较多的情况。同时，由于扭紧单个拉紧螺栓时，磁极冲片受到偏离其中心点的力矩作用，也加大了拉紧螺杆与磁极冲片间发生较大的卡阻、摩擦的可能性。

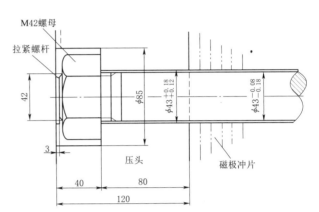

图 1.3.71　叠压磁极铁芯中的拉紧螺杆
示意图（单位：mm）

（5）THPC 所采取的对拉紧螺杆扭矩未达到设计要求的修改措施。

1）1 号机组磁极铁芯压紧初期施加 1680～1790N·m 的设计扭紧力矩时，出现 6 根螺杆互相影响的情况，虽经多次反复调整，其伸长量仍不能控制在设计伸长量（1.756～1.872mm）范围以内，其实测值见表 1.3.26。

表 1.3.26　　　　　　　　　　　拉紧螺杆伸长量实测值　　　　　　　　　　单位：mm

编号	1	2	3	4	5	6
测值	2.212	2.113	1.989	2.066	2.200	1.936

2）THPC 遂以材质 35CrMo ＋调质的磁极拉紧螺杆伸长 2.2mm 时承受拉应力 143MPa，仅达到 35CrMo（调质处理）材质屈服强度（≥700MPa）的 20.4％左右，不会对螺杆的正常使用性能及寿命产生任何影响。因此，将原设计修改为拉紧螺杆最小伸长量均应达到 1.756mm，最大伸长量可小于 2.2mm。

3）理论分析和实践证明，以上修改措施是不能奏效的。

（6）THPC 的 1 号机组磁极叠压工艺。

1）按照 THPC 的叠压工艺，在油压机卸压情况下使用扭力扳手实施压紧形成铁芯片间压应力时，由于每个拉紧螺杆均偏离磁极铁芯的重心（见图 1.3.72），这就违背了压紧力与铁芯重心相重合的基本要求，而每个拉紧螺杆扭紧力都形成一个对铁芯整体的扭曲力矩，从而产生迫使磁极极身扭曲或平直度出现偏差的内应力。正是由于扭紧单个拉紧螺栓时，磁极冲片受到偏离其中心点的力矩作用，还会使拉紧螺杆与磁极芯片间发生较大的卡阻、摩擦，影响实际形成的铁芯片间压紧应力。

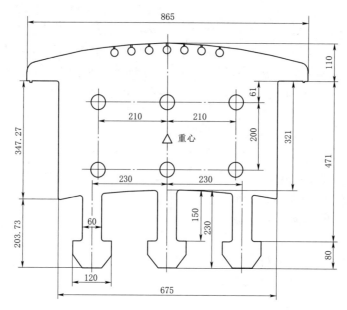

图 1.3.72　磁极铁芯冲片结构示意图（单位：mm）

2）THPC 修改后的拉紧螺杆伸长值范围使得各个拉紧螺杆压力不均度增大的实测值 2.212mm 已经达到设计值 $[(1.756+1.872mm)/2=1.814mm]$ 的 122％，大大超过规范要求不大于±10％（高标准则为±5％）的螺杆拉伸值允差，如拉紧螺杆伸长值 Δl 为 2.2mm 与 1.756mm 的偏心扭紧力矩之间的差距高达 20％。凡此种种，都势必影响磁极几何形状和整体尺寸。

3）从理论上说，拉紧螺杆所施加的扭紧力矩与其伸长值是互成对应关系的，但当叠片齐整度有偏差、调整片添加过多或者芯片和螺杆加工有误差时，芯片和螺杆之间就可能出现卡阻现象，施加扭紧力矩时螺杆也会因局部拉伸而导致拉伸值偏离正常值较多且相互影响测值的情况。

4）叠压过程采用强制措施使磁极整个形体基本满足设计要求，但并未能消除内应力甚至加剧而始终都是导致磁极铁芯形体变异的内在因素。尤其当磁极在运输、起吊以及机组运行中受到颠簸、振动、温度等外界因素的影响，磁极的整体稳定性（如平直度等）就会因内应力的释放而产生变化，甚至超标较多而引发不可预见的后果。

（7）THPC 冲制 1 号机芯片时还忽视了钢板延展性等工艺常规，叠压清蓄电站 1 号机组磁极时 1 号磁极靴部加 0.8mm 调整片 20 片，阻尼条处加 0.3mm 调整片 34 片，T 尾加 0.3mm 调整片 50 片，共计 104 片，总厚度达到 41.2mm；14 个磁极平均磁极靴部加 0.8mm 调整片 17 片，阻尼条处加 0.3mm 调整片 26 片，T 尾加 0.3mm 调整片 43 片，每个磁极平均共加 92 片，总厚度达到 34.3mm；这也可能加剧磁极铁芯几何形状和整体尺寸的不可控程度。

（8）工地挂装 1 号机组磁极发现的问题及分析。

1）磁极挂装中心高程严重超标。清蓄电站 1 号电动发电机磁极在现场组装过程中发现，14 个磁极挂装后其中心偏差为 $-7\sim+5$mm，最大高差 12mm（见表 1.3.27），大大超过了相关安装标准的要求；其中，排除磁轭方面的种种因素对磁极端板内外径检测高程时发现最大高差竟达到 6.06mm，这足以证明 1 号机组磁极的形体尺寸是存在严重超标缺陷的。

表 1.3.27   转子磁极高程测量记录表   单位：mm

磁 极 编 号	测 量 值	偏 差 值	磁 极 编 号	测 量 值	偏 差 值
1	2455	5	8	2446	-4
2	2454	4	9	2444	-6
3	2453	3	10	2454	4
4	2454	4	11	2446	-4
5	2455	5	12	2443	-7
6	2448	-2	13	2446	-4
7	2454	4	14	2444	-6

注　磁极高程设计值为 2450mm。

2）在现场经拔出 1 号和 14 号磁极，采用 THPC 专用平台和测量工具进行平直度检测鉴定（见图 1.3.73）。

3）THPC 在工地现场对磁极端板与铁芯的垂直度进行了检测（见图 1.3.71 和表 1.3.28）。

正是由于表 1.3.30 所呈现的 $A \perp B$ 的大幅值偏差，才导致磁极挂装后端板内外径高度测量最大高差达到 6.06mm，这也证明磁极叠压过程中未对半径方向的倾斜进行确认和调整是失误。最终，THPC 在严峻的现实面前，经协商及审慎考虑，自 2 号机组始，引进了更为先进、可靠、稳妥的施工工艺；1 号机组磁极也安排了返厂处理。

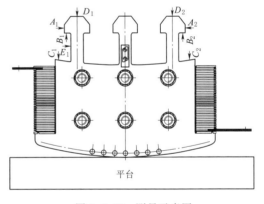

图 1.3.73　测量示意图

表 1.3.28   磁极端板与铁芯垂直度检测表

水轮机侧端板	$L_2-L_1=1.0$	200mm 范围内，端板倾斜 1mm，相当于靴部往集电环侧倾斜 5mm/mm
集电环侧端板	$L_4-L_3=-0.5$	200mm 范围内，端板倾斜 0.5mm，相当于靴部往集电环侧倾斜 2.5mm/mm

5. 清蓄电站 2 号机组及后续机组磁极铁芯叠压工艺

清蓄电站 2 号机组及后续机组使用更新的磁极铁芯叠压工艺，一般应按以下程序进行核算。

（1）引用法国 ALSTOM 在惠蓄电站采用近似指数关系的计算磁极铁芯叠压轴向回弹 δ 与所受的预紧力 P 的经验公式：

$$P(\varepsilon)=P_0 \mathrm{e}^{k\varepsilon} \tag{1.3.20}$$

即：

$$F_\delta = 10 \times A_\delta \times e^{1800\Delta L_\delta / L_\delta} \qquad (1.3.21)$$

式中：L_δ 为磁极铁芯长度，$L_\delta = 3080\text{mm}$；A_δ 为磁极铁芯冲片净面积，$A_\delta = 3397.1\text{cm}^2$。

亦即：

$$F_\delta = 3397.1 \times 10 \times e^{1800\Delta L_\delta / 308} = 33971 \times e^{5.84\Delta L_\delta} \qquad (1.3.22)$$

（2）卸掉预紧力后压紧螺杆受到的拉力与螺杆受力变形的关系为

$$F_S = ZAE\Delta L_S / L_S = 6 \times 14.51465 \times 2.1 \times 10^6 \times \Delta L_S / 332 = 550857\Delta L_S \qquad (1.3.23)$$

式中：F_S 为去掉预紧力后压紧螺杆受到的拉力；ΔL_S 为卸掉预紧力后压紧螺杆受拉力引起的变形；L_S 为压紧螺杆的长度，332cm；A 为 $\phi 43\text{mm}$ 螺杆的横截面面积，14.51465cm^2。

（3）由式（1.3.22）、式（1.3.23）可以得出曲线（见图 1.3.66），即当磁极铁芯片间压应力为 $q = 29\text{kg/cm}^2$ 时，磁极铁芯卸掉预紧力后内部的残余压力 $F_\delta = F_S = 98516\text{kgf}$（$F_\delta$ 和 F_S 曲线的交点即为磁极铁芯卸掉预紧力后的内部受力平衡点），则都能达到正常的设计要求；片间压力相应的磁极铁芯的弹性回弹量 $\Delta L_\delta = 0.183\text{cm}$，螺杆的弹性伸长量 $\Delta L_S = 0.179\text{cm}$。则磁极铁芯预紧应力约为 $280000\text{kg} = 280\text{t}$。

6. 长磁极铁芯验收质量标准

综上所述，长磁极铁芯验收质量标准应进行有效的筛选。正确、有效的结构设计和装配工艺必须依靠严谨、科学的质量标准进行验收，以下列举相关的规范和不同厂家的设计标准进行比较。

（1）《大型水轮发电机产品质量分等》（DS/ZJ 011）中的磁极质量装配标准见表 1.3.29。

表 1.3.29　　　　磁极质量装配标准表　　　　单位：mm

检查项目	检查工具及方法	质量标准				计算项数
		铁芯长度	合格品	一等品	优等品	
铁芯平直度	平台、平尺、塞尺测 A、B、C 三面的平直度	<500	≤0.3（0.6）	≤0.25（0.5）	≤0.2（0.4）	12
		501～1000	≤0.4（0.8）	≤0.35（0.7）	≤0.3（0.6）	
		1001～1500	≤0.6（1.0）	≤0.4（0.8）	≤0.3（0.7）	
		1501～2000	≤0.9（1.3）	≤0.6（1.0）	≤0.4（0.8）	
		2001～2500	≤1.2（1.6）	≤0.9（1.3）	≤0.6（1.0）	
		2501～3500	≤1.5（2.0）	≤1.2（1.7）	≤0.8（1.3）	
铁芯顶、侧两面扭斜度	钢板尺、卷尺测顶面和1个侧面的对角线之差	<500	≤2	≤1.5	≤1	8
		501～1000	≤3	≤2.5	≤2	
		1001～1500	≤5	≤4	≤3	
		1501～2000	≤6	≤5	≤4	
		2001～2500	≤7	≤6	≤5	
		2501～3500	≤8	≤7	≤6	

注　摘录部分表的数据，＊为关键项目。

（2）国内知名厂家执行标准（见图1.3.74）：①磁极压板与极身错牙不大于0.2mm；②磁极压板与极身T尾错牙不大于0.1mm；③高度方向的弯曲不大于0.4mm/m（铁芯长度不大于3000mm的应不大于1.0mm）；④宽度方向的弯曲不大于0.4mm/m（铁芯长度不大于3000mm的应不大于1.0mm）。同时还要求，磁极压板与极身角度偏差不大于0.2/100mm，纵向扭曲不大于0.5mm/m。

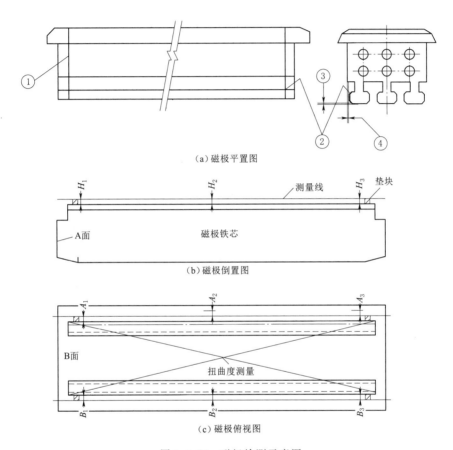

图1.3.74　磁极检测示意图

（3）《水轮发电机转子现场装配工艺导则》（DL/T 5230）中规定：用平尺检查，磁极T（鸽）尾部位铁芯应平直，全长弯曲不应大于1mm。

（4）法国ALSTOM在惠蓄电站磁极铁芯的质量标准：①磁极T尾的平直度标准是0.2mm/m；②在高度445mm范围内，端板倾斜1mm，相当于靴部倾斜2.2mm/m。③磁极端板端面（含3个T尾）不允许突出芯片且与芯片偏差范围不得超过0.5mm。

（5）法国ALSTOM对三峡水利枢纽2970mm磁极铁芯装压检查记录[17]见表1.3.30。

（6）THPPC对清蓄项目制定的标准。

1）THPPC《广东清远抽水蓄能机组发电电动机安装质量检测标准》规定平直度为1.5mm，约0.466mm/m（见图1.3.75）。

表 1.3.30   法国 ALSTOM 对三峡水利枢纽 2970mm 磁极铁芯装压检查记录表

项目	标准值	1	2	3	4	5	6	7
长度 L	$2970^{0}_{-4.0}$	2970^{-3}_{-3}	2970^{-3}_{-4}	$2970^{-3}_{-3.5}$	2970^{-2}_{-3}	2970^{-3}_{-3}	$2970^{-3.5}_{-3}$	2970^{-2}_{-3}
直线度 F_1	$\leqslant 10$	0.75	0.65	0.75	0.78	0.60	0.65	0.78
直线度 F_2	$\leqslant 10$	0.70	0.70	0.71	0.80	0.65	0.63	0.80
垂直度 $A \perp B$	$\leqslant 0.5$	0.45	0.43	0.45	0.50	0.40	0.42	0.50
项目	标准值	8	9	10	11	12	13	14
长度 L	$2970^{0}_{-4.0}$	$2970^{-3.5}_{-3}$	2970^{-2}_{-3}	2970^{-4}_{-4}	$2970^{-2}_{-2.5}$	2970^{-2}_{-3}	2970^{-2}_{-3}	2970^{-3}_{-3}
直线度 F_1	$\leqslant 10$	0.78	0.80	0.68	0.75	0.78	0.65	0.68
直线度 F_2	$\leqslant 10$	0.75	0.80	0.70	0.73	0.80	0.60	0.70
垂直度 $A \perp B$	$\leqslant 0.5$	0.48	0.50	0.48	0.45	0.50	0.40	0.40

注 F_1 为铁芯顶部或 T 尾底部平直度；F_2 为铁芯两侧或 T 尾两侧平直度；$A \perp BA$ 为端板平面，B 为铁芯顶部平面或 T 尾底部平面，$\perp$ 为两平面的垂直度。

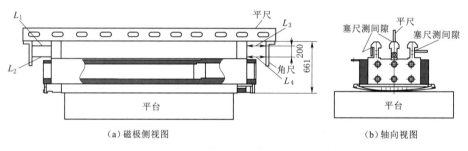

(a)磁极侧视图　　　　　　　　(b)轴向视图

图 1.3.75　磁极平直度、垂直度测量图（单位：mm）

2）磁极端板端面（含 3 个 T 尾）不允许突出冲片，偏差范围不得超过 0.1mm；磁极端板两侧端面也不允许突出冲片且与冲片偏差范围不得超过 0.5mm（见图 1.3.76）。

7. 结语

（1）长磁极铁芯平直度超标的危害性是显而易见的。

1）长磁极铁芯切向或径向弯曲变形会使磁极 T 尾与磁极键接触面积减小或磁极和磁轭贴近度差，导致磁极 T 尾与磁极键局部受力过大乃至影响磁极顺利挂装或吊出。

2）长磁极铁芯切向弯曲会导致铁芯与线圈装配间隙变化，严重影响磁极铁芯与线圈的装配质量。

3）长磁极铁芯径向弯曲变形甚至波及整个转子的装配圆度、气隙不均，影响磁路磁势平衡、感生轴电流和轴电压，引发机组振动。

4）由于磁极铁芯的扭曲变形，磁极拉紧螺杆的伸长量发生变化。可能导致部分螺栓松动而另一部分螺栓受力过大（不排除疲劳断裂的可能性），当然，更严重的是整个磁极铁芯松动所可能带来难以预料的危害。

（2）国内外工厂装配磁极铁芯众多使用双油缸卧式同步压紧装置，除了水平方向放置两个液压拉伸器，垂直方向也布置压紧器，这样能有效保证磁极铁芯的重心和液压拉伸器的压紧力的中心相重合，确保磁极铁芯叠装后的形状精度和压紧力的均匀度。无疑，这是

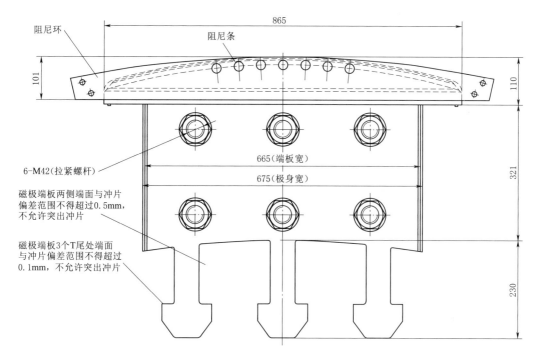

图 1.3.76　磁极端板与铁芯装配要求示意图（单位：mm）

一种高效确保磁极叠压质量的成熟工艺，其对应的计算经验公式、曲线图也是屡经验证、切实可行的。

（3）高水头、高转速抽水蓄能电站设计惠蓄电站磁极铁芯的片间压力宜取高值，如法国 ALSTOM 在惠蓄电站所取值 44.61kgf/cm² 是比较合适的，预紧力与铁芯回弹量的比较见表 1.3.31。

表 1.3.31　　　　　　　　　预紧力与铁芯回弹量的比较表

项目＼工程	万家寨	小浪底	洪家渡	三峡	惠蓄
冲片净面积/cm²	1008.30	1501.10	1855.20	1477.56	2734.95
铁芯长度/cm	180.0	225.0	173.0	292.0	253.4
预紧力/kgf	45000	70000	90000	49950	300000
铁芯回弹量/cm	0.150	0.190	0.150	0.117	0.200

以往，法国 ALSTOM 在常规水轮发电机组一般仅将磁极铁芯片间压力设定为 20~30kg/cm²（如三峡水利枢纽电站仅为 20kg/cm²，远低于哈电的 50kg/cm² 设计值），而对于高转速抽水蓄能机组则大大提高了设计值档次。

（4）为保证磁极铁芯在各个工艺过程不产生有害变形，建议专门研制磁极铁芯下胎吊具、正反向起吊及翻身工具。

（5）建议选用合适的质量标准，并注重以下方面：①磁极铁芯 T 尾两侧边及与磁极键啮合面的直线度应不大于 0.3mm/m，底部面直线度不大于 0.4mm；②磁极铁芯端板平面与铁芯顶部平面或 T 尾底部平面测量的垂直度不大于 2.0mm/m；③磁极铁芯两头"磁极端板"应严格控制不得突出芯片，其偏差宜为与线圈贴合范围内不大于 0.1mm，T 尾与磁极键啮合面不大于 0.1mm，其余部位可不大于 0.5mm。

参 考 文 献

［1］ KAZUMASA KUBOTA. 超高水头大容量水泵水轮机应用长短叶片转轮的优势 ［J］. 国外大电机，2007 (2)：55－58.

［2］ 杜荣幸，王庆，榎本保之，等. 长短叶片转轮水泵水轮机在清远抽蓄中的应用 ［J］. 水电与抽水蓄能，2016 (2)：39－44.

［3］ 刘旸，宋翔，熊建平. 清远抽水蓄能电站水泵水轮机主轴密封设计探讨 ［J］. 水电与抽水蓄能，2018，4 (1)：67－71.

［4］ 武彬，陈勇旭. 瀑布沟水电站两种结构型式的水轮机主轴密封 ［J］. 水电站机电技术，2010 (6)：44－45，74.

［5］ 曾敏. 水轮机单导叶接力器的应用 ［J］. 东方电机，2005 (2)：93－97，104.

［6］ 和世海，辛宇. 奥氏体不锈钢焊缝超声波探伤 ［J］. 中国科技投资，2013 (21)：178－178.

［7］ 张鹰，雷毅，等. 奥氏体不锈钢焊接接头超声波检测研究 ［J］. 石油化工设备，2004 (2)：14－17.

［8］ 林凯，蒋彦军. 惠州抽水蓄能电站球阀动水关闭试验研究 ［J］. 湖南电力，2011，31 (4)：23－26.

［9］ 赵志文，李成军. 天荒坪抽水蓄能电站主机设备部件改造实践 ［J］. 西北水电，2012 (Z1)：218－223.

［10］ 陆培文. 实用阀门设计手册（第二版）［M］. 北京：机械工业出版社，2007.

［11］ 机械设计手册联合编写组. 机械设计手册 ［M］. 北京：燃料化学工业出版社，1979.

［12］ 白延年. 水轮发电机设计与计算 ［M］. 北京：机械工业出版社，1982.

［13］ 孙辉，黄小红，小野田勉. 清远发电电动机推力轴承设计 ［J］. 东芝水电技术，2013.

［14］ 吴立涛，李宏奎. 厚板环形磁轭制作工艺探讨 ［J］. 东芝水电技术，2013.

［15］ 黄小红，吴金水，小野田勉. 清远抽水蓄能电站发电电动机设计特点 ［J］. 水电与抽水蓄能，2016，2 (5)：45－50.

［16］ 王岩禄. 大型水轮发电机磁极铁心片间压力与受预紧力关系 ［J］. 水电站机电技术，2004，27 (4)：25－26.

［17］ 吕日新. 三峡水轮发电机磁极装配技术 ［J］. 大电机技术，2009 (2)：13－14，18.

2 抽水蓄能机组结构优化改造

本章收集了惠蓄、清蓄和深蓄等几个大型抽水蓄能电站设计修改和技术改造方面的综述，同时对水泵水轮机、电动发电机的优化改造开展了深层次的分析和探索。

2.1 抽水蓄能电站综述

本节汇集了惠蓄电站、清蓄电站和深蓄电站在设计、制造、车间装配及现场安装调试全过程业主会同设计制造厂家、监造监理和安装调试相关各方对主机设备、部件所进行的一系列设计修改和技术改造项目的探讨、分析及处理，涉及范围遍及水泵水轮机、电动发电机、进水球阀和调速器以及水力机械辅助设备等，可供业内技术人员借鉴参考。

2.1.1 惠蓄电站设计修改和技术改造综述

法国 ALSTOM 针对由其设计制造的惠蓄电站主机设备在安装调试过程中存在的一些缺陷进行了一系列的设计修改，其间中外相关人员也提出了许多技术改造建议，可以给在建或拟建抽水蓄能电站国产化后续项目的机组设备设计、制造提供有益的借鉴。

2.1.1.1 水泵水轮机部分

惠蓄电站水泵水轮机结构见图2.1.1，相关的设计修改及技术改造项目如下。

1. 主轴密封的设计修改

机组运行过程中，多次出现密封供水管断裂、压紧弹簧导向杆断

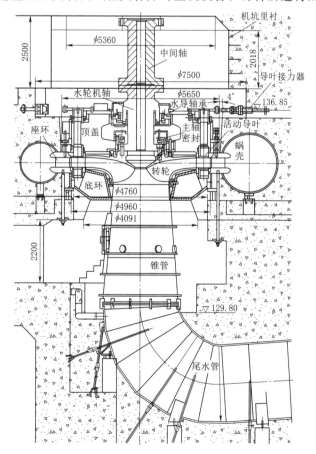

图 2.1.1 惠蓄电站水泵水轮机示意图
结构示意图（单位：mm）

裂（见图 2.1.2）主轴密封严重漏水现象。经设计改造后，机组长期运行中主轴密封安全稳定、功能齐备（详见 6.1.4 惠蓄电站 2 号机组主轴密封漏水事故的分析处理）。

（a）密封供水管断裂　　　　　　　（b）压紧弹簧导向杆断裂

图 2.1.2　密封供水管及压紧弹簧导向杆损坏情况

2. 导水机构连杆结构的设计修改

惠蓄电站导水机构连杆结构见图 2.1.3。

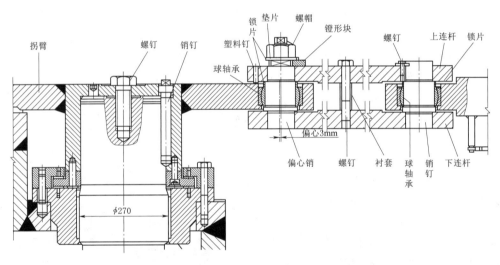

图 2.1.3　惠蓄电站导水机构连杆结构示意图（单位：mm）

图 2.1.4　塑料销钉磨损

（1）机组运行中出现以下故障情况：

1）塑料销钉（材质为 CESTIDUR）磨损，失去连杆调平定位的作用，导致导叶连杆与拐臂碰磨现象（见图 2.1.4）。

2）导叶拐臂端的球轴承锁定螺母下的垫片磨损乃至松动，同时不同程度产生污泥状黑色粉末（见图 2.1.5）。

3）球轴承偏心销定位镫形块的点焊全部出现裂纹。

4）严重的刮磨可能影响到该导叶接力器动作的同步性能，而拐臂的上下摆动还会挤压导叶止推垫片，严重时导致止推垫片破裂（见图2.1.6）。

图 2.1.5　垫片磨损　　　　　　　　　图 2.1.6　垫片断裂

（2）所进行的以下改进基本排除了故障（见图2.1.7）。

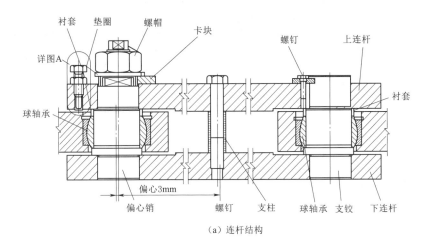

（a）连杆结构

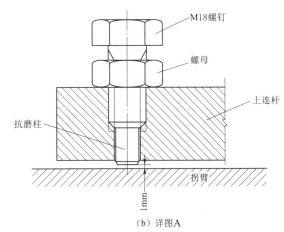

（b）详图A

图 2.1.7　连杆机构修改示意图

1）对原销钉孔进行 M18 攻丝，攻丝深度约 25～30mm。

2）原销钉改为 M18 螺钉［见图 2.1.7（b）］。

3）调整螺钉压紧塑料抗磨柱，使连杆达到调平要求；为了使拐臂的摆动不至于对上连杆产生轴向力，调整后再将螺钉提升 1mm，然后锁紧，螺母使塑料销钉有上下位移余量［见图 2.1.7（b）］。

3. 导水机构上、下抗磨板固定装置的设计修改

惠蓄电站多台机组导水机构上、下抗磨板在经过一段时间运行后，均发现多处不同程度的下沉/上浮，由此导致导叶端部间隙减小甚至磨损（见图 2.1.8）。

（a）抗磨板固定螺栓下沉　　　　　　　　　（b）抗磨板磨损

图 2.1.8　抗磨板固定螺栓下沉及抗磨板磨损情况

（1）经检查分析，造成这种现象的原因主要是：顶盖/底环固定抗磨板的螺孔攻丝深度不足，固定螺钉未到位，尚有"δ"间隙的异常状况［见图 2.1.9（b）］，达不到限制抗磨板上浮的目的。设计装配见图 2.1.9（a）。

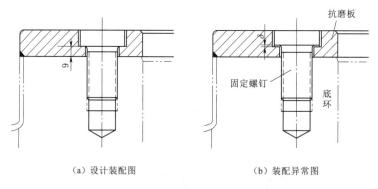

（a）设计装配图　　　　　　　　　（b）装配异常图

图 2.1.9　抗磨板固定螺栓结构示意图（单位：mm）

（2）同时，承受螺钉固定作用部分的抗磨板厚度只有 9mm，当抗磨板与顶盖/底环之间渗入水压使其产生变形时也会出现抗磨板下沉/上浮而与导叶磨损。其有效处理办法如下。

1）完善加工精度，螺孔攻丝深度达到设计要求。

2）后续机组设计时适当加大抗磨板厚度。

3）固定螺钉上平面采取封焊措施。

4. 取消转轮压水水环释放系统

惠蓄电站水环原设计为转轮充气压水启动过程中，漏入转轮室的水流在转轮离心力的作用下于导叶出水面形成水环，当水环越积越厚，达到一定程度时，将由座环的水环释放管（由液压阀控制）排至尾水廊道（见图 2.1.10）。

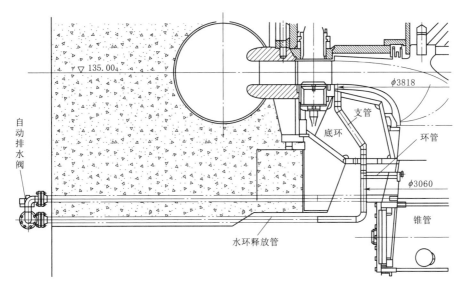

图 2.1.10　水环释放系统原设计图（单位：mm）

根据 GZ-Ⅱ电站成功经验采取的改进方案是调节平稳的迷宫环冷却水量使其泄漏水泄漏到转轮室，并在转轮离心力的作用下，在转轮室导叶出水面形成水环。水环过厚时可直接由导叶端部间隙（一般设计要求为不大于 0.30mm，但实际可能大于 0.30mm）和导叶立面间隙（不大于 0.05mm，但实际可能大于 0.05mm）逸入蜗壳。调试中若水环厚度过薄，可适当增加上下迷宫环冷却水的流量或采用在蜗壳减压管上增设节流片来适当减小水环排水，达到水环供水与排水的动态平衡，保证水环厚度适中。

1～8 号机组均取消了水环释放管及其附件（见图 2.1.11），既简化了结构，又改善了水环水力流态，减小座环上的水力振动，相应减小了设备故障的概率，提高了水泵工况启动的成功率和调相运行的可靠性。

5. 转轮上下止漏环供水方式的设计修改

转轮上下止漏环供水的初始设计是采用上游管道供水（见图 2.1.12）。

为了使转轮上下止漏环供水得到平稳压力的水源，修改设计时增加了来自技术供水的水源（见图 2.1.13）。

6. 底环定位销钉的设计修改

原设计为与底环固定螺栓同圆周布置铅直方向的定位销钉（见图 2.1.14），由于实际现场空间无法进行钻铰施工，全部改为径向方向的 φ30mm 定位销钉，施工程序如下。

（1）在底环上以上游侧为起点，平均分成 8 段，并做好记号。

（2）由于底环的环板比座环下法兰厚 40mm，不能直接进行钻孔，故可在已做好记号的位置处，使用一个长方条铁块［40mm×60mm×50mm（厚×长×宽）］点焊固定在座环

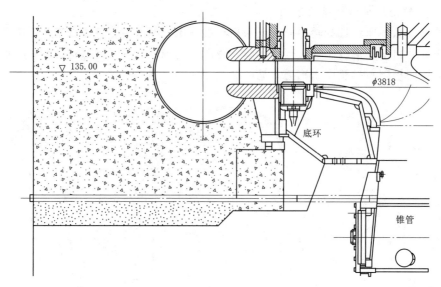

图 2.1.11 取消水环释放系统的设计示意图（单位：mm）

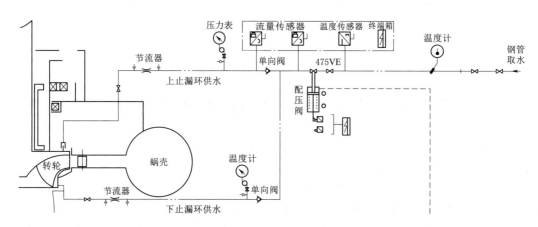

图 2.1.12 转轮上下止漏环压力钢管供水示意图

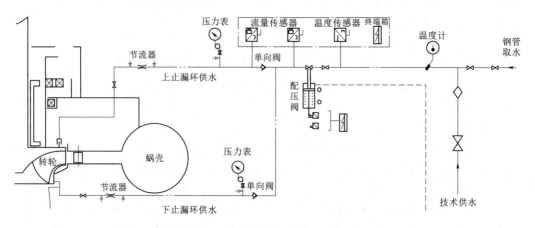

图 2.1.13 转轮上下止漏环技术供水示意图

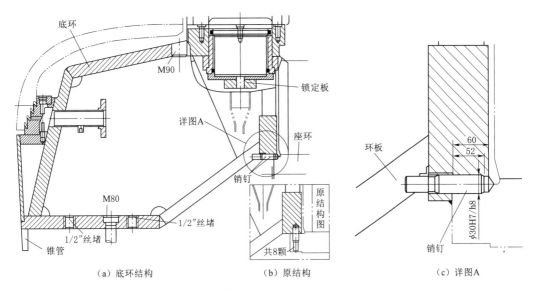

图 2.1.14　底环结构示意图（单位：mm）

下法兰上，使得座环下法兰与底环面齐平，以方便钻孔。

（3）在长方条上，放好中心样点，用 $\phi 16mm$ 钻头引孔后换 $\phi 29.5mm$ 的钻头进行钻孔。

（4）钻孔完成后，使用标准的 $\phi 30mm$ 铰刀铰孔，达到 30H7，即 $30^{+0.03}_{0}mm$ 的要求。

（5）安装销钉检查时使用红丹粉检查接触面积不小于 70% 后进行锁定。

7. 中拆小车的技术改造

（1）在 6 号机组安装中间轴时采取中拆方式进行时，发现以下问题。

1）中拆轨道高程 137.60m，水轮机轴上法兰高程 137.66m，由于前横梁两翼与可拆梁的紧固方式设计刚度不足，当中拆小车放置中间轴后其前横梁下挠度达到 20～27mm，导致中拆小车前横梁 ［见图 2.1.15（a）］ 的下端面低于水轮机轴的上法兰面，而无法将中间轴运输到位。

2）小车前横梁可拆梁处的开口仅 1200mm，而中间轴法兰的直径达到 1570mm，安装中间轴后中拆小车无法退出工作面。

3）支撑中间轴支架长而细的 14t 液压千斤顶仅用 4 颗 M8 螺栓与座体固定，当中拆小车运输行进中由于欠稳定而产生摆动时极易导致 M8 螺栓受扭损坏 ［见图 2.1.15（b）］。

（2）对此，厂家进行了如下设计修改。

1）前横梁的开口由原来的 1200mm 增大为 1870mm。

2）修改前横梁上的两个支撑立柱 B 的结构型式，使其成为固定可拆梁的主体部分，同时在前横梁与可拆梁的下翼板部位也增加上下连板进行加强刚度的改进（见图 2.1.16）。

3）可拆梁处的开口也增大到 1870mm。

4）由于液压千斤顶采用 M8 螺栓固定的结构型式已难以修改，只能在施工中增设辅助性支撑予以补强。

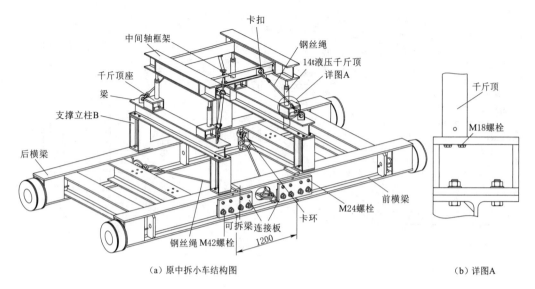

（a）原中拆小车结构图　　　　　　　　　　　　　　　　（b）详图A

图 2.1.15　原中拆小车结构示意图（单位：mm）

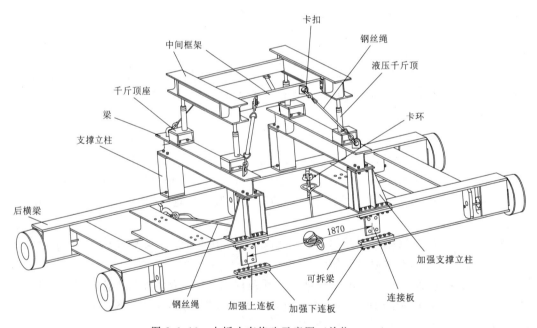

图 2.1.16　中拆小车修改示意图（单位：mm）

2.1.1.2　电动发电机部分

惠蓄电站电动发电机结构见图 2.1.17[1]，主要设计修改和技术改造项目分述如下。

1. 磁极线圈绝缘垫及极间支撑结构的修改

（1）法国 ALSTOM 对 2008 年 10 月发生的 1 号机组严重毁机事故进行分析时认为"磁极线圈绝缘框的设计和材质是事故的重要原因，绝缘框的破坏是事故扩大的直接原因"。由于磁极组装工厂未能采购合格绝缘板（设计应为 EP GM203 玻璃钢）来机加工通

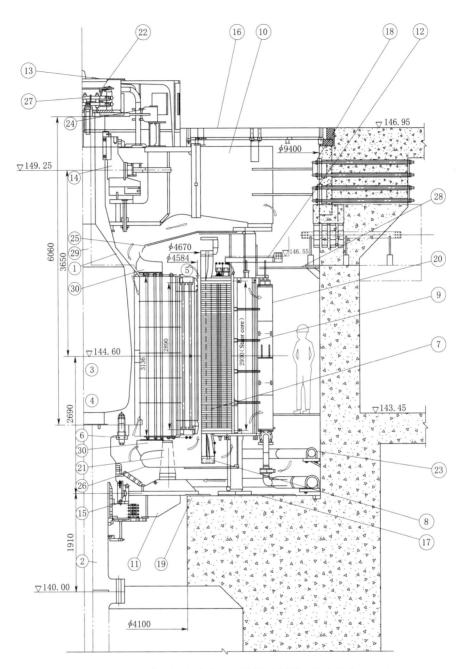

图 2.1.17 惠蓄电站电动发电机结构示意图（尺寸单位：mm）

①—瓶状轴；②—下端轴；③—转子磁轭；④—转子磁极；⑤—励磁线圈；⑥—发电机连接螺栓；

⑦—定子铁芯；⑧—定子线圈；⑨—定子机座；⑩—上机架；⑪—下机架；⑫—相引线/接地引线；

⑬—集流环顶盖；⑭—上导和推力轴承；⑮—下导轴承；⑯—上盖板；⑰—定子基础板；

⑱—上机架锚定板；⑲—下机架基础板；⑳—冷却器；㉑—顶起装置；㉒—电刷系统；

㉓—冷却水管；㉔—制动系统；㉕—上导风板；㉖—下导风板；㉗—滑环；

㉘—安全相；㉙—励磁引接线；㉚—转子风扇

风槽，而是在现场用模具直接浇制绝缘框，造成磁极线圈绝缘框不满足抗压强度 350MPa 的设计要求（试验实测仅达到 100MPa）。因此，在离心力等多种因素作用下产生裂痕直至 10 号线圈侧、下部脱落酿成事故（见图 2.1.18）。

（a）10号磁极线圈绝缘框断裂　　　　　　　　（b）7号磁极线圈绝缘框变形

图 2.1.18　磁极线圈绝缘框损坏

（2）根据有限元计算分析，当转速分别为 500r/min 和 785r/min 时，线圈侧面中根部最薄弱部位的变形量达到 2.2mm 和 5.3mm。事后在拆卸其他磁极时也发现磁极线圈两侧业已发生膨出，最大塑性变形达 1.0cm，过速运行时的膨出值局部达到 1.5cm 以上引发接地短路故障。

（3）厂家采取的设计修改如下。

1）取消原设计开有通风槽厚度为 20mm 模制成型的绝缘框 [见图 2.1.19（a）]，改用厚度 8mm 绝缘框＋厚度 12mm 开有通风槽的金属垫组合框 [见图 2.1.19（b）]。

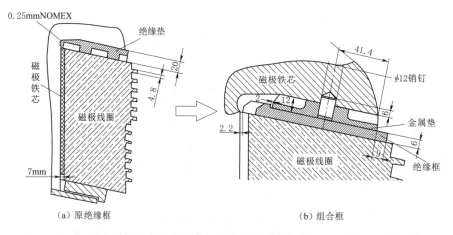

（a）原绝缘框　　　　　　　　　　　　　（b）组合框

图 2.1.19　磁极线圈绝缘垫修改示意图（单位：mm）

a. 新绝缘框框材料仍采用 EP GM203 玻璃钢，厚度从 16mm 减成 8mm，搭接部位全部改为类同 GZ-Ⅰ电站、GZ-Ⅱ电站的台阶搭接方式（见图 2.1.20）。

b. 有限元计算表明，新的绝缘框设计可以把绝缘框长边外侧的最大压应力从 120MPa 降到 80MPa。

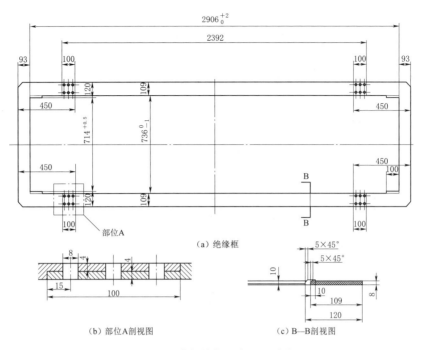

图 2.1.20　新绝缘框结构示意图（单位：mm）

c. 通风槽部位采用 S355 扁钢制作，用 $7-\phi 12mm$ 的销钉固定在极靴上。各开有 40 个 $20mm \times 8mm$ 通风槽，总通风面积 $0.15m^2$。扁钢金属框的上下侧两个短边各由 3 条厚 4mm 的 EP GC203 绝缘条组成，中部用 EP GM203 销定位（见图 2.1.21）。

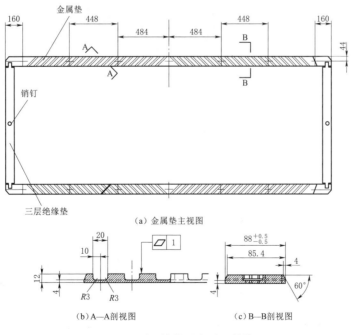

图 2.1.21　金属垫结构示意图（单位：mm）

2）为防止和控制磁极线圈由于径向分力向两侧膨出、松动及移位，在磁极极间安装由绝缘材料制成并通过螺丝固定的 V 形斜撑块组合件（见图 2.1.22）。

a. 支撑块与磁极线圈的单边间隙控制为 2mm，正常运行时线圈不会触及 V 形斜撑块，但在机组过速时 V 形斜撑块可以限制靠近磁轭侧 4 匝线圈的变形 [见图 2.1.22（c）]。有限元计算表明，其时平均接触压力为 32MPa，最大压力为 90MPa，是硬铜和 V 形斜撑块材料所能接受的。

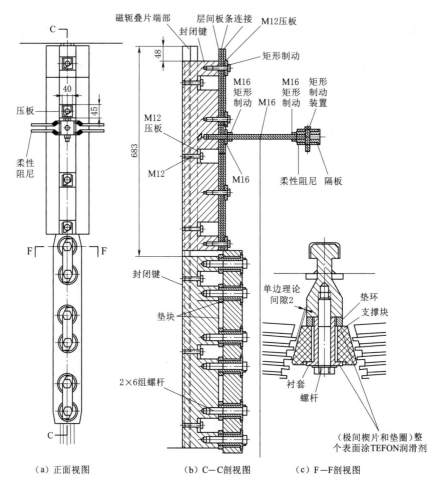

（a）正面视图　　（b）C—C剖视图　　（c）F—F剖视图

图 2.1.22　转子上半部磁极极间 V 形斜撑块组合件示意图（单位：mm）

b. 由于磁极金属框架上通风槽数量减少，冷却空气的通风截面面积减小了 39%，由于通过磁极本体及磁极线圈的冷却空气占总冷却空气流量的 11%，通过空冷器的空气流量仅减少 $1.5\text{m}^3/\text{s}$。复核表明包括 V 形斜撑块在内的影响，仅使转子温升较原设计升高 8K，达到 75K 左右，转子温升仍在合同允许范围（90K）以内。因此，磁极修改对通风和温升无大影响。

c. 为便于检修吊卸磁极必须拆卸相应磁极极间的 V 形斜撑块，因此在上部 6 个装设磁极线圈连接件部位对应的磁轭下压板上割制矩形孔并分别钻攻深 12mm 的孔和钻铰

$\phi14H7/g6$ 的销钉孔，而后安装挡板用 M12 螺钉加锁定片固定（见图 2.1.23）。

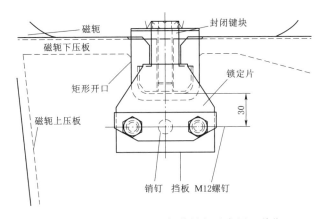

图 2.1.23　磁轭下压板开口及加装挡板示意图（单位：mm）

d. 磁轭上压板另外 6 个相应部位也开设矩形开口。

2. 磁轭上下压板及磁极楔键固定装置的改造

（1）磁轭上压板。由于磁轭上压板厚度偏薄（仅 12mm）及磁轭叠片压紧螺栓分布不匀等原因导致每块压板右上角均向上翘曲，与磁轭叠片之间形成 3～6mm 不等的较大间隙（见图 2.1.24）。在电机高速旋转时磁轭压板和该部位的磁轭叠片将产生震颤，危及上部楔键、锁定板和锁定螺栓装配的稳固性；也对装配于其上的转子引线、磁极连线的稳固性带来不利的影响。最终，在 4 号机组之后的机组均改用厚 20mm 的磁轭上压板。

（2）磁极楔键锁定板的修改。由于锁定板仅靠 1 颗 M12 螺钉紧固于厚度仅 12mm 的磁轭上压板上（见图 2.1.25），

图 2.1.24　原磁轭上压板

安装过程中 M12 螺钉扭紧尚未达到标定的 30N·m 即发生滑扣现象，不得不采取将锁定板点焊在磁轭上压板的补救措施。同时，在机组甩 100％负荷之后全面检查工作中也发现转子磁极上部楔键与其顶紧螺钉之间出现大小不等的间隙，且有部分锁定板的焊缝已经震裂。后经测算，发现锁定板的摩擦阻力（约 2500N）小于锁定装配在最高转速下的离心力（约 4955N），造成锁定板向外滑移、M12 螺栓存在安全隐患。

同时，还更改了磁极楔键固定装置，用两个 M12 螺栓＋1 颗 $\phi12mm$ 销钉固定在上压板上，并用 M14 螺栓压紧磁极楔块（见图 2.1.25、图 2.1.26）。

（3）由于磁轭下压板厚度仅 15mm，刚度不足，挂装磁极后，在重达 8.3t 磁极作用下叠片发生局部变形，用塞尺检查磁轭叠片垫块下部的磁轭叠片时，就发现多处存在明显的缝隙。而在机组高速运转或者机组甩负荷工况后进行检查时，发现部分磁极下部垫块位

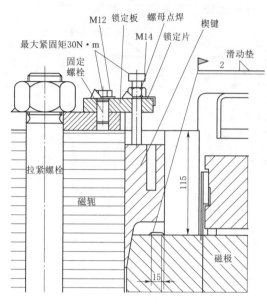

图 2.1.25　磁极楔键锁定装置示意图（单位：mm）

置的磁轭叠片间出现间隙，最大的达到 0.62mm。同时，还发现用来调整磁极装配高程的薄垫片从缝隙处脱出危及机组安全运行的现象。

因此，磁轭下压板必须纳入机组技改范畴。

3. 惠蓄电站铁芯拉紧螺杆的设计完善

（1）惠蓄电站铁芯的拉紧螺杆穿过铁芯，每隔 4~5 段叠片放置一个绝缘套管，从而保证螺杆与铁芯侧面隔开（见图 2.1.27）。

（2）由于在每个绝缘套管上表面平台上部存在宽 3mm 高 40mm 的空隙（螺杆与铁芯之间的空隙）。随着机组的旋转，遗留在机组定子、转子中的金属粉尘会随着风向由内而外，通过高

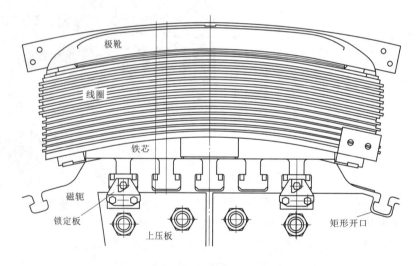

图 2.1.26　磁极固定装配示意图

5mm 的通风槽吹出，部分金属粉尘会落在绝缘套管上端面的平台上，随着时间的累积，绝缘套管上端面的金属粉尘越积越多，一旦与铁芯形成通路，将会导致螺杆绝缘降低，甚至绝缘值变为 0。

（3）采用内窥镜检查运行一段时间后绝缘降至 0 的螺杆的绝缘套管，发现绝缘套管上端面确实存在很多金属粉尘（见图 2.1.28）。将螺杆对应的空冷器吊出，采用 4mm 的特制风管通过通风槽对绝缘套管上平面用高压气进行清洁后，再用内窥镜检查绝缘套管，平台上的金属粉尘已全部消失，重新测量螺杆的绝缘值，绝缘值大于 2GΩ。

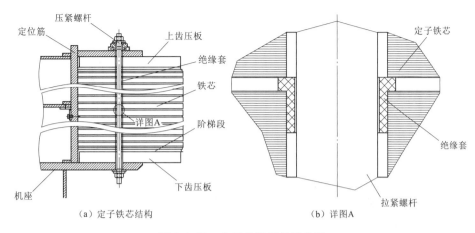

图 2.1.27 定子拉紧螺杆示意图

（4）这显然属于拉紧螺杆绝缘设计的缺陷，为此重新设计绝缘套（见图 2.1.29），已在 8 号机组上实施。

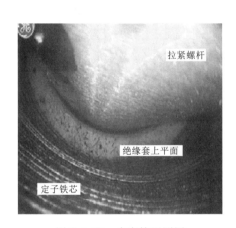

图 2.1.28 内窥镜观测图

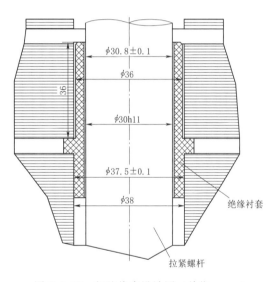

图 2.1.29 新绝缘套设计图（单位：mm）

4. 导轴瓦结构及材质的改造

（1）3 号机组在甩 100% 满负荷、最高转速 655r/min 时机组上、下导运行摆度时高达 $1135\sim1316\mu m$（X 方向），上机架水平、垂直方向振动均达到 5.6mm/s。之后进行全面检查发现原调整双侧 0.70mm 下导瓦总间隙有较大幅度变化，总间隙均达到 $0.84\sim0.96mm$。

（2）而在惠蓄电站 2 号机组运行检修时发现在甩负荷强大径向力冲击下球面抗重圆柱与楔形衬块接触点之间产生塑性变形，楔形衬块上的凹槽深达 0.07mm［见图 2.1.30（c）］，其势必对轴承间隙大小产生不可忽视的影响。

（3）下导轴承球面抗重圆柱和楔形衬块的材质均采用法国 90MVB 工具钢，据查，其真空高压气淬的淬硬能力达 63HRC。对硬度高达 60HRC 以上的 90MV8 工具钢会产生如

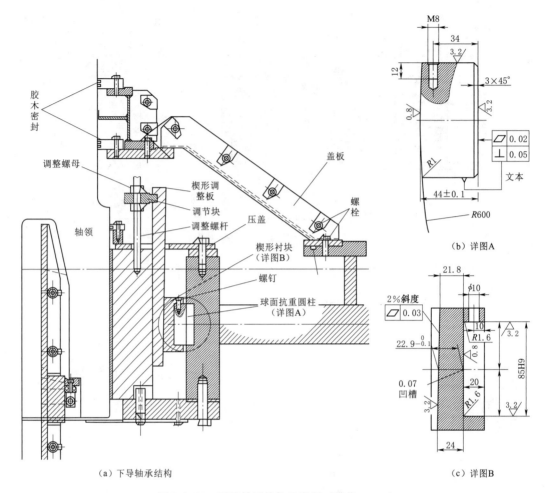

图 2.1.30 下导轴承结构示意图（单位：mm）

此大的塑性变形的异常情况，应进一步复核楔形衬块的材质，并采取相应措施。

2.1.1.3 进水球阀的技术改造

1. 进水球阀密封结构

球阀伸缩节密封结构见图 2.1.31，多台机组均出现尾水充水过程中伸缩节处轻微泄漏，机组运行后漏水剧增现象。

（1）由于所设计的法兰厚度仅 50～55mm，连接螺栓为 M36mm，伸缩节的整体刚度相对较小。而 5 号机组球阀进行动水关闭试验测得机组发电开机工况时伸缩节上游端钢管水平位移值达到 1.678～1.741mm（甩 100%负荷关球阀时则达到 4.325mm），伸缩节下游端水平位移值达到 0.583～0.879mm。因此，在机组频繁开停机工况下伸缩节上下游钢管的水平位移及其反差值与伸缩节出现自 U 形密封部位漏水是息息相关的。

（2）由于 U 形密封属于平衡型密封，即内径和外径上均须密封，以往的实践证明，增设一个 O 形密封（见图 2.1.32）是一项既不影响利用 U 形密封自紧原理达到密封目的、又可以增加静态径向力、改进初始密封效果的有效措施。最终采取在宽度为 5mm 密

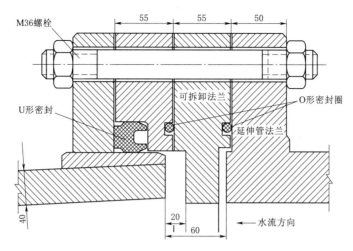

图 2.1.31 球阀伸缩节结构示意图（单位：mm）

封开口处装入 $\phi 6mm$ 的 O 形密封，取得
了较好的密封效果，使得 1～7 号机组的
伸缩节均不再出现渗漏现象。

2. 进水球阀拐臂结构

球阀拐臂结构见图 2.1.33，在惠蓄
电站 2 号机组运行过程中，球阀拐臂右
侧出现漏水现象，经拆出球阀拐臂检查
发现 U 形密封产生一处撕开裂口（见图
2.1.34）。

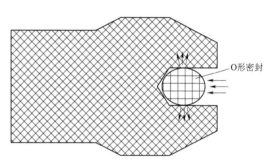

图 2.1.32 U 形密封改造示意图

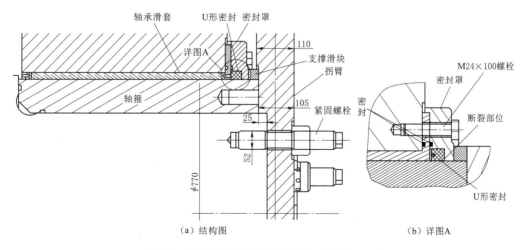

（a）结构图　　　　　　　　（b）详图A

图 2.1.33 球阀拐臂结构示意图（单位：mm）

厂家将 U 形密封与拐臂转轴摩擦部位的疲劳断裂归咎于球阀频繁启闭，遂进行了技
术改造（见图 2.1.35）：即在 U 形密封尾端内侧增加一抗磨环，抗磨环与拐臂的内侧相接

触，但更换后的球阀拐臂密封的泄漏现象仍未遏止。分析认为 U 形密封圈的径向力仍可能过小，经采用在 U 形密封开口处增加四段 $\phi 8\text{mm}$ O 形密封，每段之间间隔 10mm，放入 U 形开口槽内用胶水固定，使之径向力适当增大又不影响利用 U 形密封自紧原理达到密封目的。处理后的 1～7 号机组能确保拐臂密封工作正常，未再出现漏水现象。但由于 U 形密封圈与轴颈的动态接触应力增大，必然会使磨耗增大，甚至产生干摩擦，从而影响寿命，应予密切关注。

图 2.1.34 U 形密封断裂

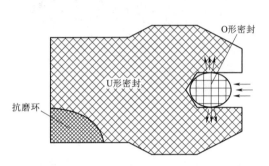
图 2.1.35 球阀拐臂密封修改示意图

2.1.1.4 水力机械辅助设备的技术改造

1. 上导和推力轴承外循环冷却系统

上导和推力轴承外循环冷却系统主要包括：2 台互为备用的 L3NG－140/280 型螺杆泵（Leistritz 制造，额定流量 3240～3512L/min，工作压力 0.8MPa）；6 台并联圆筒式换热器（单台换热器面积 35m^2，工作压力 0.8MPa），设计为 4 台运行，2 台备用。

（1）机组投入运行后，由于冷却效果较差，分别投入 3 台和 6 台冷却器时推力瓦温均偏高（见表 2.1.1）。

表 2.1.1　　　　　　　　　　原 机 组 运 行 温 度 表

冷却器台数	瓦 编 号												油温/℃
	291	292	293	294	295	296	297	298	299	300	301	302	
	瓦温/℃												
3 台	65.0	73.1	66.7	65.3	63.8	75.3	64.6	69.5	65.9	76.8	66.2	63.8	53.1
6 台	61.9	70.2	63.6	61.6	61.2	71.8	60.7	66.0	62.3	73.4	62.7	61.7	49.4

（2）惠蓄电站 3～8 号机组推力轴承外循环冷却系统改用板式换热器，型号为瑞典 TRANTER 厂生产的 GXD－042P（见图 2.1.36）。板式换热器具有传热系数高、换热效率高、污垢系数低的优点。其传热系数一般为 3500～5500W/($\text{m}^2 \cdot \text{K}$)，是圆筒式换热器的 3～5 倍。换热效率是圆筒式换热器的 1.5～2.27 倍。污垢系数仅为圆筒式换热器的 1/3～1/10。

（3）更换板式换热器后，机组运行温度有了很大改善（见表 2.1.2）。

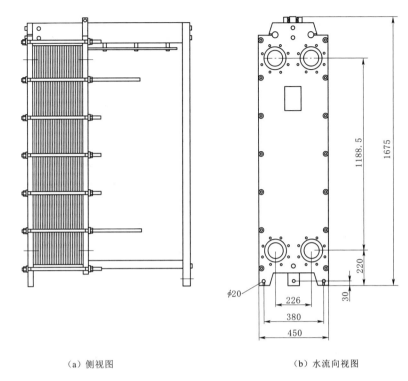

（a）侧视图　　　　　　　　　　（b）水流向视图

图 2.1.36　板式换热器示意图（单位：mm）

表 2.1.2　　　　　　　　　　　更换板式换热器后运行温度表

瓦 编 号												油温 /℃
291	292	293	294	295	296	297	298	299	300	301	302	
瓦温/℃												
56.0	51.9	57.5	57.2	56.0	51.5	57.5	57.5	51.9	57.5	55.1	57.5	44.0

2. 钢管排水针形阀的技术改造

（1）原设计钢管排水系统。惠蓄电站引水高压钢管采用有利于管道减震的全不锈钢 DN200 针形阀（西班牙 IMS.S.A. 公司制造）控制，针形阀设计压力 7.75MPa，正常运行水压 6.50MPa，原钢管排水设计布置见图 2.1.37。

（2）引水系统排放水时的故障情况。当时，上游水位为 630.00m，下游水位 213.00m，针形阀按要求开度 15%，控制流量约 1200m³/h。阀门开启排水两个多小时后，噪声刺耳、振动剧烈，阀杆弯曲断裂，操作盘振松脱落，上部球阀连接螺母脱落，针形阀下游法兰漏水，运行人员迅即强行关闭上部球阀，才得以遏制事故。更换新针形阀后，排水过程针形阀阀杆再次断裂。

（3）厂家对断裂原因进行分析认为针形阀存在以下设计弊病（见图 2.1.38）。

1）针阀操作传动机构较短且传动轴为单纯的硬连接，无缓冲机构，抗震性较差。

2）3 个叶片在水流中引起向轴心的旋转移动。

3）连接针形阀头到阀体上的螺栓没有达到设计应力要求。

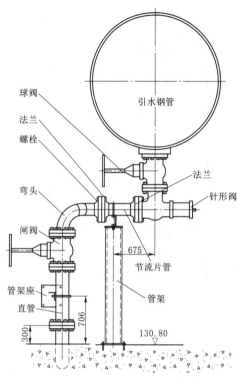

图 2.1.37　原钢管排水设计布置
示意图（单位：mm）

（4）重新设计制造的针形阀（见图 2.1.39）与原针阀相比，做了以下调整。

1）装配碟形弹簧缓冲机构，加强操作机构的抗震性。

2）针形阀体端部不再设置叶片。

3）针阀的传动机构加工成阶梯形的一个整体。

4）安装 1 个喷嘴座，并在其下游部位增装 1 套确保针形阀安全操作的孔板螺旋流消能装置。

3. 排水闸阀

电站技术供排水系统通过垂直布置的 $\phi 500 \text{mm}$ 排水管上安装有两个 $\phi 500 \text{mm}$ 排水闸阀 SRG002 Ⅵ、SRG003 Ⅵ（额定压力 1.6MPa）排向尾闸外侧（见图 2.1.40）。自机组投入运行以来，分别发生在阀门与管路法兰结合部和阀门本体中法兰等部位的漏水问题一直困扰着机组的高效稳定运行。

（1）分析认为，由于机组排水闸阀 SRG002Ⅵ 设置在相邻运行机组在过渡工况（工况转换）所产生的水力振荡对关闭状态的 002Ⅵ 闸阀产生冲击影响，伴有强烈拍击声，造成了法兰及阀体密封多次、多处损坏。

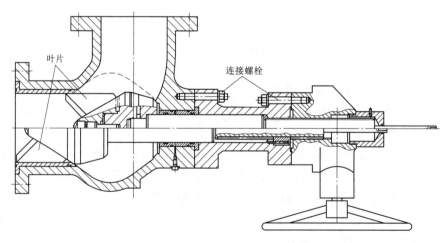

图 2.1.38　原针形阀结构示意图

（2）由于场地的限制，难以实施 SRG002 Ⅵ、SRG003 Ⅵ 阀门采用安装在水平管道上运行工况较好的布置方式，于是在 SRG002 Ⅵ 阀门外侧管道上安装了一个水锤缓冲罐予以解决（见图 2.1.41）。

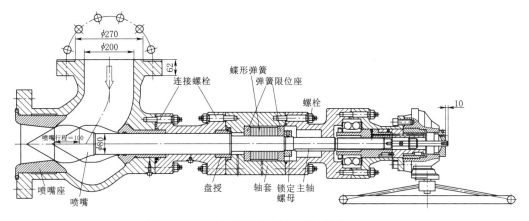

图 2.1.39　新针形阀结构示意图（单位：mm）

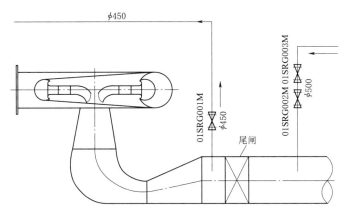

图 2.1.40　技术供排水局部系统图（单位：mm）

2.1.2　清蓄电站主机设备结构设计及制造工艺的改进

2.1.2.1　水泵水轮机

1. 顶盖组合缝紧固标准

（1）清蓄电站顶盖每 1/4 顶盖的合缝面均有 21 颗把合螺栓（见图 2.1.42），在车间进行预装时 1/4 瓣＋2/4 瓣预紧力分别达到 80%～100% 时，发现分瓣法兰外周在偏离螺栓的位置存在间隙（见图 2.1.42 阴影部分）。

（2）为了验证顶盖组合缝的严密性，THPC 进行了模拟法兰紧固的验证性专题试验。试验表明，螺栓紧固后螺栓周边由于受到压缩力

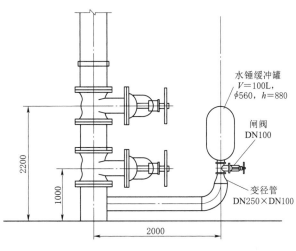

图 2.1.41　水锤缓冲罐安装示意图（单位：mm）

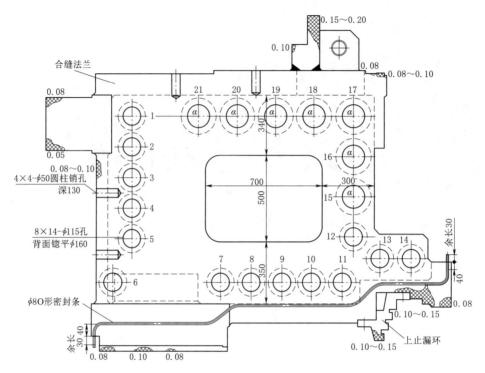

图 2.1.42 顶盖组合面结构示意图 (单位: mm)

的作用是贴合紧密的, 而偏离螺栓位置的法兰局部区域则会由于压缩力的减小反而会朝着张开方向运动而产生间隙, 当预紧力加大后 (增加螺栓的预紧伸长量) 间隙也会随之增大。

(3) 经确认, 顶盖组合缝标准界定为: 第一, 组合缝间隙不大于 0.04mm 即可视为无间隙; 第二, 组合螺栓及销钉周围不得有间隙; 第三, 允许有局部间隙, 但用 0.10mm 塞尺检查, 深度不应超过组合面宽度的 1/3, 总长不应超过周长的 20%。并以此作为对《水轮发电机组安装技术规范》 (GB/T 8564) 的补充和完善, 确定为清蓄机组的验收质量标准。

2. 机坑内起吊设施的设计修改

原设计的环形轨道吊车是安装在下机架的筋板上, 其后 THPC 重新设计了井字形环状双吊车方案 (见图 2.1.43): ①下机坑里衬内壁设置环形轨道; ②在水车室装配可沿轨道运行的井字形双吊车梁 (2×5t 手拉葫芦); ③在 1500mm×2000mm 的门洞内安置便于安装和检修时运送小件部件的滑车梁; ④在下机架基础部位铺设刚性盖板使水车室形成有防护的封闭施工场地。这样就可以充分利用机墩混凝土浇筑时段开展水车室的安装调整工作, 缓解了工期过于紧张的矛盾, 同时也为日后的机组检修工作创造施工条件。

3. 底环起吊设施的改进

(1) THPC 按原设计在已整体退火进行了消应处理和金加工后的 1 号机组底环泄流环面焊接吊耳 (见图 2.1.44)。由于焊接量较大, 其所产生的焊接应力、相应变形都是不能忽视的问题。

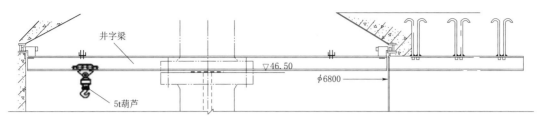

（a）机坑剖视图

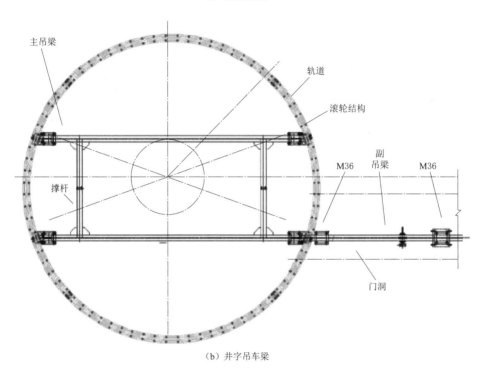

（b）井字吊车梁

图 2.1.43　机坑内起吊装置示意图（单位：mm）

图 2.1.44　底环吊耳焊接

（2）2～4 号机组的底环则参照惠蓄电站底环的吊装设计（见图 2.1.45），吊装完成后吊环孔用丝堵封焊并研磨。

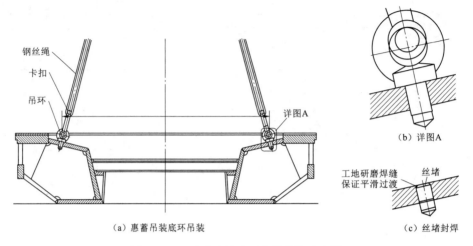

（a）惠蓄吊装底环吊装　　　　　（b）详图A

（c）丝堵封焊

图 2.1.45　惠蓄电站底环起吊设施示意图

4. 转轮叶片焊缝探伤标准的改进

（1）在 1 号机组转轮验收时，发现 THPC 只对叶片与上冠、下环焊缝全焊透部分进行了 UT 探伤（见图 2.1.46、图 2.1.47 中的 *1 各段），而图 2.1.46、图 2.1.47 中的 *2 各段未全焊透部分均未进行 UT 探伤（*1 焊缝钝边均为 2mm，*2 焊缝钝边达 20mm）。

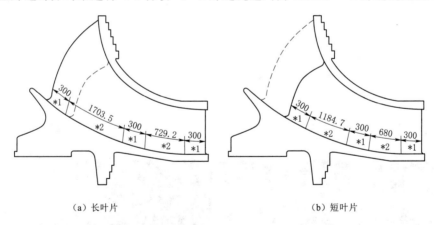

（a）长叶片　　　　　　　　　（b）短叶片

图 2.1.46　叶片与上冠焊缝示意图（单位：mm）

（2）在《混流式水轮机转轮现场制造工艺导则》（DL/T 5071）所明确的"转轮叶片与上冠、下环焊缝进行 100%UT 探伤"规定的前提下，兼顾现场实际，采取对距离表面约 1/3 厚（焊接金属部位）的范围内全部进行 UT 探伤检查。

5. 转轮残余应力测试

根据要求，THPC 委托第三方公司采用 X 射线无损检测技术对清蓄电站 1 号机组转轮进行了焊接残余应力测试，其测点布置见图 2.1.48。测得最大残余应力分别为 84.5MPa 和 −68.6MPa，证实转轮热处理是卓有成效的。

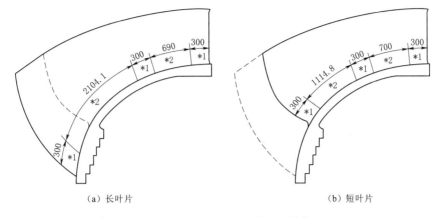

（a）长叶片　　　　　　　　　　　　（b）短叶片

图 2.1.47　叶片与下环焊缝示意图（单位：mm）

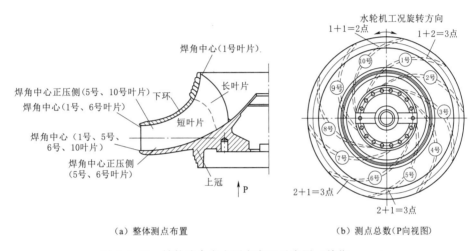

（a）整体测点布置　　　　　　　　　　（b）测点总数（P向视图）

图 2.1.48　转轮残余应力测点布置示意图（单位：mm）

6. 导叶摩擦套滑动力矩测定

（1）清蓄电站导水机构采用剪断销、导叶摩擦装置两者兼而有之的传动系统（见图 2.1.49）。

（2）抱紧轴导叶臂的摩擦环在厂内进行了摩擦试验，试验装置见图 2.1.50，共抽取 3 套装置，以导叶最大水力矩（设计值）乘以一个安全系数（厂家的经验数据）来确定摩擦臂组合螺母的拧紧力矩，并按此拧紧力矩进行导水机构的预装和安装。这样，在导叶出现异常情况剪断销剪断时，摩擦装置仍可以克服导叶所受力矩，防止导叶产生摆动和不稳定运动碰撞相邻导叶和转轮行，从而避免相邻导叶或其传动机构零件的连锁破坏等异常情况的发生。

（3）试验检测当摩擦臂紧固螺栓扭矩达到设计值 3200N·m 时，导叶轴颈与摩擦臂发生滑动的扭矩均大于设计值 38400N·m，证实了清蓄电站导水机构采用剪断销、导叶摩擦装置二者兼而有之的传动系统是安全可靠的。

2.1.2.2　电动发电机部分

1. 定子叠片制作工艺的完善

（1）前期制作的定子叠片存在表面划痕、少量 1mm 左右的裸露点以及漆膜厚度不匀

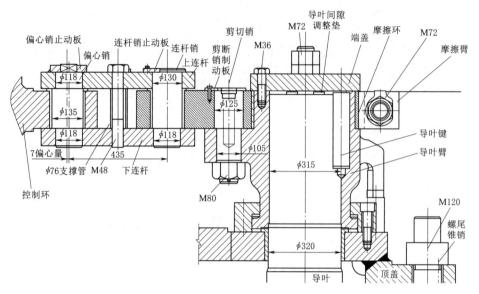

图 2.1.49　导水机构传动系统结构图（单位：mm）

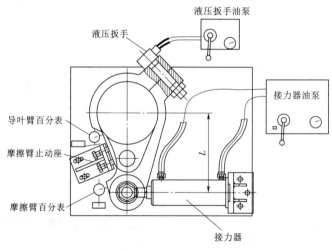

图 2.1.50　试验装置示意图

等明显瑕疵。

（2）定子叠片存在问题不能满足《水轮发电机定子现场装配工艺导则》（DL/T 5420）相关条款的要求，并经现场探勘，认定漆膜表面存在裸露点等问题应是热链与冷链上冲片支撑存在的凸起高点或毛刺点引起的；而划痕则是点接触传输刺网运行不稳或速度不匀且与涂漆辊不同步时发生的划伤现象。

（3）THPC 陆续对涂漆设备有针对性地进行了完善改造，如在原涂漆辊前端增设软质橡胶涂漆辊、增置 0.01Hz 变频器控制驱动马达调整输送链网匹配性以及改造原冲片输送带支点并适当调整了输送装置平稳性等，改造后冲片周边冲剪断面已能完全覆盖漆膜，表面划痕及裸露点都有较大改善，漆膜厚度（单面）达到 5～7μm，同时进行了冲片漆膜附着力、叠压系数、绝缘电阻、漆膜总厚度等性能试验，均满足合同要求。

2. 定子线棒制作工艺及质量控制

（1）清蓄电站 2 号机组定子线棒（VPR）出厂验收时，出现部分线棒介损超出合同允许的性能保证值或接近合同规定的临界值、高阻大外 R 和线棒小 R 段表面绝缘褶皱等外观质量和电气性能问题，现场交流耐压试验也出现部分线棒爬电放电和发光现象。

（2）高阻带搭接边缘的褶皱处，局部电阻偏高，是造成发光的主要原因。目前，采用专用工具沿线棒弯曲部位进行定形以及防晕层的包扎工艺还是必须改进的，如不进行更换可能在日后运行中影响线棒寿命，严重的可能造成线棒和定子烧毁。

（3）对 2 号机组采用与 1 号机组进口线棒相同的高、低阻带材料进行重新包扎绝缘，并严格控制工艺。

1）对端部铁板进行两段方式包扎，增加真空液压多胶绝缘工艺（VPR）过程中铁夹板与线棒端部压紧的适形性及高阻部位压力的均匀性。

2）线棒高阻外层增加热收缩带的包扎，增加高阻部位压力的同时均匀高阻的压力，减少高阻部位表面的横向褶皱，均匀电场分布。

3）线棒高阻外包一层无碱玻璃丝带，改善线棒 VPR 过程中高阻成分局部流动不均匀的问题，使线棒端部高阻成分的覆盖尽量均一，以减小线棒耐压发光的可能。

4）高阻外加包玻璃丝带后能改善高阻带叠包处的微褶皱。

2.1.3 深蓄电站机电设备的设计、制造及安装调试的技术优化

2.1.3.1 水泵水轮机

1. 缩短基础锚板套管长度

由 40 根 ϕ100mm 钢管组成的锚板套管支撑架是锚固座环的重要基础埋件，其本身的埋设与座环的调整精度息息相关。原设计的套管长度达到 3000mm（见图 2.1.51），这将给锚板套管支撑架埋设时的调整、固定带来一定难度。根据 GZ-Ⅰ、GZ-Ⅱ及惠蓄等电站的施工经验，东电采纳建议，缩短套管的长度为 1400mm（见图 2.1.52），大大减小了施工难度，还节约了材料。

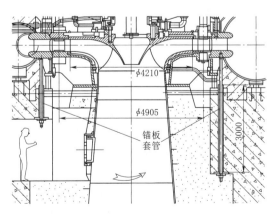

图 2.1.51　东电原锚板套管设计
示意图（单位：mm）

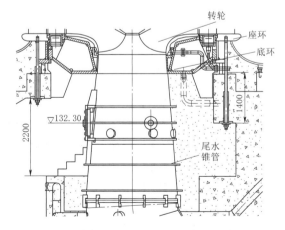

图 2.1.52　东电修改锚板套管设计
示意图（单位：mm）

2. 转轮止漏环的合理选取

（1）原设计上冠止漏环间隙为 1.6mm，下环止漏环间隙为 1.8mm。根据换算，模型转轮上下止漏环间隙应分别不小于 0.214mm 和 0.241mm，而东电目前使用的模型显然未能满足上述要求。

（2）根据《水轮机、蓄能泵和水泵水轮机通流部件技术条件》（GB/T 10969）"原型和模型几何相似的技术要求"，经统筹兼顾多种相关因素，以转轮止漏环不至于发生摩擦碰撞为前提，最终对动、静止漏环间隙合理选取为上冠止漏环间隙为 1.5mm，下环止漏环间隙为 1.7mm。

3. 底环泄流环的设计修改

原设计底环泄流环周边采用沉头螺栓与底环把合的连接方式（见图 2.1.53），根据类同电站泄流环脱落的经验教训，修改为全焊接结构（见图 2.1.54）。并在适当位置开设洞窗，以便于安装、更换温度传感器。

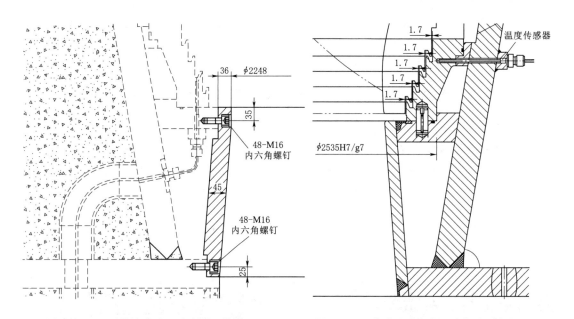

图 2.1.53 原设计泄流环示意图（单位：mm）　　图 2.1.54 修改设计泄流环示意图（单位：mm）

4. 确定取消 KETRON 圆柱销

原设计推荐主轴密封 CESTIDUR 密封环内设置嵌入 KETRON（聚醚酮树脂）圆柱销，并介绍了蒲石河、黑麋峰等抽水蓄能电站的配置情况，解释了 KETRON 圆柱销的功能是在某些特殊情况下，由于密封环运行过程中过热产生热量传递给热膨胀系数大于 CESTIDUR 材料的 KETRON 圆柱销，KETRON 圆柱销将先行胀出，与转环接触，使得密封环与抗磨环脱开，在密封水的作用下主密封材料得到迅速冷却。冷却后的主轴密封块，将会使 KETRON 圆柱销的热量降低而缩回主轴密封块内，很好地起到保护主轴密封环的作用。这种功能的解释在静止或低速旋转状态下可能是成立的，但对于转速高达 428.6～500r/min 的摩擦副来说，胀出的 KETRON 圆柱销瞬间即被摩擦环刮削殆尽，根本起不到上述的作用。相反，还可能影响密封环水膜的运行状态。惠蓄电站的实际使用情况见图 2.1.55，可以明显看出，KETRON 自润滑材料已经充填了密封环面上的预留空槽，并也敷满了 CESTIDUR 大部分表面。

　　最终，确认取消 KETRON 圆柱销的设置。

　　5. 检修导叶下轴套提升顶盖专用工具的修改

图 2.1.55　惠蓄电站主轴密封

　　（1）东电按要求设计了一套检修导叶下轴套提升顶盖专用工具（见图 2.1.56）。

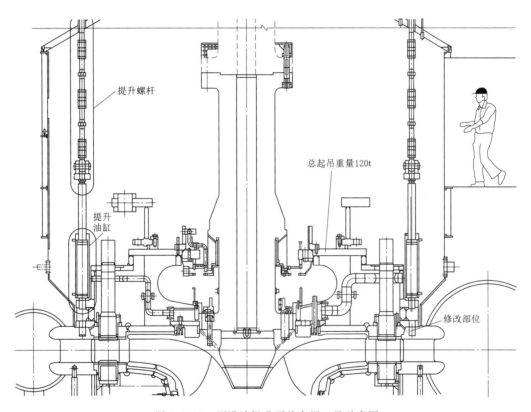

图 2.1.56　原设计提升顶盖专用工具示意图

　　（2）由于原提升油缸是凭借底部的 M120×6 丝杆旋固在顶盖上的（见图 2.1.56），而丝杆与顶盖上的螺孔是间隙配合，其间隙的大小以及螺孔加工的精度（包括孔径与顶盖/座环组合面的垂直度）直接影响各个油缸顶起顶盖的施力方向的一致性和同步性。可能的极端状况是提升顶盖时出现倾斜，当倾斜达到一定程度时，导水叶轴套与轴颈就不是理想的导向作用，而是两者互相憋劲阻滞顶盖的提升，使得提升设施不能实现原设计功能。

2.1.3.2 电动发电机

1. 下导油槽盖优化设计

原设计的下导及推力轴承为四分瓣结构油槽盖（含内轴承盖），尺寸较大、重量较重，正式装配时受操作空间和安装手段限制，施工难度很大，后续的下导轴瓦调整、更换也极为不便（见图2.1.57）。

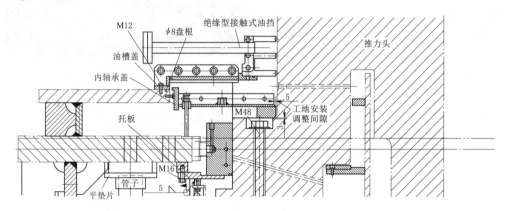

图 2.1.57　深蓄电站推导轴承上部结构示意图（单位：mm）

设计修改如下：

（1）2～4号机组油槽盖改用铝质材料，在不改变原结构及外形尺寸的情况下可减轻约60%的重量。

（2）安装和检修时，在转子支架上方设置手拉葫芦，可将油槽盖及内轴承盖各1/4瓣同时吊起，并至少能有310mm高度的检修空间［见图2.1.58（a）］。

（3）每瓣油槽盖上增加两个盲孔法兰及法兰盖，用于机组检修时吊装油槽盖及通过此孔利用加长螺杆吊装内轴承盖［见图2.1.58（b）］。

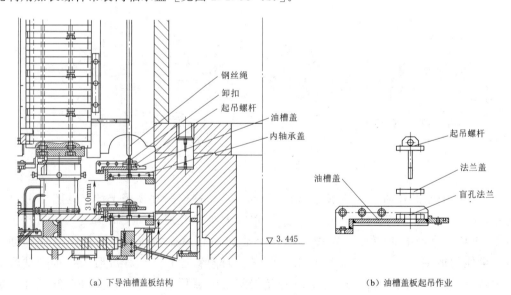

（a）下导油槽盖板结构　　　　　　　　　　　　　（b）油槽盖板起吊作业

图 2.1.58　下导油槽盖板起吊作业示意图

2. 磁极极间引线固定螺栓改进

深蓄电站磁极极间引线原设计采用 3 颗 M12 螺栓并排固定（见图 2.1.59），由于其正压紧度不足，把紧后螺栓内外侧引线均有间隙，使得引线接触面积明显减小、接触电流密度增大，存在接触部位发热甚至烧损的隐患。在不改变原来螺孔的基础上，增设 $2 \times \phi 14$ 螺栓孔采用 4 颗 M12 螺栓把紧（见图 2.1.60）。改装后引线接触电密测定为 0.24A/ mm^2，满足设计要求。后续机组将在场内完成配钻。

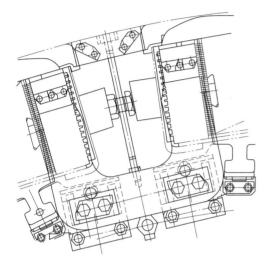

4颗M12螺栓

图 2.1.59　极间引线固定螺栓原设计　　　图 2.1.60　极间引线固定螺栓修改设计

3. 阻尼环拉杆甩脱及改进

（1）3 号机组在升速试验过程中，风洞内监听到异响并伴有瞬间火花现象。采取紧急停机检查时，发现位于 6 号、7 号磁极极间下端阻尼环拉杆脱落，拉杆脱落位置阻尼环局部变形、阻尼环连接片变形损伤定子铁芯。转子吊出后检查，发现定子铁芯、部分线棒、槽楔及气隙传感器均有损伤。

（2）经查证，原设计的阻尼环拉杆能满足额定工况和飞逸工况的弯曲应力安全系数和剪切安全系数要求，工地配钻 M20 螺孔的钻头选用也是合适的。但由于没有制定相关的检查、质检工艺，作业人员水平粗放低劣、监理又不到位，导致扩孔过大、攻丝不匀使得拉杆在离心力作用下脱落酿成事故。

（3）决定采取的措施是：

1）将原 M20 和 M24 拉杆修改为 M24 和 M30 重新扩孔配装。

2）强化施工作业及其管理，严格控制配钻质量，确认没有扩孔失误隐患。

3）修改原阻尼环连接采用拉杆和挡块的连接结构，即在挡块上加工螺纹与拉杆把合，挡块通过上、下端阻尼环连接片进行限位防松。

4）优化阻尼环拉杆结构：第一，选用锻钢 34CrNi3Mo 加工拉杆（材料性能与原拉杆性能基本相当），拉杆与挡块锻造成一体，拉杆最小直径为 $\phi 20mm$，消除了螺纹退刀槽的薄弱部位。第二，阻尼环内侧挡块采用绝缘材料，以降低材料重量，通过螺母固定。第三，阻尼环拉杆磁轭侧通过螺母施加一定的预紧力（见图 2.1.61）。

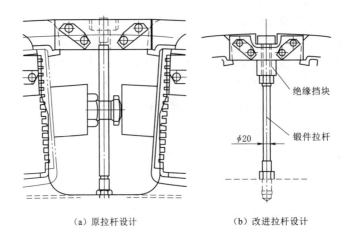

（a）原拉杆设计　　　　　　　（b）改进拉杆设计

图 2.1.61　拉杆改进前后的结构示意图（单位：mm）

2.1.4　清蓄电站安装调试阶段的机组改造

在清蓄电站整个安装调试阶段，业主会同设计制造、安装及监理对机组相关项目进行了技术改造，取得了较好的运行效果。

2.1.4.1　水泵水轮机

1. 机组主配压阀控制系统管路的修正

1号机组动态调试期间，发现机组较长时间停机后，压水供气液压阀 20DA2（AA922）、压水保持液压阀 20DA1（AA921）自动退出，造成压水气罐非工作状态向尾水管供气的异常现象；同时，和球阀下游密封配压阀液压锁定 AE012 也自动退出。经分析和测试，确定是由于停机时压力油罐出口隔离阀 AA920 关闭，连接至各电磁阀及球阀液压控制柜的压力供油管路因电磁阀内漏失压，而以上几个液压阀关闭时需靠油压关闭，失压后在外力的作用下会自动打开。为保证压力供油管的可靠压力，进行了如下改造：除主配压阀供给油路外，将经主要电磁阀的压力油主管路直接与压力油罐连接，并在连接处设置一个常开的截止阀，确保大部分电磁阀在机组停机时也能一直保持油压状态（见图 2.1.62）。

上述技术改造不但解决了机组停机时压水供气液压阀 20DA2 自行开启和进水阀密封锁定自动退出的故障，还能根据需要进行水泵水轮机液压排气阀 20EA1、20EA2 的开闭操作。同时也确认，在 24h 内压力油罐的油压仅降低了 0.05MPa，油面降低值没有超过 2mm，全方位达到了改造的预期效果。

2. 1号机组 PC 转 P 调试过程中水车室尖锐噪声故障及改造

（1）监控 SOE 和现场水车室实测表明：建压压力整定值达到 63WP 设定值（原设定值 4.9MPa）压力左右噪声开始突然增大，持续时间达到 7～12s，待导叶打开一定开度后噪声才瞬间消失。

（2）在水泵启动时回水建压完成的状态下，由于转轮侧的压力高于蜗壳侧，具有开方

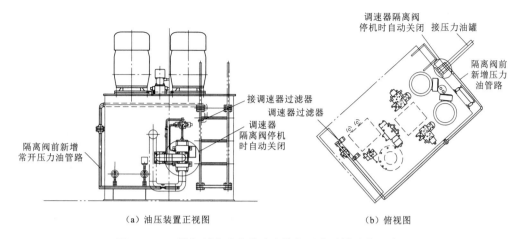

（a）油压装置正视图   （b）俯视图

图 2.1.62　增加压力油主管路直接与压力油罐连接示意图

向力矩的活动导叶在转轮侧和蜗壳侧压力的相互作用下产生尖锐噪声。因此，采取缩短转 P 工况运行持续时间并迅速打开活动导叶的方法应是有效的。

（3）在导叶全关、机组零流量的过程中进行多次回水建压试验，确定降低回水压力 63WP 的设定值为 4.2MPa，噪声达到时间持续时间只有 0.5s 以下的最优状态，而且机组在运行期间各种水头下均基本消除了这种噪声。当然，各台机组的 63WP 的设定值略有不同（见表 2.1.3）。

表 2.1.3　　　　　　　　　压 力 整 定 值　　　　　　　　　单位：MPa

机组号	63WP		63WT	
	动作值	复归值	动作值	复归值
1	4.20	3.70	4.00	3.50
2	4.15	3.65	3.40	2.90
3	3.95	3.65	3.40	2.90
4	4.15	3.65	3.40	2.90

2.1.4.2　电动发电机

1. 对无穿心螺栓定子铁芯结构安装措施的配套完善

清蓄电站定子铁芯采用无穿心螺栓设计，由于叠片错牙和装压时冲片产生波状翘曲等原因，叠片过程铁芯的槽宽与槽深小于单张冲片的相应尺寸是不可避免的。而厂家提供的定位棒长度只有 300mm，要保证有效高度达 3320mm 的铁芯在叠装过程中的圆度、垂直度并保证铁芯内半径达到设计要求是有一定难度的。

为此，在施工过程中，FCB 与 THPC 督导通力合作，遵循槽样棒用于定位、整形棒用于整形、通槽棒用于最终检查以及按 0.10~0.15mm 的级差递减的施工经验，并确定其加工精度应为±0.02mm，重新设计、加工大厚度槽样棒和整形工具，增加整形频次、修改定位槽棒位置，并采取了每箱片进行分片叠装，在叠装完 1 箱后，再叠装第 2 箱的积极措施，有效控制了叠片的波浪度、减少了补偿片的使用比例，使得叠片质量达到了预期水平。

2. 定子线棒绝缘盒环氧渗出故障的排除

在1号机组运行点检时发现共计49个定子线棒上端部绝缘盒有少量环氧渗出，其中3个渗出较多（见图2.1.63）。

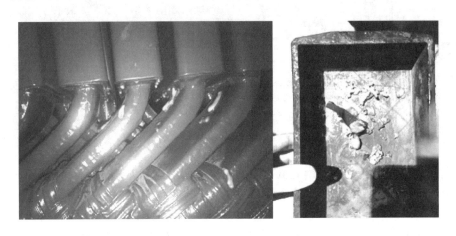

图 2.1.63　绝缘盒环氧渗出情况

经解剖21号绝缘盒观察到，盒内作为主体绝缘的灌注环氧树脂的固化状态良好，只是绝缘盒底部作为防止主体环氧树脂灌注时漏出的环氧腻子发生受热流胶（见图2.1.64）。最终只将21号绝缘盒重新浇注、涂漆，经测试1号机组定子绝缘合格。其余绝缘盒清扫流胶可以不做处理，能满足长期运行需求。

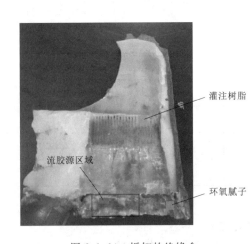

灌注树脂

流胶源区域

环氧腻子

图 2.1.64　拆卸的绝缘盒

3. 磁极极间铜排连接件积存杂物形成故障的排除、完善措施

1号机组进行水泵工况额定功率运行时发生接地故障，导致机组停机。经查找，是固定5号磁极和6号磁极连接铜排的连接件（包括支撑螺杆上的外侧螺母、绝缘垫圈子）处积存了安装过程未能清扫干净的铜排钻孔所产生的铜屑、铜粉，导致铜排与固定螺杆接触，形成了短接接地（见图2.1.65）。

采取的措施是：①安装过程严格要求清扫洁净，不得残留铜屑杂物。②用硅胶填充间隙进行进一步防护。③对已安装机组，要求对上部M24连接螺栓外侧进行清扫，平垫圈下面的部分填入硅胶再进行组装（见图2.1.66）。

4. 定子RTD温度波形故障的排除

1号机组调试过程，当定子电流升高后发现定子RTD温度特别是线棒中部温度测值

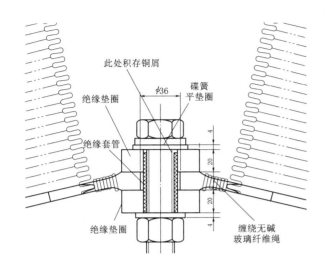

图 2.1.65　磁极连接示意图（单位：mm）

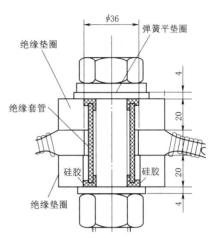

图 2.1.66　M24 连接螺栓示意图（单位：mm）

上下波形动达 30℃ 以上，定子电流降低后，测值又恢复稳定，判断为干扰因素影响。检查发现在发电机机坑端子箱和机坑外控制柜的电缆屏蔽线均两头接地，定子 RTD 有两个接地点形成了干扰信号，解除机坑端子箱电缆屏蔽线接地，防止温度跳变的措施是：①将发电机中间层风洞里边的电子线圈端子箱中的屏蔽层接地端不接地，CSCS 配电柜端的屏蔽层接地端接地。这样保证 PT100 测量回路屏蔽层一端接地保证无共模电压干扰。②由于会有一部分电磁干扰，因此在 PLC 测量模块的软件中设置 channel hardware filter 方式，信号强度选择 strong，并在软件用梯度中位值平均滤波法处理，定子 RTD 温度恢复正常稳定。

2.1.4.3　进水阀紧急停机电磁阀故障的排除

2 号机组在 G 工况运行过程中由于进水阀紧急停机电磁阀（21QS）线圈短路烧坏造成机组事故停机，随后 3 号机组 P 工况又发生 21QS 线圈故障造成机组事故停机。经检查，烧损电磁阀线圈阻值仅 811Ω 小于正常值 1300Ω，更换新的 21QS 电磁阀线圈后，能恢复正常工作。但此故障仍多次发生，严重影响了机组安全运行。

（1）经分析确认，当运行电流较大的电磁阀线圈长期带电运行时，极易因温度偏高而烧损电磁阀线圈。经商定在电磁阀线圈前增加电磁阀专用线圈插头，并进行对比性试验，验证了新型插头是卓有成效的（电流测量值见表 2.1.4）。

表 2.1.4　　　　　　　　　　　　　　不同插头电流测量值　　　　　　　　　　　　　　单位：mA

插　头　类　别	带有节点的电磁阀
新型号插头（P03A - 1B0♯）	42.09
原插头（220DC 励磁加续流二极管）	134.6

（2）4 号机组进水阀紧停阀安装了该型号的电磁阀线圈专用插头并经带电试运行 2 个月后，测量电流见表 2.1.5。

表 2.1.5   测 量 电 流 表   单位：mA

测试状况	启动电流	运行电流 （10min）	运行电流 （20min）	运行电流 （稳定值）
未安装专用插头	156.0	132.0	129.0	125.0
已安装专用插头	159.0	77.8	—	76.5

实践证明在进水阀紧停阀线圈上安装 P03A－1B0 专用插头，能有效降低线圈的运行电流，对于长励磁的线圈具备优良的保护作用。

2.2 水泵水轮机

本节重点介绍、分析了惠蓄电站水导轴承外循环冷却系统开展技术优化改造的全过程，深入探析了螺杆泵系统的机理以及其与导轴承形体结构的匹配关系等，并提出了具体的解决措施；还总结了对导轴承密封进行改造，成功消除机组运行中油雾困扰所积累的经验性成果。

2.2.1 高转速抽水蓄能机组水导轴承外循环冷却系统的改造

1. 惠蓄电站水导轴承及其冷却系统的故障情况

惠蓄电站 1 号机组投入试运行初期，水导轴承及其冷却系统运行极不稳定，主要存在的问题是：其一，水导轴承初期运行瓦温偏高（机组空载运行 0.5h 达到 68～69℃）；其二，停机时运行油泵及机组低速运行工况，使用超声波流量检测仪测得螺杆泵出口油流量为 72～78L/min，油压正常；但随着机组转速升高，油泵噪声达到 103dB、泵体振动加剧并伴有"哒哒"异响，此时使用超声波流量检测仪已无法检测；其三，螺杆泵与电动机的梅花形弹性联轴节由于振动剧烈而破裂、地脚膨胀螺栓松动；其四，水导轴承油槽内循环油呈现透平油高度乳化现象，静止和机组运行时油位差异甚大，还观测到顶盖上部由主轴密封排出的水流面上飘逸大量从水导轴承内挡油管溢出的油。

2. 水导轴承冷却系统原理及油槽内冷、热油设计走向

（1）水导轴承冷却系统主要配置有：两个互为备用的"PZ102 ♯3CR SR HA"型三螺杆油泵（441PO 和 442PO）；两个互为备用的冷却器（441EH 和 442EH）；一套双过滤器装置（441FI）以及管路/阀门和传感器（见图 2.2.1）。

（2）油槽内冷、热油设计走向为：冷油从水导油箱上部进入到一根环形油管集油器→通过 10 根装在两瓦之间的垂直喷油管（198mm×2mm，距离轴领 25mm，每根自上而下开有 3 个朝向大轴轴领的开口）向轴领喷油并随轴领的旋转送进轴瓦接触面→润滑、冷却轴瓦后的热油从工作腔上部的溢流孔溢出进入外油箱→再通过周圈 20 个 ϕ90mm 孔流入回油腔经底部一个 ϕ90mm 的孔口汇入 ϕ150mm 回油管→再引至机坑外通过两台互为备用的三螺杆泵采用强迫外循环冷却方式形成冷油，如此往复循环（见图 2.2.2）。

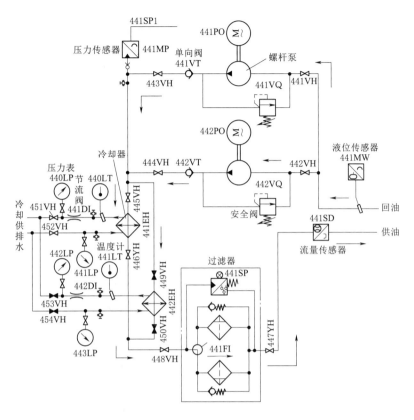

图 2.2.1 冷却系统原理示意图

3. 初步分析

（1）机组所选用的"PZ102♯3 CR SR HA"型三螺杆油泵的"几何吸上高度"约5.5m，扣除泵吸入管路中液力损失（约1.6m）后仍大于螺杆油泵安装高程137.90m与吸油口中心高程136.25m的高程差1.65m。所以，所采用三螺杆油泵的自吸性能是有较大裕度的。

（2）经拆下1号机组油泵检测，油泵与电机联轴器两轴的对中偏差达到2.7～3.2mm，大大超过《气体分析 校准用混合气体的制备 渗透法》（GB/T 5275）所规定的"两轴许用轴向位移为2.0～5.0mm、许用径向位移为0.8～1.8mm及许用角位移为1.0°～2.0°"。因此，油泵与电机的装配质量是不能满足

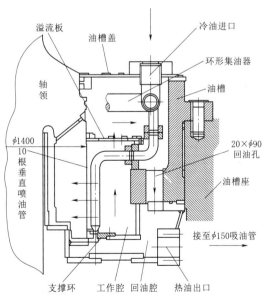

图 2.2.2 水导轴承油循环示意图（单位：mm）

运行要求的。

（3）实际检测，螺杆油泵底座、柱脚及支架底平面的平面度公差均未达到《三螺杆泵技术条件》（GB/T 10887）所规定的要求。

（4）采用膨胀螺栓固定泵体的设计也明显不能满足油泵长期运行的要求。

（5）根据估算，水导油槽的油泵吸油孔口设置高程未能满足制造厂技术手册关于"油泵吸油孔口必须低于回油槽的油面100mm以下"的规定。

1）油槽外 ϕ100mm 出油管道约 13.1m，可存油 103L，ϕ150mm 吸油管道约 9.5m，可存油 168L，共约 270L，也就是机组停机后由外循环管道系统倒流汇入油槽的油量。这就意味着油泵启动初期将从回油腔内吸出 270L 的油量之后，才能向水导轴承正常供油形成油路循环。

2）对于内、外壁分别为 ϕ1862mm 和 ϕ2160mm 直径的回油腔（扣除回油槽内筋、衬板所占空间），270L 油量将会使油位下降约 0.44m，则油腔内油位将从最高油位高程 136.63m 下降至 136.19m，几乎与吸油孔口中心齐平（见图 2.2.3）。

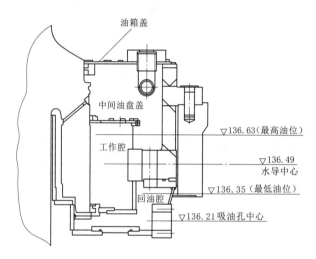

图 2.2.3　水导油槽油位示意图

因此，未能及时得到工作腔外溢油补充的回油腔内的油流就夹杂着空气被吸进油泵，形成恶性循环，产生足以引发气蚀的噪声和振动。

（6）根据初步分析实施的处理措施。

1）为减少水导油泵的振动，螺杆油泵机座由原膨胀型地脚螺栓固定方式改成固定于经精确调平并与预埋钢筋直接锚固的钢板基础上。

2）水导油泵和电机连轴更换梅花型弹性联轴节并调整轴线对中符合规范要求。

3）在 ϕ100mm 出油管靠近水导油槽处加装弹力阀，借以遏止停泵后约 103L 存油回流汇入油槽，改善机组开停机工况系统油量的不平衡状况。

4）分别采取了在油槽侧、下部开孔等加强内外油腔沟通的尝试性措施。

处理后的运行实践证明，水导轴承外循环油冷却系统在机组停机和转速低于 200r/min 工况时能够平稳运行。但当机组转速升至 200r/min 及以上时，油冷却系统管道及螺杆泵骤然产生剧烈振动并伴随"哒哒"异常声响、噪声强烈、出油管油压下降、采用超声波流量检测仪已检测不到油流流量。

4. 进一步分析

（1）机组运行时，油在油槽中旋转做圆周运动。低转速时，由于油分子的惯性力强度小于黏性力，旋转轴领与油槽壁之间的油保持在层流状态下运动，外循环油冷却系统能够平稳运行。

（2）随着转速的上升，油分子的惯性力强度大于黏性力时，边界层破裂，产生一连串涡旋群，层流即被不规则的涡旋运动——紊流所替代。

1）紊流状态下的油流发生强烈的动量交换，增大气体溶解度，超过了正常溶解空气为 6%～8% 的容积比。

2）轴领高速旋转时由于油的黏性而产生的径向压力使油槽内的油面呈内低外高倾斜的抛物线形。但实际上由于油槽内有各种部件的阻碍，且油面与内油槽盖板距离很小，不可能自由匀速旋转的抛物线形油面产生很大的浪涌，飞溅、爬升的剧烈扰动使油面上的空气混入油中，形成含泡沫层在回油腔内被吸进油泵，引发气蚀并形成噪声和振动。

（3）ALSTOM 编制的《水轮机导轴承计算书》确定水导轴承损耗摩擦功率消耗为 222.8kW，按常规计算油流量应为 778L/min。依照泵工作流量值等于所选泵最大流量值一半时工作效率最高的原则，选择额定流量为 1410L/min 的螺杆油泵是无可非议的。但若所选用泵型的流量值与水导油槽内外油腔的容积不相匹配，就可能导致溢出到回油腔的油位不能满足其技术手册关于"油泵吸油孔口必须低于回油槽的油面 100mm 以下"的要求，甚至出现不能淹没油泵 ϕ90mm 吸油孔口的情况。如前所述，其所造成的后果是引发噪声和振动，严重时损坏油泵。

5. 最终采取的综合处理措施

（1）为了遏制由于油槽内油流的浪涌、夹带大量泡沫溢入回油腔，采取在工作腔内上部油盆壁径向开 10 个 200mm×60mm 的矩形孔使内外油腔顺畅沟通的措施（见图 2.2.4）。

（2）由于螺杆泵吸油管径为 ϕ150mm，而水导油槽排油孔口仅 ϕ90mm，为了使油路畅通，在油槽下部增设回油连通管（见图 2.2.5）。

（3）螺杆泵的分析与处理。

1）所采用"PZ102 ♯3CRSRHA"型[2] 三螺杆泵的结构。

a. 主动螺杆数为 1，从动螺杆数为 2，主、从动螺杆螺旋头数均为 2。

b. 根据实测（见图 2.2.6），主螺杆工作段长度（螺纹部分）为 320mm，螺杆导程值 $T=203.33$mm，连接密封腔轴向长度 $\Delta L=15$mm，按照螺杆工作段 L 和密封腔数 Z 及导程 T 之间的关系式：

$$L=(T+\Delta L)+T(Z-1)/2$$

则该螺杆泵的密封腔个数为 2 个。

2）三螺杆油泵的工作原理：由于

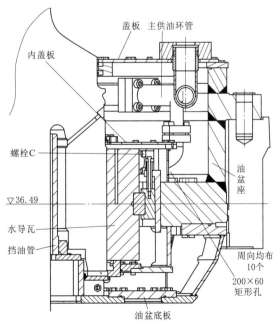

图 2.2.4　水导油槽侧壁开孔示意图（单位：mm）

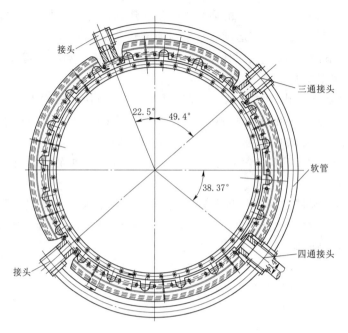

图 2.2.5　水导油槽增设回油连通管布置示意图

各螺杆的相互啮合以及螺杆与衬筒内壁的紧密配合，在泵的吸入口和排出口之间，所分隔成一个的或多个密封腔，随着螺杆的转动和啮合，其吸入端不断将吸入室中的液体封入其中，并沿螺杆轴向连续地推移至排出端（见图 2.2.7）。

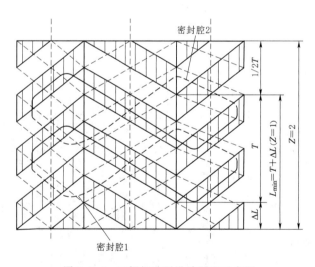

图 2.2.6　三螺杆油泵设计原理示意图

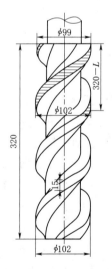

图 2.2.7　主螺杆加工
示意图（单位：mm）

3）根据三螺杆油泵的设计原理[3]，主螺杆的工作段越长，密封腔的个数就越多，泵排出压力也会越高。通常将密封腔数视为压力级数，一个密封腔称为一级，压力级数越大，表示排出压力越高。即螺杆泵排出口能够形成的最大压力为

$$P_{\max} = P_0 + \sum_{i=0}^{Z} \Delta P_{i,i+1}$$

式中：$P_{\max}$ 为泵排出端压力；P_0 为泵吸入口压力；$\Delta P_{i,i+1}$ 为单级密封腔的密封压力；Z 为密封腔个数，亦即螺杆泵的级数。

但为了使螺杆能将吸、排油口分隔开来，螺杆的螺纹段的长度不能小于一个导程，即 $L \geqslant T = 203.33\text{mm}$。

4）为了解决三螺杆油泵选型与水导油槽容量不相匹配的问题，在不变更已经购置、价格不菲的"PZ102♯3CRSRHA"型三螺杆油泵及其配套设施的现有条件下，厂家根据以上分析，采取了适当缩短主螺杆工作长度（即减少密封腔数）的处理措施：在保证主螺杆自底部沿轴向往上的工作段长度不小于螺杆导程的情况下，将主螺杆其上部分进行沿轴向上过渡车削，直至顶部将原 ϕ102mm 外圆车削加工为 ϕ99mm（见图 2.2.7 条阴影部分）。该长度区域由于啮合间隙增大，内部泄漏油量剧增而使排出油压在原 2 个密封腔所形成的压力级数的基础上明显降低。同时，在其他技术参数不变的情况下，排油量也有所减低。

（4）经处理后机组投入运行效果明显好转。

1）瓦温及油温趋于正常（见表 2.2.1）。

表 2.2.1　　　　　　　　　　　　　瓦　温　及　油　温　表　　　　　　　　　　单位：℃

机组编号	工况	瓦 编 号										油温1	油温2
		1	2	3	4	5	6	7	8	9	10		
		瓦　温											
2	G	54.8	50.0	56.1	51.8	57.1	57.3	53.7	57.1	57.8	55.2	30.7	30.4
2	P	53.9	52.9	59.5	52.5	55.3	54.9	52.4	54.6	52.9	54.4	36.3	35.8
4	G	45.1	39.6	41.7	35.8	39.8	43.3	39.3	38.2	49.1	47.0	31.3	30.3

注　G 为发电工况；P 为水泵工况。

2）油泵出口油压从原来的 0.3～0.36MPa 降低到 0.25～0.29MPa；泵流量也维持在空载运行水平，达到了螺杆油泵的容量与导轴承油槽容量相匹配这一螺杆油泵选型条件的目的。

3）机组正常运转时，油泵泵体振动均不大于 3～4mm/s；噪声也明显减低，一般均低于油泵相关规范规定的上限值 85dB。

4）水导轴承外循环油冷却系统各种工况均能够平稳运行，同时，内油盆从溢流孔口外溢的油流甚少、大大减轻油乳化现象。

2.2.2　惠蓄电站导轴承密封的改造

惠蓄电站投运以来的相当长时间里，机组上下油雾问题始终未能得到有效解决。

1. 原结构设计及其实际运行效果

（1）惠蓄电站上、下导轴承油槽的密封结构见图 2.2.8。

（2）导轴承油槽上下端部均设置有密封装置，采用与轴颈间隙约 0.5mm 的绝缘隔板（环氧酚醛棉布）上下封隔。密封装置有两个密封腔，之间用一个 5mm 盘片隔开（中间盘），与轴设计间隙约 2mm（上导的下部密封仅用一个绝缘隔板封住）。

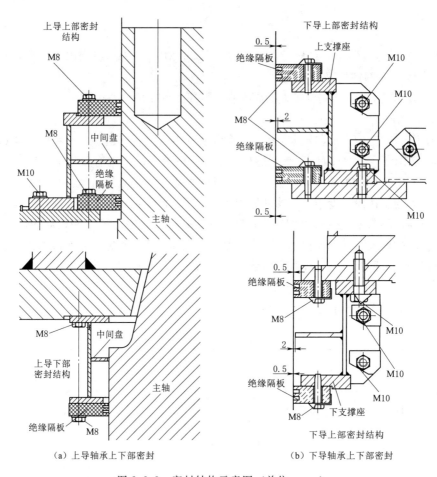

（a）上导轴承上下部密封　　　　（b）下导轴承上下部密封

图 2.2.8　密封结构示意图（单位：mm）

（3）每套密封的外腔通过管路接通来自定子线棒周围静止挡风板内的正气压空气，并强制作用由外腔循环到内腔，起到防止油雾从内腔循环到外腔溢出的功能；每套密封的内腔通过管路与带有离心风扇可吸收油雾的抽油雾装置相连接。

（4）抽油雾装置是一套带有多个过滤器和离心风扇的用来凝结污染空气中悬浮油滴的设施，原设计对于 $0\sim1500\text{m}^3/\text{h}$ 的空气流动量范围内均具有持续凝结油雾的功效。同时，还可以通过调节旁通阀门调节空气流量和轴密封吸气管进口处的气压，以保证抽油雾装置内部空气流量适中，并防止吸油。

但是，实际运行效果证实这种间隙式密封并不能发挥其设计功效。为此，根据多个其他蓄能电站的成功经验进行了优化改造。

2. 上、下导轴承密封改造设计

具体措施是在上、下导轴承油槽盖上和下部密封环上加装了一种接触式密封装置（见图 2.2.9、图 2.2.10）。其装配程序是：

（1）现场在原气密封和密封腔上盖板上圆周均布配钻 24 个 $\phi14\text{mm}$ 孔和对应的 M12 螺孔。

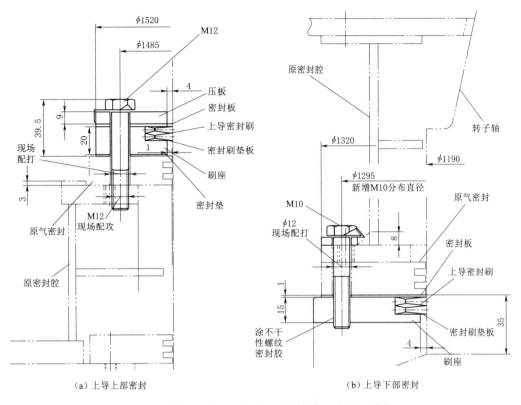

（a）上导上部密封　　　　　　　（b）上导下部密封

图 2.2.9　上导轴承油槽上下部增设密封结构示意图（单位：mm）

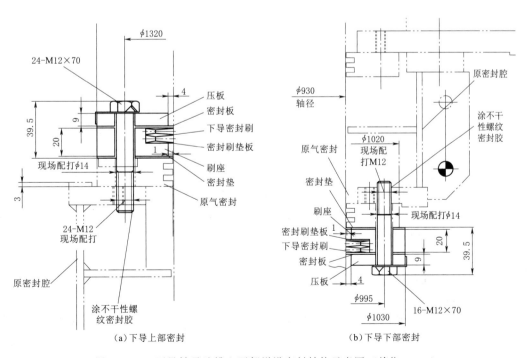

（a）下导上部密封　　　　　　　（b）下导下部密封

图 2.2.10　下导轴承油槽上下部增设密封结构示意图（单位：mm）

（2）安装刷座，确保其与主轴同心并用密封胶充填所有间隙（包括合缝面）。

（3）然后依次组装密封刷垫板、轻质耐磨尼龙（进口）密封刷、密封板和压板。

1）按标记安装、调整密封刷与主轴轴颈单边 0.75mm 过盈量。

2）各件的分瓣面应相互错开，并涂不干性密封胶。

3）组装、调整压板应保证与主轴同心。

3. 水导轴承密封改造设计

水导轴承加装密封装置的位置正好是大轴面带弧度位置，密封刷所接触的位置也略带弧度，必须加装一套刚度较大的密封基础支架（环）（见图 2.2.11），加装程序类同密封装置。

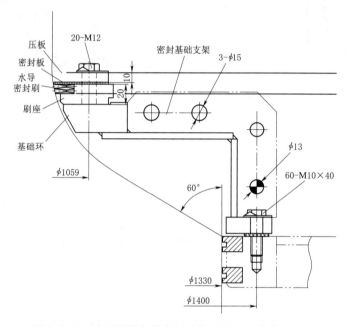

图 2.2.11　水导轴承加装密封结构示意图（单位：mm）

4. 结语

（1）加装的密封刷采用由日本东芝电力供货的轻质耐磨尼龙制品，在清蓄电站经年使用效果较佳[4]。

（2）惠蓄电站 8 台机组均已完成气密封加装改造工作，抽油雾装置也已能正常运作并发挥实效；油滴、油雾基本消除，改造效果显著，运行条件大为改善。

（3）水导轴承经加装密封刷改造，甩油雾现象完全得到有效控制，证明其对未装设抽油雾装置的轴承油槽同样起到良好作用。

2.3　电动发电机

抽水蓄能机组的电动发电机由于频繁启停、双向旋转、配置专门启动装置和过渡过程复杂等特点，转子线圈（含支撑结构）、阻尼绕组、励磁引出线、磁极键装配等都是机组故障隐患的聚焦部位，根据不同的机组结构和运行条件各设计制造厂家的设计完善性修改也在屡屡跟进。本节主要对 GE（中国）提出的惠蓄电站转子设计修改理念，如磁极线圈压板、绝缘块（含磁极连接片、阻尼绕组连接片等）展开技术性全面探讨；同时，也对深蓄电站的励磁引出线、磁极键装配和机组油雾、下导油雾等颇受关注的难点开展针对性的分析和评判；进而对抽水蓄能机组各种形式的转子磁极连接引线、线圈支撑结构及所存在的缺陷故障进行了介绍和分析。

2.3.1 磁极线圈压板和绝缘块设计的改进

惠蓄电站转子磁极线圈侧边各设 4 处撑块和 T 形压板，每端设 1 处撑块和门形压板（压板均固定在铁芯上）。在检修中多次、多处发现磁极线圈压板松动情况（见图 2.3.1）。诸如：磁极上、下端部绝缘压块门型压板松动、变形；磁极上、下端部绝缘滑块松动；磁极左右两侧绝缘压块及 T 形压板松动、变形；磁极上端部线圈压板固定螺栓损坏、断裂等。据多次检修的不完全统计共有 54 处有关压板、绝缘块及螺栓松动、变形乃至破坏的故障，约占全部机组（4 号机组未检查）740 块压板装置的 6.5%。

（a）两侧绝缘压块及压板松动、变形

（b）端部绝缘压块及压板松动、变形

（c）螺钉损伤

（d）螺钉断裂

图 2.3.1　压板松动及螺钉损坏

1. 惠蓄电站磁极线圈压板和绝缘块原设计结构

（1）惠蓄电站每个磁极线圈端部上、下各设置 1 套压紧设施，侧部左右各设置 4 套压紧设施（见图 2.3.2）。每套设施上下端部均包括：门形钢压板、绝缘块及 M10 螺钉。

1）侧面压紧设施见图 2.3.2（b），其钢压板材质为 Q345，原设计螺栓规格为 ISO14582 M10×30 10.9 级，但实际使用的螺栓是 NL8.8 级碳钢材质螺栓，直接把合于磁极铁芯本体。

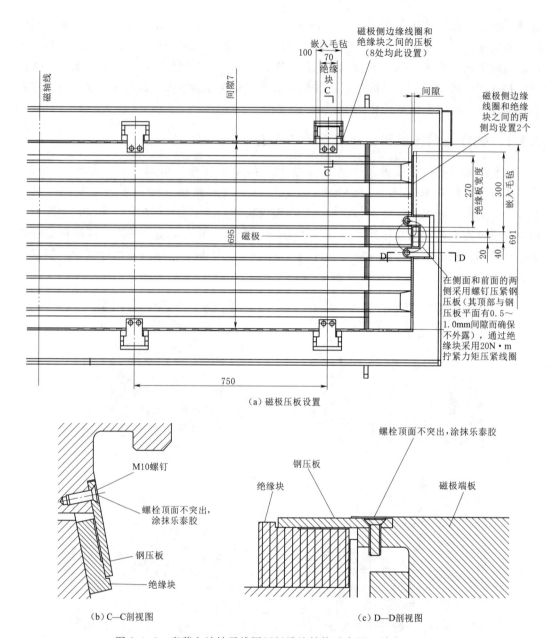

图 2.3.2　惠蓄电站转子线圈压板设施结构示意图（单位：mm）

2）端部压紧设施见图 2.3.2（c），其钢压板材质为 Q345，M10 螺钉为 8.8 级强度，直接把合于磁极铁芯本体。

（2）从图 2.3.2 可以明显看出，由于钢压板只是通过 M10 螺钉、绝缘板压紧磁极线圈，而绝缘板相对于线圈和磁轭之间都存在一定大小的间隙，也就是说磁轭对磁极线圈缺少有效支撑以使两者形成有效的整体。

（3）由于转子线圈压板松动、把紧螺钉断裂（尤其是上端部）等故障将可能使得钢压板、绝缘及螺钉残留部件甩脱在转子、定子间隙内及转子线圈上部，进而刮伤转子线圈、定子线棒及相关部件，酿成恶性事故。

2.惠蓄电站转子磁极线圈压板松动原因分析

（1）GE（中国）在复核计算分析时发现。

1）塔形结构弧形磁极线圈端部在机组频繁启停过程中会释放一个向内的径向应力，通过绝缘撑块直接作用于线圈端部门型压板上。而原设计方案在泵启动工况时线圈压板平均应力超出允许范围，会发生永久变形。

2）在强励制动工况时，压块、固定螺栓平均应力超过其设计许用值。

3）原设计的 M10 螺钉疲劳寿命估算为 101200 次，不满足 146000 次的设计要求。

4）机组在 G 工况和 P 工况时，磁极线圈温度会达到 76℃左右，使其产生较大的热应力，最大可达到 90MPa。

（2）厂家通过有限元刚强度计算和疲劳寿命分析，并结合技术要求和公司设计准则，提出以下改造建议，以避免机组安全运行的风险。

1）根据在误强励事故工况下压块所承受的高平均应力，压块厚度必须增加、材质宜更换加强。

2）根据 M10 螺栓所承受的平均应力，应增大其尺寸并更换选用强度更高的材料。

（3）转子磁极结构与惠蓄电站类似的 GZ－Ⅰ电站（同为法国 ALSTOM 设计制造）运行至今，未发现磁极线圈压板螺栓松脱断裂、磁极线圈压板松脱等缺陷，磁极线圈固定整体良好。磁极线圈固定结构对比分析见表 2.3.1。

表 2.3.1　　　　　　　　　　磁极线圈固定结构对比分析表

结　　构	惠蓄电站	GZ－Ⅰ电站	对　比　分　析
压板材质	Q345B	Q345B	
端部压板数量	1 块	1 块	
两侧压板数量	每侧 4 块	每侧 8 块	惠蓄电站磁极每侧压板少 4 块，GZ－Ⅰ电站磁极线圈压板受力相对均衡、平均受力相对较小
压板螺栓型号	8.8 沉头螺栓	10.9 沉头螺栓	惠蓄电站磁极线圈压板固定螺栓强度比 GZ－Ⅰ电站差，在相同向心力作用下更容易出现断裂缺陷
压板绝缘形式	独立绝缘块	公用绝缘条	GZ－Ⅰ电站采用每侧磁极线圈压板公用 1 条绝缘条方式，相对惠蓄电站整体性较好（见图 2.3.3）
铁芯与线圈间填充	每侧 4 块环氧浸渍毛毡	每侧 8 块环氧浸渍毛毡	GZ－Ⅰ电站铁芯与线圈间每侧填充环氧浸渍毛毡多 4 处，可增大摩擦力并抵消内部分向心力

（4）在相对存在间隙、磁极与磁轭整体性较差的情况下，由于未通过线圈压板使得磁轭对磁极线圈进行有效支撑以增强整体性，在机组频繁启停、正反方向高速旋转过程中，线圈自身形变释放的向内的径向应力及热应力共同通过绝缘撑块撞击线圈端部门型压板，当该作用力足够大时，迫使门型压板产生形变导致松动乃至损坏固定螺钉（严重的甚至疲劳断裂）。以下列举几个比较成功的强化磁极与磁轭整体性的机组设计（含设计修改）。

1）GZ－Ⅰ电站固定于磁轭压板上的支撑座与磁极上的两个阻尼 L 形连接板紧固，很好地起到径向和周向同时支撑线圈的作用（见图 2.3.4），使得线圈匝间尤其是引出接线板不会出现开匝或因震颤疲劳开裂的现象。

图 2.3.3　GZ-Ⅰ电站磁极公用绝缘条

图 2.3.4　GZ-Ⅰ电站阻尼连接板

2）清蓄电站磁极线圈上、下部位在车间已预先设置一块中部线圈撑块（见图 2.3.5），在工地现场挂装磁极完成并打入磁极键后，又在中部撑块两侧安装配磨的线圈撑块，使得撑块一侧与线圈间隙控制在 0.2～0.5mm 之间，另一侧与磁轭 T 尾槽底（或磁极止落块）完全贴紧（零间隙），这就使得磁极与磁轭能有较好的整体性。

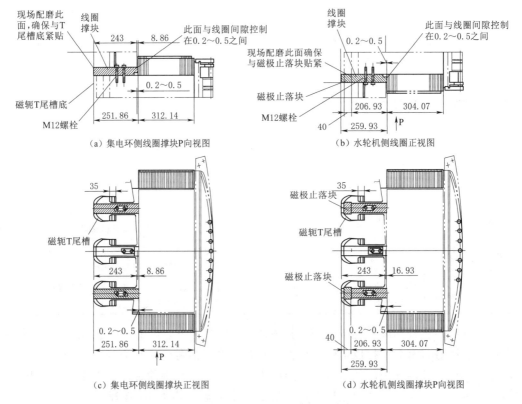

图 2.3.5　清蓄电站磁极结构示意图（单位：mm）

3）深蓄电站原设计采取线圈背部设置钢托板点焊在磁极铁芯上不设置线圈撑块的方式，后哈电决定在磁极上、下端部分别增设挡块（见图 2.3.6），同样使得磁极与磁轭能有较好的整体性。

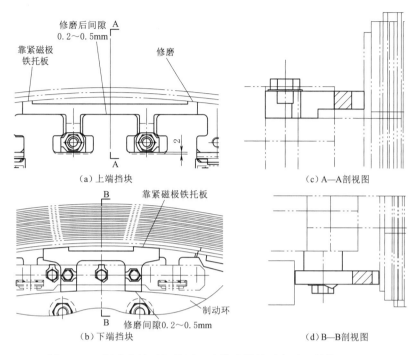

（a）上端挡块　　　　　　　　（c）A—A剖视图

（b）下端挡块　　　　　　　　（d）B—B剖视图

图2.3.6　深蓄电站磁极线圈固定修改设计示意图（单位：mm）

（5）由于磁极端部线圈存在弧度，这就要求对靠近线圈侧的绝缘撑块表面进行打磨成相应弧度与线圈相互配合，但如果打磨得不精准（现场拆卸7号机组时就发现绝缘撑块表面打磨的弧度与磁极端部线圈弧度极不吻合），在机组启停过程中会由于切向加速度摩擦力的作用使得绝缘撑块出现松动。松动的绝缘撑块在机组频繁启动的过程中，反复频繁撞击线圈压板，线圈压板将力传递到固定螺栓上，导致螺栓金属疲劳、松动，最终引起了线圈压板松动、压板固定螺栓断裂的严重缺陷。

3. 厂家提出的具体设计修改建议

（1）磁极线圈侧边线圈压板设施修改建议（见图2.3.7）。

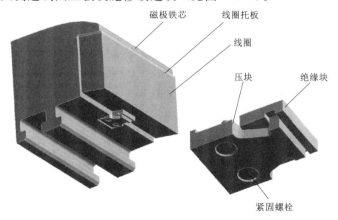

图2.3.7　磁极线圈侧边线圈压板结构示意图

1）磁极线圈侧边压块材质由原设计的 Q345（屈服极限 345MPa，抗拉极限 450MPa）提高为锻钢或高强度钢板（屈服极限 640MPa，抗拉极限 800MPa）。

2）压板由 7mm 普通钢板改为 16mm（线圈部位）、19mm（铁芯部位）屈服极限达到 720MPa 的钢板（见图 2.3.8）。

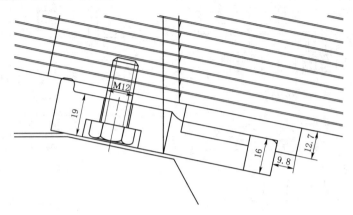

图 2.3.8　磁极线圈侧边线圈压板结构示意图（单位：mm）

3）压块和绝缘块结构见图 2.3.9。

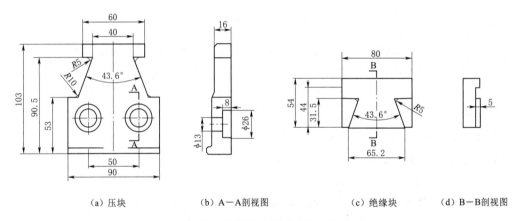

（a）压块　　　　　　　（b）A—A剖视图　　　　　　（c）绝缘块　　　　　（d）B—B剖视图

图 2.3.9　压块和绝缘板结构示意图（单位：mm）

4）螺栓由 M10-8.8 级沉头螺钉（屈服极限 640MPa，抗拉极限 800MPa）改为 M12-10.9 级六角螺栓（屈服极限 900MPa，抗拉极限 1000MPa）。

（2）磁极端部线圈压板设施修改建议（见图 2.3.10）。

1）磁极线圈端部压块材质由原设计的 Q345（屈服极限 345MPa，抗拉极限 450MPa）提高为锻钢或高强度钢板（屈服极限 640MPa，抗拉极限 800MPa）。

2）在铁芯上安装压板部位增加深度以适应压板加厚，以增加工凹槽扣锁金属压板。

3）绝缘块前表面（经精加工其弧面与先前贴合紧密）与线圈端部内表面接触，绝缘块后表面与钢压板接触，钢压板通过 3 个 M16（强度等级 10.9 级，）螺栓和 2 个直径 16mm 销钉（屈服极限 600MPa）固定在磁极压板上。绝缘块与钢压板之间设计合适的凸台和凹槽配合，以防止绝缘块脱落。

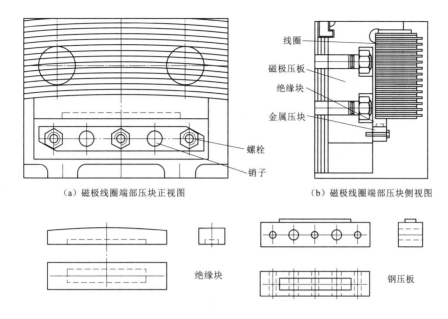

（a）磁极线圈端部压块正视图　　　　（b）磁极线圈端部压块侧视图

（c）磁极线圈端部压块部件结构示意图

图 2.3.10　端部线圈压板设施结构示意图

4）绝缘块与线圈之间设计为 0.2mm 的过盈配合。

5）线圈向内的径向力由两端的 4 个销钉承担，其总承载能力为 186500N（厂家计算值，包含 1.5 倍安全系数）。可见端部支撑结构最大可承担 50％线圈误强励工况向内电磁力 370kN，紧固螺栓销钉没有断裂风险。

（3）修改设计的工况计算平均应力（包括泵工况启动、误强励工况）以及依据 VDI2230 和 FKM 准则、合同要求的启停机次数所进行的疲劳寿命评估，均可满足厂家设计准则和合同要求，并有合适的安全裕度。

4．结语

（1）厂家建议的修改方案较好地解决了线圈钢压板和紧固螺栓强度、应力不足的隐患以及钢压板与绝缘块之间的配合结构，同时也使整体结构疲劳寿命得以提高，满足了 GE（中国）设计准则和合同要求。

（2）尽管修改方案还设计了绝缘块与线圈之间的过盈配合等措施，但由于螺栓仍是紧固于磁极铁芯上，绝缘块与钢压板凸台与凹槽配合也有间隙等，使得磁极与磁轭整体性较差的弊端依然不能予以排除。在此，建议采取海蓄电站［同属 GE（中国）设计制造］的改造方案。

海蓄电站机组与惠蓄电站结构相似，检修期间发现存在类似于惠蓄电站的相同缺陷，大部分固定磁极线圈的磁极压板（绝缘块和 T 形块）都明显松动。因此，对该磁极端部线圈固定结构进行改造，即在磁极上下端部第二、第四 T 尾上方增加一个撑块，用于支撑磁极端部弧形线圈，并固定在磁轭上（见图 2.3.11）。通过在磁极上下端部分别增加两个撑块，将线圈、磁极铁芯及磁轭连成一个有效整体，用以抵消机组在运行过程中线圈产生向内的径向应力及热应力，避免该应力过大对磁极端部线圈门型压板造成形变而引起绝缘撑块及压板松动。

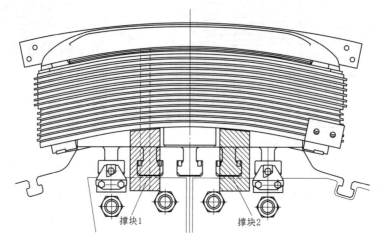

图 2.3.11　海蓄电站磁极端部线圈固定结构改造示意图

2.3.2　电动发电机转子磁极连接引线的改造

近几年，在惠蓄电站开展多台电动发电机检修期间，发现转子磁极引线与磁极极间 U 形连接板存在不同程度间隙过大的缺陷（其中间隙最大的达 9mm）。同时，磁轭下压板也

图 2.3.12　惠蓄电站磁极极间连接

有不同程度下沉，使得其与磁轭之间的间隙最大也达到 9mm。由于 U 形连接板是通过螺栓紧固在焊接于磁轭压板上的固定块上（见图 2.3.12），该连接结构的径向刚度较大，对于磁轭与线圈之间相对变形较大的高转速机组，会对 U 形连接板本身产生较大的拉扯力，也就增加了其与线圈接头疲劳断裂以及线圈匝间开裂的风险。如机组小修过程中发现磁极引线与 U 形连接板多有间隙（其中最大间隙达到 9mm）等缺陷。

为此，相关各方集思广益、分析探究，对转子磁极连接片进行良性改造提出了许多建议。

1. 惠蓄电站磁极极间连接片结构及存在问题

（1）惠蓄电站转子原采用弧形线圈磁极的极间连接结构（见图 2.3.13），磁极线圈首尾匝铜板分别引出采用 90°硬弧弯成 L 形连接板通过螺栓与中间 U 形连接板直接把合（U 形连接板采用引线支撑夹固定在磁轭压板上），U 形连接板另一头与相邻磁极连接，引线支撑夹与磁轭压板通过焊接连接。

（2）惠蓄电站磁极引线采用刚性 L 形直弯型铜排（铜排规格为 4.8mm×110/120mm）与 U 形连接板进行极间连接，一般冷弯半径宜遵循不小于 2.5 倍板厚的经验性

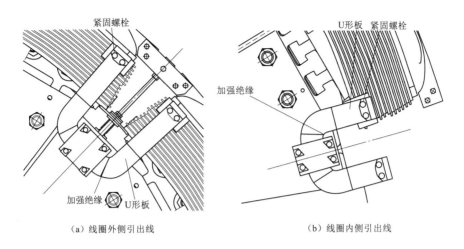

（a）线圈外侧引出线　　　　　　　　　　（b）线圈内侧引出线

图 2.3.13　惠蓄电站磁极极间连接示意图

原则，但惠蓄电站选用的冷弯半径仅 5mm 是明显偏小的（见图 2.3.14），其冷弯半径与板厚之比仅为 1.042，当然也就偏小。如白莲河、黑麋峰、仙蓄电站的冷弯半径都选用 8mm，仙居电站为 10mm，GZ-Ⅱ电站则为 13mm，均优于惠蓄电站。

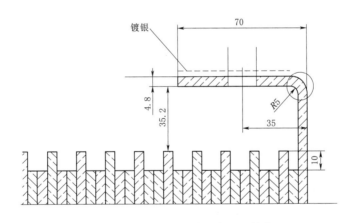

图 2.3.14　惠蓄电站线圈引线示意图（单位：mm）

（3）磁轭与磁极的整体性较差。惠蓄电站磁极采用塔形结构弧形线圈，弧形线圈端部在机组频繁启停过程中是会释放一个向内径向应力的。同时，机组在 G 工况和 P 工况时，磁极线圈温度约为 76℃，使其产生较大的热应力，最大可达到 90MPa。由于磁极与磁轭相对存在间隙、其整体性较差，在机组频繁启停、正反方向高速旋转过程中，线圈自身形变释放的向内的径向应力及热应力共同通过磁极引线及 U 形连接板相互拉扯将导致可能的损伤乃至破坏。

（4）惠蓄电站磁极引线与 U 形连接板存在不等间隙（见表 2.3.2 和图 2.3.15），过大的间隙必然使 U 形连接板在安装时，磁极引线进一步积聚应力，长期运行下易引发疲劳断裂风险，严重时发生断裂拉弧放电导致磁极绝缘击穿，甚至扫膛风险。

表 2.3.2　　　　　　　　惠蓄电站发电机磁极下端部引线与 U 形连接板间隙表　　　　　　　　单位：mm

部　　位	1号发电机	2号发电机	3号发电机	4号发电机	5号发电机	6号发电机	7号发电机	8号发电机
1～2 号磁极极间 1 号磁极处	0.50	0.25	6.40	7.25	5.25	3.75	0.05	0.10
1～2 号磁极极间 2 号磁极处	1.00	2.85	9.50	8.10	6.30	4.30	4.25	3.50
3～4 号磁极极间 3 号磁极处	3.15	2.75	5.85	1.50	4.00	0.95	1.50	1.50
3～4 号磁极极间 4 号磁极处	4.35	5.35	7.60	5.20	6.75	4.60	5.20	5.80
5～6 号磁极极间 5 号磁极处	1.20	2.35	4.80	3.75	5.65	1.90	1.15	0.95
5～6 号磁极极间 6 号磁极处	2.87	5.39	8.50	6.20	5.55	5.60	4.85	3.90
7～8 号磁极极间 7 号磁极处	0.30	1.00	3.60	2.95	2.50	0.85	0.10	0.10
7～8 号磁极极间 8 号磁极处	0.50	3.65	8.10	7.40	6.65	3.40	4.40	2.25
9～10 号磁极极间 9 号磁极处	0.25	1.95	6.30	2.60	3.30	0.95	0.05	0.10
9～10 号磁极极间 10 号磁极处	3.40	4.85	8.75	7.70	5.80	4.35	2.55	2.70
11～12 号磁极极间 11 号磁极处	1.95	2.25	4.95	2.70	3.75	1.20	2.05	3.40
11～12 号磁极极间 12 号磁极处	3.55	4.65	9.45	6.20	5.85	6.20	4.85	3.40

图 2.3.15　引线与 U 形连接板间隙偏大

（5）根据厂家对惠蓄电站转子磁极引线及 U 形连接板的应力计算分析结果，在磁极 L 形引线转弯部位及出口部位受到较大的应力，其中额定工况和最高转速下原设计平均值均超过许用值，在额定工况下，惠蓄电站发电机磁极内侧引线疲劳寿命（启停机次数）仅为 3650 次，外侧引线疲劳寿命仅为 3500 次（见表 2.3.3）。

（6）自 2020 年 11 月以来，陆续在 1 号、2 号、3 号、7 号及 8 号机组出现磁极引线裂纹。根据有限元分析认为，导致惠蓄电站发电机磁极引线裂纹的主要原因是磁极引线高度和磁极引线转弯半径不足，引线出口部位疲劳寿命设计不足等。

表 2.3.3　　　　额定工况及最高转速工况下磁极引线及 U 形连接板受力情况表

工　况	部　件	平均应力/MPa	局部应力/MPa	许用应力/MPa	疲劳寿命（启停机次数）
额定工况	内侧 U 形连接板	95	282	100	84000
	外侧 U 形连接板	100	270	100	100000
	内侧磁极引线	228	557	45	3650
	外侧磁极引线	240	575	45	3500

工 况	部 件	平均应力 /MPa	局部应力 /MPa	许用应力 /MPa	疲劳寿命 (启停机次数)
最高转速工况	内侧U形连接板	240	564	180	5800
	外侧U形连接板	238	540	180	6600
	内侧磁极引线	479	1100	70	700
	外侧磁极引线	518	1150	70	600

2. GE（中国）针对惠蓄电站磁极引线隐患的修改设计建议

（1）方案1（见图2.3.16、图2.3.17）。

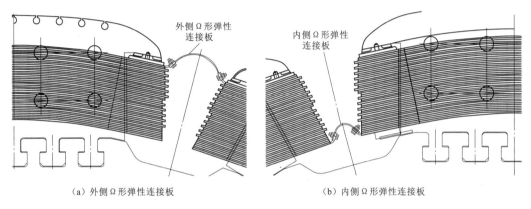

（a）外侧Ω形弹性连接板 　　　　　　（b）内侧Ω形弹性连接板

图2.3.16　Ω形弹性连接板示意图（一）

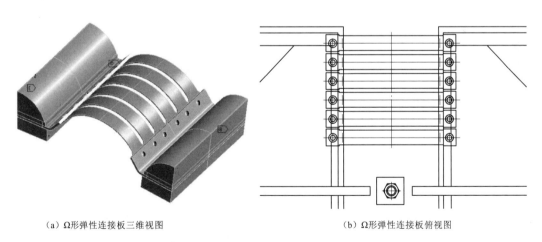

（a）Ω形弹性连接板三维视图 　　　　　　（b）Ω形弹性连接板俯视图

图2.3.17　Ω形弹性连接板示意图（二）

1）首末匝铜排材料由屈服强度70MPa增加到180MPa，引线方向由轴向引出改为侧向引出。

2）更改焊接位置，让焊缝影响区远离应力危险部位。

3）与励磁引线相连的磁极引线方向不变，便于连接引出线。

4）U形连接板改为Ω形连接板，不再固定在磁轭压板上。

a. Ω 形连接板由厚度为 3mm 硬铜片采用冷弯工艺制成通过有限元计算优化的弯曲形状。

b. 多个弹性铜片互相独立，不仅可以承载自身的离心力载荷，还可以通过与两侧线圈接头连接成一体构成弹性承载系统。这种弹性连接系统可以降低线圈接头的弯曲应力，还可以吸收由机械载荷及线圈热膨胀引起的变形载荷。

c. 此结构不需要额外支撑，现场安装简单。

（2）方案 2（见图 2.3.18）。这是一种优化的 U 形连接方式，通过弯折 U 形连接板及增加磁极引线高度和增大 L 形弯曲半径至 15mm（弯曲半径与板厚之比约为 3）的方式，抵消磁极引线与 U 形连接板间隙对引线的影响。同时，降低结构的径向刚度，从而降低线圈与磁轭径向相对变形引起的拉扯力，可以 U 形连接板折弯和增加线圈接头高度。

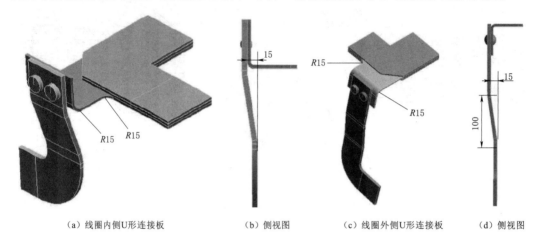

| （a）线圈内侧U形连接板 | （b）侧视图 | （c）线圈外侧U形连接板 | （d）侧视图 |

图 2.3.18　U 形连接板优化方式示意图（单位：mm）

（3）厂家根据合同规定，即正常运行工况和特殊工况条件下，采用经典公式解析计算的断面平均应力分别不大于材料屈服极限的 1/3 和 2/3 的情况；对于本项目应用的磁极连接线结构、离心力载荷引起的应力低于相对位移载荷（线圈热膨胀和离心力作用下磁极拉伸）引起的应力，则通过有限元刚强度计算和疲劳寿命分析，结合 GE（中国）设计准则进一步核算。核算基本结论如下。

1）额定工况时方案 1 内外弹性连接线和内外线圈接头计算平均应力较低，方案 2 内外 U 形连接板平均应力与原设计相当，但内外线圈接头平均应力明显低于原设计。

2）最高转速工况时方案 1 内外弹性连接线和内外线圈接头计算平均应力较低，方案 2 内外 U 形连接板平均应力与原设计相当，但内外线圈接头平均应力明显低于原设计。

3）局部应力计算中无论是额定、最高转速，方案 1、2 均较原设计有不同幅值的下降。

4）相对于机组寿命 40 年，日平均起停机次数 10 次（额定转速启停次数 146000）和最高转速每年 4 次（最高转速启停次数 2080），方案 1、2 各部件的疲劳寿命都可以满足合同要求。

（4）厂家对建议方案的评判。通过有限元刚强度计算和疲劳寿命分析，结合 GE 设计准则，比较了以上两个改造方案的计算结果，认为平均应力都能满足 GE（中国）设计准则和合同要求，依据 Smith-Watson Topper 疲劳计算方法，两个方案的设计疲劳寿命也都完全满足抽水蓄能机组的频繁起停要求。但 GE（中国）又指出，与 U 形连接板方案相比，Ω 形弹性连接板设计方案的平均应力和局部应力都有较大幅度降低，其疲劳寿命和可靠性提高较多，应更适合抽水蓄能机组频繁起停机的运行要求，确保线圈连接的长期安全可靠。因此，GE（中国）推荐选用 Ω 形弹性连接板方案。

3. 分析与比较

（1）对于 GE（中国）方案 1 的评判。

1）解决了磁极引线弯曲半径 R 过小的弊端。

2）解决了磁极引线弯曲半径不足及 U 形连接板与磁极引线间隙问题，避免了磁轭压板下沉对磁极连接片的影响，可以避免长时间运行导致引线断裂的风险。

3）通过有限元计算优化弯曲形状，多个弹性铜片互相独立，不仅可以承载自身的离心力载荷，还可以通过与两侧线圈接头连接成一体构成弹性承载系统。这种弹性连接系统可以降低线圈接头的弯曲应力，还可以吸收由机械载荷及线圈热膨胀引起的变形载荷。

4）此结构不需要额外支撑，现场安装简单。

5）Ω 形弹性连接板是采用厚度 3mm 的硬铜片冷弯工艺制成，连接片中间不设置支撑结构，完全处于自由状态。因此，在机组启停过程中连接板在周向可能产生往复式变形；在机组额定转速或过速工况下，又可能在径向产生较大变形。亦即在机组频繁启停及高转速运行中，Ω 形弹性连接板始终处于往复变形形态，在其相应位置发生疲劳断裂的风险可能很难避免。

（2）对于 GE（中国）方案 2 的评判。

1）经过有限元计算、优化折弯位置、折弯圆角及线圈接头高度，解决磁极引线转弯半径不足的问题，可明显改善连接板和接头上的应力状况。

2）可极大限度优化磁极引线受力集中问题，改造后磁极引线及 U 形连接板运行寿命满足设计要求，改造内容与惠蓄电站磁极原结构相近。

3）由于磁极 U 形连接板仍固定在磁轭压板上，无法彻底解决磁轭下压板继续下沉对磁极引线及 U 形连接板的影响。考虑到磁轭压板与磁轭冲片间存在大小不一的间隙，实际尺寸不易准确确定 U 形连接板弯折尺寸。

（3）对于惠蓄电站磁轭下压板下沉翘曲变形使得下端部 U 形连接板整体下移并出现端部向下倾斜的隐患，可予采取的措施如下。

1）对于已经出现间隙过大现象的磁极，通过在磁极引线与 U 形连接板接触面间增加合适厚度（不大于 6mm）的紫铜片来减小此间隙。

2）建议利用机组检修期对惠蓄电站其余机组的磁极引线进行专项检查，测量并记录间隙值，并采取机械措施尽可能消除此类缺陷的隐患。

3）从设计、工艺源头着手采取有效的补救措施处理惠蓄电站转子磁轭压板下沉缺陷。

4. 磁极引线优化方案

厂家提交的磁极引线优化方案的计算报告认为，增加线圈接头高度可以降低结构的径向刚度，从而降低线圈与磁轭径向相对变形引起的拉扯力。同时，通过有限元计算，优化接头的折弯圆角及过渡圆角，连接板和接头上的应力结果改善明显。与原设计相比，优化方案（见图 2.3.19）。

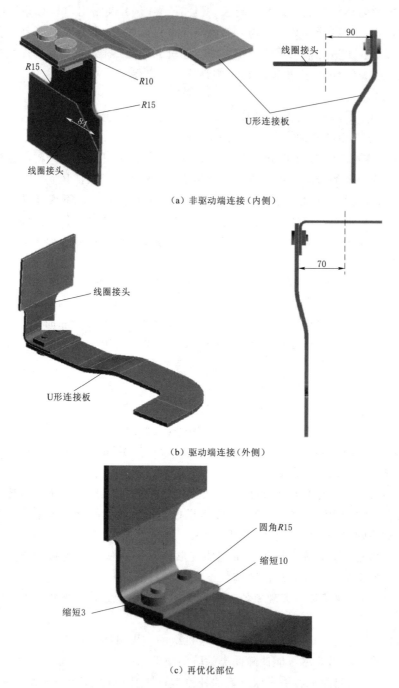

（a）非驱动端连接（内侧）

（b）驱动端连接（外侧）

（c）再优化部位

图 2.3.19 GE（中国）优化方案示意图（单位：mm）

（1）线圈接头高度非驱动端增加至 90mm（原设计 50mm），即 U 形连接板折弯高度 40mm（厚度 7mm）；驱动端增加至 70mm（原设计 50mm），即 U 形连接板折弯高度

20mm（厚度8mm）；引线宽度减小至84mm（原设计110mm）[见图2.3.19（a）、（b）]。

（2）焊缝位置距离接头过渡圆角80mm，经业主建议增大为130mm，可确保线圈接头过渡圆角位置的材料特性不受焊接影响。

（3）接头过渡圆角R15mm，折弯内侧圆角R10mm（原设计R5mm）。

（4）为了减轻重量，压板增加圆角R15mm，并缩短接头长度（U形连接板缩短3mm，引线缩短10mm）[见图2.3.19（c）]。

（5）线圈接头及连接板材料型号为R290。

通过有限元计算和对比分析，优化方案的综合应力满足GE（中国）设计准则和合同要求，并有合适的安全裕度。同时，优化方案的疲劳寿命能满足机组40年寿命要求，并有足够的安全裕度（见表2.3.4）。

表2.3.4 优化方案的许用应力和综合应力表 单位：MPa

工　况	部　件	屈服极限	抗拉强度	许用应力	综合应力
额定工况	外侧U形连接板	240	290	116	105
	外侧线圈接头	240	290	116	80
最高转速工况	外侧U形连接板	240	290	232	211
	外侧线圈接头	240	290	232	156

5. 结语

（1）已建成投产的抽水蓄能电站电动发电机转子磁极屡屡发生的线圈开匣、引线裂隙甚至烧损等故障，已经引起设计制造、安装调试以及运行单位的高度重视，并且开展了改进完善设计、提高装配工艺等多方面的探索和研究工作。

（2）高转速电动发电机磁极引出线极间连接线结构无论采用柔性还是刚性连接均应充分考虑磁极振动、温升、离心力、部件疲劳、磁极极间及与磁轭间相对位移、固定件结构等因素，采用有限元进行疲劳和钢强度分析计算，预测和确认工件的使用寿命和结构的可靠性。

（3）磁极引线连接需引起重视的是：

1）采用刚性L形直弯型铜排与连接板进行极间连接的，应适当增加磁极引出线径向弯曲长度和弯曲半径，一般宜遵循冷弯半径不小于2.5倍板厚的经验性原则。

2）只要空间允许和有足够的结构稳定性，适当增大磁极引线折弯后平面与线圈的距离（即连接板的高度）是有利的，例如洪屏抽水蓄能电站所采用的达到70mm。

3）磁极引线与连接板结合面宜采用敷焊银质材料，提高结合面的接触质量。同时应根据螺栓的大小和强度确定合适的预紧力，避免预紧力过大影响结合面接触面积。

4）螺栓把合时应尽可能使螺孔对中不错位，亦即减少强行对中可能产生的附加应力。

（4）推荐采用GE（中国）设计制造的海蓄电站所采用的矩形弧形线圈磁极的极间连接结构（见图2.3.20）。其特点是：

1）磁极引线与V形连接板采用4×M10螺杆（单侧）拧紧于2块固定板的螺孔，这就使得引线与连接板能保持足够的良好接触面积。

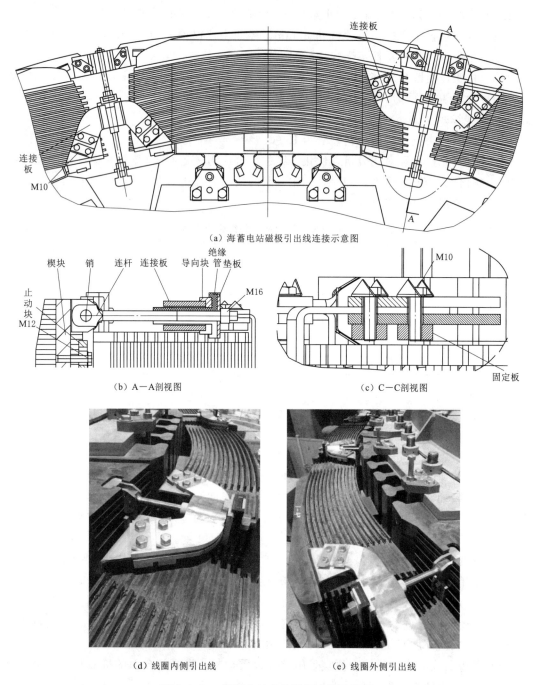

（a）海蓄电站磁极引出线连接示意图

（b）A—A剖视图

（c）C—C剖视图

（d）线圈内侧引出线

（e）线圈外侧引出线

图 2.3.20　海蓄电站磁极极间连接示意图

2）连接板中部设计成由高强度磷铜片叠合而成的上下 Ω 形柔性方式，并通过导向块、绝缘管和垫块与 M16 连杆相对固定，其可有效缓解磁极引线之间的拉扯应力。

3）连杆端部以铰支方式固定于磁轭预置槽内，同样有助于消除磁极与磁轭之间因运行中相对位移所产生的不利影响。

（5）磁极线圈不但要求与磁极铁芯装套紧密、黏结支撑牢固，还应在挂装后与转子磁轭相对支撑以提高其整体性。GZ-Ⅰ电站、清蓄电站等转子磁极的结构设计都通过不同的支撑方式使得线圈不易出现位移、开匝，能经受机组运行中振动、温升以及启停、甩负荷、工况转换的长期考验。

（6）惠蓄电站转子磁极所采用的单斜面楔形磁极键的磁极固定方式在多个电站都不同程度出现故障性问题或损伤，如黑麋峰、呼和浩特抽水蓄能电站等也都采取了相应的补救措施。建议深层次进行分析探研，从设计源头寻觅更有效的根治途径。

（7）磁极线圈解体检查往往会发现线圈匝间浸胶 NOMEX 绝缘仍呈白色与铜排表面未能良好黏结，有的甚至已经脱落。据此推断可能是厂家所使用的磁极线圈浸胶固化黏结剂质量较差或用胶数量偏少的缘故，但也是造成线圈开匝的又一诱因。因此，应要求厂家高度重视磁极线圈制造工艺流程中匝间绝缘热压固化这一至为关键的工序，尤其要采取合适的磁极线圈首末匝补偿加热装置使得磁极线圈整体的温度均衡、线圈首末匝铜排不致出现裂隙现象。

2.3.3　电动发电机转子阻尼绕组连接片的改造

惠蓄电站自投产运行以来，在 2013 年后的历年检修中累计发现转子阻尼连接片存在连接片有裂纹、下部连接片轻微断裂、上部连接片较大断裂现象，共计 62 处次（含更换后重复出现的故障，见图 2.3.21）。由于抽水蓄能机组转子阻尼绕组引发机组故障乃至事故的情况时有发生［如最近发生的深蓄电站阻尼连接片刮伤定子绕组的事故（见图 2.3.22）］，引起各相关方面的高度重视，经会诊、探析，提出许多建议和措施，准备在适当机会尽快采取设计修改和结构处理。

图 2.3.21　惠蓄电站转子阻尼连接片　　　　图 2.3.22　深蓄电站转子阻尼连接片事故

1. 惠蓄电站转子阻尼绕组结构分析

（1）惠蓄电站 W 机组的转子阻尼绕组结构见图 2.3.23，主要特点是：阻尼环采用扁铜裁制而成；每极有 9 根阻尼条（软铜棒），阻尼条与阻尼环使用银铜焊连接紧固；阻尼环采用止口方式固定在磁极压板与磁极铁芯之间；相邻阻尼环之间横向采用软连接，软连接为 0.5mm 厚多层紫铜片制成，上下绕过套筒和螺栓及柔性拉杆组成一体固定在磁轭上。

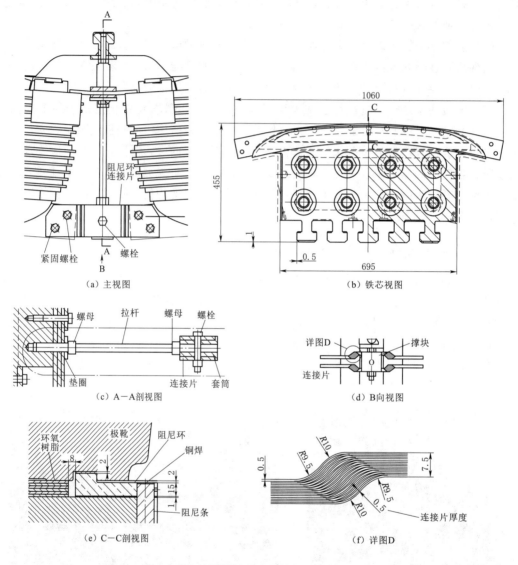

（a）主视图　　　　　　　　　　（b）铁芯视图

（c）A—A剖视图　　　　　　　　　（d）B向视图

（e）C—C剖视图　　　　　　　　　（f）详图D

图 2.3.23　惠蓄电站原设计阻尼环结构示意图（单位：mm）

（2）原结构设计存在的问题。

1）在机组运行中，在两侧阻尼环由于离心力作用下，径向位移量不一致导致阻尼绕组连接片受到不同程度的剪切力，抵消了阻尼绕组 Ω 形连接板部分柔性裕度。当阻尼绕组连接片的折弯处柔性裕度不足且平均应力超过许用值、疲劳寿命达不到要求时，就会导致连接片中的部分铜片受到过大的力而产生不可接受的形变，再加上抽水蓄能机组频繁启停，抽水、发电不同的工况频繁切换，在长期的累积效应下进而导致连接片出现金属疲劳，而机械强度最薄弱的部位出现了断裂现象。

2）阻尼绕组连接片中间部位采用螺栓与拉杆撑块固定，限制了阻尼绕组连接片在机组高速运行中的有效形变裕度。

（3）现场安装工艺也不够精良。

1）阻尼绕组连接片与阻尼环上螺孔位置存在偏差，若强行安装，则阻尼绕组连接片积聚应力，会减少阻尼绕组连接片原设计的Ω形连接板有效裕度。

2）可能出现上下两片连接片与撑块固定件贴合不紧密的情况。

3）若支撑杆末端螺栓锁紧度不能很好地限制连接片的移位，都将导致连接片部分铜片的金属疲劳甚至破坏。

2．GE（中国）提出的设计修改建议

（1）厂家认为，惠蓄电站转子阻尼绕组原设计方案L形截面阻尼环的离心力主要由L形挂钩（与磁极压板凹槽贴合）和柔性接头承担，柔性接头则是通过撑块和拉杆结构固定在磁轭外圆，这种支撑结构，使得柔性接头不仅承受自身的离心力载荷，还要承受一部分阻尼环的离心力以及压板相对磁轭外圆的径向位移（自身和线圈离心力引起）产生的额外的径向拉扯力。对于惠蓄电站这样的高转速机组，额定转速时压板相对磁轭的径向移动可达0.5mm以上，如与惠蓄电站同类型的宝泉抽水蓄能电站的磁极压板相对磁轭外圆的径向变形就达到0.6mm。所以，惠蓄电站原设计的柔性接头平均应力在各个工况下均超过GE（中国）的设计准则，而且由于接头上较高的局部应力，其疲劳寿命仅3900次（正常启停机条件），显然不能满足抽水蓄能机组启停机次数的要求。

（2）推荐方案的结构。

1）L形截面阻尼环保持不变，在其两侧端部加工缺口（约23mm×15mm）与阻尼环形成径向无间隙接触（见图2.3.24）。这种结构可有效传递阻尼环和柔性接头的离心力载荷，已在多个抽水蓄能电站上使用，运行情况良好。

2）新撑块采用高强度钢板加工或锻件，通过螺纹与拉杆连接，根据有限元计算结果，确定原拉杆可以再利用。

3）新柔性接头两端分别用螺栓与阻尼环紧固把合，而与撑块和拉杆没有配合关系，其离心力通过螺栓传递到阻尼环上，再传递到撑块和拉杆上（见图2.3.25）。

（3）所选用材料一致的情况下，

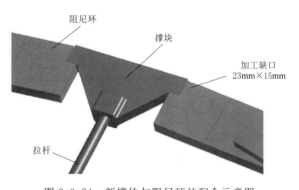

图2.3.24　新撑块与阻尼环的配合示意图

根据GE（中国）设计准则，正常运行工况和特殊工况条件下，采用经典公式解析计算的断面平均应力分别不大于材料屈服极限的1/3和2/3。同时规定，柔性接头压焊区域断面平均许用应力额定工况30MPa、特殊工况60MPa。GE（中国）计算了各个部件运行工况、甩负荷过速和最高转速的许用平均应力。同时，对阻尼环、柔性接头、撑块及拉杆的应力考核额定转速、甩负荷过速和最高转速进行了有限元计算。

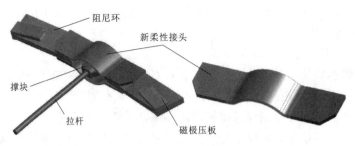

图 2.3.25　推荐方案示意图

1）原设计、推荐改造方案平均应力比较（含过速工况、最高转速工况），其中最高转速工况拉杆平均应力 526MPa（为屈服极限的 73%），略超过 66% 屈服极限，但是低于 VDI 标准推荐的螺栓许用应力（80% 屈服极限），对机组安全运行没有风险，是可以被接受的。

2）所有考核的工况的原设计方案的柔性结构的平均应力均大幅度超过许用应力，甚至超过材料最高屈服极限，过速工况柔性接头上可能发生肉眼可见的塑性变形。在频繁启停机引起的交变应力作用下，柔性接头上出现裂纹甚至断裂的风险高。为了降低机组运行风险，所推荐改造柔性接头和支撑方式在各工况下平均应力均可满足 GE（中国）设计准则和合同要求，并有合适的安全裕度。

3）原设计方案的柔性接头平均应力，在各个工况下，均超过 GE（中国）设计准则，而且由于接头上较高的局部应力，其疲劳寿命为 3900 次（正常启停机），低于抽水蓄能机组要求的机组正常起停机数，不能满足抽水蓄能机组启停机次数的要求。而推荐方案的各工况柔性接头的平均应力和疲劳寿命均可满足 GE 设计准则，设计正常启停机疲劳寿命大于 500000 次，能满足机组 40 年寿命的要求，而且有较大的安全裕度。

4）选定在额定和过速工况最大局部应力位置为最危险易疲劳区域，并依据 SWT（Smith-Watson-Topper）疲劳评估准则和 VDI 2230 准则及抽水蓄能机组要求的启停机次数，评估这些位置的疲劳寿命。推荐方案的疲劳寿命可以满足抽水蓄能机组一般要求，即机组寿命 40 年，日平均起停机次数 6 次，启停总次数 87600 次，甩负荷过速每月 1 次，总次数 480 次。无论额定工况、过速工况，推荐方案的局部最大应力远小于原设计，推荐方案疲劳寿命均大于 500000 次，满足要求循环载荷总次数 87600 次。

3. 对建议修改方案的分析与评判

（1）对 GE（中国）推荐方案的评价。

1）通过厂家提供的有限元分析结果，原设计方案的柔性结构的平均应力均大幅度超过许用应力，甚至超过材料最高屈服极限（120MPa），过速工况柔性接头上可能发生可见的塑性变形。在频繁启停机引起的交变应力作用下，柔性接头上出现裂纹甚至断裂风险高。GE（中国）推荐改造方案中除最高转速工况下拉杆平均应力超过许用应力，其他各工况下各部件平均应力均可满足 GE（中国）设计准则和合同要求，并有合适的安全裕度。

2）为配合新的撑块结构在阻尼环端部加工了缺口（约 23mm×15mm），各工况下 L

形缺口处的平均应力均远大于极靴处阻尼环的平均应力，约为极靴处阻尼环平均应力的 2 倍，且均较为接近许用应力，极大地增加了阻尼环的运行风险。

3）阻尼环是采用止口方式固定在磁极压板与磁极铁芯之间，如果阻尼环损坏需将整个磁极吊出进行更换处理。采用这种拉杆固定阻尼环的结构，必然增大阻尼环的受力，增加了阻尼环损坏的风险，增大了检修维护的成本和难度。

4）根据厂家关于磁极变形的计算得出，在额定工况下，磁极连接径向最大变形 1.5mm。相邻磁极的变形量不尽相同、相近，其对阻尼绕组之间连接的影响必然存在，应在设计时予以周密考虑。

5）由于推荐方案的阻尼绕组连接片缺少拉杆的有效支撑，在自身径向作用力下，阻尼绕组连接片可能会发生的有害变形，也是其发生损伤乃至断裂的隐患，对新结构的设计应更周全考虑。

6）正是由于阻尼环、阻尼绕组连接片及拉杆在额定工况下的径向位移量不一致，导致紫铜材质阻尼环缺口处受到过大的应力而受损变形，这是可能存在的运行风险。

总之，实施 GE（中国）推荐方案，程序复杂、准备部件和材料工作量大、工期较长，是需要综合均衡、比较其利弊得失的。

（2）总体剖析意见。

1）惠蓄电站阻尼环悬臂占比为 0.446，远小于清蓄电站的 0.68，不存在阻尼环悬臂过长、阻尼条分布不合理的弊端，应是比较合理的（见图 2.3.26、图 2.3.27）。

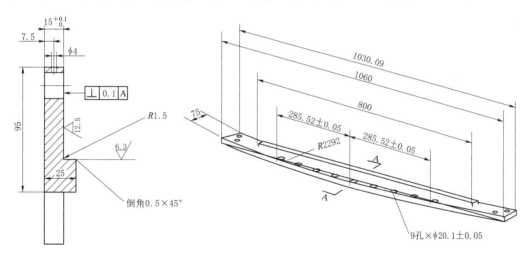

（a）阻尼环A—A剖视图　　　　　　　　　（b）阻尼环整体图

图 2.3.26　惠蓄电站阻尼环示意图（单位：mm）

2）法国 ALSTOM 原设计的阻尼环凸台高 10mm，长 800mm，可以认为脱槽的风险较小，是比较合理的。

3）惠蓄电站阻尼环接头材料原使用电解铜 Cu-ETP，为了延长结构的使用寿命，GE（中国）建议改用铬锆铜 CuCr1Zr（见表 2.3.5），铬锆铜比电解铜具有更高的疲劳强度，因此允许的循环次数提高了 7 倍。

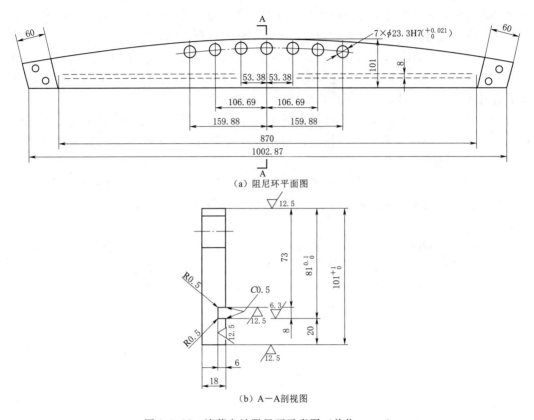

图 2.3.27　清蓄电站阻尼环示意图（单位：mm）

表 2.3.5　　　　　　　　　　屈服强度和计算寿命比较表

材　　料	屈服强度/MPa	循环次数/次
电解铜 Cu – ETP	100	14500
铬锆铜 CuCr1Zr	室温下 390	100300

但此项改动工作量大、操作步骤繁多，难以被采纳。

4）若有可能，建议参考海蓄电站阻尼绕组的结构型式（见图 2.3.28）。阻尼环连接片的形式基本与惠蓄电站原设计类似；在现场装配时可以根据阻尼环连接片的双边位置调整拉杆铰支的位置使得钣金连接片与阻尼环的螺栓基本保持自由状态，不产生附加应力；正是由于拉杆在固定于磁轭的端部采用连杆铰支的方式，能够在机组运行中有效协调相邻磁极所形成对阻尼环连接片的拉扯力。

4. 结语

（1）对于阻尼环和阻尼条的强度要求，一般是在转子处于飞逸转速下所应具备的抗弯强度。根据经验，该应力一般可允许达到许用应力最大极限值的 15％。但当机组发生突然不对称短路运行时（超规定），那极靴以外的阻尼环端头和连接片便易产生塑性变形，最后酿成触碰和刮坏定子线圈，毁坏绕组的事故。所以，留有一定裕量还是必须的。

（2）对于阻尼环的连接片连接，应设置足够的连接螺栓以免松动造成接触不良出现严

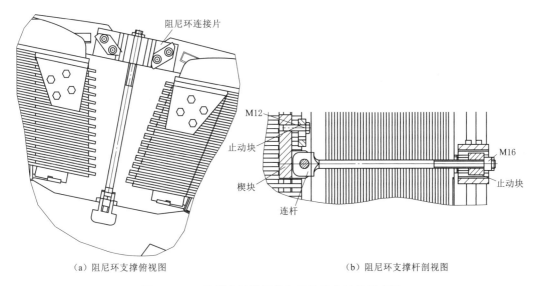

（a）阻尼环支撑俯视图　　　　　　　　（b）阻尼环支撑杆剖视图

图 2.3.28　海蓄电站阻尼绕组连接机构结构示意图

重氧化、接触电阻增大形成局部过热的恶性循环。

（3）惠蓄电站把 800mm×15mm×10mm 的阻尼环凸台（见图 2.3.26）设置在阻尼环上的设计不会削弱阻尼环的刚度，较之清蓄电站靠磁极极靴嵌入阻尼环的 8mm×870mm×6mm 的凹槽来承受离心力显然占优，使得阻尼环在阻尼条温升、磁极压板凹槽和阻尼环凸台加工误差及阻尼条焊接变形等诸多因素影响下可以避免脱槽的危险性（见图 2.3.29）。

（4）惠蓄电站能比较充分利用阻尼条的布置条件适当减小阻尼环悬臂长度以削弱离心力的影响，如其单侧悬臂长度 229.525mm，远小于清蓄电站的 341.605mm，这也是惠蓄电站阻尼绕组

图 2.3.29　清蓄电站阻尼环脱槽

的优点之一。

（5）海蓄电站阻尼绕组的设计还是值得推荐的，可以结合惠蓄电站实际结构进行反复推敲、认真修改，同时根据规范和相应技术准则进行应力计算、有限元及疲劳计算，使之成为能够经受长期安全稳定运行的优良结构型式。

2.3.4　转子励磁引出线设计制造与修改

深蓄电站发电电动机 1 号机组在初投入试运行时（以发电工况为例），在其他各部位摆度振动基本正常的情况下，上导摆度通频值达到 250μm，其中 2 倍转频（2X）摆度也超过 80μm。上导摆度通频值较大通常是受机组整体轴线的影响，而轴承或轴线不对中则

可能是导致机组产生 2X 的主要原因。

1. 深蓄电站 1 号机组盘车及轴线调整

（1）1 号机组轴线调整时，设计要求重点是现场对顶轴盘车过程进行必要的调整。其中：根据上导摆度所揭示的测点部位的轴线位置（见图 2.3.30），基本可以确定最大摆度点的方位是在 2 点→6 点，偏移值为 $0.51/2 \approx 0.255\text{mm}$，最终商定顶轴调整值为 0.25mm。

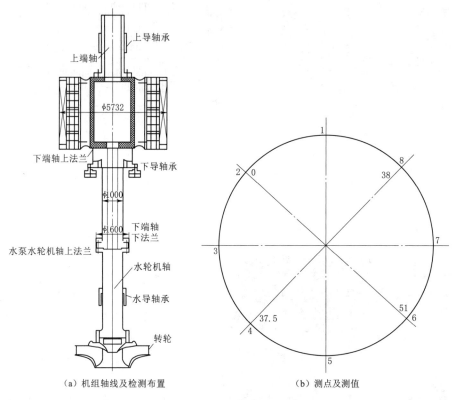

（a）机组轴线及检测布置　　　　（b）测点及测值

图 2.3.30　轴线调整示意图 ［单位：0.01mm］

（2）调整之后的总体摆度是满足设计和相关规范要求的 ［以＋Y 方向百分表测录数据为例说明机组盘车情况（见表 2.3.6）］。

表 2.3.6　　　　　　　　　　　　　盘车摆度测录表　　　　　　　　　单位：0.01mm

方位 Y	测量部位	测 量 编 号							
		1	2	3	4	5	6	7	8
百分表读数	上导轴承	0	−2	−5	−5	−7	−6	−4	−3
	下导轴承	0	0	−1	0	−1	1	1	1
	镜板轴向跳动	0	0	−1	−2	−2	−1	0	−2
	下端轴下法兰	0	−1	0	−1	−3	−1	−1	−1
	水机轴上法兰	0	−1	−2	−2	−3	−1	0	0
	水导轴承	0	−1	−2	−4	−4	−2	−2	−1
	主轴密封滑环跳动	0	−1	−1	0	0	−1	−1	−1

方位 Y	测量部位	测 量 编 号							
		1	2	3	4	5	6	7	8
全摆度	上导轴承	0	−2	−4	−5	−6	−7	−5	−4
	下端轴下法兰	0	−1	1	−1	−2	−2	−2	−2
	水机轴上法兰	0	−1	−1	−2	−2	−2	−1	−1
	水导轴承	0	−1	−1	−4	−3	−3	−3	−2
	相对点	1～5		2～6		3～7		4～8	
净摆度	上导轴承	6		5		1		−1	
	下端轴下法兰	2		1		3		1	
	水机轴上法兰	2		−1		0		−1	
	水导轴承	3		2		−2		−2	

上、水导及法兰相对摆度		
测量位置	测量位置至镜板下平面距离/m	相对摆度/(mm/m)
上导轴承	5.745	0.012
水导轴承	6.51	0.008

（3）从表 2.3.6 中可以看出，经调整的机组轴线是良好的。

（4）仙居电站 2 号电动发电机运行时上导摆度达到 $300\mu m$（其中转频分量约 $200\mu m$），检查时发现上端轴椭圆度竟达 $140\mu m$，远远超过机组上端轴和滑转子精加工所允许的误差范围。经查证是穿轴引线在工地现场安装固定时，在轴内孔壁为数较多的线夹焊接量引发了上端轴的椭圆变形，最终导致上导摆度剧增。可以推论，深蓄电站机组也可能出现类似情况[5]。

2. 深蓄电站转子引线垫板的现场焊接

（1）深蓄电站励磁引线布设在顶轴内孔的线夹全部采用焊接方式固定（见图 2.3.31）。

（2）2 号机组由哈电组织厂家的焊接团队实施转子引线垫板的现场焊接，并进行了现场监测。

1）在顶轴合适位置沿圆周均匀支放 4 块百分表，监测焊接过程中顶轴的变形分布（见图 2.3.32）。

2）原工艺是焊 2 道后经冷却后再继续焊，经调整为一次只焊半条焊缝，尽可能根据现场顶轴变形予以有效控制。

3）最终焊完变形仍达到 0.05mm，即虽经工艺改善，变形情况较之 1 号机组有较大改善，但转子引线垫块焊后残余应力对轴线仍然影响较大。

（3）2 号机组的盘车及运行。

1）哈电对 2 号机组及后续机组提出提高安装标准的要求，即上导盘车绝对摆度应不大于 0.05mm。

2）2 号机组投入运行（发电工况）上导摆度通频在 $100\mu m$ 左右，上导摆度的主频从

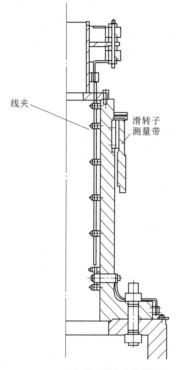

线夹

滑转子
测量带

（a）励磁引线布设剖视图 　　　　（b）引线垫板焊接实况

图 2.3.31　深蓄电站励磁引线的布设示意图

图 2.3.32　百分表支放位置

转频变为 2X，且摆度幅值也降低至 $66\mu m$ 左右。

3. 处理建议与实施

根据目前机组状态，若上导滑转子外圆全部机床加工处理，需要拆除顶轴及相关部件，施工周期较长。哈电建议采取手工修磨（利用砂纸及百洁布等工具）测点区域，使直径尺寸满足要求，从而消除测点处 2 倍转频分量。具体方案如下。

（1）拆除影响测量滑转子外径的工件，如接触式油挡、接地碳刷、除尘管路等。

（2）在适当位置用塑料布覆盖，塑料布内外侧均用 3M 胶带固定牢，防止铁屑及粉尘进入油盆。

（3）使用外径千分尺对上导滑转子顶部 100mm 高度范围内直径进行测量，圆周方向至少测量 16 点，找出直径最大最小区域，尺寸做好记录，位置做好标记（见图 2.3.33）。

（4）根据直径测量结果，确定修磨量。

（5）用金相砂纸细砂纸修磨直径最大点区域，修磨时应在滑转子两侧对点同时均匀修磨。

（6）边修磨边复测，重新确定修磨范围和修磨量，随时用吸尘器清理铁屑及粉尘，用电动抛光轮或百洁布处理修磨处，重复此步骤直至修磨部位尺寸达到最大最小直径相差 0.03mm 以内要求。

（7）处理合格后，用吸尘器清理，用白布蘸酒精清洗上导滑转子外圆，清理干净后拆除防护用胶带和塑料布，再用酒精擦洗胶带固定位置。

（8）按图纸要求回装拆除的工件。经修磨后的 1 号、2 号机组投入运行后效果显著，基本上达到了设计和规范的要求。

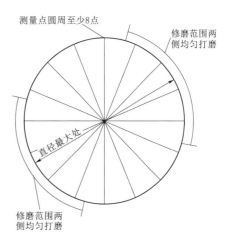

图 2.3.33　修磨区域划分示意图

4．3 号机组和 4 号机组的处理方式

（1）3 号机组转子引线垫板采用厂内焊接方式，然后进行车床加工。机组投入运行时上导摆度通频值在 $58\mu m$ 左右，上导 2X 摆度在 $6.9\mu m$ 左右。可以看出，其中 2X 已基本消除，上导摆度幅值的主频已是转频、3X 及 4X。

（2）4 号机组转子引线垫板采用现场钻孔安装（由哈电组织实施），最终的运行效果是：上导摆度通频值在 $129\mu m$ 左右，上导 2X 摆度在 $2.3\mu m$ 左右，上导摆度幅值的主频已是转频 1X（受磁轭整体偏心影响，上导偏心位置可能与磁轭偏心位置相同）。

5．励磁引线的布设

（1）惠蓄电站机组的励磁引线首尾均由转子磁极端凭借磁轭上压板上的固定夹、瓶形轴轴向及环向固定夹的支撑与径向穿入瓶形轴内孔的双头螺栓连接，再通过固定在固定套筒上的转子引线铜导棒与滑环接线柱相连，使转子绕组与机组励磁系统形成回路（见图 2.3.34）。其主要的装配特点如下。

1）引线与固定套筒预安装。

a. 将两根转子主引线预安装在引线固定套筒固定夹内。

b. 完成后将其整体吊入转子瓶形轴内孔（见图 2.3.35）。

c. 根据瓶状轴给双头螺栓预留的孔位，按其对应位置标定引线铜棒的钻孔准确位置。

d. 吊出固定套筒并卸下引线，分别在标定记位置上进行钻孔、攻丝，然后按照设计要求进行装配。

2）安装引线/套筒装配。

a. 将钻孔、攻丝完成的引线铜牌重新装配于固定套筒上，整体吊入瓶装轴内装配。

b. 依次安装绝缘套管等附件后装配 4 根双头螺杆以及绝缘垫块、内铜螺母等部件，最终按照设计要求打紧螺母。

3）瓶形轴外部引线铜排预安装。

a. 分别在磁轭压板上焊接固定引线铜排的固定线夹座并安装绝缘部件。

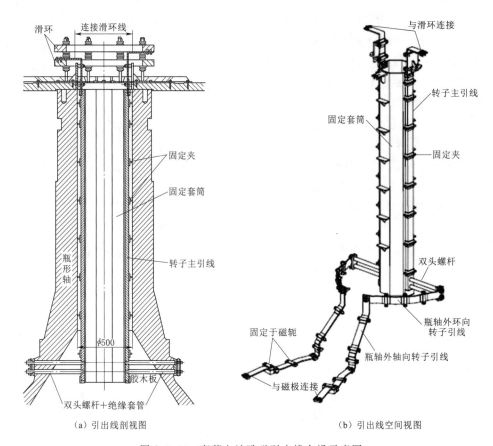

（a）引出线剖视图　　　　　　（b）引出线空间视图

图 2.3.34　惠蓄电站励磁引出线布设示意图

图 2.3.35　引线固定套管

b. 从上至下将引线铜排各部件分别摆放至实际安装位置，标记出铜排需切割部位及需钻螺丝孔的位置。

c. 进行铜排的切割和钻孔加工，并对铜排连接部件按设计要求进行必要的处理。

4）瓶形轴外部引线铜排正式安装。

a. 安装环向连接铜排（见图 2.3.36）。

b. 引线铜排安装至焊接于磁轭上压板上的固定线夹座，装配相应的绝缘配件。

（2）清蓄电站励磁引线首尾均由转子磁极端凭借磁轭上压板上的固定夹、转子支架上固定夹径向穿入转轴内孔，沿内孔轴向延伸通过集电环轴内孔壁上端的转子引线铜导棒与滑环接线柱相联，使转子绕组与机组励磁系统形成回路（见图 2.3.37）。其设计特点如下。

1）顶轴、上端轴轴孔内壁均采用螺栓组合固定引线铜牌于轴孔内壁的预置螺孔。

2）磁轭部位的引线铜牌也是采用螺栓组合固定于磁轭压板的预置螺孔。

3）转子支架上部的引线铜牌则是用螺杆固定于焊接在磁轭顶部的杆座上。

4）其余相应部位的连接均见图 2.3.36。

5）将磁极引线至转子转轴部分的励磁铜排及连接铜排先放在转子支架及磁轭上面，调整好安装位置并采取足够的防护措施，在铜排上加工固定铜排的螺栓用孔。

6）装配过程使用的是工艺用螺栓、螺母，装配完成后统一更换为永久性螺栓、螺母、碟簧和绝缘垫圈、套管，并按规定力矩拧紧。

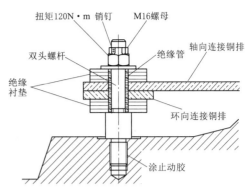

图 2.3.36　连接铜排衔接装配示意图

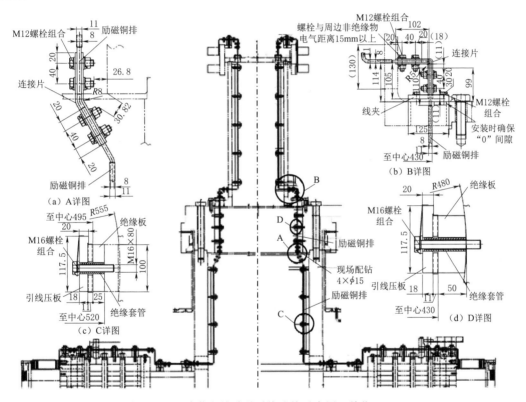

图 2.3.37　清蓄电站励磁引线连接示意图（单位：mm）

（3）绩溪抽水蓄能电站和阳江抽水蓄能电站模式。绩溪抽水蓄能电站和阳江抽水蓄能电站以及越来越多类似的抽水蓄能电站的转子引线在转轴部分不采用常规的穿轴壁的结构，而在主轴的外部一定深度上开有引线槽，引线槽外侧通过鸽尾盖板封盖，盖板装配后与主轴一同加工。转子引线由磁极引出线开始，通过磁轭、转子支架和转轴，上行接至转轴顶端的集电环，并用线夹支撑固定。该结构型式引线连接位置均采用面接触导电，保证接触电密不大于 $0.25A/mm^2$，能够保证可靠导电。绩溪抽水蓄能电站转子引线穿轴结构见图 2.3.38。

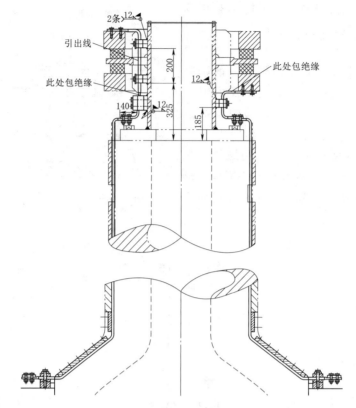

图 2.3.38　绩溪抽水蓄能电站转子引线穿轴结构示意图（单位：mm）

6. 结语

（1）焊接所产生的残余应力往往影响幅值很大又难以受控，应尽可能避免或减少在与机组轴线息息相关的转动部件上实施焊接工作。采取焊接固定的方式，在轴孔内壁密集布设的引线铜排线夹座极有可能带来轴圆度畸变的危害，如仙居电站上导摆度偏大就是明显例证，而深蓄电站在机组盘车调整轴线工序完成之后又实施焊接工作则更为不妥。

（2）对于深蓄电站 1 号、2 号机组，可根据机组运行中检修工作的安排，视适当时期对顶轴进行车间机床修复，以确保机组长期稳定安全运行。

（3）无论是深蓄电站还是惠蓄电站、清蓄电站模式，除了引线垫板焊接，还有励磁引线穿轴也还会带来一系列难以预见的问题。所以，建议推广绩溪抽水蓄能电站和阳江抽水蓄能电站模式。

2.3.5　磁极键装配的设计修改

1. 深蓄电站磁极键结构

（1）一对磁极键由固定键和打入键组成（见图 2.3.39）。

（2）固定键用卡板卡住顶部两侧的缺口固定于键槽，打入键与固定键成对研配并做标记一起绑扎发货。

（3）1 号机组现场装配时采用厂家一次性打紧磁极键的设计理念，即顶紧上（下）端所配之键后，修割超长部分打入键后再与固定键电焊固定（见图2.3.40）。

（4）根据以往的经验，在机组过速或甩负荷试验时可能出现磁极键松动的现象，有必要进行适时检查并采取二次打紧磁极键的工艺。如德国VOITH-SIEMENS公司设计制造的GZ-Ⅱ电站，尽管其采用的是三鸽尾磁极结构，但机组过速后检查、复核磁极键紧度，二次打紧再点焊固定的配键工艺是可参照的。

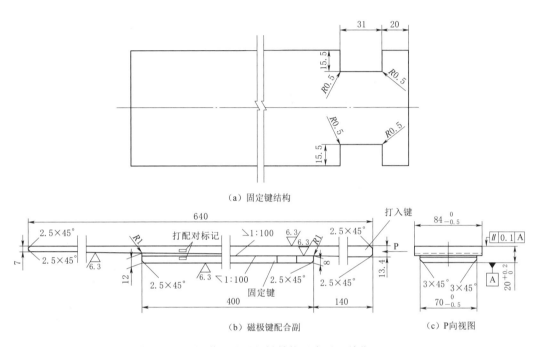

（a）固定键结构

（b）磁极键配合副　　　　　　　　　　　（c）P向视图

图2.3.39　深蓄电站磁极键结构示意图（单位：mm）

2.哈电对深蓄电站2～4号机组磁极键进行了设计修改，明确了二次打键方案。

（1）非驱动端磁极键安装。打入键上部在工地根据实际修割［见图2.3.41（a）］；更改磁极键固定块，在其上增加2-M8螺孔［见图2.3.41（b）］；首次打紧打入键后，用M8螺钉顶紧打入键的肩部修割掉部位进行磁极键固定（见图2.3.42）；在机组过速或甩负荷试验后，将磁极键二次打紧，螺栓进行重新锁定，磁极配对键进行焊接固定。

（2）驱动端磁极键安装。打入键端部在

图2.3.40　终配情况

工地根据实际修割［见图2.3.43（a）］；更改磁极键固定块，在其上增加1-M10螺孔［见图2.3.43（b）］；首次顶紧打入键后，用M10螺钉顶紧打入键的肩部修割掉部位进行磁极键固定（见图2.3.44）；在机组过速或甩负荷试验后，将磁极键二次顶紧，螺栓进行重新锁定，磁极配对键进行焊接固定。

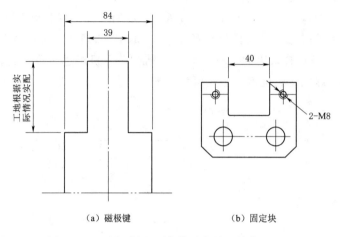

（a）磁极键   （b）固定块

图 2.3.41　打入键和固定块示意图（单位：mm）

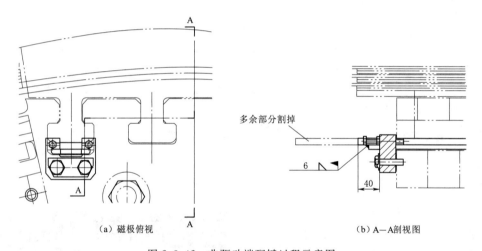

（a）磁极俯视   （b）A—A剖视图

图 2.3.42　非驱动端配键过程示意图

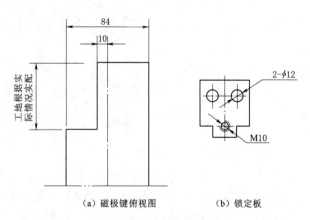

（a）磁极键俯视图   （b）锁定板

图 2.3.43　打入键和锁定板示意图（单位：mm）

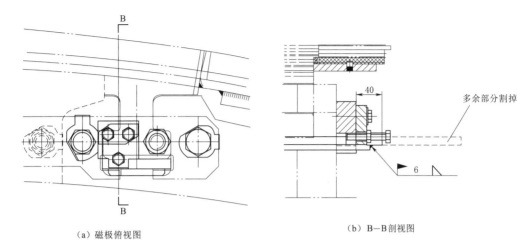

(a) 磁极俯视图　　　　　　　　　　(b) B—B剖视图

图 2.3.44　驱动端配键过程示意图（单位：mm）

3. 深蓄电站 2 号机组磁极键的实际操作工艺

（1）完成磁极键清扫，用红丹粉进行了研配。

（2）驱动端磁极键安装。初始预紧打入键（未修割肩部）后露出 300mm；压机顶进 120mm，露出 180mm；现场采用在打入键底部焊接铁块作为力臂，用 2 个液压千斤顶将磁极键拔出，测定修割肩部尺寸。

（3）修割肩部后重新顶紧，塞尺检查无间隙。

（4）机组过速或甩负荷试验后，二次顶紧，螺栓进行重新锁定，磁极配对键进行焊接固定。

（5）非驱动端磁极键类此办理。

（6）配键全过程应严谨施工，避免出现固定键变形和打入键顶弯等异常情况。

4. 结语

深蓄电站发电电动机经修改磁极键施工工艺后，未发生磁极键松动及转子引出线相应故障，机组运行基本安全稳定。

2.3.6　下导油雾的处理

深蓄电站初期运行即发现定子线棒下端绝缘盒处油迹斑斑、下导油槽相邻部位遍布油渍（见图 2.3.45）、抽油雾和补气管道上挂满油珠，明显是推力及下导油槽有较大量油雾溢出的迹象。

1. 油挡结构设计及厂家分析

（1）油挡原设计主要有以下特点。

1）下导油挡设置上下两个密封腔（见图 2.3.46），下腔接有吸油雾管路引至机坑外吸油雾装置，上腔接引至机坑内定子下部

图 2.3.45　下导油槽上盖板油雾状况

外侧的补气管路，并要求适当调整其径向尺寸以使机组运行时始终处于进风补气状态。

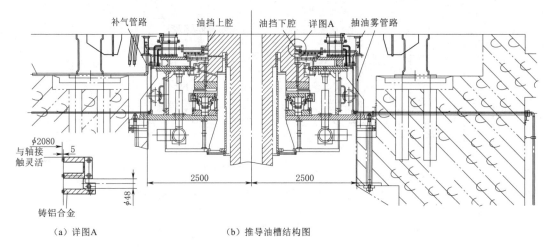

（a）详图A　　　　　　　（b）推导油槽结构图

图 2.3.46　推导油槽结构示意图（单位：mm）

2）上下腔与主轴接触部位采用自润滑绝缘材料设置与主轴形成封闭油雾结构［见图 2.3.46（a）］。

3）推力头在油挡下部设置有 6 - M16 径向孔，以平衡推力头内外腔压力差。

（2）对吸油雾装置的检查与分析。

1）经检查，原设置的吸油雾装置风机未正常工作，集油箱也没有抽出积存油的迹象，分析认为可能因管路较长、弯头较多影响了吸油雾装置的吸油效果。

2）自然补气管末端经检查并未向机坑外排出油雾，应属于补气状态。

3）由于机组转速较高，径向孔内外线速度差较大，使得推力头与挡油管内侧空气大量带入推力及下导轴承油槽，进一步加剧油槽内压力，进而引起油雾外泄，造成油雾外溢。

（3）厂家提出的处理方案。

1）现场在推力油槽 $\phi2600$ 圆周上均布钻制 4 个 $\phi50$ 孔，并增加一段 $\phi48mm$ 不锈钢管用于将呼吸器焊接在油槽盖上（见图 2.3.47）；或在重新购置的铝制油槽盖上间隔拆下 8 个盲孔法兰中的 4 个，更换为呼吸器（见图 2.3.48）。

2）用内六角圆柱端紧定螺钉封堵推力头上油挡下方 6 - M16 平压孔（需涂螺纹锁固胶锁固），原 6 - M24 泵油孔圆周对称保留 4 个，其余 2 个封堵（用螺纹锁固胶锁固），以期减少泵油量避免油面涌浪而减少油雾（见图 2.3.49）。

3）将推力及下导轴承装配中平压法兰与下机架把合处增加密封板以封堵此管路（见图 2.3.49），以避免外循环供油管路润滑油对油面的冲击，减小油面的波动，进而减少油雾。

4）将原下导油挡补气管路取消，改为从定子下挡风板处引入机组风路的高压空气，并在管路增加限流装置，以便根据现场实际进行风量调节（见图 2.3.50）。

5）检查下导油挡密封齿与主轴间隙，所有存在间隙的密封齿必须更换。

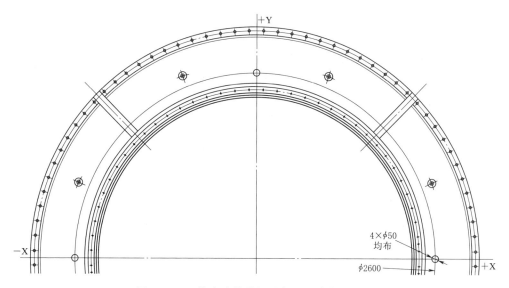

图 2.3.47　推力油槽盖板示意图（单位：mm）

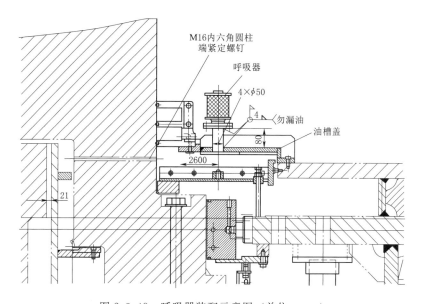

图 2.3.48　呼吸器装配示意图（单位：mm）

2. 下导轴承密封改造设计的分析与建议

根据清蓄电站和惠蓄电站的成功经验，建议在原油槽盖上部密封环上加装一种接触式密封装置（见图 2.3.51）。

（1）现场在原气密封和密封腔上配钻 24 个 ϕ14mm 和 24 个 M12 螺栓。

（2）安装刷座，确保其与主轴同心并用密封胶充填所有间隙（包括合缝面）。

（3）然后依次组装密封刷垫板、轻质耐磨尼龙密封刷、密封板和压板，其中：按标记安装、调整密封刷与主轴轴颈单边 0.75mm 过盈量；各件的分瓣面应相互错开，并涂不干性密封胶；组装、调整压板应保证与主轴同心。

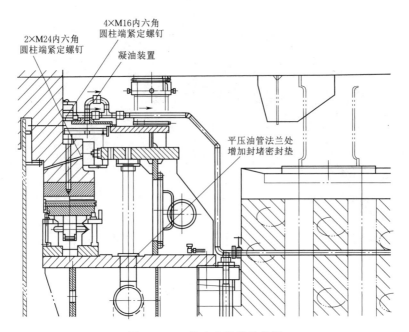

图 2.3.49 推力头油挡示意图

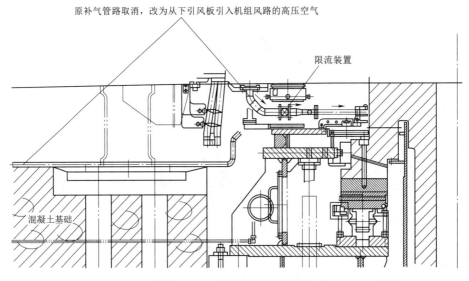

图 2.3.50 补气管改装示意图

（4）原设计补气管进口设置于定子线棒下部，与气密封外部是同气压空间，希冀其补入空气封堵油雾是不太可能或者功效微乎其微的。

1）如惠蓄电站和清蓄电站的设计均是将进气管口接自定子挡风板内的有压气流，以增强气密封的实际效果，清蓄电站的设计理念亦为油槽真空度由进气调节口控制。

2）海蓄电站1号机组推导油槽上部气密封的补气腔也是接自定子引风板内的有压气流，而下部气密封原设计则无外接管路（仅设计有抽油雾管路），运行一段时间发现该部

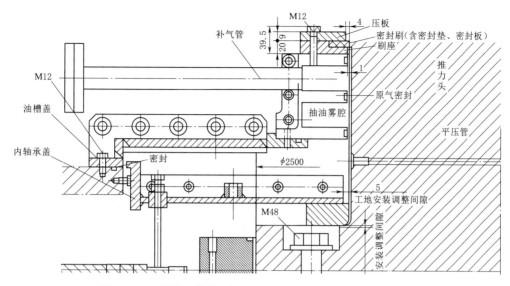

图 2.3.51　推导油槽盖上部增设密封结构示意图（单位：mm）

位存在油雾溢出。

（5）抽油雾装置及其管道的比较和建议。

1）清蓄电站抽油雾风机功率为 1.5kW，最大压力 20kPa，最大真空 14kPa，处理能力 200m³/h[6]。海蓄电站抽油雾风机功率为 1.0kW，最大流量 1100m³/h，入口负压 1.5～2.0kPa；深蓄电站抽油雾风机功率为 1.5kW，名义处理能力 1220m³/h，实测流量 100m³/h；设置合理性大致相同。

2）清蓄电站排油雾管道为 $\phi80$mm，惠蓄电站为 $\phi110$mm，海蓄电站为 $\phi100$mm；而深蓄电站仅为 $\phi48$mm，是明显偏小的。

3）海蓄电站抽油雾管道（$\phi100$mm），采取尽可能减少直角弯头的斜管布置（见图 2.3.52）是比较合理的。而深蓄排油雾管道长达 10m 以上（不含环管），直角弯头多达 3 个以上，其管径更应适当加大。

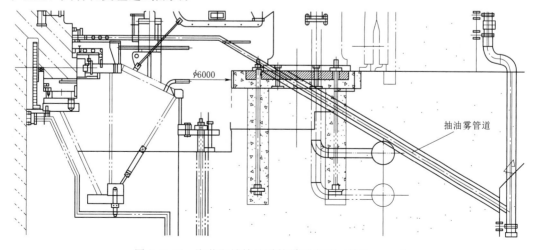

图 2.3.52　海蓄电站抽油雾管道示意图（单位：mm）

（6）清蓄电站另设置有"排油气管（$\phi50$mm）"自油槽顶部排至推导油冷却器，其功效已被验证，建议哈电予以改进。

3. 结 语

汲取清蓄电站和惠蓄电站的成功经验，在原油槽盖上部密封环上加装特殊材质的接触式密封装置，是从根本上解决油雾泄漏积极有效的措施。

2.3.7 转子磁极连接引线及线圈支撑结构的改造

大容量、高转速抽水蓄能机组具有双向旋转、频繁快速起停、工况转换复杂的特点，机组在承受高转速巨大离心力的同时，还承受起停、正反转过程中的交变负荷和工况转换中的冲击负荷，因此从设计、制造、安装及运维各方面都对转子磁极提出了更高的要求。已建成投产的许多抽水蓄能电站的转子磁极都出现过线圈移位、开匝乃至引线烧损的各类事故。

1. 极间连接结构型式分类及运行的基本状况

根据目前收集的相关资料，磁极极间连接的结构型式大致分为以下 4 类：

（1）磁极线圈铜排自上、下侧分别引出，采用 90°硬弧弯连接板形式通过中间 V 形或 U 形连接板与另一磁极相连，中间连接板设置有径向螺杆支撑定位。

1）GZ-Ⅰ电站所采用塔形弧形线圈的极间连接结构（见图 2.3.53），该机组自 1993 年运行至今运行基本正常。

2）GE（中国）设计制造的海蓄电站采用矩形弧形线圈磁极的极间连接结构（见图 2.3.20），其磁极引线采用 4×M10 螺杆拧紧于 2 块固定板，能够确保其与连接板的良好接触面积；连接板设计由高强度磷铜片叠合成上下"Ω"形柔性方式后通过导向块、绝缘管和垫块固定于 M16 连杆，而连杆尾部通过铰支固定于磁轭；这样的设计可以比较有效地缓解磁极与磁轭之间位移以及磁极引线之间的拉扯应力。

（2）磁极线圈铜板自上、下侧（或均在上侧）分别引出采用 90°硬弧弯（或直弯）连接板形式通过直接固定在磁轭上的中间 U 形连接板（或短连接板）与另一磁极相连。

1）惠蓄电站所采用弧形线圈磁极的极间连接结构见图 2.3.13、图 2.3.14，2008 年 10 月发生转子线圈甩脱毁机事故，经设计、制造修改完善后运行基本正常，2017 年 4 月机组小修过程中发现磁极上、下端部极线圈压板（T 尾侧）多处松动，其中 7 号机组还发现螺栓断裂并进行了处理。

2）东电设计制造的仙蓄电站的磁极类同惠蓄电站。

3）东电设计制造的仙居电站电动发电机同样类同惠蓄电站，2016 年陆续投产，2017 年 4 月发现 4 号机组有个别磁极线圈在磁极线圈上端内径引线头位置有缝隙（开匝）现象产生，其中 16 号磁极线圈内径引线头位置开匝长度接近 300mm。磁极吊出后发现磁极线圈下端部倒角处有缝隙存在。检查 3 号机组磁极发现上端部有 2 处引线头位置存在轻微的开匝现象，下端部倒角处有 7 处存在缝隙。1 号、2 号机组磁极线圈则未发现有开匝的现象。

东电认为，机组运行中磁极线圈相对于磁轭不可避免地会产生一定的变形，导致产生位移差，该位移差会导致首末匝引线铜排和其余铜排产生缝隙和开匝现象。另磁极线圈在

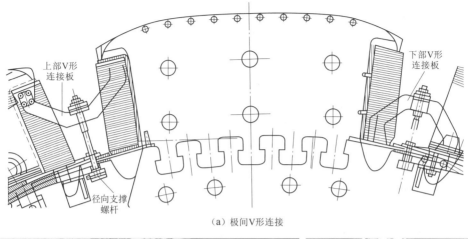

（a）极间V形连接

（b）上部极间连接

（c）下部极间连接

图 2.3.53　GZ-Ⅰ电站磁极极间连接结构及实际部件

制造过程中为保证端部形状，端部铜排使用的是退火铜排，而直线段铜排使用的是非退火铜排，由此造成两种铜排硬度不一致，磁极线圈 4 个转角部位在热压过程中局部可能会出现一定程度的不服帖，导致线圈热压后转角部位黏接胶填充不饱满，外观看有局部缝隙的现象。同时生产过程中转角部位黏接胶填充不饱满，磁极线圈在运行中存在着一定的变形，导致磁极线圈出现开匝现象。

4）哈电、法国 ALSTOM 联合设计制造的蒲石河电站，其磁极极间连接结构见图 2.3.54。投产以来，2 号机组发电机组已发生 2 次因转子引线回路烧蚀导致机组跳闸的事件。

5）哈电设计制造的深蓄电站磁极极间连接结构见图 2.3.55，也有类似故障。

6）十三陵电站由于磁极引出线径向较长，磁极连接线外部没有绝缘，底部没有支撑，长期运行后造成软接铜片撕裂掉落（见图 2.3.56）。

（3）磁极上部或侧面引出的柔性极间连接。

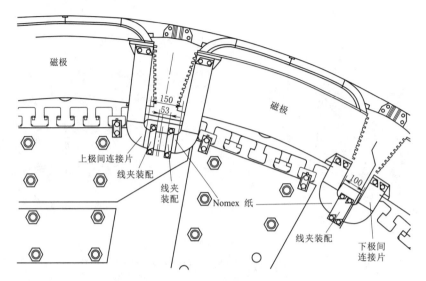

图 2.3.54 蒲石河电站转子磁极极间连接结构示意图（单位：mm）

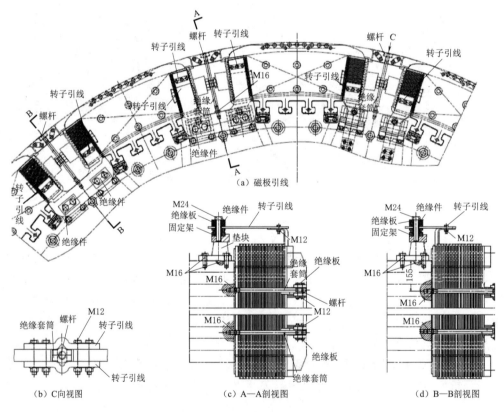

图 2.3.55 深蓄电站磁极极间连接结构示意图（单位：mm）

1）清蓄电站磁极极间连接见图 2.3.57，极间连接采用侧面直接引出的柔性铜排（铜排端部为几十片疲劳强度高的磷铜片），在磁极极间依次每片交错叠紧，确认连接片中心与支撑拉杆中心一致，再用专用夹具夹紧后加热、熔锡成一整体，然后中间钻孔固定于径

（a）原设计极间连接示意图

（b）铜软连接片损坏

图 2.3.56 十三陵电站磁极极间连接情况

向支撑拉杆上。这种结构的磁极能够有效防止由于极间连接线所产生的离心力使磁极绕组末匝产生变形和滑动，也便于安装、拆卸和检修。目前，除 1 号机组偶发安装残留铜屑造成转子接地故障外至今运行良好。

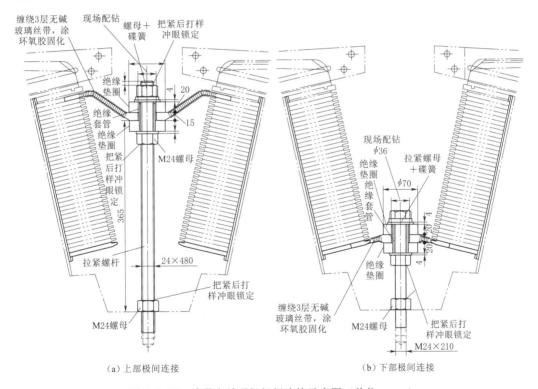

（a）上部极间连接

（b）下部极间连接

图 2.3.57 清蓄电站磁极极间连接示意图（单位：mm）

2）THP 电站运行以来，各台机组磁极线圈在不同程度上均存在开匝移位、匝间浸胶 NOMEX 绝缘纸脱落、磁极极身外托板开裂变形等问题，如 2005 年 3 月，3 号机组部分磁极线圈开匝，其中宽约 2mm 的缝隙最长达到 600mm、匝间最大凸出部位位移量达到 16mm，部分线圈匝间浸胶 NOMEX 绝缘纸发生移位或与线圈分离等。但经分析查证，是由极间半支撑结构设计、制造及装配不当所致，均与磁极引线的结构型式及装配方法没有直接关系。但机组磁极连接线原设计采用刚性铜排垂直于磁轭上端面切向连接，由于机组高速运转时磁极连接线弯部出现应力局部集中，无法有效补偿机组运行时振动、温升、电磁力产生的变形，导致磁极连接线本体出现裂纹。后将发电电动机转子磁极连接线由硬连接更换成 6 层 1.5mm 厚紫铜片做成的 Ω 形软连接后，磁极连接线本体裂纹缺陷没有再出现过。

3）张河湾抽水蓄能电站磁极极间连接见图 2.3.58，是采用上、下侧直接引出 R 形叠片式磁极引线与固定于磁轭上的连接板采用螺栓紧固把合。

（a）线圈外侧连接板　　　　　　　　　　　（b）线圈内侧连接板

图 2.3.58　张河湾抽水蓄能电站磁极极间连接

R 形叠片式磁极引线自磁极线圈引出后铜片与铜片之间最大间隙约 0.3mm，从 $R15$ 处向两侧逐渐变小（见图 2.3.59）。该设计既利于散热，又有吸收振动及释放应力的效果，多年运行效果良好。

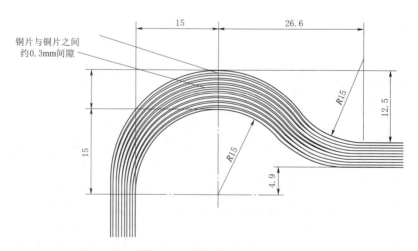

图 2.3.59　R 形叠片式磁极引线示意图（单位：mm）

（4）磁极顶部或侧面引出刚性折弯形（或直弯形）铜排，通过中间连接板与另一磁极螺栓连接。

1）GZ-Ⅱ电站是自磁极侧面引出刚性折弯形铜排通过中间接头与另一磁极相连，中间接头固定于径向支撑螺杆上（见图 2.3.60）。

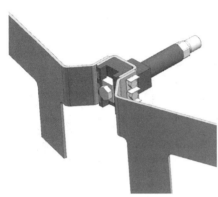
（a）极间连接设计图

（b）极间连接损坏情况

图 2.3.60　GZ-Ⅱ电站磁极极间连接

由于折弯接头连接易产生较大的应力集中，多年运行在机组频繁启停产生较大扭振应力工况下时，引发铜排折弯部位裂纹并扩散，接触电阻增大、过热终致熔断事故（见图 2.3.61），其中图 2.3.61（a）、图 2.3.61（b）为正面呈横断 80% 以上明显贯穿性裂纹；图 2.3.61（c）为背面清晰可见的贯穿性裂纹；图 2.3.61（d）为侧面裂纹。

（a）正面裂纹

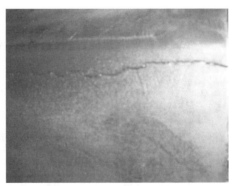
（b）正面裂纹

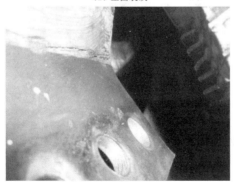
（c）背面裂纹

（d）侧面裂纹

图 2.3.61　GZ-Ⅱ电站磁极引线烧损情况

2）东电设计制造的黑麋峰电站磁极极间引线采用铜排90°直角硬弯曲结构，由3个螺栓与连接板（水平段Ω形板）把合（见图2.3.62）。

（a）磁极引线设计图　　　　　　　　　　　（b）磁极引线L形铜排

图2.3.62　黑麋峰电站磁极引线示意图

由于磁极引线采用刚性连接，L直弯型引线仅约R5左右弧度（法国ALSTOM类比结构约为R12弧度），而且折弯处均有明显的加工和打磨痕迹，造成该部位应力局部集中、强度大为减弱，在机组振动、极间拉扯和频繁启停产生较大扭振力工况下引发铜排折弯部位疲劳裂纹并扩散，乃至接触电阻剧增、电流密度不匀，终致结合部局部过热、熔断。同时产生电弧烧损线圈、铁芯及其引出线和绝缘托板，引起磁极铁芯和线圈直接短路接地（见图2.3.63）。

（a）损伤情况之一　　　　　　　　　　　　（b）损伤情况之二

图2.3.63　黑麋峰磁极引线烧损情况

2. 磁极线圈支撑结构

无论是弧形线圈还是矩形线圈，磁极线圈支撑结构都区分为仅支撑（或固定）于磁极自身和顶靠磁轭支撑两大类方式。

（1）GZ-I电站磁极所采用的固定于磁轭压板上的支撑座与磁极上的两个阻尼L形连接板紧固很好地起到径向和周向同时支撑线圈的作用（见图2.3.64），使得线圈匝间尤其是引出接线板不会出现开匝或因震颤疲劳开裂的现象。

（2）清蓄电站磁极线圈上下部位在车间已预先设置一块中部线圈撑块，在工地现场挂

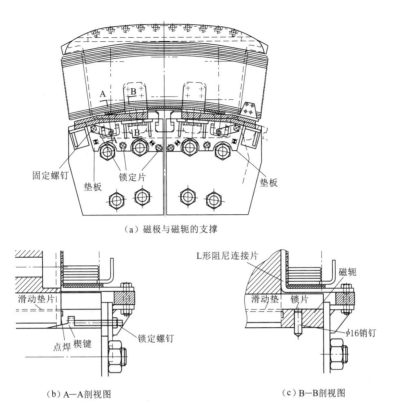

（a）磁极与磁轭的支撑

（b）A—A剖视图　　　　　　　　　　（c）B—B剖视图

图 2.3.64　GZ-Ⅰ电站磁极线圈示意图（单位：mm）

装磁极完成并打入磁极键后，又在中部撑块两侧安装配磨的线圈撑块，使得撑块一侧与线圈间隙控制在 0.2～0.5mm；另一侧与磁轭 T 尾槽底（或磁极止落块）完全贴紧（零间隙）。由于相邻磁极之间也设置有极间撑块，磁极线圈无论是径向还是周向均能约束机组转速变化、振动引发的周向、轴向加速力，避免磁极的晃动、松动及极间连接互相拉扯等影响线圈运行安全的现象[7]。

（3）惠蓄、仙居、仙蓄、蒲石河、海蓄、黑麋峰、呼蓄等电站，均采取磁极线圈仅设置紧固于自身磁极铁芯上的线圈撑块。

1）惠蓄电站由东电制造的 4 号机组磁极线圈在进行机组动平衡试验后检查发现部分磁极线圈首末匝与次匝之间出现缝隙，双层浸胶 Nomex 绝缘纸被撕开（见图 2.3.65）；2017 年 4 月，7 号机组小修时发现磁极上下端部多块线圈压板松动，个别螺栓断裂等隐患。

2）仙居电站发现有个别磁极线圈在磁极线圈上端内径引线头位置有缝隙（开匝）现象产生，开匝长度接近约 300mm。磁极吊出后发现磁极线圈下端部倒角处有缝隙、上端部有两处引线头位置存在轻微的开匝现象，下端部倒角处有 7 处存在缝隙（见图 2.3.66）。

（4）深蓄电站则采取线圈背部设置钢托板点焊在磁极铁芯上不设置线圈撑块的方式（见图 2.3.67），哈电已明确在磁极上、下端部分别增设挡块。

（a）浸胶Nomex绝缘纸撕开状况　　　　　　　　（b）匝间间隙

图 2.3.65　匝间损伤情况

图 2.3.66　开匝缝隙　　　　　　　　　图 2.3.67　深蓄磁极原设计

（5）GZ-Ⅱ电站则采取侧部加挡块、不设置线圈支撑的方式（见图 2.3.68）。但运行多年来屡屡发现线圈开匝、移位和浸胶 NOMEX 绝缘纸移位、分离的隐患。

3. 修改设计、改进工艺的实例

（1）GZ-Ⅱ电站磁极引线铜板烧损的分析和改进。

图 2.3.68　GZ-Ⅱ电站磁极

1）由于机组启停频繁（日启停次数甚至超过 10 次），经对磁极折线式硬铜板引出线故障点进行三维有限元分析发现，磁极外侧引线应力集中在磁极引出线弯曲区域，以在轴向内侧区域的应力为最大，磁极外侧引线在热应力与机械应力的不均匀力双重作用下发生了疲劳裂纹乃至烧损。

2）应力分析表明，磁极内侧引线应力集中在磁极水平连接板上绝缘套的夹紧区域以及磁极引出线弯曲部位，相对于磁极长度而言，磁极引出线径向弯曲长度及半径（$R/d < 2.5$）较小，而且水平连接板的台阶部分在轴向方向产生了不连续的应力梯度。

3）磁极外侧引线改进（见图 2.3.69）。引出线自磁极绕组上端竖直引出，再以尽可能大的弯曲半径（弧形过渡）转为径向水平；通过水平连接板固定在对应的磁轭压板上；改进后在同等的边界条件下进行计算机模拟应力分析，验证了改进设计的应力分布相对均匀、无明显高应力区域的大幅度改善。

（a）改造前 　　　　　　　　　　　　　　　　（b）改造后

图 2.3.69　改造前后的磁极外侧引线结构

4）磁极内侧引线改进（见图 2.3.70）。增大引出线径向弯曲长度和弯曲半径，使得引出线轴向部分与径向部分的直角连接区域形成弧形过渡；相应地增加径向长度以配合磁极引出线的安装；水平连接板所有直角区域均改成渐变过渡；改进后在同等的边界条件下进行计算机模拟应力分析，验证了改进设计的应力分布相对均匀、无明显高应力区域的大幅度改善。

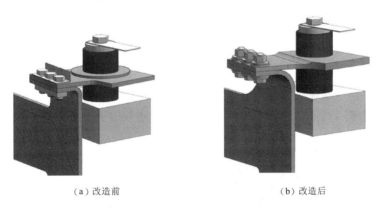

（a）改造前 　　　　　　　　　　　　　　　　（b）改造后

图 2.3.70　改造前后的磁极内侧引线结构

5）通过对改造后机组的长时间跟踪观察，证明一直困扰该厂的磁极引线裂纹隐患和缺陷得以解决，设备强迫停运率大大降低，改进方式是科学合理且能满足 GZ-Ⅱ电站启停频繁运行要求的。

（2）黑糜峰机组磁极线圈开匝的改造工作。

1）经电站运行人员分析，原法国 ALSTOM 传统设计的磁极键固定方式以及磁极线圈套入铁芯仅靠绝缘板塞紧和末端缠绕玻璃纤维绳的固定方式相对较弱，不能有效制约机组运行尤其是过渡工况轴向、周向的加速力，往往会产生震颤、松动以致极间连接线互相拉扯，可能是造成磁极线圈开匣的主要原因。

2）所采取的改进方案是：在现有磁极铁芯 T 尾槽部开键槽 ［见图 2.3.71 （b）］；增加两对磁极键（见图 2.3.72），长键一面与磁极铁芯 T 尾槽部接触，另一面与磁轭外圆表面接触，楔紧达到磁极与磁轭相对固定的目的。

（a）原设计　　　　　　　　　　　（b）增开键槽（方框部位）

图 2.3.71　黑麋峰磁极

3）对原设计磁极键仍采取反复打紧、机组运转尤其是过速试验后再次打紧再固定的方法。

4）正常运行时，磁极键不影响磁极原有受力状态，当出现甩负荷、水电断电等过渡工况，磁极键则可有效限制磁极周向和径向的移动，避免出现松动。

5）同时极间内外侧连接线均改成软连接方式，整体改造后运行效果较好。

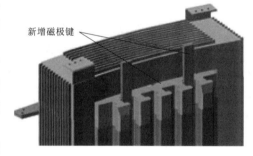

图 2.3.72　增加磁极键示意图

（3）十三陵电站磁极引线改造。临时措施是采取用玻璃丝带浸环氧胶绑扎软连接，分别在软连接的两端和中间位置，半叠绕绑扎浸胶玻璃丝带 4 圈（见图 2.3.73），十三陵电站磁极引线改造设计见图 2.3.74。

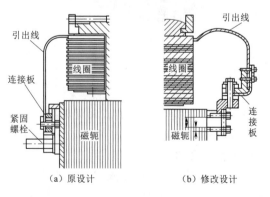

图 2.3.73　十三陵电站磁极引线处理　　　　图 2.3.74　十三陵电站磁极引线改造设计示意图

4. 结语

已建成投产的抽水蓄能电站电动发电机转子磁极屡屡发生的线圈开匝、引线裂隙甚至烧损等故障，已经引起设计制造、安装调试以及运行单位的高度重视，并且开展了改进完善设计、提高装配工艺等多方面探研工作。对此，有以下建议与措施。

（1）高转速电动发电机磁极引出线极间连接线结构设计无论采用柔性还是刚性连接均应充分考虑磁极振动、温升、离心力、部件疲劳、磁极极间及与磁轭间相对位移、固定件结构等因素，采用有限元进行疲劳和钢强度分析计算，预测和确认工件的使用寿命和结构的可靠性。

（2）线圈引出线结构型式不尽合理是接头烧损、线圈开匝和转子接地故障的主要症结，而无论磁极引出线是上、下侧径向还是侧部周向，采用合理的柔性结构引出线是能够有效缓解极间及与磁轭间拉扯应力的。即如 GZ-Ⅰ、清蓄和张河湾等电站，是经过长期运行验证比较成功的结构型式。

（3）磁极引线采用刚性 L 直弯形铜排与连接板进行极间连接的，应适当增加磁极引出线径向弯曲长度和弯曲半径，一般宜遵循冷弯半径不小于 2.5 倍铜排厚度的经验性原则。但目前，有不少电站往往由于各种原因仍有所差距（见表 2.3.7）。

表 2.3.7　　　　　　　部 分 电 站 磁 极 引 线 连 接 参 数 表

电站名称	铜排厚度 d/mm	引线高度/mm	弧度半径 R/mm	R/d
白莲河	7.5	25.5	8	1.067
惠蓄	4.8	35.2	5	1.042
呼蓄	4.8	34.2	5	1.042
黑麋峰	6.25	42.25	8	1.28
仙游	6	35	8	1.6
仙居	6	34	10	1.67
GZ-Ⅱ	7	—	13	1.86

（4）只要空间允许和有足够的结构稳定性，适当增大磁极引线折弯后平面与线圈的距离（即连接板的高度）是有利的，例如洪屏电站采用 70mm。

（5）磁极引线与连接板结合面宜设银质敷面，提高结合面的接触质量。同时应根据螺栓的大小和强度确定合适的预紧力，避免预紧力过大影响结合面接触面积。

（6）螺栓把合时应尽可能使螺孔对中不错位，即减少强行对中可能产生的附加应力。

（7）海蓄电站是矩形弧形线圈形式的磁极，结构见图 2.3.20。其特点是：

1）磁极引线与 V 形连接板采用 4×M10 螺杆（单侧）拧紧于 2 块固定板的螺孔，这就使得引线与连接板能保持足够的良好接触面积。

2）连接板中部设计成由高强度磷铜片叠合而成的上下 Ω 形柔性方式，并通过导向块、绝缘管和垫块与 M16 连杆相对固定，可有效缓解磁极引线之间的拉扯应力。

3）连杆端部以铰支方式固定于磁轭预置槽内，同样有助于消除磁极与磁轭之间因运行中相对位移所产生的不利影响。

（8）磁极线圈不但要求与磁极铁芯装套紧密、黏结支撑牢固，还应在挂装后与转子磁轭相对支撑以提高其整体性。GZ-Ⅰ、清蓄等电站转子磁极的结构设计都通过不同的支撑方式使得线圈不易出现位移、开匝，能经受机组运行中振动、温升以及启停、甩负荷、工况转换的长期考验。

（9）单斜面楔形磁极键的磁极固定方式在多个电站都不同程度出现故障性问题或损伤，如黑麋峰、呼蓄等电站也都采取了相应的补救措施。建议进行深层次分析探研，从设计源头寻觅更有效的根治途径。

（10）磁极线圈解体检查往往会发现线圈匝间浸胶 NOMEX 绝缘纸仍呈白色，与铜排表面未能良好黏结，有的甚至已经脱落。据此推断可能系厂家所使用的磁极线圈浸胶固化黏结剂质量较差或用胶数量偏少的缘故，但也是造成线圈开匝的又一诱因。因此，应要求厂家务须高度重视磁极线圈制造工艺流程中匝间绝缘热压固化这一至为关键的工序，尤其要采取合适的磁极线圈首末匝补偿加热装置使得磁极线圈整体的温度均衡、线圈首末匝铜排不致出现裂隙现象。

参 考 文 献

[1] 滕军. 惠蓄电站发电电动机设计特点 [J]. 水利水电，2007（2）：60-65.

[2] 李福天. 三螺杆泵螺杆工作段长度表征的探讨 [J]. 流体工程，1992（4）：45-47.

[3] 叶卫东，郭双玉，杜秀华，等. 螺杆泵内部压力分布规律研究 [J]. 科学技术与工程，2009（11）3069-3072.

[4] 熊建平，韦晓蓉，陈梁年，等. 清远水泵水轮机设计特点 [J]. 水电站机电技术，2017，40（5）：32-39.

[5] 林静雯. 水轮发电机转子磁极引线结构分析与改进 [J]. 中国新技术新产品，2017（11）：47-48.

[6] 黄小红，吴金水，小野田勉. 清远抽水蓄能电站发电电动机设计特点 [J]. 水电与抽水蓄能，2016，2（5）：45-50.

3 抽水蓄能机组相关试验与验收

抽水蓄能机组试验是对制造、装配质量所进行的全面验证，其中工厂试验和工地现场试验都是重要环节。本章分别对水泵水轮机的转轮静平衡试验、蜗壳水压试验，进水球阀上游检修密封锁定试验、验收，以及电动发电机转子磁轭叠压、轴线调整定中心等关键试验项目进行了详细介绍并展开深层次的分析探讨。

3.1 水泵水轮机

本节对深蓄和海蓄电站不同的转轮静平衡试验方法进行了详细的介绍、分析和比较。同时，还对 THP 电站水泵水轮机蜗壳水压试验开展了深入探讨并提出了新的设想。

3.1.1 应力棒法水泵水轮机转轮静平衡试验

在传统的水泵水轮机转轮钢球镜板法静平衡试验方法的基础上，为了满足大尺寸、大重量转轮的静平衡试验要求，陆续出现了球面静压轴承法、应力棒法、三支点压力传感器法等静平衡试验方法。其中，加拿大 CGE 公司最先采用的应力棒法相对而言，具有原理新颖、平衡精度高、工艺装置简单、操作简便、工艺技术较成熟的特点，可在各种复杂的环境下对实际结构进行非破坏性测量。东电设计制造深蓄电站水泵水轮机时，采用了应力棒法这一先进的静平衡技术进行转轮静平衡试验，使得深蓄电站的转轮静平衡达到 G2.5 级的高质量标准。

1. 应力棒法工作原理及试验装置[1]

（1）工作原理。应力棒法工作原理见图 3.1.1，下部是底座和平衡支柱，平衡支柱的上方放置应力棒，与转轮把合的托板放在应力棒上方。转轮的质量偏心使应力棒产生变形，贴附在应力棒上的电阻式应变片也会随之产生变形。当转轮放在应力棒上时，应力棒上的电阻式应变片随弯曲形变而发生阻值变化，当电阻式应变片的主要部件电阻丝受外力作用时，由于电阻丝的长度和截面积发生改变使得其应变片的电阻值发生改变，当应变片受外力作用电阻丝拉长时，电阻丝长度增加了截面积减少了，电阻值就会变大；反之当应变片受外力作

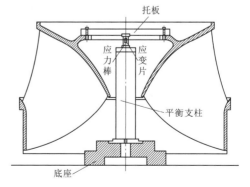

图 3.1.1 应力棒法工作原理示意图

用电阻丝缩短时，电阻丝长度减小了截面积增大了，电阻值就会变小。

应变片的电阻 R 满足式（3.1.1）的关系：

$$R = PL/S \tag{3.1.1}$$

式中：P 为金属导体的电阻率；L 为导体的长度；S 为导体的截面积。

电阻式应变片是核心部件，其本身的质量和粘贴质量对测量结果影响很大，关系到整个静平衡试验的结果是否有效。

（2）试验装置。

1）深蓄电站转轮静平衡试验装置结构由平衡底座、平衡支柱、应力棒、平衡盖板、转轮、支撑座及千斤顶等组成（见图 3.1.2）。应力棒与平衡盖板同心度应达到 6H（≤0.056mm）。转轮的不平衡质量通过应变片检测变化量，再通过与其连接的应变仪测出应变片电阻的变化，测出应力棒的受力大小及方位，由此确定转轮的质量偏心力矩和方位，并计算出消除转轮不平衡所需的质量。

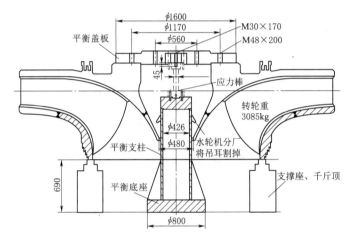

图 3.1.2　深蓄电站静平衡试验装置示意图（尺寸单位：mm）

2）应变是采用半桥法测量的，贴在应力棒上的 4 个应变片互成 $90°$，分别为 R_1，R_2 和 R_3，R_4，其中 R_1 和 R_2 组成 A 通道，R_3 和 R_4 组成 B 通道，接入应变仪输入端［见图 3.1.3（a）］。通过两组读数的大小和正负关系可计算出不平衡质量力矩的大小和位置。为了提高数据的准确性，每组应变片应在应力棒 $180°$ 方向贴 2 个应变片，这 2 个应变片联成一个惠斯登电桥，这样可把实际读数放大一倍，并消除温度的影响，见图 3.1.3。

（3）转轮静平衡装置灵敏系数 K 的计算。

1）理论 K 值（$K_{理论}$）可按式（3.1.2）计算：

$$K_{理论} = \varepsilon k_1 = \lambda \times 10^{-6} k_1 \tag{3.1.2}$$

其中，

$$k_1 = 1/(4E\pi r^3) \tag{3.1.3}$$

式中：ε 为测杆微应变值（读数仪器单位补偿系数）；k_1 为读数仪器单位补偿系数；λ 为电桥的补偿系数（测杆实际承受的应变）；E 为材料弹性模量，MPa；r 为应力棒半径，mm。

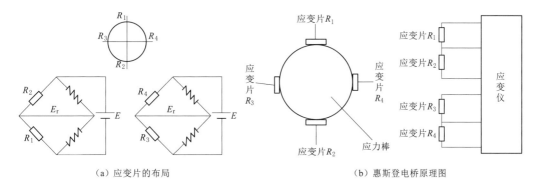

（a）应变片的布局　　　　　　　（b）惠斯登电桥原理图

图 3.1.3　应变仪接线示意图

2）试验 K 值（$K_{试验}$）测定。

a. 将检测用平衡底座放于装配平台指定位置上，调整平衡底座十字方向上的水平度，允差为 0.04/1000mm，压紧复查。

b. 将应力棒与平衡底座进行装配，把紧后复测贴合面间隙，允差为 0.02mm。

c. 按设计要求将校检工具与待检应力棒进行装配并把紧，把紧后复测校检工具长轴方向上的水平度，允差为 0.04/1000mm。

d. 将应力棒与应变仪进行连线，应变仪工作正常后对两通道读数置零。

e. 根据应力棒理论 K 值大小，在校检工具一端放上与之匹配的质量较小的配重块。待应变仪读数稳定后计算应力棒的实测 K 值（K_1）。

f. 对校检工具的配重进行合理的加重，使得应变仪读数增大。待应变仪读数稳定后计算应力棒的实测 K 值（K_2）。

g. 按上述步骤对在校检工具的另一端进行相同的重复配重，计算应力棒的试验 K 值（K_3、K_4）。

h. 取下配重块，拆除校检工具与应力棒的把合螺钉。将校检工具任意方向旋转 60° 后重新把合。把紧后复测校检工具长轴方向上的水平度，允差为 0.04/1000mm。

i. 按前述步骤中对应力棒试验 K 值进行复测，测得 K_1'、K_2'、K_3'、K_4'。

若 $|(K_1+K_2+K_3+K_4+K_1'+K_2'+K_3'+K_4')/8-K_{理论}| \leqslant 10\%$，则 $K=K_{理论}$。

若 $|(K_1+K_2+K_3+K_4+K_1'+K_2'+K_3'+K_4')/8-K_{理论}| > 10\%$，则应分析原因并进行相应处理直至满足 $|(K_1+K_2+K_3+K_4+K_1'+K_2'+K_3'+K_4')/8-K_{理论}| \leqslant 10\%$。

或者，若 $|K_{理论}-K_{试验}|/K_{理论} \leqslant 10\%$，则 $K_{试验}$ 取 $K_{理论}$，即 $K_{试验}=K_{理论}$；若 $|K_{理论}-K_{试验}|/K_{理论} > 10\%$，则应分析原因并对应力棒的尺寸、形位公差、贴片过程进行复检后重新进行 $K_{试验}$ 的测定。

2. 深蓄电站水泵水轮机转轮静平衡试验的准备事项

（1）相关技术参数与计算公式。转轮的总重量 $W=30685kg$；转速 $=428.6r/min$；平衡品质级别 G 为 2.5（简记为"G2.5"），则允许剩余不平衡量为

$$T=G \times \left(\frac{30W}{\pi n}\right) \tag{3.1.4}$$

转轮不平衡力矩：

$$M = RK = \sqrt{A^2 + B^2}\,K \tag{3.1.5}$$

不平衡位置：

$$a = \arctan(B/A) \tag{3.1.6}$$

（2）初步调整。

1）调整、检查所布置的平衡底座和支撑座使之达到水平和同心。

2）装配并调整、检查平衡底座、平衡支柱和应力棒把合固紧后的两两之间的间隙不大于 0.02mm。

3）用内径千分尺沿 $X-Y$ 向检查应力棒外圆到转轮止口之间的距离，满足同轴度不大于 0.05mm，应力棒上端水平度不大于 0.02mm/m。

4）落下支撑座上的千斤顶，使转轮悬空，验证应变仪上的两个通道零位（A、B 为分别成 180°的 R_1 与 R_2 和 R_3 与 R_4 连成一组接入应变仪后的读数）。

（3）采取减少平衡系统误差的措施。

1）由于工作条件所限，应变仪会远离转轮而使用较长引线连接，长引线的接入会降低灵敏系数 K 值，误差与其引线长度成正比，因此在做转轮静平衡试验时，应尽量使用短的引线。

2）环境温度和湿度的变化也会引起灵敏系数 K 的下降，温度越高，湿度越大，K 下降得就越快，以致平衡系统的灵敏度下降。因此在做转轮静平衡试验时，应尽量在标定 K 时的工作环境下工作，减小由于工作环境的变化所带来的测量误差。

3）应变仪的精度等级也是影响因素之一，由于应变片本身的出厂误差，再加上装配、转换和计算等累积误差，所造成的误差可能达到 30%～40% 的残余允许值。

4）重视电阻式应变片电阻值选定，在灵敏系数 K 相同的一批应变片中，要保证电阻式应变片本身的电阻值的稳定。

5）重视操作造成的误差，尤其是应变片的贴附。应变片与试件之间必须是绝缘的，否则，实际电阻就会是应变片的电阻与试件电阻的并联，从而导致测试的不准确。应变片与试件之间的绝缘电阻在 50MΩ 以上为合格，低于 50MΩ 则用红外线灯烤至合格，若仍达不到要求，则重贴。

3. 深蓄电站转轮静平衡试验步骤[2]

（1）试验装置装配完成后，应力棒在两个方向上分别装有两个应变片，读取通道 A 和 B 的零位验证。

（2）允许残余不平衡量为 1.71kg·m，此计算值与东电设计要求最大不平衡量 1.62kg·m 基本一致。

（3）转轮外径侧允许残余不平衡质量为 0.812kg（D 为转轮外径，$\phi4210$mm）。

（4）根据试验测量值的不平衡量测量方法计算出转轮不平衡力矩及位置。

（5）转轮配置平衡。

1）升起千斤顶，支撑转轮重量，松开盖板与转轮的把合螺栓。落下千斤顶，使转轮落在支座上，检查转轮与盖板止口的同心度、盖板平面的水平度、记录仪上的读数为：A 通道和 B 通道读数为零位验证读数。

2）根据上述计算的不平衡力矩和位置对转轮进行配重。

3）第一次精平衡：再次升起千斤顶，支撑转轮重量，松开盖板与转轮的把合螺栓。落下千斤顶，使转轮落在支座上，检查转轮与盖板止口的同心度（盖板平面的水平度不变），记录仪上的读数为：A通道和B通道读数应恢复零位验证读数。

4）第二次精平衡：要求按照上述步骤进行。

5）分别计算最终不平衡力矩。

4. 深蓄电站1号机组转轮静平衡试验

（1）粗平衡试验记录见表3.1.1。

表3.1.1　　　　　　　　　粗 平 衡 试 验 记 录

平衡棒半径 $r=38.1$mm		平衡系统灵敏系数 $K=0.439$
零位验证	通道1：0	通道2：0
初始读数	通道1：$A=+6$	通道2：$B=-3$
结果	$R=\underline{6.7}$ $(R^2=A^2+B^2)$	
初始不平衡力矩	$M=RK=\underline{2.9}$kg·m	

根据上述不平衡力矩和位置对转轮进行配（去）重：实际共配钻8个（上冠外圆5个、下环外圆3个）ϕ30径向孔，深90（见图3.1.4）。

（2）配（去）重后现场重新见证静平衡，其试验记录见表3.1.2。

（3）变换平衡盘和转轮的安装位置（按要求拆除、180°旋转平衡盘并重新安装）进行第二次精平衡试验，以检验测量系统造成的测量误差，结果见表3.1.3。

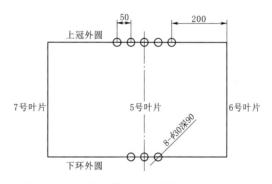

图 3.1.4　1号转轮配重示意图（单位：mm）

表3.1.2　　　　　配（去）重后现场重新见证精平衡的试验记录表

平衡工装编号		48.2158	测量设备型号		应变仪 P3
准备工作	允许不平衡力矩		不平衡重不大于 1.62kg·m		
	平衡棒半径 $r=38.1$mm		静平衡装置灵敏系数 $K=0.439$		
	零位验证	通道1：0	通道2：0		
精平衡配重及方位	精平去重	共配钻8个（上冠外圆5个、下环外圆3个）ϕ30mm径向孔，深90			
第一次精平衡结果	最终读数	通道1：$A=+2$	通道2：$B=-5.5$		
	结果	$R=\underline{3.16}$ $(R^2=A^2+B^2)$			
	最终不平衡力矩	$M=RK=\underline{1.4}$kg·m			

注　精平衡不平衡力矩达到设计值要求。

表 3.1.3   **第二次精平衡试验结果表**

最终读数	通道 1：$A=+2$	通道 2：$B=-5.5$
结果	$R=5.85\ (R^2=A^2+B^2)$	
最终不平衡力矩	$M=RK=2.57\text{kg}\cdot\text{m}$	

注 合同要求两次精平衡不平衡力矩均应达到设计值，但 1 号机组两次静平衡试验的结果最大值为 $2.57\text{kg}\cdot\text{m}$，未达到 ISO1940 对平衡品质级别的要求（G2.5）。

图 3.1.5   深蓄电站 1 号机组转轮上部平衡盖板

东电应对转轮静平衡试验的重要部件平衡盖板进行必要的技术改造，当前 1 号机组试验时平衡盖板外圆与转轮止口的最大间隙为 0.6mm 是难以保证转轮、平衡盖板以及应力棒间的同轴度的。平衡盖板法兰应该按照转轮止口和应力棒顶部圆盘外径进行精确加工，以保障尽可能低的配合间隙（＜0.05mm）。每个转轮在出厂试验时都应根据其实际尺寸对平衡盖板法兰进行调整，至少使其能够在装配调整过程中与转轮和应力棒的同轴度达到设计要求（H6，即不大于 0.056mm），而后用于 2～4 号机组转轮的静平衡试验（见图 3.1.5）。

5. 深蓄电站 2 号机组转轮静平衡试验

（1）2 号机组试验记录见表 3.1.4。

表 3.1.4   **2 号机组试验记录**

平衡工装编号		48.2158	测量设备型号	应变仪 P3
1. 准备工作	允许不平衡力矩		不平衡重不大于 $1.62\text{kg}\cdot\text{m}$	
	平衡棒半径 $r=38.1\text{mm}$		静平衡装置灵敏系数 $K=0.439$	
	零位验证	通道 1：0	通道 2：0	
2. 粗平衡结果	初始读数	通道 1：$A=-13$	通道 2：$B=+26$	
	结果	$R=\underline{\ 29\ }\ (R^2=A^2+B^2)$		
	初始不平衡力矩	$M=RK=\underline{\ 12.47\ }\text{kg}\cdot\text{m}$		
3. 精平衡配重及方位	精平配钻去重	5～6 号叶片间，15 个（上冠外圆 8 个、下环外圆 7 个）$\phi30\text{mm}$ 径向孔，深 90。6～7 号叶片间，3 个（上冠外圆 1 个、下环外圆 2 个）$\phi30\text{mm}$ 径向孔，深 90		
4.1 第一次静平衡结果	最终读数	通道 1：$A=-1$	通道 2：$B=-1$	
	结果	$R=\underline{\ 1.414\ }\ (R^2=A^2+B^2)$		
	最终不平衡力矩	$M=R\times K=\underline{\ 0.62\ }\text{kg}\cdot\text{m}$		
4.2 第二次精平衡结果	最终读数	通道 1：$A=+3$	通道 2：$B=-1$	
	结果	$R=\underline{\ 3.16\ }\ (R^2=A^2+B^2)$		
	最终不平衡力矩	$M=RK=\underline{\ 1.38\ }\ \text{kg}\cdot\text{m}$		

注 两次精平衡不平衡力矩均应达到设计值。

（2）在转轮上安放了重块后重新进行平衡试验，以检查测量系统的灵敏度（见表3.1.5）。

表 3.1.5 系 统 灵 敏 度 测 量 表

序　号	A 通道	B 通道	不平衡度/(kg・m)
1	−1	−1	0.62
2（验证灵敏度后）	−1	2	0.98

（3）业主代表和监造方工程师要求变换平衡盘和转轮的安装位置（旋转180°）并进行第二次静平衡试验，以检验测量系统造成的测量误差，第二次静平衡试验结果见表3.1.6。

表 3.1.6 第二次静平衡试验结果表

序号	A 通道	B 通道	不平衡度/(kg・m)	说明
1	3	−1	1.38	合格（G2.5）

注　两次静平衡试验的结果最大值为1.38kg・m，符合ISO1940对平衡品质级别的要求（G2.5）。

6. 结语

（1）东电厂内使用应力棒法时受试验方法制约，泄水锥尚未安装。虽然泄水锥占整个转轮重量比例不大，但东电仍要求严格按规定执行泄水锥本体的平衡及焊接时的调整工序。

（2）合同要求两次精平衡不平衡力矩均应达到设计值，但1号机组两次平衡试验的结果最大值为2.6kg・m，未达到平衡品质级别的要求（G2.5）。但由于工程进度和工期的要求，鉴于1号机组转轮最终平衡品质级别约为G3.8，仅就这一点偏差还是能够被接受的。

（3）平衡盖板法兰应该按照转轮止口和应力棒顶部圆盘外径进行精确加工，以保障尽可能低的配合间隙（不大于0.05mm）。每个转轮在出厂试验时都应根据其实际尺寸对平衡盖板法兰进行调整，至少使其能够在装配调整过程中与转轮和应力棒的同轴度达到设计要求（H6，即不大于0.056mm）。

（4）由于应力棒法从结构上克服了点接触高应力、排除摩擦力等因素，因此其测试精度是很高的，平衡装置通过应变仪输出的数字可以直观反应转轮不平衡矢量，易于进行转轮配重工作，缩短了试验过程，配重完成后，通过传感器元件测量前后回零比较可以对试验过程的真实性进行评定，应力棒法已逐步在大型水轮机转轮上得以应用。

3.1.2　球面轴承改进型水泵水轮机转轮静平衡试验

1. 海蓄电站转轮静平衡试验初始状况

海蓄电站主机设备由GE（中国）承制，其转轮静平衡试验采用了法国ALSTOM在多个电站所采用的悬吊式球面静压轴承法[3]。该静平衡试验方法属于球面静压轴承法，但由于设计结构的特点，其球面轴承球心与转轮重心的距离 R 远大于THPC在清蓄电站所采用具有高稳定性和灵敏度的球面静压轴承法的 r 值（见图3.1.6）。由此可能对静平衡设施灵敏度带来影响，是否能够满足合同依据《机械振动 恒态（刚性）转子平衡品质要求 第一部分：规范与平衡允差的验证》（ISO 1940-1）静平衡品质级别为 G2.5 的设计要求，将在转轮静平衡试验过程予以核实。

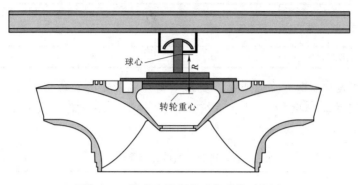

图 3.1.6　海蓄电站原静平衡系统示意图

2. 海蓄电站静平衡测量装置结构及试验准备工作

（1）原球面静压轴承平衡测量装置结构主要由静平衡支撑座、横梁、凸球体和凹球体、连接轴、供油系统组成（见图 3.1.7），凹球体固定在横梁的下方，转轮通过连接法兰与连接轴、凸球体等组成平衡主体，凸球体与凹球体结合构成平衡装置。据天阿介绍，整个工装设置在轮转的上方，不受空间限制，可以用于各种类型转轮及转子支架的静平衡。悬吊式球面静压轴承法静平衡系统操作方便，工作稳定可靠。其缺点是工装体积较大，成本投入高，占地空间也很大。其主要工作部件是凸球体和凹球体组成的球面轴承，油压装置通过油路转换器，在凸球体和凹球体之间形成一层高压油膜，使转轮处于完全悬浮状态。若转轮在未配重之前重力分布不平衡，转轮会在不平衡重力的作用下达到一个微小倾斜的平衡状态；而增加试验配重块后，将达到转轮新的平衡。

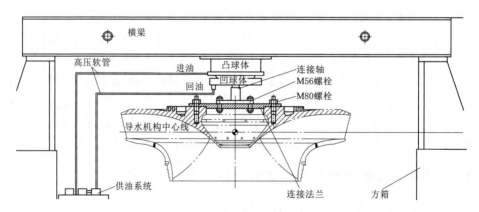

图 3.1.7　悬吊式球面静压轴承法静平衡装置示意图

（2）试验准备工作。

1）完成转轮全部加工工序。

2）配车与转轮止口配合间隙 0.02mm 的工装法兰盘。

3）完成所有清理工作。

4）组装工装：连接平衡梁、凸球体、凹球体、平衡法兰、油压系统。

5）工装系统平衡：平衡法兰是参与转轮静平衡试验的重要部件，必须尽可能地消除其对转轮静平衡试验的影响。因此，支放百分表对其进行静平衡配重，两个方向的百分表360°偏差应不大于0.02mm（见图3.1.8）。

（3）转轮装配。用M80螺栓装配转轮，并布设检测用的百分表，平衡法兰与转轮轴线同轴度偏差不大于0.01mm（见图3.1.9）。

（4）实际操作油压的核定。为保证试验的顺利进行，必须选定合理的油压，油压太低，转轮不能完全浮起；油压太高，压力油温升太快，压力油膜会不稳定。因此必须在试验前选定合理的油压，一般，实际操作油压约为5MPa，试验油温12～

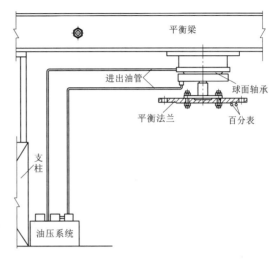

图3.1.8 海蓄电站转轮静平衡工装示意图

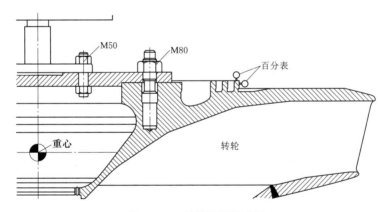

图3.1.9 转轮装配示意图

40℃均为符合要求。

（5）转轮允许残余不平衡量计算以及对平衡系统灵敏度的估算。

1）基本技术参数。转轮质量$M = 22145\text{kg}$；转速$n = 375\text{r/min}$；平衡精度等级为G2.5。

2）角速度$\omega = 2\pi n = 2\pi \times 375 \div 60 = 39.25\text{rad/s}$。

3）不平衡度$e_{\text{per}} = \dfrac{G}{\omega} = \dfrac{2.5}{2\pi n/60} = 63.69\text{gmm/kg}$。

4）允许残余不平衡量：$U_{\text{per}} = Me_{\text{per}} = 22145 \times 63.69 = 1.41\text{kg} \cdot \text{m}$。

（6）由于被平衡转轮的重心与平衡装置球心之间的距离越小，能使转轮失去平衡的力越小，则平衡装置的灵敏度越高。而天阿公司悬吊式球面静压平衡装置球心与转轮的重心的距离比较大，则其装置的灵敏度就颇令人关注。现场使用一个重约 400g 的砝码在参考直径为 4000mm 的位置对此静平衡设备的灵敏度进行了测试（见图 3.1.10）。

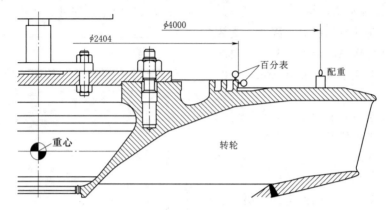

图 3.1.10　灵敏度估算测试示意图（单位：mm）

根据平衡装置灵敏度的常用计算公式：

$$P_0 R_0 = M H h / R_0 + M \mu \tag{3.1.7}$$

式中：P_0 为转轮平面任意点上所加重量，0.4kg；R_0 为配重物到转轮中心线的距离，2000mm；M 为转轮的质量，22145kg；H 为配重物处转轮的下沉量，mm；h 为球心 O 至转轮重心 A 的距离；μ 为滑动摩擦系数，约 0.015。设 R_1 为测量转轮下沉量的固定点（见图 3.1.10 中百分表支放点）至转轮中心线的距离，1202mm。H_1 为所测量固定点的转轮下沉量，0.03mm；H_0 为配重物处转轮的下沉量（即公式中的 H 值），由于 $H_1 / R_1 = H_0 / R_0$，计算得 $H_0 = 0.059$mm。

则调整公式：

$$h = \frac{(P_0 R_0 - M \mu) R_0}{M H_0} = \frac{(0.4 \times 2000 - 22145 \times 0.015) \times 2000}{22145 \times 0.059} = 0.358 \text{mm}$$

根据《中小型水轮机转轮静平衡试验规程》（JB/T 6752）的规定，不同转轮的 h 许可值见表 3.1.7；h 如不在表 3.1.7 范围内，要进行重新调整，直至静平衡装置的灵敏度合乎要求为止。

表 3.1.7　　　　　　　　　　不同转轮的 h 许可值　　　　　　　　　　单位：mm

转轮质量/kg	最大距离 h_{max}	最小距离 h_{min}
≤5000	40	20
5000~10000	50	30
>10000	60	40

由于计算值 0.358mm 不符合规定的要求，也远小于设计值（约 500mm），也就是说，目前的静平衡系统需要进行改进。

（7）静平衡试验系统的改进。改进后的静平衡试验系统是立式球面支撑转轮（见图 3.1.11），通过缩短旋转中心重心距离（球面轴承球心与转轮重心的距离缩短至 293mm），试验系统的灵敏度得到了改善。

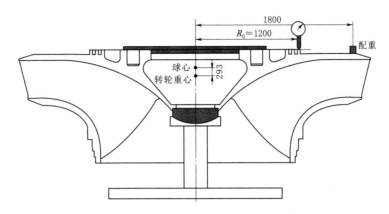

图 3.1.11　改进后的静平衡试验系统示意图（单位：mm）

3．球面静压轴承平衡法的试验程序[4]

（1）系统灵敏度 S 的测定。

1）在转轮上止漏环上平面及圆周按照两个垂直参考轴线设置 $0°$、$90°$、$180°$、$270°$ 四个点并做出标记（按照发电机侧俯视方向顺时针设定）。

2）在 $0°$ 和 $90°$ 位置各支放两只百分表（百分表 A、$A_{圆周}$ 和 B、$B_{圆周}$），其中 A、B 标杆针分别垂直于转轮上止漏环顶侧表面并在试验过程中均处于压缩状态；$A_{圆周}$、$B_{圆周}$ 仅用于校核同轴度。

3）启动油压装置，油压上升使得转轮完全处于自由悬浮状态。待转轮静止后将百分表置零，记录百分表读数 X_0、Y_0 以及百分表 A、B 支放半径 R_0（见图 3.1.11，$R_0 = 2404/2 = 1202\text{mm}$）。

4）在转轮上冠外圆位置放置一个标准质量为 W 的砝码，记录两只百分表的读数 X_1、Y_1 以及砝码放置半径 R_1。

5）去掉标准砝码，待转轮静止后再次测录两只百分表的读数 X_0、Y_0（理论上百分表重新回零）。

6）计算出倾斜量绝对值 X_c：

$$X_c = 2\sqrt{(X_1 - X_0)^2 + (Y_1 - Y_0)^2} \qquad (3.1.8)$$

式中：X_1 为转轮安放重块的情况下百分表 A 的读数，mm；Y_1 为转轮安放重块的情况下百分表 B 的读数，mm；X_0 为从转轮上除去重块的情况下百分表 A 的读数，mm；Y_0 为从转轮上除去重块的情况下百分表 B 的读数，mm。

7）计算系统灵敏度 S。

$$S = X_c / W_c \qquad (3.1.9)$$

式中：W_c 为所安放的重块质量，kg。

可以采用不同质量的标准重块，分别进行试验求得系统灵敏度 S，最终得到其平均值 $\overline{S}$。

（2）第一次静平衡试验。

1）转轮完全静止状态时其圆周 $0°$ 和 $90°$ 位置由百分表 A 和百分表 B 测量的倾斜位移

值 X_0、Y_0 作为初始状态的数据。

2）转轮沿球面轴承轴线水平缓慢旋转 180°，使原 0°百分表指示转轮 180°位置，原 90°位置百分表指示转轮 270°位置，即分别用百分表 A 和百分表 B 测量 180°和 270°位置倾斜的位移值 X、Y（见图 3.1.12）。

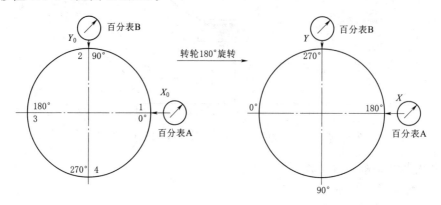

图 3.1.12　静平衡试验程序示意图

3）计算转轮因不平衡引起的绝对倾斜量 X'_c：

$$X'_c = 2\sqrt{(X'-X_0)^2+(Y'-Y_0)^2} \tag{3.1.10}$$

4）计算转轮的不平衡质量 W'：$W' = X'_c/S$。

5）计算不平衡角度 Z_n（为 Y 方向的倾斜量差值与 X 方向的倾斜量差值比值的反正切值，其单位为度）：

$$Z_n = \arctan[(Y'-Y_0)/(X'-X_0)] \tag{3.1.11}$$

式中：X_0 为 0°位置的倾斜量；Y_0 为 90°位置的倾斜量；X' 为旋转后 180°位置的倾斜量；Y' 为旋转后 270°位置的倾斜量。

6）依据图示法标示出不平衡质量的准确相位（见图 3.1.13）为实际磨削重量的位置，实际配重块的位置 $Z = Z_n - 180°$，将最终计算出来的不平衡质量换算到图纸要求的配重分布半径 R。

设计要求配重位置的配重质量为：

$$W_u = W'R_1/R \tag{3.1.12}$$

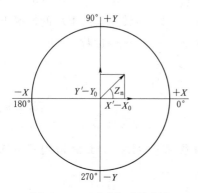

图 3.1.13　不平衡重量准确相位示意图

式中：R_1 为测量灵敏度时标准砝码摆放的分度圆半径，mm；W' 为计算转轮的不平衡质量，kg；R 为设计要求的配重位置，mm。

（3）转轮配重性静平衡试验。为确保以上试验计算过程的准确性，在转轮设计图纸要求配重半径处，放置一块质量为 W_u、角度为 Z_u 的配重块，重复以上第一次静平衡试验过程，再通过计算验证整个试验计算过程的准确性。同样，据此可以计算打孔去除的不平衡量，确定打孔数与位置以使得打孔去除的不平衡量与配重物所产生的不平衡量一致。

（4）按工艺部门确定的位置和数量并结合设计图纸尺寸，打配重孔并封焊堵板，修磨抛光并探伤（见图 3.1.14）。

（a）海蓄电站1号机组转轮配重

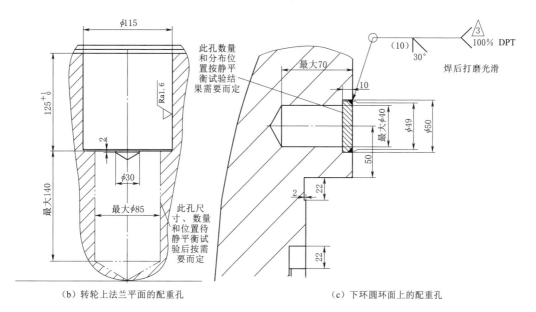

（b）转轮上法兰平面的配重孔　　　　　　（c）下环圆环面上的配重孔

图 3.1.14　转轮配重示意图（单位：mm）

（5）第二次静平衡试验。

1）在厂家完成下环钻孔及注铅后得以执行此次静平衡试验。

2）试验的结果还应去除不平衡质量 3.17kg，为矫正此不平衡质量，大约需要从注铅孔中去除 8.5kg 质量。

3）残余不平衡质量为 50g，位置为半径 1.8m 处。

4）最终的残余不平衡量＝50×1.8/1000＝0.09kg・m，小于最大许用不平衡 1.41kg・m 的要求。

5）最大圆跳动实测值为 0.04mm，对应 22145kg×0.02mm/1000＝0.44kg・m，即假设最严重工况下，由圆跳动引起的不平衡也考虑进去的话，则试验结果为 0.09＋0.44＝0.53kg・m，仍然低于接收标准（最终结果符合 G2.5 的要求）。

（6）另一台机的试验与此类同。

1）使用一重量 355g 的螺母放置在转轮直径 3600mm 处。

2）读取此时百分表的变化为 0.08mm，说明每 0.01mm 的读数变化对应质量为 44.4g，说明系统灵敏度满足测试 1.4kg·m 这一量级。

3）第一试验的结果残余不平衡质量为 0.45kg，位置为半径 1.8m 处。

4）第二次静平衡的残余不平衡质量为约 0.13kg，位置为半径 1.8m 处。不平衡＝130×1.8/1000＝0.23kg·m，小于最大许用不平衡 1.4kg·m 的要求。

5）最大圆跳动实测值为 0.01mm，对应 22140kg×0.015mm/1000＝0.22kg·m，即假设最严重工况下，由圆跳动引起的不平衡也考虑进去的话，则试验结果为 0.22＋0.23＝0.45kg·m，仍然低于接收标准（最终结果符合 G2.5 的要求）。

（7）最终进行精平衡验证。

4. 结语

（1）大型转轮静平衡试验采用球面静压轴承法的结构经过实践应用是成功的，该方法具有方便操作、直观、摩擦系数小、试验精度高、重复性好等优点，其静平衡试验的效率、静平衡的精度也是其他方式不能相比的。同时它的应用，大大提高了转轮的运行状态，对改善整个机组的振动起到了重要作用。因此，也将成为我国大型水轮机转轮静平衡试验的主要方法。

（2）当下环处开孔灌铅仍然不能满足配重要求时，可以在转轮上平面法兰处采取钻孔灌铅的方式。

（3）被平衡转轮的重心与平衡装置球心之间的距离越小，能使转轮失去平衡的力越小，则平衡装置的灵敏度越高（当然，当转轮重心与球心重合时，转轮处于随遇平衡状态是不能进行试验的）。而天阿公司原悬吊式球面静压平衡装置球心与转轮的重心的距离比较大，会对平衡装置的灵敏度带来不利的影响，而对海蓄电站所进行的技术改造则是成功的。

（4）在静平衡试验过程中，尽量减少外界的干扰影响。

（5）就平衡工艺的装备投资情况来看，球面静压轴承法的装备投资值较大。

3.1.3 高水头水泵水轮机蜗壳水压试验

1. 蜗壳水压试验历史追溯

20 世纪 30 年代，由于科学技术发展水平的限制，应用超声波对蜗壳焊缝进行无损检测的先进技术尚未得到推广，美国首次采用水压试验的方法来验证蜗壳焊缝的焊接质量，并达到消除焊接内应力的目的。同时，在保持工作压力状态下回填混凝土，从而取消了常规使用的弹性层。

随之，美国机械工程师协会（ASME）的压力容器标准规定，所有压力容器都必须进行压力试验，水轮机蜗壳当然也不例外。

20 世纪 80 年代，鲁布革水电站引进挪威 KVAERNER 制造的 150MW 水轮机（常规高水头混流式机组），其蜗壳按厂家要求进行了水压试验。此后，潘家口电站（意大利 TIBB 公司的 90MW 蓄能机组）、GZ－Ⅰ电站（法国 ALSTOM 的 300MW 水泵水轮机）、十三陵电站和 GZ－Ⅱ电站（德国 VOITH 的 200MW 和 300MW 水泵水轮机）、THP 电站（挪威 KVAERNER 的 300MW 水泵水轮机）及二滩电站（CGE 的 550MW 机组）都进行了蜗壳水压试验。

总而言之，水轮机蜗壳的水压试验，尤其是大容量、高水头机组的水轮机蜗壳水压试验，已经相当普遍。高水头水泵水轮机蜗壳水压试验的主要目的是检验蜗壳焊缝的焊接质量、检验蜗壳/座环设计的合理性和结构整体的安全度，以及适当削减焊接残余应力和不连续部位的峰值应力等。

2. 蜗壳水压试验的一般要求

水压试验一般按照"蜗壳水压试验曲线图"所要求的台阶式进行[5]，台阶式曲线至少包括以下三种压力值，如 THP 电站蜗壳水压试验曲线见图 3.1.15。

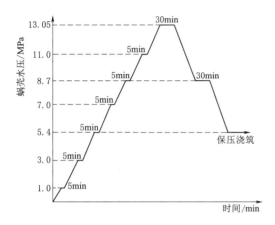

图 3.1.15　THP 电站蜗壳水压试验曲线图

（1）设计水头压力值，THP 电站为 6.2MPa。

（2）升压水头压力值，THP 电站为 8.53MPa。

（3）升压水头一定倍数的压力值，按国际惯例，为升压水头 1.5 倍以考验蜗壳承受负荷的能力，尤以不超过钢板屈服强度的 1/2 为宜，THP 电站为 13.05MPa。

GZ-Ⅰ电站蜗壳水压试验则分 8 次升压，前 7 次每次升压 153MPa，最后一次 91.5MPa，每次停留 5 分钟并降压 1/2，再停留 5min 才开始下一级升压，升至最高压力稳压 1h 后，以每分钟 10MPa 的速度均匀降压至零。

GZ-Ⅱ电站系从零均衡升压至 1162.5MPa（升压全过程不得少于 1h），稳压 30min 后，以不少于 30min 的时间降至 775MPa。然后，再稳压 30min，最终以不少于 50min 的时间降至零。

3. 蜗壳/座环在水压试验压力下变形的基本规律

（1）在鲁布革水电站、GZ-Ⅰ、GZ-Ⅱ及 THP 等电站水压试验过程中都进行了蜗壳外壁贴附钢板应力计的检测工作。GZ-Ⅱ电站 6 号机组变形、应力观测资料见表 3.1.8。

表 3.1.8　　　　　　　　　　**GZ-Ⅱ电站 6 号机组变形、应力观测资料表**

测量部位		蜗壳水压/MPa				
		0	4.5	7.6	10.0	11.4
第 0 断面	1	0	0.12	0.21	0.37	0.46
	2	0	0.56	0.95	1.27	1.45
	3	0	0.65	1.00	1.25	1.40
	4	0	0.08	0.08	0.14	0.22
第 1 断面	1	0	0.41	0.70/116.4	0.86	1.05/256.0
	2	0	0.91	1.61/203.1	2.15	2.44/301.3
	3	0	—	1.18/169.9	1.45	1.68/253.7
	4	0	0.04	0.06/169.0	—	0.05/245.7

测量部位		蜗壳水压/MPa				
		0	4.5	7.6	10.0	11.4
第2断面	1	0	0.64	1.06/200.9	1.45	1.68/295.7
	2	0	0.65	1.14/62.4	1.53	1.73/97.8
	3	0	0.32	0.57/78.9	0.86	1.00/122.0
	4	0	0.04	0.06/193.9	—	0.05/286.6
第3断面	1	0	−0.10	−0.13/190.7	−0.08	0.01/288.7
	2	0	2.76	4.83/195.6	5.74	6.33/297.5
	3	0	1.47	2.62/185.6	3.34	3.77/280.5
	4	0	0.05	0.07/255.8	0.08	0.08/322.9
第4断面	1	0	0.20	0.60/187.9	1.05	1.09/290.3
	2	0	2.88	3.27/150.9	4.64	5.07/242.0
	3	0	2.43	4.57/253.9	5.39	6.14/290.8
	4	0	−0.84	−1.06/203.2	−1.88	−2.77/315.2

注 表中单一数值的为变形，mm；"0.70/116.4"类的表示含义为变形为0.70mm，应力为116.4MPa，余同。

（2）根据以上资料综合分析，蜗壳在水压试验时的变形规律应为（见图3.1.16）：

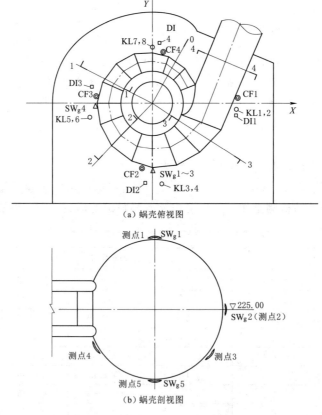

（a）蜗壳俯视图

（b）蜗壳剖视图

图 3.1.16　蜗壳水压试验检测示意图

CF—钢管缝隙计；SWg—钢板应力计；KL—钢筋计；DI—五向应变计

1）蜗壳最大变形点是其腰部，即测点 2，测点 3 次之，测点 1 更小，而测点 4 则呈负方向变形。

2）变形值与蜗壳断面面积成正比趋势，即断面越大，变形量也越大，断面越小，变形值也相应小。

3）变形值与蜗壳内水压力成正比趋势，即内水压力越大，变形量越大（含负变形）。

4）蜗壳上的应力较均匀，无明显应力集中现象，环向最大应力为 322.9MPa，远小于高强钢蜗壳的屈服强度 690MPa。

（3）由于蜗壳进行水压试验将引起座环和蜗壳的变形，如 THP 电站 2 号机组水压试验前座环 X 向不水平度 0.02mm/m，而水压试验后则变为 0.05mm/m。尽管卸压后座环不水平度仍恢复原状，但座环的最终调整一般是在水压试验之后并保压（根据 KVAERNER 公司要求，天荒坪电站蜗壳保压为 54bar[6]；而 GZ-Ⅰ电站蜗壳保压为 270MPa，即 26.5bar；GZ-Ⅱ电站蜗壳保压为 450MPa，即 44.2bar）的工况下进行的，标准见表 3.1.9。

表 3.1.9 座 环 水 平 标 准 表

项 目 名 称		GB/T 8564	KVAERNER 标准	THP2 号机组最终调整值
座环不水平度 /(mm/m)	X	±0.035	±0.04	+0.020
	Y	±0.035	±0.04	-0.015

从表 3.1.9 可以看出，这时的座环调整已经充分考虑了水压试验的残余变形和保压状况下的压力变形量。

4. 保压浇筑混凝土过程中的变形测量

（1）THP 电站 2 号机组的蜗壳在浇筑混凝土的全过程均保压 54bar，浇筑混凝土自 1997 年 8 月 22 日 3：00 开始，10：00 浇至蜗壳底部，8 月 24 日浇至设计高程 227.30m，9 月 2 日卸去水压。在这期间，我们对座环上平面的水平、混凝土浇筑的温度变化进行了全过程监测，蜗壳混凝土温度观测记录见表 3.1.10。

表 3.1.10 蜗壳混凝土温度观测记录表

日期/(年-月-日 时：分)	测值/bar	温度/℃	日期/(年-月-日 时：分)	测值/bar	温度/℃
1997-8-22 08：40	51.67	25.35	1997-8-24 08：10	57.40	54.00
1997-8-22 14：40	51.75	25.75	1997-8-24 14：50	58.10	57.50
1997-8-22 18：45	52.49	29.45	1997-8-24 18：30	57.84	56.20
1997-8-23 08：05	53.34	33.70	1997-8-25 07：35	57.72	55.60
1997-8-23 14：30	55.55	44.75	1997-8-25 14：30	57.67	55.35
1997-8-23 18：35	56.26	48.30	1997-8-25 18：35	57.64	55.20

从表 3.1.10 中可以看出，实测最高温度达到 57.5℃，出现在 60h 以后，开始缓慢降温，经 52h 观测，平均降温速率为 0.09～0.1℃/h，至卸压时混凝土温度仍略高于气温。

（2）在 2 号、4 号机组蜗壳四周埋置 CF-5 型钢管缝隙计 4 支，KL-22 型钢筋计 4 支，KL-32 型钢筋计 4 支，DI-10 型无应力计 4 支，DI-25 型五向应变计组部仪器共

36 支。具体检测见图 3.1.17，2 号、4 号机蜗壳钢管缝隙计及钢板压力计监测结果见表 3.1.11。

表 3.1.11 蜗壳钢管缝隙计及钢板压力计监测结果表

时间 \ 表计	$CF_2 1$	$CF_2 2$	$CF_4 1$	$SWg_4 2$	$SWg_4 2$	$SWg_4 3$
浇筑混凝土前	0	0	0	0	0	0
浇筑混凝土时	−0.23	−0.44	−0.32	−10.75	2.55	7.11
卸压前	0.20	0.01	0.06	185.76	150.83	156.76
卸压后	0.38	0.31	0.50	−362.81	−516.85	−598.92
稳定期	0.34	0.66	0.45	−415.36	−755.85	−847.24
幅值	0.61	1.10	0.82	601.12	906.68	1004.00

注 表中钢管缝隙计单位为 mm，钢板压力计单位为 1×10^{-6}；表中"$CF_2 1$"的下标 2 指 2 号机，平身 1 指测点 1，其余符号与此类似；表中"＋"为拉应力，"－"为压应力。

（3）从表 3.1.11 中可以看出：第一，浇筑前，由于蜗壳已经充水并保压（54bar），钢板压力计显示一定的拉应力，设定其为 0；第二，浇筑后，随着温度及蜗壳内水温的升高，蜗壳内水压力增大，其外壁承受的拉应力随之增大，相应的变形量也增加；第三，蜗壳外壁的应力还与蜗壳的刚度有关，即蜗壳断面尺寸越小，其变形量也越小。

（4）若以蜗壳充水状态初浇筑时的缝隙计测值作为初始值，在浇筑过程中，随着温度的升高，蜗壳内的水温也同步升高，水压也逐渐增加，当温度升至 57.5℃ 时，蜗壳内压增至 95bar，从而导致蜗壳的变形量增加，缝隙计测值下降；而当蜗壳卸压后，其变形消失，缝隙计测值增大，其辐值就是实际存在的蜗壳与混凝土层之间的间隙值。以 2 号、4 号机组为例，＋X 向蜗壳中心高程径向的间隙值可以达到 1.10mm 和 0.82mm，而 GZ -Ⅱ 电站 6 号机组相应位置的间隙值则达到 0.97mm。

（5）座环上镗口平面水平的监测见表 3.1.12，从表 3.1.12 中可以看出，蜗壳层浇筑期间座环的水平发生较大变化，＋X～−X 向座环不水平度达到了 0.05mm/m。而混凝土层温度下降至接近室温时，蜗壳内压恢复正常，座环水平度也随之基本恢复。这也说明了在混凝土浇筑过程中由于温度的上升确实引起了蜗壳/座环的变形。

表 3.1.12 座环上镗口平面水平监测表 单位：1/100mm

日期/年-月-日 时：分	＋Y	−Y	＋X	−X
1997 - 8 - 22 10：00	−3.0	0.0	＋1.0	−2.7
1997 - 8 - 22 14：00	−3.0	0.0	＋2.0	−3.0
1997 - 8 - 22 16：00	−2.0	＋2.0	＋1.0	−3.0
1997 - 8 - 22 18：00	−2.5	＋2.0	＋2.0	−2.5
1997 - 8 - 22 24：00	−3.0	＋2.0	＋1.0	−3.0
1997 - 8 - 23 08：00	−1.5	＋1.0	＋2.0	−3.0
1997 - 8 - 23 14：00	−4.0	0.0	＋1.5	−4.5
1997 - 8 - 23 20：00	−2.0	＋1.0	＋4.0	−4.5

日期/年-月-日 时：分	$+Y$	$-Y$	$+X$	$-X$
1997-8-24 8：00	-1.0	+3.0	+6.0	-4.0
1997-8-24 10：00	-1.5	0.0	+4.0	-5.0
1997-9-2 卸压前	-2.0	-2.0	+2.0	-7.0
1997-9-2 卸压后	+2.0	+1.0	+2.0	-1.0

5. 分析与探讨

(1) 如前所述，由于蜗壳与混凝土在+X 方向、中心高程 225.00m 处径向间隙仅 0.82～1.10mm，远小于蜗壳在水压试验时所达到的变形量。据此分析，应系混凝土在本身重力及收缩双重作用下使卸压后蜗壳复原与混凝土所形成的间隙大致呈"δ"形的不规则状态（简称"'δ'间隙"，见图 3.1.17），而并非如一般所推想的将该间隙视为是均匀分布的。正是基于形成均匀间隙的理论，于是乎把"δ"间隙视同一层弹性模量极小的弹性层，因此，在一些电站采取在保压工况下浇筑混凝土的施工程序，并取消了常规的弹性层。事实上这种"δ"间隙的分布显然不同于在蜗壳上部表面铺设相应弹性模量的弹性层材料。

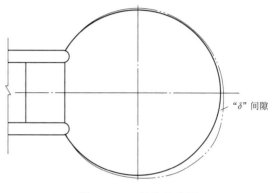

图 3.1.17 间隙示意图

(2) 对 THP 电站 2 号机组蜗壳在各种时段和工况的长期监测可以表明：

1) 钢管缝隙计（+X，置于高程 225.00m 处）在蜗壳内水压力为 62bar 时仍显示蜗壳与混凝土层之间的缝隙约为 0.2～0.3mm。

2) 钢筋计自蜗壳层混凝土养护期终了至机组投入正常运行，即包括在蜗壳内水压力为 62bar 时显示内层钢筋均承受压应力，且其测值基本呈稳定状态（见表 3.1.13）。

表 3.1.13　　　　　　　　　蜗壳内水压力检测表　　　　　　　　　单位：bar

观测时段	RW₂-1	RW₂-2	RW₂-3	RW₂-4	RW₂-5	RW₂-6	RW₂-7	RW₂-8
浇筑混凝土后	-18.08	-22.68	-25.06	1.54	-19.10	-24.34	-21.60	5.93
充水前	-15.15	-23.31	-22.32	1.55	-15.28	-26.90	-21.35	-9.23
充水后	-15.80	-24.0	-22.41	4.00	-13.55	-25.43	-22.48	-5.35

注　$RW_2-1\sim RW_2-8$ 为内层钢筋测压表编号。

3) 五向应变计所显示的测值在各种工况下证实内层混凝土均处于压应力状态，且其测值也基本稳定。

(3) 蜗壳在浇筑混凝土过程中的温度变化的影响还是明显的。

1) 根据热膨胀原理，当充满水的蜗壳温度自 25.35℃升至 57.5℃时，其体积膨胀量比应为：

$$\Delta V/V_0 = \beta_1(t_2 - t_1) = 0.207 \times 10^{-3} \times (57.5 - 25.35) = 6.66 \times 10^{-3}$$

式中：V_0 为 0℃时的体积；β_1 为水的膨胀系数（20℃时）；$\Delta V = V_2 - V_1$，V_2 为 t_2 时的体积，V_1 为 t_1 时的体积。

$$V_2 - V_1 = 6.66 \times 10^{-3} V_0$$

而

$$(V_1 - V_0)/V_0 = \beta_1(t_1 - t_0) = 0.207 \times 10^{-3} \times (25.35 - 0) = 5.25 \times 10^{-3}$$

$$V_1 = (1 + 5.25 \times 10^{-3})V_0$$

$$V_2 = (1 + 5.25 \times 10^{-3} + 6.66 \times 10^{-3})V_0 = 1.01191V_0$$

∴

$$\Delta V/V_2 = \Delta V/(1 + 5.25 \times 10^{-3} + 6.66 \times 10^{-3})V_0$$

$$= 6.66 \times 10^{-3}/(1 + 5.25 \times 10^{-3} + 6.66 \times 10^{-3}) = 6.582 \times 10^{-3}$$

2）根据液体率进行有关的计算，若忽略不计蜗壳自身的膨胀或变形，则其压力的变化值约为：

$$\Delta P = \Delta V/(V_2\beta_2) = 6.582 \times 10^{-3}/0.403 \times 10^{-8}\,\mathrm{m^2/kgf}$$

$$= 16.33 \times 10\,\mathrm{kgf/cm^2} = 163.3\,\mathrm{kgf/cm^2}\,(16.33\mathrm{MPa})$$

式中：ΔP 为当温度上升至 t_2 时的压力上升变幅；β_2 为水在 50℃及 $1\sim500\mathrm{kgf/cm^2}$ 压力范围内的压缩率，即 $0.403 \times 10^{-3}\,\mathrm{m^2/kgf}$。

这说明由于混凝土浇筑过程中没能采取恒温措施，也没有及时采取恒压手段，温升导致蜗壳内的水压力上升可高达 $163.3\mathrm{kgf/cm^2}$，而仅由于蜗壳自身膨胀和压力上升时的变形量实测时仅为 $95\mathrm{kgf/cm^2}$。因此整个水压试验过程所造成的影响是不应忽略的[7]。

6. 充水保压浇筑混凝土

（1）由于 THP 电站的蜗壳是设置了能增大流道系统的轴向刚度使蜗壳变形有所降低的止推环的，其中对扭转变形的影响可达 40% 左右，尤其对于蜗壳采取保压浇筑混凝土方案是有利的。

（2）钢蜗壳充水保压状态下浇筑外包混凝土的蜗壳结构，通过选择合理的充水保压值以保证机组运行时钢蜗壳与外围混凝土良好结合在一起，消除其运行期的间隙形成联合承载结构。利用钢蜗壳外围混凝土分担一部分内水压力充分发挥钢蜗壳自身的承载能力，也可减少钢蜗壳中的内水压力对外围混凝土的作用，增加安全裕度的同时有效减轻机组运行中的振动。目前，国内在建的大型抽水蓄能电站和大型常规电站中，钢蜗壳多采用这种加压埋置方式。

（3）充水保压浇筑混凝土的优点。

1）钢蜗壳及外围混凝土受力比较均匀。

2）钢蜗壳与外围混凝土之间荷载分配明确，分配比例可以根据需要选择。

3）蜗壳内不再加内支撑，可减少支撑的费用和安装、拆卸所需的时间，加快水轮机的安装进度。

4）蜗壳内的水重可以防止浇筑混凝土时蜗壳向上浮动，适当减少一般所需的拉锚设备。

正是这些优点，使得保压方案广泛应用于大型常规水电站和抽水蓄能电站。

（4）抽水蓄能电站保压浇筑内水压力[8] 见表 3.1.14。

表 3.1.14　　　　　　　　　抽水蓄能电站保压浇筑内水压力表

序号	电站名称	蜗壳设计压力/MPa	保压浇筑内水压力/MPa	占最大内压比值/%
1	GZ-Ⅰ	7.75	2.70	34.8
2	GZ-Ⅱ	7.75	4.50	58
3	THP	8.70	5.40	62
4	惠蓄	7.75	3.04	39
5	清蓄	7.64	3.80	50
6	深蓄	7.20	3.20~3.40	44.4~47.2
7	仙蓄	7.14	3.57	50
8	宝泉	7.84	3.92	50
9	黑麋峰	4.90	2.45	50
10	桐柏	4.20	2.10	50
11	蒲石河	3.92	1.97	50
12	回龙	4.60	3.50	76

保压浇筑在蜗壳与混凝土之间的初始缝隙值主要取决于加压值，但由于浇筑混凝土时混凝土水化热的影响，蜗壳内水温会显著升高，因而在整个浇筑过程中将形成一个冷缩缝隙。该缝隙可能会还影响实际缝隙的评估，因此，适当调整蜗壳充水加压值还是有必要的。目前被采纳的保压浇筑内水压力多为蜗壳设计压力的 50%±10m 水头。

（5）蜗壳保压浇筑混凝土的工作程序及注意事项。

1）蜗壳保压浇筑混凝土的工作程序见图 3.1.18（以清蓄电站为例），混凝土浇筑工作结束后，待蜗壳上层混凝土达到一定强度后（一般要求混凝土至少达到设计强度 50%）方可卸压拆除水压试验设备。

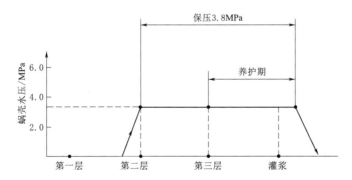

图 3.1.18　清蓄电站蜗壳保压浇筑混凝土的工作程序示意图

2）为防止座环变形等情况发生，混凝土浇筑上升速度应为 200~300mm/h；液态混凝土的高度一般控制在 0.3m/h，每层浇筑高度约 0.8~1.0m，两层混凝土的浇筑时间间隔由施工单位确定，以保证每层混凝土的静水压力不会传递给蜗壳。但目前浇筑上升速度可适当提高至 40cm/h 左右，只要浇筑过程中混凝土浇筑高度偏差不大于 30cm。

3）由于在混凝土初凝过程中的温升将导致蜗壳内水压力上升，应采取措施予以有效控制，且蜗壳内水压升压、降压的速度不大于 0.15MPa/min。当压力降至偏差范围时及时启动泵增压；混凝土固化时产生的热量使蜗壳内部水压上升至偏差范围时，应及时降压至规定值。

4）浇筑混凝土达到强度（一般至少需要 14d）后，在保压工况采用座环、底环专用灌浆设施对蜗壳、座环以及底环结合部位可能存在空腔的部位灌浆，灌浆压力为 0.2～0.3MPa（日本东芝电力为 1.5～2.0kgf/mm²），视灌浆养护之后可能出现底环部位未能浇筑密实的状况而决定是否进行二次灌浆。

7. 结语

（1）美国倾向于做水压试验；欧洲各国有主张做水压试验的，也有主张不做水压试验的；苏联是主张不做水压试验而采用蜗壳与钢筋混凝土联合受力的方法；日本倾向于取消水轮机蜗壳水压试验。但目前，无论哪一个国家或厂家，其水轮机进口到中国，几乎都是要求做水压试验的。

（2）由于蜗壳是一个外围混凝土联合受力、开口的特殊压力容器，其实际工作应力远低于设计许用应力，工作条件大大优于一般的压力容器。同时，蜗壳设计系采用对临界裂纹尺寸和低周疲劳进行校核，其安全度是完全有保证的，而水压试验所能消除的部分残余应力的幅值也是相当有限的。尤其是在科学技术高度发展的今天，随着焊接工艺的日趋精湛及焊缝监测手段的进一步提高，如在 GZ-Ⅰ、GZ-Ⅱ 及 THP 等电站的水轮机蜗壳材质都是高强度合金钢，施工中都由制造厂家制定了严格的焊接工艺措施，且焊前进行预热，焊后还进行消氢处理。如果水压试验仅仅作为对焊缝或蜗壳测压管接头的一种检验手段，其必要性显然不大。如若不进行蜗壳水压试验工序，一般整个控制工期可以提前一个月。而且，每取消一套水压试验装置可节约蜗壳重量 1/4 钢材左右的钢材，此外还可节省大量的人力物力。因此，只要水工结构上对蜗壳水压试验没有要求，不做蜗壳水压试验完全是可行的，是能够满足机组安全运行的。

（3）由于蜗壳充水保压浇筑混凝土的诸多优点，目前，国内已建（包括在建）的大型抽水蓄能电站和大型常规电站几乎无一例外均采用这种加压埋置方式。

（4）若是指望蜗壳在充水后的变形量正好充填由于保压浇筑混凝土所形成的间隙，那么，就需要通过精确的计算选择合适的充水压力值。而如同鲁布革水电站和 GZ-Ⅰ、GZ-Ⅱ 电站所采用 50％工作压力作为充水保压的整定值显然较 THP 电站的 54bar（87％的工作压力）更为稳妥。

3.2　进水球阀

本节对进水球阀各种类型的检修密封机械锁定开展了研究和评判，详细介绍了清蓄电站进行进水球阀检修密封机械锁定工厂验收试验的过程和技术要求。还以深蓄电站进水球阀验收为例，对进水球阀验收工作进行了介绍。

3.2.1　水泵水轮机进水球阀上游检修密封锁定综述

高水头水泵水轮机进水球阀上游检修密封锁定装置普遍被认可的功能是：①在活动密

封环投入腔压力突然消失的情况下能确保锁定密封环在全关位置，并确保检修密封漏水量不会危及下游检修工作的安全进行；②在压力钢管未排空情况下，能够确保锁定密封环在全关位置，提高下游检修、维护的安全水平。

目前，检修密封锁定大体上分为以下几种类型。

1. 可调整楔块式机械锁定

（1）GZ-Ⅰ电站进水球阀（韩国 DOOSAN 公司生产的卧轴式双密封结构球阀）检修密封机械锁定装置（见图 3.2.1）。

（2）检修密封的滑动密封是一个差动密封环，即上游侧受压面积 S_1 大于下游侧受压面积 S，当球阀控制系统供水阀打开时，密封投入腔水压大于上游水流水压，活动密封环向下游移动紧密接触固定密封环，满足上游检修密封基本不漏水的设计要求。此时，对称、逐个逆时针旋转机械锁定螺杆，提升铜质锁定块，利用其楔形面楔紧活动密封环与之配合的楔面，周圈共 10 个锁定块起到均衡锁紧检修密封环的功能。

（3）GZ-Ⅰ电站进水球阀上游检修密封机械锁定除 2 号机组球阀出现锁定铜块滑扣脱落失效外，多年来投退运行操作均正常，证明这种可调整楔块式机械锁定形式是安全稳定的。

2. 可调整带楔形面螺杆锁定装置

THP 电站进水球阀（挪威 KVAERNER 生产的卧轴式双密封结构球阀）检修密封机械锁定装置见图 3.2.2。该检修密封的

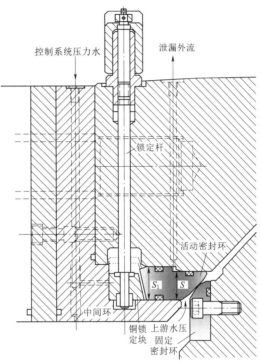

图 3.2.1 GZ-Ⅰ电站检修密封机械锁定
装置示意图

滑动密封也是一个差动密封环，$S_1＞S$，即球阀控制系统供水阀打开时，密封投入腔水压大于上游水流水压，活动密封环向下游移动紧密接触固定密封环，满足上游检修密封基本不漏水的设计要求。此时，对称、逐个向内侧拧紧 16 个周圈均布锁定杆的操作螺母〔见图 3.2.2（c）〕，传递轴向力通过锁定杆的楔形面均衡锁紧活动密封环（密封环所承受的逆向轴向力对锁定杆及其传动螺牙不会形成损伤）。多年运行经验证明，这种结构的机械锁定是安全可靠的。

3. 可调整密封锁定楔形螺杆＋锁定销式锁定

（1）惠蓄电站进水球阀（法国 ALSTOM 生产的卧轴式双密封结构球阀）检修密封机械锁定装置见图 3.2.3。

1）惠蓄电站进水球阀检修密封机械锁定装置通过转动操作螺母上下移动密封锁定楔，传递轴向力通过可调整密封锁定楔形螺杆的楔形面使锁定销顶紧活动密封环，每个锁定销

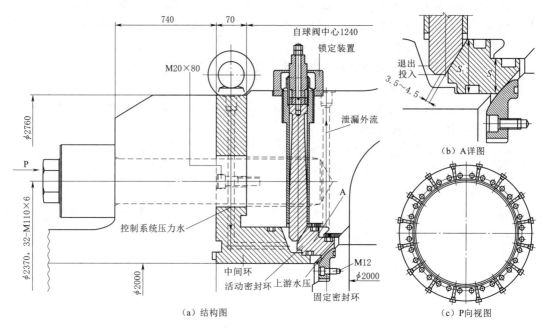

图 3.2.2 THP电站进水球阀检修密封机械锁定装置示意图（单位：mm）

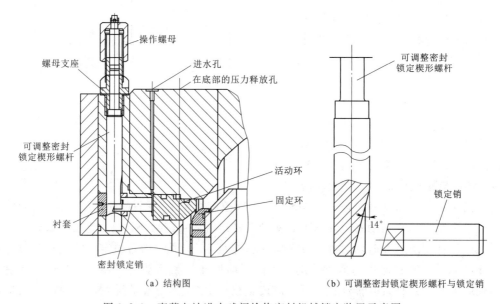

图 3.2.3 惠蓄电站进水球阀检修密封机械锁定装置示意图

与密封环的接触面为圆锥面，销子以一个平直的表面压在密封环上（密封环所承受的逆向轴向力对可调整密封锁定楔形螺杆及其传动螺牙是不会形成损伤）。可调整密封锁定楔形螺杆在衬套部位的楔面使锁定销进退形成活动密封环的投退，整个操作过程是安全可控、平稳可靠的。

2）惠蓄电站进水球阀按合同要求成功地进行了上游密封机械锁定操作及密封试验，

检查了机械锁定性能及密封投入腔无压条件下上游密封的封水功能。

3）惠蓄电站除安装过程中有一个锁定螺栓因工作不慎造成丝牙损伤外，至今运行多年并经多次检修从未发生机械锁定故障，证明这种结构型式的机械锁定是完全可以信赖的。

（2）黑麋峰电站（见图3.2.4）选用的也是同类型的结构型式。

4．可调整螺柱式机械锁定

（1）GZ-Ⅱ电站进水球阀（德国VOITH生产的卧轴双面密封球阀）检修密封机械锁定装置为此种形式，球阀上游检修密封设置11根斜插式手动投退的机械锁定装置，其主要部件螺杆材质为ARMCO 17-4-PH（马氏体沉淀硬化不锈钢）。该机械锁定结构经多年运行及多次检修的考验，至今未发生任何故障，证明这也是一种安全、可靠的结构型式。

（2）清蓄电站进水球阀（日本东芝电力设计的卧轴双面密封球阀）检修密封的机械锁定装置为此种形式，应业主要求顺利进行了机械锁定密封试验，其试验结果是令人满意的。机组长时间运行实践证明其是一种安全可靠的结构型式。

5．自锁功能的检修密封锁定装置

（1）深蓄电站进水球阀（ANDRITZ生产的卧轴式双密封结构球阀）检修密封机械锁定装置（见图3.2.5）为此种形式。

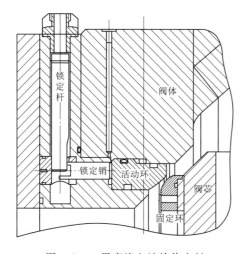 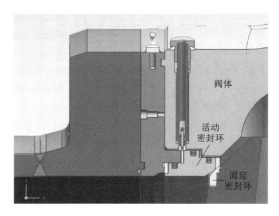

图 3.2.4　黑麋峰电站检修密封　　　图 3.2.5　深蓄电站进水球阀检修密封机械锁定
机械锁定结构示意图　　　　　　　　　　　　　装置示意图

1）检修密封安装在阀体上游侧法兰上，由一对密封表面采用数控加工的可滑动不锈钢密封环和固定在活门上密封环组成，检修密封采用上游压力钢管中的水作为操作介质，具有液压自锁功能，以提高检修时的安全性。当检修密封投入，下游水排空开始检修后，即使密封投入腔水压消失（或误操作往密封开启腔通压），由于 $S_1 > S_3$（见图3.2.6），检修密封都无法打开。只有利用检修密封旁通管路往下游充水使检修密封两侧 S_1 和（$S_2 + S_3$）压力平衡后，再往检修密封开启腔通压才能打开检修密封。因此具有自锁功能的检修密封是非常安全的。

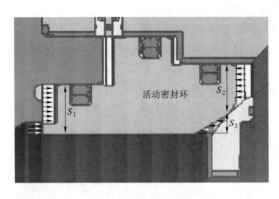

图 3.2.6　自锁原理

2）同时，密封止漏环上的密封圈采用的是瑞典滚动轴承制造公司（斯凯孚 SKF）专为高水头进水球阀研制的新型密封圈 G‐Ecopur‐54D。该密封圈是由一个自润滑高硬度耐磨的聚氨酯环和 O 形圈组成的组合式结构，聚氨酯环硬度高、摩擦系数小，不易被挤入密封间隙而造成损坏，且动作阻力小而可靠。同时，O 形圈提供预紧力，使组合密封具有很大的伸缩性，当阀体与止漏环由于受力变形，密封间隙变大时，能起到很好的补偿作用，保证了密封性能。

（2）仙蓄电站进水球阀检修密封装置见图 3.2.7，也是类似结构。但由于业主的坚持要求，仍然设置了检修密封的机械锁定。

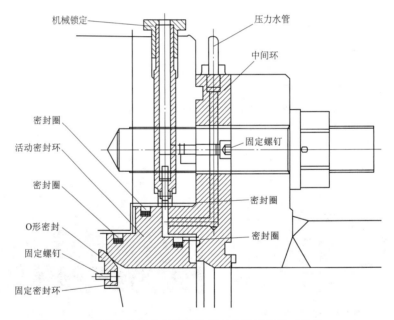

图 3.2.7　仙蓄电站进水球阀检修密封装置示意图（单位：mm）

3.2.2　清蓄电站进水球阀检修密封机械锁定试验

由于清蓄电站的设备合同中未明文规定进水球阀出厂验收时必须进行上游检修密封机械锁定密封性能试验，承制方 THPC 没有安排进行该项试验。

1. 上游检修密封机械锁定密封性能试验必要性的分析、探讨

（1）THPC 原设计要求当锁定螺栓碰到活动密封时应做适当回转，使锁定螺栓和活动密封存在一定间隙。其原因如下：

1）避免在锁定投入时由于上库水位下降较多而使阀芯位置因水压降低而向上游移动压紧锁定螺栓造成螺牙挤压变形损坏的严重事故。

2）THPC 设计的锁定螺栓结构见图 3.2.8，其中，$F_2 = F_3$（密封径 $D_2 = D_3 = \phi 2480\text{mm}$），活动密封环投入时无额外轴向力。由于活动密封环为圆锥形，而固定密封环为球形，其加工误差可能会使密封直径 D_3 位置发生达到 3mm 的变化，形成 $F_3 - F_2 = 179\text{kN}$ 的侧负荷，则使每根锁定螺栓承受 $179 \div 22 = 8.1\text{kN}$（826kg）的负荷。在各锁定螺栓受力不均衡时，可能导致其中的一部分螺栓出现螺牙咬合损伤的情况。

无论是何种结构的锁定装置，都应考虑到事故情况下（如误操作导致检修密封关闭腔失压等）在锁定装置限制检修密封移动的同时，还必须限制其漏水量不会在一定时间内危及检修人员的安全。因此，清蓄电站也必须和其他抽水蓄能电站一样毫无例外地进行全面的密封泄漏试验，借以检查机械锁定性能及密封投入腔无压条件下上游密封的封水功能，全面体现机械锁定的功能，是完全必要的。

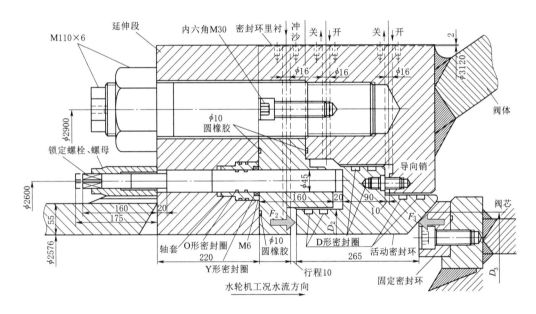

图 3.2.8　THPC 设计的锁定螺栓结构示意图（单位：mm）

（2）对 THPC 的设计理念的分析。

1）由于清蓄电站最大毛水头 504.50m、最小毛水头 459.12m，可能最大的水头变化为 $504.50 - 459.12 = 45.38\text{m}$，其变化幅值相当于最大水头的 9%。这也就是说，当一台机组正值检修之之时，即便出现电站上库水位变化达到最极端情况，其水压下降充其量为 0.45MPa。对压紧密封环的每一个锁定螺栓所形成的轴向推力大致是：

$$F = \left(\frac{\pi}{4}D^2 P\right) / 22 = \frac{3.14}{4} \times 2376^2 \times (0.45) \times \frac{1}{22} = 90.65\text{kN} \approx 9246.3\text{kg}$$

式中：D 为球阀上游延伸管内径，mm。

参照日本机械学会编写的《机械技术手册》[10]，计算锁定螺栓允许给定预紧力值应为：

$$F_f = 0.6\sigma_Y A_S = 0.6 \times 345 \times 1915.8 = 396570.6\text{N} = 40466.4\text{kg}$$

其中，有效截面积 $A_S = \left(\dfrac{\pi}{4}\right)\left(\dfrac{d_2 + d_3}{2}\right)^2 = 1915.8\text{mm}^2$

式中：d_2 为 M52×3 螺纹的中径 50.051mm；d_3 为螺纹内径 48.752mm；σ_Y 为螺栓材料 1Cr13 的屈服强度 345MPa。

显然，F 远小于 F_f，对 M52×3 锁定螺栓而言，是不会造成挤压变形而损坏的。

2）当每根锁定螺栓承受 179÷22＝8.1kN（826kg）的负荷时，设不均衡系数为 1.2，则：826×1.2＝991.2kg，亦即所增加的轴向紧力更无可能产生有害影响。

（3）根据 THPC 提供的资料，活动密封和固定密封的间隙整圈为 0.1mm 时，在设计水头 7.65MPa 下将产生 6000L/min 的漏水量。这就意味着，如若采用原设计的"锁定螺栓碰到活动密封时应做适当回转，使锁定螺栓和活动密封存在一定间隙"方式，当进水球阀下游执行检修工作时，一旦出现误操作或其他状况导致检修密封投入腔失压则会造成不可估量的严重后果。因此，进水球阀上游检修密封机械锁定的功能是应予切实保障和体现的。

2. 同类型电站相关试验的介绍、比较与分析

根据经验，诸如 GZ-Ⅰ、GZ-Ⅱ、惠蓄等同类型电站都进行了上游密封机械锁定操作及密封试验，借以检查机械锁定性能及密封投入腔无压条件下上游密封的封水功能，以期全面体现机械锁定的功能。

（1）GZ-Ⅱ电站进水球阀（德国 VOITH 生产的卧轴双面密封球阀）采用与清蓄电站同类型的检修密封机械锁定装置（见图 3.2.9）。

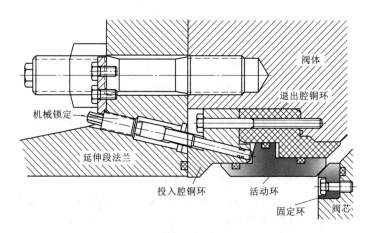

图 3.2.9　GZ-Ⅱ电站检修密封机械锁定装置示意图

1）球阀上游检修密封设置了 11 套斜插式手动投退的机械锁定装置，其主要部件锁定螺杆材质为 ARMCO 17-4-PH（马氏体沉淀硬化不锈钢）。该机械锁定结构经多年运行及多次检修的考验，至今未发生任何故障，证明其是一种安全、可靠的结构型式。

2）GZ-Ⅱ电站与清蓄电站的锁定螺栓参数见表 3.2.1。

表 3.2.1 　　　　　　　　　　　GZ-Ⅱ电站与清蓄电站的锁定螺栓参数表

电站名称	螺栓	材质	数量	锁定杆	螺栓全长
GZ-Ⅱ	M75	17-4 PH	11	50mm	892mm
清蓄	M52	1Cr13	22	45mm	560mm

1Cr13 同样具有较高的硬度、韧性，具有较好的耐腐性，热强性和冷变形性能，没有理由判定 22×1Cr13 锁定螺栓不能胜任其所应予承担的功能。

（2）惠蓄电站进水球阀检修密封机械锁定试验（见图 3.2.10）程序及试验结果如下。

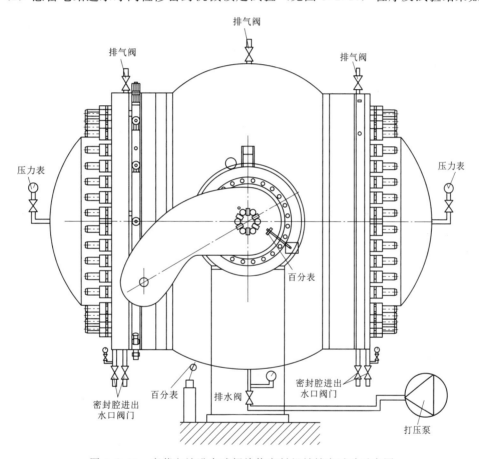

图 3.2.10　惠蓄电站进水球阀检修密封机械锁定试验示意图

1）投入上游密封，压力 6.2MPa。

2）上游闷头侧建压 6.2MPa。

3）对称逐个投入机械锁定，扭力 90N·m，在无压侧检测密封漏水量及机械锁定密封情况。

4）密封投入腔卸压至 0，保压时间 5min，在无压侧检查漏水量。

5）密封腔建压，压力 6.2MPa。

6）退出机械锁定。

7）闷头侧卸压，密封腔卸压，试验完成。

8）试验结果：第一个 5min 后，闷头侧压力由 6.5 降至 5.8MPa，漏水量 0.62L；第二个 5min 后闷头侧压力由 5.8 降至 5.5MPa，漏水量 0.15L；机械锁定自身无渗漏、投退自如。

3. 清蓄电站进水球阀检修密封机械锁定试验程序及球阀密封漏水量计算试验

（1）试验程序。

1）开启上游活动密封投入腔供水阀门，密封退出腔排水，上游活动密封全关，供水压力 5.6MPa。

2）上游侧闷盖建压，压力 5.6MPa。

3）对称、逐个投入机械锁定螺栓，按旋紧扭矩 150～220N·m 拧紧，确认螺栓为压紧密活动封环的状态，最终每只螺栓的扭紧力矩差应不大于 15N·m。

4）密封投入腔卸压至 0。

5）保压 5min，测录闷盖侧压力下降值及上游侧活动密封环与固定密封环之间漏水量，观察机械锁定自身应无渗漏；如压力下降过快（≥0.5MPa/min）或漏水量过大，须紧急向密封投入腔投入压力水，中止试验；如无异常，可继续下步试验。

6）开启上游侧活动密封退出腔供水阀门，密封投入腔排水，上游活动密封全关，供水压力 5.6MPa。

7）保压 5min，测录闷盖侧压力下降值及上游侧活动密封环与固定密封环之间漏水量，观察机械锁定自身应无渗漏；如压力下降过快（≥0.5MPa/min）或漏水量过大，密封退出腔紧急卸压，投入腔同时投入压力水，中止试验。

8）密封退出腔卸压至 0。

9）密封投入腔建压，压力 5.6MPa。

10）退出机械锁定螺栓（状态应自如）。

11）上游侧闷盖卸压。

12）密封投入腔卸压，试验完成。

（2）球阀密封漏水量计算。

1）由于 THPC 未设定仅用锁定螺栓压紧检修密封时的漏水量许用值，根据《大中型水轮机进水阀基本技术条件》（GB/T 14478）的规定，按下式计算进水球阀的漏水量限制值：

$$Q = KD\sqrt{H} = 0.004 \times 2.376 \times \sqrt{504.50} = 0.21\text{L/min}$$

式中：H 为最大净水头，采用电站最大毛水头 504.50m；D 为进水球阀公称直径，取 2376mm；K 为系数，取 0.004。

2）清蓄电站项目合同规定："3.6 漏水量……在单侧密封作用时，最大静水压力作用下的进水阀最大漏水量，在刚投入商业运行时为 0.1L/min，保证期内不应大于 0.4L/min。"

4. 清蓄电站 4 号进水球阀检修密封机械锁定密封试验实际进程

清蓄电站 4 号进水球阀出厂验收时进行了检修密封机械锁定密封试验（见图 3.2.11）。

（1）试验进程如下。

1）开启上游活动密封环投入腔供水阀门，密封退出腔排水，上游活动密封全关，供

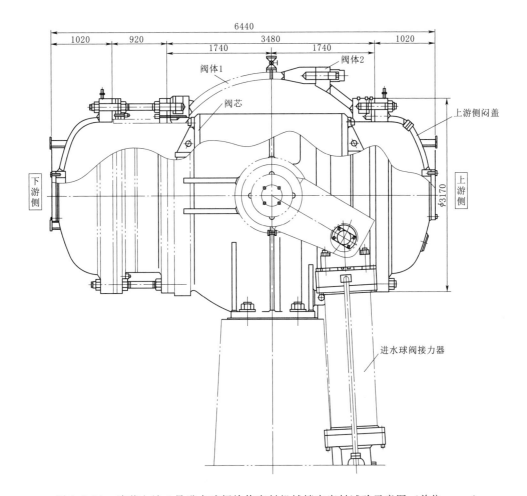

图 3.2.11 清蓄电站 4 号进水球阀检修密封机械锁定密封试验示意图（单位：mm）

水压力 5.6MPa。

　　2）上游侧闷盖建压，压力 5.6MPa。

　　3）对称、逐个投入机械锁定螺栓，按旋紧扭力（180±15)N·m 拧紧，确认螺栓处于压紧活动密封环状态。

　　4）密封环投入腔卸压至零。

　　5）上游侧保压 5min，测录闷盖侧压力下降及上游侧活动密封环与固定密封环之间的漏水量，观察机械锁定装置自身应无渗漏。

　　6）如压力下降过快（≥0.5MPa/min）或漏水量过大，须紧急向密封投入腔投入压力水，终止试验。

　　7）密封投入腔建压，压力 5.6MPa。

　　8）退出机械锁定螺栓（状态应自如）。

　　9）上游侧闷头盖卸压。

　　10）密封投入腔卸压，试验完成。

（2）试验结果。原拟按 THPC 投标时的承诺，还进行机械锁定螺栓投入工况上游活动密封环退出腔供水 5.6MPa、投入腔卸压状态下保压 5min 的试验。但考虑到球阀检修工况下检修密封活动环退出腔的排水阀始终处于开启状态，即便发生误操作状况也不可能建立起压力；同时也参照以往电站的经验（如惠蓄电站）就没有再继续进行。最终机械锁定密封试验的结果如下：①上游侧保压 5min 期间，实测漏水量为 0.13L/min，小于限制值 0.21L/min；②机械锁定螺栓装置自身无渗漏；③试验结束后，机械锁定螺栓投退自如。

3.2.3　抽水蓄能电站进水球阀的验收

深蓄电站进水球阀系由 ANDRITZ 设计制造的 ϕ2300mm 球形阀 1 号、2 号机组分别在车间进行球阀整体压力试验，均因工作密封泄漏超标曾多次中止试验。其中，2 号机组漏水量实测值达到 0.27L/min，超过了 0.1L/min 的验收标准。

1. 试验装配及准备工作

（1）阀体、活门及延伸管压力试验按整体压力试验布置图（见图 3.2.12）进行装配。

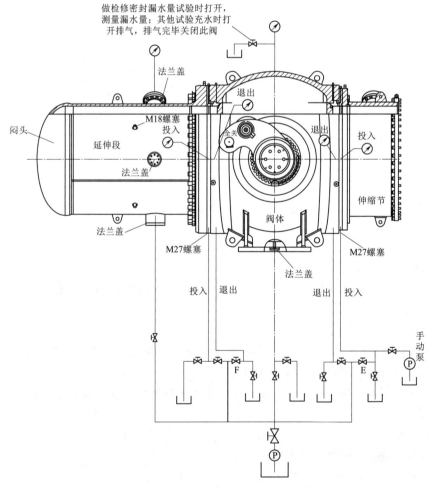

图 3.2.12　深蓄电站进水球阀整体压力试验布置示意图

（2）1号机组第一次试验时试验检测位移的表计（百分表）支放位置分别为：表1—上游钢管入口；表2—延伸管下侧；表3—阀体上；表4—下游阀体法兰；表5—阀体左侧；表6—阀体右侧；表7—下游侧。

（3）1号机组第二次试验时检测位移的表计（百分表）支放位置分别为：表1—活门轴右端面；表2—活门中心水流方向；表3—阀体径向（上游）；表4—阀体径向（下游）；表5—阀体底部；表6—阀体水流方向；7—活门轴左端面。2号机试验时试验检测位移的表计（百分表）支放位置与1号机球阀第二次试验相同。

（4）1号机组第三次试验时试验检测位移的表计（百分表）支放位置分别为：表1—活门轴右端面；表2—活门轴左端面；表3—阀体径向（上游）；表4—阀体径向（下游）；表5—阀体底部；表6—阀体水流方向；表7—活门中心水流方向；表8—活门0°水流方向；表9—活门90°水流方向；表10—活门180°水流方向；表11—活门270°水流方向。

2. 1号机组第一次试验进程

（1）试验准备事项。进水阀活门处于关闭位置；工作密封和检修密封动作试验（3次），$P=H=7.05\text{MPa}$；退出检修密封，开启腔加压1MPa；投入腔接通排水；投入工作密封，原设定压力为$P=1.0\text{MPa}$，现设定加压3.5MPa；退出腔接通排水；阀体充水，顶部排气口冒水后关闭排气阀。

（2）1号机通过水泵向阀体内腔及延伸段加压$P=1/2H$（3.5MPa）。

（3）工作密封止漏环投入腔与阀体连通（即打开E、F阀，见图3.2.12）并与电动泵连接，加压3.5MPa，第一次试验检测记录见表3.2.2。其时，1号机组下游密封出现局部点喷射状泄漏水流。暂停试验泄压排水并开启活门检查，发现固定密封环密封面漏水点有明显凹坑，1号机组第一次试验固定密封环损伤点见图3.2.13，而止漏环密封面则无明显损伤。

表3.2.2　　　　　　　　　　　第一次试验检测记录表

压力 /MPa	位移测量/mm							下游密封油压 /MPa	备注
	1	2	3	4	5	6	7		密封压力等于阀体压力
0	0	0	0	0	0	0	0	3.5	
4	+0.19	+0.19	+0.10	+0.15	−0.40	−0.49	+2.34	4.0	

（4）ANDRITZ分析认为，阀体未清洁干净，存有异物，当密封环投入时，异物卡在密封线处，造成密封环损伤。

（5）同时，对下游密封的密封环和止漏环的硬度进行了相对点测量（见表3.2.3）。

表3.2.3　　　　　　　第一次试验密封环和止漏环硬度检测表　　　　　　　　单位：HB

测点	固定密封环硬度	活动密封环硬度	硬度差值
1	253	294	41
2	249	290	41
3	239	283	44

续表

测点	固定密封环硬度	活动密封环硬度	硬度差值
4	242	289	47
5	241	290	49
6	239	289	50
7	240	300	60
8	235	296	61
平均	242	291	49

（a）损伤点之一　　　　　　　　（b）损伤点之二

图 3.2.13　1 号机组第一次试验固定密封环损伤点

（6）遂决定用备件替换 1 号球阀密封环、止漏环，再次进行压力试验和泄漏试验。

3. 1 号机组第二次试验进程

（1）试验准备事项：进水阀活门处于关闭位置；工作密封和检修密封动作试验（3次），$P = H = 7.05$MPa；退出检修密封，开启腔加压 1MPa；投入腔接通排水；投入工作密封，原设定压力为 $P = 1.0$MPa，现设定加压 3.5MPa；退出腔接通排水；阀体充水，顶部排气口冒水后关闭排气阀。

（2）当阀体内腔压力升高至 3.5MPa 时，打开连通工作密封和阀体内腔的阀门。其时，在工作密封左侧位置出现多点流态溢出状泄漏。随后升压至 5.5MPa 即转为滴水状泄漏，直至升压至 10.6MPa 试验压力。

（3）第二次试验检测记录见表 3.2.4。

（4）ANDRITZ 分析认为，由于在平压操作过程中 A 腔压力未能保持 3.5MPa，大致与阀体内腔压力差达到 1.5MPa。平压瞬间的压力下降使得止漏环相对于原来的压紧状态有所松弛，因此，止漏环与固定密封环局部啮合不均匀部位发生流态状泄漏，达到700mL/min 之多。随之，A 腔的迅速增压克服了啮合的不均匀度，泄漏量就大大减少。

表 3.2.4　　　　　　　　　　第二次试验检测记录表

阀体试验压力/MPa	表计读数/mm								漏水量/(L/min)
	1	2	3	4	5	6	7	A 腔	
	阀体充水加压至3.5MPa与A腔平压前							3.5	0
3.5	−0.19	+2.3	−0.06	+0.34	+0.18	+1.09	−0.65	Δ1.5	0.700
4.6	−0.07	+3.2	−0.07	+0.44	+0.25	+1.42	−0.90	8.00	0.06
5.6	−0.10	+3.75	−0.09	+0.53	+0.30	+1.72	−1.11	8.75	0.06
6.6	−0.11	+4.14	−0.11	+0.64	+0.35	+2.01	−1.35	8.50	0.063
7.0	−0.16	+4.35	−0.13	+0.69	+0.38	+2.15	−1.43	9.30	0.062
8.0	−0.16	+4.76	−0.14	+0.77	+0.42	+2.47	−1.65	9.00	0.095
9.0	−0.14	+5.09	−0.14	+0.85	+0.48	+2.80	−1.90	9.40	0.114
10.6	−0.06	+5.62	−0.15	+1.02	+0.56	+3.35	−2.28	11.30	0.113

注　表中"Δ1.5"表示A腔压力与阀体内腔压力差达到1.5MPa。其中,"+"为百分表指针受压状态;"−"为百分表指针松弛状态。

　　(5) 经拆开检查,在固定密封环部分位置发现有相对位移引起的擦痕(见图3.2.14),有些部位有密封啮合线宽度的擦痕,目测其深度约 0.2~0.5mm,直径2.5mm,其他啮合线连续均匀无明显缺陷;而止漏环啮合线清晰无明显缺陷。

(a) 擦痕

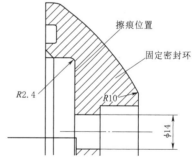

(b) 固定密封环擦痕位置示意图

图 3.2.14　第二次试验固定密封环损伤点示意图(单位:mm)

　　(6) 同时,检测固定密封环靠近压痕区域的平面位置硬度为 214HB,压痕位置斜面区域硬度检测为 201HB。

　　4. 1号机组第三次试验进程

　　(1) 试验准备事项(同前)。

　　(2) 整体压力试验。活门处于全关位置→检修密封退出→工作密封投入→用水泵向进水管内腔充压 4.0MPa→每增压 1MPa 保持 10min→直至设计压力 7.06MPa→保压 10min→增压至 1.1 倍设计压力约 7.8MPa→降压至 3.5MPa→降压至 0。第三次试验检测记录见表 3.2.5。

表 3.2.5 第三次整体压力试验检测记录表

压力/MPa		表计读数/mm								漏水量 /(mL/min)
投入腔	阀体	3	4	5	7	8	9	10	11	
2	0	0	0	0	0	0	0	0	0	—
5.5	4.0	−0.02	0.35	0.23	1.25	1.68	0.90	1.48	0.93	10
6.5	5.0	−0.08	0.43	0.29	1.50	1.98	1.06	1.84	1.10	5
7.5	6.0	−0.01	0.35	0.35	1.79	2.31	1.25	2.23	1.28	4
8.5	7.0	−0.12	0.61	0.41	2.06	2.64	1.44	2.63	1.48	3
9.0	7.8	−0.13	0.68	0.47	2.25	2.91	1.58	2.96	1.61	2
3.5	0	0.01	0	0	0	−0.47	−0.49	0.57	−0.50	—

（3）工作密封泄漏试验。

1）第一次测量：活门处于全关位置→检修密封退出→工作密封以 3.5MPa 投入→用水泵向进水管内腔充压 3.50MPa→保压 10min→测量工作密封漏水量和活门变形量→增压至 5MPa→保压 10min→测量工作密封漏水量和活门变形量→向阀体增压至设计压力 7.06MPa→保压 30min→测量工作密封漏水量和活门变形量→降压至 3.5MPa 再增压至 7.06MPa→保压 30min。

2）第二次测量：依照上述步骤再次测量工作密封漏水量。

3）第三次测量：重复上述步骤进行第三次试验→计算平均漏水量（见表 3.2.6）。

表 3.2.6 工作密封泄漏试验记录表

压力/MPa		表计读数/MPa										漏水量 /(mL/min)
投入	阀体	1	2	3	4	5	6	7	8	9	10	11	1
7.06	7.02	−1.43	−0.14	0.98	0.65	0.44	2.24	2.54	3.12	1.87	3.3	1.93	35
7.6	7.06	−1.43	−0.16	−0.02	0.65	0.45	2.24	2.55	3.03	1.84	3.4	1.9	10
7.5	7.06	−1.43	−0.17	−0.03	0.65	0.45	2.24	2.56	2.99	1.82	3.45	1.9	10
泄压至零		−0.18	0.13	0.01	0.02	0.02	0.27	0.45	0.3	0.35	0.75	0.4	—
平均漏水量		18.3mL/min											

从表 3.2.6 中黑体字可以看出，明显高于 2 号机组进水球阀相应测录值，即 1 号机组进水球阀活门沿轴承方向变形量明显偏大。

5. 对 1 号机组试验的分析与探讨

（1）ANDRITZ 关于存在异物的分析基本合理，对异物进入间隙的过程的推断如下：

1）球阀阀体内腔的清扫工作不够仔细，在边角部位残留有加工残屑。

2）初次投入工作密封止漏环时，其与固定密封环的接合面应是清扫干净的，应无杂物。

3）由于加工误差，止漏环与固定密封环的啮合线必然存在不均匀性，只是由于投入腔充水、加压至 3.5MPa 过程中止漏环产生弹性变形克服了"不均匀度"而与固定密封环紧密啮合而没有泄漏。

4）但在充水过程中，阀体内腔的部分加工残屑已被涌集于密封啮合线内侧。

5）止漏环投入腔与阀体内腔同压瞬间，投入腔的压降在一定程度上松弛了压紧度，不均匀的啮合线出现间隙而产生泄漏，残屑随之进入啮合处。

6）同压过程终了，止漏环重新压紧固定密封环时，部分残屑被挤压在啮合线上导致间隙不能弥合而出现喷射状泄漏。

7）第一、第二次试验的泄漏应属同一类型，只是残屑大小不同所致而已。

（2）对于擦痕的初步分析。

1）球阀轴承的止推间隙仅为单侧 0.3～0.4mm（总间隙 0.6～0.8mm），球阀轴承结构见图 3.2.15。

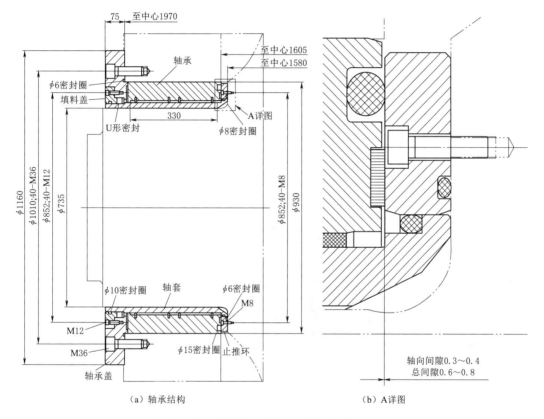

（a）轴承结构　　　　　　　　　　　　（b）A详图

图 3.2.15　球阀轴承结构示意图（单位：mm）

在进行工作密封漏水试验时阀体变形记录见表 3.2.7。

表 3.2.7　　　　　　　　　　工作密封漏水试验时阀体变形记录表

试验过程	试验压力/MPa	表计读数/mm		
		1	7	1＋7
第一次	7.06	−0.42	0.09	−0.33
第二次	7.06	−0.38	0.11	−0.27
第三次	7.06	−0.36	0.12	−0.24

由于百分表 1 支放于活门轴右端面；百分表 7 支放于活门轴左端面，从表 3.1.21 中可以看出，测录数据是符合止推间隙的设计控制值的，但在试验压力 7.06MPa 时密封副啮合面却已出现宽 2.23mm 的擦痕。

2）当球阀试验压力为 7.0MPa 时左轴端位移（−1.43mm）、右轴端位移（−0.16mm）（见表 3.2.4 中加粗数据）。

3）在试验压力上升至 10.6MPa 过程中活门上的固定密封环与阀体上的止漏环在部分方位产生更明显的相对滑移。尤其在表计 7 所显示的活门左轴端位移为 −2.28mm（右轴端位移仍为 −0.06mm，见表 3.2.4），表计 4 显示阀体径向变形为 1.02mm，由于两者方向是相反的，这就意味着在活门轴向方向固定密封环和止漏环在 10.6MPa 压力试验过程中可能产生 2.28+1.02=3.30mm 的相对位移。也就是说，密封副啮合面在高挤压应力的作用下，硬度低的固定密封环的啮合线部位就可能出现 3.30×1.414=4.67mm 的擦痕。

4）压力试验过程中，阀体底部变形（表计 5）的最大值为 0.56mm（见表 3.2.4），与有限元分析报告中止漏环沿活门轴呈 90°方向的径向变形是相近的。而试验中显示的活门沿其轴呈 90°方向的变形趋势与阀体或活动密封环变形方向是一致的，参照有限元分析报告其量值也应在同一数量级范围。由此推断，在与活门轴向成 90°方向上固定密封环和止漏环在 10.6MPa 压力试验过程中在底部啮合部位产生的相对位移是很小的，这也是该部位几无擦痕的印证。

鉴于以上分析，初步认为活门刚度是偏小的。

图 3.2.16 第二次试验固定密封环擦痕

（3）密封副硬度差的分析。

1）第一次阀体试验时检测的密封副硬度差为 41～61HB，而第二次阀体试验时固定密封环的硬度仅为 201～214HB，明显低于第一次的 239～253HB，其时硬度差增大至 50～80HB，使得固定密封环擦痕更其严重（见图 3.2.16）。

2）第三次试验时密封副硬度检测记录见表 3.2.8。

表 3.2.8　　　　　　　　　第三次试验时密封副硬度检测记录表　　　　　　　　单位：HB

部　件	1	2	3	4	5	6	7	8	平均值
上游止漏环	299	298	296	290	289	292	292	297	294
上游密封环	227	208	226	210	225	217	226	228	221
下游止漏环	289	288	284	278	268	274	289	287	282
下游密封环	212	217	216	209	203	201	206	203	208

注　第三次试验时下游密封副硬度差平均达到 74HB。

3）ANDRITZ 采用"活动密封环硬度与固定密封环硬度不小于 50HB"，与合同规定是相悖的。对此，第 1.2.1.2 项"进水球阀上下游主密封"已有详细论述，根据《混流式水泵水轮机基本技术条件》（GB/T 22581）等相关资料，一般的摩擦副或动密封副其硬度差宜选 15～30HB。所以，建议在对球阀上下游密封副进行调质热处理时宜控制其硬度差不大于±35HB。

（4）密封腔试验压力值的合理性。

1）厂家对球阀上下游密封渗漏试验试验压力的取值不尽一致，如法国 ALSTOM 选用电站最大静水压力，日本东芝电力选用球阀设计压力，而 ANDRITZ 在其工厂试验文件中把密封腔试验压力规定为 10.6MPa。

2）若球阀上下游密封渗漏试验的试验压力选取最大静水压力，则深蓄电站的最大静水压力为：上库校核洪水位 528.35m－导水叶中心安装高程－5.00m＝533.35m。

3）按《水轮机进水阀选用、试验及验收规范》（NB/T 10078）的规定："对于一管多机布置形式机组，试验压力为进水阀最高瞬态压力"，深蓄电站进水球阀的设计压力取 7.06MPa。

4）深蓄电站的合同规定："密封试验压力应是进水阀可能承受的最大水压力"，也就是设计压力。

据此，选取进水球阀设计压力 7.06MPa 作为球阀上下游密封渗漏试验试验压力应是合适的。

6. 对 1 号机组的处理措施和建议

（1）同意 ANDRITZ 提出的处理措施：①重新加工固定密封环 R120 表面，水平偏移去除 0.8mm（见图 3.2.17）；②用油石或细砂纸对止漏环啮合线及附近进行抛光处理并探伤确认无缺陷。

（2）后续机组密封环和止漏环在进行调质热处理时按照硬度差不大于±35HB 控制。

（3）使用压力油泵接工作密封止漏环投入腔和退出腔并增设泄压阀，从而能随时对已建压的密封腔压力进行调整、卸压。

1）下游侧工作密封试验时，需随时卸压保证密封投入腔内压力与阀体内压力相等直至停止对阀体充压为止。

2）上游侧检修密封试验时，由于有压侧在闷头侧；活门的变形方向使密封投入腔（活动密封）容积增大，因此需随时对该腔补压，始终保持密封能够一直处在关闭状态。

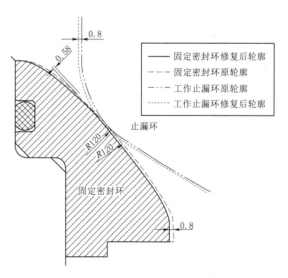

图 3.2.17　固定密封环修复示意图（单位：mm）

7. 2 号机组试验实际进程

2 号机组在阀体压力试验过程中未发现工作密封处泄漏和阀体的永久变形，但在阀体压力试验合格再进行工作密封漏水试验时，泄压过程中漏水量加大（见图 3.2.18）。

（1）进行第一次工作密封泄漏试验压力由 0 分步增至 7.06MPa 时，观察到不能被接受的泄漏情况（见表 3.2.9）。

表 3.2.9　　　　　　　　　2 号机组工作密封泄漏试验检测记录表

试验压力/MPa	泄漏量/（L/min）	结　　论
1.00	0.86	超标
1.50	1.00	
2.00	1.00	
2.50	1.00	
7.06	0.27	

（2）泄压放水后检查，下游工作密封固定密封环在活门轴向部位有严重擦痕（见图 3.2.19），活动密封环擦伤情况较轻微。

擦痕

图 3.2.18　工作密封泄漏情况　　　　图 3.2.19　密封副擦痕

（3）同时，对下游密封的密封环和止漏环的硬度进行了相对点测量（见表 3.2.10）。

表 3.2.10　　　　　　　　　　　　硬 度 测 量 记 录 表　　　　　　　　　　单位：HB

测　　点	固定密封环	活动密封环	差　　值
1	193	268	75
2	188	269	81
3	202	273	71
4	197	262	65
5	193	263	70
6	193	255	62
7	201	272	71
8	188	269	81
平均	194	266	72

（4）检修密封漏水试验基本满足设计要求。

（5）厂家所进行的处理为：对上、下游活动与固定密封环擦伤部位进行了光滑车修处理（仅去除了很少余量，对行程及密封不产生影响）；对阀体上、下游圆面的圆度进行了控制性车修处理，使其圆度偏差不大于 0.05mm。

（6）第二次工作密封漏水试验通过水泵向阀体内部加压至 7.06MPa，保压 30min，测量漏水量；测量完成后水压降至 3.5MPa 后再加压至 7.06MPa，保压 30min，测量第二次漏水量；重复上述步骤进行第三次漏水测量（见表 3.2.11）。

表 3.2.11　　　　　　　　　三次漏水量检测结果表

试验过程	试验压力/MPa	表计读数/mm							漏水量/(L/min)
		1	2	3	4	5	6	7	
第一次	7.06	−0.42	1.60	−0.13	0.76	0.38	0.20	0.09	0.0015
第二次	7.06	−0.38	1.60	−0.13	0.78	0.39	0.22	0.11	0.0015
第三次	7.06	−0.36	1.36	−0.13	0.80	0.39	0.23	0.12	0.0015
泄压至 0		−0.04	−0.18	0.01	0.06	0.03	0.04	0.12	—
平均漏水量									0.0015

（7）检修密封漏水量见表 3.2.12。

表 3.2.12　　　　　　　　　检修密封漏水量表

试验过程	试验压力/MPa	漏水量/(L/min)
第一次	7.06	0.003
第二次	7.06	0.060

8. 对 2 号机组试验的探讨与分析

（1）在针对 2 号机组进水球阀工作密封试验泄漏超标进行的解体过程中，经全面检查发现以下情况：①下游工作密封固定密封环在活门轴向部位有密封副相对位移引起的严重擦痕；②下游工作密封固定密封环上下侧（即与活门轴成 90°方向）的擦痕较轻微；③下游工作密封止漏环仅有轻微擦伤痕迹；④上游检修密封止漏环与固定密封环均呈现正常光滑压痕，基本没有擦痕。

（2）对上述情况的分析：①由于球阀进行整体压力试验时，检修密封活动、固定密封环是始终处于脱开状态（即未投入工作状态），其未发现擦痕的实际情况应可推断工作密封出现擦痕系发生于球阀进行整体压力试验期间；②由于止漏环的硬度明显高于固定密封环（设计硬度差大于 50HB），止漏环的擦痕自然就要轻微得多；③在阀体增压和泄压过程中（工作密封同步增、减压），密封副可能发生了相对位移；④密封副在活门轴向部位的相对位移大于与活门轴成 90°方向的相对位移。

（3）为了印证上述的分析，在工作密封 3 个不同部位架设了 3 块百分表（表 1～表 3）监测止漏环与固定密封环相对位移量，并在活门轴两端面架设了 2 块百分表（表 4、表 5）检测活门轴变形（见图 3.2.20），分别进行了 4 次工作密封漏水试验（见表 3.2.13）。

表 3.2.13　　　　　　　　　　工作密封漏水试验记录表　　　　　　　　　单位：L/min

试验压力/MPa		2	3	4	5	6	7
第一次	表1	0.20	0.22	0.40	0.57	0.70	0.85
	表2	0.22	0.26	0.44	0.63	0.77	0.93
	表3	0.05	0.04	0.08	0.11	0.14	0.17
第二次	表1	0	0.03	0.15	0.24	0.35	0.70
	表2	0	0.12	0.29	0.41	0.54	0.89
	表3	0.05	0.01	0.04	0.08	0.13	0.25
	表4	0.18	0.23	0.28	0.33	0.38	0.45
	表5	0.10	0.23	0.32	0.45	0.58	0.73
第三次	表1	0	0	0.01	0.01	0.08	0.12
	表2	0	0.04	0.06	0.12	0.22	0.38
	表3	0.04	0.01	0.01	0.01	0.08	0.09
	表4	0.20	0.28	0.34	0.40	4.47	0.53
	表5	0.15	0.27	0.40	0.52	0.57	0.78
第四次	表1	0	0.02	0.05	0.05	0.22	0.37
	表2	0.02	0.03	0.12	0.14	0.22	0.50
	表3	0.03	0	0.03	0.03	0.10	0.15

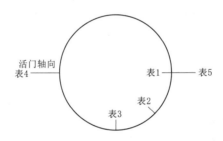

图 3.2.20　百分表支放位置示意图

注：表1监测活门轴向位置止漏环与固定密封环相对位移；表2监测45°位置止漏环与固定密封环相对位移；

表3监测活门轴向90°位置止漏环与固定密封环相对位移；表4位于活门轴向右端面；

表5位于活门轴向左端面。

从图 3.2.20、表 3.2.13 中可以推断：

1）在升压过程中，表1、表2、表3数值均为负值，说明密封副啮合部位发生了相对位移，随着压力的增加止漏环与固定密封环的相对位移也明显呈增大趋势。

2）在同一压力下，表2数值＞表1数值＞表3数值，说明活门在圆周方向的变形是不均匀的，这是与深蓄球阀有限元分析报告中的活门在工作密封漏水试验工况下（试验压力为 7.06MPa）的变形是一致的。

3）在升压过程中，表4、表5数值均为负值，且随着压力的增加而增加，说明活门在枢轴方向也产生变形，使得密封副沿枢轴方向产生了相对位移。

（4）鉴于东电测量结果的趋势与 ANDRITZ 有限元分析的变形结果是一致的，可以结合有限元分析资料进行分析：

1）从上述第二次压力试验资料可以看到，当试验压力达到 7.06MPa 时，阀体径向变形的最大值为 0.80mm；而东电所进行的验证性工作密封泄漏试验中，表 4 和表 5 所显示的活门轴向变形最大值为 0.78mm。由于两者方向是相反的，这就意味着在活门轴向方向固定密封环和止漏环在 7.06MPa 压力试验过程中可能在活门轴向部位产生 0.80＋0.78＝1.58mm 的相对位移。也就是说，密封副啮合面在高挤压应力的作用下，可能出现 $1.58×1.414＝2.23$mm 的擦痕。

2）第二次压力试验资料中，当试验压力达到 7.06MPa 时，阀体底部变形的最大值为 0.39mm，有限元分析报告中止漏环沿活门轴呈 90°方向的径向变形约 0.225mm 是相近的；东电所进行的验证性工作密封泄漏试验中所显示的活门沿其轴呈 90°方向的变形趋势与阀体或活动密封环变形方向是一致的，参照有限元分析报告其量值也应在同一数量级范围。由此推断，在与活门轴向成 90°方向上固定密封环和止漏环在 7.06MPa 压力试验过程中可能在底部啮合部位产生的相对位移是很小的，这也是该部位几无擦痕的印证。

3）尽管工作密封泄漏试验和有限元分析报告一样均未包含 7.06～10.6MPa 压力范围的检测以及活门的变形分析，但可以肯定的是，阀体、活门在球阀整体压力试验工况下的变形趋势不会发生改变，其变形量都会相应增大。也就是说，当试验压力达到 10.6MPa 时，活门轴向的擦痕宽度会远大于 2.23mm。

4）当活门受压变形（即固定密封环变形）时，止漏环需同步以其弹性变形来保证密封性能。但由于加工误差的影响（当然，阀体若出现残余塑性变形，哪怕是微量的，也会带来一定程度的影响），固定密封环和止漏环啮合面各部位的压力承受程度也是参差不齐的，因此，局部出现更严重的擦痕是完全可能的。

（5）虽然目前许多抽水蓄能电站如仙游、仙居和清远等电站都采用了不设置下游闷头的试验方式，但是东电对 ANDRITZ 未设置下游闷头球阀整体压力试验方式提出的质疑也是不无道理的。这是因为：

1）按《水轮机进水阀选用、试验及验收规范》（NB/T 10078）中规定，进水球阀阀体试验压力为 1.5 倍的设计压力，活门试验压力为 1.2 倍设计压力。

2）常规的阀体压力试验的确是描述为上下游设置闷头，上下游密封均退出的工况下进行 1.5 倍设计压力耐压 30min。

3）目前投入下游工作密封、退出上游检修密封的试验方式与常规的活门试验之一方式是类似的，那么其试验压力应该限制为 1.2 倍设计压力。

9. 消减或避免 2 号机组出现损伤性擦痕的有效措施

（1）建议控制止漏环和固定密封环两者硬度差在±35HB 范围内，可更有效的避免密封环擦伤故障的再次发生。

（2）合理选择密封腔试验压力值。选取设计压力作为密封副的试验压力（包括阀体压力试验时），这必然有利于减轻阀体压力试验时密封副擦伤的程度。

（3）试验过程还必须注意随时对已建压的密封腔压力进行调整、卸压以防止密封腔压力超载，减缓密封副擦伤度。

1）下游侧工作密封试验时，需随时卸压保证密封投入腔内压力与阀体内压力相等直至停止对阀体充压为止。

2）上游侧检修密封试验时，由于有压侧在闷头侧；活门的变形方向使密封投入腔（活动密封）容积增大，因此需随时对该腔补压，始终保持密封能够一直处在关闭状态。

3.3 电动发电机

由于叠片式磁轭（如惠蓄电站）对叠压工艺有较高的要求，尤其是如何掌控并适当提高"叠压系数"的幅值对高转速的抽水蓄能机组已经成为确保装配质量的进取性的方向；同样，高转速抽水蓄能机组轴线调整（盘车）工艺和实效一直都是机组调试验收必须突破的关隘（如 GZ-Ⅰ电站）。本节在这些方面开展了较为详细的陈述，同时也对之工艺过程和执行标准提出了应予遵循的方向性意见。

3.3.1 转子磁轭"叠压系数"

美国大古力电站 820MW 水轮发电机组曾因磁轭叠压不紧引发转子失圆碰撞定子的特大事故而轰动一时；国内青铜峡水电站某台机组转子起吊时由于磁轭叠压欠紧而严重变形，造成返工重新叠装磁轭；白山电站 300MW 水轮发电机也是由于未压紧的磁轭叠片在 135％过速时窜动外甩，造成转子支架扭斜、合缝板拉开、严重变形扫膛的特大事故的发生。诸如此类，不乏其例。由此看出，机组转动部分的整体性和刚度对电站运行的稳定、可靠性是至关重要的，而其中磁轭的叠压紧度又是至为关键。单机容量 300MW 的惠蓄电站 1 号机组严重毁机事故引起国内外有关方面的普遍关注，在法国 ALSTOM 基本认定事故源自转子磁极线圈绝缘垫板材质问题的同时，对磁轭的叠压全过程也进行了深入分析。

1. 衡量"磁轭叠压"质量的要素

当前，衡量水轮发电机组转子磁轭压紧程度的基本要素常用磁轭叠片"片间单位压紧力"和"叠压系数"表示。

（1）磁轭叠片片间单位压紧力的大小取决于拉紧螺栓的扭紧力矩及其相应的伸长值，《水轮发电机组安装技术规范》（GB/T 8564）第 9.4.8 条中要求"磁轭压紧应使用力矩扳手对称、有序进行，直至达到要求的预紧力"，同时应"在圆周方向均匀抽查不少于 10 根螺杆的伸长值以校核预紧力，永久螺杆的应力和伸长值应符合制造厂规定"。一般，国内外制造厂均在设计资料及施工图纸上明确标明磁轭叠压时拉紧螺栓扭矩及其伸长值的具体数值。

惠蓄电站机组的磁轭外径 ϕ3840.6mm，净高度 3136mm，使用 192 根长度 3248mm 的拉紧螺栓（见图 3.3.1）。磁轭依次按 636mm、1136mm、1636mm、2136mm、2636mm 分 5 次完成中间压紧，然后最终压紧。设计规定，磁轭压紧中间压紧力矩为 1750N·m，最终压紧力矩为 2100N·m，M39 拉紧螺杆对应的伸长值为 3.0～3.7mm。

（2）叠压系数。负责安装的施工单位一般将《水轮发电机组安装技术规范》（GB/T 8564）中"磁轭压紧后，叠压系数不应小于 0.99"的要求作为评判磁轭叠压的重要标准。

鉴于目前制造厂商对磁轭叠片加工精度均已达到较高水平，磁轭叠压系数系采用转子磁轭的计算高度与压紧后磁扼实测平均高度之比计算：

$$k=\frac{h_1 n_1+h_2 n_2+\cdots+h_j n_j}{H}$$

式中：k 为叠压系数；h_j 为各类冲片的理论厚度；n_j 为相应各类冲片所堆叠的层数；H 为磁轭压紧后的实测高度。

"拉紧螺栓的扭紧力矩及其相应的伸长值"和"叠压系数"两大要素，孰重孰轻、或取或舍，对于不同设计结构、不同装配工艺的机组是有所区别的。通过该电站典型大长细比、高转速转子安装的实践，探索、验证了上述两种衡量方式的应用效果，更深刻地认识到正确选用安装衡量手段与机组长期稳定安个运行是攸息相关的。

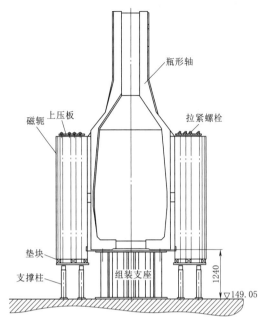

图 3.3.1　磁轭叠装示意图（尺寸单位：mm）

2. 正确理解磁轭叠压拉紧螺栓扭矩与其伸长值的关系[11]

一般，只要按照制造厂家设定的扭矩实施对磁轭拉紧螺栓的扭紧工序即能达到磁轭叠压的紧度要求。对此进行如下分析：

（1）首先，磁轭拉紧螺栓的扭紧力矩 T 用于使拉紧螺栓产生弹性伸长形成叠片间压应力，其时主要克服螺纹副的螺纹阻力矩 T_1 及螺母与被连接件支撑面之间的端面摩擦力矩 T_2，对标准螺栓而言，扭紧力矩 T 与轴向力 F_0 的关系为：

$$T=T_1+T_2=kF_0 d \qquad (3.3.1)$$

式中：T 为扭紧力矩，N·m；F 为轴向力，N；k 为扭紧力矩系数；d 为拉紧螺杆公称直径，mm。

与螺栓的扭紧力矩系数 k 值密切相关的 T_1、T_2 的大小主要取决于螺纹当量摩擦系数 f_v 和螺母与被连接件支撑面间的摩擦系数 f_C。而由于部件加工精度、位置各异及作业条件不同等多方面因素使各拉紧螺栓的上述两个摩擦系数不同程度存在差异，这也意味着同一扭紧力矩对磁轭各根拉紧螺栓所产生的轴向力实际值可能存在差异，即一个固定值的扭矩产生拉紧螺杆的伸长值不尽相同。因此，用扭紧力矩来衡量磁扼叠压的紧度是不够理想的。

（2）由于机组不同的设计结构、不同的装配工艺对拉紧螺栓扭矩与其拉伸长度的对应关系是会产生直接影响的。

1）该电站多台机组均出现对拉紧螺栓扭矩与其拉伸长度不对应的异常情况，现以 1 号机组磁轭实际叠压为例说明如下：

a. 采用 1750N·m 扭矩进行拉伸长度测量时（对应每个磁极抽查 3 颗螺杆），1 号转子压紧螺栓拉伸数据见表3.3.1。

表3.3.1   1号转子压紧螺栓拉伸数据表   单位：mm

磁极编号	拉伸值	磁极编号	拉伸值	磁极编号	拉伸值
1	1.88	5	1.87	9	2.39
	1.74		2.19		2.08
	2.03		2.15		2.17
2	2.00	6	2.46	10	2.27
	1.73		2.48		2.33
	2.31		2.26		2.39
3	1.97	7	2.34	11	2.34
	1.98		2.04		2.24
	2.25		1.94		2.08
4	1.95	8	2.26	12	2.39
	1.72		2.02		2.30
	2.03		2.17		2.27

从表3.3.1中可以看出，最大拉伸长度为2.48mm，最小拉伸长度为1.72mm，平均拉伸长度为2.14mm，远未达到设计图纸规定的3.0～3.7mm要求。

b. 当采用2100N·m拉伸力矩时，抽检10根螺杆的伸长值（见表3.3.2）。

表3.3.2   磁轭拉紧螺杆拉伸数据表   单位：mm

螺杆编号	1	2	3	4	5	6	7	8	9	10
伸长值	2.41	2.48	2.06	2.34	2.69	2.23	2.81	2.75	2.88	2.16

从表3.3.2中可以看出，最大拉伸值为2.88mm，最小拉伸值为2.06mm，平均拉伸值为2.48mm，仍未达到设计要求。

2）针对上述情况，对磁轭拉紧螺栓在设计扭矩下的伸长值进行复核。

a. 采用公式：

$$\Delta l = \frac{Fl}{EA} = \frac{Tl}{1.25fEdA} = \xi T \quad\quad\quad (3.3.2)$$

$$A = \pi(D/2)^2 = 1384.74\text{mm}^2 \quad\quad\quad (3.3.3)$$

式中：l为拉紧螺杆全长3248mm中磁轭段高度3136mm；Δl为杆件在轴线方向的伸长；A为横截面面积，mm^2；F为轴向力，kgf；D为螺杆光杆部分直径，42mm；E为弹性模量，磁轭拉紧螺栓选用42CrMo4+QT，属于钼-低合金钢，E取为$2.1 \times 10^4 \text{kgf/mm}^2$。对标准螺栓而言，为简便计，$f = f_v = f_c = 0.10 \sim 0.13$是可以接受的。一般设定，$f = f_v = f_c = 0.13$更近似符合工程实际。

$$\xi = \frac{l}{1.25fEdA} = \frac{3136}{1.25 \times 0.13 \times 2.1 \times 10^4 \times 39 \times 1384.74}$$
$$= 0.17016512 \times 10^{-4}$$

b. 对于扭矩 1750N·m＝(178.444kgfm)：
$$\Delta l_2 = 0.17016512 \times 10^{-4} \times 178.444 \times 10^3 = 3.0365\text{mm}$$

c. 对于扭矩 2100N·m＝(214.144kgfm)：
$$\Delta l_2 = 0.17016512 \times 10^{-4} \times 214.144 \times 10^3 = 3.644\text{mm}$$

以上 3.0365～3.644mm 与法国 ALSTOM 提供的 3.0～3.7 是基本相符的。

d. 同时，对自由状态的 M39 螺杆进行的三次拉伸试验也证实当拉紧螺栓达到 1750N·m 扭矩时，螺栓的伸长值约 3.2mm，与设计要求基本相符。

（3）可把屡屡出现拉紧螺栓扭矩与其伸长值不对应情况的主要原因归结为：

1）由于叠片初始先安装全部 192 根 M39 永久拉紧螺栓定位并将叠片从螺杆上端逐片往下叠装（见图 3.3.2），ϕ42 拉紧螺杆与磁轭叠片冲片孔之间由于加工精度、装叠误差等多方面因素，叠压时可能产生较大的摩擦卡阻力，增大了压紧难度，也就影响磁轭的压紧程度。

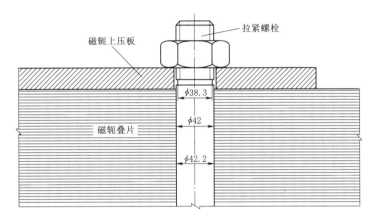

图 3.3.2　拉紧螺栓示意图（单位：mm）

2）由于磁轭叠片采用"之"形搭接叠片工艺，拉紧螺杆与磁轭叠片冲孔配合间隙相对误差的方向不一，增大了叠压过程的卡阻的严重程度。正是由于严重卡阻使得所施加的扭矩往往仅作用于部分长度的拉紧螺栓，这就必然影响到拉紧螺栓与所施加扭矩的对应程度。而且，卡阻程度越大，对应程度的差异也越大。

（4）对拉紧螺栓合理伸长值的核算。

1）螺杆材质为 42CrMo4＋QT 的拉紧螺杆（屈服强度为 650MPa）常规承受拉应力应低于：650MPa×(60～70)％＝390～455MPa。

2）截面仅 ϕ38.3mm 螺纹退刀槽处（横截面积为 1151.5mm²）是拉紧螺杆的最薄弱部位（见图 3.3.2），其所承受的轴向力为：
$$F = \sigma A = 390 \times 1151.5 = 449085\text{N}$$

3）相应允许的伸长值则为：
$$\Delta l = \frac{Fl}{EA} = \frac{449085 \times 3136}{2.1 \times 10^4 \times 1384.74 \times 9.81} = 4.937\text{mm}$$

亦即螺栓伸长值小于 4.937mm 时才是安全的。

4）由于在同一数量级扭紧力矩（如 2100N·m）作用下拉紧螺杆承受的轴向力不尽相同，螺杆的伸长值又因卡阻力不同而产生更大的差异，受拉紧螺杆伸长安全极限值（如 4.937mm）的制约，继续增加扭矩来克服叠片或主键的卡阻力以达到正常的伸长值也有一定难度。因此，应用扭紧力矩和拉紧螺栓伸长值来验证磁轭叠压紧度是有局限性的。

3. 1号机组磁轭"叠压系数"分析

该电站磁轭叠片分成 P01～P09 共 9 种类型，除 P03、P04 为 0.5mm 厚的补偿片外，其余叠片的设计均为 4mm。考虑到制造误差，均须对各类型磁轭叠片测量厚度（实测点如图 3.3.3），取其平均厚度作为叠片的理论厚度进行"叠压系数"的计算。

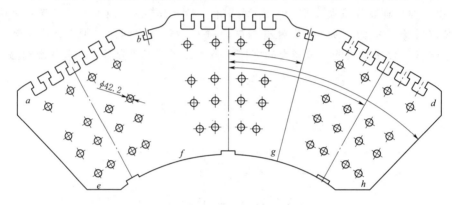

图 3.3.3　磁轭叠片示意图（单位：mm）

a～h—叠片测厚点

当时，对 1 号机组转子磁轭叠片共抽查了 10 片，磁轭叠片抽查检测记录见表 3.3.3。

表 3.3.3　　　　　　　　　　　磁轭叠片抽查检测记录表　　　　　　　　　　单位：mm

叠片编号	外　圆				内　圆			
	a	b	c	d	e	f	g	h
1	4.08	4.06	4.07	4.04	3.97	3.96	3.98	3.97
2	4.06	4.07	4.05	4.06	3.99	4.00	4.00	3.98
3	4.06	4.07	4.05	4.06	3.95	3.98	4.00	4.01
4	4.09	4.08	4.07	4.08	3.98	3.97	3.99	3.97
5	4.08	4.06	4.05	4.07	3.99	4.00	4.01	3.99
6	4.04	4.06	4.05	4.06	3.97	3.96	3.98	3.99
7	4.05	4.03	4.04	4.03	3.97	3.96	3.98	3.97
8	4.04	4.04	4.05	4.04	4.01	3.99	4.00	4.00
9	4.06	4.05	4.05	4.04	4.00	4.00	3.99	3.98
10	4.06	4.05	4.05	4.06	3.98	4.00	3.99	4.00
测点平均值	4.062	4.056	4.054	4.053	3.981	3.982	3.992	3.986
平均值	4.05625				3.98525			

从表 3.3.3 中可以看出，磁轭内外圈的厚度存在比较明显的偏差，考虑到由此可能产生对叠压高度和紧度的影响，我们认为必须对磁轭内外圈分别进行叠压系数的计算。

1 号机组转子磁轭叠片总层数 773 层（不含补偿片），分别用内外圈平均叠片厚度（即 4.05625 和 3.985 25）测算各预压层（282 层、407 层、532 层、656 层、773 层）叠片的理论高度并结合叠片实际高度（分别取实测最大、最小值）计算磁轭内圈的叠压系数（外圈略），叠压系数计算见表 3.3.4。

表 3.3.4　　　　　　　　　　叠 压 系 数 计 算 表

测量部位	内　圈				
压紧层次	第二次压紧	第三次压紧	第四次压紧	第五次压紧	第六次压紧
层数	282	407	532	656	773
实际理论高度/mm	1123.84	1622.00	2120.15	2614.32	3080.60
实际最小高度/mm	1146.50	1651.50	2159.50	2664.50	3137.00
相应叠压系数/%	98.00	98.21	98.17	98.12	98.20
实际最大高度/mm	1148.00	1635.50	2159.00	2664.00	3137.50
相应叠压系数/%	97.90	98.10	98.20	98.14	98.31

注　由于第一次预压记录缺供而未纳入表。

从表 3.3.4 中可以看出，磁轭内圈各层的叠压系数均小于 99%，其中最小的只有 97.90%；最终的压紧系数范围仅达到 97.90%～98.31%。

由于惠蓄电站转子中心体与磁轭采用纯径向键结构，作为控制磁轭圆度和中心并传递扭矩的关键部件，其与磁轭叠片槽口配合间隙小以及难以避免的叠装偏差、加工误差造成了叠压过程中一定程度的卡阻，使得叠片内外圈叠压高度差异较大。厂家督导在扭紧力矩符合设计要求、拉伸值不对应的情况下，指令采取外圈增叠多层补偿片的方式以平衡叠片内外圈高度差，并认可了磁轭的叠压质量；施工单位和监理则采用综合平均叠片厚度（未区分内外圈）计算叠压系数也认为满足规范要求。而事实上，从表 3.3.4 中可以明显看出 1 号机转子磁轭叠压的质量是没能达到《水轮发电机组安装技术规范》（GB/T 8564）的要求的。

4. 结语

（1）对于惠蓄电站这样转速高达 500r/min 的机组，类似 1 号机组磁轭（内圈）不满足规范要求（>99%）的情况，其实际叠压高度 3137mm -规范允许高度（3080.60mm/99%）≈25.28mm 超过了拉紧螺杆的弹性伸长值，这显然是不能被接受的。

（2）惠蓄电站的实践证明，单凭扭紧力矩和拉紧螺栓的伸长度来衡量磁轭的压紧程度是有局限性的。而采取措施确保磁轭的叠压系数达到不小于 99% 的基本要求则是十分必要的，根据电站其后几台机组及其他多个电站的实践，磁轭叠压系数达到 99.4% 甚至更高是完全可以实现的。

（3）根据电站多台机组的检测情况可以清楚地看到，P01～P09 各类叠片的厚度偏差也不同。为了更精确计算磁轭叠压的真实紧度，应区分叠片的类型分别测量并求取其厚度平均值，然后按照各自的叠片层数进行加权平均计算内外圈的理论高度，再计算叠压系数。

综上所述，确保磁轭叠压质量的关键是采取切实有效的措施力求达到规范所要求的叠压系数；采用制造厂家规定的拉紧螺栓设计扭紧力矩、抽样检查拉紧螺栓的伸长值作为重要的辅助性检测依据。

3.3.2 机组轴线的调整

由于GZ-Ⅰ电站三导轴承（上、下和水导轴承）半伞式机组的特点之一是单波纹弹性推力轴承承载于水泵水轮机顶盖上的推力支架（见图3.3.4），因此其机组轴线及其调整方式成为备受关注的焦点之一。

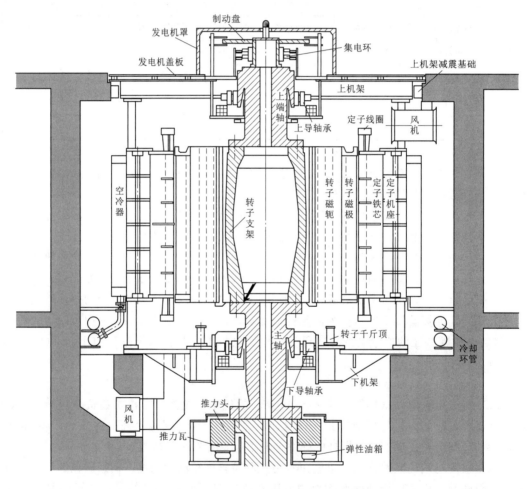

图 3.3.4 GZ-Ⅰ电站电动发电机结构

1. 机组安装阶段的盘车工艺

（1）由法国ALSTOM现场督导策划、制订的盘车工艺（见图3.3.5）如下：

1）采取人工机械盘车方式，在机组顶轴上端辐射状设置4根长3mDN80的钢管作为盘车器械，在高压油泵启动后由 8 人盘动机组进行检测。

2）分别在上、下、水导瓦相应位置设置百分表，上游侧的为 $+Y$ 表，安装间侧的为 $+X$ 表，并在大轴上标定方位点顺次为 1、2、3、4。则 $+Y$ 表之原始点 0°为 1，90°为 2，180°为 3，270°为 4；而 $-X$ 表原始点 0°为 4、90°为 1、180°为 2、270°为 3；$-Y$ 表原始点 0°为 3、90°为 4、180°为 1、270°为 2；$+X$ 表原始点 0°为 2、90°为 3、180°为 4、270°为 1（见图 3.3.5）。

3）上导瓦在 $+Y$、$+X$、$-Y$、$-X$ 设置拘束瓦，调整间隙为 0.02~0.03mm。

4）下导瓦和水导瓦处大轴在盘车过程中始终处于自由状态。

由此可以看出，法国 ALSTOM 现场督导对弹性油箱推力轴承的半伞式机组仍采用了刚性盘车的传统工艺。

（2）经此刚性盘车方式检测，1~4 号机组的轴线均不是处于比较理想的状态，以 3 号机组为例说明，3 号机组盘车摆度见表 3.3.5。

（3）消除上导轴承在轴承调整间隙范围内位移值对摆度值的影响后，机组轴线净摆度见表 3.3.6。

从表 3.3.7 中可以看出，3 号机组轴段各测点的摆度均超过了相应标准，按常规是必须进行轴线调整的。

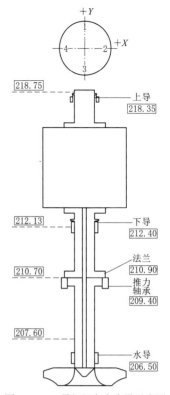

图 3.3.5　3 号机组盘车布设示意图
注：方框内数值为高程。

表 3.3.5　　　　　　　　　　　　3 号机组盘车摆度表　　　　　　　　单位：1/100mm

方位	测点	$+Y$	$+X$	$-Y$	$-X$
0°	上导	2.00	2.00	2.00	2.00
	下导	5.00	5.00	5.00	5.00
	发电机法兰	5.00	5.00	5.00	5.00
	推力头	5.00	5.00	5.00	5.00
	水导	5.00	5.00	5.00	5.00
	上止漏环	1.75	1.17	1.10	1.90
	下止漏环	1.70	1.15	1.35	1.85
90°	上导	2.01	2.02	1.99	1.98
	下导	4.98	4.84	5.02	5.16
	发电机法兰	5.00	4.94	5.01	5.05
	推力头	4.95	4.80	5.05	5.20
	水导	4.92	4.80	5.09	5.17
	上止漏环	1.75	1.35	1.10	1.72
	下止漏环	1.80	1.20	1.20	1.80

续表

方位	测点	+Y	+X	−Y	−X
180°	上导	2.02	2.03	1.98	1.97
	下导	4.83	4.95	5.11	5.05
	发电机法兰	4.98	5.06	5.05	4.94
	推力头	4.79	4.97	5.22	5.04
	水导	4.78	5.04	5.23	4.92
	上止漏环	1.95	1.15	0.92	1.92
	下止漏环	1.85	1.05	1.20	1.90

表 3.3.6　　　　　　　　　机 组 轴 线 净 摆 度 表　　　　　单位：1/100mm

测点与方位	90°（2）	180°（3）	270°（4）	360°（1）
下导	−0.03	−0.19	−0.14	0.01
法兰	−0.01	−0.04	−0.02	0
推力头	−0.06	−0.24	−0.19	0
水导	−0.09	−0.24	−0.13	0.01

则最终 3 号机组各测点摆度计算值见表 3.3.7。

表 3.3.7　　　　　　　　　3 号机组各测点摆度计算值

测点	绝对摆度/mm	相对摆度/(mm/m)	GB 标准/(mm/m)	备注
上导	0.225	0.027	0.02	超标
下导	0.065	0.028	0.02	超标
水导	0.225	0.068	0.02*	超标

* 对于该半伞式机组而言，位置相对靠近推力轴承的水导轴承的相对摆度亦应不大于 0.02mm/m。

（4）初步分析与结论。

1）一般悬式机组的上导轴承均以推力头外圆为轴领，其支撑中心高程与镜板滑动面相去无几。因此，单抱 4 块上导瓦，即可视同刚性盘车并采用其计算程序。而 GZ-Ⅰ 电站机组的特点是推力轴承在下导轴承下部，上导中心与推力轴承滑动面高程差近 9m。由于盘车时所施加在转子对边的力往往是不平衡的，因此在转子盘车转动中测量摆度是会有偏差的。对于刚性支撑的推力轴承，只要停止施加这种不平衡的力，转子还能返回到自由的初始位置。而弹性支撑就不同了，由于弹性支撑能吸收不均衡力，转子就不会完全复位，尤其是盘车着力点与拘束瓦（上导瓦）高程差较大、推力镜板与拘束瓦也有高程差时，不均衡力×力臂（高程差）所形成的偏移不能完全复位，使得盘车测量会有一定的误差。

2）正是由于 GZ-Ⅰ 机组所采用刚性盘车方式检测的数据可能带有偏差，且又难以判断应在哪个部位采取何种处理措施来纠正表 3.3.7 所呈现的超标状况，因此法国 ALSTOM 对四台机组均未进行任何调整而是留待机组运行时再行考察鉴定。

3）当然，如果根据经验，适当放宽拘束瓦抱瓦间隙（一般为 0.04～0.06mm，甚至更大一些），同时尽可能采取措施让轴线恢复起始状态，即使弹性油箱尽可能释放所吸收的不均衡力，也可以获得更其符合轴线实际状态的摆度数据。

虽然这种刚性盘车不能称得上是一种理想的轴线调整方式，但由于 4 台机组实际运行也均还正常，一方面证实了该单波纹弹性油箱具有较强的自平衡功能；另一方面，也证明了采取上述刚性方式盘车所获得的数据还是具有一定的参考价值的。

2. 机组大修时的轴线调整

（1）在机组大修进行轴线检查时则选用更靠近推力轴承的下导瓦（高程差约有 3m）作为拘束瓦仍按刚性盘车方式进行，支放百分表位置见图 3.3.5。以 1 号机组为例，1 号机组大修盘车检测记录见表 3.3.8（仅列示＋Y 方向百分表读数）。

表 3.3.8　　　　　　　　　　1 号机组大修盘车检测记录表　　　　　　　单位：1/100mm

位　置		1	2	3	4	5	6	7	8
摆度测值	上导	−4.0	−2.0	0	−1.0	0	−3.0	−4.0	−4.5
	下导	0	0.5	−0.5	−0.5	1.0	1.0	1.0	1.0
	法兰	1.0	3.0	0	−9.0	−15.0	−16.0	−11.0	−4.0
	推力头	1.0	1.0	0.5	−1.0	−2.5	−3.0	−1.0	0.5
	水导	−2.0	−1.0	0	−1.5	−4.0	−5.0	−5.0	−3.5
全摆度	上导	−4.0	−2.5	0	−0.5	−1.0	−4.0	−5.0	−5.5
	法兰	1.0	2.5	0.5	−8.5	−16.0	−17.0	−12.0	−5.0
	推力头	1.0	0.5	1.0	−0.5	−3.5	−4.0	−2.0	−0.5
	水导	−2.0	−1.5	−0.5	−1.0	−4.0	−6.0	−6.0	−4.5
净摆度	测点	1→5		2→6		3→7		4→8	
	上导	−3.0		1.5		5.0		5.0	
	法兰	15.0		19.5		12.5		−3.5	
	推力头	4.5		4.5		3.0		0	
	水导	3.0		4.5		5.5		3.5	

（2）经计算，摆度最大值分别为：上导 0.0627mm、法兰 0.198mm、推力头 0.05mm、水导 0.0627mm。轴系各段的相对摆度为：上导相对摆度＝0.0627mm/（218.35−212.40）m＝0.0105mm/m；法兰相对摆度＝0.198mm/（212.40−210.70）m＝0.117mm/m；推力头相对摆度＝0.05mm/（212.40−210.10）m＝0.0217mm/m；水导相对摆度＝0.0627mm/（212.40−206.50）m＝0.0106mm/m。

（3）初步分析与结论。

1）法兰外圆同心度一般要求达到 0.05mm，其所检测的摆度值应能反映轴段的真实情况，那么，0.117mm/m 应属于超标。

2）推力头外圆属于基轴，其加工偏差允许值为 0～−0.33mm，同轴度亦无特殊要求。因此，所检测的摆度值 0.0217mm/m 应不能反映轴段的真实情况。

3）筒式稀油润滑水导轴承（四瓣内衬巴氏合金导轴瓦）在大修阶段虽已装配到位，但可以采取整个轴承座体与机组固定部分解体落在水轮机主轴法兰上的方式，使其在盘车过程中随主轴旋转而不与机组固定部件相碰磨。这样，水导处就可测得反映真实状况的摆度值。

4）虽然，如果根据经验，适当放宽拘束瓦（上导瓦）抱瓦间隙（一般为 0.04～0.06mm，甚至更大一些），同时尽可能采取措施让轴线恢复起始状态，即使弹性油箱尽可能释放所吸收的不均衡力，也可能获得更其符合轴线实际状态的摆度数据。但是，其实际操作的难度会较大而且可信度也仍值得推敲。

5）正是由于 GZ-Ⅰ 电站机组的盘车拘束点下导与镜板平面的高程差达到 2.73m 之多，机械盘车施力点又在距离镜板平面 9m 的上端轴上法兰，采用刚性盘车方式时各种附加力矩将可能驱使镜板平面在旋转中产生轻微变化。因此，也就使得上导、水导的摆度测值失真（一般都趋于变小）而不能正确反映镜板平面与机组旋转中心线的倾斜角，从而影响轴线调整质量。总之，其所检测摆度值的真实性是尚待推敲或进行深层次探析的。

3.机组大修时的弹性盘车工艺

采用"弹性盘车"是一种验证性质的选择。

（1）无论是采用对称抱紧（间隙取 0.03～0.05mm）四块上导瓦、水导瓦的方法，还是采用习惯上的对称抱紧（间隙取 0.03～0.05mm）四块下导瓦、水导瓦的方法，由于 GZ-Ⅰ 电站机组水导瓦为筒式瓦，不能用于抱轴，如需在水导处抱轴，建议采取加装支撑瓦块的方式：

1）将四块辅助支撑瓦固定支撑于水导瓦上端机组十字对称方位，瓦间隙调整为 0.02～0.04mm（见图 3.3.6）。

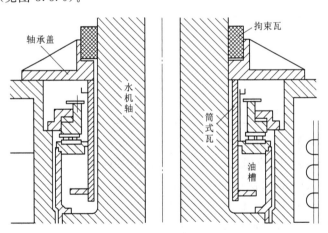

图 3.3.6　GZ-Ⅰ 电站水导轴承示意图

2）在上导轴承或下导轴承相同方位布设四块瓦，瓦间隙也调整为 0.03～0.05mm。

3）不设置拘束瓦位置的导轴承在盘车过程中始终处于自由状态。

4）分别在上、下、水导瓦相应位置设置百分表，用于测录盘车摆度数据。

5）在推力镜板相应部位（见图 3.3.7 之箭头 1 部位，即两块瓦之间；如布设实在有困难，也可布设于箭头 2 部位，但受推力头上平面加工精度限制可能误差会大一些）布设百分表，检测机组轴向跳动量。

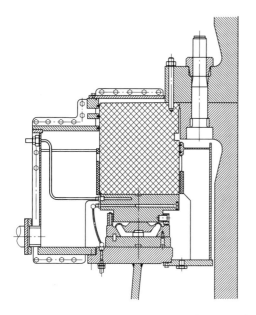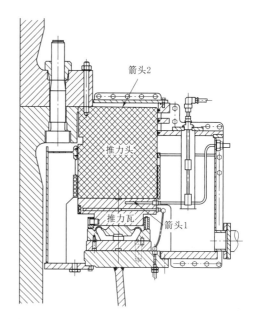

图 3.3.7　推力轴承装配示意图

6）盘车时，应按十字方向检测推力头镜板的轴向跳动量，只要能够确保达到设计要求，就可以判断机组可以安全稳定投入运行。

7）如果推力头镜板的轴向跳动量超出设计要求，则需根据刚性盘车的相关数据采取措施进行有效处理。

（2）对于 GZ-Ⅰ电站，建议的弹性盘车方式，也可采用将盘车抱轴点直接设定为上、下导轴承的方式。其盘车程序是：

1）盘车抱轴点设为上、下导轴承处，为使机组轴线处于相对理想的垂直状态，抱瓦间隙可以相应调整尽可能小，如 0.02～0.03mm。

2）解体水导筒式瓦，以免其较小的瓦间隙影响盘车的精准度。

3）由于上下导抱紧大轴，可以认为机组轴线（推力瓦以上部分）是一根直线，盘车时，如若推力瓦滑动面与机组轴线不垂直，则会在推力瓦镜板面的轴向跳动量上悉数反映出来。

4）盘车时，应按十字方向检测推力头镜板的轴向跳动量，只要能够确保达到设计要求，就可以判断机组可以安全稳定投入运行。

5）如果推力头镜板的轴向跳动量超出设计要求，则需采取措施进行有效处理。

6）如若水导处的摆度偏大或超标，则需结合推力镜板的轴向跳动量以及机组下端轴与水机轴的把合面状况进一步分析并相应采取措施。

4. 轴线调整的处理措施

GZ-Ⅰ电站机组"弹性盘车"可能出现机组推力镜板轴向跳动量偏大，同时下导处大轴摆度或下端轴法兰摆度超差（系指抱紧上、水导或抱紧下、水导的工况），而仅抱紧上、下导时则可能出现机组推力镜板轴向跳动量偏大同时水导摆度也超差的情况。对此，一般可采取的有效的轴线调整措施如下。

（1）由于推力镜板面与机组轴线的垂直度产生过大偏差，最直接的办法就是根据检测结果解体吊出推力头送外进行重新精加工（见图3.3.7箭头1处）。但因此必须大幅度解体机组（包括下机架在内），其工作难度和工程量之大是难以承受的，一般不可能予以采用。

（2）原设计机组下端轴与推力头的接合面（即 $\phi1810$mm 以内，见图3.3.8）加工精

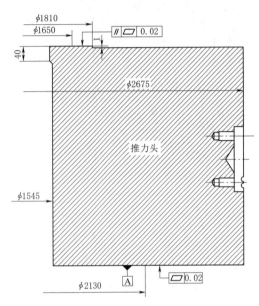

图 3.3.8　GZ-Ⅰ电站机组推力头
示意图（单位：mm）

度为 Ra3.2、平面度 0.02mm，与镜板摩擦滑动面（见图3.3.8之 A）的平行度达到 0.02mm。如实际状况偏差较大，可对该结合面进行适度加垫或刮削，旨在凭借所调整间隙挤压推力头与水机轴热套时的 40mm 高度的 0 间隙配合，在一定程度上相当于刮削悬吊式机组推力头卡环的功能，从而达到调整镜板滑动面与机组轴线的垂直度的目的。

（3）磨削转子与下端轴法兰止口实现接合面平移，重新钻铰销钉螺栓（见图3.3.7箭头1）。而此种处理方式相对难度和工作量也都要大得多，一般也不建议采用。

实践证明，GZ-Ⅰ电站四台机组推力镜板轴向跳动量都在可控范围之内，因此机组投入运行后都是可以安全稳定运行的。

5. 结语

（1）目前，由于制造业机加工精度的普遍提高，机组轴系的摆度已能得到有效控制；通过键、销钉螺栓及止口等定位工艺可大幅度消除安装累积误差；尤其是弹性支承推力轴承自身有效的调平衡功能，使得传统作为检测机组质量手段的盘车工艺逐渐淡化成了仅仅是检验安装累积误差的一道附加工序，GZ-Ⅰ电站四台机组均未经调整处理一次性投入稳定运行便是成功的例证。但是，对于多段轴结构的机组安装上的累积误差依然是很难避免的，作为一种检测手段的盘车工序仍是不可缺少的。

（2）由于弹性支撑储吸不均衡力的功能使得转动部件盘车时可能不会完全回复其应所具有的摆度数值，采用刚性盘车方法对弹性支承推力轴承的机组进行盘车，尤其是对于GZ-Ⅰ电站这样特殊结构方式的半伞式机组，其盘车测量数值产生偏差是在所难免的。因此，对具有弹性支撑推力轴承的机组采用有效的"弹性盘车"方式予以验证还是必要的。

（3）对于三轴承半伞式机组，"弹性盘车"的抱瓦方式一般采用在推力轴承的上、下方各抱紧一部导轴承（间隙取 0.03～0.05mm 或适当略再放大）使机组轴线处于强迫垂直状态的盘车方式，盘车时重点监测镜板的轴向跳动量。同样，采取抱紧上、下导轴承（间隙取 0.02～0.04mm）的方式，只要处置得当，也是可以达到预期目的的。

3.3.3 盘车及机组定中心

由于目前推力轴承支撑结构不断优化完善、机加工水平大幅度提升，实践证明，只要机组轴系尽可能采取同轴同车、同机床校正保证加工精度以及安装过程通过键、销钉螺栓和止口定位尽可能消除或减小累积误差，机组轴线调整（盘车）可以由原来的检测机组制造、安装必不可少的关键工序逐步淡化为检查安装累积误差的一种验证手段。当然，盘车作为一种检测手段仍是不可缺少的，特别是多段轴结构的安装，仍将是验证加工、检测缺陷和安装累积误差切实有效的验证手段。

1. 盘车方式

（1）总体分类。水泵水轮机组的推力轴承支撑形式大体上有刚性支柱单托盘支撑、平衡梁（块）支撑、双层推力瓦（含多支点）、弹性棒加支柱螺钉支撑结构、压缩管支承、弹性盘（单、双）支撑、弹簧簇（束）支撑、橡胶板支撑、液压支撑弹性支承、液压弹性箱支撑（单波纹和多波纹）等，总体上分属刚性支撑和弹性支撑。所以，按照推力轴承的支撑形式，机组盘车方式也分为刚性盘车和弹性盘车。

（2）刚性盘车是指在推力轴承为刚性支撑结构的情况下，只抱紧最靠近推力轴承的导轴瓦（一般间隙取 0.02～0.04mm）使机组轴线处于自由状态的盘车方式，通过盘车测摆数据能定量分析、计算轴线的径向摆度和各连结部位的折线度。

（3）在评判镜板轴向跳动量和非拘束导轴承摆度幅值的同时，还必须综合考虑弹性支撑的自动平衡调节作用，这个在一定范围内能随所受不均衡力的幅值同比例增减的能力也影响着非拘束导轴承摆度的幅值。因此，单纯凭借这两个数据中的一个数据或简单地将两个数据叠加并采用刚性盘车理论进行计算或判断处理，都是不够严谨的。所以，《水轮发电机组安装技术规范》（GB/T 8564）及相关规范的规定，在条件许可时，应按刚性方式盘车检查机组轴线各处摆度。例如，弹性油箱液压式推力轴承可以将油箱保护罩落下，变弹性受力为刚性受力状态。另外：

1）悬式机组一般上导轴承均以推力头外圆为轴领，其支承中心高程与镜板滑动面相去无几，单抱 4 块上导瓦（抱瓦间隙 0.02～0.04mm），可视同刚性盘车并采用其计算程序。

2）对于以推力头外圆为轴领设置下导轴承的半伞式机组，由于下导支承中心与推力镜板面高程差也很小，例如清蓄电站只有 190mm。在抱紧下导瓦的情况下，弹簧束推力轴承因旋转中心线与镜板平面不垂直引发的镜板轴向跳动量是可以忽略不计而视同刚性盘车的，如清蓄电站 1 号机组整体盘车时镜板跳动量仅为 −0.025～+0.01mm（包含镜面不大于 0.02mm 的加工精度）就是明显的例证。

3）《水轮发电机组安装技术规范》（GB/T 8564）第 9.5.7 条所要求的"靠近推力轴承"导轴承处抱轴，一般是指两者轴向距离较小可以忽略其可能造成影响而言，例如，GZ-Ⅰ电站机组的盘车着力点与下导拘束瓦高程差较大（约 9m）、推力镜板与下导瓦也有 2.73m 高程差。其时，不均衡力×力臂（高程差）所形成的偏移不能完全复位，使得盘车测量的数据产生一定的误差。对于采取刚性盘车方式的 GZ-Ⅰ电站机组这样的弹性推力轴承，不论采取"下导轴承处抱轴方式"还是"上导轴承处抱轴方式"，都有一定局限性。其中，哪一种方法在盘车时的镜板轴向跳动量更小一些，其可信度就更高一些。

（4）弹性盘车是指推力轴承为弹性支撑结构，在推力轴承的上、下方各抱紧一个导轴承（一般间隙取 0.03～0.05mm）使机组轴线处于强迫垂直状态的盘车方式，由于是将轴线摆度和各连结部位的折线度集中反映到镜板的轴向和径向摆度上，盘车数据还不能完全定量分析轴线的径向摆度和各连接部位的折线度。这是因为盘车时所施加在转子对边的力往往是不平衡的，因此在转子盘车转动中测量摆度是会有偏差的。对于刚性支撑的推力轴承，只要停止施加这种不平衡的力，转子还能返回到自由的初始位置。而弹性支撑就不同了，由于弹性支撑能吸收不均衡力，转子就不会完全复位。所以目前，弹性盘车方式还只能作为刚性盘车有效的验证手段。其可信度的标准是：

1）根据 $+Y$、$+X$ 百分表读数绘制轴线摆度曲线（非拘束瓦）均应系正弦曲线。

2）镜板轴向跳动量小于 0.05mm，其值越小可信度越高。

2. 盘车后机组调整中心工艺

（1）在盘车工序顺利完成后一般都应及时进行机组调整中心的工作，而不是在装配水导轴承以后（无论是筒型瓦还是分块瓦）。

（2）调整中心的准备事项。

1）采用 $+X$、$+Y$、$-Y$、$-X$ 四个方向顶动转轴分别求得止漏环 X、Y 方向的总间隙 $2(R-r)$（R 为固定止漏环半径；r 为转轮半径），并配合百分表监测的方法将转轮大致调整处于固定止漏环中心的位置。

2）以机组轴线调整（盘车）时摆度最大点的方位为基准，逆时针旋转转子，在其处于逆时针 $0°$，$30°$，$60°$，$…$，$360°$ 时在顶盖和底环测量止漏环间隙的测量孔（$+X$、$+Y$ 方向）处测录转轮上下止漏环间隙值。

3）分别取 $(R-r)$ 与两组测值对边和之差的 1/2 的平均值（可视为剔除机组摆度），其矢量和即为转轮相对于旋转中心的静态偏心值（见图 3.3.9）。

（3）抱上导瓦、断点盘车过程中分别测量上下迷宫环间隙按程序进行具体计算（见表3.3.9）。

表 3.3.9　　　　　　　　　　上下迷宫环间隙测量表　　　　　　　　　　单位：mm

测量位置	上 迷 宫 环 间 隙				下 迷 宫 环 间 隙			
	Y	X	$-Y$	$-X$	Y	X	$-Y$	$-X$
轴 1 号 $\rightarrow X$	Y_1	X_1	$-Y_1$	$-X_1$	Y_1	X_1	$-Y_1$	$-X_1$
轴 3 号 $\rightarrow X$	Y_3	X_3	$-Y_3$	$-X_3$	Y_3	X_3	$-Y_3$	$-X_3$
轴 5 号 $\rightarrow X$	Y_5	X_5	$-Y_5$	$-X_5$	Y_5	X_5	$-Y_5$	$-X_5$
轴 7 号 $\rightarrow X$	Y_7	X_7	$-Y_7$	$-X_7$	Y_{-7}	X_7	$-Y_7$	$-X_7$

注　Y 为上游；X 为安装间；$-Y$ 为下游；$-X$ 为中控室。

1）$+X$ 及 $-X$ 方向的偏心距：

$$P_1=[2(R-r)-(X_1+X_5)]/2$$
$$P_2=[2(R-r)-(X_3+X_7)]/2$$
$$P_3=\{2(R-r)-[(-X_1)+(-X_5)]\}/2$$

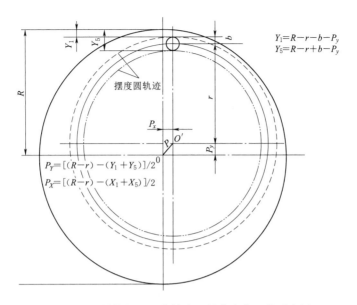

$$Y_1 = R - r - b - P_y$$
$$Y_5 = R - r + b - P_y$$

$$P_Y = [(R-r) - (Y_1 + Y_5)]/2^0$$
$$P_X = [(R-r) - (X_1 + X_5)]/2$$

图 3.3.9　转轮相对于旋转中心的静态偏心值示意图

R—固定止漏环半径；r—转轮止漏环半径；b—轴线摆度幅值；Y_1、Y_5—止漏环间隙；P_y、P_x—转轮偏心值

$$P_4 = \{2(R-r) - [(-X_3) + (-X_7)]\}/2$$

X 向偏心距 $P_X = (P_1 + P_2 + P_3 + P_4)/4$

2）+Y 及 -Y 方向偏心距：

$$P_1 = [2(R-r) - (Y_1 + Y_5)]/2$$
$$P_2 = [2(R-r) - (Y_3 + Y_7)]/2$$
$$P_3 = \{2(R-r) - [(-Y_1) + (-Y_5)]\}/2$$
$$P_4 = \{2(R-r) - [(-Y_3) + (-Y_7)]\}/2$$

Y 向偏心距 $P_Y = (P_1 + P_2 + P_3 + P_4)/4$

3）则：转轮对上止漏环的偏心值 $P_上 = \sqrt{P_X^2 + P_Y^2}$

4）同样可以求取转轮对下止漏环的偏心值 $P_下$。

5）由此可以测定上下止漏环的同心度偏差，而后判定"上下固定迷宫环同心度是否在可以接受的范围内"。

（3）根据理论或静态分析，以上导和上下固定止漏环中心的连线作为机组旋转中心，按照上导→下导→水导→转轮偏心值为实际轴线采用投影法求取下导、水导的理论间隙并调整，这是国内诸多施工单位习惯采用的施工工艺，也有过许多成功的范例。

（4）而国外各知名厂商一般均采用按摆度轴线均匀调整瓦间隙的方法，效果也很不错（包括 GZ-Ⅰ电站）。经过比较、分析，由于制造尺寸的几何偏差导致转动轴线与镜板或连接法兰面不垂直形成机组的静态轴线和盘车摆度；而由于运行机组的转动部件受到水力、电磁力、离心力、轴承约束力等有一定变化规律的不平衡力的综合作用，转动部件相对旋转中心发生量值大小及方向连续不断交替变化的现象，则是机组的动态轴线和运行摆度。毋庸赘言，机组"运行摆度"的性质与"盘车摆度"是不同的，各类型不平衡力合力方向的运行摆度方位也不可能与盘车摆度方位一致。因此，按盘车摆度方位调整导轴瓦间隙的方法，不但不能保证转子和轴承处在最佳状态，还可能因此带来不利于机组运行的其他问题。

3. 关于止漏环间隙偏差和同心度标准

（1）厂家在惠蓄电站要求偏差小于 0.2mm（上止漏环设计间隙 1.5mm，下止漏环设计间隙 1.7mm），相当于质量控制标准是 ±(11%～13%)。

（2）日本东芝电力执行的质量控制标准的确是 ±20%（上止漏环 1.12～1.68mm，下止漏环 1.36～2.04mm）。

（3）《水轮发电机组安装技术规范》（GB/T 8564）第 5.3.3 条表 13 中的"止漏环圆度"允许偏差为"－5% 转轮止漏环设计间隙"。由于一般固定止漏环都是按 H7 的加工精度，对于 GZ-Ⅰ 电站 $\phi2253$～$\phi2543$mm 的上止漏环和 $\phi2413$～$\phi2533$mm 的下止漏环，其直径最大偏差可能达到 0.175～0.21mm，若再考虑装配、测量误差，采用半径允许偏差 0.10mm 是合理的。

（4）同心度一般都是用一根基准钢琴线进行校准测量的，GB/T 8564 第 5.3.3 条表 13 中"同心度小于 0.15mm"的要求应也是合理的。

（5）惠蓄电站同心度检测实例（见图 3.3.10）。

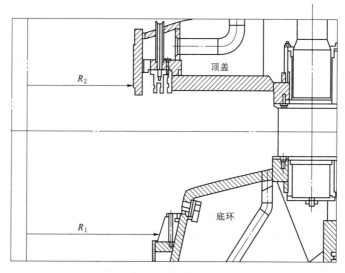

图 3.3.10 同心度检测示意图

1）底环止漏环中心偏差 R_1 不大于 ±0.10mm。

2）顶盖止漏环因预装时只能测量顶盖内环板半径偏差，要求 $R_2 \leqslant 0.2$mm，图纸要求上、下止漏环同心度不大于 ±0.10mm。

（6）海蓄、深蓄电站的标准也是不大于 ±0.10mm。

（7）站在设计的角度，如若各层止漏环的圆度按照其加工误差极限值 0.175～0.21mm，那么同心度的最大偏差也就可能达到 0.175～0.21mm。但是，同心度偏差允许值按照加工误差极限值 0.175～0.21mm 标定显然是不合适的，建议以"≤0.15mm"为合格标准，"≤0.10mm"为优良等级。

参 考 文 献

［1］ 厉倩，黄晓军. 应力棒法用于转轮静平衡测试技术［J］. 硅谷，2011（3）：19，68.

［2］ 厉倩，黄晓军. 大型水轮机转轮静平衡测试［J］. 东方电机，2010，38（2）：31-34.

［3］ 马强. 采用球面静压轴承的大型水轮机转轮静平衡试验方法［J］. 中国水能及电气化，2012（1）：70-73.

［4］ 彭德超. 景洪水电站转轮静平衡试验［J］. 云南水力发电，2010（6）：135-137.

［5］ 哈尔滨大电机研究所. 水轮机设计手册［M］. 北京：机械工业出版社，1976.

［6］ 秦继章，马善定，龚国芝，等. 天荒坪抽水蓄能电站钢蜗壳水压试验研究［J］. 水利水电技术，1999，30（9）：33-35.

［7］ 李正安. 关于水轮机蜗壳水压试验的探讨［J］. 水电站机电技术，1998（4）：19-24.

［8］ 秦继章，龚国芝，刘国刚，等. 广州抽水蓄能电厂二期工程钢蜗壳水压试验［J］. 武汉水利电力大学学报，1999，32（4）：9-12.

［9］ 尹襄，周小南，夏晓坤，等. 大型球阀制造技术研究及应用［J］. 东方电机，2009，37（2）：15-25.

［10］ 日本机械学会. 机械技术手册［M］. 北京：机械工业出版社，1984.

［11］ 应恒晶. 转子磁轭叠装问题的探讨［J］. 机电技术，2012，35（6）：85-87.

4　抽水蓄能机组安装调试工艺

21世纪以来,大中型抽水蓄能电站如雨后春笋一般在我国大江南北拔地而起,参与项目工程安装建设工作的众多施工队伍各显其能,在建造一座又一座大容量、高转速抽水蓄能电站的过程中,积累了覆盖水泵水轮机、进水球阀及电动发电机各个领域宝贵经验。本章对其中备受关注的部分关键项目的安装调试工艺,进行了全方位介绍和分析探究。

4.1　水泵水轮机

由于机组启停频繁、工况转换引发压力脉动以及其由动静干涉、流固耦合、自激振动诱发的机组振动摆度概率和幅值增大等种种因素,在高水头、高转速的水泵轮机安装调试各个环节所采取的举措缤彩纷呈。本节介绍了导水机构工地预组装工艺,剖析了清蓄顶盖在机坑内的装配工序以及分瓣顶盖的螺栓紧固工艺的探索历程;同时,还对抽水蓄能机组轴系高程在安装、运行不同阶段的变化与相互关系进行了探究。

4.1.1　高水头、高转速水泵水轮机导水机构工地预组装

1. 惠蓄电站导水机构工地预组装

(1) 使用内径千分尺和求心器检测并调整顶盖与下止漏环同心度(见图4.1.1)。

(2) 导叶吊装。

1) 法国ALSTOM督导原拟采用专用工具"导向环"安装全部导叶(见图4.1.2),用塞尺检测每个导叶中轴套与该导向环十字方向的间隙,其中,$R_1 - R_3$与$R_2 - R_4$的允许偏差为 $-0.05 \sim +0.05$mm,以确定导叶上中下轴孔的同心度,但由于导叶置于下轴套中时,导叶可能处于微斜状态,而导叶轴径与专用套的理论间隙达到0.234mm,因此根据此间隙调整是难以达到允许偏差原设计要求的。为此,修改其测量方法为吊入10个(一半)导叶并用图4.1.3所示的铅垂线法检测同心度。

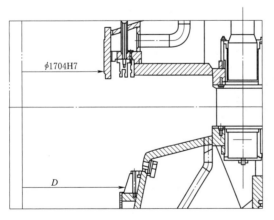

图 4.1.1　顶盖调整示意图(单位:mm)

2) 无导叶处,从上轴套孔处安装求

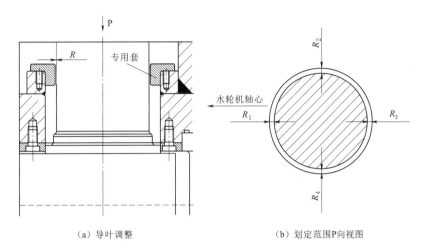

（a）导叶调整　　　　　　　　　　（b）划定范围P向视图

图 4.1.2　惠蓄电站导叶安装专用工具示意图

心器挂钢琴线，钢琴线可穿过下轴套下堵板的小孔，而油桶放置在底环进人通道处，以下轴套孔为基准中心，使用内径千分尺通过电测法对称四个方向测量导叶下轴套与中、上轴套孔的同轴度（见图 4.1.3）。

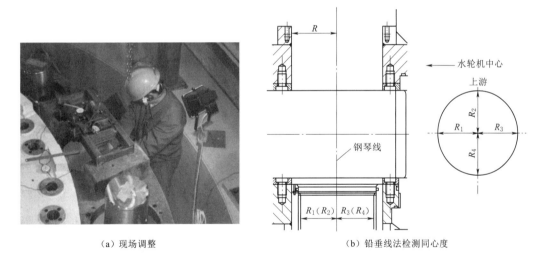

（a）现场调整　　　　　　　　　　（b）铅垂线法检测同心度

图 4.1.3　铅垂线法示意图

3）有导叶处，使导叶置于上轴套的中心，调整导叶垂直度后，使用内径千分尺检查导叶与顶盖轴套孔距离（见图 4.1.4）。

（3）调整符合要求后，在对称方位上使用液压拉伸器对顶盖的 1/2 螺栓进行预紧固。

（4）使用塞尺检查导叶大小头两侧端面间隙（见图 4.1.5 之 H 值）进行验证。

（5）经过以上调整，使得顶盖具备销钉钻铰条件。

2. 清蓄电站水泵水轮机导水机构的工地预组装

（1）根据清蓄电站水泵水轮机的结构特点，经过车间预组装的座环历经工地现场的组装、焊接及浇筑混凝土几道工序而又不进行研磨加工，尽管在作业过程采取了周密的监控

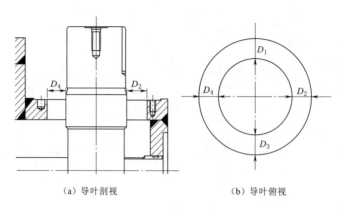

(a) 导叶剖视　　　　　　　　(b) 导叶俯视

图 4.1.4　导叶调整示意图

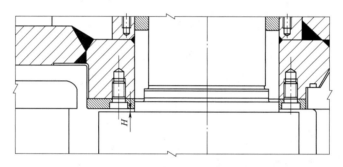

图 4.1.5　端部间隙示意图

措施和合理有效的组装、焊接程序，但最终的各组合面结合状况难免会有一些变化，机组中心、各节圆半径及轴孔同心度等也会产生偏差。因此，必要的调整、处理工作是必不可少的。

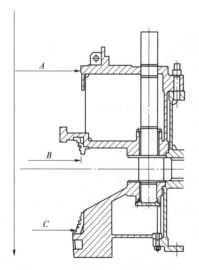

图 4.1.6　顶盖中心调整示意图
A—顶盖上镗口内径；B—上止漏环内径；
C—下止漏环内径

（2）FCB 采取以下检查导叶轴套孔同轴度的方法。

1）吊装 12 个（总数 16 个）导叶。

2）顶盖预装，使用内径千分尺和求心器检测顶盖与下止漏环同心度（见图 4.1.6）。

3）对称四个方向不安装导叶的导叶轴套同轴度采取从上轴套孔处安装求心器挂钢琴线、钢琴线悬挂小重锤垂放于储油的下轴套孔槽内的方法测定（见图 4.1.7，由于空间窄小增大了调整难度）。

4）以下轴套孔为基准中心，使用内径千分尺通过电测法对称四个方向测量导叶下轴套（分别为 D_1、D_2、D_3、D_4，图 4.1.7 中只列出了 D_1 和 D_3）与中、上轴套孔的同轴度（中心偏差不大于 0.10mm）。

5）在无法满足设计要求的情况下，应使同轴度的中心偏差尽可能地分配均匀。

6）使用塞尺检查导叶大小头两侧端面间隙（见图 4.1.8 之 H 值）进行验证。

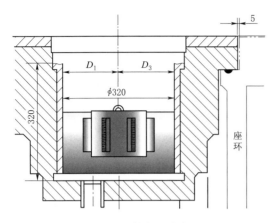

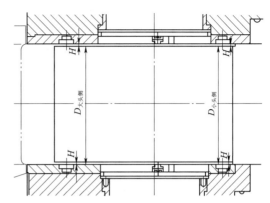

图 4.1.7　导叶轴套对中专用工具
示意图（单位：mm）

图 4.1.8　导叶端部间隙检测示意图
$D_{大头侧}$—导叶大头侧高度；$D_{小头侧}$—导叶小头侧高度

7）装有导叶处，可使用专用工具转动导叶，导叶转动应灵活无摩阻状。

8）采用千斤顶、楔子板根据导叶轴套孔测量数据调整同轴度（在顶盖调整过程中，使用若干个百分表进行监控，以方便调整）。

9）重复以上调整工作，直到下止漏环与顶盖同心度、导叶轴套孔同轴度满足设计要求。

10）固顶盖的 1/2 螺栓，使用内径千分尺检查上下抗磨板之间距离并核实导叶上下端面总间隙。

11）作为校验导叶同轴度至为关键的工序是使用塞尺检测导叶各个方向大小头两侧的端面间隙（见图 4.1.8 之 H 值），大小头上或下端部间隙应均衡，差值应不大于 0.10mm。

（3）工地预组装应达到的标准。

1）下止漏环与顶盖同心度，中心偏差不大于 0.10mm。

2）检查导叶高度是否满足允许偏差 0～－0.1mm 的要求。

3）导叶下轴套与中、上轴套孔同轴度的中心偏差不大于 0.10mm。

4）根据 THPC《水泵水轮机本体安装要领书》的要求："导叶大小头（$R450/R400$）的偏差允许值应约 0.03～0.04mm"。

3. 座环打磨加工工艺

由于高转速抽水蓄能机组普遍采用座环打磨加工工序，就目前所采用的较高精度的加工磨削设施的水平而言，是完全能够消除座环组焊、混凝土浇筑所可能带来的变形影响，达到与导水机构车间预组装（无论是采用座环还是工装）同样的基本条件。亦即，只要工厂预组装质量能予保证，工地预组装的效果也能大体预见。事实上，无论采取何种方式调整导水叶轴孔同轴度都是具有一定难度和不可预见因素的，但必须控制好以下几个关键点。

（1）严格把控座环各相关加工面的打磨加工量和精度，确保达到设计要求是保证导水机构装配质量的基本条件。

（2）高度重视锥管与泄流环焊接的质量并严格控制其可能给底环带来的变形影响。

（3）把导叶端部大小头间隙调整均匀达到规范要求和合理控制导叶转动扭矩（见"4.导叶转动扭矩的检测"）作为导水机构最终验收的主要依据。

所以，如能视现场实际状况酌定取消导水机构工地预组装这一工序，无疑对整个工期的缩短是大有裨益的。事实上，已有相当一部分工程在具体项目施工中已将取消导水机构工地预组装工序付诸实施并取得一定成效。

4. 导叶转动扭矩的检测

由于导水机构在车间进行预装时，为了检测相关的技术参数往往需要装配所有的导叶，使得检查导叶上、中、下轴套的同轴度有一定难度。部分设计制造厂家（如THPC）提出采取检测导叶转动扭矩的方式配合测量导叶端部间隙的均衡度来验证导叶的同轴度和位置度，经实践验证是可行也是可信的。

（1）导叶转动扭矩检测方法。清蓄电站导水机构结构见图4.1.9。

1）参与单只导叶转动扭矩检测的部件有顶盖、底环、活动导叶、导叶臂、摩擦臂、

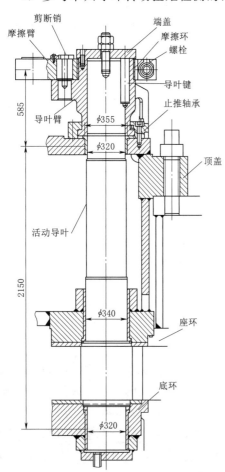

图4.1.9　清蓄电站导水机构
结构图（单位：mm）

摩擦环、端盖、导叶键、剪断销、止推轴承和相关螺栓。其中，活动导叶、导叶臂、摩擦臂、摩擦环、端盖、导叶键、剪断销和相关螺栓的重量全部落在导叶上轴套上法兰面上。

2）已装配摩擦臂情况下，使用葫芦拉拽摩擦臂连杆销位置［见图4.1.10（a）］的钢丝绳（或拉拽带），中间设置拉力计检测拉力，使用百分表检测导叶的初始转动（导叶旋转方向为由全关至开方向）。

3）未装配摩擦臂情况下可采用图4.1.10（b）布置拉力计方式进行导叶转动扭矩检测。其中：选用1m长扭力扳手和葫芦向上悬浮吊起导叶，以减少底部摩擦力。

（2）导叶转动扭矩的理论计算。

1）由于新机组导叶轴套未经磨合，滑动面未均匀分布自润滑材料膜，一般取摩擦系数为钢与铜静摩擦系数的最小值，即摩擦系数 $\mu=0.14$。磨合期后，动摩擦系数会下降至0.1甚至以下。

2）重力产生的摩擦力（以下尺寸均见图4.1.9）。活动导叶、导叶臂、摩擦臂等部件的重力总和 $G=31000N$；摩擦力矩 $M_f=G\mu\times(0.355/2)=770N\cdot m$。

3）设活动导叶被拉动时葫芦的水平正拉力

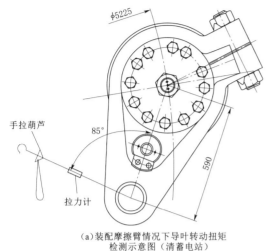

（a）装配摩擦臂情况下导叶转动扭矩
检测示意图（清蓄电站）

（b）未装配摩擦臂情况下导叶转动扭矩检测示意图（阳蓄电站）

图 4.1.10　导叶转动扭矩检测示意图（单位：mm）

为 F_1，由于导叶上、中、下轴套同心度良好，则：导叶下轴套所受正压力 $F_3 = F_1 \times (585/2150) = 0.272 \times F_1$；导叶下轴套所受摩擦扭矩 $M_3 = F_3 \mu \times 0.16 = 0.0061 F_1$；导叶上轴套所受正压力 $F_2 = F_1 + F_3 = 1.272 F_1$；导叶上轴套所受摩擦扭矩 $M_2 = F_1 \mu \times 0.16 = 0.0285 F_1$。

4）由 F_1 产生的转动扭矩：$M = F_1 \times 0.59 = M_2 + M_3 + M_f f + M_4 = (0.0061 + 0.0285) F_1 + 770 (\mathrm{N \cdot m})$。当 $M_4 = J\varepsilon$（J 为转动惯量，ε 为角加速度），克服转动惯量的扭矩确实存在，但因测量方式为点动，该扭矩很难量化，在此暂省略。

5）由此推演：

$F_1 \times (0.59 - 0.0346) - M_4 = 770 \mathrm{N \cdot m}$，则 $F_1 = 1386.4 \mathrm{N}$。

6）由于试验时葫芦中心线与摩擦臂中心线夹角约为 85°，则：

$$F_拉 = F_1 / \sin(85°) = 1391 \mathrm{N}$$

7）一般，考虑到还存在克服转动惯量的冲击力和拉力表读数时的精确度，可将 $F_拉$ 的值设定为 $F_拉 \pm 20\% F_拉 = 1112.8 \sim 1669.2 \mathrm{N}$。

（3）清蓄电站 1 号机组车间验收中导叶转动扭矩的检测。在制造厂车间使用拉力计检测逐个导叶的转动扭矩（见表 4.1.1）。

表 4.1.1　　　　　　　　　　　清蓄电站 1 号机组导叶摩擦力矩实测值

项目	1	2	3	4	5	6	7	8	9	10	11	12	13	14	15	16
拉力/kg	130	130	160	75	120	125	160	100	130	170	74	65	50	100	60	65
扭矩/(N·m)	749	921	921	432	691	720	921	576	749	979	426	375	288	864	346	375

注　按实际应用中的习惯，此处拉力以 kg 计；测量温度 32℃；检测数据与理论计算值是基本相符的。

（4）使用拉力计逐个检测导叶的转动扭矩，录入表 4.1.2（以阳蓄电站 1 号机组为例）。

表 4.1.2				车 间 实 测 记 录 表			单位：kg·m	
导叶编号	1	2	3	4	5	6	7	8
力矩值	5530	4870	12460	3680	3920	6950	7000	6000
导叶编号	9	10	11	12	13	14	15	16
力矩值	10250	9300	8600	8610	10340	4780	5300	3820
平均值	6963.1							
最大偏差	≤6963.1（1±50%）（除 No.3 导叶）							
拉力器	Hz-WD-02							

（5）考虑到克服转动惯量冲击力、拉动时向上分力以及拉力表读数时精确度等多种因素的影响，各个导叶的转动扭矩是会有差距的，应将该值与所有导叶转动扭矩的平均值进行比较。根据实际经验，一般最大偏差不大于（1±50%）平均值是能够被接受的，建议暂定此为导水叶转动扭矩的验收标准。

4.1.2 清蓄电站4号机组顶盖装配故障的处理

1. 故障检查

清蓄电站4号机组顶盖在正式组装时出现距离座环300mm处卡死不能吊装到位的装配故障，经检查发现：

（1）由于6号导叶预先涂抹的二硫化钼润滑剂严重刷蹭，疑是障碍点，拔出6号导叶，顶盖能够吊装到位，但仍有卡阻现象。此时，测量顶盖中心偏差达到0.10mm以上，6号导叶中轴套与下轴套的中心偏差达到0.34mm。

（2）由于8号导叶也存在憋劲现象，再拔出8号导叶，调整顶盖位置可以较顺利无障碍地落下，但顶盖仍顶不动无法进行调整。

（3）在顶盖就位情况下检查了几个导叶的垂直度，倾斜度大致均在0.06mm/m左右。

（4）测量了导叶对称方向的距离，与顶盖到位后测量的距离相比时均有导叶向蜗壳侧倾斜的趋势，尺寸大约0.20mm左右。

2. 导水机构结构设计特点及质量标准

导水机构由顶盖、底环、活动导叶及导叶轴承、摩擦臂、控制环、连杆、接力器拉杆等组成，是水轮机流量的调节机构，导水机构装配见图4.1.11。其中，组合后的分瓣顶盖吊入机坑与已在底环上装配16只导叶的座环进行整体预组装是最主要的关键工序，由THPC制定了相关的控制标准（见表4.1.3）。

表 4.1.3	THPC 关于顶盖装配的质量标准表		单位：mm
序号	项 目 名 称	标准/mm	说 明
1	上、下止漏环同轴度	0.05	均布测8个点
2	顶盖与底环导叶轴孔同轴度/导叶轴套同轴度	0.30	
3	顶盖与底环间高度偏差	0.50	均布测16个点
4	导叶端部总间隙	0.81～1.35	

3. 工厂预装及验收

按照合同规定，在工厂进行了导水机构整体预装。

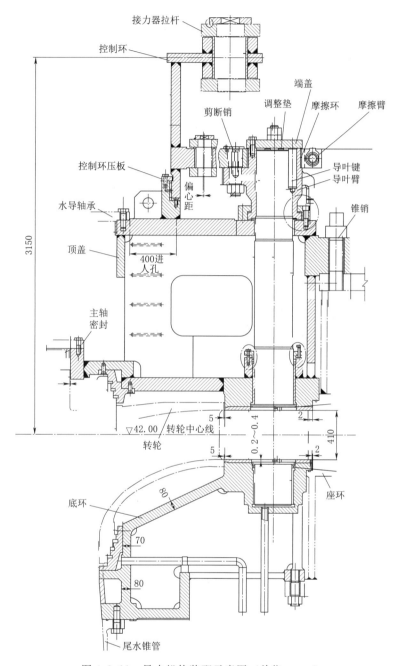

图 4.1.11 导水机构装配示意图（单位：mm）

（1）预装后顶盖主要直径尺寸见表 4.1.4。从表 4.1.4 中可以看出，实测值均在设计值要求的范围内。

（2）导叶上轴套压入后测得 ϕB 的实测值最大为 $\phi 320.19$mm、最小为 $\phi 320.16$mm，符合设计值 $\phi 320.15_0^{+0.089}$ 的要求；导叶中轴套压入后 ϕF 的实测值最大为 $\phi 340.23$mm、最小为 $\phi 340.20$mm，符合设计值 $\phi 340.15_0^{+0.089}$ 的要求（见图 4.1.12）。

表 4.1.4　　　　　　　　　预装后顶盖主要直径尺寸表

测量位置		设计值/mm	实测值/mm	测量位置		设计值/mm	实测值/mm
D_4	$Y-Y$	$\phi 2530_0^{+0.21}$	2530.12	D_{10}	$Y-Y$	$\phi 2382.8_0^{+0.175}$	2382.86
	$X-X$		2530.11		$X-X$		2382.86
D_5	$Y-Y$	$\phi 1734_0^{+0.23}$	1734.085	D_g	$Y-Y$	$\phi 5225 \pm 0.1$	5224.98
	$X-X$		1734.095		$X-X$		5224.96

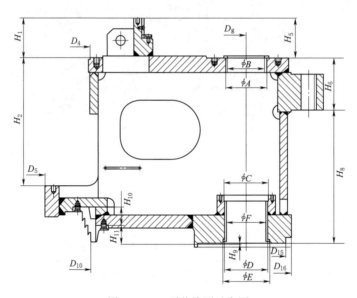

图 4.1.12　顶盖检测示意图

　　（3）顶盖相邻导叶轴孔弦距实测最大为 1019.33mm、最小为 1019.26mm，符合设计值（1019.35 ± 0.15）mm 的要求；相对导水叶轴孔径距最大 5224.98mm、最小 5224.96mm，符合设计值（5225.0±0.1）mm 的要求。

　　（4）预装后底环主要直径尺寸见表 4.1.5，底环检测见图 4.1.13。从表 4.1.5 中可以看出，实测值均在设计值要求的范围内。

表 4.1.5　　　　　　　　　预装后底环主要直径尺寸表

测量位置		设计值/mm	实测值/mm	测量位置		设计值/mm	实测值/mm
D_6	$Y-Y$	$\phi 2633.4_0^{+0.175}$	2633.475	ϕD	$Y-Y$	$\phi 320.15_0^{+0.089}$	230.230
	$X-X$		2633.460		$X-X$		230.220
D_{11}	$Y-Y$	$\phi 2383.4_0^{+0.175}$	2383.460	D_g	$Y-Y$	$\phi 5225 \pm 0.1$	5225.02
	$X-X$		2383.450		$X-X$		5225.00

　　（5）16 只导叶的实测数据表明，D_2 设计值 $\phi 320_{-0.057}^0$，实测值 $\phi 319.950 \sim 320.00$mm；D_4 设计值 $\phi 320_{-0.057}^0$，实测值 $\phi 319.950 \sim 319.990$mm；$D_5$ 设计值 $\phi 320_{-0.057}^0$，实测值 $\phi 319.950 \sim 319.995$mm，均是符合设计要求的（见图 4.1.14）。

　　综上所述，相关实测值均在设计值要求的范围内。

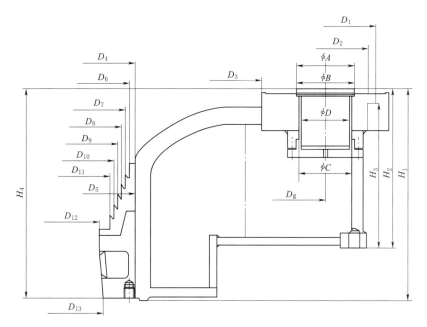

图 4.1.13 底环检测示意图

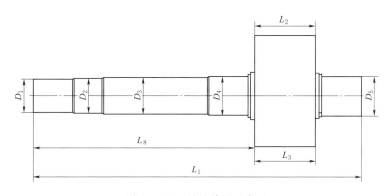

图 4.1.14 导叶检测示意图

4. 故障分析及故障排除的尝试

（1）由于 6 号导叶中、下轴套中心偏差达 0.34mm，而上、中轴套与轴间隙仅为 0.075mm，中、下轴套中心偏差明显大于轴套与轴的间隙，也远超 THPC 所要求的"以下轴套孔为基准中心，导叶下轴套与中、上轴套孔的同轴度中心偏差不大于 0.10mm"。可以认定，导叶轴套中心偏差较大是影响顶盖吊装的主要原因之一。

（2）但在采取吊出 6 号导叶、6 号导叶与 9 号导叶互调等多种尝试后均未能解决顶盖吊装的情况下，根据当初蜗壳打压时安装 8 只奇数导叶可以顺利吊装顶盖的经历，制定了故障排除法（见图 4.1.15）。

（3）经过故障排除法的多种尝试，尽管顶盖勉强可以吊装到位，但终不能进行中心调整。又经仔细勘检，发现原设计座环与顶盖之间的间隙为 2mm 的部位（见图 4.1.16 之 D_{15}、D_{16}），其上游侧可以测量到的最小间隙仅为 0.15mm。吊出顶盖可以看到确实顶盖

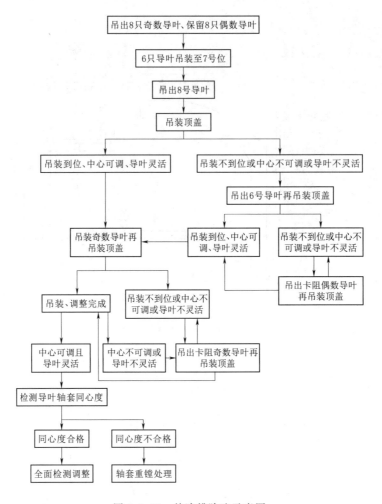

图 4.1.15 故障排除法示意图

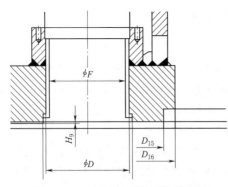

图 4.1.16 座环与顶盖间隙示意图

与座环的相应部位均有压痕，0.5mm 左右厚度的油漆也明显有擦痕（见图 4.1.17）。可以认定该部位的接触限制了顶盖的中心调整，经局部打磨处理之后，顶盖遂可进行微量调整，使得顶盖吊装卡阻现象大为好转，轴孔同轴度的偏差也能进行调整。

（4）同时，根据顶盖吊装前后的测量数据可以判定，顶盖轴孔分布圆与底环轴孔分布圆存在较大偏差（见表 4.1.6）也是顶盖难以顺利就位的主要原因之一。

在顶盖最终就位时，用收紧带把导叶上部整圈收紧，顶盖就位就相对顺利得多。当然，个别导叶（如 6 号导叶）由于偏差尤为集中，卡阻现象还是稍显突出。

（a）擦痕之一　　　　　　　　　　　　　（b）擦痕之二

图 4.1.17　座环的擦痕处

表 4.1.6 顶盖与底环轴孔分布圆偏差表　　　　　　单位：mm

序号	导叶测量位置	顶盖吊装到位	顶盖吊出
1	1～9 号	4910.30	4910.48
2	2～10 号	4910.30	4910.48
3	3～11 号	4910.33	4910.58
4	4～12 号	4910.22	4910.61
5	5～13 号	4910.16	4910.34

5．结语

（1）经分析确认，THPC 在其制定的《水泵水轮机本体安装要领书》中将关于顶盖与底环导叶轴孔同轴度/导叶轴套同轴度的规定修定为"中心偏差不大于 0.10mm"。

（2）由于工厂加工并没有对上、中、下轴孔同镗，而是底环单独镗孔，尽管完成预装时检测尺寸均满足设计要求，但并不等于能够确保现场正式安装顺利进行。这是因为：

1）预组装所检测的所有径向尺寸均仅 X、Y 两个方向，尽管加工机床的精度是有保证、可信的，但并不能确认所有轴孔的加工精度（如 6 号导叶的位置就存在较大偏差）。

2）预组装所检测的端部间隙仅 5 号、8 号、10 号、14 号四个导叶（见图 4.1.18），虽符合设计要求，但不能说明所有导叶端部间隙都符合要求，而问题突出的 6 号导叶恰在未检测之列。

3）预装之时的导叶臂扭矩也仅测量了 3 个导叶（6号、13 号、19 号导叶）而未能全部检测并进行比较，亦是预组装工作的不足之处。

4）由于工厂预组装时导叶轴套均未加装密封，存在不可预见的因素。

（3）顶盖与座环组合面径向的设计间隙为 2mm，按理推论顶盖是有较大调整空间的，出现上游侧碰磨状况的确让人费解。如若顶盖 D_{15} 的测值及同心度是可信的，那么座环相应加工精度就值得推敲。至少是由于顶盖与

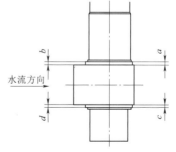

图 4.1.18　导叶端部间隙示意图

注：a、b、c、d 为 4 处端部间隙。

座环的配合尺寸在预组装时没能仔细检查，导致贻误了现场安装工作的进程。

4.1.3 顶盖组合螺栓的紧固

清蓄电站水泵水轮机顶盖外径达 φ6550mm，分四瓣到货在工地安装间进行组装，每一合缝面分别采用 7 - M140×6mm（锻 34CrNi3Mo）和 14 - M95×4mm（锻 34CrMo）螺栓把合紧固，当前国内外大中型电站较常用的紧固工艺是采用液压螺栓拉伸器法或螺栓电加热棒法，而 THPC 则推荐其传统工艺——氧-乙炔火焰直接加热法。针对顶盖螺栓需要多次拆装的特点，为保证设备装配质量和工期进度进行如下分析探讨。

1. 清蓄电站水泵水轮机顶盖螺栓基本情况

顶盖 M140×6mm 螺栓相邻间距仅 240mm（见图 4.1.19），与侧、上面板的间距约 130mm；M95×4mm 螺栓相邻间距仅 185mm，与侧面钢板最小距离约 100mm。以上尚未计及角焊缝的影响（见图 4.1.20、图 4.1.21），如此狭小的装配空间显然不能满足外径至少为 φ340mm 液压螺栓拉伸器的使用要求（对 M140×6mm 而言）以及 M95×4mm 螺栓外径至少 φ200mm 液压螺栓拉伸器的使用。

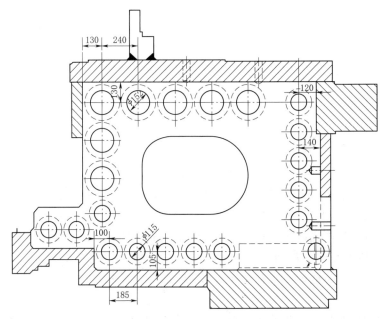

图 4.1.19　顶盖合缝面示意图（单位：mm）

2. 氧-乙炔火焰直接加热法剖析

THPC 认为氧-乙炔火焰直接加热法的工艺设备简单、操作方便，并具有加热时间短的优点，还用于国内西龙池、功果桥等电站，业绩颇多。其主要程序是：冷紧螺母→火焰加热→测量螺母转角→冷却至常温→测量伸长值→重复。但业主分析认为：

（1）由于螺纹加工精度及牙距的差异、接触变形、螺纹的机械损伤、锈蚀等多种因素，螺母与法兰支撑面完全接触的开始位置是较难准确界定的。因此，运用螺母转角来控制螺栓预紧力将会出现较大误差（甚至超过±15%）。亦即加热后凭借螺母转角定位的螺

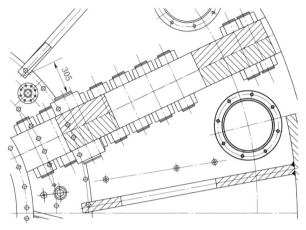

图 4.1.20　顶盖合缝面平面示意图（单位：mm）　　　图 4.1.21　顶盖角焊缝

栓，等到冷却到常温再测量其伸长值是难以达到设计值的。螺栓冷却到常温所消耗的是宝贵的工期；同时，如伸长值超标，则需加热松开螺母，重新开始加热程序；如伸长值未达标，也须重复进行加热程序；这些都是消耗宝贵工期的未预见因素。

（2）根据经验（如鲁布革水电站、天生桥二级电站等），氧-乙炔火焰直接加热法是利用氧-乙炔火焰间接对螺杆内孔进行加热，由燃烧室、焊枪卡口夹套、加热管等部分组成，焊枪卡口夹套和燃烧室均用 1Cr18Ni9Ti 不锈钢加工，加热管则用 3Cr19Ni4SiN 不锈钢加工（见图 4.1.22）。

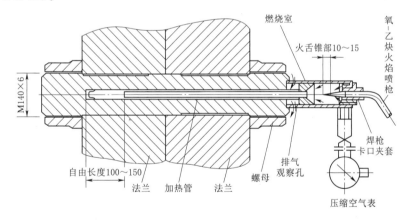

图 4.1.22　氧-乙炔火焰直接加热法装置示意图（单位：mm）

一般，加热管的温度可达 700℃，具有加热效率高、施工周期短的特点，但稍有不慎（尤其是在多次加热的情况下），螺栓中心孔附近极易发生相变及热疲劳损伤。而且，3Cr19Ni4SiN 不锈钢加热管也属于易损的消耗品。

（3）THPC 原拟采用氧-乙炔火焰喷枪直接加热螺栓中心内孔（见图 4.1.23）。

1）由于氧-乙炔火焰属于氧气与乙炔的体积混合比（O_2/C_2H_2）为 1.1～1.2 的中性焰，焰体由焰芯、内焰和外焰三部分组成：焰芯亮度很高，温度较低（800～1200℃）；内焰的温度范围在 2800～3150℃ 之间，在焰芯前 2～4mm 部位温度最高，可达 3100～

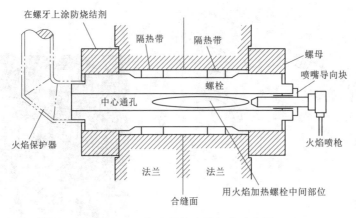

图 4.1.23　组合螺栓火焰加热示意图

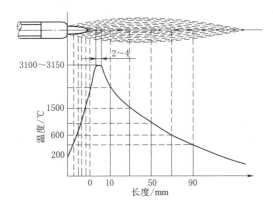

图 4.1.24　氧-乙炔火焰温度分布示意图

3150℃；外焰的颜色从里向外由淡紫色变为橙黄色，温度为 1200～2500℃。这就意味着，螺栓内孔将存在不同的温度段，靠近内焰区域应是温度最高的，氧-乙炔火焰温度分布见图 4.1.24。

2）为了准确反映螺栓内孔孔壁的温升状况，采用长度 500mm、内径 $\phi25mm$ 壁厚 3mm 的钢管为载体进行了试验，所使用的火焰喷枪均为"氧气压力 0.75bar、乙炔压力 0.5bar"，整个试验过程如下：

a. 火焰喷枪嘴插入钢管一侧，加热时间 1.5min 时：火焰喷枪火焰出口位置管子颜色为暗樱赤色（约 700℃），使用最高测温量程 380℃的红外线数显测温仪测得管子中部外表温度约 240℃（见图 4.1.25）。

图 4.1.25　钢管加热试验之一

b. 在单侧加热到 5min，烤枪火焰出口部位温度钢管外壁已呈辉白色（约 1300℃），测温仪已无法测量温度（见图 4.1.26）。

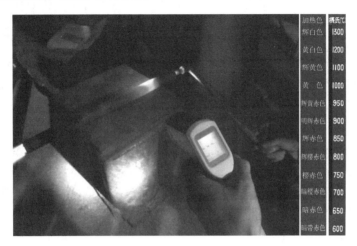

图 4.1.26　钢管加热试验之二

c. 在单侧加热 5min 后，转到另一侧进行加热，加热时间仅 1min，管子中部外表温度超过 500℃（这个温度已超出测量量程，只能做参考）。同时，新加热侧的烤枪火焰出口部位呈明辉赤色（约 900℃）。

d. 继续加热至 1.5min 后，钢管中部外壁呈樱赤色～辉樱赤色（750～800℃）试验不得不停止。

上述试验是接近于氧-乙炔火焰直接加热螺栓内孔实际情况的。

（4）上述试验进一步证实了《火力发电厂高温紧固件技术导则》（DL/T 439）第 6.7.1 条规定的："装卸螺栓时，用氧-乙炔火焰加热中心孔会使局部孔壁材料产生热损伤。根据孔壁超温程度，热损伤分三类……由热损伤产生的裂纹在运行中继续发展，直至螺栓断裂或在装卸过程中被拧断。"因此，该 DL/T 439 中的第 5.4.5.1 项认定："氧-乙炔火焰加热的缺点是火焰温度高，而且集中，容易造成加热孔壁局部金属过热，产生较大的应力，长期使用会降低螺栓的使用寿命，加热孔壁容易产生裂纹""应限制这种加热方法的使用，尤其应严禁直接把火把插入孔内，静止不动地加热"。

（5）相关的规范性文件一般要求加热时螺栓内孔温度不超过 400℃，而与清蓄电站类似的仙蓄电站则要求不超过 350℃。所以，有理由认定，氧-乙炔火焰直接加热法是不宜使用的螺栓拉伸工艺，而根据诸多大中型电站的施工经验，决定选用电加热棒法紧固顶盖合缝面的大直径螺栓。

3. 电加热棒法在仙蓄电站的应用

（1）仙蓄电站有 20 个活动导叶，顶盖内腔场地狭窄，施工条件较差。工地现场使用 HF-PT 型电加热棒，为便于空间狭窄处穿插电加热棒，局部采用了在顶盖筋板上开孔的方式（见图 4.1.27）。

（2）电加热棒（见图 4.1.28）的电热材料为符合《金属管状电热元件》（JB/T 2379）、《热水器用管状加热器》（GB/T 23150）、《日用管状电热元件》（JB/T 4088）等所

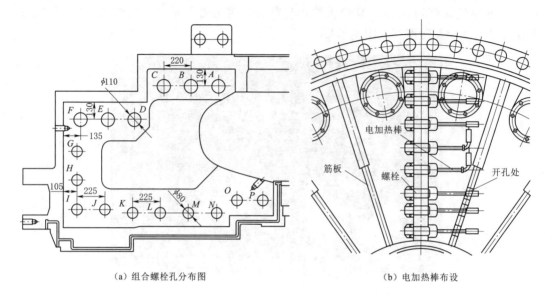

（a）组合螺栓孔分布图　　　　　　　　（b）电加热棒布设

图 4.1.27　仙蓄电站顶盖组合螺栓加热拉伸示意图（单位：mm）

规定的 0Cr27 A17Mo2 高电阻电热合金丝；保护套材料为符合《不锈钢极薄壁无缝钢管》（GB/T 3089）规定的 0Cr18Ni10Ti ［等同于《不锈耐酸钢极薄型壁无缝钢管》（GB/T 3089）中的 1Cr18Ni9Ti 耐热不锈钢管］；电加热棒工作温度为 400℃。

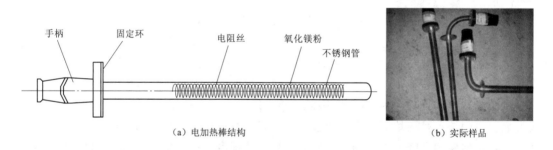

（a）电加热棒结构　　　　　　　　　　（b）实际样品

图 4.1.28　电加热棒示意图

（3）采用交、直流可调节螺栓加热棒控制柜自动控制电加热棒，操作注意事项主要有：①选用电加热棒插入部分直径偏差为 -0.50～-0.20mm，插入部分偏差为 ±5mm，发热长度偏差为 ±5mm，底部冷端长度为 25～30mm。②螺栓中心孔与电加热棒外径总间隙应符合 0.8～1.3mm。③额定工作电压为（220±10）V，电加热棒在常温下用 500V 兆欧表测其绝缘电阻应不低于 50MΩ，1min 无击穿或闪络。④在空气中于额定电压下通电加热 2～3min，导线无过热现象，且绝缘电阻不得低于 0.5MΩ，泄漏电流每千瓦不大于 0.5mA；电加热棒使用时被加热工件必须可靠接地，接地导线不小于 ϕ6mm。⑤始终控制螺栓内孔温度不超过 350～400℃，使影响螺栓性能的可能性降低至最小的可控状态。

（4）$A \sim F$ 螺栓为 M100×4，伸长值 0.55（±10％）mm，$G \sim P$ 为 M80×4，伸长值 0.42（±10％）mm；除部分螺杆无法测量伸长值（如＋Y 之 I、J 等）外，大部分螺栓均测量记录了伸长值、螺杆表面温度和电热棒加热时间（见表 4.1.7）。

表 4.1.7   记 录 表

编号	伸长值 /mm	表面温度 /℃	加热时间 /min	编号	伸长值 /mm	表面温度 /℃	加热时间 /min
＋Y				－Y			
A	0.58	210	35	A	0.56	210	30
B	0.52	180	35	B	0.48	180	25
C	0.50	190	28	C	0.48	180	25
D	0.60	230	30	D	0.48	—	—
E	0.58	244	40	E	0.42	—	—
F	0.50	221	40	F	0.58	231	30
G	0.38	205	25	G	0.42	233	36
H	0.40	200	25	H	0.38	—	—
I	—	—	—	I	—	213	26
J	—	—	—	J	—	190	25
K	0.42	—	—	K	0.38	197	26
L	0.38	248	35	L	0.36	211	35
M	0.42	180	25	M	0.32	180	22
N	0.48	250	32	N	0.42	—	—
O	0.38	185	22	O	0.44	185	22
P	0.38	203	25	P	0.42	206	30

从表 4.1.7 中可以看出，螺杆伸长值均满足设计要求，加热时间 20～40min 亦属正常，螺杆内孔温度能够控制在 400℃以下。事实证明，采用电加热棒法紧固螺栓的工艺是卓有成效的。

4．电加热棒法工艺在清蓄电站的应用

（1）清蓄电站顶盖分四瓣，逐一吊入机坑进行组装，螺栓加热伸长、紧固的程序如下。

1）使用电加热棒加热紧固编号为 1、6、9、14、17（见图 4.1.29 中用"＊"标示）的 5 颗热伸长螺栓，紧固应力见表 4.1.8。

按照额定应力紧固螺栓的顺序：1、6、9、14、17，而后对螺栓 2、3、4、5、7、8、10、11、12、13、15、16、18、19、20、21 进行紧固。

2）按照上述程序组装其余 2 瓣（3/4 瓣和 4/4 瓣）组成 2/2 半圆。

3）1/2 半圆和 2/2 半圆亦按照上述程序预紧螺栓组圆，然后将编号 1、6、9、14、17 以外的螺栓按照预紧应力电加热棒加热紧固，为防止加热热量集中于局部范围应采取对称对角线作业法（见图 4.1.29）。

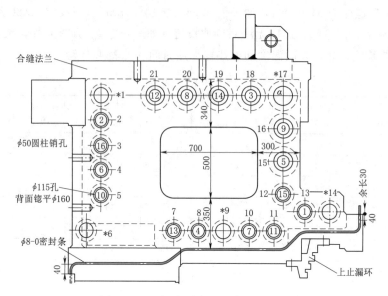

图 4.1.29 加热顺序图（单位：mm）

表 4.1.8   紧 固 应 力 表

螺栓尺寸 /mm	螺栓材料	数量	有效长度 /mm	紧固应力 /(N/mm)	螺栓伸长值 /mm	螺母转角 /(°)
M95×4×460	锻 35CrMo	12	346	147（15kgf/mm）	0.247±0.02	51±5
M140×6×510	锻 35CrMo	8	370	147（15kgf/mm）	0.246±0.02	36±3

4）全部紧固后，松动最初预紧的编号为 1、6、9、14、17 的 5 颗螺栓，降到常温后按照表 4.1.9 要求的紧固参数加热紧固。

表 4.1.9   紧 固 参 数 表

螺栓尺寸 /mm	螺栓材料	数量	有效长度 /mm	紧固应力 /(N/mm)	螺栓伸长值 /mm	螺母转角 /(°)
M95×4×460	锻 35CrMo	28	346	200（20.4kgf/mm）	0.336±0.03	70±7
M140×6×510	锻 35CrMo	56	370	200（20.4kgf/mm）	0.359±0.03	50±5

5）完成所有螺栓紧固工作并确认顶盖法兰部位及热伸长螺栓恢复常温状态后，用图 4.1.30 所示专用工具测量螺栓伸长值，确认螺栓伸长值符合设计要求，如若超出允许值，则需松动螺栓降到常温后再次紧固。

（2）由于清蓄电站 1 号、2 号机组采用的是价格相对低廉的 HDFB-（6-3）型直流可调控制器和外形、结构不规范的 φ26mm 电加热棒，效果较差。

1）在整个施工过程中加热棒损坏率高、功效很低，每根螺栓加热时间大都长达 1.5～2h，且相对一部分伸长值尚达不到要求，需要反复多次作业，对工期影响颇大。

2）由于顶盖螺杆与筋板最小间距仅 305mm，又不允许在筋板上开孔，原拟在小间距处使用软式电加热棒，但配套的软式电加热棒是一种用瓷套管叠套高电阻丝的非正规加热棒，实施过程中容易损坏、效率更低。

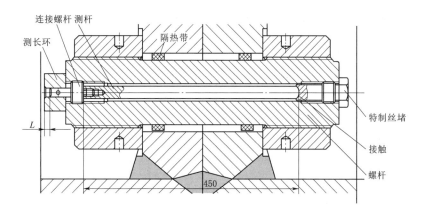

图 4.1.30 测量螺栓伸长值的专用工具示意图 （单位：mm）

3）由于加热时间长，对相邻导叶轴套都要采取注水防止热变形措施，工序繁琐，作业时间延续得更长，极大影响工作效率。

4）后续采用双电加热棒方式用于空间条件受限处（见图 4.1.31），同样存在功效低下的缺陷。

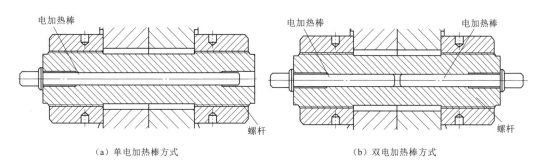

（a）单电加热棒方式　　　　　　　　　　　（b）双电加热棒方式

图 4.1.31 单、双电加热棒方式示意图

（3）最终决定使用法国 CETAL 公司产品，其相关业绩见表 4.1.10。尽管其费用相对较高，但使用效果明显，施工工期也能得到保证。

表 4.1.10 相 关 业 绩 表

公司名称	水电站	螺栓规格	螺栓材料	螺栓用途	螺栓孔径 /mm	加热时间 /min	螺栓伸长量 /mm
阿尔斯通、哈电	黑麋峰	M110×520	35CrMo	转轮主轴	φ25	13.6	0.55
		M80×310			φ20		0.46
		M80×360			φ20		0.46
		M115×310		顶盖底环	φ25		0.52
		M115×400			φ25		0.66
		M115×500			φ25		0.66

续表

公司名称	水电站	螺栓规格	螺栓材料	螺栓用途	螺栓孔径 /mm	加热时间 /min	螺栓伸长量 /mm
阿尔斯通	向家坝	M99×471	34CrNi3Mo	联轴	φ25	20	1.20
		M89×411		顶盖		15	1.10
		M119×531		底环		15	0.90
THPC	清蓄	M110×555	35CrMo	联轴	φ20	10	0.75
		M125×465				10	0.57
哈电	古田	M140×530	35CrMo	联轴	φ18	10	0.54
		M150×480					0.60
	乐滩	M230×525	35CrMo	联轴	φ20	10	0.60
		M160×700		转轮与叶片			0.60
		M160×730		联轴			0.60
	尼尔基	M140×600	35CrMo	联轴	φ20	10	0.55
	白山	M160×915	35CrMo	联轴	φ20	10	1.32
	构皮滩	M240×950	35CrMo	联轴	φ20	15	1.20
	蒲石河	M105×395	34CrNiMo6	球阀	φ30	6	0.85

5. 超级螺母的应用

超级螺母由一个周围带有一圈同心多级小螺栓（顶推螺栓）的圆形螺母及超硬垫圈组成（见图 4.1.32）。

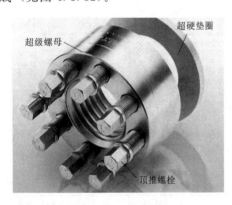

图 4.1.32　超级螺母

（1）一般操作程序。

1）将硬化承压垫圈（超硬垫圈）套入顶盖组合主螺杆。

2）将超级螺母沿螺杆主螺纹旋紧接触到超硬垫圈，消除螺母与结合面的间隙。

3）用力矩扳手以 30%～50% 的规定预紧力按先后顺序以常规多螺栓对称紧固法操作顶推螺杆，顶推螺杆一般具有 2070MPa 的强度，与传递预紧力且保护被紧固件的超硬垫圈形成反力，使超级螺母受力张离螺栓表面。

4）再以 75% 和 100% 的规定预紧力分别绕圆周顺序依次紧固顶推螺杆，所递增的预紧力对中心螺栓产生均等的反作用紧固力，拉伸螺栓并起到均衡高强度紧固作用。

5）测量顶盖组合螺栓的伸长值并与所加预紧力对应，直至完成螺栓紧固。

（2）超级螺母的优点。

1）经比较，超级螺母外径与高度均与使用电加热棒法作业的原螺母相当，不会因采用超级螺母而造成空间上的障碍，在顶盖组合螺栓狭小空间部位使用更加方便、合适。

2）硬化承压垫圈起到弹簧的作用，提高螺栓连接的弹性，补偿沉陷变形，对顶盖组合螺栓能起保护作用，同时其所保持的预紧力更加可靠。

3）整个扭紧过程对螺栓没有扭转应力，使螺栓的拉伸是纯轴向的，避免了有害的扭曲或折弯。可完全利用螺栓的承载力，从而产生准确的预紧力。

4）作业仅需要一把扭矩扳手，无需电动、液压、风动或电加热棒等手段，因此更简便、快捷。

5）机组运行中还可以实施检查、维护，螺母、螺杆及垫圈均可重复使用，寿命也长。

因此，对于组合面中个别作业空间过于狭窄的螺栓，目前有相当一部分制造厂家和施工单位开始选用图 4.1.32 所示的 FROMO 超级螺母（或 HEICO TEC 张紧螺母）。

4.1.4 抽水蓄能机组安装的主轴高程分析

1. 常规机组主轴高程的相关规定

以下机组安装高程的基准一般均是根据各固定导叶中心线绝对高程计算其平均值所确定的导水机构安装中心线（并标记于机坑里衬相应位置）。

（1）《水轮发电机组安装技术规范》（GB/T 8564）的规定。

1）对于 $3000 \leqslant D < 6000$ 的转轮（D 为转轮直径），安装最终高程在制造厂无规定时其固定与转动止漏环高低错牙应符合 ± 2mm 的要求（见第 5.4.2 条）。

2）承重机架安装的高程偏差一般不应超过 ± 1.5mm（见第 9.5.1 条）。

3）推力头套入前调整镜板的高程和水平："高程应考虑在承重时机架的挠度值和弹性推力轴承的压缩值"（见第 9.5.5 条）。

（2）《水电水利基本建设工程单元工程质量等级评定标准 第 3 部分：水轮发电机》（DL/T 5113.3）的规定。

1）对于 $3000 \leqslant D < 6000$ 的混流式转轮（D 为转轮直径），安装高程偏差不大于 ± 2mm 为合格，不大于 ± 1.5mm 为优良（见第 3.2.7 条）。

2）机架高程偏差不大于 ± 1.5mm 为合格、不大于 ± 1.0mm 为优良（见第 6.2.1 条）。

（3）《水轮发电组推力轴承、导轴承安装调整工艺导则》（SD 288—88）之第 5.2.3 条要求"镜板高程的确定，要考虑承重支架的挠度和弹簧油箱的压缩量诸因素"，并规定：

1）对于悬吊式机组的计算方法为（以已吊装的主轴上卡环槽底面作测量基准）：

$$H = h + h_1 - h_2 - h_3 + \delta \tag{4.1.1}$$

式中：H 为主轴卡环槽底面至镜板背面的距离，mm；h 为实测推力头高度，mm；h_1 为综合考虑转轮和转子轴向位置（包括转子支承点由风闸转移到推力瓦后而引起的磁轭下沉值）后确定的机组主轴应降低的值，mm；h_2 为承重支架的挠度，mm；h_3 为弹性油箱的压缩量，mm，一般为 1mm；δ 为镜板与推力头间绝缘垫厚度，mm。

2）对于伞式机组的计算方法为（以承重支架轴承座安装面作基准）：

$$H = h - h_1 + h_2 + h_3 \tag{4.1.2}$$

式中：H 为镜板背面的安装高度，mm；h 为镜板背面的设计高度，mm；h_1 为以已安装的主轴和定子的高程，由转子及推力头的实测尺寸（大型机组还要考虑轮臂下沉），综合核定的承重机架轴承座安装面的偏高值（偏低时为负值），mm；h_2 为承重支架的挠度，

mm；h_3为弹性油箱的压缩量，mm。

（4）根据《水轮发电机基本技术条件》（GB/T 7894）中第9.12条，水轮发电机的承重机架在综合考虑机架跨距的条件下，在最大轴向负荷作用下的垂直挠度一般不大于表4.1.11的规定。

表4.1.11　　　　　　　　　　水轮发电机承重机架挠度允许值

推力负荷/MN	挠度值/mm	推力负荷/MN	挠度值/mm
≤5	0.5～1.5	15～35	2.5～3.0
5～10	1.5～2.0	35～55	3.0～3.5
10～15	2.0～2.5		

注　对推力负荷大者取上限。

2. 清蓄、深蓄、海蓄电站抽水蓄能电站主轴高程确定及分析实例

由于调整机组主轴高程的"承重支架挠度""弹性油箱压缩量"都是因轴向荷载（推力负荷）的幅值大小而异的，因此装配弹性推力轴承抽水蓄能机组的主轴高程也会有不同的界定值。

（1）清蓄电站。

1）根据有限元法校核分析计算，推力轴承支架在最大推力负荷作用的轴向挠度值为1.37～1.38mm，满足合同中小于1.5mm的要求。

2）推力轴承支架承受设计载荷时的轴向挠度值为1.26mm。

3）当机组静止推力负荷为544.5t时弹簧压缩量为1.62mm，正常运行最大推力负荷1009.5t时弹簧压缩量为2.68mm。

4）清蓄电站四台机组实际安装时推力机架的安装高程设计基准值为高程48.86m±0.5mm，也就是说，机架挠度是按机组承受设计载荷计取的；同时，弹簧束推力轴承的相应压缩量幅值是按正常运行时弹簧压缩高度51.42mm考虑的。

5）清蓄电站四台机组推力机架的实测安装高程均略高于高程48.86m，但都控制在设计基准值±0.5mm的范围内。

6）转轮安装高程也是按照设计运行时的轴向挠度值1.26mm来进行调整的（见表4.1.12和图4.1.33）。

表4.1.12　　　　　　　　　　　转轮安装高程表　　　　　　　　　　单位：mm

机组	测点	H_1	H_2	H_3	测点	H_1	H_2	H_3
1号机组	1	1.20	1.26	21.40	5	1.18	1.24	21.38
	2	1.22	1.24	21.42	6	1.20	1.28	21.36
	3	1.18	1.26	21.40	7	1.16	1.26	21.38
	4	1.20	1.22	21.38	8	1.18	1.24	21.40
	H_1平均值为1.19；H_2平均值为1.25；$(H_1+H_2)/2=+1.22$							
2号机组	+1.405（正值表示转轮中心高程高于导叶中心高程）							
3号机组	+1.26（正值表示转轮中心高程高于导叶中心高程）							
4号机组	+0.42（正值表示转轮中心高程高于导叶中心高程）							

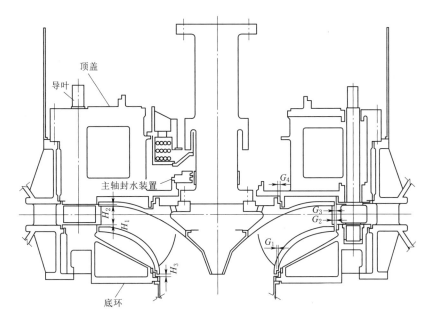

图 4.1.33　清蓄电站转轮高程调整示意图

H_1—转轮下环进口与底环下抗磨板的轴向高差；H_2—转轮上冠进口与顶盖上抗磨板的轴向高差；

H_3—转轮下端面与泄流环上端面的高程间隙

（2）深蓄电站。

1）根据有限元法校核分析计算，当推力负荷为 720t 时机架轴向变形 0.96mm，820t 时机架轴向变形 1.09mm，均小于合同 1.46mm 的要求。

2）在最大设计推力负载（瞬态）683000N 时，弹性油箱轴向变形为 0.242mm。

3）深蓄电站 1 号机组实际安装时推力机架挠度的取值要求是设计推力载荷时的 0.96mm；由于弹性油箱轴向变形量较小（仅 0.242mm），未予考虑其对主轴高程调整的影响。

4）而深蓄电站 1 号机组转轮高程与导叶中心高程的实测偏差值为 -0.99mm（见表 4.1.13 和图 4.1.34），即转轮中心高程相对于导水机构中心高程低了 0.99mm。

表 4.1.13　　　　　　　　深蓄电站 1 号机组转轮高程表　　　　　　　单位：mm

测点	1	2	3	4	5	6	7	8
E_1	0.28	0.20	0.16	0.13	0.01	0.05	0.25	0.20
E_2	-2.60	-2.64	-2.20	-2.25	-2.27	-2.10	-1.53	-1.65

（3）海蓄电站。

1）根据有限元法校核分析计算，额定工况下机架最大轴向变形为 0.94mm，最大综合应力值为 162MPa，半数磁极短路工况下最大轴向位移亦为 0.94mm，瞬态最大水推力工况下最大轴向位移为 1.4mm，均小于合同技术规范规定的允许值 1.5mm。

2）弹性油箱在车间进行 900t 压力试验时的压缩量为 0.135mm，以此类推机组静止

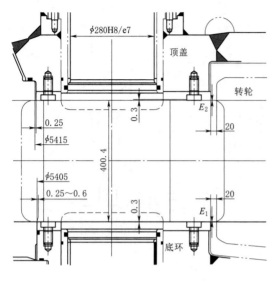

图 4.1.34　深蓄电站转轮安装高程
示意图（单位：mm）

状态时的设计压缩量为 0.07mm（相应的转动部件质量 460t），机组运行时的设计压缩量约 0.09mm（相应的转动部件质量 560t）。

3）海蓄电站 1 号机组实际安装时推力机架的挠度是按合同规定值 1.5mm 计取的（即相当于机组瞬态最大水推力工况下的机架挠度）；由于弹性油箱轴向变形量较小（仅 0.09mm），未予考虑其对主轴高程调整的影响。

（4）如若将转轮转动止漏环与顶盖或底环固定止漏环高低错牙的偏差值称为"错台值"（实际上反映的就是转轮上冠、下环过流面与顶盖、底环抗磨板过流面的"错台值"），且转轮高者为"＋"、转轮低者为"－"，则可从以上三个抽水蓄能电站机组静止状态的"错台值"的实际情况看出不同的设计理念。

1）清蓄电站转轮高程"错台值"约为＋1.0mm（4 台机组分别为＋1.22mm、＋1.405mm、＋1.20mm 和＋0.42mm），考虑了机组静止推力负荷（544.5t）时与正常运行最大推力负荷（1009.5t）时弹簧压缩量的差值（1.06mm）而进行调整的。也就是说，当机组处于正常稳定运行工况时转轮"错台值"相当于"零"。

2）海蓄电站 1 号机组转轮高程则是按机组瞬态最大水推力工况转轮与导叶中心高程的实测偏差值为 0 来进行调整的。

3）深蓄电站 1 号机组静止状态时转轮"错台值"为－0.99mm，这就意味着当机组运行正常承受最大水推力时转轮"错台值"可能达到－（0.99＋0.94）＝－1.93mm，而机组承受瞬态最大水推力时的"错台值"将达到－（0.99＋1.4）＝－2.39mm 之多。

4）深蓄电站 2 号机组静止状态时转轮"错台值"为－1.67mm，这就意味着当机组运行正常承受最大水推力时转轮"错台值"将达到－（1.67＋0.94）＝－2.66mm，而机组承受瞬态最大水推力时的"错台值"将达到－（1.67＋1.4）＝－3.07mm 之多。

3. 转轮"错台值"不同界定值对机组无叶区流道运行流态的影响分析

（1）抽水蓄能机组在水轮机旋转方向时，无叶区流道是影响转轮进口压力最重要的区域。尤其是对导叶高度较小的高水头、高转速水泵水轮机而言（如清蓄电站、深蓄电站等机组的导叶高度都只有 400mm 左右），《水轮发电机组安装技术规范》（GB/T 8564）等规范文件所制定的±2mm 或±1.5mm（转轮相对于无叶区流道的"错台值"），显然属于较大的偏差了。如若由于运行时轴向水推力的变化使得"错台值"进一步扩大，极有可能使得无叶区流道中流态恶化，原本存在的二次流增强，甚至产生强迫涡流、脱落漩涡而发展成回流。由于进口回流的阻塞使进口流道有效过流面积减小，反向来流速度增大，径向二次流急剧增大，导致回流的进一步发展。同时，由于低比转速水泵水轮机旋转线速度大和叶片型线特殊曲率以及叶轮旋转时液体受科氏力的共同影响，射流-尾流区间的速度梯度和逆向压力梯度会有较大增长，促使回流和脱流更其严重。回流的出现以及相应的压力场和速度场的变化伴随着流量和压力的脉动，乃至产生噪声和机械振动。尤其是回流与汽蚀同时出现时，更会加剧系统内部流量和压力发生脉动，甚至诱发共振，影响机组正常运行。

（2）尤其是在某些偏离稳定运行工况如小开度工况、过渡过程工况和低水头运行（各种负荷工况包括满负荷），转轮"错台值"更易于激发流道中流体的旋涡、脱流、分离间断和回流、空化等各种剧烈、复杂的水力不稳定现象，使得压力脉动幅值更大、频谱构成更繁杂，或在转轮和其他过流部件上产生高频动应力，从而诱发异常振动。

（3）混流式水轮机偏离最优工况运行时，转轮"错台值"产生的涡流会使转轮叶片上冠进口边背面发生脱流进而造成叶道涡。叶道涡的形成加剧了叶片压力的不均匀分布，同时叶道涡的失稳和破裂也会使得压力脉动的振幅加大、频谱构成繁杂并容易产生局部高频动应力。

（4）当机组在小流量下运行时，转轮进出口之间的压差较小，尤以低水头工况为甚。其时转轮"错台值"也更能激发小压差转轮中的不稳定流动，甚至受外界压力波动影响发生流动方向的改变，也就是更易于诱发机组水轮机工况启动时的 S 特性。

（5）在诸多轴向水推力中影响最大的是上止漏环外侧高压腔上冠上表面所受轴向水推力 F_1 与下止漏环外侧高压腔下环外表面所受轴向水推力 F_5（以清蓄电站为例，见图 4.1.35）。当转轮"错台值"负值较大的情况下，可能使得 F_1 增大而 F_2 减小，亦即向下的轴向水推力增大的趋势导致转轮"错台值"负值也随之增大，如前所述的无叶区的压力脉动、噪声也就可能越演越烈。

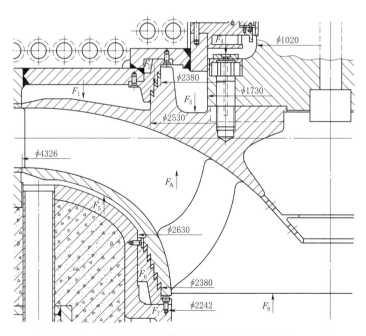

图 4.1.35 清蓄电站机组轴向水推力示意图（单位：mm）

4. 深蓄电站机组运行情况的分析

（1）为验证各种工况下机组主轴的轴向变化状况，在深蓄电站 1 号机组调试进程中设置了 3 个位移传感器，实施对监测盘车后承重机架在承受机组转动部件整体重量产生挠度 h_1 后的主轴位移量。

1）机组充水调试但处于静止且球阀关闭状态时，转轮内部连同上冠和下环上下的压力腔中的压力可视为处处相同（静水压力），转子的受力水压力仅为大小为 F_A 的尾水压力，其作用于主轴并产生位移 h_2。此时，转子处于球阀关闭状态时的轴向基准位置（$h_1 - h_2$）。

2）开启球阀未开启导叶时，由于蜗壳压力上升，可使机墩结构发生与转子受力和机架挠度无关的微量变化 h_3，此时的轴向基准位置为（$h_1 - h_2 - h_3$）。

3）各种工况不同的机架挠度与上述两个基准量的差值就是该工况的轴向位置标定值。

（2）由于 h_2 和 h_3 难以标定且数值较小，所监测的传感器显示值均为相对于 h_1 而言的轴向位移：

1）当水头为 429.12m（上库水位 503.43m，下库水位 74.31m）机组带 100% 负荷运行（299.6MW，导叶开度 86.9%）时，机组相对于静止状态原始"错台值"（-0.99mm）轴向又位移了大约 -0.3mm（各传感器的指示值分别为 -0.17mm、-0.31mm、-0.41mm）。也就是说，原先调整的实际错台值增大到了 -1.29mm。

2）当水头为 429.12m（上库水位 503.43m，下库水位 74.31m）机组带 -1MW 运行（导叶开度 18%）时，机组相对于静止状态原始"错台值"（-0.99mm）轴向位移了大约 -0.45mm（传感器显示值分别为 -0.35mm、-0.45mm、-0.56mm）。

也就是说，原先调整的实际错台值增大到了 -1.44mm。

3）当水头上升至 443.35m（上库水位 515.18m，下库水位 71.83m）机组带 100% 负荷运行（导叶开度 80.0%）时，机组相对于静止状态原始"错台值"（-0.99mm）轴向则位移了大约 $+0.28$mm（传感器 1、2、3 的指示值分别为 0.25mm、0.10mm、0.50mm）。

也就是说，原先调整的实际错台值减小到了 -0.71mm。

（3）监测数据表明，较大的水头变幅对深蓄机组发电工况带负荷运行有着比较明显的影响。

1）当水头为 429.12m（上库水位 503.43m，下库水位 74.31m）机组带 100% 负荷运行（299.6MW，导叶开度 86.9%）时，虽然上、下导主轴摆度均处于不大于 150μm 的正常运行状态，但机组无叶区压力脉动一直呈高幅值态势（达到 780kPa），顶盖垂直振动达到 6.96mm/s（通频值，其中 18X 达到 19.39mm/s）。

2）随着运行水头上升，如至 443.35m（上库水位 515.18m，下库水位 71.83m）机组带 100% 负荷运行（导叶开度 80.0%）时，机组无叶区压力脉动下降至 352kPa、顶盖垂直振动达为 4.05mm/s（其中 18X 仍有 12.95mm/s）；而当水头略降、导叶开度为 84.1% 时，机组无叶区压力脉动则为 415kPa、顶盖垂直振动达为 4.76mm/s。

5. 结语

（1）在偏离最优工况如小开度工况、过渡过程工况和低水头运行（各种负荷工况包括满负荷）运行时，机组振摆尤其是无叶区压力脉动剧增固然与机组水力设计有关，但转轮较大的"错台值"（尤其是为负值时）也还是有可能激发流道中流体的旋涡、脱流、分离间断和回流、空化等各种剧烈、复杂的水力不稳定现象，使得压力脉动幅值增大，或产生高频动应力，从而诱发异常振动和噪声。针对深蓄电站机组运行调试的实例分析，至少证实其不利的影响是存在的。

（2）综合考虑机组轴向位置时应以转轮高程为主兼顾转子相对于定子的高程，由于各种工况下机组承重机架的挠度是不同的，根据以往的安装经验，参照日本东芝电力、法国ALSTOM 等资料，正确的选择应该是：机组转动部件以转轮为调整基准对象，在设计推力载荷（含机组转动部件重量和设计运行工况下的水推力）下计算承重机架挠度和推力轴承压缩量幅值，使得转轮"错台值"基本为零。

（3）对于可调整压缩量超过 0.2mm 的弹性油箱或弹簧簇推力轴承，在计算承重机架高程时应将设计工作载荷与静止载荷工况下，弹性推力轴承压缩量的偏差值计入总挠度。

（4）对于高转速水泵水轮机，清蓄电站 THPC 制定的推力机架安装高程控制设计基准值 ±0.5mm 的质量要求是比较合适的，若以 +0.5/0 作为优良的评判标准则应更佳。

4.2 进水球阀

高水头水泵水轮机进水球阀由于机组启停频繁、甩负荷参与关闭以及任何工况下都应能够安全可靠动水关闭等多方面因素，其所产生压力脉动、径轴向振动、自激振荡及部件疲劳都导致其容易出现问题。本节对高水头水泵水轮机进水球阀安装及运行中的典型问题和进水阀伸缩节 O 形密封故障分析进行了详细介绍。

4.2.1 高水头水泵水轮机进水球阀安装及运行中的典型问题

1. 惠蓄电站进水球阀枢轴事故及处理

（1）枢轴轴套结构及材质。诸如英国 Dinorwig 抽水蓄能电站因进水球阀枢轴轴套漏水不得不在年度停电期间进行更换、由法国 ALSTOM 制造的摩洛哥 550m 水头 ϕ1.4m 艾富里尔抽水蓄能电站球阀轴套亦因严重漏水而更换、我国十三陵电站 4 号机组进水球阀耳轴严重漏水更换等，足以说明进水球阀枢轴轴套结构及其材质选用的重要性，现以类似结构的惠蓄电站枢轴轴套抱轴事故进行剖析。

惠蓄电站进水球阀枢轴结构见图 4.2.1，自润滑轴套与枢轴钢套设计间隙为 0.29～0.63mm；铜套与阀体、钢套与枢轴均属于过渡配合（设计间隙分别为 0.022～0.232mm、0.022～0.162mm），装配时须采用冷缩或热套的工艺措施。厂家为了达到自润滑铜基轴套内外腔平压的目的，在上部位置开设了一个 ϕ4mm T 形平压孔（见图4.2.2）。铜基轴套内表面敷设的自润滑材料为 FEROGLIDE T814，由厚 2mm 的 24 小块拼接而成（见图 4.2.3）。

（2）事故及其分析。

1）惠蓄电站 5 号机组 P 工况由于进水球阀开启时间过长导致启动失败，且无法全开到位，操作多次后则完全无法开启，其后多台机组进水球阀陆续出现这种状况。

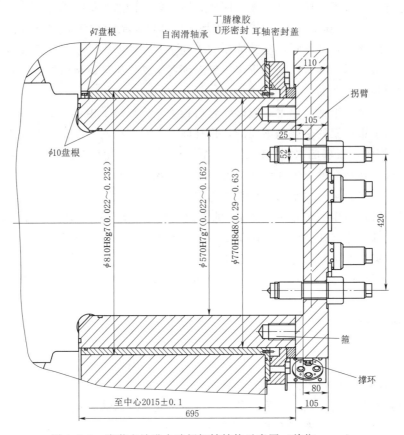

图 4.2.1 惠蓄电站进水球阀枢轴结构示意图（单位：mm）

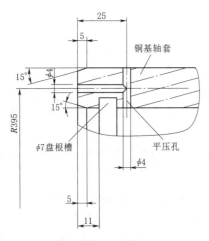

图 4.2.2 平压孔设计示意图（单位：mm）

图 4.2.3 FEROGLIDE T814 自润滑铜基轴套

2) 经设计复核及现场检查、见证开关试验，排除了接力器本体故障、球阀内部异物卡塞及 T 形平压孔堵塞导致铜轴套上下面无法平压的可能性。

3) 据分析，由于 T 形平压孔堵塞后铜基轴套两侧压差导致变形，其内部厚 2mm 的

24 块拼接而成的自润滑材料在无水润滑、挤压变形工况下干摩擦损坏、脱落使铜轴套与枢轴卡塞。检修时拔出钢轴套后发现大面积自润滑材料掉落（见图 4.2.4）证实了上述的分析判断。

当然，水中的杂质、颗粒由平压孔进入自润滑轴套与枢轴之间也可能导致轴套研磨损坏。但无论如何，事实已经证明，惠蓄电站继续采用 FEROGLIDE T814 自润滑材料是不合适的了。

（3）建议选配的结构和材质。

1）GZ－Ⅱ电站进水球阀选用的是日本 OILESS 公司生产的自润滑轴承（相当于国产 FZ－5 铜基镶嵌自润滑轴承）。OILESS 自润滑材料摩擦系数约为 0.08～0.13，间歇动载的承载能力 110～160MPa，适用于低速重载工况，在 GZ－Ⅱ电站使用至今均正常，未发生类似事故。

2）清蓄电站采用的是上海 OILESS 生产的自润滑轴承，只是枢轴结构不同。

3）在 THP 电站经多年使用一直正常的"DEVA－BM"双金属自润滑轴承（相当于国产 FZ－6 铜基镶嵌自润滑轴承）能够保证其高性能和低摩擦系数，也还是经得起运行考验的（见图 4.2.5）。

图 4.2.4 掉落的自润滑材料碎片

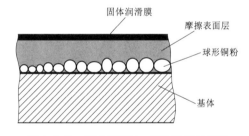

固体润滑膜
摩擦表面层
球形铜粉
基体

图 4.2.5 德国 DEVA－BM 轴承示意图

2. 水压操作接力器缸体锈蚀故障

（1）惠蓄电站合同谈判过程中认可了厂家的提议，规定"水压操作接力器缸采用优质钢材料制造，内壁镀镍，双向运动活塞操作。操作压力水取自进水球阀前压力钢管，应保证水压操作接力器在电站现有水质条件下，长期不会产生锈蚀和腐蚀"。可是，检修中发现进水球阀水压操作主接力器缸壁和缸盖均已严重锈蚀（见图 4.2.6、图 4.2.7）。

（2）清蓄电站接力器缸虽然采用优质不锈钢材料制造，但缸盖仍然不能排除长期运行产生锈蚀和腐蚀的可能。

事实证明，镀镍处理是难以保证长期运行不产生锈蚀和腐蚀的，今后的合同有关条款还必须更加完善、周密。

3. 凑合节安装方式的优选

球阀上游延伸段与引支钢管之间的凑合节安装方式可以有多种：

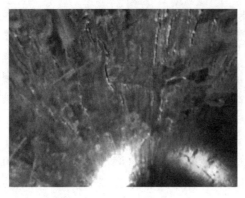

图 4.2.6 水压操作接力器缸壁   图 4.2.7 水压操作接力器缸盖

（1）根据经验，推荐采用惠蓄电站的斜法兰安装方式，其延伸管安装结构见图 4.2.8，安装程序如下。

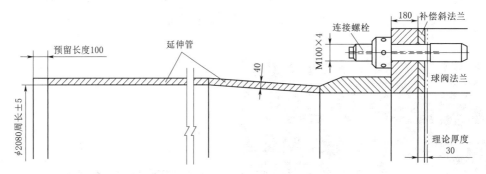

图 4.2.8 惠蓄电站进水球阀延伸管安装结构图（单位：mm）

1）测量上游压力钢管实际周长，与延伸管进口实际周长进行比较。

2）测定上游钢管出口与球阀进口法兰的距离"Y"减 30mm（见图 4.2.9），在延伸管上画线切割其多余的长度（预留切割余量为 100mm）。

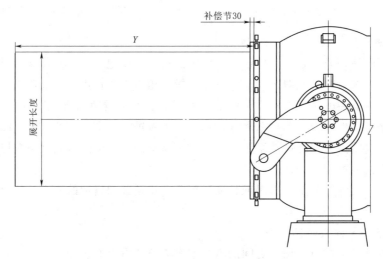

图 4.2.9 上游钢管切割示意图（单位：mm）

3）吊入延伸管就位、用 4 个连接螺栓调整位置，控制 C 为 30^{0}_{-3} mm（见图 4.2.10）。

4）点焊延伸管与引支钢管对接环缝后再按工艺规范进行焊接。

5）精确测定补偿斜法兰加工的尺寸并送出加工。

6）最终装配。

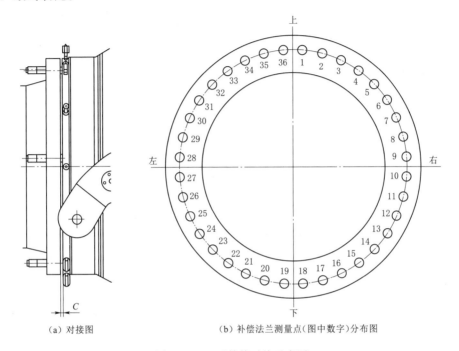

（a）对接图　　　　　　　（b）补偿法兰测量点（图中数字）分布图

图 4.2.10　延伸管对接示意图

注：1～36 为螺栓编号。

（2）由于清蓄电站进水球阀检修密封的锁定装置及位置量测装置的结构不适合加装斜法兰，经协商改用 2 段 1500mm 凑合节连接压力钢管与上游延伸管的方案（见图 4.2.11 之 A 和 B）。

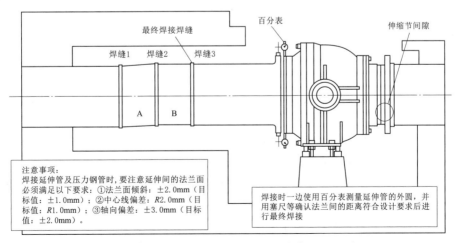

注意事项：
焊接延伸管及压力钢管时，要注意延伸间的法兰面必须满足以下要求：①法兰面倾斜：±2.0mm（目标值：±1.0mm）；②中心线偏差：R2.0mm（目标值：R1.0mm）；③轴向偏差：±3.0mm（目标值：±2.0mm）。

焊接时一边使用百分表测量延伸管的外圆，并用塞尺等确认法兰间的距离符合设计要求后进行最终焊接

图 4.2.11　2 段凑合节施工方案图

（3）在鲁布革水电站等项目施工中，FCB 曾多次采用瓦片连接延伸管与压力钢管的方式（见图 4.2.12），该方式与分段凑合节相比明显有利于提高效率、节省工期，其基本程序是：

1）采用 8 颗 M116×6 螺栓临时连接球阀与延伸管。

2）检测上游压力钢管与延伸管同心度等相关尺寸及两管口之间的实际尺寸。

3）根据实测尺寸确定球阀上游延伸管管口的修割值和凑合节的实际尺寸。

4）配割延伸管及压力钢管管口。

5）按照 3 块瓦片下料配制凑合节段钢管。

6）延伸管与压力钢管凑合节段现场焊接。

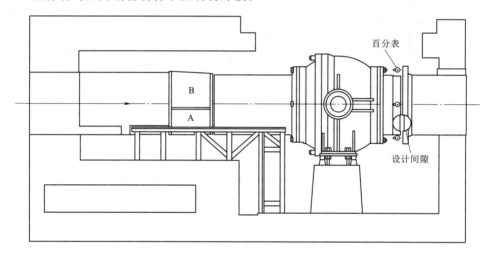

图 4.2.12　瓦片法安装凑合节示意图

4. 旁通管设置的探索

（1）GZ-Ⅰ电站进水球阀旁通管结构见图 4.2.13。GZ-Ⅰ电站为了便于机组在调相

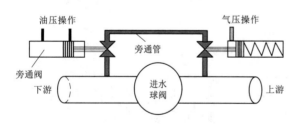

图 4.2.13　GZ-Ⅰ电站进水球阀旁通管结构示意图

工况运行或抽水工况启动时向蜗壳充水，设置了连接球阀上游压力钢管和下游蜗壳进口段的旁通管，其上安装有液压操作的旁通阀和气压操作的旁通安全阀。机组在抽水工况启动或者抽水调相工况、发电调相工况运行时，打开该阀，向蜗壳充水并保持合适的压力，以利于转轮室充气压水，使转

轮脱水运行，减小转轮阻力矩和对系统有功功率的消耗。抽水工况启动并网后该阀即关闭，抽水调相工况和发电调相工况运行中则保持开启直至停机。

在旁通管路上还安装有节流孔板，改变节流孔板的规格可调节水环的大小。当需要测量导水叶的漏水量时，电磁流量计届时也安装在节流孔板处。

（2）不设置旁通管的设计。由于采用旁通管平压方式对伸缩节产生集中冲击力导致机组产生较大振动，目前更多采用的是利用活动密封环与固定密封环间的间隙向蜗壳内充水平压。这种平压方式大大减小水流对伸缩节的冲击力从而使机组振动减小，同时向蜗壳充水的流量也能远超过相应配置的旁通阀充水的流量。这样就可以取消旁通液压阀及为检修液压阀而设置的闸阀和管路，使进水球阀的结构及操作系统简化了许多。

当然，一般在合同中对导叶漏水量的测量有较严格的规定，且已成为评价机组制造、安装质量的重要指标之一，通过旁通管采用超声波流量测定或节流孔板法测定导叶漏水量是比较简便的。但导叶漏水量还可以采用容积法或流量系数法（通常有通气孔法、斜井法、调压井法等）对电站的某一台机组进行测定，也就是说测定导叶漏水量并不能成为设置旁通管的必要条件。所以，经综合比较大部分设计制造厂家认为取消旁通管及其控制系统是更经济有利的。

5. 合理设置钢管排水系统

由于 GZ-I、惠蓄等多个高水头抽水蓄能电站在进行引水系统排水过程中都曾出现过钢管排水系统震动大甚至阀门损坏的恶劣事故，笔者在处理相关事故之后的体会有以下两点。

（1）根据多个电站的实际经验，有必要采取尽可能少弯头的管道敷设设计。

1）已投入运行多年的 THP 电站上游压力钢管排水阀采用进口德国 PERSTA 公司的全不锈钢高压针阀，管道敷设采用无弯头直接排入肘管的方式（见图 4.2.14），在 570m 设计水头排放引水系统的全过程能够调节自如、十分平稳就是明显的例证。

2）惠蓄电站尽管也采用了有利于管道减震的针形阀排放钢管高压水流，但自针形阀排至尾水肘管的管道共计 5 个 90°弯头、2 个 135°～150°弯头。由于管道内脉动激振力的大小与管道转角成余弦关系，即转角越小，激振力越大。而 90°弯头所造成水流在拐弯处产生水流冲击、气蚀和涡流，不可避免地导致不规则的管内水力脉动。由于水为不可压缩液体，故各种局部涡流引起的压力脉动均通过管内水体以压力波的形式传播到整条管道的内壁及管件，引发阀体及管道的水力共振，产生强烈振动和噪声。

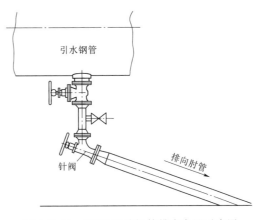

图 4.2.14 THP 电站钢管排水布置示意图

3）清蓄电站钢管排水管的敷设原设计中，钢管排水管自针阀排至尾水肘管的管道共计 7 个 90°弯头、2 个 135°弯头（见图 4.2.15、图 4.2.16）。经协商，THPC 修改了原设计，90°弯头减少了 3 个，使流道情况得以改善。

（2）在针形阀安装位置前或后加装消能装置。如若由于埋设管道弯头较多或其他原因导致针形阀振动仍然偏大，可采取在针形阀前或后加装平板孔口消能、圆管孔口射流消能、圆管螺旋消能及螺旋式孔口消能等形式的消能装置。其中，螺旋消能装置是在过去采用的单纯孔板消能以及管道侧向进水、安装导流叶片形式产生的螺旋流等消能方式的基础上发展起来的新型的消能方式，在消能机理和水力特性上兼有了孔口射流与螺旋流的流动

特性，形式简单、安装方便、消能效果较
好，消能效率可调节，是一种优良的管道
消能装置。

4.2.2 进水球阀伸缩节 O 形密封故
障处理

1. 清蓄电站 3 号机组伸缩节密封圈的检测

(1) 清蓄电站进水球阀伸缩节活套法
兰调整时，检测 2 号活套法兰与伸缩节上
游侧配合整体间隙偏大，局部最大间隙达
到 1.75mm（见图 4.2.17）。

原设计进水球阀伸缩节的 2 号活套法
兰与伸缩节上游侧配合间隙为 0.8mm，即
当伸缩节钢管外径为 φ2496mm 时，活套法
兰上游侧凸台的内径应为 φ2497.6mm，由
图 4.2.17 中可以看出，由于 THPC 在清蓄

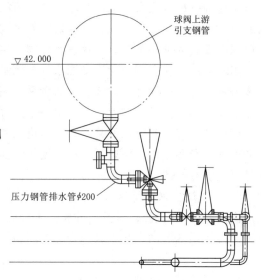

图 4.2.15　清蓄电站钢管排水明管
示意图（单位：mm）

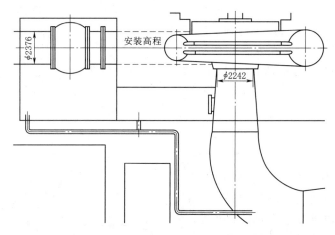

图 4.2.16　清蓄电站钢管排水埋管示意图（单位：mm）

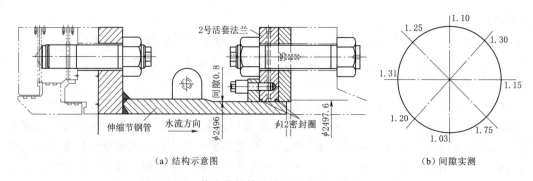

（a）结构示意图　　　　　　　　（b）间隙实测

图 4.2.17　伸缩节结构及检测示意图（单位：mm）

电站 3 号、4 号机组活套法兰凸台处（上游侧）的内径增大了 0.4mm（见图 4.2.18 之 $\phi 2498_0^{+0.7}$），理论上推算其配合最大间隙约 $0.8+(0.4+0.7)/2=1.35mm$（THPC 计算为 1.4mm）。因此，由于加工、装配的误差叠加，造成目前局部最大配合间隙达到 1.75mm，平均间隙 1.26mm（见图 4.2.18）的实际状况。

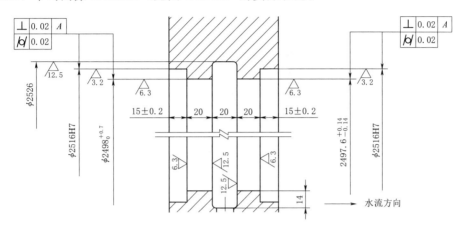

图 4.2.18　3 号、4 号机组活套法兰加工示意图（单位：mm）

（2）原设计密封圈最小压缩率核算。

1）根据《硫化橡胶恒定形变压缩永久变形的测定方法》（GB/T 1683—81）中第 3.1 条"试样为圆柱体，直径为 (10±0.2)mm……"并参考相应的日本 JIS 标准，$\phi 12mm$ 的 O 形密封圈公差应为 $\phi 12\pm(0.2\sim0.3mm)$，现暂定其最小截面直径应为：$d_{0min}=12-0.20=11.80mm$

2）O 形密封槽深度（H）约为 $9.13\sim9.375mm$（见图 4.2.18 下游侧）：
$$H_{max}=(\phi 2516_0^{+0.21}-\phi 2497.6_{-0.14}^{+0.14})/2=9.375mm$$
$$H_{min}=(\phi 2516_0^{+0.21}-\phi 2497.6_{-0.14}^{+0.14})/2=9.13mm$$

3）当法兰内壁与伸缩管外壁的间隙 C 为 0.8mm，O 形密封圈的压缩率（E）为 $13.8\%\sim15.85\%$：

$$E_{min}=\frac{d_{0min}-(H_{max}+C)}{d_{0min}}=\frac{11.80-(9.375+0.8)}{11.80}=13.8\%$$

$$E_{min}=\frac{d_{0min}-(H_{max}+C)}{d_{0min}}=\frac{11.80-(9.13+0.8)}{11.80}=15.85\%$$

据有关资料分析[1]：一般来说，固定密封、往复运动密封和回转运动密封的压缩率应分别达到 $15\%\sim25\%$、$10\%\sim20\%$ 和 $5\%\sim10\%$，才能取得满意的密封效果。国内推荐轴向静密封的压缩率为 $13\%\sim21\%$，因此可以认为，原设计的 $13.8\%\sim15.85\%$ O 形密封圈的压缩率是基本满足规范要求的（这与 THPC 的计算结果 $13.62\%\sim15.25\%$ 基本相同）。

（3）上游侧密封圈最小压缩率核算。

1）O 形密封槽设计最大、最小深度：
$$H_{max}=(\phi 2516_0^{+0.21}-\phi 2498_0^{+0.7})/2=9.105mm$$
$$H_{min}=(\phi 2516_0^{+0.21}-\phi 2498_0^{+0.7})/2=8.65mm$$

2）当法兰内壁与伸缩管外壁的最大间隙 C_{max} 为 1.75mm 时，O 形密封圈的最小压缩率范围：

$$E_{min}=\frac{d_{0min}-(H_{max}+C_{max})}{d_{0min}}=\frac{11.80-(9.105+1.75)}{11.80}=8.0\%$$

$$E_{min}=\frac{d_{0min}-(H_{max}+C_{max})}{d_{0min}}=\frac{11.80-(8.65+1.75)}{11.80}=11.86\%$$

由于 $E_{min}=8.0\%\sim11.86\%$ 远小于 15%，该部位间隙配合是偏小的。

3）由于 THPC 出厂时测量了活套法兰凹槽 $D_1\sim D_4$（见图 4.2.19、表 4.2.1），据此计算密封槽深度，进而计算上游侧局部 1.75mm 间隙处的压缩率，该压缩率也是偏小的。

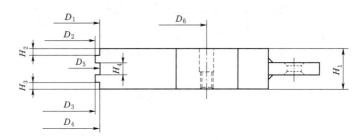

图 4.2.19　活套法兰结构示意图

①上游侧密封槽实测深度：

$$H_{max}=(\phi2516.15-\phi2498.50)/2=8.825\text{mm}$$

②上游侧密封圈压缩率（实测间隙为 1.75mm 处）。

$$E_{min}=\frac{d_{0min}-(H_{max}+1.75)}{d_{0min}}=\frac{11.80-(8.825+1.75)}{11.80}=10.38\%$$

表 4.2.1　　　　　　　　　　　活套法兰测量数据表　　　　　　　　　单位：mm

测量位置		设计值	实测值	测量位置		设计值	实测值
D_1	$Y-Y$	$\phi2516_0^{+0.21}$	2516.15	D_6	$Y-Y$	$\phi2900\pm2$	2900.00
	$X-X$		2516.14		$X-X$		2900.00
D_2	$Y-Y$	$\phi2498_0^{+0.7}$	2498.50	H_1	$+Y$	90 ± 0.3	90.10
	$X-X$		2498.50		$+X$		90.11
D_3	$Y-Y$	$\phi2497.6_{-0.14}^{+0.14}$	2497.70		$-Y$		90.10
	$X-X$		2497.71		$-X$		90.11
D_4	$Y-Y$	$\phi2516_0^{+0.21}$	2516.10	H_2	15 ± 0.2		15.04
	$X-X$		2516.11	H_3			15.02
D_5	$Y-Y$	$\phi2526\pm2$	2526.00	H_4	20 ± 0.2		20.10
	$X-X$		2526.00				

（4）下游侧密封圈最小压缩率的推算。

1）由于下游侧法兰内壁与伸缩管外壁间隙未能测量，且两处凸台尺寸 $\phi2497.6_{-0.14}^{+0.14}$、$\phi2498_0^{+0.7}$ 不同，不能按 1.75mm 间隙进行计算。但加工、装配误差毕竟是存在的，建议按以下方式计算压缩率。

2）下游侧密封槽实测深度：

$$H_{max} = (\phi 2516.11 - \phi 2497.70)/2 = 9.205 mm$$

3）活套法兰凹槽 D_4 与伸缩管外径 C 所形成的密封槽总深度：

$$H_{max} = (\phi 2516.11 - \phi 2495.9)/2 = 10.105 mm$$

4）活套法兰凸台与伸缩管外径的平均间隙约为 $10.105 - 9.205 = 0.9 mm$。

5）根据上游侧实测间隙按比例估算，下游侧可能形成的最大配合间隙 C_{max} 约是：

$$C_{max} = \frac{1.75 \times 0.9}{1.26} = 1.25 mm$$

6）下游侧密封圈推算的最小压缩率：

$$E_{min} = \frac{d_{0min} - (H_{max} + 1.75)}{d_{0min}} = \frac{11.80 - (9.205 + 1.25)}{11.80} = 11.4\%$$

该压缩率同样也偏小。

2. 解决 O 形密封圈压缩率偏小的有效措施

（1）选用高硬度的 O 形密封圈是有助于解决压缩率偏小问题的。

1）一般来说，用于水电站 O 形密封圈的硬度均大致控制在邵氏硬度 70～90 度。其中，静密封宜选低限值 70，旋转密封可取较高值 80，密封圈硬度采用高限 90 还是极少的。对于丁腈橡胶 O 形密封圈，其常规硬度见表 4.2.2。

表 4.2.2　　　　　　　抽水蓄能电站 O 形密封圈常规硬度选用表

邵氏硬度/度	50 ± 5	60 ± 5	70 ± 5	80 ± 5	90 ± 5
工作压力下静密封/MPa	0.5	1	10	20	50
工作压力（往复运动，速度不大于 0.2m/s）/MPa	0.5	1	8	16	24

2）由于丁腈橡胶是丁二烯与丙烯腈的共聚物，因其分子结构中含有氰基而具有极性，即具有优良的耐油性、耐热性和耐磨性。因此，高硬度丁腈橡胶常常被用于一些特殊场合，THPC 认为，选用硬度为 90Hs 的丁腈橡胶密封圈，可以使其设计压缩率控制在 $10\%\sim20\%$，这样就使得 3 号、4 号机组进水球阀伸缩节密封圈的实际压缩率纳入规范的可控范围。

（2）建议在密封槽（单侧或两侧）安放四氟乙烯挡圈的弥补性措施。

1）O 形密封圈有四种不同的运动状态：第一种是完全静止；第二种是完全黏滑，此时 O 形密封圈只发生剪切变形，没有宏观的相对滑动；第三种是部分滑动，此时 O 形密封圈部分区域产生宏观的相对滑动，但仍有部分区域处于黏结状态；第四种是 O 形密封圈产生完全滑动。第一种完全静止的状态可看作是静密封，第四种完全滑动的状态即传统意义上的往复密封；第二种和第三种状态很难界定，可看作是微动密封。

2）由于伸缩节钢管在机组启动及运行过程中受到水压脉动的影响可能出现瞬间的径向振动或蠕动（亦即 THPC 所说的"密封圈受波动水压"），并非完全静止，因此可视为微动密封。对于微动密封，在重视压缩率的同时，还需适当控制配合间隙不宜过大，这时因为：

a. 当 2 号活套法兰与伸缩节上游侧局部配合间隙偏大，O 形密封圈可能会出现挤入局部较大间隙的异常情况（见图 4.2.20），而挤入段与未挤入段衔接处是可能会有压力水通过缝隙的。

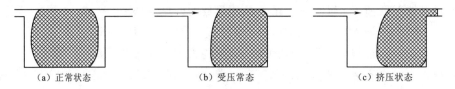

（a）正常状态　　　　　　　（b）受压常态　　　　　　　（c）挤压状态

图 4.2.20　密封圈的运行工况示意图

b. 由于伸缩节钢管在机组启动及运行过程中可能受水压脉动的影响而出现瞬间的径向振动或蠕动，在特定情况下，挤入间隙的局部密封圈将可能被剪切，从而加剧泄漏。

c. 伸缩节所使用的 O 形密封圈是否被挤出损伤除了与密封圈的硬度、工作压力有关外，与活套法兰 2 与伸缩节上游侧局部配合间隙更是攸息相关，参考"O 形圈挤出极限图"（见图 4.2.21），显然目前 3 号机组进水球阀伸缩节的间隙是偏大的。

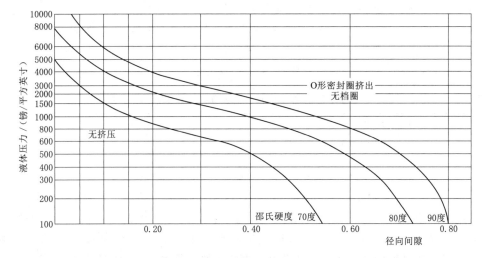

图 4.2.21　O 形圈密封挤出极限图

d. 为防止 O 形密封圈被挤入隙缝，建议在密封槽里装上挡圈。挡圈应装在水压力作用在 O 形密封圈上的相反一侧。

推荐采用具有摩擦系数极低（对于钢材）、耐化学腐蚀、工作温度范围较宽等特点的聚四氟乙烯挡环，但模制的聚四氟乙烯环最大允许伸长量仅约 10%，装配时尤需精心操作。

3. 结语

由于 THPC 考虑在进水球阀伸缩节活套法兰 ϕ2496mm 的密封槽内加置挡圈是十分困难的，就采纳了增大密封圈邵氏硬度的建议，最终决定选用硬度为 90Hs 的丁腈橡胶密封圈，可以使其设计压缩率控制在 10%～20%，这样就使得 3 号、4 号机组进水球阀伸缩节密封圈的实际压缩率达到规范要求。

电动发电机

电动发电机的核心部件是其转子的磁轭和磁极，本节大篇幅介绍和剖析了惠蓄电站和清蓄电站两种不同类型磁轭的电动发电机转子的装配程序和技艺；重点对惠蓄电站磁轭热打键及其紧量的每一道环节开展评判；同时，还对初次技术引进类型的清蓄电站厚环板磁轭和以国产化为主的深蓄电站厚环板磁轭的叠装结构、装配程序和热打键工艺分别进行了介绍、比较和分析。另外，还介绍、分析了具有特色的清蓄电站带鸽尾筋座的定子机座工地现场调整、焊接工作。

4.3.1 惠蓄电站电动发电机转子装配工艺

1. 惠蓄电站电动发电机技术参数和转子装配工艺流程

（1）主要部件及技术参数。转子磁极外径 $\phi4583mm$；定、转子空气间隙 43.5mm；转子磁轭外径 $\phi3840.6mm$，内径 $\phi2240.6mm$；磁轭高度 3136mm；磁轭质量约 170t；转子瓶状轴质量 36.5t；转子总质量（不含吊具）310t；额定转速 500r/min（飞逸转速 725r/min）。

（2）转子装配工艺流程见图 4.3.1。

2. 转子组装施工准备

（1）安装间转子工位基础预埋。

1）在安装间有 2 台转子组装工位，1 号、3 号机组在下游侧 1 号工位，2 号、4 号机组在上游侧 2 号工位，相应的 B 厂 5 号、7 号机组在下游侧 1 号工位，2 号、4 号机组在上游侧 2 号工位（见图 4.3.2）。

2）瓶状轴支墩基础是一块外圆 $\phi1900mm$、内孔 $\phi700mm$ 的圆环板（见图 4.3.3），用下部固定焊接于 100mm×100mm 钢板上三根沿圆周均布的 M16mm 螺杆，调整使其水平度偏差在 0.5mm 以内，然后浇筑二期混凝土，上平面高出安装间地坪 10mm。

3）为便于调整，经修改设计在瓶状轴支墩基础环外侧埋设一块外圆 $\phi3720mm$、内孔 $\phi2200mm$ 的圆环钢板，作为磁轭支撑千斤顶的基础。

4）预埋基础板清理、调整。将预埋基础板清理干净；用水准仪初步检查预埋基础板水平度偏差应不大于 0.5mm，如有必要，可对预埋基础板表面高点区域进行打磨处理。

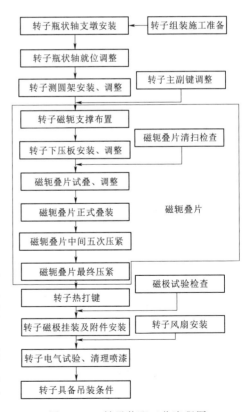

图 4.3.1 转子装配工艺流程图

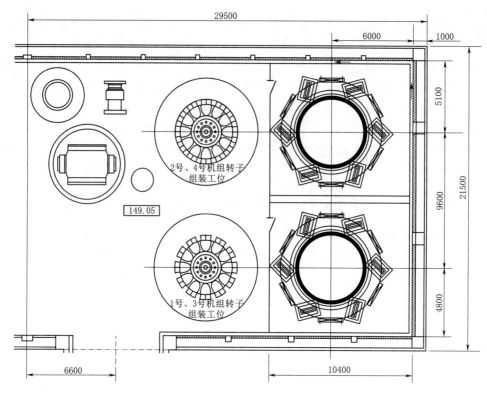

图 4.3.2 安装间转子工位布置图（单位：mm）

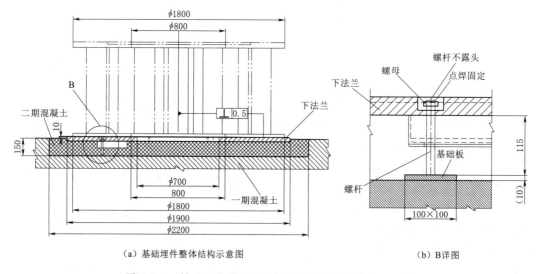

（a）基础埋件整体结构示意图   （b）B详图

图 4.3.3 转子工位基础预埋件结构示意图（单位：mm）

（2）转子瓶状轴支墩安装。

1）清扫检查转子瓶状轴支墩（见图4.3.4），消除上下法兰面的高点，并使用油石进行研磨光滑。

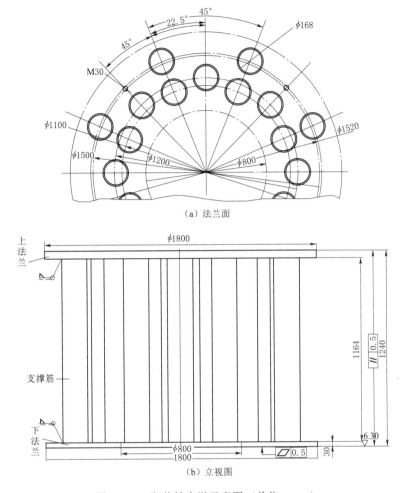

（a）法兰面

（b）立视图

图 4.3.4 瓶状轴支墩示意图（单位：mm）

2）将转子瓶状轴支墩吊至基础板上，注意支墩下部漏斗排水口方向应面向安装间侧。

3）采用框式水平仪对称 4 个点进行水平检查和调整，可在预埋基础板和支墩接触面间加垫片调平，水平度应满足 0.02mm/m。

3. 转子瓶状轴就位调整

（1）转子瓶状轴清扫检查。转子瓶状轴运入安装间后需认真打磨清理，瓶状轴下法兰面必须清扫干净，并使用刀口尺进行检查，应无高点，必要时进行研磨；清扫连轴螺栓孔并进行连轴螺栓试装，应确保螺栓顺利安装到位，对装配困难的螺孔必须进行检查、处理。

（2）所有键槽清扫干净。

（3）检查瓶状轴上部转子吊装孔并进行连接螺栓试装，试装应顺畅无碍。

（4）清扫后转子瓶状轴上部应进行防锈护理。

（5）检测瓶状轴的主要外形尺寸及配合尺寸并记录，如套装推力头部位的直径、连轴法兰止口的深度、螺孔距离及瓶状轴两法兰间距离等并划分盘车点标记等。

（6）瓶状轴吊装调整。

1）利用桥机 200t 主钩和厂家专用工具进行转子瓶状轴翻身，吊放至转子组装支墩上（见图 4.3.5）。

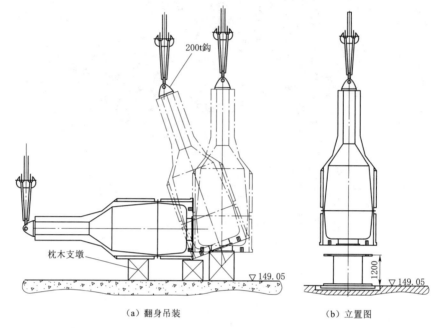

（a）翻身吊装　　　　　　（b）立置图

图 4.3.5　瓶状轴吊装示意图（单位：mm）

2）调整瓶状轴垂直度，应满足不大于 0.03mm/m（见图 4.3.6）。

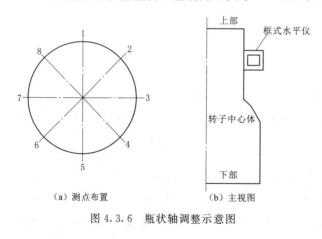

（a）测点布置　　　　（b）主视图

图 4.3.6　瓶状轴调整示意图

3）使用 NA2 水准仪测量并记录挂钩的相对高差及瓶状轴下法兰面的水平度；测量瓶状轴挂钩至下法兰面的距离并作记录，将挂钩上平面的实际高程引至转子外侧作为磁极挂装的高差控制基准点。

4）清理主键键槽，并测量记录主键槽的垂直度，宽度、深度，检测其是否符合图纸要求，键槽垂直度应满足不大于 0.05mm/m（见图 4.3.7）。

4. 转子测圆架安装、调整

（1）对测圆架部件进行清扫，并对旋转部位加注干净的油脂。

（2）将测圆架安装于瓶状轴上部，在测圆架上安装百分表，以瓶状轴上端 E 段为基准，旋转、调整测圆架使其与瓶状轴的同心度达到要求。

（3）利用配重块对测圆架两端进行配平衡，确保测圆架旋转中无卡阻、不偏斜，百分表读数值均衡。

（4）旋转测圆架校核瓶状轴的垂直度并进行适当调整。

（5）测圆架检查完成后挂钢琴线检查上端轴和立筋键槽的同心度。

5. 转子主副键调整

（1）主键及副键检查。

1）主键为通长设计与键槽为紧配合，副键分为上、下部两段，设计楔度为1：200，通过调整主键的半径来控制磁轭片的圆度及偏心值（见图4.3.8）。使用游标卡尺检查主键、上下副键的宽度、厚度，使用卷尺测量长度，并与设计尺寸进行比对。

2）检查主副键的平直度，应不能有弯曲。

3）将相同编号的主副键进行配对检查，应保证其结合面无间隙，测量其累加厚度满足要

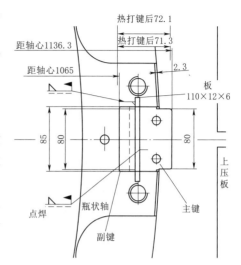

图4.3.7 磁轭键槽示意图（单位：mm）

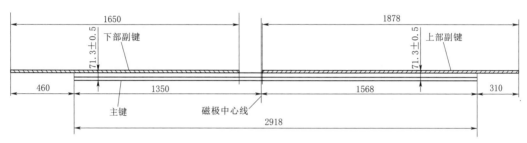

图4.3.8 磁轭主、副键示意图（单位：mm）

求，并进行记录。

（2）主、副键安装。

1）按编号将主键逐一吊入键槽中，悬挂于键槽上，此时应注意检查键槽与主键的配合情况，如果主键与键槽配合太紧，应取出对配合面进行研磨处理，不允许使用铁锤将主键敲入键槽内。

2）主键上部按要求焊接挡板部件（见图4.3.7之板110×12×6），焊接后进行清扫。

3）将下部副键放入键槽内，而后将上部副键安装到键槽内。

4）调整主键的半径尺寸（1136.3±0.1）mm（见图4.3.9），注意测量时的测量点必须在主键中心位置。

5）调整完成后测量上下部副键外露长度并进行记录和标记，同时下部采用自制的千斤顶固定，上部副键用铁丝悬挂于上部的平台上。

6）按设计工况上部副键打到磁芯轴线时主副键的组合厚度为$50.475+14.875+(1350×1/200)=72.1$mm，能使磁轭键径向紧量达到$72.1-71.3=0.8$mm（见图4.3.7），但实际上存在热打键时，下部副键打入长度超过其设计长度的情况，其时将不得不重新吊起转子切割下部副键，所以，必须在磁轭叠压前的基准圆度调整时，根据下部副

键进入键槽的实际情况（与各个键槽的实际深度大小密切相关）适当切割其上端部，以满足热打键时基本接近磁芯轴线位置的设计要求。

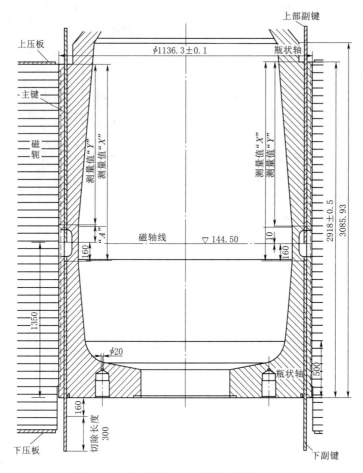

图 4.3.9　主副键装配示意图（单位：mm）

6. 磁轭叠片

（1）磁轭叠片准备工作包括转子磁轭支撑布置与磁轭冲片清扫检查。

（2）转子下压板安装、调整。

1）将 48 个磁轭支墩（螺旋千斤顶）分两圈摆放在半径为 1348mm 和 1654mm 的圆周上。

2）将 12 块支撑板对应键槽摆放在支墩上，调整支撑板中心使其内径为 1120.3mm。

3）均匀对称摆放支垫木方后，进行全圆共 24 块（12 套）厚 15mm（后调整为 20mm）磁轭下压板的装配，注意面朝瓶状轴，左侧为部件 P03 磁轭叠片，右侧为部件 P04 磁轭叠片（见图 4.3.10）。

4）利用框式水平仪、钢板尺配合螺旋千斤顶调整磁轭下压板的高程、水平和波浪度：上平面高程离瓶状轴键槽下凸台 320mm，即比理论值低 2mm；板面波浪度不大于 2mm；径向水平偏差不大于 0.5mm；半径偏差不大于 1mm。

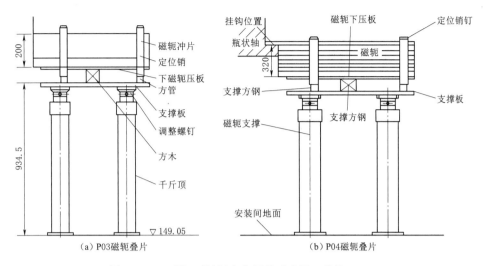

图 4.3.10　磁轭下压板安装调整示意图（单位：mm）

（3）磁轭叠片试叠、调整（磁轭挂钩以下 318mm 段叠片）。

1）磁轭叠片清洗、分类及测量。惠蓄电站磁轭叠片分成 P01～P09 九种类型，除 P03、P04 为厚 0.5mm 的补偿片外，其余叠片的设计值均为厚 4mm。由于制造上的误差，P01～P09 各类叠片的厚度存在偏差，同类叠片内外圈厚度也可能存在偏差，为了更精确计算磁轭叠压的真实紧度，应区分叠片的类型分别抽查测量（要求每箱至少抽查 3 张叠片，其内外圈的厚度平均值，然后按照各自的叠片层数进行加权平均计算内外圈的理论高度，再利用规范公式计算磁轭叠压系数。

2）对厂家到货的叠片必须进行清洗、擦拭干净，并检查叠片的制作质量，对叠片的周圈及螺孔周围的毛刺等进行打磨处理，在叠片前还应设置专人对每一张叠片再次进行检查，确认无毛刺、污物后方可交付叠装。

3）检查所用的定位销钉，对有弯曲变形的销钉不能使用。

4）正式堆叠前的试叠。

a. 检查磁轭下压板安装的精确程度。

b. 试叠最底部总厚度 80mm 的 P05＋P07 磁轭叠片。

c. 测量并调整试叠片的半径与圆度，检查磁轭下压板螺栓孔位置。

d. 为确保堆叠准确，在挂钩以上叠一圈 P01 磁轭叠片，用 P01 磁轭叠片与下部的销钉进行对孔校正，确保全部孔位正确，销钉处于自由状态。

5）挂钩以下 318mm 段正式堆叠。

a. 该段叠装时，采用 500mm 长度销钉定位，每个磁极位置定位用销钉原只有 4 颗，为了保证叠片的质量，调整增加到 8 颗。

b. 最底部 80mmP05＋P07 磁轭叠片的上部 238mm 为 P06＋P08 片，每堆叠一层必须对下层进行清扫，防止叠片层间有杂物。

c. 每推叠 50mm，用 P01 磁轭叠片与下部的销钉进行对孔校正，确保全部孔位正确，销钉处于自由状态。

d. 叠片堆叠时应设专人检查叠片的堆叠顺序是否正确，防止叠片放置错误，造成不必要的返工，通过检查定位销钉是否能转动判断叠片堆叠是否整齐。

e. 在挂钩以下318mm段堆叠完成后，将上部的P01磁轭叠片放下，使用千斤顶，将叠片压紧，用0.05mm塞尺检查测量P01磁轭叠片与挂钩间应无间隙。

f. 调整完成后，测量磁轭的圆度、偏心值及磁轭内外高差应符合设计要求：圆度偏心值应不大于0.3mm；磁轭内外高差不大于3mm。

（4）磁轭叠片正式叠装（转子第一段叠片）。

1）搭设牢固的叠片平台，将叠片吊放到叠片平台上，叠片平台对称布置，以方便取片（见图4.3.11）。

2）正式叠片工艺。

a. 按设计要求编制叠装堆积表。

b. 根据堆积表，从顶部往下叠装磁轭叠片，即将相应型号的叠片挂入主键内缓慢保持水平下放，每层叠片距离到位约100mm时，用压缩空气对叠片下部进行吹扫，防止有杂物堆积在铁片间。

c. 叠片堆叠到位后，用大胶锤在两个主键间位置捶击磁轭叠片，每个位置至少捶击5下，叠片捶击部位见图4.3.12。

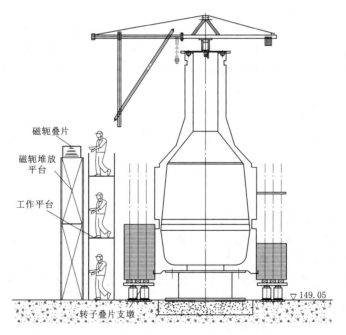

图4.3.11　叠片平台示意图

d. 完成上述工作后再堆叠下一层，逐一依次继续叠片，在堆叠中采用工具边叠片边整形（见图4.3.13）。

e. 根据叠片堆积的规律，每12层一个循环，在完成第7个循环即叠到第84层时拆除定位销钉，逐一依次更换安装永久拉紧螺栓，螺栓下端部外露丝牙9mm（见图4.3.14）。

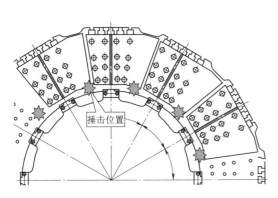

图 4.3.12 叠片捶击部位示意图

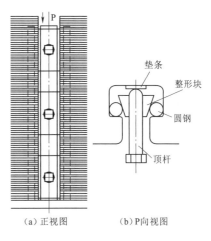

图 4.3.13 整形块安装示意图

f. 继续叠片，每叠一层就执行前述 c、d 项的工作。

g. 每完成 2 个循环叠片即堆叠 24 层，在靠近磁轭主键的位置采用自制工具进行对称压紧，确保内侧压紧密实（此方法将一直持续到磁轭中心位置）并防止磁轭在压紧过程中上移。

h. 在完成第一段 636mm（158 层）堆叠高度并检查磁轭下部拉紧螺杆的外露丝牙满足 9mm 要求后，进行中间过程压紧，中间过程压紧使用 144 颗工装螺栓进行，在用少量二硫化钼润滑剂涂抹螺母及上部磁轭接触部件的情况下的压紧力矩为 1750N·m，分 4 次即 1750N·m 的 25％、50％、75％、100％ 按照内、中、外圈的顺序对称进行压紧。

图 4.3.14 更换永久拉紧螺栓

i. 当完成第一次 25％ 的压紧力矩后，使用主厂房桥机的 10t 电动葫芦以每个磁极为单位，利用制作的工具将一个磁极位置的所有螺栓提起，逐一拆除下部千斤顶及调整板，将下部螺母与丝牙部位点焊（磁轭压板与螺母间的点焊固定待最终压紧完成后进行），点焊一组恢复一组的千斤顶及压板，依次完成上述工作。

j. 在磁轭下部安装防止磁轭片与挂钩间产生间隙的固定装置（见图 4.3.15）。

k. 完成第一次压紧后安装自制的夹紧工具（见图 4.3.16），分别在第一次和第二次压紧后使用。磁轭圆周方向共计布置 8 组，目的是防止在螺栓松开后，内侧的叠片发生反弹，夹紧工具安装后，方可拆除压紧螺栓。

l. 完成第一次压紧后进行必要的检测工作。

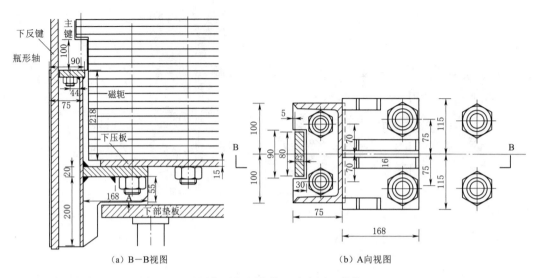

（a）B－B视图　　　　　　　　　　（b）A向视图

图 4.3.15　磁轭下部固定装置示意图（单位：mm）

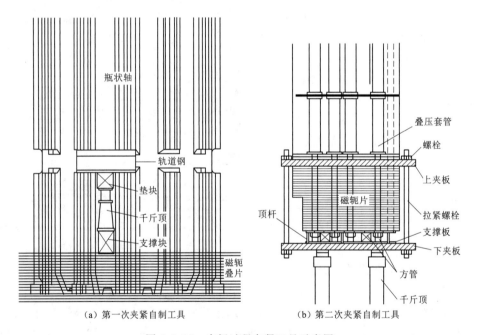

（a）第一次夹紧自制工具　　　　　　（b）第二次夹紧自制工具

图 4.3.16　中间过程夹紧工具示意图

①使用 0.05mm 塞尺检查挂钩与磁轭的间隙（其中 1 号、4 号、7 号、10 号挂钩位置受叠片遮挡无法测量），并对测量数据进行记录，在压紧螺栓拆除后再次检查进行比较。

②使用水准仪测量磁轭下部压紧状态下挂钩位置内外侧高差，通过测量磁轭内外高度，确定是否需要加补偿片进行高差补偿；两张磁轭叠片间使用补偿片不能超过 1 张。

③使用千分尺加测圆架检查测量磁轭圆度，其圆度偏心值不能大于 0.3mm，测量前应复核瓶状轴垂直度满足 0.03mm/m 的设计要求。

④采用钢卷尺测量叠片压紧后的高度，以 1 号磁极位置为基准，顺时针旋转，磁轭内外侧各测量 12 个点位（测量点应做标记，以便后续的测量）。

m. 铁片堆叠过程中应记录堆叠的数量及每种铁片共计堆叠的层数，并根据堆叠高度及堆叠厚度计算其叠压系数应不小于 0.994。

（5）转子第二段～第五段叠片采用类同工艺分别完成 1136mm（284 层）、1636mm（408 层）、2136mm（534 层）及 2636mm（658 层）叠压工序，包括磁轭叠片中间 5 次压紧和磁轭叠片最终压紧，以下仅介绍一次压紧过程。

1）同"（3）之 2）"的"a～g"。

2）堆叠高度后进行中间过程压紧，中间过程压紧使用 144 颗工装螺栓进行，在用少量二硫化钼润滑剂涂抹螺母及上部磁轭接触部件的情况下的压紧力矩为 1750N·m，分 4 次即 1750N·m 的 25％、50％、75％、100％按照内、中、外圈的顺序对称进行压紧。

3）完成第二次压紧后安装自制的夹紧工具（见图 4.3.16），磁轭圆周方向共计布置 8 组，目的是防止在螺栓松开后，内侧的叠片发生反弹，夹紧工具安装后，方可拆除压紧螺栓。

4）完成第二次压紧后进行必要的检测工作，同"（4）之 2）"的"l"步骤。

5）铁片堆叠过程中应记录堆叠的数量及每种铁片共计堆叠的层数，并根据堆叠高度及堆叠厚度计算其叠压系数应≥0.994。

（6）采用相同工艺完成转子第六段叠片叠压工作，并最终通过测量磁轭内外高度，保证磁轭总高度与设计高度的偏差在 0～＋3mm 范围内，设计值为 3128mm。

7. 转子热打键

（1）施工准备。

1）在转子磁轭完成最终压紧及相关圆度、高度数据测量后，选择合适的固定测点用塞尺检查磁轭片与瓶状轴之间的间隙值（见图 4.3.17 之"2.3mm"），其变化量测量值即为磁轭热打键的紧量（同时用游标卡尺测量上部主键到瓶状轴固定点的距离作为比较值）。

2）采用铁损法加热磁轭。

a. 在磁轭叠片缠绕 36 匝励磁绕组，通入工频交流电使磁轭叠片产生铁损发热。

b. 磁轭外围设置耐高温帆布制成的保温棚。

c. 在瓶状轴内腔通入取自消防水源的冷却水使瓶状轴与磁轭间保证有足够的温差以达到要求的膨胀量，冷却水由支墩下部的集水槽接排水管路排出。

3）由于惠蓄电站采取二次热打键的新工艺，其最终热打键前的冷打键进槽量是不含在磁轭预紧量热打键长度范围（180mm）内的，为了使热打键时下部副键能达到所要

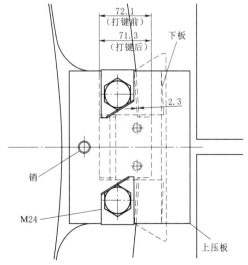

图 4.3.17 测量点示意图（单位：mm）

求的磁芯轴线高程，必须准确计算出在磁轭叠压前切割下部副键上端部的长度值（根据估算和实际验证，按照长度 70~80mm 对下部副键进行切除是合适的，而上部副键则可在叠片后切割处理）。

（2）第一次加热磁轭（在转子磁轭和瓶状轴之间产生 0.4mm 的预紧量，以消除磁轭叠片与主键接触表面不平整度，使磁轭主键与磁轭片能够完全接触）。

1）对称用 5t 千斤顶同时向上顶下部副键，感觉阻力较大时，换用大锤对称进行多次锤击冷打键以使紧量均匀，确保下部副键良好就位并使主键和磁轭叠片接触间隙（δ）小于 0.05mm（见图 4.3.18）。

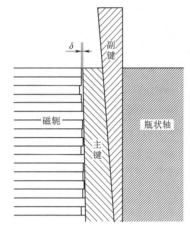

图 4.3.18 初次冷打键示意图

2）12 根副键全部完成冷打后，再次测量副键的外露长度并记录。以下部副键外露位置向下量取 80mm 处做标记，作为第一次热打入长度，同时下部副键应采用支撑固定。

3）将上部副键拔出，测量由下部副键上端面到磁轭上端槽面的深度 X（见图 4.3.9）。

4）对上部副键采取冷打键方式，确保上部副键良好就位并使主键和磁轭叠片接触间隙 δ 小于 0.05mm，在上部副键高于瓶状轴键槽上平面 80mm 处做标记。

5）在上、下部副键冷打紧后，应检查中心体与磁轭的间隙是否有较大变化并记录。

6）根据键槽内深度 X 及上部副键的进槽长度，适当切割上部副键端部（切除长度应确保上、下部副键在热打键后不碰到）。

7）按照 40K 温升加热磁轭，升温速度控制在 10~15℃/h 之间。自加热开始，每隔 30min 监控一次温度，使其达到约 0.5mm 的径向胀量。

8）先将下部副键对称推到标记 80mm 位置，并进行固定，然后将上部副键对称打入标记 80mm 位置，并进行固定。

9）降温冷却转子磁轭应自下而上进行，以防止磁轭上窜，即先将下部的保温篷布打开进行冷却降温，控制降温速度不能大于 10℃/h，以免磁轭温度骤然降低而使转子中心体变形，磁轭冷却到 40℃后，方可揭开保温篷布，直到转子降到室温。

10）由于下部主键 500mm 高度与副键是不接触的，此段磁轭冷却后的收缩势必造成主键的微量变形，应检查可能由此所引起的磁轭径向内外高差的变化值。

11）用塞尺检查瓶状轴与磁轭间隙，同时用游标卡尺测量上部主键到瓶状轴固定点的距离，并进行记录（测量部位见图 4.3.17）。

（3）第二次加热磁轭。

1）加热过程中应按要求进行温升及胀量的检查，升温速度控制在 10~15℃/h。加温开始，每隔 30min 监控一次温度。

2）加温直至下部副键落于地面，上部副键可直接取出为止。

3）拔除上、下部副键后开始降温，先将下部的保温篷布打开，进行冷却降温，磁轭降温过程中必须严格控制降温速度和均衡各部位温差（温差不能大于10℃），以免由于副键已取出，主键径向方向不受控制，出现降温不均匀引起径向发生不均匀变形。

（4）第三次加热磁轭进行最终磁轭热打键工序[2]。

1）对称用5t千斤顶同时向上顶下部副键，感觉阻力较大时，换用大锤对称进行多次锤击冷打键以使紧量均匀，确保下副键良好就位并使主键和磁轭叠片接触间隙 δ 小于0.05mm。

2）12根副键全部完成冷打后，再次测量副键的外露长度并记录。以下部副键外露位置向下量取180mm（这是能在转子磁轭和瓶状轴之间产生0.9mm紧量的插入值）处做标记，作为最终热打入长度，同时下部副键应采用支撑固定。

3）自磁轭顶部测量键槽内的剩余高度 X，并进行检查、校对测量尺寸与理论尺寸的吻合程度。

4）将上部副键插入键槽，并用锤对称均匀进行冷打，确保上部副键良好就位并使主键和磁轭叠片接触间隙 δ 小于0.05mm，在上部副键高于瓶形轴键槽上平面180mm处做标记，作为最终热打入长度，并测量副键外露长度。

5）将上部副键拔出，再次根据剩余高度 X 及上部副键的进槽长度，计算出上部副键下端的切除长度（理论值 $Y=X-360$，见图4.3.9）。

6）加热前将下部副键下部支撑拆除，待热膨胀中，下部副键靠自身重量下落。

7）加热转子磁轭，加热过程中应按要求进行温升及胀量的检查，在温升低于80℃时只用检查温度变化情况，转子磁轭加热温升应控制在100～130℃范围内（升温速度控制在10～15℃/h），当温升达到80℃，每隔30min进行温度与间隙的测量。

8）当单边膨胀量大于1mm，先将下部副键对称推到180mm标记位，并将其与键槽点焊，防止在打上部副键时下部退出。

9）完成下部副键工作后，将上部副键对称推入至180mm标记位（两键端头基本接触），全部完成后对下部副键进行检查，确认未发生位移后，同时再次检查上下部副键端头已接触。

10）自下而上降温冷却转子磁轭，即先将下部的保温篷布打开，注意控制磁轭降温过程中温差不能大于10℃，磁轭冷却到40℃后，方可揭开保温篷布。

11）待磁轭降至室温后，拆除磁轭下压板拉紧装置，并对焊接部位打磨。

12）检查磁轭圆度及用塞尺检查中心体与磁轭间隙（2.3mm）并记录，同时用深度尺测量上部主键到瓶状轴固定点的距离并记录，对比热打键前后的数据确定膨胀量是否符合磁轭上、下部涨量（0.8±0.1）mm的要求（磁轭圆度下部检查时，测量点位置应由下压板向上移1000mm）。磁轭圆度的测量应测量3个断面，磁轭下部一个断面、由磁轭下压板向上量取1m位置一个断面、磁轭上部一个断面。

13）符合要求后，切除上、下部副键多余长度，打磨平滑安装止动板，并按要求将螺栓力矩紧固锁定，点焊销钉。

14）最终检测项目及注意事项。

a. 检查磁轭拉紧螺栓的力矩，确认其符合设计要求后点焊上部压紧螺帽。

b. 测量磁轭与挂钩的间隙，并使用水准仪复测磁轭内外高差并进行记录。

c. 用 1m 的平尺对磁轭表面进行检查，并进行修磨，去除高点。

d. 测量磁轭内外高度，保证磁轭总高度与设计高度 3128mm 的偏差在 0～+3mm 范围内。

e. 使用内径千分尺加测圆架进行磁轭外圆测量，测量前应确保瓶状轴垂直度满足 0.03mm/m 的要求，圆度偏心值不能大于 0.3mm。

f. 磁轭加温过程中要注意检查中心体的温度，如果中心体温升过高，必须对冷却水系统进行检查，确保冷却水对中心体进行有效的冷却，中心体的温度应在 50℃ 左右。

g. 磁轭键在热打紧过程中，不能中途中断，防止热传递后，中心体受热。

h. 磁轭加热缠绕的励磁绕组，应固定牢固，防止其与铁片接触，烫坏绝缘层。

8. 转子磁极挂装及附件安装

(1) 磁极挂装前的检查、准备。

1) 开箱后对磁极进行认真的清扫。

2) 对磁极进行称重并与厂家提供的质量进行对比，确定磁极挂装位置及引出线位置。

3) 用平尺和拉粉线的方法测量检查磁极的 T 尾部分，根据法国 ALSTOM 设计要求，磁极 T 尾或磁轭 T 尾槽沿轴向平直度为 0.2mm/m，即磁极 T 尾的平直度偏差均超过 0.5mm 的均应进行打磨处理。

4) 对于磁极尺寸的检查项目还应包括：磁极线圈与铁芯的间隙（设计值为 7mm）、磁极铁芯与线圈的高度、磁极线圈与绝缘板的间隙、磁极线圈的宽度等。

5) 进行电气测量检查并记录：测量单个磁极绝缘电阻；测量单个磁极直流电阻；测量单个磁极线圈的交流阻抗；进行单个磁极耐压试验、确认磁极极性；磁极线圈绝缘较低不能满足要求时，需要进行控制在 65℃ 的加温干燥并进行加温记录。

6) 安装焊接磁极滑动垫条：将滑动垫条下部位置折成 90°直角并使折角部位与 T 尾槽内面紧密接触后用氩弧焊接进行点焊（见图 4.3.19）。

(2) 磁极吊装。

1) 将下部楔键（见图 4.3.19）及下垫块放入磁轭 T 尾槽内，以转子下法兰面为基准，检查下垫块的高度，现场确定需要配刨处理的尺寸。

2) 利用厂家提供的磁极吊装工具吊装磁极，按步骤进行吊装，若吊环吊具吊装不理想，也可按"增设吊具示意图"制作吊具进行吊装，磁极在吊装过程中，应注意观察，如发现磁极有卡阻情况，应立即吊出检查，确定原因并处理后再进行挂装。

3) 按确定的编号对称逐一吊装磁极，在

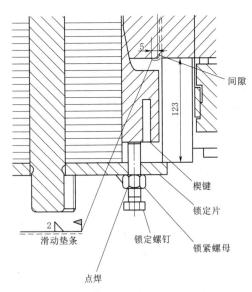

图 4.3.19 磁极滑动垫条下端部
示意图（单位：mm）

磁极安装下落中，焊接滑动垫条上部在 T 尾槽上，磁极安装到位后应检查磁极 T 尾是否与调整块接触，如发现两者有间隙，应检查磁极是否位到位。

4）全部挂装完成后，重新调整瓶状轴的垂直度满足要求，以瓶状轴下法兰面为基准，在磁极铁芯表面画出轴线标记点并据此测量磁极的安装高程：使用水准仪加测微头进行测量，磁极中心高程平均值不大于±2.0mm；各磁极高度与平均值差为±0.5mm；对称方向磁极高程差不大于 1.5mm；如高度不满足可在调整块下加需要厚度的铁板进行调整，但必须保证磁极的 T 尾与调整块紧密接触。

5）磁极高程调整合格后测量磁极的圆度应满足各半径与平均半径之差在±0.584mm范围。

（3）磁极固定附件安装。

1）放置、打紧上部锁定楔键，安装锁定压板的 M12 固定螺栓（紧固力矩 30N·m）及背紧螺帽、锁定片并装配销钉。

2）将下部锁定楔键推到位置并打紧，安装 M16 锁定键螺栓（紧固力矩 50N·m）并背紧螺帽、锁定片。

3）根据设计要求，机组过速试验后，经检查上下部锁定楔键及固定螺栓、螺母无松动后再进行点焊固定。

（4）转子磁极极间支撑、封闭键块等组合件安装。

1）转子封闭键块及 V 形支撑块组件的安装可以穿插在磁极吊装过程中进行，即先对称吊装 3 组磁极（每隔一个吊一个），这样便于进行封闭键块及 V 形支撑块组件固定螺栓的锁定工作。

2）转子上半部磁极极间组合件见图 4.3.20，磁极键距离磁轭上端面 48mm 后，安装封闭键和极间 V 形块的 M14mm 固定螺栓及锁片，紧固力矩为 50N·m。

3）安装磁极极间风道各类封闭层板（见图 4.3.20）。图 4.3.20（b）、（d）中均采用 M12 紧固螺栓组合。

4）安装磁极极间 V 形块及 M20 固定螺栓，紧固力矩 200N·m，V 形块安装后应有一定自由活动量。

5）为便于检修吊卸磁极必须拆卸相应磁极极间的 V 形块，因此在上部 6 个装设磁极线圈连接件部位对应的磁轭下压板上割制矩形孔。

6）在磁轭下压板位置分别钻攻 6×2 M12 深 12mm 的孔，另在两螺孔中间部位钻铰 $\phi14H7/g6$ 的销钉孔［见图 4.3.20（e）］。

7）安装挡板、销钉并用 30N·m 力矩紧固 M12 螺钉加锁定片［见图 4.3.20（e）］。

（5）转子阻尼环安装。

1）安装阻尼环连接板支撑杆及隔离垫块［见图 4.3.20（b）］。

2）将柔性阻尼环连接板（见图 4.3.21）与磁极上阻尼环连接孔对位作开孔标记。

3）钻 $2×\phi13.5mm$ 孔后用 M12 螺栓组合进行回装、并用 30N·m 力矩紧固（0.05mm 塞尺检查不能通过），然后锁定。

（6）磁极线圈极间 U 形连接板装配（磁极上下部装配程序相同，见图 4.3.22）。

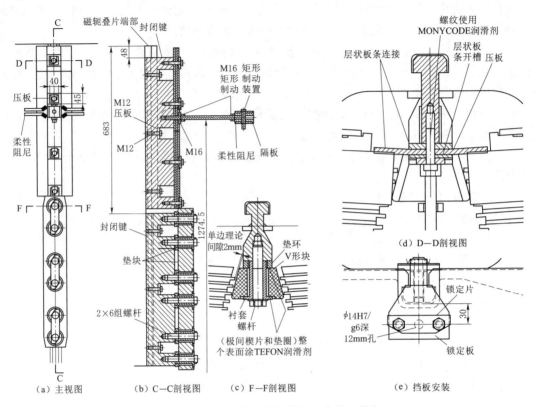

图 4.3.20 磁极极间支撑、封闭键等组合件（单位：mm）

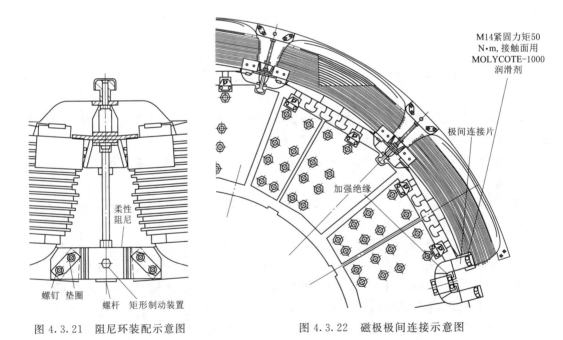

图 4.3.21 阻尼环装配示意图

图 4.3.22 磁极极间连接示意图

1）用 M12 螺钉装配固定极间 U 形连接板及其支撑块（见图 4.3.22），其绝缘包扎为：用至少一层 NOMEX 纸（0.25mm）和两层生玻璃带缠绕在压头两边各 30mm；层间灌注树脂；用溶剂最终清洗后刷 2704 漆。

2）按磁极线圈接头开孔位置在 U 形连接板上作出钻孔标记。

3）在 U 形板上两端部各钻 $2\times\phi15.5mm$ 的孔。

4）用 M14 螺栓将 U 形连接板紧固在线圈接头上，螺杆与螺母螺纹部位涂抹 MOLY-COTE1000 润滑剂，紧固力矩为 50N·m，紧固后擦除多余润滑剂。

5）将已定位的磁极极间 U 形连接板支撑块分别点焊在磁轭上、下压板上。

6）拆除 U 形连接板，焊接支撑块，焊接后进行 100%PT 检查。

7）最终安装 U 形连接板，检查各紧固螺栓力矩，锁紧锁片。

9. 转子风扇安装（见图 4.3.23）

（1）在风扇安装前进行风扇圆度测量检查，以瓶状轴下段位置为基准，主要检查风扇与挡风板配合位置的圆度。

（2）将上部风扇吊到转子磁轭上部，调整风扇中心达到半径偏差应小于 0.5mm 要求后点焊风扇定位筋及风扇固定螺栓支撑，点焊后再次检查风扇中心合格无误。

（3）将上部风扇吊出，进行焊缝焊接，应使用烘烤处理的小焊条小电流进行焊接，避免焊接件发生变形，焊接完成后对焊接部位进行 100% 液体渗透检查并刷漆防腐处理。

（4）吊装上部风扇，检查定位筋配合良好，应保证定位键上、下有 1mm 间隙，两侧无间隙，然后用 20N·m 力矩把紧压紧螺母，所有锁定片均应锁定牢固，最终点焊压紧螺帽。

（5）吊起转子，将下部风扇吊入安装位置后吊回转子，安装转子下部风扇，以转子磁轭片内径为基准调整风扇中心，安装工艺同上部风扇。

转子风扇安装完成后，需进行转子电气试验、清理喷漆，之后转子具备吊装条件。

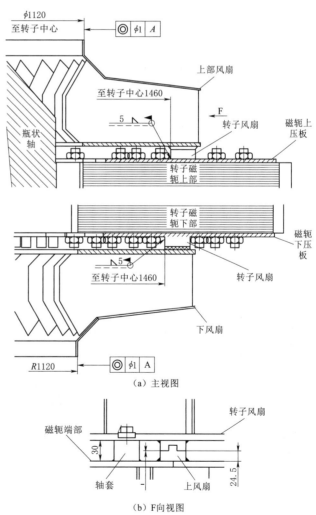

（a）主视图

（b）F 向视图

图 4.3.23　转子风扇结构示意图（单位：mm）

4.3.2 清蓄电站电动发电机转子装配工艺

清蓄电站电动发电机是国内首次采用多段式厚环板磁轭的高转速抽水蓄能机组，其在车间和现场的装配工艺具有一定特色。

1. 清蓄电站电动发电机转子的技术参数和结构特点

（1）清蓄电站电动发电机转子主要技术参数为：转子磁极外径 $\phi5225$mm；定、转子空气间隙 37.5mm；转子磁轭外径 $\phi4363$mm、内径 $\phi2600$mm；磁轭高度 3570mm；磁轭质量约 209.63t；转子支架质量 44.5t；转子总质量 452t（含吊具 32t）；额定转速 428.6r/min；飞逸转速 690r/min；电动发电机转动惯量 $GD^2 \geqslant 5700$tm^2。

（2）转子结构（见图 4.3.24）特点。

1）转子支架由圆筒式转轴（20SiMn 锻钢）和支架（Q345-B）组成，支架上设 7 个带键槽立筋，转轴与支架及立筋均已在工厂焊接成整体并加工完成。转子支架通过螺栓固定在发电电动机下端轴上法兰上，并通过径向销加联轴螺栓的结构传递扭矩。

2）磁轭由 9 段 Q690D 高强度环形厚钢板（50mm 或 75mm）叠组而成，每段磁轭轴向长 300mm 或 350mm，磁轭段之间设置通风道，每段通风道的通风叶片上设有便于组装的止口，每段磁轭板用螺杆连接成一体。磁轭为浮动式切向键结构（在过速 10% 前磁轭不浮动），磁轭与转子支架之间通过组合磁轭键（T 形键和斜键）周向楔紧，运行时磁轭可以自由膨胀与转子支架保持同心（即保证转子圆度）并能有效传递扭矩，磁轭外缘设有 21 个 T 尾槽用于固定 7 个磁极。

3）磁极由磁极铁芯和磁极线圈组成。

a. 磁极铁芯由 1.5mm 厚 DJL400 高强度专用冷轧磁极叠片叠成，通过螺杆压紧。

b. 磁极线圈由异形断面的半硬紫铜排焊接而成，具有散热面积大，散热效果好的特点。线圈匝间以 Nomex 绝缘纸与铜排热压成一体。线圈与铁芯间用绝缘极塞紧，对地绝缘可靠。磁极线圈设上、下绝缘法兰。下绝缘法兰内侧用硅胶填满间隙，磁极到现场后无需脱出线圈清扫即可直接挂装。磁极挂装

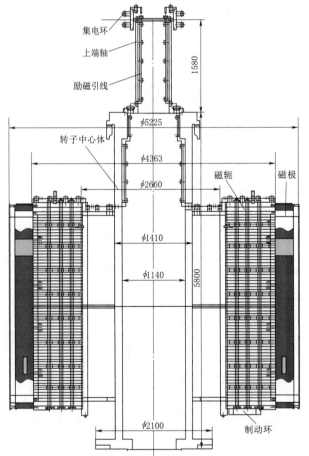

图 4.3.24 转子结构示意图（单位：mm）

时，在磁极铁芯鸽尾侧面打入长楔形键将磁极楔紧在磁轭上，楔形键用压板锁定。磁极线圈之间设置有挡风板和线圈支撑。

c. 磁极极间连接采用多层薄铜片制成的柔性连接片连接，用螺栓把紧，安装、拆卸和检修方便，同时防止由于极间连接线所产生的离心力使磁极绕组末匝产生变形和滑动。励磁引线由铜排制成，固定在磁轭及转子支架平面上，沿着转子转轴接至集电环。

d. 转子设有纵横阻尼绕组，阻尼条与阻尼环的连接采用银铜焊，阻尼绕组间采用柔性连接，防止因振动和热位移而引起故障。其连接既牢固可靠，又便于检修拆卸。

2. 现场装配施工准备

(1) 转子组装支墩调整。

1) 安装间转子工位基础预埋。

a. 在安装间同时有 2 台转子组装工位，转子支架支墩基础是一块外圆 φ2200mm、内孔 φ1100mm 下部配焊槽钢锚爪的圆环板，埋设在安装间预留坑（见图 4.3.25）时应调整使其水平度度偏差不大于 0.1mm/m，然后浇筑二期混凝土，上平面高出安装间地坪 20mm。

b. 为便于调整，经修改设计在转子支架支墩基础环外侧埋设一块外圆 φ4200、内孔 φ3900 的圆环钢板，作为磁轭支撑千斤顶的基础（见图 4.3.25）。

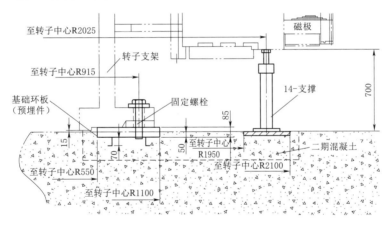

图 4.3.25 转子支架支墩基础示意图（单位：mm）

2) 预埋基础板清理、调整。将预埋基础板清理干净；用水准仪初步检查预埋基础板水平度偏差应不大于 0.5mm，如有必要，可对预埋基础板表面高点区域进行打磨处理。

(2) 转子支架就位调整。

1) 转子支架清扫检查。转子支架见图 4.3.26。

a. 转子支架运入安装间后进行认真的打磨清理，支架下法兰面必须清扫干净，并使用刀口尺进行检查，应无高点，必要时进行研磨。

b. 清扫连轴螺栓孔并进行连轴螺栓试装，应确保螺栓顺利安装到位。

c. 清扫干净所有键槽。

d. 检查转子支架转轴上部转子吊装孔并进行连接螺栓试装应顺畅无碍。

e. 清扫后转轴上部应进行防锈护理。

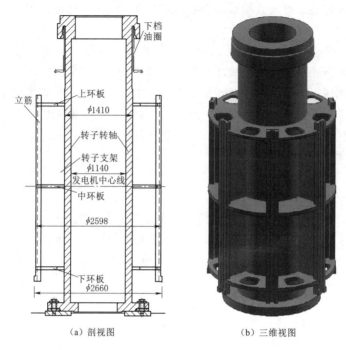

（a）剖视图　　　　　　　　（b）三维视图

图 4.3.26　转子支架示意图（单位：mm）

　　f. 检测转子支架的主要外形尺寸及配合尺寸并记录，如关联部位的直径、连轴法兰止口的深度、螺孔距离及转轴两法兰间距离等并划分盘车点标记。

　　2）转子支架吊装调整。

　　a. 利用桥机主钩和厂家专用工具进行转子支架翻身，吊放至转子组装预埋基础上。

　　b. 采用框式水平仪对称 4 个点在转轴上法兰面进行水平检查和调整，可在预埋基础板和转轴下法兰面接触面间加垫片调平，水平度应满足 0.02mm/m（见图 4.3.27）。

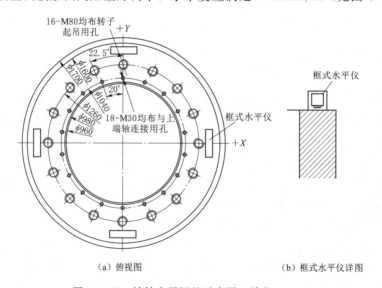

（a）俯视图　　　　　　　　（b）框式水平仪详图

图 4.3.27　转轴水平调整示意图（单位：mm）

c. 校核转轴垂直度，应满足 0.03mm/m（见图 4.3.28）。

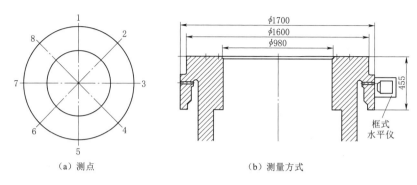

（a）测点　　　　　　　　（b）测量方式

图 4.3.28　转轴垂直度校核示意图（单位：mm）

d. 使用 NA2 水准仪测量并记录挂钩的相对高差及转轴下法兰上平面的水平度；测量转轴挂钩至中环板发电机中心线及下法兰面的距离并作记录。

（3）测圆架安装调整。对测圆架部件进行清扫；将测圆架安装于转轴上部；利用配重块对测圆架两端进行配平衡，确保测圆架不偏斜；悬挂铅垂线校核转轴的垂直度并进行适当调整；悬挂铅垂线检查转轴和立筋的同心度。

（4）磁轭 T 形键装配及检测。磁轭 T 形键已在车间冷套于转子支架上（见图 4.3.29）。

1）冷套前配合面涂抹二硫化钼润滑剂。

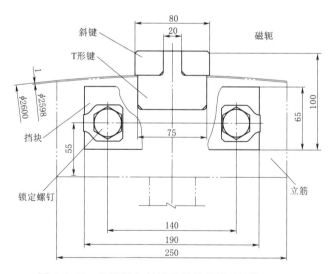

图 4.3.29　T 形键与斜键装配示意图（单位：mm）

2）冷套时每根磁轭 T 形键均用三颗 M12×80mm 螺栓定位贴紧键槽。

3）在现场用测圆架及水平仪测量 T 形键径向尺寸及轴向垂直度不大于 0.03mm/m（约 0.1mm）。

4）T 形键下部与立筋下平面点焊固定，并试装配 T 形键上部挡块。

3．分段式磁轭装配

（1）吊装已在厂家装配、精加工完成的第一段厚 350mm 环形板。

1）对厂家到货的环形钢板进行清洗、擦拭干净，确认无毛刺、污物。

2）在转子支架立筋的挂钩处薄涂二硫化钼。

3）吊入第一段磁轭（见图4.3.30），在与转子支架挂钩接触之前，在T形键两侧轻轻插入长1000mm的临时打入键，配合好后吊入转子磁轭，确认挂钩处无间隙。

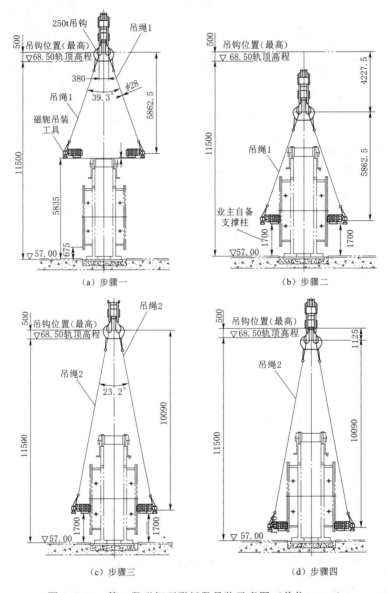

图 4.3.30　第一段磁轭环形板段吊装示意图（单位：mm）

4）由于第一段磁轭的内径与转子中心体间隙仅0.1～0.15mm，吊入磁轭时务必调整其水平度满足吊装要求。

5）将14个磁轭管式千斤顶均布摆放在半径为2025mm的圆周上，吊放第一段磁轭环板，内圈搁在立筋挂钩上，外缘支撑在管式千斤顶上（见图4.3.31）。

6）利用框式水平仪、钢板尺配合螺旋千斤顶调整磁轭环板的高程、水平和波浪度，使其板面波浪度不大于2mm，径向水平偏差不大于0.5mm。

7）调整临时打入键，使得首段环形板的键槽相对于立筋均处于对称位置。

8）在7个非筋板方向支放千斤顶于转轴与磁轭之间，顶撑磁轭与转轴之间的间隙，调整磁轭和转轴的中心，使间隙相对差不大于0.04mm。

（2）依次吊入2～8段转子磁轭。

1）调整临时打入键，使得各段环形板的键槽相对于立筋均处于对称位置。

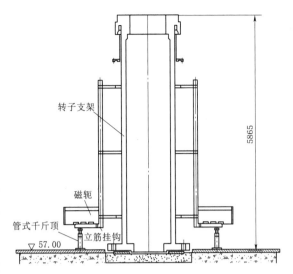

图 4.3.31 磁轭环板下部支撑
示意图（单位：mm）

2）由于受桥机吊装高度限制，转子下部2～3段磁轭同样须更换吊装钢丝绳用吊具逐段叠放磁轭环形板。

3）第2段后的磁轭在其鸽尾部对称4处分别打入专用调整工具，以第1段磁轭为基准进行中心定位。

4）每段磁轭叠放后均须用塞尺测量T形键周向两侧立筋与磁轭环板的间隙值，采用千斤顶调整使得间隙值相对差应基本不大于0.04mm，个别最大差值不得超过0.10mm。

5）使用测圆架悬挂铅垂线测量每段磁轭外圆半径相对值，并应用最小二乘法计算每段磁轭偏心值及其偏心角度。

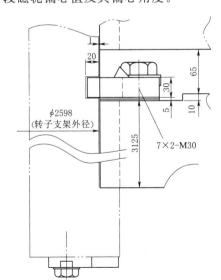

图 4.3.32 止浮板装配示意图
（单位：mm）

6）吊装下一段时，应根据上一段偏心角度利用千斤顶将其逆方向在极限允许范围内进行合理调整。然后采用同样方式测量磁轭外圆半径相对值，计算其偏心值及偏心角。再汇总已叠各段测量数据计算其综合偏心值及偏心角，以此作为调整下一段磁轭环板的依据。以此类推，叠装各段磁轭环板。

（3）吊置第8段后，校核图4.3.32中所示3125mm的尺寸并配置垫片，再装配7块嵌入转子立筋的止浮板，使得止浮块与转子支架上的间隙满足上侧0.7mm、下侧0.3mm的要求，然后拧紧7×2－M30螺栓（含锁定片）。

（4）磁轭键最终装配。

1）斜键槽顶部宽度测量。在转子磁轭完成最终叠装及相关圆度、高度数据测量后，用游标卡测量T形键周向两侧与磁轭键槽的宽度值，并详细记录。

2）使用打入键进行调整，使得最上端环形板的键槽相对于立筋均处于对称位置。

3）在打入键上涂一层稠红丹粉，对准装配号插入键槽轻轻地打入，然后拔出确认磁轭键的匹配情况。必要时还得进行精加工，接着再次进行同样的操作，直至磁轭键接触面积整体达到70%以上。

4）冷打键。

a. 周圈均布放置配对的打入斜键。

b. 对称均衡夯实每对斜键，考虑打入余量后在打入键上划线（注意避免斜键进入键槽的深度产生较大差异）。

c. 用大锤由熟练工对称均衡打紧每对斜键，使各个磁轭键打入量基本相等。

d. 测量斜键进槽深度并作详细记录、进行比较。

e. 小心地割除斜键突出立筋上表面的多余高出长度并进行打磨。

f. 在立筋的两端安装防止键拔出的磁轭键挡板，使用矩形止动垫片对安装键挡板的螺栓进行可靠止动（见图4.3.33）。

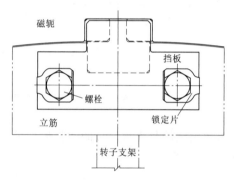

图4.3.33 磁轭键挡板示意图

5）最终检测项目及注意事项。

a. 测量磁轭与挂钩的间隙，并使用水准仪复测磁轭内外高差并进行记录。

b. 用1m的平尺对磁轭表面进行检查，并进行修磨，去除高点。

c. 测量磁轭内外高度，保证磁轭总高度与设计高度3320mm的偏差在0～+3mm范围内。

d. 测量各段磁轭磁极键槽的错牙不大于0.10mm。

e. 使用内径千分尺加测圆架进行磁轭外圆测量，测量前应确保转子中心体垂直度满足0.02mm/m的要求，转子磁轭整体偏心值应用最小二乘法计算不能大于0.10mm。

6）磁轭喷漆。对磁轭外圆面和内周面的漆膜剥落处进行修补涂漆，若采用金属喷枪喷涂，则应防护好磁极插入侧的鸽尾槽。

4. 转子磁极挂装

（1）磁极挂装前的检查、准备。

1）开箱后对磁极进行认真的清扫，重点是鸽尾部、线圈外表面。

2）对磁极进行称重并与厂家提供的质量进行对比，确定磁极挂装位置及引出线位置。

3）用平尺和拉粉线的方法测量检查磁极T尾部分（见图4.3.34），一般要求，磁极T尾或磁轭T尾槽沿轴向平直度为0.2mm/m，即磁极T尾的平直度均超过0.66mm的均应进行打磨处理。

4）磁极的尺寸检查项目（见图4.3.35）还应包括：磁极线圈与铁芯的间隙（设计值为4mm）、磁极铁芯与线圈的高度、磁极线圈与绝缘板的间隙、磁极线圈的宽度等。

5）进行电气测量检查并记录。

a. 交流耐压前后用2500V兆欧表分别测量并记录1min单个磁极（全数）绝缘电阻应

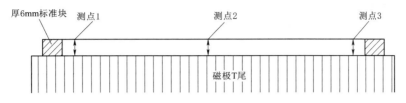

图 4.3.34 磁极 T 尾平直度检测示意图

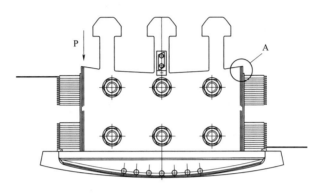

（a）磁极俯视图

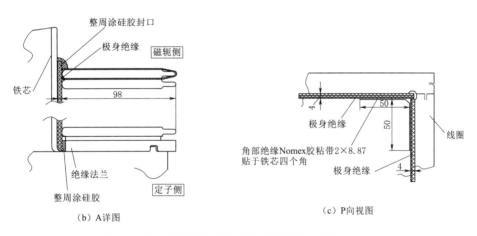

（b）A详图

（c）P向视图

图 4.3.35 磁极的尺寸检查项目示意图（单位：mm）

不小于5MΩ，否则应盖上帆布用热风干燥机对其进行干燥处理，直至满足要求。

b. 测量单个磁极直流电阻，全数相互比较，其差别一般不超过2%。

c. 采用10A试验电流测量单个磁极线圈（全数）的交流阻抗，相互比较不应有显著差别。

d. 进行单个磁极（全数）5670V/10kHz匝间短路试验，确认无匝间短路。

e. 用4300V（$10U_f+1500$，U_f 为额定励磁电压）的电压进行1min的交流耐压试验（确认磁极极性，全数）。

6）磁极线圈绝缘较低不能满足要求时，需要进行控制在65℃的加温干燥并进行加温记录。

（2）磁极挂装。

1）根据磁极的质量对称布置磁极并确定编号，并根据设计高度确定磁极的中心线高程。

2）利用厂家提供的磁极翻身、立吊专用工具进行磁极立起及挂装工作，作业时注意避免损伤磁极线圈、绝缘法兰、阻尼环及极间连接片等。

3）按编号将垂直吊起的磁极从磁轭上部插入鸽尾槽，在挂装过程中，应缓缓下降并注意观察，如发现磁极有卡阻情况，应立即吊出检查，确定原因并处理后再进行挂装。

4）吊装磁极落靠止落块上之前，先插入磁极键并用千斤顶等予以支撑，使磁极鸽尾部与磁轭鸽尾相应部位充分贴紧后，再将磁极放置到止落块上。

5）为确保转子支架重量的均一性，应对称逐一或每装 2 个磁极后就调换到对面侧，而不是在转子同侧按顺序挂装磁极。

6）全部挂装完成后，重新调整转子支架的垂直度满足要求，以下法兰面为基准，在磁极铁芯表面画出轴线标记点并据此测量磁极的安装高程；使用水准仪加测微头进行测量，磁极中心高程平均值不大于±2.0mm；各磁极高度与平均值差为±0.5mm；对称方向磁极高程差不大于1.5mm。

7）磁极高程调整合格后使用定心样板卡在磁极铁芯上（见图 4.3.36），钢琴线对准外径侧中心槽，在内侧槽底设置磁极挂装后半径测量点。测量磁极的圆度应满足各半径与平均半径之差不大于1.5%气隙并计算转子整体偏心值应小于0.10mm。

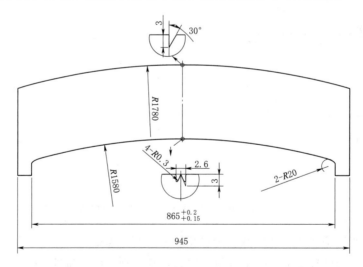

图 4.3.36　测量磁极外圆工具示意图（单位：mm）

（3）磁极键装配。

1）磁极键打入前，用铜线将极间连接片临时连接，用 500V 兆欧表测量单个磁极分担电压和整个转子线圈的绝缘电阻。其中，单个电压测量的平均值与单个磁极分担电压的差在±10%以内；整体转子线圈的绝缘电阻值应不小于 500MΩ。上述测量值若无异常，则可开始打入磁极键。

2）相同编号的磁极键须进行配对检查，磁极键接触面积达到配合面的70%以上。为确认磁极键的配合程度，需暂时拆除磁极键，此时磁极会出现向外周侧倾倒的趋势，必须使用专用工具进行定位控制。

3）在磁极打入键的接触面涂一层稠红丹粉，对准装配号插入已有放置键的键槽并轻轻打入（见图4.3.37），然后拔出打入键确认磁极键的匹配情况。必要时进行精加工，接着再次进行同样的操作，直至磁极键接触面积整体达到70%以上。

4）确认磁极键接触达标后，使用7.5kg大锤均一、充分打紧磁极打入键，凸出的转子磁轭鸽尾端部用立式带锯对齐端面进行切割打入键（见图4.3.38），然后采用打磨机打磨（打磨时对周边的转子线圈表面进行防护，不得落入切削碎屑）。

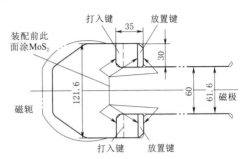

图4.3.37　磁极键装配示意图（单位：mm）

5）磁极键两端分别安装键压板，并用矩形止动垫片、螺栓可靠锁紧（见图4.3.38）。

（4）磁极连线，磁极上、下部装配程序相同（见图4.3.39）。

1）将极间连接片依次每片交替重叠，确认图4.3.39中相关尺寸（连接片的中心应与支撑的螺孔中心一致），进行弯曲加工。

2）采用专用工具进行连接片打孔，以确保连接片的中心与支撑的螺孔中心配合一致。作业时应注意周围环境的防护，以免飞屑溅落、附着在线圈上。

3）打孔作业完成后，预装连接部件确认无误。同时用500V兆欧表测量绝缘电阻应不小于1MΩ，测量单个磁极电压偏差应小于平均值的±10%。

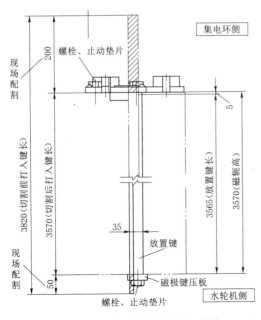

图4.3.38　磁极键打紧及切割示意图（单位：mm）

4）拆开预装的连接件，用工艺螺栓把紧连接片并作好充分防护工作，用锡焊工具（喷灯或其他加温工具）使工艺螺栓、螺母变热后对连接部位进行锡焊，注意连接片不直接接触火焰枪以免过热。通过焊锡放到连接片表面视其熔化程度判断温度是否合适，如若连接片表面因锡焊氧化，可用焊药熔化清除。检查焊接部位无虚焊、空洞并确认焊接质量后，用稀释剂等对连接片两面进行清扫，并再次测量绝缘电阻无误。

5）用永久螺栓、螺母及绝缘垫圈、套管替换工艺用螺栓、螺母，按规定力矩进行拧紧（M24螺栓的规定力矩是262~356N·m），紧固后采用大洋冲眼进行锁定。

6）转子线圈边缘至连接片连接部间用

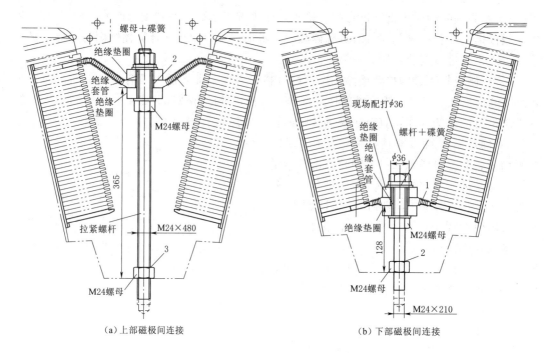

（a）上部磁极间连接 （b）下部磁极间连接

图 4.3.39 磁极连线示意图（单位：mm）
1—线圈引出线缠绕无碱玻璃丝带三层涂环氧胶固化；2—线圈连接片
现场配钻；3—所有螺母把紧后均打洋冲眼锁定

涂有环氧树脂的无碱玻璃丝绳（$\phi 3$mm）牢牢缠绕 3 层。

（5）励磁引线及极间连接的组装。转子引线是连接转子绕组与滑环的桥梁，首尾均由转子磁极端凭借磁轭上压板上的固定夹、转子支架上固定夹径向穿入转轴内孔，沿内孔轴向延伸通过集电环轴内孔壁上端的转子引线铜导棒与滑环接线柱相连，使转子绕组与机组励磁系统形成回路。

1）将磁极引线至转子转轴部分的励磁铜排及连接铜排先放在转子支架及磁轭上面，调整正确其安装位置并采取足够的防护措施，在铜排上加工固定铜排的螺栓用孔（加工后的清扫工作应高度重视）。

2）进行各铜排连接处的锡焊工序：按规定力矩拧紧螺栓→使用加热工具均匀加热→稍稍拧松螺栓→让焊锡可以流入→确认焊锡完全铺开、流满连接部位→再次按规定力矩拧紧。

a. 磁极引线铜排的连接需在包括连接铜排在内的绝缘电阻测量完成后再进行。

b. 焊锡部位因氧化变脏需及时采用焊剂熔化去除。

c. 1号磁极及 14 号磁极引出铜排连接处进行焊锡时，应进行充分保护以防事前熔化的锡、焊锡屑及焊棒剂屑附着在转子线圈层间、鸽尾槽内及磁轭上。

d. 焊锡作业完成后应进行全面、精细清扫。

3）将工艺用螺栓、螺母替换为永久性螺栓、螺母、碟簧和绝缘垫圈、套管，并按规定力矩拧紧。规定力矩值 M12 为 32～44N·m；M16 为 78～108N·m；M24 为 262～354N·m；M36 为 975～1395N·m。

4）螺栓拧紧后使用矩形止动垫、长方形止动垫进行翻边锁定。

5）引出线及极间连接的包绕。

a. 1 号磁极及 14 号磁极的引出铜排与转子上的铜排连接时，从转子线圈的边缘到铜排连接部的范围内，用涂有环氧胶的无碱玻璃丝带进行强化包绕。

b. 其余极间引出铜排连接时，用涂有环氧胶的无碱玻璃纤维绳（$\phi 3mm$）将转子线圈与引出铜排的边缘进行强化包绕。

c. 磁轭侧的极间连接部分玻璃绳的包绕厚度与转子线圈 2 匝厚度相当，靴部侧的极间连接部分玻璃绳的包绕厚度与连接片厚度等同。

d. 磁轭与转子支架的铜排连接时，从铜排连接部到固定位置的范围内，用无碱玻璃丝带边涂环氧胶边进行强化包绕。

e. 所有铜排连接处及固定部位均先对螺栓头部和垫片表面涂绝缘硅胶，完全封盖；待硅胶干后，连接部用绝缘胶带绑扎，完全封盖后再绑扎 3 层，绝缘胶带表面涂环氧胶固化（环氧胶混合比 H－0410 A 组：B 组＝5∶1）。

（6）阻尼环安装。安装阻尼环连接板支撑杆及隔离垫块（见图 4.3.40）；将柔性阻尼环连接板与磁极上阻尼环连接孔对位作开孔标记；钻孔完成后用 M12 螺栓组合进行回装、并用 30N·m 力矩紧固（0.05mm 塞尺检查不能通过），然后锁定。

（7）线圈支撑及极间挡风板安装（见图 4.3.41）。

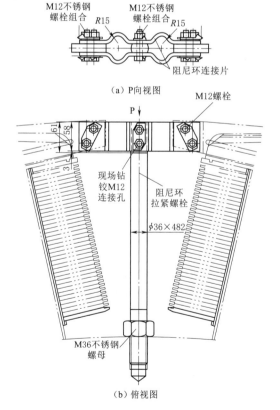

图 4.3.40 阻尼环连接示意图（单位：mm）

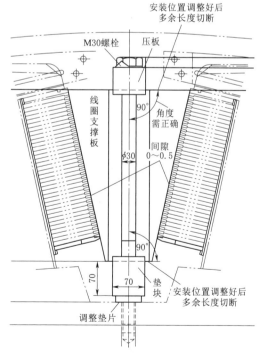

图 4.3.41 极间支撑示意图（单位：mm）

1）每相邻磁极极间安装 4 个 V 形支撑块组件，由于磁极极间的实际尺寸与设计尺寸会有差异，需要检测 V 形支撑块与线圈表面的角度吻合程度，必要时还需进行打磨适配。

2）V 形支撑块组件的安装可以穿插在磁极挂装过程中进行，即先对称挂装 3 组磁极（每隔一个挂一个），这样便于进行封闭键块及 V 形支撑块组件固定螺栓的锁定工作。

3）线圈支撑本体把紧力矩为 524～599N·m，把紧后放置 2～3 天再次按规定力矩拧紧并锁定止动垫片。

4）每相邻磁极极间安装 2 个对转子磁轭流出风起整流作用的挡风板（见图 4.3.42），按照 78～106N·m 力矩把紧 M16 螺栓组合，然后进行最终锁定止动。

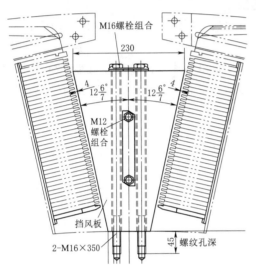

图 4.3.42 挡风板示意图（单位：mm）

5. 转子喷漆及电气试验

（1）干燥喷漆。保护性包裹极间连接部、阻尼环连接部；转子外表面匀称喷涂西‑188 红磁漆，无堆积、无流挂。

（2）电气试验。

1）交流耐压前后分别用 2500V 兆欧表测量（1min）转子线圈整体绝缘电阻应不小于 0.5MΩ。

2）各磁极单个电压与相对测定值平均值之差不大于 ±10%。

3）采用 10A 试验电流测得直流电阻值与产品出厂计算数值换算至同温度下的数值比较。

4）从交流阻抗相互比较不应有显著差别。

5）采用 $10U_f = 2800V$ 进行 1min 交流耐电压实验。升压过程中不仅要监视电压表的变化，还应监视电流表的变化，以及转子绕组电流的变化。升压时，要均匀升压，不能太快。升至规定试验电压时，开始计时，时间到后，缓慢均匀降下电压。

6. 转子整体吊装

（1）准备工作包括：完成下油槽上盖板预安装（包括制动器）、下机架周围配管、机内配线、加热器安装；桥机经全面检查确认正常；下端轴中心调整符合要求；清扫、检查定子铁芯及线圈（包括通风道盒线圈端部）。

（2）安装吊具。卸掉上导轴领的 14 根 M64 螺钉（保留 4 根），在转子支架上端面用 14 根 M64×4 的双头螺栓安装吊具［见图 4.3.43（b）］；在平衡梁上安装桥机双小车的挂钩，稍微吊起调整平衡梁水平［见图 4.3.43（a）］；将平衡梁移动至转子上方，用卡环将起吊工具固定在平衡梁上；稍稍吊起转子，采取措施使得转子达到水平。

（3）吊入转子。

1）选制 7 块厚 20mm×宽 100mm×长 3500mm 的木条衬垫于转子与定子的气隙部位并对准转子磁极外圆中心位置，其在转子吊入的整个过程中起到保护定子线圈的作用（尤其是线圈端部）。

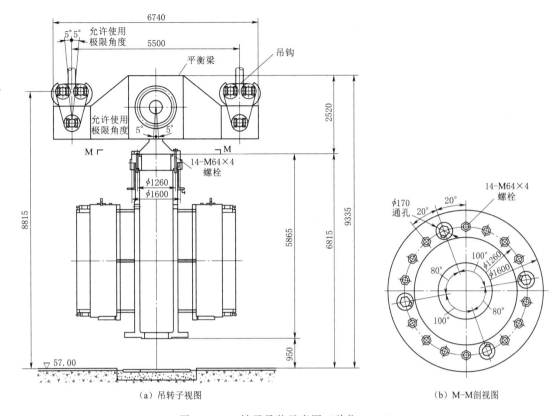

（a）吊转子视图　　　　　（b）M-M剖视图

图 4.3.43　转子吊装示意图（单位：mm）

2）开动桥机将转子吊运至机坑定子上空，缓缓下降并调整中心，利用防护衬垫进入定子内腔。

3）当转子下法兰面与下端轴上端面的间隙为 50mm 时，转动转子使下端轴上的销子和转子支架上的销孔对准。

4）当转子下法兰面与下端轴上端面的间隙为 30mm 时（转子与主轴之间的止口：转子侧凸出 20mm），把角尺放在下端轴与转子下法兰的外圆，调整使转子与下端轴对中。

5）将转子缓缓放到下端轴上，连接转子与下端轴全部螺栓并临时把紧。

6）拆卸平衡梁并移出机坑外。

7．轴系对中调整

（1）准备工作。轴系对中调整前需完成以下准备工作。

1）水轮机主轴/转轮高程、中心均已调整符合要求并良好固定。

2）下端轴已与水轮机轴对中并完成联轴工序。

3）已在下机架下油槽法兰面的安装螺纹孔内安装吊放钢琴线用进行绝缘处理的 L 形螺栓，安装位置共四处，均已采用测量工具校验。

（2）对中测量。

1）在主轴连接法兰面的上下各选定精加工状态良好的点作为测量位置之 A/a、B/b、C/c、D/d（见图 4.3.44），要求各测点均在轴外圆的同一水平高程上并作明显标识。

2）固定对中测量工具的磁石座（每个测点 2 组）预先放置在铝板等非磁性板上，采用水平尺调整至水平状态（见图 4.3.45）。

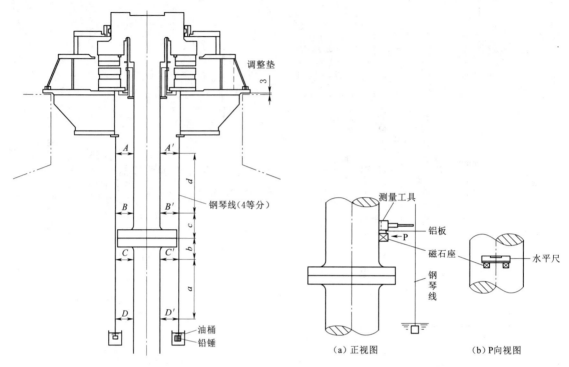

图 4.3.44　轴系对中测量工序示意图（单位：mm）

图 4.3.45　测量工具示意图

3）用电测法同一测点每隔 5min 测 4 次（全部保留记录），如果测量值的波动在 ±0.01mm 以内，将其平均值作为测量值记录下来。否则应分析原因，并进行必要的调整。

（3）轴线的分析判断。

1）轴倾斜，轴的垂直度 K 的允许值应不大于 0.02mm/m（见图 4.3.46）。

a. 分别测量 A、B 点下端轴在 ±Y 方向的测量值，则 $K_1=(B-A)/L_1$。

b. 分别测量 A、B 点下端轴在 ±X 方向的测量值，则 $K_2=(B-A)/L_1$。

c. 分别测量 C、D 点水机轴在 ±Y 方向的测量值，则 $K_3=(C-D)/L_2$。

d. 分别测量 C、D 点水机轴在 ±X 方向的测量值，则 $K_4=(C-D)/L_2$。

2）轴弯曲，联轴面处实际轴线与假想轴线（连接镜板滑动面和水导中心的轴心线）形成的偏心量 δ 的允许值应不大于 0.08mm。

a. 应用 K_1、K_2、K_3、K_4 分别绘制 Y、X 方向的实际轴线。

b. 连接镜板滑动面轴心和水导处的轴心形成理论轴线，其与实际轴线在联轴面处的偏心量即弯曲度 δ。

（4）轴系（镜板滑动面）水平调整。

1）根据测量结果可能需要调整镜板滑动面水平，则要略吊动下机架形成在间隙的情况下，进行下机架基础 3mm 垫片厚度的调整。

2）需要将转子荷重从推力轴承即下机架上移开，其程序是：拧松转子与下端轴之间的连接螺栓→把紧螺母与转子间形成间隙→以联轴螺栓为导向略吊起转子→转子荷重已能从下机架上移开全部或大部→通过顶起螺杆顶起下机架→根据测量结果进行垫片调整（增减）→使得镜板滑动面达到水平状态。

8. 轴摆度测量及调整（盘车）

（1）设定下导瓦间隙。

1）周向十字方向测量推力头与下机架之间的距离（见图 4.3.47 之 L_2），调整并确认推力头的中心位置（测量值偏差不大于 0.05mm）。

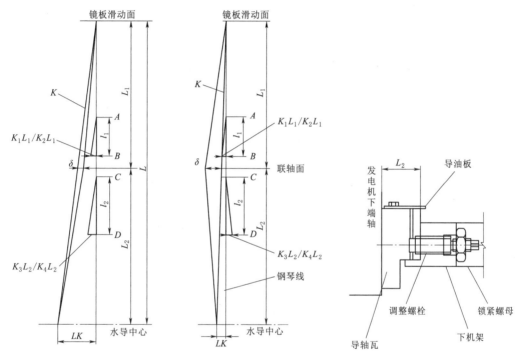

图 4.3.46 轴倾斜和轴弯曲示意图　　　图 4.3.47 下导轴承装配示意图

2）临时对称安装四块导轴瓦，由于导瓦总数是 18 块，装配不能达到 90°等分，只能按大致 90°等分位置设定（瓦面与轴颈面均涂足量润滑油），调整导轴瓦间隙为 0.01~0.02mm。

3）投入高压油顶起装置进行手动盘车，如若扭矩过大，可适当调整导轴瓦间隙。

（2）盘车测量准备。

1）以"0"标记为基准，在轴测量摆度位置逆时针 8 等分作出标记。

2）在各测量处（A、B、C、D、E、F）的 $+Y$ 位置上向心水平安置百分表（见图 4.3.48）。

3）在发电机下端轴的上端面安置一块百分表。

（3）盘车测量及调整。

1）投入高压注油系统，手动盘车 2~3 圈，在转子稳定状态下，按照每圈 25~30s 的速度旋转并在转动过程中以步话机为准同时读取各测点的百分表读数。

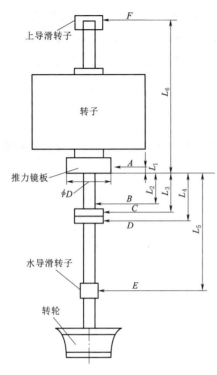

图 4.3.48 测点布置示意图

2）测量三次，从中选择一次作为测量结果。

3）如若多次测量结果不一致，应检查对称点的数据确认主轴中心是否移动。

4）摆度测量允许值遵照美国 NEMA 标准不大于 $0.05 \times L/D$（L 为测点到推力镜板面的距离，mm；D 为推力镜板外径，mm）。

5）摆度结果不能满足要求时，可对转子支架和下端轴的接触面进行针对性调整，然后再次进行盘车测量。

9．集电环支架安装调整

（1）集电环支架吊装（见图 4.3.49）。

1）检查、清扫集电环支架，确认下连接法兰面无损伤、无异物。

2）装在滑转子内腔对称位置的两根励磁引线铜排，调整从滑转子上部侧边凸出约 160mm。

3）用吊环螺钉吊起集电环支架，按照法兰部位的标记对准，装到滑转子法兰上，并用 $2 \times \phi20$ 销钉定位。

4）由于集电环支架与滑转子 $\phi980$mm 止口部有 0～0.025mm 左右的把紧余量，需均匀把紧销钉附近的 2 根螺栓及与其成 90°位置的另 2 根螺栓，对准接合面缓慢把紧进入止口。

5）把紧剩余螺栓（共 18 - M30），紧固力矩为 522～708N·m（53.2～72.2kgf·m），采用止动垫片锁紧所有螺栓和销钉。

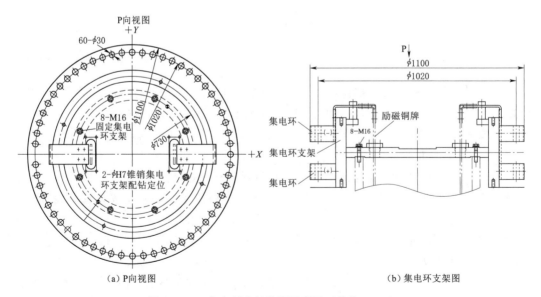

（a）P向视图

（b）集电环支架图

图 4.3.49 集电环支架装配示意图（单位：mm）

6) 用连接片连接装在集电环支架上与滑转子上的 2 根励磁铜排，进行锡焊、绝缘及涂漆。

（2）集电环及其支架（一体）装配。集电环及其支架（一体）可以在工厂集装配在电环支架上整体发运工地，若在现场装配则按以下程序进行：

1) 对准装配基准线，在集电环支架的顶侧通过 $2-\phi16$ 销钉定位安装集电环支架，吊装过程应避免损伤集电环支架端面的励磁引线（见图 4.3.49）。

2) 集电环支架 8 - M16 固定螺栓紧固力矩为 77.9～105.9N·m（7.94～10.80kgf·m）。

3) 用 500V 兆欧表分别测录转子与集电环的电阻，然后连接集电环和集电环轴的励磁铜排。

4) 集电环轴内壁伸出的转子引线铜导棒与滑环接线柱相连接时，应避免相互间的拽拉或推压，确保连接片不会出现勉强连接的状况下按铜排实际相互位置定位装配加工连接片。

4.3.3 厚环板转子磁轭叠装工艺的完善

清蓄电站的电动发电机转子是国内首次采用的厚环板磁轭结构型式，由于设计、制造及现场安装中的一些不可预见因素，1 号机转子磁轭在现场装配时出现了一些问题。后经与 THPC 协商，重新制定了一套更为完善的安装调整程序，修订了质量验收标准，最终圆满完成 4 台机组的安装工作。

1. 清蓄电站磁轭与中心体的结构特点

清蓄电站磁轭整体及各段的结构特点在"1.3.1.3 厚环板磁轭设计、制造与安装"已有详尽的介绍，在此仅说明磁轭与中心体为浮动式结构的特点。该结构的磁轭 T 形键在厂内冷套于转子支架立筋上，通过左右副键形成组合键周向楔紧，在现场预装、配磨后打入，主副键接触面贴合充分，高精度达到转子圆度的设计要求保证机组安全稳定运行。

2. 工厂制作、加工程序及要求

（1）第 1 段磁轭堆叠的操作步骤（含工厂各段预装程序）也已在"1.3.1.3 厚环板磁轭设计、制造与安装"作了介绍。

（2）2～9 段均用 $3\times14-\phi50mm$ 拉紧螺杆按设计扭矩把紧环形磁轭钢板，调整，检查不平度后对上下螺母点焊固定，在数控单柱立车上对磁轭组合面风扇叶片、导磁块、压紧螺杆进行平面精加工，另对内、外圆进行粗加工。

（3）各段磁轭内径按表 4.3.1 设计值进行加工。

表 4.3.1 各段磁轭内径设计值表 单位：mm

序号	项 目 名 称	设 计 值
1	第 1 段磁轭内径（除 T 部）	$\phi2600\pm0.1$
2	第 2～4 段磁轭内径	$\phi2601\pm0.5$
3	第 5 段磁轭内径	$\phi2600\pm0.1$
4	第 6～8 段磁轭内径	$\phi2601\pm0.5$
5	第 9 段磁轭内径	$\phi2600\pm0.1$

序号	项 目 名 称	设 计 值
6	T部磁轭内径	$\phi 2599 +0.10/+0.05$
7	转子中心体T部磁轭外径	$\phi 2599^{0}_{-0.05}$

（4）磁轭第1段最下部用于定位的T部内径为 $\phi 2599^{+0.10}_{+0.05}$，转子支架外径为 $\phi 2599^{0}_{-0.05}$（实测值2598.96）。也就是说，T部与转子支架的最小直径间隙应为 $2599.05-2598.96=0.09mm$，最大直径间隙应为 $2599.10-2598.96=0.14mm$，符合TYHPC所设计转子支架与磁轭 $0.05\sim0.15mm$ 的直径间隙。一般，$0.09/2=0.045mm$ 应还是可以用塞尺进行测量的，但是由于加工、测量手段等方面原因使得1号机组实际上呈现该间隙为零的状况。

3. 现场安装进程及存在问题

（1）第一阶段现场装配工作。

1）1号机组转子磁轭第1段套进转子中心体经初步调整，环面水平达到设计要求，但中心体与磁轭环的底部T部整个圆周均几无间隙，无法进行调整。而其上部最大间隙与最小间隙的差值达到0.18mm，远大于设计目标值0.04mm。

2）由于第1段键槽处挂钩凸台高度100mm＋磁轭键设计裕量100mm＝200mm，即磁轭键插入第1段键槽的露出长度大致应为200mm。而1号机组磁轭键插入第1段的露出值最大为325mm，最小为130mm，左右偏差最大达240mm，且左右不一（见表4.3.2），这说明转子中心体立筋分布与磁轭环板是存在加工误差的。

表 4.3.2　　　　　　磁轭键下部露出长度值对比表　　　　　　单位：mm

序号	T形键左侧	T形键右侧	露出长度差值
1	242	195	37
2	221	209	12
3	170	255	85
4	184	217	33
5	180	205	25
6	251	130	121
7	325	85	240

3）第2段装配调整后磁轭与转子中心体立筋间隙测量值见表4.3.3，其最大偏差为 $1.42-1.20=0.22$，远大于设计要求的0.04mm。

表 4.3.3　　　　第2段装配调整后磁轭与转子中心体立筋间隙测量值　　　　单位：mm

序号	左上	左下	右上	右下
1	1.42	1.40	1.40	1.42
2	1.30	1.20	1.30	1.20
3	1.25	1.30	1.28	1.30

序号	左上	左下	右上	右下
4	1.30	1.30	1.28	1.30
5	1.35	1.33	1.35	1.30
6	1.33	1.33	1.35	1.32
7	1.30	1.33	1.30	1.30

4）第3段装配调整后磁轭与转子中心体立筋间隙测量值见表4.3.4，最大偏差为 $1.45-1.23=0.22$，远大于设计要求的 0.04mm。

表 4.3.4　　　第3段装配调整后磁轭与转子中心体立筋间隙测量值　　　单位：mm

序号	左上	左下	右上	右下
1	1.33	1.25	1.33	1.25
2	1.43	1.42	1.43	1.44
3	1.36	1.35	1.35	1.45
4	1.30	1.30	1.30	1.32
5	1.24	1.23	1.23	1.25
6	1.30	1.30	1.25	1.23
7	1.42	1.40	1.40	1.40

5）第1、第2、第3段就位后插入磁轭键下部露出长度值见表4.3.5，露出值最大为302mm，最小为161mm，深度差值为112mm，且左右不一。

表 4.3.5　　　　　　　　磁轭键下部露出长度值　　　单位：mm

序号	T形键左侧	T形键右侧	深度差值
1	238	217	21
2	214	219	5
3	181	293	112
4	217	239	22
5	196	239	43
6	266	161	105
7	302	221	81

（2）第二阶段现场装配工作。拆除已叠装的三段磁轭，重新复核中心体的同心度和法兰水平度，以及在不配装中心体的情况下磁轭的同心度。经检测转子中心体（包括磁轭）整体倾斜度达到 0.06mm/m，这明显是造成磁轭外圆测值误差，乃至偏心值计算值偏差的主要原因。

4. 对 THPC 质量标准的分析

针对清蓄电站1号机组的实际状况，THPC 要求将 0.04mm 的设计值修改为间隙差控制标准不大于 0.10mm 进行叠装，最终的整体偏心值不大于 0.16mm，并以此作为 THPC 的质量标准。对此，进行分析如下。

(1) 首先，对 THPC 所编制《广东清远抽水蓄能机组发电电动机安装质量检测标准》评判是：其所制订的"磁轭与转子转轴之间的间隙相对差不大于 0.04mm""全部叠好后再次确认磁轭与转轴之间的间隙相对差不大于 0.04mm"，这两条检测标准的立足点是为了确保磁轭与转子转轴是同心的，或其不同心度（或同轴度）在允许范围内。只有这样，才能有效约束磁轭（包括转子转轴）的偏心值。

(2) 但由于加工误差导致 0.04mm 的指标难以达到，经磋商 THPC 将磁轭与转子中心体间隙相对差值放宽至 0.10mm，也还是符合《水轮发电机安装技术规范》（GB/T 8564—2003）第 9.4.9 条"转子中心体与磁轭间在半径方向可能产生的相对位移应控制在 0.08～0.25mm 之间"的规定（相对于清蓄机组转速 428.6r/min）。

(3) THPC 的传统的测量方法是建立在其"三条统计假设"基础上的，其中：对于"假设磁轭质量分布均匀（每个测点代表每段的 1/7 质量）"没有疑义；对于"假设磁轭外径与内径偏差一致""假设以转子支架外径作为基准，不考虑支架外径偏差"，则是存在疑义的。

根据经验，只有以"最小二乘法"测量磁轭外圆半径计算其偏心值才能够真正涵盖"磁轭外径与内径偏差""转子支架外径偏差""磁轭与转子转轴间隙偏差"等诸多相关因素的综合整体偏心值。而最小二乘法的计算方法就不再赘述。

(4) 同时，检测磁轭外圆半径差的一个重要前提条件是确认转子中心体处于垂直状态，即滑转子上法兰面水平度不大于 0.02mm/m；用测圆架挂垂线复核转子中心体立筋的垂直度。

5. 偏心值质量标准的探析

转子的圆度和偏心是两个既有相互联系又有不同内涵的概念，转子圆度仅是指转子外圆各测点处的半径相互差；转子偏心是指转子外圆的实际中心与轴线运转中心的偏差（也称为同轴度）。转子圆度偏差大不一定意味着转子偏心值也大，转子圆度偏差小也未必意味着其偏心值小。亦即，转子偏心和转子圆度是两个不同的安装控制标准。当转子偏心较大时，电动发电机运行时的摆度、振动和噪声会明显增加，且电动发电机各部件的内应力尤其是定子、轴承和机架承受的交变内应力增加，这将严重影响设备的运行稳定性乃至寿命。因此，2000 年以来，制造电动发电机的众多厂家均将转子偏心的控制值视作水轮发电机安装评定的主要控制标准之一。

(1) 对于 428.6r/min 的清蓄机组，可参照执行的标准主要是《水轮发电机组安装技术规范》（GB/T 8564）、《水轮发电机转子现场装配工艺导则》（DL/T 5230），偏心允许值均控制在 0.10～0.15mm。其中，修订《水轮发电机组安装技术规范》（GB/T 8564）时，参照 ALSTOM 公司对三峡工程左岸转子偏心值的数值初次提出转子整体偏心值的要求，对于高转速抽水蓄能机组而言是一相对偏低的质量标准。同时，还应注意到由于转子磁轭的重量相对于磁极要大得多，其偏心对发电机运行时的不平衡离心力的影响也就大得多，当磁轭偏心值已形成时，挂装磁极实际上对转子偏心值的影响已经不那么重要了。所以控制转子偏心值的关键是磁轭安装，而磁轭的偏心值考核标准高于《水轮发电机组安装技术规范》（GB/T 8564）规定的磁极标准也应是无可非议的。

(2) THPC 制定的质量标准[3] 为转子整体偏心值不大于 0.20mm 为合格，不大于

0.15mm 为优良。

（3）对偏心值进行核算仍采用最小二乘法的计算方法。亦即：

1）对于一个非标准圆的转子，可以设定沿圆周均布的 n 个测量点（要求每 4 点分布在两条相互垂直的轴线上），即 n 为 4 的倍数，由每 4 个对称位置的点测量数据计算出一个中心坐标值：

$$
\left.\begin{array}{l}
x = \dfrac{1}{2} \sum R_i \cos\theta_i \\[3mm]
y = \dfrac{1}{2} \sum R_i \sin\theta_i \quad (i=1,2,\cdots,n)
\end{array}\right\}
\tag{4.3.1}
$$

2）n 个点的测量数据可得到 $n/4$ 个不同的中心坐标，累加坐标数据取其平均值，即为转子的近似几何中心（圆心坐标）：

$$
\left.\begin{array}{l}
x = \left(\dfrac{1}{2} \sum R_i \cos\theta_i\right) \div \dfrac{n}{4} = \dfrac{2}{n} \sum R_i \cos\theta_i \\[3mm]
y = \left(\dfrac{1}{2} \sum R_i \sin\theta_i\right) \div \dfrac{n}{4} = \dfrac{2}{n} \sum R_i \sin\theta_i
\end{array}\right\}
\tag{4.3.2}
$$

$i=1$，2，3，$\cdots$，n，且 n 是 4 的倍数。

3）则转子的偏心值 e 和偏心角 θ_r 应为：

$$
e = \sqrt{x^2 + y^2} = \dfrac{2}{n}\sqrt{(\sum R_i \sin\theta_i)^2 + (\sum R_i \cos\theta_i)^2}
\tag{4.3.3}
$$

$i=1$，2，3，$\cdots$，n，且 n 是 4 的倍数。

$$
\left.\begin{array}{l}
\theta_r = \tan^{-1} \dfrac{y}{x} \quad (x>0) \\[3mm]
\theta_r = \tan^{-1} \dfrac{y}{x} + 180° \quad (x<0)
\end{array}\right\}
\tag{4.3.4}
$$

（4）根据对设计核算和实际施工经验的总结，由于偏心引起的不平衡离心力与不平衡磁拉力之和控制在磁轭和磁极重量之和的 4% 之内并再适当予以提高要求。由于磁轭重量大，其偏心对发电机运行时的不平衡离心力的影响较大。根据经验和相关资料，在磁轭安装时其偏心值可按表 4.3.6 控制[4]。

表 4.3.6   **磁 轭 偏 心 控 制 值**

发电机转速 $n/(\mathrm{r/min})$	$n<100$	$100 \leqslant n<200$	$200 \leqslant n<300$	$300 \leqslant n<500$
偏心允许值/mm	0.30	0.22	0.15	0.08

6. 结语

（1）按原设计，磁轭第 1 段最下部与转子支架设计直径间隙为 0.05~0.15mm，是能够在使用塞尺测量的情况下进行间隙调整的，而实际上现场安装时却出现间隙几为零无法调整的情况。由于在车间转子中心体未参与磁轭整体预装未能提前发现此问题，给现场安装带来一定难度，所以车间实施磁轭与转子中心体整体预装是不可忽视的重要环节。

（2）只有以"最小二乘法"测量磁轭外圆半径计算其偏心值才是真正涵盖了"磁轭外径与内径偏差""转子支架外径偏差""磁轭与转子转轴间隙偏差"等诸多相关因素的综合整体偏心值。

（3）根据《水轮发电机组安装技术规范》（GB/T 8564）和《水轮发电机转子现场装配工艺导则》（DL/T 5230）的要求，在滑转子上法兰面内侧水平度不大于 0.02mm/m 并复核转子支架立筋的垂直度不大于 0.1mm/m 的条件下，采用最小二乘法计算磁轭整体偏心值。

（4）对于转速高达 428.6r/min 的清蓄电站而言，应该提高一个档次制定相应标准，即将转子（含磁极）偏心值允许值确定为不大于 0.10mm 来控制。

（5）THPC 所提供的测圆架是相对简陋的，不但使用不方便也会影响检测值精度。为了方便检测、提高功效，建议厂家能提供类似 ALSTOM 在惠蓄电站使用的测圆架。

4.3.4 深蓄电站转子磁轭工地装配工艺

1. 装配前准备工作

（1）清理各单段磁轭，要求所有单端磁轭无油污、灰尘、锈蚀、毛刺，检查各单端磁轭上下平面的平面度，如局部有高点可手工打磨修整。

（2）在转子支架的工位上布置支撑支墩，并用水准仪调整支墩的高度使其高差在 1mm 内。

（3）转子支架运入安装间后进行认真的打磨清理，支架下法兰面必须清扫干净，并使用刀口尺进行检查，应无高点，必要时进行研磨。

（4）清扫转子支架上下连轴螺栓孔并进行连轴螺栓试装，应确保螺栓顺利安装到位。

（5）清扫干净所有键槽。

（6）检查转子支架转轴上部转子吊装孔并进行连接螺栓试装应顺畅无碍。

（7）检测转子支架的主要外形尺寸及配合尺寸并记录，如关联部位的直径、连轴法兰止口的深度、螺孔距离及转轴两法兰间距离等并划分盘车点标记。

（8）清理磁轭副键，清理毛刺，如需要可现场校直及研配。

（9）清理其他磁轭装配中零部件。

（10）详细了解各工具的使用方法，阅读有关工具的使用说明书。

2. 调整转子支架

（1）利用桥机主钩和厂家专用工具进行转子支架翻身，吊放转子支架落于中心体支墩上。

（2）采用框式水平仪对称 4 个点在转轴上法兰面进行水平检查和调整，可在预埋基础板和转轴下法兰面接触面间加垫片调平，水平度应满足不大于 0.02mm/m。

（3）调整中心体下法兰平面水平度不超过 0.02mm/m，检查磁轭凸键径向及周向垂直度不超过 0.03mm/m。

（4）使用 NA2 水准仪测量并记录挂钩的相对高差（水平高差不超过 0.5mm）及测量

转轴挂钩至中环板发电机中心线及下法兰面的距离并作记录。

3. 吊钢丝绳支撑架安装调整

(1) 将吊钢丝绳支撑架吊装至转子中心体上法兰上，其法兰与转子支架上圆盘 $\phi900H7mm$ 止口配合，利用法兰 $4-\phi110mm$ 孔测量间隙，调整法兰与转子支架同轴度小于 $0.02mm$，并用螺栓与上法兰拧紧 [见图 4.3.50 (a)]。

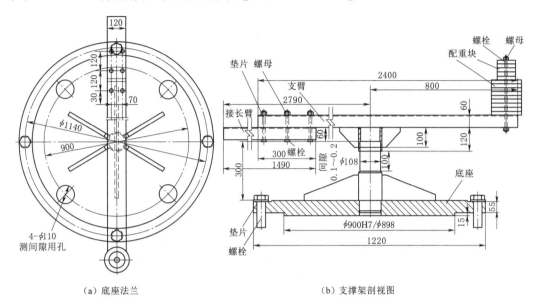

（a）底座法兰　　　　　　　　　　　　　（b）支撑架剖视图

图 4.3.50　吊钢丝绳支撑架示意图（单位：mm）

(2) 利用配重块对支撑架两端进行配平衡，确保测圆架不偏斜；悬挂铅垂线校核转子中心体（立筋）的垂直度并进行适当调整 [见图 4.3.50 (b)]。

(3) 每次测量前应复测吊钢丝绳支撑架的测量精度。

(4) 转子组装过程中应定期校核吊钢丝绳支撑架，其调校要求见表 4.3.7。

表 4.3.7　　　　　　　　　　　吊钢丝绳支撑架调校要求表

调　校　时　段	调　校　项　目	精　度　要　求
1. 转子支架立筋半径检查 2. 第1段磁轭安装调整 3. 其余段磁轭安装及最终压紧圆度检查 4. 磁轭热打键后圆度检查 5. 转子磁极圆度验收检查	1. 立柱或中心轴垂直度 2. 立柱或中心轴与转子法兰同心度 3. 测臂侧头沿圆周任一点重复测量误差 4. 测臂侧头沿圆周轴向跳动	1. 立柱或中心轴垂直度 0.02mm/m 2. 立柱与转子中心体法兰同心度 0.02mm/m 3. 重复测量误差 0.02mm 4. 测臂旋转一周轴向跳动不大于 0.10mm

4. 吊装第1段磁轭

(1) 检查磁轭车间冷套 T 形键的装配质量，在现场用吊钢琴线及水平仪的方式测量 T 形键径向尺寸及轴向垂直度不大于 $0.03mm/m$ 以及立筋定位段（设计半径为 mm）的圆度，再拆除厂内用于固定 T 形键的螺钉。

(2) T 形键下部与立筋下平面点焊固定，并试装配 T 形键上部挡块。

（3）吊装第 1 段磁轭厚环形板的准备工作。对第 1 段磁轭厚环形板进行清洗、擦拭干净，确认无毛刺、污物；在转子支架立筋的挂钩处薄涂二硫化钼；安装单段磁轭起吊工具，复测并调整转子支架水平，将 14 个磁轭管式千斤顶均布摆放在半径为 2100mm 的圆周上。

（4）由于受桥机吊装高度限制，第 1 段磁轭须更换吊装钢丝绳［见图 4.3.51（a）］。吊放第 1 段磁轭环板落到 1500mm 高过渡支墩上，更换钢丝绳，再次吊起磁轭段并调整磁轭段水平，更换磁轭支墩并调平后，磁轭段下落［见图 4.3.51（b）、(c)］。

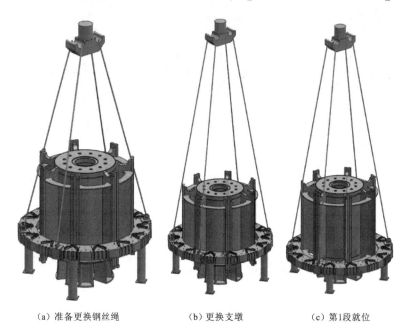

（a）准备更换钢丝绳　　　　　（b）更换支墩　　　　　（c）第 1 段就位

图 4.3.51　第 1 段磁轭环形板段吊装示意图

（5）利用磁轭支墩调整磁轭水平达到要求（由于第 1 段磁轭内径与转子中心体立筋间隙仅有 0.10～0.15mm，因此调整转子支架水平特别重要），并调整磁轭与磁轭凸键周向及径向间隙合格。下落磁轭环板在与转子支架挂钩接触之前，在 T 形键两侧轻轻插入长 1000mm 涂抹二硫化钼的工具磁轭副键临时固定，最终确认磁轭下平面与各挂钩接触面积合格。

（6）测量定位段与磁轭径向间隙并调整磁轭段与转子支架对点间隙差不大于 0.05mm，记录于表 4.3.8 中。

表 4.3.8　　　　　　　　　　定位段与磁轭径向间隙表　　　　　　　　　单位：mm

立筋编号	左 侧 间 隙	右 侧 间 隙
1		
2		
3		
4		

立筋编号	左 侧 间 隙	右 侧 间 隙
5		
6		
7		

5. 检查磁轭外圆直径及圆度

（1）利用框式水平仪、钢板尺配合螺旋千斤顶调整磁轭环板的高程、水平和波浪度，使其：板面波浪度不大于 0.5mm；径向水平偏差不大于 0.1mm。

（2）调整工具副键，使得首段环形板的键槽相对于立筋均处于对称位置。

（3）测录间隙值 $RB-(R1675\pm0.6)$ 及 C（见图 4.3.52）。

（4）在 7 个非筋板方向支放千斤顶于转轴与磁轭之间，顶撑磁轭与转轴之间的间隙，调整磁轭和转轴的中心，使得塞尺测量的 $RB-(R1675\pm0.6)$ 间隙经千斤顶调整后相对差不大于 0.05mm，个别最大差值不得超过 0.10mm，并作详细记录。

（5）由于磁轭圆度测值是按 14 个磁极测量所得的，根据最小二乘法的计算原则应将其换算为 16 等分，其换算见图 4.3.53。

（6）换算表见表 1.3.24。

（7）然后，采用最小二乘法计算第一段偏心值于表 4.3.9。

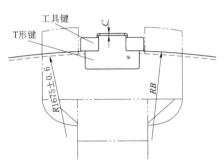

图 4.3.52　磁轭键调整
示意图（单位：mm）
注：$R1675\pm0.6$ 为转子支架立筋
外圆半径，RB 为磁轭内径。

表 4.3.9　　　　　　偏 心 值 计 算 表

序号	第 1 段	$\sin\theta$	$\cos\theta$	$R_i\sin\theta_i$	$R_i\cos\theta_i$
1	a	1.0	0	a	0
2	b	0.9239	0.3827	0.9239b	0.3827b
3	c	0.7071	0.7071	0.7071c	0.7071c
4	d	0.3827	0.9239	0.3827d	0.9239d
5	e	0	1.0	0	e
6	f	−0.3827	0.9239	−0.3827f	0.9239f
7	g	−0.7071	0.7071	−0.7071g	0.7071g
8	h	−0.9239	0.3827	−0.9239h	0.3827h
9	i	−1.0	0	−i	0
10	j	−0.9239	−0.3827	−0.9239j	−0.3827j
11	k	−0.7071	−0.7071	−0.7071k	−0.7071k
12	l	−0.3827	−0.9239	−0.3827l	−0.9239l

序号	第1段	$\sin\theta$	$\cos\theta$	$R_i\sin\theta_i$	$R_i\cos\theta_i$
13	m	0	−1.0	0	−m
14	n	0.3827	−0.9239	0.3827n	−0.9239n
15	o	0.7071	−0.7071	0.7071o	−0.7071o
16	p	0.9239	−0.3827	0.9239p	−0.3827p
Σ					
$e=\dfrac{2}{n}\left[(\sum R_i\sin\alpha_i)^2+(\sum R_i\cos\alpha_i)^2\right]^{\frac{1}{2}}$					

注 a～p 为 16 等分标示。

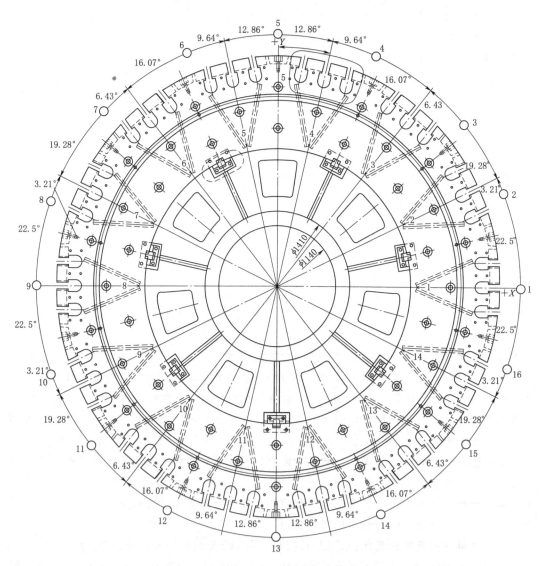

图 4.3.53 16 等分换算示意图（单位：mm）

（8）将偏心值与间隙值 $RB-(R1675\pm0.6)$ 进行比较，以此鉴定其后各段磁轭叠装是否可以直接采用间隙值进行调整。检查合格后将磁轭下部与主力筋挂钩处点焊，点焊后复测磁轭圆度，确认无变化后，进行下一工序。

6. 其余各段磁轭的安装

（1）依次吊入 2～8 段转子磁轭。每段磁轭调整检查合格后取出定位销及工具磁轭副键（T 尾定位调整工具不取出），吊装下一段磁轭。

（2）每段磁轭在吊装完毕后利用 T 尾调整定位工具进行调整，T 尾调整定位工具不可高于此段磁轭上平面，定位销、工具磁轭副键及千斤顶调整磁轭与磁轭凸键周向及径向间隙合格，保证磁轭段间 T 尾槽、穿心螺杆孔及磁轭键槽无错牙，定位销在磁轭段间可顺利插入及拔出。

（3）每段磁轭叠放后均须用塞尺测量 $RB-(R1675\pm0.6)$ 间隙值，要求工具磁轭副键及千斤顶调整使得间隙值相对差不大于 0.05mm，个别最大差值不得超过 0.10mm。

（4）使用测圆架悬挂铅垂线测量每段磁轭外圆半径相对值，并应用最小二乘法计算每段磁轭偏心值及其偏心角度。吊装下一段时，应根据上一段偏心角度利用千斤顶将其逆方向在极限允许范围内进行合理调整。然后采用同样方式测量磁轭外圆半径相对值，计算其偏心值及偏心角。再汇总已叠各段测量数据计算其综合偏心值及偏心角，以此作为调整下一段磁轭环板的依据。以此类推，叠装各段磁轭环板。

（5）采用工具螺杆压紧 9 段磁轭环板，然后依次将工具螺杆更换为永久螺杆压紧、测量磁轭内外高度，保证磁轭总高度与设计高度 3220mm 的偏差在 0～+3mm 范围内。

（6）按表 4.3.10 的要求进行最终检测。

表 4.3.10　　　　　　　　　　　　　最 终 检 测 表　　　　　　　　　单位：mm

测量区域	设计半径									理论高度					
	实测半径值									实测高度					
	R_1			R_2			R_3			外侧高度			内侧高度		
	上 －T	中 －M	下 －B	上 －T	中 －M	下 －B	上 －T	中 －M	下 －B	H_1	H_2	H_3	H_1	H_2	H_3
1～2 号															
2～3 号															
3～4 号															
4～5 号															
5～6 号															
6～7 号															
7～8 号															
...															

7. 磁轭热加垫[5]

（1）设置加热胀量监测点，利用塞尺测量每个磁轭凸键与磁轭键槽底部上下两端间隙值并记录，依此确定各磁轭键与键槽的径向实测间隙。

（2）准备垫片。

1）垫片厚度计算方法：

$$H = \delta + A - B \tag{4.3.5}$$

式中：H 为应加垫片厚度，mm；δ 为设计预紧量，为 1mm；A 为实测磁轭键与键槽的径向间隙，mm；B 为圆度或同心度实测半径与实测平均半径之差，mm。

2）根据测量的间隙值及设计要求的热打键紧量要求，同时兼顾磁轭外圆尺寸，根据顶部、中部、底部间隙测量的平均值，计算应垫垫片的厚度值。

3）选配 0.5～5mm 垫片，根据计算厚度叠合制成，现场用氩弧焊从侧面焊接成整体，厚度总偏差不大于±0.05mm、长度与磁轭键槽长度一致。

4）垫片制作完成后进行清扫、分类、编号。

（3）磁轭加热参数计算。

1）磁轭与轮臂的温差：

$$\Delta t = \delta / aR \tag{4.3.6}$$

式中：δ 为热打键单边紧量，为 1mm；a 为磁轭材料的线膨胀系数，取 $a = 1.1 \times 10^{-6}$℃；R 为轮臂半径，为 1675mm。

则磁轭与轮臂的温差为 $\Delta t = 1 / (1675 \times 11 \times 10^{-6}) = 54$℃

2）加热功率计算。电热总容量估算公式：

$$P = K \Delta t GC / 0.24T \tag{4.3.7}$$

式中：P 为电热总容量，kW；K 为保温系数，一般取 2～4；Δt 为计算温差，℃；G 为磁轭总重量，为 170000kg；C 为磁轭材料比热容，常取 0.5；T 为预计加热时间，s。

将加热时间预定为 10h，保温系数取 2，电热热容量取 0.5，则加热容量为 1062kW。

（4）移走磁轭下方支撑，在磁轭的外圆、下方按 4：1 分配比布置履带式加热器，接好电源线。加热器布置完成后，用 500V 摇表检查，对地绝缘电阻应不小于 0.5MΩ，并设导线截面积不小于 50mm² 的接地保护。

（5）采用具有温度调节及温度自动记录功能的晶闸管电源控制柜供电加温，并布置用于监控磁轭不同方位温度上升或下降变化情况的热电偶。

1）磁轭整个圆周共分 6 个点，每个测温点沿着磁轭内外上中下布置 6 个温度传感器（RTD），共需 36 个。所有热电偶连线的一端接到温度监控仪上，另一端用胶带粘贴在磁轭上。

2）检查 RTD 感温线完好无损，磁轭与监控仪之间的连线用套管保护，避免加热过程中因损坏或踩断而影响测温。

3）RTD 感温线接入监控仪后，对线路进行调试。

（6）磁轭加热[6]。

1）在磁轭上端面并沿磁轭内外表面至地面间，分别敷设玻璃纤维毡和悬挂石棉布等绝热阻燃材料，并在外敷设防火苫布，所有保温被的接缝处用胶带粘贴或用铁丝扎牢，防止漏风。

2）试投加温电源，检查加热设施应无断线、断路、冒烟等异常现象，并再次检查RTD感温线是否正常显示各监控点的温度。

3）按设计要求的紧量将磁轭加热到计算温度，加热温度要均匀，升温速度控制在5～10℃/h，开始加温后每小时记录一次温度，当磁轭上部温度达到50℃时，每30min记录一次磁轭加温电气参数、磁轭与支架的温差及膨胀量。并根据磁轭温升及上、下温差和膨胀情况，利用温控柜手动适时投、切磁轭相关部位的电热器，出现异常立刻停止送电，查明情况。

4）若磁轭与转子支架的温度同时上升或温差接近，可采用在支架内布置电风扇散热或采用向支架浇水等合适的方法，来降低支架的温度。

（7）敷加垫片。

1）在磁轭加热过程中，定期检测磁轭凸键与磁轭键槽槽底之间间隙，当涨开间隙大于垫片厚度1mm时具备加垫片条件，并用适当厚度垫片进行试槽。

2）依次、对称将准备好的垫片装入磁轭凸键与磁轭键槽之间，确认每一个垫片都能顺利插入后分别进行固定。

3）将磁轭副键装入并临时固定。

（8）磁轭降温冷却。

1）停止加热。

2）降温冷却过程中，降温速度控制在1～3℃/h之间，降温时，保持圆周上各部位温度基本一致，记录降温时数据。磁轭上下内外的温差不大于10℃，以免磁轭收缩不均匀而产生变形。

3）缓慢降低磁轭温度至室温，每30min记录一次温度，冷却时间要长于72h，根据温度变化情况分序（上/内/外）拆除保温被，让转子缓慢自然冷却至室温。降温过程中磁轭上下内外温差不大于10℃，冷却到环境温度后拆除加温设备。

4）磁轭自然冷却至室温后，拆除加热设备。

（9）室温下磁轭装配。

1）磁轭自然冷却后，拔出副键，在打入键上涂一层稠红丹粉，对准装配号插入键槽轻轻地打入，然后拔出确认磁轭键的匹配情况。必要时还要进行精加工，接着再次进行同样的操作，直至磁轭键接触面积整体达到70%以上。然后在各自工作面上涂抹二硫化钼润滑脂，用大锤在凸键两侧对称打紧，复查副键打入深度，应与凸键下段平齐，多余部分切除。完全冷却后，割除多余垫片。

2）用内径千分尺、百分表、测圆架测量磁轭半径并记录。

3）用水准仪、百分表、测圆架测量下压板的径向水平度并记录。

4）用至少7.5kg大锤对称均衡打紧磁轭副键，割除斜键突出立筋上表面的多余高出长度并进行打磨，在立筋的两端安装防止键拔出的磁轭键压板，使用矩形止动垫片对安装键压板的螺栓进行可靠止动（见图4.3.54）。

（10）热加垫后数据检查及附件安装。

1）热加垫前后均应全面检查磁轭半径、圆度、同心度、垂直度和下端面水平度，用1m平尺检查表面平整度，用角磨机修整高点及数据超差点，并检查T尾槽及磁轭键槽段

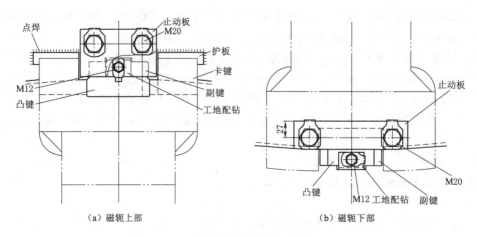

（a）磁轭上部　　　　　　　　　　（b）磁轭下部

图 4.3.54　磁轭冷打键示意图（单位：mm）

间无错牙。

2）热加垫完成后，对磁轭键凸出主立筋的部分割除，并将主立筋与磁轭键之间的钢带折弯在凸键上，配钻螺栓孔，用螺栓将钢带固定在磁轭凸键上，并注意装螺栓时需使用螺栓紧固剂。

3）对转子支架和磁轭各部分，分布用毛刷、破布、面团、压缩空气进行彻底清扫，并派专人用强光手电、行灯进行仔细检查，确认转子支架和磁轭各部分无油污、铁屑、焊渣、沙尘等异物。合格后在磁轭内外侧通风槽口和冲片层间缝隙处用不干胶带进行封贴保洁。

8. 装配止浮装置

装配第 9 段磁轭内圆主立筋位置上端的止浮装置（见图 4.3.55），整体安装后配刨并装配挡板（止浮板）于主立筋的限位槽内，利用螺栓将挡板把合锁紧在磁轭钢板上，实现限位止浮作用。

9. 挂装制动环

（1）检查、修理制动环板及相关部位的组合面、螺孔等应无凸点、毛刺。

（2）按出厂编号进行制动环板的安装。

（3）装配完成后应保证闸板径向应水平，偏差小于 0.4mm，沿整圆周的波浪度应小于 1.5mm。

（4）接缝处应有 2mm 以上的间隙。

（5）按设定力矩值拧紧闸板固定螺母并将螺母与闸板点焊牢固，环板部位的螺栓应凹进摩擦面 2mm 以上。

10. 喷漆

（1）彻底清理磁轭铁芯及转子支架。

（2）对磁轭外圆面和内周面的漆膜剥落处进行修补涂漆，若采用金属喷枪喷涂，则应防护好磁极插入侧的鸽尾槽。

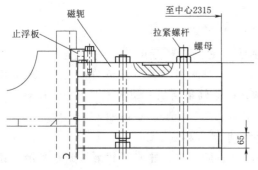

图 4.3.55　止浮装置示意图（单位：mm）

4.3.5 惠蓄电站转子磁轭热打键工艺

1. 对高转速电动发电机转子磁轭热打键的理解

高转速电动发电机转子磁轭在离心力作用下会因径向变形而与转子中心体发生径向分离，这不仅会增大机组的摆度与振动，而且还可能使磁轭键的固定螺钉和销钉因受冲击而断裂，造成严重事故。为了保证电动发电机在这种可能的运行状态下仍使磁轭与转子中心体间有一定的机械压紧量，必须在转子装配过程中，预先给磁轭与转子中心体一预紧力。

（1）以惠蓄电站为例（见图4.3.56），在额定转速500r/min时转子磁极最外点（ϕ4584mm）的线速度为119.5m/s，每个磁极所受离心力达46t，在飞逸转速n_Z＝725r/min时近100t。

（2）而冷状态下打紧磁轭键的方法是无法满足这一预紧力要求的，必须采用热打磁轭键的施工工艺。热打键是在冷打键的基础上，根据已选定的分离转速，计算磁轭径向变形相对转子中心体的增量，并按变形增量计算出磁轭与转子中心体的温差。加热磁轭使之膨胀，在热状态下打入与径向变形增量相等的预紧量。依靠这种预紧量，借以抵消运行中的变形增量。

（3）分离转速的选定应按设计调节保证计算求得的机组可能达到的最大转速略增一定裕量来确定，即按机组过速保护装置的整定值确定，一般为机组额定转速n_H的1.4倍，而电站主机设备制造厂法国ALSTOM所选用的是105%机组额定转速。

2. 转子磁轭键结构及其热打键工艺流程

（1）磁轭键结构。惠蓄电站转子重达166t的磁轭落靠在瓶状轴下部的挂钩上，内圆周用12组由主键与上、下副键组成的径向键结构固定，径向键的配合面斜度为1/200，装配形式及具体尺寸见图4.3.57。原设计的磁轭热打键预紧量为0.8mm，即上、下副键各打入长度为0.8/(1/200)＝160mm。磁轭叠片与瓶状轴之间间隙值［见图4.3.57所示2.3mm值］的变化量测量值即为磁轭热打键的紧量。

从图4.3.57可以看出，当下副键按

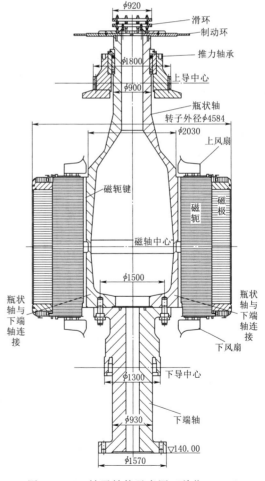

图4.3.56 转子结构示意图（单位：mm）

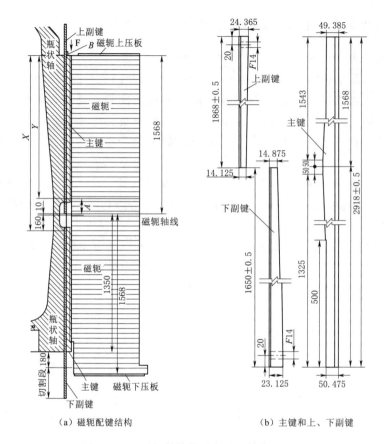

图 4.3.57 磁轭键结构示意图（单位：mm）

注：F 向视图见图 4.3.7。

设计工况其小头打到磁芯轴线时主副键的组合厚度为 $a+b$，其中：a 为主键下端部厚度 50.475mm；b 为当下副键打入键槽 1350mm 长度达到磁芯轴线高程时副键下端部厚度，$b=14.875+(1350\times1/200)=14.875+6.75=21.625$mm；$a+b=50.475+21.625=72.1$mm，则磁轭键径向紧量为 $72.1-71.3=0.8$mm（见图 4.3.7）。

（2）热打键工艺流程。由于上副键可根据键槽内的剩余长度切除其下端部长度，使副键打入 1568mm 长度至磁芯轴线高程时达到预期的径向紧量。据此，厂家制定的原磁轭热打键程序如下。

1）磁轭叠片前装配磁轭主键和下副键，调整主键外径达到磁轭叠压的设计圆度要求。

2）所有主键均用临时板条［见图 4.3.57（a）之"B"］点焊固定在瓶状轴上端面，以防止主键下落并在磁轭叠片完成后铲除。

3）从下部打紧下副键，自顶部测量键槽内的剩余高度 X，理论上应为 $1568+160=1728$mm。

4）测量并切割上副键下端部（A 使其尺寸满足 $Y=X-320$）。

5）加热磁轭，使之膨胀量达到 0.9mm。

6）上、下副键各打入键槽 160mm，并使之两端头接触（可以有 10mm 以内的间隙）。

7) 磁轭冷却后测量磁轭相对瓶状轴的膨胀量应达到 2.3+0.8≈3.1mm。

3. 1号、3号机组磁轭热打键工艺的实施及效果

(1) 工艺实施。按照上述工艺流程，先后进行的1号、3号机组磁轭热打键实测结果见表4.3.11。

表4.3.11 1号、3号机组磁轭热打键实测结果表 单位：mm

机组	测值	上部间隙测量		磁轭膨胀量	下部间隙测量		磁轭膨胀量
		热打键前	热打键后		热打键前	热打键后	
1号机组	最大值	2.14	2.65	0.51	2.11	2.35	0.24
	最小值	2.27	2.50	0.23	2.30	2.30	0
	平均值	1.193	2.546	0.353	2.154	2.233	0.079
	打入键长度 165				打入键长度 165		
3号机组	最大值	2.40	3.10	0.70	2.31	3.10	0.79
	最小值	2.41	2.95	0.54	2.41	3.10	0.69
	平均值	2.428	3.056	0.628	2.355	3.086	0.731
	打入键长度不小于 185				打入键长度不小于 185		

从表4.3.11中可以看出：1号机组按原设计要求不进行冷打键，尽管上、下副键打入长度均按设计要求严格进行，但磁轭的膨胀量却远未达到预期值；3号机组热打键之前进行了冷打键，但冷打上、下副键进槽长度较小（最大的仅约25mm），也未产生膨胀量；3号机组采取了提高磁轭加热温升、增大副键进槽长度等措施，但所测量磁轭热打键紧量仍与设计要求存在不同程度的差距。

(2) 影响磁扼相对瓶状轴预紧量达不到设计要求的因素。

1) 由于 $\phi42h10$（$\phi41.9\sim\phi41.96mm$）拉紧螺栓与 $\phi42.2_0^{+0.2}$ 叠片冲孔之间的间隙及磁轭叠压实际操作中的多种因素，磁轭叠片不可避免存在参差不平整的现象。因此，在热打键的初始阶段，副键的轴向位移（即入槽长度，设为 a）只是推动主键并通过主键克服叠片间的摩阻使参差不平的磁轭叠片达到一定程度的平整，该入槽长度是不能使紧量部位的测值发生变化的。而继之打入键槽的副键长度使主键产生径向位移才得以产生磁轭的径向紧量，这就是实际紧量测值小于理论紧量（副键打入总长度值与其斜度的乘积）的主要原因。

2) 同时，根据现场测量，在副键进入键槽之前，磁轭与主键之间存在间隙 δ，这也是副键打入而不产生磁轭径向位移的因素之一，4号机组冷打键前磁轭与主键间隙 δ 测量值见表4.3.12。

表4.3.12 4号机组冷打键前磁轭与主键间隙 δ 测量值 单位：mm

磁极编号	1	2	3	4	5	6	7	8	9	10	11	12
间隙	0.80	0.35	0.35	0.15	0.29	0.20	0.27	0.20	0.20	0.20	0.30	0.45

实践证明，δ 可采取冷打键的方式予以消除，因此，冷打键是一项不可忽视的准备性措施。当然，仅采取冷打键是不足以克服叠片间的摩阻达到预期平整度的。

3）由于制造厂设计计算瓶状轴在热打键时键槽处高应力区的最大值达到 314.0MPa，根据虎克定律：

$$\Delta l = \frac{F_N l}{EA} = \frac{\sigma l}{E} \qquad (4.3.8)$$

式中：E 为弹性模量，$2.10 \times 10^4 \text{kgf/mm}^2$；$F_N$ 为热打键紧量冷却后产生的压力，kgf；A 为受压截面面积，mm^2；l 为受压件长度，$l = 71.3\text{mm}$；σ 为热打键紧量冷却后产生的压应力。

代入数据计算得，转子磁轭、磁轭键和瓶状轴键槽接触而产生的弹性变形为 0.10mm，而磁轭键打入键槽长度所产生的预紧量应是包含了该弹性变形量的。

在 4 号机组热打键过程中，由于磁轭叠片上平面略低于磁轭主键上端部，当测量未嵌入磁轭的外露部位主键至瓶状轴的径向变形量时，由于该部位未产生弹性变形，自磁轭主键外侧平面至瓶状轴的膨胀量平均值为 0.84mm，而磁轭与瓶状轴间隙平均值仅为 0.74mm，即 0.84−0.74＝0.10mm，这也证实了磁轭键弹性变形量的存在。因此，有必要将磁轭键打入长度修正为 180mm，其对应的径向紧量由 0.8mm 改为 0.9mm。

4）由于瓶状轴键槽加工精度及磁轭内圆圆度偏差等因素，使得热打键前磁轭与瓶状轴间隙实际测量值与设计值产生差异，相互之间的差异也较大（见表 4.3.13），其最大值与最小值相差达 0.40mm 之多。

表 4.3.13　　　　　4 号机组叠片完成后主键与瓶形轴间隙的实际测量值　　　　单位：mm

磁极编号		1	2	3	4	5	6	7	8	9	10	11	12
上部	左	2.20	2.27	2.20	2.20	2.20	2.10	2.10	2.05	2.05	2.10	2.10	2.20
	右	2.20	2.27	2.20	2.20	2.10	2.10	2.10	2.05	2.05	2.10	2.10	2.17
下部	左	2.40	2.45	2.40	2.35	2.20	2.15	2.15	2.05	2.05	2.10	2.20	2.30
	右	2.40	2.40	2.35	2.30	2.20	2.15	2.10	2.05	2.05	2.20	2.20	2.35

从表 4.3.13 中间隙实际值偏大的槽位，其下副键打入长度必然偏大，因此在 4 号机组实施过程中，这些槽位的下副键伸进键槽长度超过了其设计允许高度，不得不重新吊起转子切割下副键。这就要求在磁轭叠压前调整基准圆度时，根据下副键的进入键槽的实际情况适当切割其上端部，以满足热打键时基本接近磁芯轴线位置的设计要求。

4. 修正的施工工艺及实施

修正的施工工艺详见 4.3.1 节的"7. 转子热打键"部分。需要补充说明的是，由于采取了预热打键工艺，在最终热打键前进行冷打键时下副键进槽长度均在 60～80mm 范围内，因此采取了在磁轭叠片前将下部副键上端部预切除 70～80mm 长度的措施。这是一项已在 4 号机组及其后各台机组安装实践中得以证实是行之有效的措施，同时也为法国 ALSTOM 设计人员进一步修改完善原设计提供了有益的参考依据。

5. 结语

(1)《水轮发电机组安装技术规范》（GB/T 8564）及相关文献对"磁轭热打键"的规定在强调应满足制造厂的设计要求的同时，仅在第 9.4.9 条对"径向磁轭键安装"作了一般性规定。对此，施工、监理及建设单位均理解为：按选定分离转速计算磁轭相对转子中心体的径向变形增量，经冷打键后在磁轭热状态下将磁轭键打入按变形增量计算的相应长度，即可达到抵消运行中转动部件变形增量的目的。而根据惠蓄电站及类似高转速、大长径比转子磁轭热打键的实践，证明在磁轭热状态下将磁轭键打入与实际计算或制造厂规定径向变形增量相对应的长度时，往往并不能使磁轭产生预期的紧量。这就可能在离心力作用下磁轭因径向变形与瓶状轴产生径向分离，从而增大机组的摆度与振动，甚至酿成事故。因此，有必要在制定施工工艺时予以强调。

（2）应以实测的磁轭紧量为准，而不能按磁轭斜键打入深度计算所得的"理论紧量"作为磁轭紧量的衡量标准；而采取上述"二次加热磁轭键"或其他类似工艺，则能有效消除磁轭叠片不平整度等因素的影响，确保磁轭键打入相应长度时能达到预期紧量。

（3）在按选定分离转速计算磁轭相对转子中心体的径向变形增量时应考虑磁轭键在相应应力作用下所产生的弹性变形。

（4）建议适时对《水轮发电机组安装技术规范》（GB/T 8564）及相关文献的相关条款进行必要的补充完善，以供诸多高转速抽水蓄能机组高质量安装工作参照、借鉴。

4.3.6 含鸽尾筋座定子机座调整及焊接

1. 清蓄电站1号机组含鸽尾筋座定子机座工地组装存在问题

清蓄电站定子机座为正十六边形的焊接结构，对边尺寸为8300mm，高4515mm。鸽尾筋座（SM570）在厂内焊接于定子机座上，一体加工，机座设上环、中环和下环，穿过中环沿圆周与鸽尾筋相对应位置设置Q235-A支撑棒加固。机座分两瓣运输到现场，将大合缝法兰用螺栓把合成一体后，在现场再进行焊接成整体。现场负责施工的FCB清蓄电站项目部按照THPC要求进行了定子分瓣机座的焊接工序（合缝面均不加垫片），但是由于1号机组定子机座焊接后存在变形，表现为圆度、垂直度不理想；特别是1号机组定子机座的第3~5环的圆度、垂直度焊接前、后数据对比超差较大。

2. 定子分瓣机座组装调整。

（1）采用厂家到货的钢丝绳及吊具用200t桥机将第一瓣定子机座翻身竖立后摆放在装配支墩顶面高程误差不大于0.3mm，水平不大于0.1mm/m的铜板上，随后将另一瓣以同样方法翻身竖立摆放在装配支墩的铜板上。

（2）定子机座合缝面见图4.3.58，操作行车通过微调缓慢减小合缝面间隙，直到连接螺栓可以穿进螺孔，在上、中、下各预装1颗螺栓；微调其中一瓣定子机座，穿进2个合缝面共6个铰制螺栓，再穿入其余连接螺栓并预拧紧。

（3）检测、确认合缝面。螺栓把合区域应无间隙（不大于0.04mm），螺栓之间区域不大于0.5mm，其他区域不大于1.2mm；机座下环板平面度不大于0.3mm，合缝面处无高差。

（4）按照2197~2981N·m的扭矩把紧M48×3的双头连接螺栓。

（5）测圆架安装、调整（见图4.3.59）。测圆架与机座的同轴度不大于1mm；中心柱垂直度偏差不大于0.02mm/m，在测量范围内最大倾斜不超过0.05mm；测头上下跳动量不大于0.5mm（转臂旋转一周测量）。

（6）机座检测及调整。

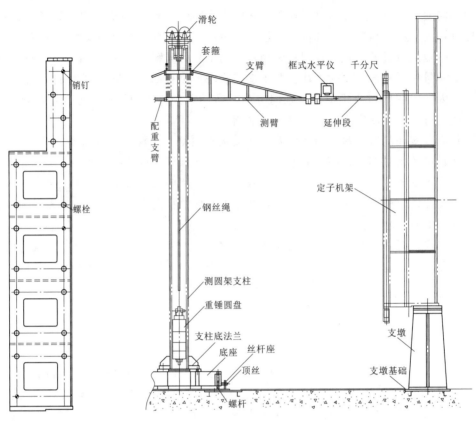

图 4.3.58 定子机座
         合缝面示意图

图 4.3.59 测圆架设置示意图

1）机座设五层环板，由沿圆周穿过环板的加强支撑棒与鸽尾筋座形成足够的刚度〔见图 4.3.60（b）〕，以上、中、下环板处的鸽尾筋座为基准，采用内径千分尺对各合缝面两侧圆周上各取 4 点共 8 点，即图 4.3.60 之 1、9、34、41 和 10、17、25、33〔见图 4.3.60（a）〕进行检测。

2）THPC 仅要求机座分上、下段 2 部分进行测量：半径尺寸与设计的偏差，超过气隙值（37.5mm）的 ±1‰时，利用千斤顶等对内径进行调整，并要求尽可能的小。

3）实际操作中当实测超偏时，采用千斤顶或其他机械性质的措施进行纠偏是很难奏效的，尤其是在合缝面封焊产生一定的焊接变形后更难达到预期效果。

4）使用 NA2 水准仪加磁力表座和钢板尺的方法，测量下环板 8 个点（各支腿位置的下环板内外侧）的水平度，测量点应做标记。

3．定子机座组合缝封焊及调整

（1）对合缝面进行对称单道分段焊接，按定子总高 4515mm 共分成 12 段，按 1→12 顺序依次焊接（见图 4.3.58，每段约 375mm）。

（2）焊接前测量数据。

1）机座把合后测量鸽尾筋座内径见图 4.3.61（雷达图中沿最外圈圆周分布的数值为测点编号，其余数据为百分表测量数据，其读数越大，表示实测内径越小），可以看出：1～

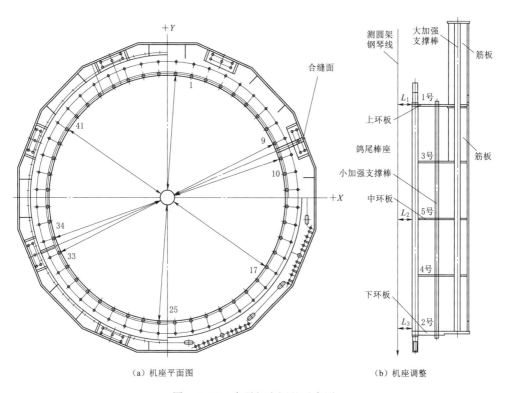

（a）机座平面图　　　　　　　　　　　（b）机座调整

图 4.3.60　定子机座调整示意图

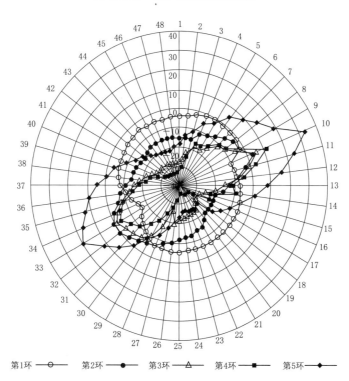

第1环 ——○——　　第2环 ——●——　　第3环 ——△——　　第4环 ——■——　　第5环 ——◆——

图 4.3.61　焊接前测量数据图

注：1～48 为鸽尾筋座编号。

3环（自下而上）内径数据较好；4环与5环内径偏差值也不大于±0.375mm（设计限制值），但由于组合缝（10测点和34测点）区域的内径趋于最小，该层面机座呈椭圆形状。

 2）鸽尾筋座的径向垂直度大都超过 THPC 设定的 0.10mm（基准筋），一般均在 0.20～0.30mm 范围内，最大的达到 0.43mm。

（3）在未采取任何防变形措施（如合缝面加垫或内支撑加固等）的情况下进行了合缝面外壁封焊，焊接后测量数据见图4.3.62。由于焊接的收缩效应（当然也可能有合缝面间隙不均的影响），机座第4环和第5环面圆周内径出现较大变形，偏差值最大达到＋0.59/－0.53mm，轴心也发生偏移。同时，鸽尾筋座的垂直度恶化，偏差最大达到0.65mm。

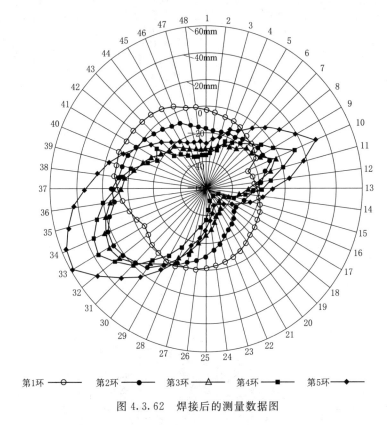

第1环 —⊙— 第2环 —●— 第3环 —△— 第4环 —■— 第5环 —◆—

图 4.3.62 焊接后的测量数据图

（4）机械及反变形焊接调整。

1）在 THPC 方现场指导下对机座采用千斤顶、链式葫芦等器具进行了多次施加机械力的调整，事实上，采用千斤顶或其他机械性质的措施进行纠偏是很难奏效的，尤其是在合缝面封焊产生一定的焊接变形后更难达到预期效果。

2）对第4环、第5环机座内表面施焊进行反变形焊接调整，收到了一定实效（见图4.3.63），鸽尾筋内径偏差大都达到要求，仅有第4环15～22点略超标，最大值为 0.47mm。而鸽尾筋座的垂直度也有好转，当然较之 0.10～0.20mm 的标准还有一定差距。

（5）鸽尾键装配后测量数据与反变形焊接调整后的趋势仍然基本相近。

（6）初步分析。

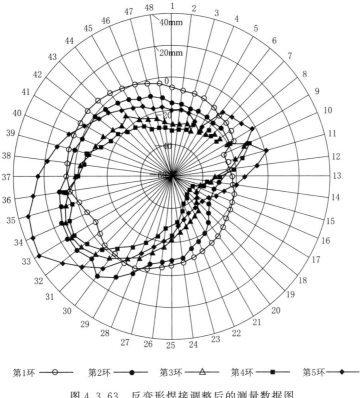

第1环 ─○─ 第2环 ─●─ 第3环 ─△─ 第4环 ─■─ 第5环 ─◆─

图 4.3.63 反变形焊接调整后的测量数据图

1）焊接前显示组合面的 10 点和对应的 33 点内径最小，焊接时本应该在组合面处加垫或采取反变形支撑方式，但由于没有采取相应措施导致焊接后对应点的状况更加恶化。

2）第 1 环、第 2 环焊接前后的变形量较小；反变形焊接调整效果几乎为零；这都证实了加固支撑防止变形加剧的重要性。

3）焊接前垂直度已经存在相当一部分超标的现象，原本就应采取相应措施再进行下一道工序，但是被忽略了。

4）由于焊接过程中没能及时根据实际变形情况随时调整焊接顺序，也是导致焊接后对应点的状况更加恶化的重要因素。

5）第 4 环、第 5 环反变形焊接调整后的反变形基本属于正常，但已于事无补。

4．拟采取处理措施

（1）采取足够的加固措施防止运输过程中发生构件变形。

（2）关键是采取工艺措施保证焊缝能够均匀收缩，控制焊接收缩变形量，即采取有效措施控制焊接变形，如及时采取补偿性反变形焊接调整圆度还是可以收到实效的。

（3）建议参考董箐电站（THPC 设计制造）的实施经验[7]，制定合理的作业工艺（见图 4.3.64）。

1）分瓣定子机座组合面由厂家根据实测圆度尺寸计算加垫的厚度（见图 4.3.64 中的 C），加垫后进行螺栓定位把合。

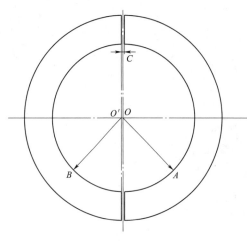

图 4.3.64　董箐电站作业工艺示意图

2）组合缝组合调整圆度、垂直度合格后再进行焊接，并在整个焊接期间，定子内径采取上下层加固支撑管件的防变形措施。

3）个别组合缝焊接后检测圆度、半径差超标，采取局部刨开焊缝重新加垫、焊接的方法进行调整。

4）鸽尾筋座与鸽尾键根据圆度和垂直度进行局部加垫。

（4）根据二滩水电站的经验，只要设计部门给出机座刚度、强度满足机组运行的计算说明，取消组合缝封焊工序也属可行[8]。

5. 清蓄电站定子机座（含鸽尾座）的最终处理

（1）根据 THPC 在董箐电站的定子机座结构均系采用组合面螺栓定位把合、组合缝封焊方式的业绩，清蓄电站的组合封焊结构方式也应无可非议，应该重视的是宜根据分瓣定子机座组合的实测圆度尺寸由设计部门计算组合缝加垫厚度，并在整个焊接期间，对定子内径采取上下层加固支撑管件的防变形措施。

（2）THPC 在大盈江电站，日本东芝电力在奥美浓、盐原等电站都有过定子机座采用组合面螺栓定位把合不封焊结构的业绩，据悉桐柏电站对机座组合面亦未实施封焊。因此，在设计部门给出机座刚度、强度满足机组运行的前提下，也可考虑酌情取消 2～4 号机组定子机座组合缝封焊工序。

（3）根据董箐电站[9] 多台机组均采取了打磨鸽尾筋座或鸽尾筋座与鸽尾键根据圆度和垂直度进行局部加垫的措施。分析认为，采用局部适度、精细打磨鸽尾筋座是可以被接受的。实践证明，清蓄电站最终经过鸽尾筋座局部打磨及调整处理，圆度和垂直度均已满足设计要求。

6. 结语

（1）经协商，对 1 号机组进行了处理。

1）重新调整测圆架，直至满足设计要求。

2）酌情继续采取机座内表反焊接变形措施，尽可能缓解机座变形烈度。

3）精准测量，确定打磨位置，然后进行网格式打磨。

4）确定加垫部位和加垫厚度。

5）把合鸽尾键（键体符合设计要求），钻铰销钉。

（2）根据惠蓄、董箐等多个电站的实践经验，要求对采用组合面螺栓定位把合、组合缝封焊方式的定子机座结构应在工艺指导文件中强调：

1）根据分瓣定子机座组合的实测圆度尺寸由设计部门计算组合缝加垫厚度。

2）在整个焊接期间，定子内径采取上下层加固支撑管件的防变形措施。

（3）应根据各台机组实际情况现场决定所应采取的积极有效措施。

1）如若分瓣机座把合合缝面螺栓后，其圆度、半径差在考虑对垂直度打磨影响后均符合原定质量验收标准，则在机座强度、刚度满足要求的前提下可确定该台机组不再实施合缝面封焊工序。

2）如若分瓣机座把合合缝面螺栓后，其圆度、半径差在考虑对垂直度打磨影响后出现不尽符合原定质量验收标准，且类同于1号机组的"组合面10点和对应的33点内径最小"的情况，则应酌情采取机座内表反焊接变形措施。

参 考 文 献

［1］ 曹关宝. O型橡胶密封圈的压缩率和槽圈体积比核算［J］. 橡胶工业，1992（39）：452-455.
［2］ 张晓东，詹才锋. 惠州抽水蓄能电站发电机转子磁轭热打键技术［J］. 水力发电，2010，36（9）：74-75，78.
［3］ 李铁军，管亚军. 清远抽水蓄能电站发电电动机环形磁轭结构分析［J］. 水电及抽水蓄能，2018，4（1）：76-79.
［4］ 张蕌. 水轮发电机转子偏心值的控制［J］. 水电站机电技术，2007（3）：32-34.
［5］ 王晓敏，陶恒林. 大型发电机转子磁轭热加垫技术方案分析［J］. 机电一体化，2009，15（11）：90-92.
［6］ 张孟军，刘其园. 宝泉抽水蓄能电站1号机组转子热打键试验［J］. 人民长江，2008（10）：51-52.
［7］ 王振东. 董箐水电站工程机电设备的安装调试实践［D］. 济南：山东大学，2012.
［8］ 姚秀珍，关健，崔永焕，等. 天生桥电站分瓣定子机座工地装焊工艺研究［J］. 大电机技术，1999（6）：13-19.
［9］ 文有富，潘翔. 贵州董箐水电站发电机安装工艺［J］. 施工技术，2013，42（12）：86-89.

5 抽水蓄能机组相关标准的评判与深化

由于目前抽水蓄能机组的安装质量标准还没有专设的国家标准可遵循，一般都执行各个设计制造厂家自行编制的厂标或参照《水轮发电机组安装技术规范》（GB/T 8564）。南方电网调峰调频公司在几个大型抽水蓄能电站安装调试过程中，会同相关方面对部分质量标准进行了评判和探析，并编制了一套日常执行的质量标准。本章仅就水泵水轮机、电动发电机的相关标准进行介绍和探讨。

5.1 水泵水轮机

5.1.1 提高水泵水轮机转轮静平衡验收标准的探讨与实践

1. 清蓄电站转轮静平衡验收标准的商定

在清蓄电站水泵水轮机招标和合同谈判过程中，业主在充分征求制造厂家意见后，提出转轮静平衡必须达到《机械振动 刚性转子平衡品质的要求——第 1 部分：规范和平衡允差的检验》（ISO 1940 - 1）中 G2.5 平衡等级的验收标准，THPC 响应了招标文件的规定。

（1）根据 2003 年 8 月 15 日再版的国际标准 ISO 1940 - 1，对于额定转速 428.6～500r/min 的高转速水泵水轮机转轮而言，转轮静平衡达到 ISO 1940 - 1 之"G6.3"平衡等级原应是合理的。

（2）由于高转速水泵水轮机转轮具有 S 特性以及多采用小间隙梳齿形止漏环易产生自激震荡等水力特性，要求转轮制造商采取措施适当提高转轮制造的精度（包括提高静平衡验收标准）也应是无可非议的。

（3）近年来，水轮机转轮静平衡试验设备的更新使其精度有了较大幅度的提升，试验工艺也日臻成熟，相应提高静平衡的品质等级是完全具备条件的。

（4）经查阅相关资料，很多电站机组转轮实际的不平衡量水平已经达到或接近 G2.5 平衡等级，部分大型电站水轮机转轮静平衡参数见表 5.1.1。

表 5.1.1　　　　　　　　部分大型电站水轮机转轮静平衡参数表

电站	转轮质量/kg	额定转速/(r/min)	平衡品质等级	许用不平衡量/(N·m)	实际不平衡量/(N·m)
二滩	118000	142.9	G6.3	455	255.2
三峡	430000	75	G6.3	3332	289

电站	转轮质量 /kg	额定转速 /(r/min)	平衡品质等级	许用不平衡量 /(N·m)	实际不平衡量 /(N·m)
岩滩	307700	75	G6.3	190	12.25
龙滩	259000	107.1	G6.3	1450	528
仙蓄	29100	428.6	G6.3	3.5	1.633

因此，有理由相信抽水蓄能电站转轮的静平衡能够达到《机械振动 刚性转子平衡品质的要求——第1部分：规范和平衡允差的检验》（ISO 1940-1）中 G2.5 平衡等级验收标准的要求，THPC 对此也做出了全面承诺。

2. 清蓄电站采用的球面静压轴承法

随着转轮外形尺寸的增大、质量的增加以及检测手段、精度的较大幅度提高，传统的钢球镜板法平衡技术受其结构的限制，已难以满足当今转轮的静平衡要求。目前，国内外采用的主要有压力传感器法、测杆应变片测试法及球面静压轴承法等，而清蓄电站转轮静平衡采用的就是日本东芝电力近期在多个电站所采用的具有高稳定性和灵敏度的球面静压轴承法[1]。

球面静压轴承平衡测量装置见图 5.1.1，主要由支撑座、平衡法兰盘、球面轴承、油压装置（含油路转换装置）组成。其主要工作部件是平衡球与平衡支座组成的球面轴承，油压装置通过油路转换器在平衡球与平衡支座之间形成一层高压油膜，使转轮处于完全悬浮状态。如若转轮在未配重之前重力分布不平衡，转轮会在不平衡重力的作用下达到一个微小倾斜的平衡状态。通过计算可以求取转轮实际的偏心值即不平衡量，进行针对性配重或局部磨削，使转轮达到满足规定静平衡标准的状态。

（1）球面静压轴承法的试验程序。

1）在转轮下环底平面圆周按照两个垂直参考轴线设置 0°、90°、180°、270°四个点并做出标记（按照发电机侧俯视方向顺时针设定）。

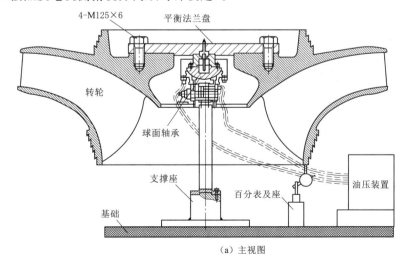

（a）主视图

图 5.1.1（一） 球面静压轴承静平衡测量装置示意图

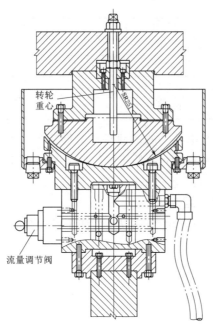

（b）平衡球与平衡支座示意图（球心SR251与转轮重心的距离为r）

图 5.1.1（二） 球面静压轴承静平衡测量装置示意图

2）在 0°和 90°位置各放置一只百分表（百分表 A 和 B），其标杆针分别垂直于转轮下环底侧表面并在试验过程中均处于压缩状态。启动油压装置，油压上升使放置在支撑座上的转轮完全脱离呈悬浮状态；待转轮静止后将百分表置零，记录百分表读数 X_0、Y_0。

3）在转轮外圆 0°位置（见图 5.1.2）放置一个标准质量为 W（1kg 或 2kg）的标准配重砝码（平衡块），记录两只百分表的读数 X_1、Y_1。

图 5.1.2 标准配重砝码试放

4）去掉平衡块（即标准配重砝码），待转轮静止后再次测录两只百分表的读数 X_0、Y_0（理论上百分表重新回零）。

5）计算出倾斜量绝对值 X_c：

$$X_c = 2\sqrt{(X_1-X_0)^2+(Y_1-Y_0)^2}$$

(5.1.1)

式中：X_1 为转轮安放平衡块的情况下百分表 A 的读数，mm；Y_1 为转轮安放平衡块的情况下百分表 B 的读数，mm；X_0 为从转轮上除去平衡块的情况下百分表 A 的读数，mm；Y_0 为从转轮上除去重块的情况下百分表 B 的读数，mm。

6）计算系统灵敏度 S：

$$S = X_c/W_c$$

(5.1.2)

式中：W_c 为试验平衡块总质量，kg。可以采用不同重量的试验平衡块，分别进行试验求

得系统灵敏度 S，最终得到其平均值 $\overline{S}$。

7）初次静平衡试验。

a. 转轮完全静止状态时其圆周 0°和 90°位置由百分表 A 和百分表 B 测量的倾斜位移值 X_0、Y_0 作为初始状态的数据。

b. 转轮沿球面轴承轴线水平缓慢旋转 180°，使原 0°百分表指示转轮 180°位置，原 90°位置百分表指示转轮 270°位置，即分别用百分表 A 和百分表 B 测量 180°和 270°位置倾斜的位移值 X'、Y'（见图 5.1.3）。

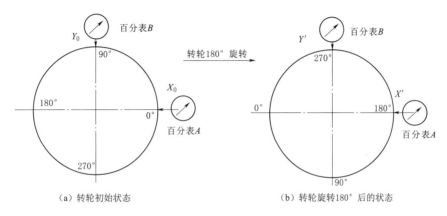

（a）转轮初始状态　　　　　　　　（b）转轮旋转180°后的状态

图 5.1.3　静平衡试验程序示意图

c. 计算转轮因不平衡引起的绝对倾斜量 X'_c：

$$X'_c = 2\sqrt{(X'-X_0)^2+(Y'-Y_0)^2} \tag{5.1.3}$$

d. 计算转轮的不平衡质量 W'：

$$W' = X'_c/S \tag{5.1.4}$$

e. 计算不平衡角度 Z_n［为 Y 方向的倾斜量差值与 X 方向的倾斜量差值比值的反正切值，其单位为（°）］：

$$Z_n = \arctan\left[(Y'-Y_0)/(X'-X_0)\right] \tag{5.1.5}$$

式中：X_0 为 0°位置的倾斜量；Y_0 为 90°位置的倾斜量；X' 为旋转后 180°位置的倾斜量；Y' 为旋转后 270°位置的倾斜量。

f. 依据图示法标示出不平衡重量的准确相位，为实际磨削重量的位置。

8）当不平衡量超出允许范围时，一般在上冠（或下环）的非过流面进行偏心磨削加工，按不平衡重量方位及由偏心量计算切削量磨削上冠非过流面（见图 5.1.4）。

不平衡量 e：

$$e = \frac{\sqrt{R^2+\dfrac{8}{\pi}\dfrac{R_w}{R}\dfrac{W}{Lr}\times10^6}-R}{4} \tag{5.1.6}$$

切削量 T：

$$T = (2R+e)e\pi Lr\times10^{-6} \tag{5.1.7}$$

式中：W 为平衡块质量，kg；R_w 为平衡块放置的半径，mm；L 为磨削高度，mm；R

为磨削起始半径，mm；r 为材料密度（7.75g/cm³）。

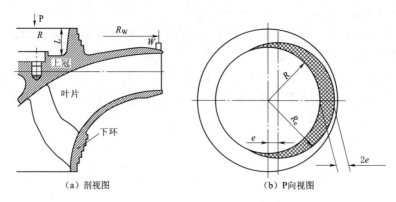

（a）剖视图 　　　　（b）P向视图

图 5.1.4　转轮上冠磨削示意图

9）磨削后重复进行验证性平衡试验，直到转轮静平衡达到设计要求。

（2）清蓄电站转轮静平衡试验的实践（以 3 号机组为例）。

1）按平衡等级 G2.5 计算转轮允许残余不平衡质量。

a. 不平衡量 $e = \dfrac{2.5}{2\pi n/60} = 0.0557\text{mm}$（$n$ 为机组转速 428.6r/min）；

b. 允许残余不平衡量 $U = We = 1913.3\text{kg} \cdot \text{mm}$（$W$ 为转轮质量 34350kg）；

c. 转轮外径侧允许残余不平衡质量 $W_s = \dfrac{We}{D/2} = \dfrac{1913.3}{4326/2} \approx 0.885\text{kg}$（$D$ 为转轮外径 4326mm）。

2）试验设施装配。

a. 支撑座水平调整。支撑座就位后通过垫片调整水平，并用框式水平仪测量、控制其水平度不大于 0.02mm/m，以消除其对转轮静平衡所可能产生的影响。

b. 平衡法兰盘的校准和安装。平衡法兰盘在静平衡试验中用于吊装及支撑转轮，是转轮静平衡试验的重要部件，应保证其加工精度以及与转轮轴线同轴度。现采用一次平衡后旋转平衡法兰盘 90°（由于螺孔位置的差异实际为 80°）进行复核，均证实其与转轮轴线同轴度良好。

c. 系统油压的界定。为了避免因油压太低不能使转轮悬浮或因油压太高导致温升快而压力油膜会不稳定，应选定合理的油压，才能保证试验顺利进行。

$$P = \frac{G}{S\eta} \tag{5.1.8}$$

式中：P 为系统油压，Pa；S 为平衡球工作截面面积，mm²；η 为系统效率；G 为转轮及工装总重量，N。

3）系统灵敏度 S 测定。

a. 平衡块选取 0.5kg、1kg、2kg 标准质量的砝码，安放在转轮 0° 位置（见图 5.1.2），其时读取和记录设置于转轮底部两只百分表的指示值。

b. 去除平衡块后再次读取百分表指示值，理论上两只百分表应重新回零（即加砝码前的初始位置）。

　　c. 灵敏度计算见表 5.1.2。

表 5.1.2　　　　　　　　　　　灵 敏 度 计 算 表

序号	项 目 名 称	标号	单位	平衡块的重量 W_c		
				0.5kg	1.0kg	2kg
1	未放上平衡块时百分表 A 的读数	X_0	mm	0	0	0
2	未放上平衡块时百分表 B 的读数	Y_0	mm	0	0	0
3	放上平衡块时百分表 A 的读数	X_1	mm	0.14	0.28	0.56
4	放上平衡块时百分表 B 的读数	Y_1	mm	0	0	0
5	倾斜量绝对值	X_c	mm	0.28	0.56	1.12
6	灵敏度	S	mm/kg	0.56	0.56	0.56
7	灵敏度平均值	S	mm/kg	0.56		

　　4）初次静平衡试验见表 5.1.3。

表 5.1.3　　　　　　　　　　　不 平 衡 量 计 算 表

序号	项 目 名 称	标号	单位	角度/(°)	倾斜量
1	初步状态百分表 A 的读数	X_1	mm	0	15.0
2	初步状态百分表 B 的读数	X_2	mm	180	14.7
3	旋转 180°状态百分表 A 的读数	Y_1	mm	90	10.0
4	旋转 180°状态百分表 B 的读数	Y_2	mm	270	10.36
5	0°～180°倾斜量	XM	mm		−0.3
6	90°～270°倾斜量	YM	mm		0.36
7	最大倾斜量	Z	mm		0.468615
8	灵敏度	S	mm/kg		0.56
9	不平衡质量	WU	kg		0.8368125
10	不平衡角度	ZU	(°)		−50.19443

　　尽管 3 号机组转轮不平衡质量 0.8368125kg 已经小于允许残余不平衡质量 0.885kg，但由于处于临界状态且未计及泄水锥的影响，遂还是决定进行磨削修正。

　　5）确定设计要求的磨削重量。

　　a. 偏心量 $e = \dfrac{\sqrt{1110^2 + \dfrac{8}{3.14} \times \dfrac{2143}{1110} \times \dfrac{0.65}{305 \times 7.75} \times 10^6} - 1110}{4} = 0.152\text{mm}$。

　　b. 切削量 $T = (2R + e)e\pi Lr \times 10^{-6} = 2.505\text{kg}$。

　　其中，车削高度 $L = 305\text{mm}$；平衡块质量 $W = 0.65\text{kg}$（车削修正时为确保不因加工误差及过渡圆角打磨而导致修正过度，一般不直接使用不平衡质量 0.83kg，而采用 0.65kg，大致留了 20% 的余量）；放置半径 $R_w = 2143\text{mm}$；转轮上冠车削前半径 $R = 1110\text{mm}$。

　　6）转轮第二次静平衡试验。

转轮磨削后重复初次静平衡试验过程，计算不平衡量和角度（见表 5.1.4）。

表 5.1.4　　　　　　　　　最终不平衡量计算表

序号	项　目　名　称	标号	单位	角度/(°)	倾斜量
1	初步状态百分表 A 的读数	X_1	mm	0	0
2	初步状态百分表 B 的读数	X_2	mm	180	−0.12
3	旋转 180°状态百分表 A 的读数	Y_1	mm	90	0.19
4	旋转 180°状态百分表 B 的读数	Y_2	mm	270	0
5	0°～180°倾斜量	XM	mm		−0.12
6	90°～270°倾斜量	YM	mm		0.19
7	最大倾斜量	Z	mm		0.2247221
8	灵敏度	S	mm/kg		0.56
9	不平衡重量	WU	kg		0.4012894
10	不平衡角度	ZU	(°)		57.724356

从表 5.1.4 中可以看到，3 号机组转轮最终的残余不平衡质量只有 0.40kg，远小于 0.885kg 的设计允许值。

7）调整、焊接泄水锥。由于静平衡工装结构原因，泄水锥未参与到转轮的整个静平衡试验过程中，为把泄水锥焊接对转轮静平衡的影响降低至最小，需严格控制泄水锥与转轮轴线的同轴度。在焊接泄水锥时，分别在泄水锥外圆 X、Y 方向固定两只百分表，监控整个焊接过程中的变形情况，最终测量出泄水锥与转轮轴线的同轴度。

泄水锥焊接与转轮中心轴线不同心对转轮静平衡产生的影响可按式（5.1.9）计算：

$$W_t = \frac{tM}{2R} \tag{5.1.9}$$

式中：t 为转轮与泄水锥实测同轴度，mm；R 为配重位置分度圆半径，mm；M 为泄水锥质量，kg；W_t 为泄水锥与转轮不同轴所引起的残余不平衡质量，kg。

实践表明，只要严格控制泄水锥组焊时与转轮轴线的同轴度，泄水锥对整个转轮静平衡的影响可以得到有效控制。

3. 结语

清蓄电站水泵水轮机 1 号、2 号机组转轮在日本东芝水电京浜本部进行了静平衡试验，3 号机组在杭州东芝水电进行了静平衡试验，其试验结果见表 5.1.5。

表 5.1.5　　　　　　　　　1～3 号机组静平衡试验结果表

机　组	允许不平衡质量 /kg	第　一　次		第　二　次	
		不平衡质量 实测值/kg	不平衡角度 实测值/(°)	不平衡质量 实测值/kg	不平衡角度 实测值/(°)
1 号机组		0.52	209.6	0.70	212.9
2 号机组	0.885	0.33	77.7	0.29	84.7
3 号机组		0.399	59.9	0.40	57.7

从表 5－5 看出，以《机械振动　刚性转子平衡品质的要求——第 1 部分：规范和平衡允差的检验》（ISO 1940－1）之平衡等级 G2.5 级作为水轮机转轮静平衡的验收标准是先

进合理的。

（1）静平衡试验表明，在涵盖静平衡系统力矩误差、泄水锥本体及焊接可能达到的不平衡量之后，还能具有一定的裕度。

（2）提高转轮静平衡验收标准无疑是有利于抽水蓄能机组长期稳定运行的，同时这也是一个能够充分体现制造厂制作工艺先进水平的表征。

（3）同时，也验证了球面静压轴承静平衡法是一种具有操作方便、摩擦系数小、试验精度高、重复性好诸多优点的试验方法，通过计算能够直观、精准确定整个转轮的不平衡质量以及不平衡角度，经配重或局部车削后再通过重复试验进行最终验证，整个试验操作过程的效率也是相当之高的。

5.1.2 大型抽水蓄能机组顶盖和座环连接螺栓的预紧力

2009 年，俄罗斯萨扬-舒申斯克水电站发生举世震惊的"8·17"事故，据分析，水轮机顶盖 80 个紧固螺栓中有 49 个螺栓"失效"是事故的元凶。2016 年国内回龙抽水蓄能电站机组甩负荷发生飞逸时顶盖与转轮之间的水流形态产生过大的水推力，超过了连接螺栓的设计强度，水轮机顶盖 M42 连接螺栓（50 颗）断裂造成水淹厂房特大事故。类似事故的频繁出现，引起了各有关方面的高度重视。

对此，国内外水轮发电机的设计制造厂家、工程设计及建设单位纷纷采取了积极有效的应对措施，尤其是设计制造厂家、建设管理和安装调试单位等均开始对已建、在建及拟建工程机组重要的螺栓连接按照相应规范的要求进行了核查、复核计算和优化计算。

本节主要对抽水蓄能电站水泵水轮机的顶盖和座环连接螺栓的预紧力计算进行分析。

1. 顶盖和座环连接螺栓的预紧力计算遵循的标准规范

（1）适用于钢制高强度螺栓和高强度螺栓连接的德国规范《高强度螺栓连接的系统计算》（VDI. 2230-1）（以下均简称为"VDI. 2230-1"）是目前对于水泵水轮机相关螺栓连接计算公认的基准依据。

（2）国内则要求必须符合《水轮机基本技术条件》（GB/T 15468）、《混流式水泵水轮机基本技术条件》（GB/T 22581）所规定的"4.2.2.6 当要求有预应力时，螺栓、螺杆和连杆等零部件均应进行预应力处理，零部件的预应力不得超过材料屈服强度的 7/8。螺栓的荷载不应小于连接部分设计荷载的 2 倍。"即运行时螺栓有效预紧力/工作载荷＝F_{Vvorh}/$F_A \geqslant 2$；装配时螺栓最小截面的平均应力 $\sigma_{\text{red,m}} \leqslant 7/8 R_{\text{P,0.2}}$ ［F_{Vvorh} 为运行时螺栓最小有效预紧力；F_A 为单个螺栓工作载荷；$\sigma_{\text{red,m}}$ 为装配时螺栓最小截面的综合应力；$R_{\text{P,0.2}}$ 为螺栓材料公称非比例伸长应力（屈服强度）］；若最终经核算不能满足 F_{Vvorh}/$F_A \geqslant 2$、$\sigma_{\text{red,m}} \leqslant 7/8 R_{\text{P,0.2}}$，则需要重新调整原设计设定的相关参数。

（3）同时，由于采用液压拉伸装配和拆卸时拉伸器最大可能产生 1.5 倍的额定预紧力（装配完成加载前，螺栓扣除预紧力损失的剩余预紧力），因此 $1.5 \times F_M$（初始预紧力）/πR^2 应小于 80% 屈服极限。亦即，其最大装配预紧力计算至最小应力截面的综合应力不应超过材料最小屈服应力的 80%（至多也不得超过材料屈服强度的 7/8）。

（4）根据 ASME NB-3232.1 的相关规定，顶盖和座环连接螺栓遇到特殊工况（类同"转轮引起的升压工况"）时的综合应力也不应大于其屈服强度的 2/3（$F/\pi R^2 \leqslant 2/3\sigma_S$）。

2. 顶盖和座环连接螺栓预紧力计算流程

参照 VDI 2230-1 及相关规范编制顶盖和座环连接螺栓预紧力计算流程见图 5.1.5。

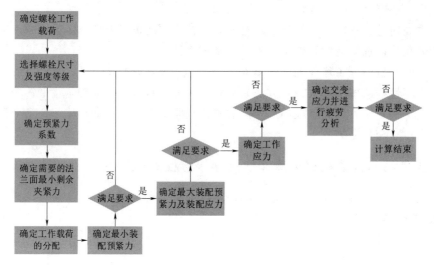

图 5.1.5　顶盖和座环连接螺栓预紧力计算流程图

3. 遵循 VDI 2230-1 进行顶盖和座环连接螺栓预紧力计算的主要步骤

（1）螺栓总轴向工作载荷（静态载荷）系由机组厂家根据建设单位提供的基础资料初步拟定（包含机组各个工况下的载荷）。

1）对顶盖和座环连接螺栓最大受力工况的界定可根据一般的统计资料推断（见表 5.1.6）。

表 5.1.6　　　　　　　　　相关厂家技术资料中的受力工况统计资料表

顶盖和座环连接螺栓受力工况	设 计 制 造 厂 家			
	GE（ALSTOM）	VOITH（含上海）	哈电	东电
正常水轮机工况	√	√	√	√
甩负荷、紧急停机升压工况	√	/	/	√
飞逸（瞬态极端工况）	√	√	√	√
正常水泵工况	√	√	√	√
水泵零流量工况	√	√	√	√
水轮机最大静水头	√	—	—	—
正常停机工况	—	—	—	√

2）从表 5.1.6 中可以看出，飞逸（瞬态极端工况）是一种极端工况，指的是活动导叶拒动、球阀拒动、机组无法关机的电站最恶劣工况，一般情况下是不可能发生的。各设计制造厂商往往只是在复核预紧螺栓刚强度时将之参与计算，而不以此作为顶盖与座环连接螺栓的最大受力工况。无论是 GE（中国）、法国 ALSTOM、德国 VOITH（含上海 VOITH），还是国内的哈电、东电等知名厂家，均设定或倾向于将零流量泵工况和甩负荷、正常停机工况中取其大者作为顶盖与座环连接螺栓的最大受力工况。

（2）根据厂家拟定的螺栓总轴向工作载荷，以及连接螺栓处的空间限制，可以初步确定螺栓直径 d、夹紧长度与螺栓直径比 L_k/d_{XP} 和螺栓头部承载面平均承载应力 P（见图 5.1.6），其核算公式（5.1.10）：

$$P = \frac{F_{SP}/0.9}{A_P} \leqslant P_G \tag{5.1.10}$$

式中：P 为螺栓头部承载面平均承载应力；F_{SP} 为螺栓附加荷载；A_P 为螺栓头部或螺母的承载面积；P_G 为试验达到的许用承载应力。

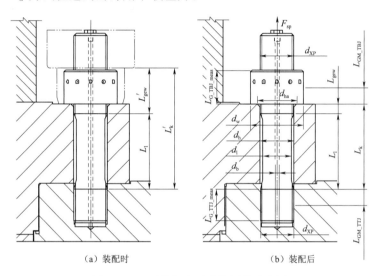

（a）装配时　　　　　（b）装配后

图 5.1.6　顶盖与座环连接螺栓示意图

d_{XP}—螺栓直径；d_{ha}—螺栓孔倒角直径；d_w—螺栓头/螺母底部承压面外径；d_h—螺栓孔直径；
d_l—螺栓光杆段直径；d_b—螺栓中心孔直径；L_1—螺栓光杆段长度；L_k—装配后螺栓夹紧长度；
L_k'—装配时螺栓夹紧长度；L_{gew}—装配后未旋合承载螺纹长度；L_{gew}'—装配时未旋合承载螺纹长度；
L_{GM_TBJ}—计算螺栓弹性变形时，螺母处需考虑的长度，包含螺栓部分 L_{G_TBJ} 和螺母部分 L_{M_TBJ}；
L_{GM_TTJ}—计算螺栓弹性变形时，螺栓在螺纹孔处需考虑的长度，包含螺栓部分 L_{G_TTJ}
和螺孔部分 L_{M_TTJ}；$L_{G\_TBJ\_meas}$—计算螺栓伸长量时螺栓在螺母处需考虑的长度；
$L_{G\_TTJ\_meas}$—计算螺栓伸长量时螺栓在螺纹孔处需考虑的长度

对于合适的螺栓尺寸和强度级别的螺栓附加荷载 F_{SP} 可以从 VDI 2230-1 中查出。对于几种材料的许用承载应力 P_G 的推荐值列在了 VDI 2230-1 之表 14 中（见表 5.1.7）。如果超过了 P_G，则必须修改设计条件。在这种情况下，必须重新确定 L_k/d_{XP}，那些初步确定的值也必须进行核对修正。

表 5.1.7　　　　　　　　**各种材料的被压缩零件的许用承载应力 P_G**　　　　　　单位：N/mm²

材　　料	拧　紧　方　法	
	电动	手动
S_r37	200	300
S_r50	330	500
C45V	600	900

材　　料	拧　紧　方　法	
	电动	手动
GG - 25	500	750
GDMgA19	80	120
GKMgA19	80	120
GKAlSi6Cu4	120	180

（3）根据 VDI 2230 - 1 确定预紧力系数 α_A 的指导值。根据所选择的拧紧方法（液压拧紧并通过螺栓长度及压力测量进行调整）、润滑作用及表面条件，按照 VDI 2230 - 1 之表 17（见表 5.1.8）确定拧紧因素 α_A。当 $L_k/d_{XP} \geqslant 5$ 时，α_A 取 1.2～1.6 的较低值；由于表 5.1.8 所列参考电站的 L_k/d_{XP} 约为 2.6～6.25，α_A 故不能取太低值，只能按 VDI 2230 - 1 中所阐明的"按螺栓的伸长测量值进行拧紧时"的建议，α_A 宜取 1.4。

表 5.1.8　　　　　　　　　　南网诸电站技术参数表

电站	结构	法兰厚度/mm	L_k/mm	d_{XP}/mm	数量	L_k/d_{XP}
GZ - Ⅰ 电站	双法兰	475	≈500	M110	78	4.55
GZ - Ⅱ 电站	下法兰	200	≈250	M96	76	2.60
惠蓄电站	双法兰	460	≈500	M90	80	6.25
清蓄电站	上法兰	300	≈320	M120	80	2.67
深蓄电站	双法兰	460	≈500	M100	80	5.00
海蓄电站	下法兰	190	≈320	M95	80	4.00
梅蓄电站	双法兰	490	≈520	M110	80	4.72
阳蓄电站	上法兰	360	≈400	M150	80	2.67

（4）根据装配后螺栓受拉部分弹性变形 δ_{S_meas}，可运用于计算装配后螺栓最小剩余预紧力（设计需要的最小预紧力）：

$$\delta_{S\_meas} = \delta_{G\_TBJ\_meas} + \delta_{gew} + \delta_{L_l} + \delta_{G\_TTJ\_meas} \tag{5.1.11}$$

1）由于计算 $\delta_{G\_TBJ\_meas}$ 时，螺栓在螺母处需考虑的长度建议值 $L_{G\_TBJ\_meas} = 0.5d_{XP}$（$d_{XP} \leqslant$ M64），则装配后螺母部位连接螺纹弹性变形 $\delta_{G\_TBJ\_meas}$：

$$\delta_{G\_TBJ\_meas} = \frac{L_{G\_TBJ\_meas}}{E_S A_S} \tag{5.1.12}$$

由于螺栓直径 d_{XP} 较大时（＞64mm），采用 $0.5d_{XP}$ 计算的剩余伸长量偏大，为简便计，建议 $L_{G\_TTJ\_meas} = 0.4d_{XP}$。

2）测量装配后未旋合承载螺纹长度 L_{gew}，则装配后螺栓未旋合部分弹性变形 δ_{gew}：

$$\delta_{gew} = \frac{L_{gew}}{E_S A_S} \tag{5.1.13}$$

式中：E_S 为螺栓材料弹性模量；A_S 为螺栓螺纹段截面面积。

3）螺栓光杆部分弹性变形 δ_{L_l}：

$$\delta_{L_1} = \frac{L_1}{E_S A_0} \qquad (5.1.14)$$

式中：A_0 为螺栓岩杆段截面面积。

4）由于计算 $\delta_{G\_TTJ\_meas}$ 时，螺栓在螺纹孔处需考虑的长度建议值 $L_{G\_TTJ\_meas} = 0.5d$（$d_{XP} \leqslant 64\text{mm}$）

$$\delta_{G\_TTJ\_meas} = \frac{L_{G\_TTJ\_meas}}{E_S A_S} \qquad (5.1.15)$$

由于螺栓直径 d_{XP} 较大时（$>64\text{mm}$），采用 $0.5d_{XP}$ 计算的剩余伸长量偏大，为简便计，建议 $L_{G\_TTJ\_meas} = 0.4d_{XP}$。

5）则：装配后法兰面最小剩余预紧力（设计需要的最小预紧力）$F_{Mmin} = f_{Smmin}$（装配后螺栓剩余伸长量）$/\delta_{S\_meas}$。

（5）根据工作载荷 F_A 作用到螺栓上的部分 F_{SA}，确定同轴情况下的同轴夹紧连接工作载荷的分配（见图5.1.6）：

$$F_{SA} = \frac{n\delta_P}{\delta_S + \delta_P} F_A = n\Phi_k F_A = \Phi_n F_A \qquad (5.1.16)$$

$$\Phi_n = n\Phi_k = n\frac{\delta_P}{\delta_S + \delta_P} \qquad (5.1.17)$$

式中：n 为工作载荷 F_A 传递到螺栓上的影响系数，与 F_A 作用位置相关；载荷系数 Φ_n 为工作载荷传递到螺栓的比值，而 $\Phi_n = n \times \Phi_k$，载荷系数 Φ_k 为工作载荷传递到螺母支面的比值，在同心夹紧和同心载荷连接中，所引入的轴向力 F_A 是被连接零件应力的一半，因此，按照 VDI 2230-1 中的 3.2.3.2 条和表17，载荷系数变成 $\Phi_n = 1/2\Phi_k$，即 $n=0.5$。

1）根据 GZ-I 电站的计算资料表明：当 $\delta_P = 2.195 \times 10^{-7}$，$\delta_S = 3.870 \times 10^{-7}$ 时，$F_{SA} = 125.4\text{kN}$，是 F_A 的 15.6%；而实际上，由于 F_{SA} 和螺纹的心部横截面 A_3 计算而得的螺栓的可连续承受的应力幅值是很小的，而螺栓的弹性变形 δ_S 相对会很大，被夹紧零件的弹性变形 δ_P 则很小。所以，力 F_{SA} 也就会更小一些。

2）计算装配后螺栓受拉部分的弹性变形 δ_S，对于无螺栓头（见图5.1.6连接结构）：

$$\delta_S = \delta_{GM\_TBJ} + \delta_{gew} + \delta_{L_1} + \delta_{GM\_TTJ} \qquad (5.1.18)$$

a. δ_{GM_TBJ} 为装配后螺母部位连接螺纹弹性变形，包含螺栓部分 δ_{G_TBJ} 和螺母部分 δ_{M_TBJ}，L_{GM_TBJ} 为测量螺栓在螺纹孔处的长度，包含螺栓部分 L_{G_TBJ} 和螺母部分 L_{M_TBJ}。

$$\delta_{GM\_TBJ} = \delta_{G\_TBJ} + \delta_{M\_TBJ} = \frac{L_{G\_TBJ}}{E_S A_S} + \frac{L_{M\_TBJ}}{E_S \frac{\pi}{4} D^2} \qquad (5.1.19)$$

式中：D 为内螺纹公称直径。

b. 测量装配后未旋合承载螺纹长度 L_{gew}，则装配后螺栓未旋合部分弹性变形 δ_{gew}：

$$\delta_{gew} = \frac{L_{gew}}{E_S A_S} \qquad (5.1.20)$$

c. 计算螺栓光杆部分弹性变形 δ_{L_1}：

$$\delta_{L_1} = \frac{L_1}{E_S A_0} \qquad (5.1.21)$$

d. 计算螺纹孔部位连接螺纹的弹性 $\delta_{\text{GM\_TTJ}}$，包含螺栓部分 $\delta_{\text{G\_TTJ}}$ 和螺纹孔部分 $\delta_{\text{M\_TTJ}}$（可分别测量其长度 $L_{\text{G\_TTJ}}$ 和 $L_{\text{M\_TTJ}}$）：

$$\delta_{\text{GM\_TTJ}} = \delta_{\text{G\_TTJ}} + \delta_{\text{M\_TTJ}} = \frac{L_{\text{G\_TTJ}}}{E_S A_S} + \frac{L_{\text{M\_TTJ}}}{E \frac{\pi}{4} D^2} \tag{5.1.22}$$

e. 据此计算，可以得出 $F_A - F_{SA} \approx F_A$。

（6）计算运行时单个螺栓最小有效预紧力 F_{Vvorh}：

$$F_{\text{Vvorh}} = F_{KR} + (1 - \Phi_n) \times F_A \tag{5.1.23}$$

其中：

1）装配后螺栓最小剩余预紧力 F_{Mmin}（设计需要的最小预紧力）：

$$F_{\text{Mmin}} = F_{\text{Vvorh}} + F_Z = F_{KR} + (1 - \Phi_n) \times F_A + F_Z \tag{5.1.24}$$

式中：F_{KR} 为法兰面最小剩余夹紧力，一般推荐 $F_{KR}/F_A \geq 1$，通过试算，调整 F_{KR} 的值，使计算出的螺栓剩余伸长量 f_{smmin} 与实际伸长量一致，因此实际计算时可取 $F_{KR} \approx F_A$。

2）运行时接合面嵌入造成的预紧力损失 F_Z：

$$F_Z = \frac{f_Z}{\delta_S + \delta_P} \tag{5.1.25}$$

式中：f_Z 为运行时接合面嵌入造成的塑性变形，在 VOITH（上海）对 GZ-I 电站的计算资料中 f_Z 值为 0.011mm，使得运行时预紧力损失为 18.1kN，此时 $F_{\text{Vvorh}} = 0.99 \times F_{\text{Mmin}}$。因此，可以认为 $F_{\text{Vvorh}} \approx F_{\text{Mmin}}$。

以此计算的 F_{Vvorh} 的初算值，应满足运行时螺栓有效预紧力/工作载荷 $= F_{\text{Vvorh}}/F_A \geq 2$，若不能满足 $F_{\text{Vvorh}}/F_A \geq 2$，应该选择较大的名义直径的螺栓并按程序重复计算；如果该较大名义直径的螺栓还不行，就要采取其他办法，例如选择更高强度等级或者另外的装配方法，减少摩擦或外部载荷，或者进行其他设计变更。

（7）计算装配时螺栓最小截面的综合应力：

$$\sigma_{\text{red,m}} = \sqrt{\sigma_m^2 + 3 \times \tau_m^2} \tag{5.1.26}$$

其中：

1）装配时螺栓最小截面的平均拉应力：

$$\sigma_m = \frac{F_{\text{M,max}}}{A} \tag{5.1.27}$$

2）装配时螺栓最大预紧力：

$$F_{\text{Mmax}} = F_{\text{Mmin}} \times \alpha_{\text{A,max}} \tag{5.1.28}$$

3）装配时螺栓最小截面的扭转剪应力：

$$\tau_m = \frac{M_G}{W_P} \tag{5.1.29}$$

4）M_G 为 M_A 作用在螺牙上的部分，$M_G = F_{\text{Mmax}} \times (0.16 \times P + 0.58 \times d_2 \times \mu_G)$，用拉伸法预紧时，$M_G = 0$；$W_P$ 为螺栓最小截面抗扭截面模量。

5）$\alpha_{\text{A,max}}$ 取 1.1～1.4。

6）$R_{\text{P,0.2}}$ 为螺栓材料公称非比例伸长应力（屈服强度）。

通过以上计算，装配时螺栓最小截面的平均应力必须满足 $\sigma_{\text{red,m}} \leqslant 7/8 \times R_{\text{P,0.2}}$。若不能满足，应该选择较大的名义直径的螺栓并按程序重复计算；如果该较大名义直径的螺栓还不行，就要采取其他办法，例如选择更高强度等级或者另外的装配方法，减少摩擦或外部载荷，或者进行其他设计变更。

以上（6）项（7）项计算程序的结论是能否达到并能满足顶盖和座环连接螺栓预紧力的最终判定条件。

（8）确定螺栓的动态疲劳应力 σ_{n}。

1）在增加工作载荷的情况下，σ_{n} 可以简化为

$$\sigma_{\text{n}} = \Phi \frac{F_{\text{A}}}{2A} \leqslant \sigma_{\text{A}} \tag{5.1.30}$$

对于疲劳强度 $\sigma_{\text{m}} \pm \sigma_{\text{A}}$ 的许用应力振幅 σ_{A} 的最佳值可查表得到，若这一条件不满足，那么只要可能就必须改进这一设计，比如使用较大直径或较高疲劳强度的螺栓。较大的疲劳强度可以通过回火螺纹等工艺得到。

2）交变的安全验证：

$$S_{\text{D}} = \frac{\sigma_{\text{AS}}}{\sigma_{\text{a}}} \geqslant 1.0 \tag{5.1.31}$$

式中：S_{D} 为疲劳应力幅值安全系数；σ_{AS} 为相对于 A_{S}，疲劳极限的应力幅度；σ_{a} 为作用在螺栓上的持续交变应力。

安全界限由用户自己确定，推荐 $S_{\text{D}} \geqslant 1.2$。

3）疲劳极限仅适用于交变循环超过 2×10^6 的情况，如果仅有几千个交变循环（$N_{\text{z}} > 10^4$）以及应力幅度大于工作中出现的疲劳极限，则连接螺栓的耐力极限是存在的。

4. 推演"单个螺栓连接计算，力和变形分析"

另根据 VDI-2230-1 第 3.2 节"单个螺栓连接计算，力和变形分析"（见图 5.1.7）所确定的分配关系也可以进行推演。

（1）ΔF、$F_{\text{AQ}} - \Delta F$ 的分配比例取决于连接件的弹性变形和力的作用位置，相互之间的关系则为

$$F_{\text{M}} = F_{\text{KR}} + (F_{\text{A}} - \Delta F) = F - \Delta F \tag{5.1.32}$$

$$\frac{\Delta F}{F_{\text{A}} - \Delta F} = \frac{\Delta\lambda \tan\theta_{\text{b}}}{\Delta\lambda \tan\theta_{\text{m}}} = \frac{C_{\text{b}}}{C_{\text{m}}} \Rightarrow \Delta F = \frac{C_{\text{b}}}{C_{\text{b}} + C_{\text{m}}} F_{\text{A}} \tag{5.1.33}$$

式中：C_{b} 为螺栓的刚度，$C_{\text{b}} = F_{\text{M}}/\lambda_{\text{b}}$；$C_{\text{m}}$ 为被连接件的刚度，$C_{\text{m}} = F_{\text{M}}/\lambda_{\text{m}}$；$F_{\text{KR}}$ 为残余预紧力，$F_{\text{KR}} = F_{\text{M}} - \dfrac{C_{\text{m}}}{C_{\text{b}} + C_{\text{m}}} F_{\text{A}}$；$F_{\text{M}}$ 为预紧力，$F_{\text{M}} = F_{\text{KR}} + \dfrac{C_{\text{m}}}{C_{\text{b}} + C_{\text{m}}} F_{\text{A}}$；$F$ 为螺栓所受总拉力，$F = F_{\text{M}} + \dfrac{C_{\text{b}}}{C_{\text{b}} + C_{\text{m}}} F_{\text{A}}$ 或者 $F = F_{\text{KR}} + F_{\text{A}}$。

（2）当螺栓材料、几何尺寸、工作载荷和预紧应力条件不变时，螺栓相对刚度 $C = C_{\text{b}}/(C_{\text{b}} + C_{\text{m}})$ 也会影响可靠度。一般取较小的 C 值，可靠度会提高，而对于采用金属垫片（或无垫片）时螺栓的相对刚度可以参照《机械设计手册》之"表 5-1-62"，受轴向载荷时预紧螺栓连接所需残余预紧力及螺栓连接相对刚度系数见表 5.1.9。

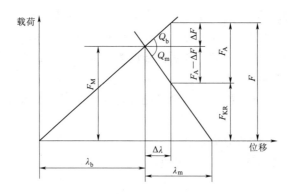

图 5.1.7　载荷与变形的关系图

F_M—螺栓装配预紧力（装配完成加载前，螺栓扣除预紧力损失的剩余预紧力）；F_A—螺栓上的轴向工作载荷；

ΔF—轴向增加的螺栓载荷；$F_A - \Delta F$—附加给连接件的轴向载荷；F_{KR}—连接分界面的残余夹紧力

（维持螺栓密封功能所需要的剩余紧固应力）；F—螺栓综合荷载（总拉力）；λ_b—预紧力 F_M 时

螺栓伸长量；λ_M—预紧力 F_M 时连接件压缩量；$\Delta\lambda$—预紧力为 F 时螺栓伸长增量；

$$\tan Q_b = F_M / \lambda_b; \quad \tan Q_m = F_m / \lambda_m$$

表 5.1.9　受轴向载荷时预紧螺栓连接所需残余预紧力及螺栓连接相对刚度系数表

工作情况	一般连接	变载荷	冲击载荷	压力容器或重要连接
F_{KR}	$(0.2\sim0.6)F_A$	$(0.6\sim1.0)F_A$	$(1.0\sim1.5)F_A$	$(1.5\sim1.8)F_A$
垫片材料	金属（或无垫片）	皮革	铜皮石棉	橡胶
$C_b/(C_b+C_m)$	$0.2\sim0.3$	0.7	0.8	0.9

（3）水泵水轮机正常运行工况的工作载荷应属于不稳定性质（即"变载荷"），其顶盖连接螺栓之 F_{KR} 一般可取 $(0.6\sim1.0)F_A$，则：

1）$F_M = F_{KR} + [1 - (0.2\sim0.3)]F_A = (0.6\sim1.0)F_A + (0.7\sim0.8)F_A = (1.3\sim1.8)F_A$。

2）$F = (0.6\sim1.0)F_A + F_A = (1.6\sim2.0)F_A$。

（4）尽管水泵水轮机过渡工况（含零流量泵工况）应不属于"冲击载荷"［在很短时间内（作用力小于受力结构的基波自由振动周期的一半）以很大的速度作用在构件上的载荷］。但考虑到业主招标文件的要求和震慑于已发生类似事故电站的未见可能因素，而将零流量泵工况视同承受"冲击载荷"以增加计算的安全裕量也是可以理解的。则：

1）$F_M = F_{KR} + [1 - (0.2\sim0.3)]F_A = (1.0\sim1.5)F_A + (0.7\sim0.8)F_A = (1.7\sim2.3)F_A$。

2）$F = (1.0\sim1.5)F_A + F_A = (2.0\sim2.5)F_A$。

（5）螺栓的相对刚度 $C_b/(C_b+C_m)$ 的值在 $0\sim1$ 之间变动，大小与螺栓、垫片和被连结件的结构、尺寸、工作载荷的作用位置等因素有关，可通过计算和试验确定。为了减少螺栓的受力，提高连接螺栓的承载能力，应使 $C_b/(C_b+C_m)$ 值尽可能小些。而由于水泵水轮机顶盖/座环结构与选材的特征，λ_b 远大于 $\lambda_m \rightarrow C_b$ 也远小于 $C_m \rightarrow C_b/(C_b+C_m)$ 远小于 $0.2\sim0.3 \rightarrow$ 当水泵水轮机工作载荷属于变载荷时，F_M、F 的上限值趋近于

$2.0F_A$；当水泵水轮机工作载荷视同"冲击载荷"时，F_M、F 的下限值均趋近于 $2.0F_A$。所以，推论可以是水泵水轮机有效预紧力 $F_M \approx 2F_A$。

5. 相关抽水蓄能电站水泵水轮机顶盖座环连接螺栓预紧力分析

（1）部分抽水蓄能电站相应工况的顶盖座环连接螺栓预紧力系数见表 5.1.10。

表 5.1.10　　部分抽水蓄能电站相应工况的顶盖座环连接螺栓预紧力系数表

电站名称	正常水轮机工况	正常水泵工况	水泵零流量工况	飞逸（瞬态极端工况）
惠蓄	—	1.72	1.53	1.26
呼蓄	—	2.05	1.85	1.40
深蓄	2.677	2.579	1.99	1.56
仙蓄	—	2.13	1.76	1.35
西龙池	1.97	1.90	1.61	1.35
清蓄	2.21	2.20	1.57	1.30
仙居（原）	2.10	2.00	1.70	1.30
仙居（A）	2.41	2.30	2.08	1.66
仙居（B）	2.91	2.78	2.51	2.01
响水涧	2.26	2.19	1.82	1.62
白山	2.25	2.18	1.72	1.71
回龙（原）	1.19	1.14	1.00	0.83
回龙（现）	2.48	2.38	2.08	1.74
洪屏	3.20	3.00	2.50	2.00
溧阳	3.26	3.17	2.78	2.21
十三陵	1.85	1.78	1.49	1.40
阳江	3.333	3.2137	2.9916	2.1026

1）以上各工况还应当适当考虑电站水头的影响程度，具体可对照：最大水头（上游最高水位＋下游最小水位）；最小水头（上游最小水位＋下游最高水位）；上游最大水位＋下游最大水位（极限工况 1）；上游最小水位＋下游最小水位（极限工况 2）。

2）根据经验及许多电站在各工况下不同水头组合顶盖受力分析的实践，当上游和下游都处于最大水位（极限工况 1）时，顶盖最大上抬力和单个螺栓工作载荷是最大的；而上游和下游都处于最小水位（极限工况 2）时，顶盖最大上抬力和单个螺栓工作载荷是最小的。由于极限工况 1、2 发生的概率都是很小的，若用于螺栓载荷计算均不尽合适。

3）从表 5.1.10 明显看出，已建（尤其是较为久远）电站的顶盖座环连接螺栓预紧力系数均达不到规范的要求，而在建或改建的电站均能接近或达到运行时螺栓有效预紧力/工作载荷＝$F_{Vvorh}/F_A \geq 2$ 的基本要求，有的甚至远超过规范规定的标准。这就形成了高水头、高转速抽水蓄能电站跨越高质量的趋势。

（2）受轴向载荷时预紧螺栓连接对应刚度系数的选用若能取较小的 C 值，是会提高可靠度的。如前所述，这与水泵水轮机顶盖/座环结构与选材的特征密切相关，其计算程序如下（目前已为广大设计制造厂家所认同采用）。

1）螺栓刚度：

$$C_b = E \frac{S_{中空}}{L} \tag{5.1.34}$$

式中：E 为螺栓材料弹性模量；$S_{中空}$ 为由于实际操作中必须做到以正确程序精细检测螺栓的伸长值作为评判螺栓预紧力的最主要依据，因此要参照德国标准《高应力螺栓连接系统的计算—多螺栓连接》（VDI 2230 Blatt 2—2014），保证达到"预紧力相互差值不超过设计值的±5%"标准，这就要求所有螺栓均按中空设置有伸长值测量孔进行设计加工，则，$S_{中空}$ 为按设置有伸长值测量孔设计加工中空螺栓的截面面积；L 为连接螺栓实际拧紧长度$=(L_1+2×0.5×D)$，其中，L_1 为螺栓理论预紧长度，等于顶盖法兰厚度（上下法兰为法兰实际厚度，双法兰为整体高度，包括上下法兰和中间间隔），D 为螺杆外径。

2）连接螺栓刚度：

$$C_m = E \frac{S_{连接}}{L_1} \tag{5.1.35}$$

$$S_{连接} = \left[\frac{\pi}{4} (\phi + 0.29 × L_1)^2 - \phi_{孔}^2 \right] \tag{5.1.36}$$

式中：$S_{连接}$ 为把合部位截面积；ϕ 为螺母外径；$\phi_{孔}$ 为顶盖法兰螺孔直径；0.29 是经验系数。

3）则可计算具体结构螺栓组合的刚度系数或刚度比：

$$C = \frac{C_b}{C_b + C_m} \tag{5.1.37}$$

南网属下的 8 个抽水蓄能电站的刚度系数大致在 0.08～0.16 范围内，均小于表 5.1.9 的（0.2～0.3）。

（3）应注意螺栓的优选：在螺纹加工前对坯料进行超声检测，确保坯料无缺陷；螺纹加工后进行磁粉和渗透检测，确保表面和近表面无缺陷；对于顶盖连接螺栓要求在螺纹加工后还要进行一次超声波检查［按照《高温紧固螺栓超声波检测技术导则》（DL/T 694—2012）的要求］。

6. 结语

（1）根据国内外高水头、高转速抽水蓄能电站设计制造及装配的成功经验，水泵水轮机顶盖与座环螺栓的连接均采取液压拉伸器拧紧并通过测量螺杆伸长值的方式，而测量螺杆伸长值多采用超声波测量系统＋十字交叉紧固顺序予以完成。并保证达到德国标准《高应力螺栓连接系统的计算—多螺栓连接》（VDI 2230 Blatt 2—2014）中关于"预紧力相互差值不超过设计值的±5%"的标准。

（2）本计算中螺栓采用拉伸器预紧，由于未施加预紧力矩，因此其扭转剪应力可以不计列。

（3）水泵水轮机顶盖与座环的连接螺栓通常是按对称紧固、承受同轴载荷作为设计工况的，且其轴向由于松弛和压陷造成预紧力的损失也忽略不计。

（4）类同 GZ-I 电站的双法兰顶盖结构，根据 VOITH（上海）的介绍资料：运行时螺栓承受的最大弯应力为 75.2N/mm²，约占运行时螺栓最小截面的综合应力 296.9N/mm² 的 25%，这是应予以关注的。

（5）根据 ASME NB-3232.1 的相关规定，平均应力……不计应力集中，沿螺栓横截面平均的使用应力的最大值应不超过第Ⅱ卷 D 篇第一分篇表 4 给出应力值的两倍。即 $\sigma_{red,s} \leqslant 2/3 \times R_{P,0.2}$。

（6）由于一般螺栓均属于疲劳破坏，而特殊工况则属于不可能产生疲劳破坏范畴，理应排除于工作载荷之外。而正常运行工况和过渡过程工况中能产生最大轴向水推力工况的载荷应可界定为螺栓设计工作载荷。

（7）在考虑一定程度"松弛"的情况下，"螺栓连接件预紧应力不得超过其材料屈服极限 σ_S 的 80%"是目前广泛被认可的；而忽略"松弛"的情况下，《混流式水泵水轮机基本技术条件》（GB/T 22581—2008）第 4.2.2.6 项、《水轮机基本技术条件》（GB/T 15468—2006）第 4.2.2.6 项所表述的"零部件的预应力不得超过材料屈服强度的 7/8"也是能够被接受的。

（8）《混流式水泵水轮机基本技术条件》（GB/T 22581—2008）第 4.2.2.6 项、《水轮机基本技术条件》（GB/T 15468—2006）第 4.2.2.6 项的规定："当要求有预应力时，螺栓、螺杆和连杆等零部件均应进行预应力处理……螺栓的荷载不应小于连接部分设计荷载的 2 倍"应理解为"螺栓受工作载荷后，应按照其荷载不应小于连接部分设计荷载的 2 倍确定设计时的总载荷"。

（9）由于疲劳断裂通常起源于构件或连接的高应力集中区，或者是表面缺陷处，如夹杂、裂纹、突变、软点以及刻痕等处。因此，螺栓加工过程中的缺陷对于螺栓的寿命有至关重要的影响，对于加工后的螺栓及在役螺栓的缺陷的及时发现也极为重要。

5.1.3　轴向自平衡静压型主轴密封的漏水量标准

1. 轴向自平衡静压型主轴密封的结构特点及其漏水量初始界定

主轴密封按结构分为接触式密封和非接触式密封两大类，接触式密封包括端面式密封、径向式密封、平板式密封等，而端面密封又分机械式端面密封和水压式端面密封。国内水轮发电机组传统的接触式主轴密封结构已不能达到机组安全可靠的要求，而逐步由非接触式密封取代，经过系统技术改造、进化的轴向自平衡静压型主轴密封由于压力水所形成水膜润滑、冷却功能已经成为一种非接触式的先进密封方式（见图 5.1.8），Q_i 为流向顶盖内环的流量，即密封漏水量；Q_e 为流向外环的流量；Q 为密封总供水量。

自清蓄电站招标以来，深蓄电站、海蓄电站的招标文件里都强调了轴向自平衡静压型主轴密封流向顶盖侧的漏水量不得大于 20L/min。现根据项目实际情况并与相关厂家的沟通，一致认为该漏水量不得大于 20L/min 的招标条件是一个误区，应予以澄清。

2. 初析密封漏水量不得大于 20L/min 误区的由来

（1）混同机械、水压接触式和盘根式密封的漏水标准。

由于《水轮机设计手册》等文献的影响，仍将轴向自平衡静压型水轮机密封混同于机械、水压接触式和盘根式密封的漏水标准，即机械接触式密封初期运行时的漏水量一般可控制在 10L/min 以下，盘根式密封的漏水量可控制在 30～50L/min 以下。

（2）日本资料《水轮机的主轴密封装置》介绍了用在水头 42m、转速 180r/min、主轴 ϕ600mm 混流式水轮机的主轴密封，其结构类同轴向自平衡静压型主轴密封（见图

5.1.9），漏水量由试运转调整到 10L/min。

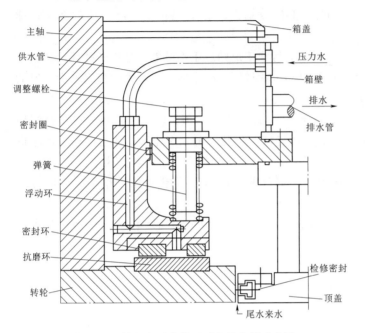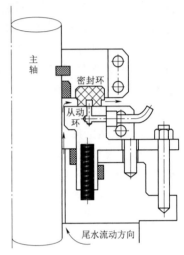

图 5.1.8 轴向自平衡静压型主轴密封示意图   图 5.1.9 日本资料中的主轴
                                                              密封示意图

（3）THP 电站主轴密封参数见表 5.1.11。

表 5.1.11   THP 电站主轴密封参数表

主轴密封形式	轴向端面水压式密封
主轴密封冷却与润滑水流量	0L/min（水泵水轮机正常运行）
主轴密封冷却与润滑水压	不应用
主轴密封漏水量不大于	20L/min
主轴密封使用寿命不小于	50000h（设计值，理论值 60000h）

（4）参与清蓄电站投标的大部分厂家的响应参数也是不同的（见表 5.1.12）。

表 5.1.12   参与清蓄电站投标的大部分厂家的响应参数表

项 目 名 称	VOITH	东芝	哈电	东电	天阿	浙富
主轴密封漏水量/(L/min)	保证主轴密封漏水量低	≤220	≤18	≤20	≤120	≤20
主轴密封使用寿命不小于/h	18000	18000	19000	20000	20000	20000

东电、哈电在深蓄电站投标时分别作出了主轴密封漏水量不大于 20L/min 和 18L/min 的承诺，在与东电的合同条款里也再次予以重申；同样，海蓄电站招标文件也作了"工作密封流向顶盖侧的流量不得大于 20L/min"的规定。

总之，18～20L/min 似乎一度成为业主对承包商的规范性要求和承包商的设计取向。但尽管如此，在合同执行过程实践证明这是需要进一步澄清的。

3. 部分抽水蓄能电站对主轴密封漏水量的设定及运行期实测值

（1）GZ-Ⅰ等抽水蓄能电站合同的相关条款设定是参差不一的（见表 5.1.13）。

表 5.1.13 部分抽水蓄能电站合同的相关条款设定值

项　　目	GZ-Ⅰ	GZ-Ⅱ	惠蓄	清蓄	深蓄
主轴密封冷却与润滑水量/(L/min)	190	约 100	190	450	240
主轴密封冷却与润滑水压/MPa	1.7	1.0	1.7	1.2	1.9
主轴密封漏水量不大于/(L/min)	120	约 50	120	220	20
主轴密封使用寿命不小于/h	20000	32000	20000	18000	20000

注　清蓄电站系径向型密封属于不同标准系列。

（2）GZ-Ⅰ电站运行期主轴密封漏水量实测值见表 5.1.14。

表 5.1.14 GZ-Ⅰ电站运行期主轴密封漏水量实测值

转速/(r/min)	尾水压/MPa	P_2 水压/MPa	内环流量/(L/min)	外环流量/(L/min)	总流量/(L/min)
500（带水腔）	1.05（1.15）	1.80（1.63）	194（223）	87（100）	281（323）
500（无水腔）	0.98	0.98（10.47）	300（488）	72（57.8）	372（545.8）

注　1. 在对 GZ-Ⅰ 电站主轴密封结构进行改造时其滑动环分为带水腔和无水腔两种。

2. 表中括号内为计算值。

（3）惠蓄电站主轴密封冷却与润滑水流量实测值约 170L/min，略小于合同规定值。

GZ-Ⅰ电站和惠蓄电站的设备制造承包商均为法国 ALSTOM，从以上资料可以看出，其投标阶段的承诺值与合同阶段的保证值一致而不盲目响应招标文件，是颇值信赖的，可以作为主轴密封漏水量的分析依据。

4. 轴向自平衡静压型密封的工作原理

（1）系统供排水关系及工作原理。

1）水轮机转轮室内压力水流经转轮上止漏环后自 A 腔经转轮法兰与顶盖法兰之间间隙进入 B 腔。

2）主轴密封冷却水与润滑水由供水管引入 C 腔，再自 C 腔经密封环与抗磨环间隙分别进入 B 腔、D 腔。

3）主轴密封冷却水与润滑水自 B 腔流经 E 腔排出至电站集水井。

4）浮动环在自重、弹簧力、B 腔水压力、主轴密封冷却与润滑水压力等的联合作用下使密封环与抗磨环保持一个间隙 h（水膜厚度）。

5）C 腔主轴密封冷却与润滑水的水压力受 B 腔水压的影响，B 腔水压升降会相应引起 C 腔内水压升降，且其升降幅度匹配于 B 腔水压的变化幅度，自然维持动态平衡。

6）当 B 腔水压增大时，浮动环在水压作用下下移，密封间隙 h 值减小；由此引起 C 腔水压升高，从而使浮动环与抗磨板之间间隙在一个新平衡值上。

7）当 B 腔的水压减小时，浮动环在供水水压作用下上浮，h 值增大，同样，会引起水压小幅减小，促使 h 值找到新平衡点，而使漏水量维持基本不变。

8）机组的连续运行，也将引起密封环密封表面的磨损，此时，弹簧力配合浮动环自重，提供补偿力，补偿密封间隙，使其基本恒定。

（2）密封系统漏水量计算。

1）密封原理及压力分布（见图5.1.10）。

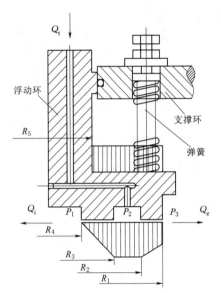

图 5.1.10　轴向自平衡静压密封的工作
原理示意图

R_1—密封环外缘半径，m；R_2—密封环外环
内缘半径，m；R_3—密封环内环外缘半径，m；
R_4—密封环内缘半径，m；P_1—密封环
内侧压力，N/m^2；P_2—密封环给水腔压力，
N/m^2；P_3—密封环外侧压力，N/m^2；
P_5—冷却与润滑水压力，N/m^2

2）冷却与润滑压力水流量计算公式。

设定 $R_5 = \dfrac{R_1 + R_2}{2}$，并在 P_5、P_2 已知情况下，
计算总流量 Q_t：

$$Q_t = \sqrt{\dfrac{P_5 - P_2}{K}} \tag{5.1.38}$$

式中：K 为水头损失系数，由试验确定，工程实际中，一般采用设置、调整节流片孔的方式调整 K 值范围，常规可按 $K = 4.5 \times 10^{10} \sim 6.5 \times 10^{10}$。

3）参数确定。

a. P_1、P_5 值由电站供排水系统决定，其值会因运行工况不同在小范围内波动，平均值可按经验及模拟估算。

b. $\Delta P = P_2 - P_3$ 值的确定是一个初选、试算、判断合理性、调整初选值、再试算的循环逼近过程，一般通过编写程序选择不同的 ΔP 进行数值计算，最终找到最佳的 ΔP 值。

c. 水膜 h_{min} 的选取可根据文献《水轮机主轴密封漏水问题的处理》推荐的 $h_{min} \geqslant 0.03\text{mm}$，或法国 ALSTOM 公司推荐的 $h_{min} \geqslant 0.04\text{mm}$，或采用经验公式计算：

$$h \approx (Q_t / P_2 / 310)^{1/1.54}$$

4）由于密封间隙内总流量为 $Q_t = Q_i + Q_e$，Q_i 为流向密封环内侧即顶盖的流量，Q_e 为流入密封环外侧的流量，其值可分别用下式计算：

$$Q_t = \dfrac{-\dfrac{6\mu}{\pi h^3}\ln\dfrac{R_1}{R_2} + \sqrt{\left(\dfrac{6\mu}{\pi h^3}\ln\dfrac{R_1}{R_2}\right)^2 - \dfrac{27\rho}{35\pi^2 h^2}\left(\dfrac{1}{R_1^2} - \dfrac{1}{R_2^2}\right)\left[\dfrac{3\rho\omega^2}{20}(R_2^2 - R_1^2) - p_0\right]}}{0.039 h^{-2}(R_1^{-2} - R_2^{-2})} \tag{5.1.39}$$

$$Q_e = \dfrac{-\dfrac{6\mu}{\pi h^3}\ln\dfrac{R_3}{R_4} + \sqrt{\left(\dfrac{6\mu}{\pi h^3}\ln\dfrac{R_3}{R_4}\right)^2 - \dfrac{27\rho}{35\pi^2 h^2}\left(\dfrac{1}{R_4^2} - \dfrac{1}{R_3^2}\right)\left[\dfrac{3\rho\omega^2}{20}(R_4^2 - R_3^2) - p_0 + p_4\right]}}{0.039 h^{-2}(R_4^{-2} - R_3^{-2})} \tag{5.1.40}$$

5）Q_{tmax} 的确定借鉴德国 VOITH 和法国 ALSTOM 现有机组运行资料的推荐值：

$$Q_{tmax} = \pi(R_3 + R_4)q_{tmax}$$

式中：q_{tmax} 为 $R' = (R_3 + R_4)/2$ 圆周上的最大流量，$q_{tmax} = 0.18 \sim 0.38\text{L/s}$，高水头机组取小值，低水头机组取大值。

6）内外环流量取决于 P_3 和水膜厚度 h（见图5.1.11）。

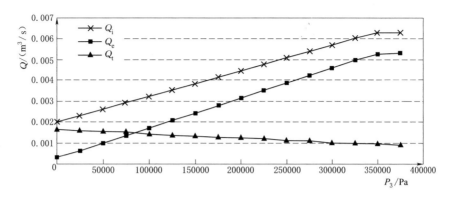

图 5.1.11　内外环流量曲线图

5. 部分电站设计计算资料

（1）惠蓄电站计算资料（法国 ALSTOM）见表 5.1.15。

表 5.1.15　　　　　　　　　　惠蓄电站计算资料（法国 ALSTOM）表

P_3 /MPa	P_2 /MPa	$P_2 - P_3$ /MPa	水膜 /mm	内流量 Q_i /(L/s)	外流量 Q_e /(L/s)	总流量 Q_t /(L/s)
0.685	0.792	0.107	0.065	2.988	0.632	3.620
0.725	0.835	0.110	0.064	2.968	0.606	3.575
0.766	0.878	0.112	0.062	2.946	0.582	3.528
0.806	0.921	0.114	0.061	2.921	0.560	3.482
0.847	0.963	0.117	0.060	2.895	0.540	3.434
0.887	1.006	0.119	0.059	2.866	0.520	3.386
0.928	1.049	0.121	0.058	2.835	0.502	3.337
0.968	1.092	0.124	0.057	2.803	0.485	3.288
1.008	1.134	0.126	0.056	2.769	0.468	3.238
1.049	1.177	0.128	0.055	2.734	0.452	3.187
1.089	1.220	0.130	0.054	2.697	0.437	3.135
1.130	1.262	0.133	0.053	2.659	0.423	3.082
1.170	1.305	0.135	0.052	2.619	0.409	3.028
1.210	1.348	0.137	0.052	2.578	0.396	2.974
1.251	1.391	0.140	0.051	2.535	0.383	2.918
1.291	1.433	0.142	0.050	2.491	0.370	2.861
1.332	1.476	0.144	0.049	2.445	0.358	2.803
1.372	1.519	0.147	0.048	2.398	0.346	2.744
1.413	1.561	0.149	0.048	2.349	0.335	2.684
1.453	1.604	0.151	0.047	2.299	0.323	2.622

　　从表 5.1.15 中可以看出，$P_{3max} = 1.453$MPa、$P_{2max} = 1.604$MPa 时，主轴密封内环漏水量为 2.299L/s＝138L/min。

（2）东电对惠蓄电站复核计算资料见表 5.1.16[2]。

表 5.1.16　　　　　　　　　惠蓄电站复核计算资料表（东电）

P_3/MPa	P_2/MPa	P_2-P_3/MPa	水膜/mm	内流量 Q_i/(L/s)	外流量 Q_e/(L/s)	总流量 Q_t/(L/s)
0.833	0.895	0.062	0.067	3.771	0.426	4.197
0.846	0.908	0.062	0.067	3.734	0.417	4.151
0.858	0.921	0.062	0.066	3.697	0.408	4.106
0.871	0.934	0.063	0.066	3.659	0.400	4.059
0.884	0.947	0.063	0.065	3.621	0.392	4.012
0.897	0.960	0.063	0.065	3.581	0.383	3.965
0.909	0.973	0.063	0.064	3.542	0.375	3.917
0.922	0.986	0.064	0.063	3.501	0.367	3.866
0.935	0.999	0.064	0.063	3.460	0.359	3.819
0.948	1.012	0.064	0.062	3.418	0.352	3.769
0.960	1.025	0.065	0.062	3.375	0.344	3.719
0.973	1.038	0.065	0.061	3.331	0.336	3.667
0.986	1.051	0.065	0.061	3.287	0.329	3.615
0.999	1.064	0.065	0.060	3.241	0.321	3.563
1.011	1.077	0.066	0.060	3.195	0.314	3.509
1.024	1.090	0.066	0.059	3.148	0.307	3.455
1.037	1.103	0.066	0.059	3.100	0.299	3.400
1.050	1.116	0.066	0.058	3.051	0.292	3.344
1.062	1.129	0.067	0.058	3.002	0.285	3.286
1.075	1.142	0.067	0.057	2.951	0.278	3.228
1.088	1.155	0.067	0.057	2.899	0.271	3.169

从表 5.1.16 中可以看出，$P_{3max}=1.155\text{MPa}$、$P_{2max}=1.088\text{MPa}$ 时，主轴密封内环漏水量 $2.899\text{L/s}=174\text{L/min}$。

（3）东电对深蓄电站复核计算的资料见表 5.1.17。

表 5.1.17　　　　　　　　　深蓄电站复核计算资料表（东电）

P_3/MPa	P_2/MPa	P_2-P_3/MPa	水膜/mm	内流量 Q_i/(L/s)	外流量 Q_e/(L/s)	总流量 Q_t/(L/s)
0.784	0.881	0.097	0.067	3.689	0.603	4.292
0.794	0.891	0.097	0.067	3.669	0.596	4.264
0.804	0.902	0.098	0.066	3.648	0.589	4.237
0.813	0.912	0.099	0.066	3.627	0.582	4.209
0.823	0.923	0.099	0.065	3.605	0.576	4.181
0.833	0.933	0.100	0.065	3.584	0.569	4.153

P_3 /MPa	P_2 /MPa	$P_2 - P_3$ /MPa	水膜 /mm	内流量 Q_i /(L/s)	外流量 Q_e /(L/s)	总流量 Q_t /(L/s)
0.843	0.943	0.101	0.065	3.562	0.563	4.124
0.853	0.954	0.101	0.064	3.540	0.556	4.096
0.862	0.964	0.102	0.064	3.517	0.550	4.067
0.872	0.975	0.103	0.064	3.494	0.544	4.038
0.882	0.985	0.103	0.063	3.471	0.537	4.009
0.892	0.996	0.104	0.063	3.448	0.531	3.979
0.902	1.006	0.105	0.063	3.425	0.525	3.950
0.911	1.017	0.105	0.062	3.401	0.519	3.920
0.921	1.027	0.106	0.062	3.377	0.513	3.890
0.931	1.037	0.106	0.061	3.358	0.507	3.860
0.941	1.048	0.107	0.061	3.328	0.501	3.829
0.951	1.058	0.108	0.061	3.303	0.495	3.798
0.960	1.069	0.108	0.060	3.278	0.489	3.767
0.970	1.079	0.109	0.060	3.253	0.483	3.736
0.980	1.090	0.110	0.060	3.227	0.477	3.704

从表5.1.17中可以看出，$P_{3max} = 0.980 MPa$、$P_{2max} = 1.090 MPa$ 时，主轴密封内环漏水量 3.227L/s＝194L/min。

6. 结语

(1) 统计以上计算资料可汇集的实测值与复核计算值见表5.1.18。

表 5.1.18　　　　　　　　实测值与复核计算值

项目名称	投标数据/(L/min)	实测值	复核计算值/(L/min)	备　注
GZ-I	120	194	223	法国 ALSTOM 计算
惠蓄	120	实测数值接近计算值	138	
			174	东电复核
深蓄	20		194	
综合平均			约 140～220L/min	

(2) 综上所述，主轴密封内环漏水量都远大于20L/min，即原来相关文件或资料中的20L/min 显然是应予摒弃的。

5.1.4　水泵水轮机铸钢件缺陷的处理

1. 铸钢件表面及内部缺陷的检测

(1) 铸钢件质量检测的综合项目主要有：表面粗糙度、尺寸公差、重量公差、表面缺陷及清理状态、力学性能、化学成分、金相组织、内部缺陷及耐压试验等，系由铸造厂根据设计图纸、订货方技术要求和技术合同具体条款选定的。

（2）铸钢件表面及内部缺陷分别通过不同的技术手段进行检测。

1）通常，铸钢件只限于做目视检测、尺寸检测、称重试验和硬度试验等外部质量检测。

2）铸钢件移交检测之前，还必须根据检测标准的要求，对铸钢件外观和表面进行整体或重要部位打磨，有的甚至要求对铸钢件进行粗加工（机械预加工），或按《表面粗糙度比较样块　第1部分：铸造表面》（GB/T 6060.1—1997）进行检测。

3）对于重要的铸钢件则必须根据不同的要求和材料性质，除进行化学成分分析和力学性能试验外，还需要进行包括化学腐蚀、液体渗透着色检测、涡流检测和磁粉、UT、射线等无损检测项目。

4）铸造厂根据实际情况，对铸钢件执行逐个检查或抽样检查，尤其对大型铸钢件，一般仅对其重要部位进行无损检测，而不是对其全部体积上开展无损检测。

（3）在铸造厂，铸钢件上诸如气孔、夹渣、夹砂、裂纹、冷隔、渗漏等缺陷是不可避免的，由于铸钢件的形状、结构及使用条件千差万别，很难为铸钢件的表面及内部缺陷制定通用评判标准，通常都是由设计部门参考相应的国内外标准、部颁标准或行业标准，如《水力机械铸钢件检验规范》（CCH 70-3）等，并区分设备部件的工作环境和使用条件由合同双方协商制定相应的工厂标准或者合同条款。

（4）对于铸焊结构部件，在采用优质材料又具有良好焊接性能并确认不影响铸钢件使用性及耐用性的诸多前提下，即使这些有缺陷的铸钢件超过有关标准、验收文件或合同条款中所允许的范围，也还是可以经过经济、技术比较，采用适宜的方法进行焊补修复并最终检验合格，而将产品推陈、转变为合格品，从而大大降低铸造厂的生产成本达到双赢。

2. 铸钢件缺陷修补（补焊）限制条件及相关合同条款的查证

（1）通过众多工程累积实践经验总结、编制的相关规范、标准，对铸钢件缺陷修补（补焊）大都有相应的表述。

1）如东电在《关于深蓄电站1号和3号球阀铸件缺陷问题及处理措施的分析报告》所强调的，在具有权威性的"ASME锅炉及压力容器规范第Ⅱ卷《SA-487承压用铸钢件》"里也还是允许对承压铸钢件进行焊补的。

2）在《承压件用奥氏体铸钢件标准规范》（ASTM A 351/A 351M-2006）中规定：应按经规范A488/A488M审定的焊接工艺规程和焊工进行补焊。

3）英国标准《压力用途的钢铸件》（BS EN 10213：2007）及我国《冶金设备制造通用技术条件——铸钢件》（YB/T036.3-92）之"3.3.3焊补"也都有类似的表述。

4）当前最常引用的《水力机械铸钢件检验规范》（CCH 70-3）在5.1.2条中根据缺陷尺寸与该区域的应力等级对缺陷分类如下：

当下列标准（最大深度或表面积）两者之间任一项被超出时，认为是"主要"缺陷。若设计者在他的质量单上没有特殊说明，则可采用下列标准（表5.1.19）。

然而，CCH 70-3并没有把超过"主要缺陷"限制标准的缺陷纳入"拒收"，而是认为主要缺陷应是允许补焊的。

（2）可能正是由于具有权威性的《水力机械铸钢件检验规范》（CCH 70-3）将铸钢件缺陷作了"主要缺陷""次要缺陷"的划分，造成了项目工程招标文件的编制者陷入误区，把超过"主要缺陷"限制标准的缺陷纳入"拒收"的范畴。因此，部分合同的"铸钢件"章节都有了雷同的内容：对存在、超出 CCH 70 - 3 标准规定主要缺陷尺寸的铸钢件，业主方有拒收的权力。

表 5.1.19　　　　　　　　　CCH 70 - 3 之表

参考尺寸/mm	≤1000	>1000 ≤2000	>2000 ≤4000	>4000
局部厚度/%	40	35	30	25
限制尺寸/mm	10	15	20	25
表面积/cm²	40	65	100	160

1）深蓄合同相关条款是具有代表性的。

a．"……铸钢件的次要缺陷允许修补。…次要缺陷的铸钢件应修复，修复或处理后仍应作检查，对允许修补的次要缺陷，应按规定在买方的参与下用 X 光射线进行检查。"

b．"……当准备补焊的空穴深度不超过 CCH 70 - 3 主要缺陷的规定值时，这些缺陷可认为是次要的。对强度无损害或不影响铸件耐用性的次要缺陷，可以根据铸造车间的经验进行补焊处理。……主要缺陷的累加，或根据买方的意见对铸件总的质量有怀疑的次要缺陷的过分集中，都应是导致拒收的原因。"

c．"……如果产生的缺陷导致铸件承受应力的断面厚度减少 30％以上，或者剩余断面计算应力超过许用应力 30％以上时，该铸件将被拒收。"

2）出于同样的原因，诸多电站（以龙滩水电站、仙蓄电站为例）在合同中均作了类似的规定。

3．龙滩水电站、仙蓄电站转轮叶片铸钢件的实例

（1）龙滩水电站转轮叶部件。7 台 VSS 机组的转轮叶片从巴西进口，上冠和下环从罗马尼亚进口；DFEM 生产的转轮叶片从斯洛文尼亚进口，上冠下环从韩国进口。铸件粗加工后经 NDE 检查发现了较多缺陷，而且大都是超标缺陷。其中：

1）1 号机 13 个叶片在巴西 VSPA 工厂自检时，即发现有 3 个叶片存在合同规定的主要缺陷（缺陷面积超过 150cm²）。

2）1 号机上冠运抵工地后，VSS 检测发现上冠止漏环处附近有 5 处裂纹性主要缺陷，业主复检时又发现 1 处裂纹性主要缺陷。

3）2 号机转轮上冠（为上下两段铸焊结构）上段粗加工后检查发现 1 处主要缺陷（缺肉），MT 检测发现 9 处主要缺陷，UT 检测发现 2 处主要缺陷；下段粗加工后外观检查过流面处发现主要缺陷、法兰内圆和平面有 8 处主要缺陷，MT 检测过流面有 19处主要缺陷，法兰内圆和平面有 20 处主要缺陷，UT 检测过流面有 10 处主要缺陷。

4）6 号机转轮上冠粗加工后检查发现：目测有 53 处缺陷，其中面积超标缺陷有 44 处；MT 探伤有 36 处缺陷，超标缺陷有 15 处；UT 探伤有 22 处缺陷，全部属超标缺陷；合计发现缺陷 111 处，其中面积超过 150cm² 的 79 处占 71％，深度超过 25mm 的 29 处占 26％。

（2）仙蓄电站转轮叶片，共发现如下缺陷：

1）K100411 叶片有 1 处缺陷，深度 50mm，面积 90mm×70mm。

2）K100412 叶片有 1 处缺陷，深度 35mm，面积 90mm×77mm。

3）K100413 叶片有 2 处缺陷，其中 1 号缺陷深 15mm，面积 165mm×50mm；2 号缺陷深 40mm，面积 150mm×85mm。

4）K100414 叶片有 2 处缺陷，其中 1 号缺陷深 55mm，面积 80mm×45mm；2 号缺陷深 7mm，面积 125mm×110mm。

5）K100415 叶片有 4 处缺陷，其中 1 号缺陷深 47mm，面积 175mm×120mm；2 号缺陷深 7mm，面积 125mm×60mm；3 号缺陷深 10mm，面积 250mm×130mm；4 号缺陷深 40mm，面积 170mm×110mm。

6）K100416 叶片有 1 处缺陷，深度 50mm，面积 120mm×70mm。

7）K100417 叶片有 2 处缺陷，其中 1 号缺陷深 24mm，面积 135mm×70mm；2 号缺陷深 38mm，面积 70mm×55mm。

8）K100418 叶片有 2 处缺陷，其中 1 号缺陷深 15mm，面积 50mm×40mm；2 号缺陷深 40mm，面积 50mm×50mm。

9）K100420 叶片有 2 处缺陷，其中 1 号缺陷深 25mm，面积 130mm×100mm；2 号缺陷深 15mm，面积 70mm×50mm。

10）K100421 叶片有 1 处缺陷，深度 47mm，面积 150mm×80mm。

上述 K100411、K100412、K100413 的 2 号缺陷、K100414 的 1 号缺陷、K100415 的 1 号、3 号和 4 号缺陷，K100416 的缺陷、K100417 和 K100418 的 2 号缺陷，以及 K100420 的 1 号缺陷和 K100421 的缺陷均为主要缺陷，其余为次要缺陷。

（3）铸钢件铸造缺陷与铸钢件的体形结构有着密切关系，如转轮上冠、叶片这样复杂体形的不锈钢铸件更是难以避免，其主要表观是缺肉、夹渣、气孔及裂纹等。目前，包括世界知名铸件制造厂商在内所承制的铸钢件也难以避免出现超过 CCH 70 - 3 标准所规定的主要缺陷。

1）合同条款偏于严格是可以理解的，但更合理的应如英国标准《压力用途的钢铸件》（BS EN 10213：2007）所表述的：应由买方与制造商之间协商确定铸件外部和内部缺陷的"拒收"层次。当材质优良且可焊性较好时，一般应允许进行焊补修复。众多工程的实践也证明了，在保证材质优秀、为焊补修复提供了基本条件的前提下，大面积焊补修复，只要修补工艺得当，按照业主方或委托方认可的工艺规程进行焊补修复是可行的。

2）只有在铸钢件移交制造厂至少经过粗加工后才能确定铸钢件承受应力的断面厚度是否减少 30% 以上或者剩余断面计算应力是否超过许用应力 30% 以上，因此，合同条款所指应属于在制造厂发现的缺陷。

3）无论发现何种铸件缺陷，在铸造厂或制造厂及时通报设计部门和业主后，根据规范相关规定，设计单位有权根据合同条款、业主意见及实际情况做出验收、修补或报废的决定。规范 CCH 70 - 3 也应是约束设计者、制造者和铸造厂尽快采用适当的专业技术和工艺进行全部必要的修补，并保证铸钢件修补后的性能达到原定的技术条件。

4）当然，业主接受不合格现状并不意味着解除铸造厂、制造厂和设计部门三者各自的责任。

（4）对缺陷采取的处理措施。

1）龙滩电站转轮叶片、上冠出现的主要缺陷均由铸造厂按照 VSS 确认定的工艺措施进行了焊补修复，经退火消除应力处理后 UT 和 MT 探伤检测合格，铸钢件运抵工地后，经 VSS 和业主方 NDT 复检合格。

2）仙蓄转轮叶片缺陷由铸造厂报请审批按以下程序进行补焊修复。

a. 打磨待焊区域并进行 MT 检查，确保无任何铸造缺陷及表面裂纹。

b. 缺陷及周围区域预热 100～120℃。

c. 按批准的焊接工艺进行焊补。

d. 焊后对叶片整体进行消应热处理。

e. 进行 100％UT 和 MT 检测。

f. 进行型线检测合格。

3）仙蓄电站业主除因 K100415 号叶片铸件缺陷较多，要求重铸新叶片外，还提出了同一叶片的缺陷补焊处理不得超过 2 次的要求。

（5）处理结果。

目前，水轮机铸件通常采用的材料，其化学成分和机械性能均满足标准和质量要求，又具有良好的可焊性，为焊补修复提供了可靠、有利条件（如龙滩采用 ASTM A743CA6NM，相当于国内的 ZG06Cr13Ni4Mo）。一般，只要对在热处理前检测发现的缺陷严格按照工艺要求进行得当的焊补修复，并经 UT 和 MT 探伤复查合格，是可以保证热处理后修复区域的机械性能基本与母材一致而不影响铸钢件使用性能，这在龙滩、仙蓄等众多项目工程的转轮铸件缺陷焊补修复及长期安全、稳定运行实践中得到了充分证明。

4. 深蓄电站球阀与转轮铸钢件缺陷

（1）深蓄电站 1 号球阀铸钢件。

1）承制深蓄电站球阀铸钢件的铸造厂将自检发现的多处缺陷情况、焊补工艺措施、焊接工艺评定文件（WPS 和 PQR）报经制造厂（ANDRITZ）审批，对 1 号球阀的左、右阀体和活门铸钢件进行焊补处理，消应后复检对残留缺陷再次进行焊补修复（见表 5.1.20）。

表 5.1.20　　　　　　　　　　缺陷焊补修复情况表

部　位	铸造厂自检（粗磨精整后）		业主与铸造厂共检（焊补消应后）	
	缺陷数量/处	缺陷分类	缺陷数量/处	缺陷分类
1 号球阀右阀体	6	主要缺陷	6	主要缺陷 3 处，次要缺陷 3 处
1 号球阀左阀体	6	主要缺陷	9	主要缺陷 5 处，次要缺陷 4 处
3 号球阀右阀体	17	主要缺陷	—	—
3 号球阀左阀体	6	主要缺陷	—	—
活门	8	主要缺陷	—	—
活门	3	主要缺陷	—	—

2）由于球阀阀体本身就是焊接结构，补焊结构类同焊缝，球阀阀体和活门采用 ZG20Mn 低碳低合金材料（碳当量 CEQ≤0.47％），具有良好的焊接性能。

3）铸造厂按照经东电批准的焊接工艺方案和工艺评定制定了缺陷焊补方案，包括缺陷清除后 MT 检查确认所有缺陷均被清理干净→按专用焊补工艺焊补操作→对整个铸钢件进行去应力退火有效消除焊接应力（580℃，低于铸钢件的回火温度 640℃，确保不降低其强度）→按原技术要求进行 MT 和 UT 探伤检查→最终出厂时进行全面的超声、磁粉及尺寸检查，确保最终交货质量。

4）经查实，铸造厂提供的质量检验计划、化学成分分析报告、力学性能分析报告、热处理工艺、焊后退火工艺、缺陷检测报告和缺陷焊补记录等清晰、完整、真实可信。

综上所述，可以认为：球阀铸件缺陷的焊补，不会影响材料本身的强度、不会导致相应截面应力的升高，是能够保证深蓄项目的产品质量满足合同要求，确保球阀长期、正常、安全运行的。

（2）深蓄电站转轮上冠、下环铸件。

1）铸造厂按合同和东电管理程序要求，申报了深蓄转轮上冠、下环缺陷状况（见表 5.1.21）。

表 5.1.21 深蓄上冠、下环缺陷情况表

部 位	缺陷尺寸/mm	缺陷分类
上冠项 21	140×120×(30～35)	主要缺陷
	350×130×(30～40)	主要缺陷
	155×120×(25～30)	主要缺陷
下环Ⅰ	110×100×(80～90)	主要缺陷
	900×110×(5～10)	主要缺陷
下环Ⅰ	200×120×(100～110)	主要缺陷
下环Ⅱ	70×40×(5～8)	次要缺陷
	170×80×(20～25)	主要缺陷

2）铸造厂按照经东电批准的焊接工艺方案和焊接工艺评定制定了缺陷焊补方案，包括缺陷清除后 MT 或 PT 检查确认所有缺陷均被清理干净，而后按专用焊补工艺进行焊补操作，如：焊前预热（不低于 1200℃）、层间温度不小于 2500℃、焊后缓冷并对铸件整体进行去应力退火、焊后对焊补区按铸件原技术要求进行探伤（包括按 CCH 70 - 3 标准进行斜探头探伤）检查。

5. 结语

（1）铸造工艺特点决定了铸件产生缺陷几乎是不可避免的，尤其是对大型砂型铸件，焊补是铸件生产过程中不可或缺的工艺过程。无论发现何种铸件缺陷，在铸造厂或制造厂及时通报设计部门和业主后，根据规范相关规定，设计单位有权根据合同条款、业主意见及实际情况做出验收、修补或报废的决定。规范 CCH 70 - 3 也要求设计者、制造者和铸造厂尽快采用适当的专业技术和工艺进行全部必要的修补，并保证铸件修补后的性能达到原定的技术条件。

（2）如前所述，当铸钢件材质具有良好可焊性时，是允许对其主要缺陷进行焊补修复的，但应严格执行 CCH 70 - 3 UT/MT 2 级/3 级标准以及经业主方审批的缺陷处理工艺，尽可能将所有缺陷在铸件出厂前处理完毕，不把质量缺陷带到工地，尤其要严格控制铸件

热处理后以及精加工后的质量，在此阶段若存在较大缺陷可予以拒收。例如，清蓄电站 3 号球阀活动密封环粗加工后缺陷达到 115mm×95mm×95mm，密封环断面厚度减小率远远超过了 30%，甚至已经影响到了密封槽加工区域，实施补焊势必导致密封环变形而难以保证加工精度。显然，这是不能被接受的，业主采取拒收的决定也是无可非议的。

（3）为避免由于合同条款过于严格而使在合同执行中陷于被动，适当放宽"拒收"档次还是必要的。但仍应强调，设计图纸明确规定不允许焊补的缺陷以及同一部位的焊补次数超过三次的一般采取报废处理。同时即便业主接受不合格现状，并不意味着解除铸造厂、制造者或设计者三者各自的责任。

（4）控制质量的重点是部件成品质量而不是铸件毛坯质量，转轮叶片成品的质量控制主要是：

1）以化学成分和机械性能为表征的材质，只要材质（化学成分和机械性能）达到优良，铸件缺陷多一点，是可以通过焊补等手段来解决的。

2）以粗糙度和波浪度为表征的外形，检测叶片型线。

3）叶片出水边修型增加叶片的重量差，叶片重量差的指标宜控制在 3% 以内，最大不超过 4%。

4）实测铸件屈服强度为设计值的 1～1.25 倍较为适宜。

5）材料屈服强度满足设计值，不宜过高，以避免过高的焊接时返修率。

（5）综上所述，铸钢件缺陷焊补的基本准则应包含：

1）严格按照《水力机械铸钢件检验规范》（CCH 70 - 3）确定"重大缺陷"的限值。

2）对于清除后、超出"重大缺陷"的缺陷要进行补焊时，供方应征得需方的同意，必要时可会同有关方面共同商定。

3）设计方应根据质量等级要求，根据《铸钢件 超声检测 第 2 部分：高承压铸钢件》（GB/T 7233.2—2010）确定铸钢件不同区域的体积型和平面型缺陷的验收等级。

4）不允许补焊的缺陷，包括：分散性的皮下气孔或针孔；大面积疏松或夹砂；不易于补焊及质量检查的贯穿性裂纹；补焊金属总质量大于铸件质量的 0.8%～1.0%。

5）钢铸件加工面上不允许有影响钢铸件使用性能的裂纹、冷隔、缩孔、夹渣等铸造缺陷存在。

5.2 电动发电机

本节通过清蓄电站含鸽尾筋座定子机座的组焊调整与 THPC 就有关标准规范的商榷议定，并综合考虑高转速抽水蓄能机组的特点，与《水轮发电机组安装技术规范》（GB/T 8564）及相关规程中对定子铁芯圆度以及定子、转子圆度的控制标准进行了比较，提出了切实可行的执行标准。

5.2.1 含鸽尾筋座定子机座及定子铁芯的圆度标准

1. 清蓄电站分瓣定子机座的组焊

（1）在 THPC 车间采用激光跟踪仪对 2～4 号机组分瓣定子机座预组装进行了抽

检（48 根鸽尾筋座对称 8 个方向的上、中、下三处采集数据），都是符合设计要求的，4号定子机座检测数据见表5.2.1。

表 5.2.1 4 号定子机座测数据表 单位：mm

编号	位置	实测值	编号	位置	实测值	编号	位置	实测值
1	上	3285.52	4	上	3285.53	7	上	3285.55
	中	3285.53		中	3285.57		中	3285.53
	下	3285.52		下	3285.54		下	3285.54
2	上	3285.55	5	上	3285.54	8	上	3285.56
	中	3285.57		中	3285.55		中	3285.56
	下	3285.54		下	3285.52		下	3285.55
3	上	3285.51	6	上	3285.56	设计 $\phi6571$（0～+0.25）		
	中	3285.55		中	3285.58	实测平均值 $\phi6571.103$		
	下	3285.55		下	3285.60	圆柱度实测值 0.124＜0.25（设计值）		

（2）在 4.3.6 条含鸽尾筋座定子机座调整及焊接中已对 THPC 设计制造的清蓄电站定子机座的焊接组圆进行了详细介绍，显然，工地现场分瓣定子机座组焊过程机架变形量幅值与相关标准是存在一定差距的。

2. 相关标准

（1）定位筋验收标准。

控制定子铁芯圆度的关键就是保证定位筋的圆度、垂直度，对于在工厂焊接完成定位筋（或定位筋座）的分瓣定子机座，固然会较大减小工地现场调整、焊接定位筋的工作量，但是机座在工地的组装仍然不能掉以轻心。

为便于进行比较，将相关定子鸽尾筋座半径偏差的验收标准列于表5.2.2。

表 5.2.2 相关定子鸽尾筋座半径偏差的验收标准表

检测项目		GB/T 8564—2003	DL/T 5420—2009	ALSTOM（惠蓄）	东芝水电（清蓄）	东电（仙蓄）
基准定位筋	内径偏差	$\leqslant\pm0.8\%\delta$	$\leqslant1\%\delta$	$\leqslant+0.2mm$	$\leqslant\pm0.3mm$	$\leqslant+0.2mm$
	周向垂直度	0.15mm	$\leqslant0.03mm/m$	$\leqslant0.2mm$	—	$\leqslant0.15mm$
	径向垂直度	0.15mm	$\leqslant0.05mm/m$	—	$\leqslant0.10mm$	$\leqslant0.15mm$
定位筋	各环板上半径偏差	$\leqslant\pm2\%\delta$，最大不超过$\pm0.5mm$	$\leqslant\pm2\%\delta$，最大不超过$\pm0.5mm$	$\leqslant+0.2mm$	$\leqslant\pm1\%$ $\delta=0.375mm$	$\leqslant+0.2mm$
	同高度相邻筋半径差	$\leqslant0.6\%\delta$	$\leqslant0.15mm$	$\leqslant0.2mm$	$\leqslant0.2mm$	$\leqslant0.1mm$

注 δ 为设计空气间隙值。

（2）定子圆度验收标准。

对于定子圆度，国内各抽水蓄能电站执行的标准因制造厂而异，但普遍都高于《水轮发电机组安装技术规范》（GB/T 8564）所规定各半径与设计半径之差不超过发电机设计空气间隙 4% 的标准（见表5.2.3）。

表 5.2.3　　　　　　　　　国内各抽水蓄能电站定子圆度验收标准

电站	铁芯内径/气隙/mm	定子圆度验收标准	制造厂及说明
GZ-Ⅰ	$R2200/40.5$	$\leqslant(\pm0.33\text{mm})\approx\pm0.81\%\delta$	ALSTOM
GZ-Ⅱ	$R2250/45$	$\leqslant(+0.26/-0.21)\text{mm}\approx(+0.58/-0.47)\%\delta$	SIEMENS
天荒坪	$R2375/37.0$	$\leqslant(\pm1.5\text{mm})\approx\pm4\%\delta$	GE:实际按$\pm1.5\%\delta$控制
泰安	$R3000/35$	$\leqslant(\pm1.4\text{mm})\approx\pm4\%\delta$	VOITH
桐柏	$R3182.5/32.5$	$\leqslant\pm0.20\text{mm}\approx\pm0.62\%\delta$	奥地利 VA TECH
惠蓄	$R2335/43$	同水平面$\leqslant\pm1.075\text{mm}\approx\pm2.5\%\delta$ 同一断面$\leqslant\pm2.15\text{mm}\approx\pm5.0\%\delta$	ALSTOM
西龙池	$R2368/37$	$\leqslant+0.5/-1.0(\text{mm})\approx(+1.35/-2.7)\%\delta$	日本东芝
仙游	$R2720/37$	$\leqslant(\pm0.25\text{mm})\approx\pm0.67\%\delta$	东电
清蓄	$R2650/37.5$	$\leqslant\pm(0.75/0.375)\text{mm}\approx\pm(2\%/1\%)\delta$	日本东芝(合格/优秀)
深蓄	$R2725/39$	$\leqslant\pm1.56\text{mm}\approx\pm4\%\delta$	哈电
海蓄	$R2750/42$	$\leqslant\pm1.05\text{mm}\approx\pm2.5\%\delta$	天阿(GE)

注　1. 允许偏差值均为"实测值－平均值"。

　　2. 上述各家的执行标准是宽严不等的,其中,GZ-Ⅱ、桐柏和仙游电站类同,相对要求较为严格;天荒坪、泰安、GZ-Ⅰ、惠蓄及深蓄则属于与 GB/T 8564 同等系列;西龙池、清远、琼中等电站则介于两者之间。

3. 以代表国内先进水平的东电设计制造的仙蓄电站为例进行探讨、分析

仙蓄对定子圆度的验收标准是（2720±0.25）mm,而其 2 号机组定子铁芯最终压紧后圆度出现了一些偏差,其中,下部（第 1 段至第 24 段）、中部（第 25 段至 51 段）均能满足设计要求。上部（第 52 段至 76 段）也仅有 70 段和 74 段略超±0.25mm 的验收标准,检测数据见表 5.2.4 及图 5.2.1。

表 5.2.4　　　　　　仙蓄电站 2 号机组定子铁芯最终压紧后圆度表　　　　　　单位：mm

测点	下部	中部	74 段	70 段	66 段
1	19.82	19.92	20.45	20.31	20.21
2	19.80	20.00	20.32	20.24	20.11
3	19.77	19.92	20.25	20.18	20.07
4	19.87	19.91	20.22	20.18	20.02
5	20.08	20.00	20.25	20.19	20.11
6	19.93	20.03	20.20	20.13	20.14
7	19.96	19.97	20.19	—	—
8	19.93	20.03	20.22	—	—
9	19.96	19.93	20.20	—	—
10	19.97	19.92	20.16	—	—
11	19.98	19.87	20.02	—	—
12	20.02	20.19	20.09	20.1	20.04
13	20.10	20.24	19.85	19.91	20.02

续表

测点	下部	中部	74 段	70 段	66 段
14	20.00	20.13	19.81	19.87	19.94
15	19.95	20.15	19.90	19.84	19.85
16	19.94	20.15	19.91	19.88	19.87
17	19.92	20.20	—	—	—
18	19.90	20.09	20.00	—	—
19	19.90	20.16	20.13	—	—
20	19.92	20.00	20.15	—	—
21	19.89	19.90	20.12	—	—
22	19.80	19.94	20.16	20.04	19.94
23	19.76	19.91	20.19	20.08	19.94
24	19.80	19.90	20.29	20.11	20.04
25	19.77	20.01	20.27	20.24	20.02
26	19.77	19.88	20.31	20.12	20.08

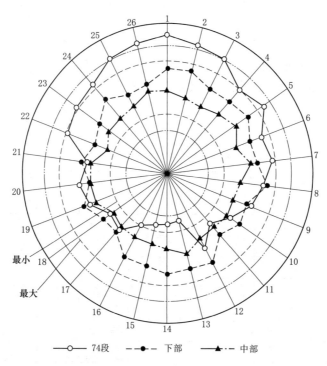

图 5.2.1　仙蓄电站定子圆度图（定子铁芯雷达图）

从图 5.2.1、表 5.2.4 可以看到，仅有 70 段和 74 段局部略超±0.25mm 的验收标准，但最终还是对超标部位采取了处理措施使之控制在达标范围，维护了合同、厂标的严谨。同时，也说明了在现今机械设备部件制造加工精度及装配工艺均有较大幅度提高的条件下是完全有可能、也应该将定子圆度等相关指标提升到一个合理又代表平均先进水平的新档次。

4．清蓄电站定子机座组焊调整标准拟定

（1）经与 THPC 充分协商，参考相当于鸽尾筋座在厂家完成的相关规范和惠蓄电站标准初步拟定清蓄电站采用的标准（见表 5.2.5）。

表 5.2.5　　　　参考相关规范、标准拟定的清蓄电站验收标准表

序号	检 测 项 目		GB/T 8564	DL/T 5420	惠蓄电站	清蓄电站
1	定位筋校直		直线度≤0.1mm	—	直线度≤0.1mm	—
2	基准定位筋	半径偏差	≤±0.8%设计空气间隙值	≤±1%δ	≤+0.3mm	≤±0.3mm
		周径向扭斜	≤0.15mm	—	≤0.1mm	—
		周向垂直度	—	≤0.03mm/m	≤0.2mm	—
		径向垂直度	—	≤0.05mm/m	≤0.2mm	≤0.10mm
		同一根筋上下端半径偏差	—	≤0.1/mm	—	—
3	定位筋焊接后各环板上半径偏差（设计空气间隙值δ）		≤±2%δ，最大不超过±0.5mm	≤±2%δ，最大不超过±0.5mm	—	≤±0.375mm
4	同高度相邻定位筋半径差		≤0.6%δ＝0.225mm	≤0.15/mm	≤0.2mm	≤0.2mm
5	同一根定位筋同一高度径向扭斜		≤0.10mm	≤0.10mm	≤0.1mm	—

（2）由于鸽尾筋座装配后相当于定位筋焊接后，最终统一标准为：

1）对于高转速电动发电机定子，各环板处半径偏差应不大于±1%δ（±0.375mm）。

2）周向、径向垂直度不大于 0.05mm/m，除基准筋外的鸽尾筋座垂直度最大不大于 0.25mm。

5．结语

（1）由于抽水蓄能机组均具有转速较高、转动部件长径比较大、工况转换频繁的特点，必然对机组运行中空气间隙偏差的大小具有更强的敏感性，偏心、定转子圆度不良使得高转速下气隙磁密分布不均匀度影响加大，引起并联支路间产生较大的不平衡电流，从而表现为裂相横差的电流过大等，在某些特殊工况下甚至可能引发劣性事故。因此，适当强化定子、转子装配圆度控制的力度，提高验收标准的尺度还是很有必要的。

（2）转速 375r/min 以上的抽水蓄能机组，设定其定、转子圆度偏差控制在±（1～1.5）％设计气隙范围内则是比较合适的，如仙蓄电站、桐柏抽水蓄能电站等多个项目实践也证明是完全可以实现的。

（3）清蓄电站定子机座（含鸽尾筋座）的最终处理见“4.3.6 含鸽尾筋座定子机座调整及焊接”，其所拟定的质量标准（见表 5.2.3）具有参考价值。

5.2.2　高转速电动发电机定子、转子圆度的控制标准

1．高水头、高转速抽水蓄能机组设计空气间隙的特点

（1）为便于对高转速抽水蓄能机组与常规水轮发电机组进行直观分析，此处列举了部

分大容量机组的数据资料（见表 5.2.6）。

表 5.2.6　　　　　　　　　不同类型机组设计空气间隙对比表

项　目	电站名称	铁芯内径 /mm	气隙 δ /mm	δ/D /%	转速 /(r/min)
抽水蓄能电站	GZ-Ⅰ	$\phi4400$	40.5	0.92	500
	GZ-Ⅱ	$\phi4500$	45.0	1.00	500
	天荒坪	$\phi4750$	37.0	0.78	500
	惠蓄	$\phi4670$	43.0	0.92	500
	西龙池	$\phi4736$	37.0	0.78	500
	仙蓄	$\phi5440$	37.0	0.68	428.6
	清蓄	$\phi5300$	37.5	0.71	428.6
常规水电站	二滩	$\phi11810$	33.5	0.28	142.9
	大朝山	$\phi12020$	22.0	0.28	115.4
	龙滩	$\phi15000$	37.0	0.25	107.1
	功果桥	$\phi13800$	22.0	0.16	93.75
	三峡	$\phi18800$	34.5	0.18	75

注　以上数据表明，转速 428.6～500r/min 的高水头、高转速抽水蓄能机组电动发电机空气间隙约是定子铁芯内径的 0.7%～0.9%，而转速 75～142.9r/min 的常规水轮发电机的空气间隙只有其定子铁芯内径的 0.16%～0.28%，两者的比差达到 3.2～4.4。

（2）从表 5.1.23 可以看出，常规水轮发电机组的设计空气间隙一般都基本符合 $\delta_{min} \geqslant (0.12～0.15)(1+D_i)$ 的经验公式（D_i 为定子铁芯内径），而该公式对众多抽水蓄能电站而言，则是明显不适用的。

（3）《水轮发电机组安装技术规范》（GB/T 8564）及国内其他相关规范同样也都是仅以机组设计空气间隙值为基数制定定子、转子圆度质量控制标准，均未顾及设计空气间隙值与定、转子半径幅值的比例关系，也未按机组转速予以区分。因此，以此套用于高转速抽水蓄能机组显然是有失偏颇的。

2. 高水头、高转速抽水蓄能机组定、转子圆度控制标准的特点

（1）典型高水头、高转速抽水蓄能电站定子圆度的执行标准见表 5.2.7。

表 5.2.7　　　　典型高水头、高转速抽水蓄能电站定子圆度的执行标准表

电站名称	铁芯内径/气隙 /mm	定子圆度厂家标准/mm		备　注
		初拟值	执行值	
桐柏	R3182.5/32.5	≤（±0.20）≈±0.62%（设计值）		误差值均应为 "实测值－平均值"
仙游	R2720/37	≤（±0.50）≈±1.34%	≤（±0.25）≈±0.67%	
GZ-Ⅱ	R2250/45	≤（+0.26/−0.21mm）≈（+0.58/−0.47)%		

注　上述各电站的执行标准（目标值）大致为≤±0.5%～0.7%设计空气间隙，这些机组的运行实践证实了较之《水轮发电机组安装技术规范》（GB/T 8564）相对严格得多的标准也是完全可以实现的。

（2）高水头、高转速抽水蓄能机组执行的转子圆度偏差标准相对于 GB/T 8564 同样要严格得多，现以惠蓄电站、仙蓄电站为例予以说明（见表 5.2.8）。

表 5.2.8　　　　　　　　　　　　转 子 圆 度 偏 差 标 准

电站名称	项目名称	厂家标准（δ为设计空气间隙）		说　明
		初拟值	执行值	
惠蓄	转子不圆度	≤±0.584＝±1.36％δ		实测半径与设计 半径之偏差
仙蓄		≤±0.37＝±1％δ	≤±0.20＝±0.54％δ	

1）惠蓄电站 1 号机组的实测值见图 5.2.2。

磁极编号	A(2292mm)	B(2292mm)
1	2290.83	2290.9
2	2291.38	2290.47
3	2290.78	2290.69
4	2291.21	2290.94
5	2291.27	2291.35
6	2291.63	2291.79
7	2291.89	2291.85
8	2291.95	2291.72
9	2291.56	2291.62
10	2291.77	2291.71
11	2291.23	2291.91
12	2291.41	2291.94
Max	2291.95	2291.94
Min	2290.78	2290.47
平均	2291.41	2291.33

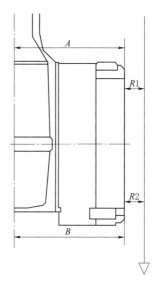

（a）实测值结果　　　　　　　　　（b）实测位置示意图

图 5.2.2　惠蓄电站 1 号机组实测图

2）从图 5.2.2 中可以看出 $A_{max}-A_{平均}＝0.54＜+0.584$（惠蓄电站法国 ALSTON 的设计要求）；$A_{平均}-A_{min}＝0.63$ 略大于 0.584（但仅有 A_3 一个点，其余均满足≤±0.584的要求）。$B_{max}-B_{平均}＝0.47＜+0.584$；而 $B_{平均}-B_{min}＝0.86＞0.584$，实际上也仅有$B_2$、$B_3$ 两个点，其余也都能满足不大于±0.584 的要求。

3）仙蓄电站四台机组磁轭叠装时执行"≤±0.20＝±0.54％δ"的标准也基本都能达到要求；虽然，冷热打键时以"≤±0.50＝±1.35％δ"为控制值、磁极挂装后转子整体按"≤±0.70＝±1.9％δ"控制，但事实证明，由于精心施工，实测值均远小于上述控制标准。

（3）抽水蓄能机组由于转速较高、工况转换频繁的特点必然对机组运行中空气间隙偏差的大小具有更强的敏感性，定、转子圆度不良使得高转速下气隙磁密分布不均匀度影响加大，引起并联支路间产生较大的不平衡电流，从而表现为裂相横差的电流过大等等，在某些特殊工况下甚至可能引发劣性事故。惠蓄电站 1 号机 2008 年 10 月毁机事故发生的分析认为，其定子铁芯 ϕ4670mm 内径的安装标准为"同一水平面不大于±1.075mm≈±2.5％δ、同一断面不大于±2.15mm≈±5.0％δ（δ＝43mm）"，相对于 GZ-Ⅱ、桐柏等电站要宽松得多而更接近于《水轮发电机组安装技术规范》（GB/T 8564）。这也证明，适当强化定、转子装配圆度控制的力度，提高验收标准的尺度还是很有必要的。

3. 应把转子偏心值作为转子更为重要的控制标准，这是因为：

（1）转子的偏心（即同轴度）与其圆度是两个既有相互联系又有不同内容的指标，转子圆度仅是指转子外圆各测点半径与设计半径（或平均半径）的相互偏差，而转子偏心是指转子外圆的实际中心与转轴中心（或轴线运转中心）的偏差，也称为同轴度。所以，转子偏心值与转子圆度应是两个不同的安装控制标准，而转子偏心值是把转子圆度与机组转速关联起来的更加全面、合理的控制标准。

（2）由于转子因偏心产生的不平衡离心力为

$$C = \frac{G\left(\frac{2\pi n}{60}\right)^2 e}{g} \qquad (5.2.1)$$

式中：C 为不平衡离心力；G 为转子质量（磁轭与磁极质量之和）；n 为发电机额定转速；e 为转子偏心值；g 为重力加速度。

由此可见，对单一发电机而言，其转子重量和额定转速已属恒定（重力加速度也是定值），不平衡离心力仅与转子的偏心值成正比。尤其是高转速电动发电机转子的不平衡离心力是具有较大影响力的，因此将转子偏心值作为水轮发电机安装评定的主要控制标准也应是毋庸置疑的。

（3）发电机运行时由于转子偏心产生的不平衡力实际上是方向一致的不平衡离心力与不平衡磁拉力之代数和，其中不平衡离心力主要与转速密切相关，而不平衡磁拉力则与相对的空气间隙偏差关系较大。因此，单纯依据定、转子空气间隙的偏差是不足以涵盖定、转子的安装质量的优劣的。

（4）为此，2003 年修订《水轮发电机组安装技术规范》（GB/T 8564）时率先提出了"转子偏心值"质量标准的条款（见 GB/T 8564 中的第 9.4.13 条，见表 5.2.9）。

表 5.2.9　　　　　　　　　　　　转子整体偏心的允许值

机组转速 $n/(r/min)$	$n < 100$	$100 \leqslant n < 200$	$200 \leqslant n < 300$	$300 \leqslant n < 500$
偏心值允许值/mm	0.50	0.40	0.30	0.15

注　由于转子磁轭的质量相对于磁极要大，其偏心对发电机运行时的不平衡离心力的影响也就要大，当磁轭偏心值已形成时，挂装磁极实际上对转子偏心值的影响已经不那么重要了。所以，制定转子磁轭偏心值的控制标准应更加重要。

4. 高水头、高转速抽水蓄能机组转子磁轭偏心值控制标准

（1）目前已经投入运行和正在安装的几个转速为 428.6～500r/min 的抽水蓄能电站所执行的磁轭偏心值控制标准应是值得借鉴的（见表 5.2.10、表 5.2.11）。

表 5.2.10　　　　　　　　　　参 考 实 例 表　　　　　　　　　　单位：mm

电站名称	厂家标准		
	磁轭与转子支架同心度	磁轭整体偏心值	转子整体偏心值
惠蓄	—	≤0.20*	≤0.30
仙蓄	≤0.10	≤0.13	≤0.15
清蓄	≤0.04	≤0.15	≤0.20/0.15

*　参考惠蓄电站 8 台机组实际调整值，取其最大值（1 号机组）作为控制标准。

表 5.2.11   惠蓄电站机组磁轭偏心值统计表   单位：mm

机组号	1	2	3	4	5	6	7	8
偏心值	0.20/0.16*	0.09	0.09	0.12	0.12	0.16	0.075	0.10

* 此处 0.2 为原 1 号机组偏心值，0.16 为重装的新 1 号机组偏心值。

（2）经综合平衡，可以判定《水轮发电机转子现场装配工艺导则》（DL/T 5230）所提出的磁轭偏心值的控制标准是比较合适的（见表 5.2.12）。

表 5.2.12   DL/T 5230—2009 标准表

发电机转速 $n/(r/min)$	$n<100$	$100\leqslant n<200$	$200\leqslant n<300$	$300\leqslant n<500$
偏心允许值	0.35	0.28	0.20	0.10

5. 定、转子空气间隙偏差的控制标准

由于定、转子空气间隙偏差的极限值取决于定、转子内外径偏差的幅值，其是由发电机结构尺寸误差和安装过程误差两部分组成，具体可归纳为以下几项：定子铁芯内径失圆、转子整体外径失圆、主轴中心偏差、镜板与固定部分中心线不垂直引起的摆度。对此，可以电站实测案例给予说明。

（1）仙蓄电站定、转子空气间隙偏差的极限值估算资料见表 5.2.13。

表 5.2.13   仙蓄电站定、转子空气间隙偏差的极限值估算资料表   单位：mm

项　目　名　称	厂　家　标　准	
	初拟值	执行值
定子铁芯内径不圆度	±0.50	±0.25
转子外径不圆度	±0.37	±0.20
主轴中心偏差	0.04（参照 GB/T 8564）	
镜板与轴线不垂直度	0.203（0.05×L/D）	

注　L 为测点至推力镜板的距离，D 为推力镜板的直径。

1) 按初拟值估算空气间隙偏差的极限值为：$\sum\delta=(0.50+0.37+0.203+0.04)/37=3.01\%$。

2) 按执行值估算空气间隙偏差的极限值为：$\sum\delta=(0.25+0.20+0.203+0.04)/37=1.87\%$。

3) 亦即仙蓄电站定、转子空气间隙偏差的控制标准约为（±1.87%～±3.01%）δ。

（2）清蓄电站定、转子空气间隙偏差的极限值估算资料见表 5.2.14。

表 5.2.14   清蓄电站定、转子空气间隙偏差的极限值估算资料表   单位：mm

项目名称	厂家标准	项目名称	厂家标准
定子铁芯内径失圆	±0.375	主轴中心偏差	0.04（参照 GB/T 8564）
转子外径不圆度	±0.75	镜板与轴线不垂直	0.107（0.05×L/D）

则估算空气间隙偏差的极限值为：$\sum\delta=(0.375+0.75+0.107+0.04)/37.5=1.272/37.5=3.4\%$。

亦即清蓄电站定、转子空气间隙偏差的控制标准约为±3.4%δ。

（3）惠蓄电站定、转子空气间隙偏差的极限值估算资料见表5.2.15。

表 5.2.15　　　　　　　惠蓄电站定、转子空气间隙偏差的极限值估算资料表　　　　　　单位：mm

项目名称	厂家标准	项目名称	厂家标准
定子铁芯内径失圆	±1.075	主轴中心偏差	0.04（参照 GB/T 8564）
转子外径不圆度	±0.584	镜板与轴线不垂直	0.177（0.05×L/D）

则估算空气间隙偏差的极限值为：$\sum \delta = (1.075 + 0.584 + 0.177 + 0.04)/43 = 1.876/37.5 = 4.36\%$。

亦即惠蓄电站定、转子空气间隙偏差的控制标准约为±4.36%δ。

（4）惠蓄电站某台机组（其他台机组也大致相当）空气间隙实测值见表5.2.16。

表 5.2.16　　　　　　　　　　惠蓄电站某台机组空气间隙实测值　　　　　　　　　　单位：mm

磁极编号	下　部	上　部
1	44.38	43.88
2	43.92	44.00
3	43.90	43.34
4	43.30	43.60
5	43.62	43.44
6	43.40	44.20
7	43.94	43.76
8	43.90	44.20
9	44.30	43.44
10	44.00	44.20
11	43.88	44.30
12	43.76	44.14
测量平均值	43.86	43.88
测量最小值	43.30	43.34
测量最大值	44.38	44.30

1）磁极上部空气间隙偏差。最大值与平均值的偏差为 44.3−43.88＝0.42mm＝0.98%δ；平均值与最小值的偏差为 43.88−43.34＝0.54＝1.26%δ。

2）磁极下部空气间隙偏差。最大值与平均值的偏差为 44.38−43.86＝0.52mm＝1.21%δ；平均值与最小值的偏差为 43.86−43.3＝0.56＝1.3%δ。

3）以上说明，精心施工所达到的实测值远小于±4.36%δ，如若惠蓄电站制定的定子内径偏差标准不是那么过于宽松的话，定、转子空气间隙偏差的控制标准就应会比±4.36%δ 小很多，至少当与仙蓄、清蓄等电站比肩。

6. 结语

（1）应更广泛采集抽水蓄能电站机组定子圆度质量控制标准及实际运行资料进行综

合、比较，在参照执行制造厂特殊要求及有关技术文件要求的同时，建议适当放宽尺度，把定子圆度"目标值"制定为不大于±1.0％设计空气间隙，控制值制定为±1.5％设计空气间隙。

（2）应更广泛采集抽水蓄能机组转子圆度质量控制标准及实际运行资料进行综合、比较，建议：

1）以转子偏心值作为转子圆度的主要控制标准，并执行《水轮发电机转子现场装配工艺导则》（DL/T 5230—2009）的相关规定。

2）转子磁轭、磁极外圆测量实际半径与设计半径（或平均半径）的偏差值作为转子圆度辅助控制标准（自然是不可缺少的），同样适当放宽尺度地把转子圆度"目标值"制定为不大于±1.0％设计空气间隙，控制值制定为±1.5％设计空气间隙。

（3）由于抽水蓄能电站机组定、转子空气间隙偏差的控制标准的幅值均大大低于《水轮发电机组安装技术规范》（GB/T 8564）的"±8％δ"，应在更广泛采集抽水蓄能机组定、转子空气间隙偏差质量控制标准及实际运行资料进行综合、比较的基础上，制定更加合理的执行和控制标准。如若把空气间隙偏差"目标值"制定为不大于±2.0％设计空气间隙、控制值制定为±3.0％设计空气间隙是足够宽松也是相对合理的。

参 考 文 献

[1] 马强. 采用球面静压轴承的大型水轮机转轮静平衡试验方法 [J]. 中国水能及电气化，2012（84）：70－73.

[2] 刘永红，肖庆华. 抽水蓄能电站水泵水轮机主轴密封水控制系统 [J]. 东方电气评论，2016，30（2）：50－52.

6 抽水蓄能机组故障诊断与处理

本章介绍、剖析了几个大型抽水蓄能电站水泵水轮机、进水球阀、电动发电机在制造、安装调试以及运行检修过程中发生的各种类型故障乃至事故,以及所采取的各项有效处理措施。

6.1 水泵水轮机

本节收集了 THP 电站 S 特性引发的机组振动,GZ-Ⅱ电站水导轴承长期运行中动静干涉、流固耦合引起的振摆、惠蓄电站转轮叶片焊接圆角引发气蚀以及裂纹的处理、深蓄电站水泵水轮机低水头大负荷降噪减振的分析与处理,海蓄电站转轮上下腔体引发激振噪音和顶盖压力脉动的分析与处理,以及惠蓄电站 CP 工况迷宫环温升故障等,均是业内人士十分关注的问题。

6.1.1 THP 电站 1 号机组异常振动初探

1. THP 电站机组总体结构与设计水位及运行水头设计水位
(1) 设计水位见表 6.1.1。

表 6.1.1 设 计 水 位 表 单位:m

项 目 名 称	上水库	下水库
设计最高蓄水位	905.2	344.5
设计最低蓄水位	863.0	295.0
正常发电(不顶事故备用)最高水位	905.2	338.6
正常发电(不顶事故备用)最低水位	865.0	295.0

(2) 运行水头见表 6.1.2。

表 6.1.2 运 行 水 头 表 单位:m

水 轮 机 工 况		水 泵 工 况	
最大/最小毛水头	610.2/526.5	最高/最低毛扬程	610.2/526.5
额定水头(净)	526.0		
非常情况最小毛水头	518.5	非常情况最低毛扬程	518.5

(3) THP 电站机组总体结构见图 6.1.1。

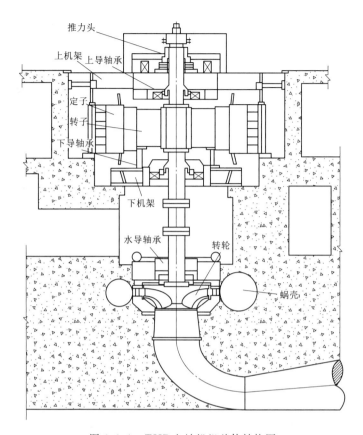

图 6.1.1　THP 电站机组总体结构图

2. 调试进程中的处理与分析

（1）机组初期调试简况。

1 号机组自 1998 年 5 月 31 日首次水轮机工况试运行以来，至 1998 年 9 月 26 日共启动 192 次，其中，水轮机工况 102 次，水泵工况 90 次。在水轮机工况调试初期，机组运行水头在 518.52～521.00m 时，各导轴承摆度及机架振动都较大，尤以水导轴承处为最，甚至出现转动油盆与固定部件碰磨溅射火花的现象。

（2）按正常程序，机组进行了动平衡试验（在转子上下部位加置配重共计 161kg）。厂家采用 FFT 测振仪器进行了一系列检测，检测资料表明，在大部分运行工况下水导轴承的振动频率均体现为机组转频。因此，厂家及 EDF（建设单位聘请的法国咨询专家）再次对轴系或轴承间隙的调整进行了检查，经盘车实测证明机组轴线调整的效果是良好的（见表 6.1.3）。

表 6.1.3　　　　　　　　　　盘 车 测 量 摆 度 值 表　　　　　　　　　单位：μm

方向	测 量 部 位				
	上导轴承	下导轴承	下轴法兰	中间轴	水导轴承
X 方向	—	0.02	0.05	0.12	0.05
Y 方向	—	0.11	0.09	0.14	0.09

经配重后的上、下导摆度已能满足运行要求（见图6.1.2），但水导轴承处的振动和摆度却无较大改善。事实证明，继续在转子上加置配重已无助于改善水导轴承处的振动和摆度。

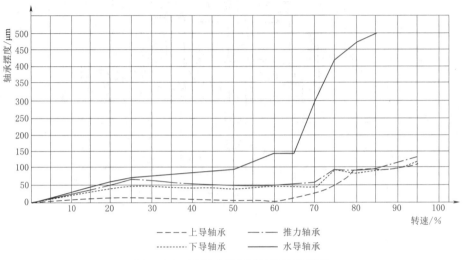

图 6.1.2　配重动平衡后的轴承摆度图

（3）厂家依据欧洲某电站的经验，把水导振摆偏大的原因归结为水导轴承供油量不足、油膜偏薄，遂将水导瓦拆下增加8个水导上油盘通往油槽的进油孔。但增钻进油孔后投入运行并未收到预期效果，增钻进油孔后的轴承摆度见图6.1.3。

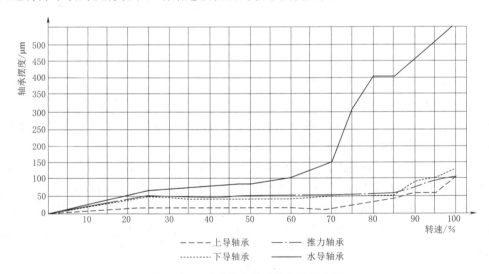

图 6.1.3　增钻进油孔后的轴承摆度图

（4）其后又采取适当增加上导间隙（单侧增加0.04mm），旨在一定幅值内缓解水导轴承处的大轴振摆。从图6.1.4可以看出，运行工况略有好转，但其效果也不显著。

（5）厂家在33次转动后对轴瓦间隙再次进行了检测，即当大轴相对于上导、水导及上下迷宫均调整处于中心位置时，转动180°测得下导轴承处大轴与导瓦的间隙值（见图

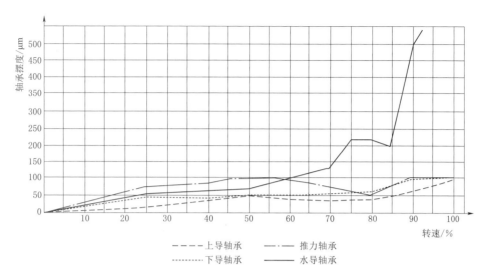

图 6.1.4　增大上导间隙后的轴承摆度图

6.1.5)。检测表明，由于多方面的原因，三道轴瓦的不同心是存在的，其幅值在 0.13～0.17mm 之间；于是对之进行了调整，调整的结果为：上导轴承间隙均在 0.27～0.29mm 之间；下导轴承间隙调整为 0.28mm，其最大调整量达 0.19mm；调整后机组在水轮机空载工况下进行了验证（当时上库水位已增至 866.67m，下库水位降至 343.39m，即运行水头为 523.28m，已接近设计水头 526m），额定转速时的运行参数见表 6.1.4。

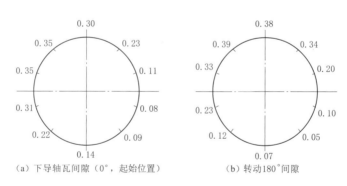

图 6.1.5　大轴与导瓦的间隙示意图（单位：mm）

表 6.1.4　　　　　　　　　　　额定转速时的运行参数表

项 目 名 称	检测值	项 目 名 称	检测值
钢管水压/MPa	4.6～7.0	水导轴承摆度/μm	≥500
锅壳水压/MPa	6.0～6.4	顶盖振动/(mm/s)	4.0
导叶开度/%	20	上导轴承摆度/μm	135
转轮与底环间压力/MPa	0～6.0	下导轴承摆度/μm	251
转轮与顶盖间压力/MPa	0～4.0	推力轴承摆度/μm	160
转轮与导叶间压力/MPa	3.0～6.4	尾水管压力/MPa	1.13～1.27

从表 6.1.4 中可以看出，机组仍无法在额定转速正常运转，其中钢管水压、转轮与底环之间压力脉动尤为显著，转轮与导叶间的压力脉动也很大，机组转速还出现了振荡。运行结果表明，即上述对轴承间隙的调整是不能从根本上解决水轮机工况在低水头段空载运行振动问题的（事实上，当上库水位为 873.50m，下库水位为 341.80m，即运行水头达到 531.70m 时运行状况仍无大的改善）。

（6）继之，针对各道瓦间隙的调整开展了一系列尝试性工作：

1）各部位轴承瓦温及摆度见表 6.1.5，从表 6.1.5 中可以看出，机组在冷状态下启动并立即升速至 475r/min 时，水导轴承处大轴摆度达到 410μm，顶盖振动为 2.3mm/s。而随着上、下导瓦温的升高，导轴承处大轴摆度虽有所降低，但变化幅度不大；上下机架的振动基本上没有变化；水导轴承处大轴摆度略增并超过 500μm。这说明了上、下导轴瓦间隙随瓦温升高的减小在一定程度上加剧了水导轴承处大轴的摆度，但其影响是很有限的。

表 6.1.5　　　　　　　　　　各部位轴承瓦温及摆度表

上导轴承		下导轴承		推力轴承		水导轴承	
瓦温/℃	摆度/μm	瓦温/℃	摆度/μm	瓦温/℃	摆度/μm	瓦温/℃	摆度/μm
39.7	128	53.9	172	53.4	182	34	410
76.2	83	71.8	115	69.9	120	51.36	≥500

2）SFC 启动机组及水泵调相时各部位瓦温、摆度见表 6.1.6，从表 6.1.6 中可以看出，在采用静止变频器（static frequency converter，简称 SFC）启动机组及水泵调相工况下，尽管上、下导轴瓦的间隙随瓦温升高有所减小（即摆度相对变小），而水导轴承的摆度也因之略增，但其变化幅度都不大。同时，上下机架振动的变化基本上与轴瓦的冷热状态无关。

表 6.1.6　　　　　SFC 启动机组及水泵调相时各部位瓦温、摆度表

上导轴承		下导轴承		推力轴承		水导轴承	
瓦温/℃	摆度/μm	瓦温/℃	摆度/μm	瓦温/℃	摆度/μm	瓦温/℃	摆度/μm
37	160	34	120	32	163	39	62
81	35	77	45	71	64	53	97

3）水泵工况时轴承各部位瓦温及摆度见表 6.1.7，从表 6.1.7 中可以看出，除上导轴承摆度随瓦温的升高有所减少（变化幅度不大）外，下导、推力轴承处几无差异。而水导轴承处大轴摆度虽增大约 0.04mm，但仍在同一数量级上。同时，上下机架的振动也不随瓦温的升高发生变化。可以认为，因瓦温致瓦间隙减少从而引发水导轴承摆度和振动的情况在水泵抽水工况下是不存在的。所有这些都证实了要彻底解决水导振动的问题还得另辟蹊径。

表 6.1.7　　　　　　　　水泵工况时轴承各部位瓦温及摆度表

上导轴承		下导轴承		推力轴承		水导轴承	
瓦温/℃	摆度/μm	瓦温/℃	摆度/μm	瓦温/℃	摆度/μm	瓦温/℃	摆度/μm
59.9	102	61	61	62	45	46	398
78.1	42	75.1	53	69.2	45	52	430

4）最终，将上下导间隙调整为 0.32mm，水导间隙调整为 0.22mm。并投入运行，其时上下库水位分别为 873.50m 和 341.83m。水轮机工况运行时，上、下导轴承摆度值有所上扬，水导轴承摆度略有好转，但并没能从根本上解决问题（见图 6.1.6）。

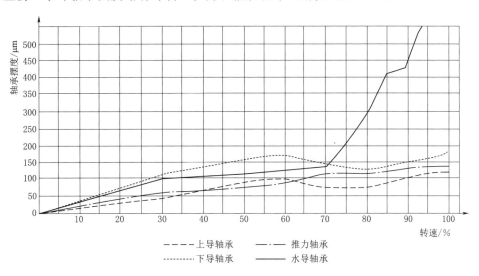

图 6.1.6　上下导间隙调整后的轴承摆度图

3. 机组振动起因的初步分析

（1）从挪威 KVAERNER 提供的 FFT 检测频谱分析资料（见表 6.1.8）可以看出，在 80%～95% 额定转速时，上、下导轴承处大轴振动的频率始终反映机组转动频率（简称"转频"）f_n，而水导轴承处大轴振动在转速低于 90% 额定转速时转频为主频率，转速在 90% 额定转速以上时则开始紊乱，当机组升至 95% 额定转速时，其振动频率剧降至 6.2Hz（较机组转频低了近 25%）。也就是说，在低水头段导水叶接近空载开度时由于转轮叶片进口及相邻部位脱流所产生的转轮、导叶之间紊流动量交换（机械能和水能全部或部分转换成热能）很可能是水轮机振动的重要原因。

表 6.1.8　　　　　　　　　　　机组各部位振动频率表　　　　　　　　　　　单位：Hz

部位 ＼ 转速	80%额定转速	85%额定转速	90%额定转速	95%额定转速	备注
上机架	40.1	42.2	44.6	47	
下机架	6.7	22.6	21.4	20.4	
水导轴承座	49.9/1.2	49.9/1.2	49.9/1.2	49.9/1.2	主/次谐波
顶盖	49.9/180	49.9/191	50/200.6	49.9/212	主/次谐波
转轮上冠	60.0/1.4	63.6/1.4	67.0/19	70.6/19	主/次谐波
转轮下环	1.4	1.4	19.2	19.4	
钢管	1.2	1.4	45.6	14.6	
锥管	1.4	1.4	19.2	19.4	
上导轴承处大轴	6.5	7.0	7.4	7.9	

续表

部位 ＼ 转速	80％额定转速	85％额定转速	90％额定转速	95％额定转速	备注
上导轴承	6.2	7.0	7.4	7.9	
下导轴承	6.5	7.0	7.4	7.9	
下导轴承	6.7	7.2	7.4	7.9	
水导轴承	6.5	7.2	7.4	6.2	
水导轴承	6.5	7.2	7.4	6.2	
机组转动频率	6.67	7.083	7.5	7.917	

（2）运行过程中在转轮与底环间、转轮与顶盖间以及转轮和导叶之间分别装设压力表测录数据（见表 6.1.9）。

表 6.1.9　　　　　　　转轮与底环、顶盖和导叶间的压力脉动表　　　　　　单位：MPa

运行工况	Q_1	Q_2	P_1	P_2	T_1	T_2
450r/min	4.0～4.4	3.4～3.6	3.0～4.0	3.6～4.4	3.5～6.1	4.1～5.3
475r/min	4.2～4.5	3.6～3.8	3.0～4.0	3.6～4.8	3.4～6.2	4.0～5.4

注　Q_1、Q_2 为转轮与底环间压力；P_1、P_2 为转轮与顶盖间压力；T_1、T_2 为转轮与导叶间压力，以上均为两个测点测值。

从表 6.1.9 中可看出，转轮与导叶之间压力脉动剧烈，可能源于导叶高度仅 262mm（GZ-Ⅰ电站为 364.7mm，GZ-Ⅱ电站为 371.6mm），使得转轮和导叶之间可供消耗动量交换能量的空间甚小，不利于紊流动量交换、减少涡流及其相互作用而构成共振条件。

（3）通过图 6.1.7 可以清楚地看到，当机组采取事故紧急停机方式时，球阀和导水叶紧急关闭造成转轮室失水瞬间机组振动骤然剧减，这又是脱水即减振的有力佐证。

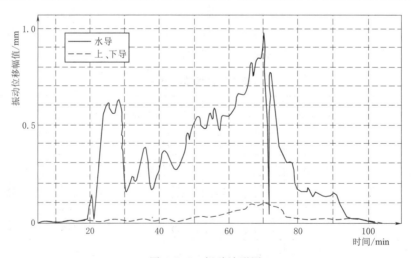

图 6.1.7　振动波形图

（4）当用 SFC 启动机组并在压水工况下转动机组至额定转速时对转动部件各部振动进行检测的结果（见图 6.1.8）表明，机组各部位的振动值均趋于平稳，这也能够说明水力因素确系振动之源。

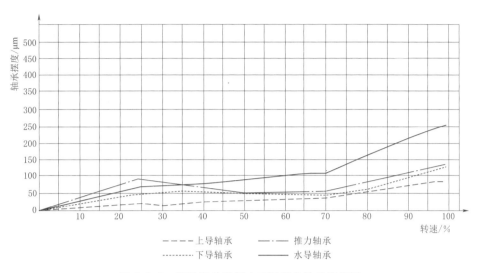

图 6.1.8　SFC 启动及压水工况时的轴承摆度图

（5）在调试过程中，厂家曾分别向转轮与导叶之间及尾水管部位补入压缩空气，均未取得预期效果。结合运行过程中尾水管亦未出现过高的压力脉动或强烈噪声，排除了由发生于尾水管的偏心或不稳定涡带引发压力脉动和振动的可能。

（6）回顾挪威 KVAERNER 于 1995 年提供的最终模型试验报告所附全特性-流量特性曲线（四象限图）可以看出，低比转速（$n_{SP}=31.2\mathrm{m\cdot m^3/s}$）的 THP 电站水泵水轮机在水轮机工况运行水头范围内空载开度线（$\alpha=4.8°\sim2.7°$）具有明显的 S 特性，即在水泵水轮机空载工况下，受到其自身惯性驱动而进入制动区（第Ⅳ象限）后，由于水流对转轮的阻挡作用，于流量减小的同时转速也略下降，导叶等开度线出现向 n_1' 值反弯的现象（见图 6.1.9）。如果惯性力仍不消失，转轮离心力将使水反向流出进入反水泵区，此后转速将再增大，使开度线向 n_1' 方向弯曲，形成一个通称为 S 特性曲线。在此区域内，机组对应于一定水头和转速（即单位转速 n_1'），单位流量 Q_1' 有两个或三个不同的流量，而且其中一个还是负值。这一现象意味着机组易于由飞逸状态进入反水泵区，其时转轮进口产生回流，同时具有特定方向、大小的相对速度的转轮进口水流在叶片进口边附近的正面或背面还会形成脱流区。该回流和脱流区紊流所产生的交变力作用于叶片都将引发强烈的压力脉动和机械振动。上述情况在转轮模型验收时已经发现并向挪威 KVAERNER 提出，但并未引起厂家的足够重视。

（7）根据运行记录可以看出，随着上库水位渐次上升，机组在水轮机空载工况的运行参数也逐步好转（见表 6.1.10）。

表 6.1.10　　　　　　　　水轮机空载工况的运行参数表

水头/m	519	523	529	532	538	542	545
水导摆度/μm	$\not<$500	$\geqslant$500	460	420	380	360	310
顶盖振动/(mm/s)	4.0	4.0	3.9	3.9	3.6	3.2	2.9

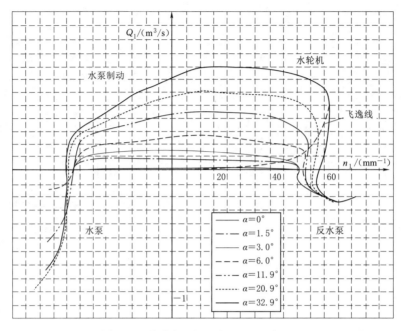

图 6.1.9 全特性-流量特性图（四象限图）

从表 6.1.10 中可以看出，当水头上升至 538m 及以上时，水导摆度降至 $380\mu m$ 左右，其时手动控制的机组已基本进入正常运行状态，但当调速器切换至自动工况时，机组仍因转速难以稳定而不能正常同期并网。其后，直至水头上升至 555m 及以上时调速器切至自动机组转速才趋于稳定并能正常并网；而当机组负荷上升至 140MW 及以上时，振动、噪声骤然减少，机组运行状况十分平稳（例如，负荷升至 250MW 时，水导主轴摆度仅 $130\sim150\mu m$，顶盖振动 $0.7\sim0.8mm/s$）。

4. 综合分析及拟采取的处理措施

（1）在调试期间，厂家曾多次采取改变启动程序以期抑制空载转速失稳达到并网所需的条件的方法。

1）在低水头区延长开机时间，即控制导叶开启速度的常规办法。

2）用大于正常额定转速的开度开机，然后关小开度在缓慢下降转速过程中实施并网。

3）以连续往复操作导叶的方式使机组处于快速调节过程，形成钢管和尾水管的压力脉动与 S 曲线叠加并相互抑制，达到相对稳定的并网条件。

4）以压力钢管的压力脉动作为调速器的主要反馈信号。

机组在水轮机并网前的临界点即飞逸线运行时，由于低水头段空载开度相应较大，未能避开 S 不稳定区，就给机组的并网发电或由调相工况转发电运行以及水轮机工况的甩负荷停机造成了极大困难。以上多种方法均未能摆脱水轮机振动、机组失稳（如逆功率保护动作）等的困扰而取得实效。

（2）根据参阅有关文献资料[1] 和电站的现实情况，厂家提出了拟采取的处理措施。

1）通过球阀和导叶的联动使机组启动曲线比较平稳，且升至空载额定转速时实现稳定、可靠的并网，其方式为预先开启球阀至一个特定的开度（一般为 15％～25％），而后用开启导叶的方式启动机组；或预先开启导叶至一个特定的开度，而后用小开度开启球阀的方式启动机组。印度赫拉（Bhira）抽水蓄能电站（单机容量150MW，毛水头500~516m，转速500r/min）试运行期间就曾采用上述方法改善了控制失稳的问题。这种方法属于非设计运行工况，可能引起球阀和导叶的振动，也会带来球阀等过流部件的空蚀等诸多隐患。

2）预开启导叶法。详见1.1.1.3导叶不同步装置的应用中的"2.MGV装置的工作原理"。为长远计，预开启导叶法应系首选方案。

6.1.2 GZ-Ⅱ电站水导轴承振摆剖析

GZ-Ⅱ电站四台机组运行时，上、下导（含上下机架）的振动摆度均较理想，而各工况下的顶盖振动数据均较大，趋于《旋转机械转轴径向振动的测量和评定　第5部分：水力发电厂和泵站机组》（GB/T 11348.5）关于振动等级分区的D级，水导的摆度也较大，相当部分处于C区，其中5号和8号机组的水导摆度状况尤差，5号机组在G工况低负荷下和P工况的水导摆度都趋于D区范围，8号机组在G工况低负荷下的水导摆度也处于D区范围。一般情况下，G工况稳定后水导瓦温还算正常，如8号机组最高瓦温在60℃左右，最低瓦温在55℃左右，瓦温最大温差在5℃左右，未出现较大变化。但P工况运行稳定后，水导最高瓦温达到75.14℃（超值报警），最低瓦温为57.36℃，最大温差为17.78℃。其他机组类同，只是幅值有所差异。

1. 水导轴承结构及相关参数

（1）水导轴承结构。GZ-Ⅱ电站的水导轴承为强迫外循环冷却分块式巴氏合金瓦导轴承，通过楔键、推力块与轴承座连接，其结构见图6.1.10。固定楔键的座体是用周圈

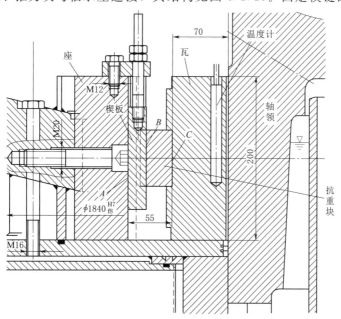

图6.1.10　水导轴承结构示意图（单位：mm）

A—楔板与瓦座的接触面；B—楔板与抗重块的接触面；C—抗重块与瓦背的接触面

M20 内六角螺钉把紧于水导轴承座上的；楔键的斜面（上厚下薄）与推力块的斜面配合（1：50），可以遏制轴瓦上窜。

（2）机组及水导轴承相关参数见表 6.1.11。

表 6.1.11 机组及水导轴承相关参数表

项　目	数值	项　目	数值
机组转速/(r/min)	500	水导瓦尺寸（宽×高）/mm	200×200
水导瓦数量/块	12	轴领直径/mm	1280
设计载荷/kN	328	额定水头/m	514
轴承损耗/kW	66	总间隙/mm	0.55

2. 机组运行基本情况

（1）机组升速试验〔以 2009 年 5 月 A 修（即机组大修，下同）后的 5 号机组为例〕。转速在 300r/min 以下水导摆度、振动都比较小，各信号频率成分以转频分量所占比例较大。转速在 300r/min 以上随着机组转速的增加，机组的振动、摆度迅速变大，到额定转速时摆度振动达到最大值，以水导轴承最为突出（见图 6.1.11）。

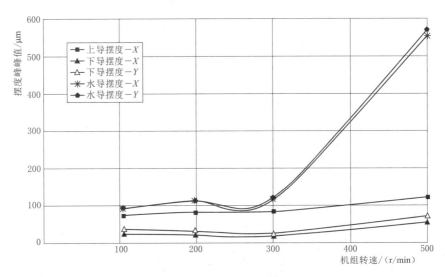

图 6.1.11 机组三导摆度随转速变化趋势图

（2）机组空载、190MW、220MW、250MW、300MW 负荷及 CP 工况、P 工况摆度及部分振动峰峰值对比情况见表 6.1.12～表 6.1.19（以 2009 年 5 月 A 修前后的 5 号机组为例）。

表 6.1.12 机组 A 修前后空载摆度及部分振动峰峰值对比表 单位：μm

修前/修后	上导摆度－X	下导摆度－X	水导摆度－X	上机架水平振动	上机架垂直振动	下机架水平振动	顶盖水平振动	顶盖垂直振动	尾水门水平振动
修前	116.1	73.7	791.7	54.4	195.5	52.5	52.6	121.5	28.4
修后	140.5	55.6	570.9	39.3	183.9	54.0	68.6	46.3	28.4

表 6.1.13 机组 A 修前后 190MW 摆度及部分振动峰峰值对比表 单位：μm

修前/修后	上导摆度—X	下导摆度—X	水导摆度—X	上机架水平振动	上机架垂直振动	下机架水平振动	顶盖水平振动	顶盖垂直振动	尾水门水平振动
修前	75.1	49.7	605.8	18.0	32.5	29.5	41.4	68.6	58.8
修后	106.5	30.5	455.0	15.1	31.9	18.5	54.5	44.5	60.5

表 6.1.14 机组 A 修前后 220MW 摆度及部分振动峰峰值对比表 单位：μm

修前/修后	上导摆度—X	下导摆度—X	水导摆度—X	上机架水平振动	上机架垂直振动	下机架水平振动	顶盖水平振动	顶盖垂直振动	尾水门水平振动
修前	74.0	48.9	449.1	17.4	32.2	25.2	39.5	47.9	36.0
修后	101.2	24.3	339.5	12.8	29.5	16.3	41.4	33.9	40.5

表 6.1.15 机组 A 修前后 250MW 摆度及部分振动峰峰值对比表 单位：μm

修前/修后	上导摆度—X	下导摆度—X	水导摆度—X	上机架水平振动	上机架垂直振动	下机架水平振动	顶盖水平振动	顶盖垂直振动	尾水门水平振动
修前	72.4	44.0	324.1	16.5	28.2	23.5	37.6	43.7	22.9
修后	99.9	23.0	238.0	12.7	26.4	15.6	37.6	30.2	21.9

表 6.1.16 机组 A 修前后 300MW 摆度及部分振动峰峰值对比表 单位：μm

修前/修后	上导摆度—X	下导摆度—X	水导摆度—X	上机架水平振动	上机架垂直振动	下机架水平振动	顶盖水平振动	顶盖垂直振动	尾水门水平振动
修前	71.1	42.8	293.3	15.3	30.7	22.2	26.3	39.9	20.5
修后	96.3	21.2	199.7	12.4	22.3	14.8	39.5	25.4	20.9

表 6.1.17 机组 A 修前后 CP 工况摆度及部分振动峰峰值对比表 单位：μm

修前/修后	上导摆度—X	下导摆度—X	水导摆度—X	上机架水平振动	上机架垂直振动	下机架水平振动	顶盖水平振动	顶盖垂直振动	尾水门水平振动
修前	62.3	35.8	222.1	12.4	20.8	18.3	19.8	28.5	17.5
修后	78.0	25.7	105.1	8.6	7.4	12.2	15.0	13.2	11.8

表 6.1.18 机组 A 修前后 P 工况摆度及部分振动峰峰值对比表 单位：μm

修前/修后	上导摆度—X	下导摆度—X	水导摆度—X	上机架水平振动	上机架垂直振动	下机架水平振动	顶盖水平振动	顶盖垂直振动	尾水门水平振动
修前	61.5	49.0	235.0	13.6	25.7	25.4	36.5	52.8	37.9
修后	74.9	26.3	150.7	9.7	27.6	21.7	26.3	24.5	24.7

表 6.1.19 各台机组 P 工况水导瓦温状况表 单位：℃

P 工况	水导瓦最高瓦温	水导瓦最低瓦温	瓦温最大差值
5 号机组	68.4（6 号瓦）	52.9（10 号瓦）	15.5
6 号机组	68.8（6 号瓦）	54.7（10 号瓦）	14.1
7 号机组	68.7（6 号瓦）	56.3（10 号瓦）	12.4
8 号机组	74.8（6 号瓦）	57.6（10 号瓦）	17.2

（3）情况说明。

1）空载工况下，机组由于受水力不稳因素影响较大，导致机组各部位振动摆度比各稳定负荷工况下大一倍以上。其中，水导最大摆度 X 方向 797.0μm，Y 方向达到 806.1μm，上机架垂直振动也超过国标规定，最大达到 266.9μm（远大于 GB/T 8564 规定的振动位移上限值 40μm）。

2）190MW 时，由于机组仍处于涡带工况区内，受较强的尾水管涡带和不稳定水力因素的影响，各部位振动摆度均较大。

3）从 190MW 到 300MW 随着负荷的增加运行逐渐平稳，机组三导轴承摆度表现为上、下导摆度随负荷增加略减小；水导摆度则大幅下降；机组上机架水平垂直振动及下机架水平振动随负荷的增加略降；顶盖水平垂直振动及尾水管水平振动在 190MW 与水导摆度一致，随负荷的增加大幅下降。

4）机组从 120MW 左右开始进入涡带工况区，120MW 至 160MW 机组处于强涡带工况区，从 190MW 开始到 220MW 涡带的影响逐渐减弱，至有功 220MW 时，机组受涡带影响明显减弱。

5）A 修后各部位水压力脉动与修前相比相差不大，略有下降。

6）同本台机组 A 修前相比，CP、P 工况除上导摆度略有增加外，其余各部位振动摆度均有明显降低，尤其是水导摆度下降最为明显，具体数据对比见表 6.1.17 及表 6.1.18。

3. 机组水导轴承存在的主要问题

（1）各机组在 190MW 至 220MW 负荷区间运行时，不间断出现有水导摆度大报警（但短时复归）现象。同时普遍存在顶盖水平振动及摆度偏大现象，部分数据处于 GB/T 11348.5 关于振动等级分区的 C 级。

（2）机组 G 工况运行时各机组水导轴承瓦温尚正常，但 P 工况运行时，存在水导瓦温偏高、温差偏大现象：尤其是呈现 5 号、6 号、7 号瓦温度较高，接近于报警值 75℃（呈向两端逐渐递减的规律），且四台机组瓦温差均在 17～20℃ 左右。

（3）部件异常受损及破坏。

机组检修期发现水导瓦、推力快、楔键各接触面均有较大的磨损，部分楔键固定螺杆弯曲。其中，楔键磨损量最大，如 5 号机组达到 0.06mm，推力块与楔键的接触面宽度均由 35mm 增大到 40mm 以上，最大值达到 47mm（见图 6.1.12～图 6.1.14）。

4. 轴瓦承载能力的剖析

（1）GZ－Ⅱ电站原设计采用 12 块 200mm×200mm 非同心中心支撑导瓦，轴承设计热态径向间隙 0.1mm。设计轴承载荷为 328kN，损耗 66kW。

（2）上海 VOITH 针对 GZ－Ⅱ电站水导轴承存在问题，重新复核了水导轴承的轴承载

图 6.1.12 水导瓦背与推力块接触面

图 6.1.13 推力块与水导瓦背的接触面

图 6.1.14 楔键与推力块接触面

荷（含泵工况最低扬程和最大扬程、发电工况），并根据洪屏抽水蓄能电站的经验，按照"轴承处作用力＝1.1×径向水推力"对水导轴承所承受的径向力进行了复核测算（见表6.1.20）。

表 6.1.20　　　　　　　　　轴承处径向力表　　　　　　　　单位：kN

工　　况		静态力	动态力	总载荷
额定工况	水泵最大入力工况	370	110	406.7
	水泵工况	280	260	366.7
	水轮机工况	197	100	230.3
过渡工况	飞逸工况	178	1688	1866.0

（3）复核结果表明 GZ-Ⅱ电站水导轴承设计上存在缺陷。主要是泵工况的实际载荷大于原设计载荷，尤以水泵最大入力工况时为甚，导致推力块及其他接触面比压偏高，长期运行造成磨损；设计未计算轴承油的搅拌损耗，使得冷却器热交换容量偏低。为降低瓦温，使轴承损耗（含搅拌损耗）与冷却器相配，投运以来只能采用增大轴瓦安装间隙的措施，增大轴承的热稳态运行间隙，导致水导摆度增大；因此，确有必要从设计角度考虑适当增大轴瓦的承载力以平衡偏高的径向力，从而降低瓦温并缓解导轴瓦及支撑件的磨损。

（4）增大轴瓦承载力的比较与决策。

1）上海 VOITH 对水导轴承不同的设计进行了比较（见表6.1.21）。

表 6.1.21　　　　　　　　　　不同设计水导轴承的比较表

轴瓦设计块数	6	8	10	12	16	24	32
轴瓦高度/mm	315.0	315.0	280.0	250.0	225.0	160.0	140.0
轴瓦宽度/mm	315.0	315.0	280.0	250.0	225.0	160.0	140.0
轴瓦厚度/mm	140.0	140.0	125.0	110.0	100.0	70.0	65.0
圆周利用率/%	47.49	63.31	70.19	75.08	89.99	95.74	111.63
轴瓦边距/mm	352.0	184.4	119.9	83.5	25.2	—	—
最大面压/MPa	2.73	2.05	2.07	2.17	2.01	—	—

轴瓦设计块数	6	8	10	12	16	24	32
油膜厚度/μm	61.58	69.29	66.79	63.19	62.85	—	—
最大油膜温度/℃	90.9	84.0	83.4	85.4	84.2	—	—
瓦温传感器/℃	68.0	64.5	64.2	65.2	64.6	—	—
导轴承初始总损耗/kW	—	183.05	169.59	157.17	159.03	—	—

经比较认为，选择 12 块水导瓦即轴瓦高、宽均为 250mm 相对更合理。

2）根据《水轮机设计手册》[2] 进行轴瓦承载能力的计算：

$$P_{max} = 79.8 \lambda A_P^2 n \frac{\psi_1}{\delta^2} \qquad (6.1.1)$$

$$\lambda = \frac{ZB}{\pi D_P} \qquad (6.1.2)$$

$$A_P = D_P L$$

$$m = \frac{\delta - h_{min}}{\delta} \qquad (6.1.3)$$

$$h'_{min} = \frac{1+k}{2} h_{0min} \qquad (6.1.4)$$

式中：P_{max} 为轴瓦承载能力，kg；λ 为轴瓦的瓦间比；Z 为轴瓦块数；B 为瓦的圆周长度，m；D_P 为轴领外径，m；A_P 为瓦在轴领面上的投影面积，m^2；L 为瓦的高度，m；n 为转速，r/min；ψ_1 为与相对偏心比 m 有关的参数，由图 6.1.15 查取；h_{min} 为最小油膜厚度，通常取出油侧最小油膜厚度 $h_{0min} = 0.04mm$，$h_{min} = kh_{0min}$；h'_{min} 为支顶点的最小油膜厚度；k 为油膜厚度系数可取 2；$h'_{min} = 0.06mm$。

可以看出，轴瓦承载能力与 λ 成正比关系，提高 λ 是能够提高轴瓦承载能力的。但比值太大则影响冷热油交换效率，德国 VOITH 规定 λ 不超过 0.8。

3）对比几个大型抽水蓄能机组水导轴承的技术参数（见表 6.1.22），GZ-Ⅱ 机组的水导轴承轴瓦的承载能力是偏低的，适当提高轴瓦投影面积和瓦间比是有利的。

表 6.1.22   大型抽水蓄能机组水导轴承的技术参数表

电站名称	瓦块数	瓦高/mm	瓦宽/mm	瓦间比	轴领直径/mm
惠蓄	10	400	330	0.75	$\phi1400$
清蓄	12	340	320	0.88	$\phi1380$
仙蓄	10	400	330	0.75	$\phi1400$
深蓄	10	400	330	0.75	$\phi1410$
GZ-Ⅱ	12	200	200	0.60	$\phi1280$

4）上海 VOITH 认为采用 250mm×250mm 轴瓦替换原先的 200mm×200mm 轴瓦以提高轴承的承载能力，这样可以使轴瓦损耗为 134kW，而水轮机工况瓦温自 65℃ 下降至 58℃；水泵工况瓦温自 72℃ 下降至 64℃。但是，由于增加轴瓦高度势必修改整个轴承支座的结构和尺寸，相应的水导瓦及推力块、自动化元件等零部件均需更换，不但检修周期

长，费用也成数倍增加，其所涉及的范围以及影响面都是难以被接受的。最终确定以 $250mm \times 200mm$ 轴瓦替换原先的 $200mm \times 200mm$ 轴瓦，其轴瓦的瓦间比 λ 由原来的 0.6 增至 0.75（周向覆盖率＜洪屏电站的 76%），当然也还在 VOITH 上限 0.8 以内。而且据测算 $200mm \times 250mm$ 方案与 $250mm \times 250mm$ 方案相比较差别也并不太明显。

5. 其他措施

除采用 $250mm \times 200mm$ 轴瓦替换原先的 $200mm \times 200mm$ 轴瓦的措施外，还对 GZ-Ⅱ 电站 6 号机组采取了以下措施。

（1）修正轴颈与轴瓦非同心比例的幅值。由于 GZ-Ⅱ 电站水导轴承系非同心瓦轴承，瓦内径/轴外径（R/r）＝1.027，从表 6.1.23 可以明显看出，相对于其他抽水蓄能电站而言，GZ-Ⅱ 电站的 R/r 值是大了一个数量级的，尤其是打磨加宽 P 工况进油侧 12mm 的处理，使得轴瓦承载面积进一步缩小。

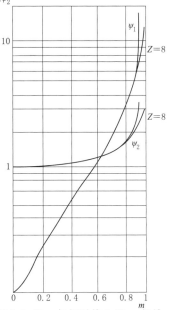

图 6.1.15 与相对偏心比 m 相关的参数 ψ_1 曲线图

表 6.1.23　　　　　　　　　抽水蓄能电站 R/r 值比较表

电站	THP	惠蓄	清蓄	深蓄	海蓄	GZ-Ⅰ	GZ-Ⅱ
瓦内径/mm	$\phi1190.3$	$\phi1304$	$\phi1382.8$	$\phi1413$	$\phi1405$	$\phi1401$	$\phi1314$
轴外径/mm	$\phi1190$	$\phi1300$	$\phi1380$	$\phi1410$	$\phi1400$	$\phi1400$	$\phi1280$
R/r	1.00025	1.0031	1.002	1.002	1.0036	1.0007	1.0266

上海 VOITH 同意修正其设计理念，将瓦内径由原设计 $\phi1314（R657）mm$ 减小至 $\phi1283.0（R641.5）mm$，即瓦内径与轴外径之比缩小为 1.0023，从而调节水导瓦进出油侧油膜厚度的比例，增强油膜刚度，改善水导瓦承载面的受力分布。

（2）针对瓦背、推力块及楔键的非正常磨损采取的积极措施。

1）GZ-Ⅱ 电站水导轴承结构的所有支撑面（包括 A、B、C）均采用精加工平面配合，这就限制了瓦面相对于轴领表面的相对倾斜。一方面不利于机组运行时水导瓦与轴领之间形成油楔进而建立承压油膜以承担径向载荷；另一方面，运行中必然存在的瓦的倾斜会加大相互之间的磨损。因此，修改原设计是完全必要的。遂将抗重块与水导瓦之间的支撑面设计为 $R630mm$ 的球面，大幅度改善轴瓦的偏转灵活性。

2）以惠蓄电站为例，多台机组由于机组甩负荷及过渡工况时大轴所产生的径向冲击力较大，致使球面抗重块与推力块接触面产生塑性变形（最大值甚至达到 0.07mm），引起导瓦间隙增大影响轴线状态。为此，法国 ALSTOM 决定对材质均为 34Cr2Ni2Mo（调质）的球面抗重圆柱和推力块进行表面淬火处理，使其硬度从 248HB 提高到 52HRC 以上，较好地解决了上述问题。而上海 VOITH 则将推力块直径由原来的 $\phi70mm$ 扩大为 $\phi90mm$，降低单位面积的载荷，使得瓦背的刚度满足设计要求，避免抗重块过载磨损，确保水导瓦间隙稳定。

3）改造后水导瓦及抗重块的结构型式见图6.1.16。

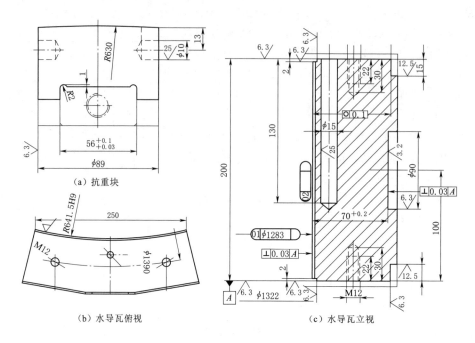

（a）抗重块

（b）水导瓦俯视　　　　　（c）水导瓦立视

图 6.1.16　改造后的水导瓦及抗重块的结构型式示意图

6. GZ-Ⅱ电站6号机组技术改造的评价

（1）根据 GB/T 11348.5，上、下导和水导摆度在 70%额定出力～100%额定出力范围内均处于 A/B 分区界限。

（2）根据《旋转机械转轴径向振动的测量和评定 第 5 部分：水力发电厂和泵站机组》（GB/T 11348.5），上、下导和水导摆度在 240～300MW 时均处于 A 区。

（3）根据《水力发电厂和蓄能泵站机组机械振动的评定》（GB/T 32584），上、下导和水导摆度在 210～300MW 时均处于 A 区。

（4）与改造前相比，水导摆度大幅降低，以 G 工况 190MW 符合运行为例，水导摆度峰峰值由 388μm 下降至 100μm，降幅达 74%。其他工况均有较大改善，见图 6.1.17。

7. 对于四台机组均呈现6号水导瓦瓦温偏高并向两边递减规律的剖析

（1）由于主要受制于蜗壳、座环以及转轮的设计所形成的 GZ-Ⅱ电站水泵水轮机机组特性，如在德国 VOITH 原设计中，6 号瓦方位的座环固定导叶是一枚短导叶（见图 6.1.18，但在其后的合同修改中已取消了原设计），其所引起的回流、二次流是否对转轮及机组轴线产生激荡、干扰，应提请德国 VOITH 予以全方位复核。

（2）初步分析认为，6 号水导瓦对应位置处于蜗壳与压力管道连接处。

1）P 工况运行时，从历次读取的顶盖水平振动数据 X 方向均大于 Y 方向的趋势可以判断 6 号瓦处水力稳定性最差，6 号瓦所受的径向力也最大，从而导致其瓦温也最高，也必然呈现向两边递减的趋势（四台机组规律相同）。

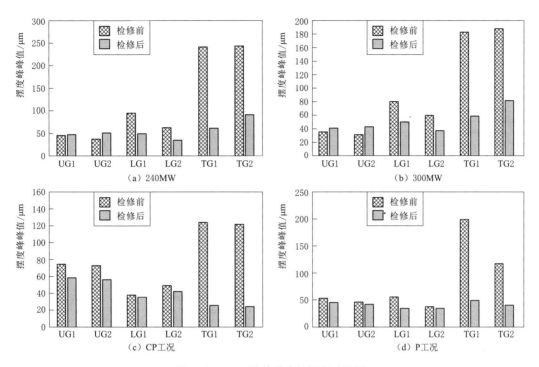

图 6.1.17　改造前后水导摆度对比图

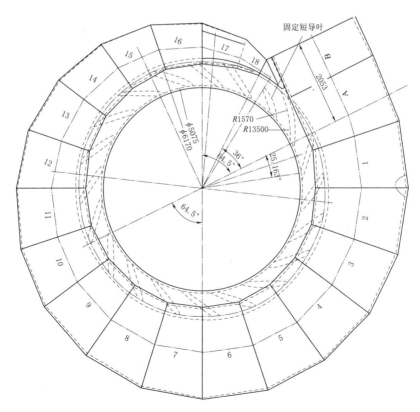

图 6.1.18　GZ-Ⅱ座环/蜗壳结构图（单位：mm）

2）某次调整轴瓦间隙的记录见图 6.1.19，略调整 7 号、6 号、5 号瓦间隙，调整后 G 工况机组瓦温没有明显变化，但 P 工况运行时，6 号瓦所受径向力却仍有增加趋势，瓦温进一步升高（见图 6.1.20）。

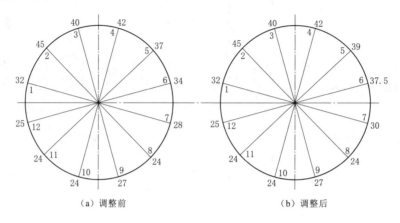

（a）调整前　　　　　　　　　　　（b）调整后

图 6.1.19　某次调整轴瓦间隙的记录

注：内圈数字为瓦号；外圈数字为轴瓦间隙，mm。

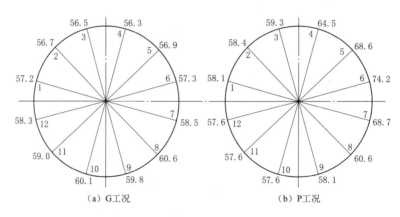

（a）G 工况　　　　　　　　　　　（b）P 工况

图 6.1.20　轴瓦间隙调整后瓦温测录

注：内圈数字为瓦号；外圈数字为瓦温，℃。

3）由此可以认为 P 工况 6 号瓦瓦温偏大是 GZ-Ⅱ机组特性所致，并不是略微调整瓦间隙所能解决得了的。但经过上述增大轴瓦承载力、完善轴承结构及油冷系统扩容等措施应会有所的改善。当然，还应会同上海 VOITH 方面进行深层次探索，寻求蜗壳/座环结构等流道设计方面新的优化途径。

8. 结语

（1）因水泵水轮机水力因素（压力脉动）主要由活动导叶、转轮及尾水管等流道设计及运行工况来决定，技改可能性较小，因此，无论中高负荷状态下 GZ-Ⅱ电站压力脉动测量数据如何，最经济的方式是通过增加水导轴承承载力的方式进行改造。改造方式为：增大单块瓦的受力面积至 200mm×250mm；瓦的内径由 $R657$mm 减为 $R641.5$mm；推力块直径由 70mm 增大至 90mm；适当部位采用球面支撑方式；更换循环油泵，增大润滑油油量以适应新轴承。

（2）由于电网需求，GZ-Ⅱ机组经常长时间运行在 G 工况 190MW 至 220MW 低负荷的"特殊运行工况"区内，机组低负荷区因偏离设计工况较多，必然存在水力扰动造成的强烈随机激振，造成了水导轴承摆度大及水导轴承部件磨损。因此，根据数据统计分析，应设置 220MW 为低负荷区边界，尽可能减少机组 G 工况 220MW 以下的运行时长。

（3）运行人员应针对机组各工况水导轴承振动、摆度和瓦温数据进行统计、分析，当出现水导轴承振动、摆度和瓦温油温明显增大趋势时，应及时申请机组退备，开展瓦间隙调整和水导轴承金属部件检查、更换处理磨损部件。并结合机组大修轴线的处理情况合理调整瓦间隙，有效控制水导轴承振摆和减小水导瓦温差幅值。

6.1.3 惠蓄电站 8 号机组转轮裂纹处理及分析

惠蓄电站水泵水轮机转轮由上冠、9 个材料为 ASTM A743 GrCA6NM 的叶片、下环和泄水锥焊接而成（见图 6.1.21），水轮机进口边直径 3828mm，高度 1133mm，质量 21700kg。电站 2 号、3 号机组投入运行不久，即发现转轮叶片靠近下环出口部位发生明显的空蚀损坏现象。

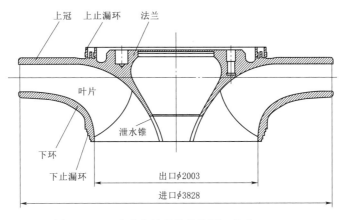

图 6.1.21 惠蓄电站转轮结构图（单位：mm）

1. 机组原设计及拟采取的处理方案

（1）在水轮机模型转轮加工过程中，装配式的叶片和上冠、下环接合部是没有圆弧过渡的，而真机的焊缝则需要一定半径的圆弧过渡以减少焊缝结合部的应力集中，这个焊缝圆弧 r 是与转轮直径 ϕ_S、叶片数和应用水头 H 有关的。

惠蓄电站的原设计取 $r=35$mm（见图 6.1.22）。

（2）法国 ALSTOM 在某抽水蓄能电站的水轮机工况运行中，曾经出现过转轮叶片与下环交界处产生许多小气穴的情况，于是厂家技术部门对上述的圆弧半径进行局部修型，收到了明显实效。法国 ALSTOM 认为惠蓄电站转轮在该部位产生气穴的风险更大，遂决定采取类似的修型手段。

（3）修型程序是将图 6.1.23 中的 280mm 长度分为 93mm、93mm、94mm 三段进行

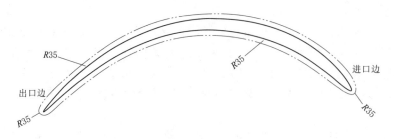

图 6.1.22　原转轮叶片示意图（单位：mm）

过渡性打磨，并在压力侧和负压侧分别使用 $R35$、$R28$、$R13$、$R5$ 共 7 块样板（见图 6.1.23）边校验边打磨，直至达到要求的圆弧半径。

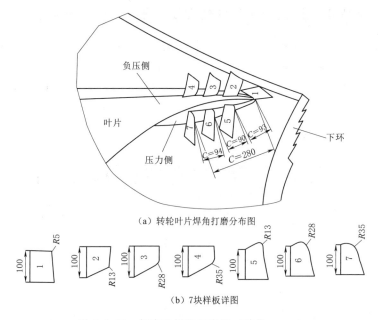

（a）转轮叶片焊角打磨分布图

（b）7块样板详图

图 6.1.23　打磨及样板示意图（单位：mm）

（4）厂家对以上修型工作所进行的转轮应力分析及计算表明：

1）该部位圆弧半径的少量变化不会对机组效率造成影响，同时由于此处载荷较小，水泵工况进水边的应力较低，上述修改引起该部位应力集中的增幅影响不大。

2）经打磨每个叶片的质量损失 $W = 0.59kg$，如果每个叶片的打磨量近似，是不可能产生额外失衡的。即便每个叶片质量损失差异达到 50%，转轮的不平衡量为 0.30m·kg。

该值也只有惠蓄电站转轮最大允许不平衡量 2.6m·kg 的 11%，这就意味着转轮的打磨处理不会对转轮的平衡造成影响。

3）厂家已经对新 1 号机组和 4～7 号机组进行了上述修型，并决定 8 号机组（原 1 号机组）在工地进行修型，2～3 号机组也拟在工地进行该项工作。

2．裂纹的发现及初期处理

（1）8 号转轮按要求在叶片现场打磨前，对下环与叶片焊缝出水边 300mm 范围内进行了 PT 检测，其中 2 号叶片正压面出水边处发现 35mm 长的裂纹。当对表面裂纹进行挖除打磨时发现深处出现两处裂纹，且裂纹长度有所扩大（最大达 50mm）并呈不规则的延伸（见图 6.1.24、图 6.1.25）。

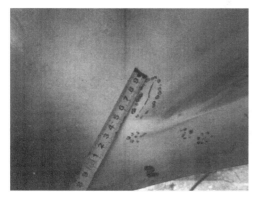
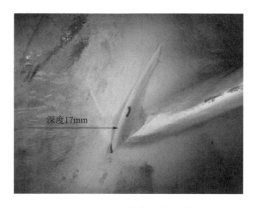

图 6.1.24　打磨前的裂纹　　　　　　图 6.1.25　打磨后的裂纹

（2）缺陷处理的分析及方案选定。

1）由于转轮叶片出水边的特殊断面形状，确定不可能采用钻止延孔的方法消除裂纹末端应力、遏制裂纹在处理时继续扩散。

2）也不能采用碳弧气刨的方式进行处理，否则很可能导致裂隙向母材深处继续延伸，造成更大危害，而且其所产生的不小于 1mm 的渗碳层也难以磨除。

3）经协商最终决定采取的处理程序。

a. 焊接前，对所有叶片焊接部位（上冠与叶片，下环与叶片）进行了 100％补充超声波检测，除 2 号叶片正压面出水边 35mm 长裂纹外，仅在 2 号、3 号、6 号、7 号、8 号叶片焊缝局部发现少量点状缺陷显示（见图 6.1.26）。

b. 根据转轮材料（ASTM 743GrCA6NM）选定合适的专用于不锈钢的特殊微型砂轮磨头进行逐层精细打磨，直至安全有效的消除裂纹缺陷。

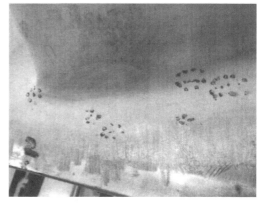

图 6.1.26　2 号叶片点状缺陷

c. 按照 CCH 70 - 3 标准采用染渗透剂测试进行全方位检测，确认缺陷已全部去除。

d. 制定严密可靠的工艺对缺陷部位进行现场恢复性补焊。

3. 缺陷补焊工艺

（1）为了控制焊接过程中的变形，采取如下监测措施（见图 6.1.27）：将转轮平稳放置在下部的四个支撑柱体上，并在其上部法兰面 0°和 90°位置设置两个方形水平仪，调整、监测转轮的水平度；在转轮 0°、90°、180°和 270°四个方向吊置铅垂线，并用内径千分尺分别测量焊接前后的尺寸变化应不大于±0.05mm；在转轮下迷宫环图 6.1.27

所示位置四个方向各设置一个百分表，监测焊接过程中的位移变化量以便及时采取相应措施。

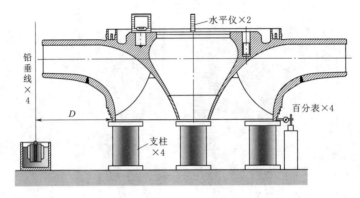

图 6.1.27　转轮补焊监测措施示意图

（2）制定严格、完善的焊接工艺，采取积极稳妥的预、后热措施，确保不会产生新的裂纹和隐患。

1）焊接前，焊接周围区域加热 50℃（电阻或气体干燥）进行干燥处理。

2）焊接参数见表 6.1.24。

表 6.1.24　　　　　　　　　焊 接 参 数 表

焊条直径/mm	操作电流/A	操作电压/V	焊条材料	焊接气体
$\phi 2.0 \sim \phi 2.2$	150～200	14～20	ER410 NiMo	100%氩气
$\phi 3.2$	90～120	20～26		$Q = 7 \sim 12 \mathrm{L/min}$

3）填充焊缝的金属必须与缺陷最大尺寸平行，使其内应力减至最小，焊接程序见图 6.1.28。

4）每层焊缝前后必须重叠并仔细清除焊渣或硅酸盐，以避免出现锐角。

5）采用接触式温度计测量，控制焊接层间温度为 100～175℃。

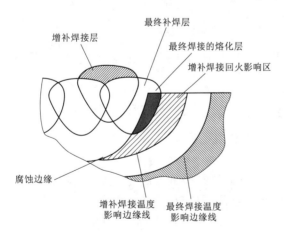

图 6.1.28　补焊部位及程序示意图

6）全部焊接完成再将增补焊接层打磨掉，用 5kg 汽锤（供气 6bar）和 500g 手锤打磨（锤具形状见图 6.1.29），捶打强度按每一层单位长度敲打的时间控制，即保持 0.8～2s/cm 的敲打均匀度。

4. 焊接处理后的检测

焊接处理工作完成后，厂家安排人员来惠蓄工地现场对 8 号机组转轮叶片与上冠、下环的焊缝连接处进行了全方位 UT 探伤工作。

（1）探伤人员使用的是德国 Krautkramer 公司生产的 USN 58L 型脉

冲反射式超声波探伤仪（见图 6.1.30）。

显示屏中间的三条曲线，由下到上分别为 20％、50％、100％距离－波幅曲线（DAC），用于对检测材料中缺陷的判断。其中：①20％距离-波幅曲线：超过此参考曲线的反射波都应进行分析，确定其形状、特性和位置；②50％距离－波幅曲线：超过此参考曲线的缺陷都应记录，记录其位置、波高、大小、深度和性质；③100％距离-波幅曲线：超过此参考曲线的缺陷将进行返修。

（2）探伤人员使用单晶横波斜探头，具体参数见表 6.1.25。

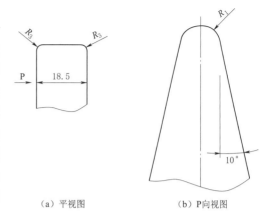

（a）平视图　　　　（b）P向视图

图 6.1.29　锤具形状示意图

图 6.1.30　USN－58 型超声波探伤仪

表 6.1.25　　　　　　　　　　　单晶横波斜探头参数表

型　号	频率/MHz	大小/mm	角度/(°)	检测厚度/mm	种类
MWB 45－4E	4	8×9	45	5～100	斜探头
MWB 60－2E	2	8×9	60	5～80	斜探头
MWB 70－2E	2	8×9	70	5～60	斜探头
SWB 45－2E	2	14×14	45	10～200	斜探头
SWB 60－2E	2	14×14	60	10～140	斜探头
SWB 70－2E	2	14×14	70	10～100	斜探头

（3）法国 ALSTOM 依据其水电标准 028－300/焊缝分类及检测、028－305/焊缝检测工艺和 028－306/焊缝超声波检测工艺，以及 ASME 标准制定如下焊缝超声波探伤标准：

表 6.1.26   缺陷允许长度表

缺陷长度/mm	板厚 T 范围/mm
6	$T \leqslant 19$
$1/3T$	$19 < T \leqslant 57$
19	$T > 57$

所有超过 50％DAC 参考曲线的缺陷都应记录（位置、波高、大小、深度和性质），对于大于 20％DAC 参考曲线的反射波都应进行分析，确定其形状、特性和位置，其中对于非体积性缺陷，当被判定为裂纹、未熔、未焊透时无论长度如何都不允许；对于体积性缺陷，如果缺陷长度超过表 6.1.26 所示范围也同样是不允许的。

（4）本工艺使用横波斜探头手工脉冲回波反射技术，其要点是：

1）在探伤工作开始前，探头及仪器使用材料为 0Gr13Ni4Mo（与惠蓄电站转轮材料相近）的标定块进行校对设定，标定孔直径采用 2.4mm，直探头为平底孔，斜探头为横孔，标定孔深度结合探伤实际情况选用。

2）斜探头要测定入射点、折射角，校对探伤仪的水平范围（直读深度），调节扫查灵敏度制定距离-波幅曲线（DAC）。

3）直探头要测定转轮叶片不同位置的厚度以便探伤时能够直观判断反射波幅的位置是否在探伤材质范围内。

4）根据叶片焊缝的厚度、坡口、几何形状以及焊接方法采用不同角度的探头，并采用不同的探头运动方式，探头移动速度不大于 152mm/s，尽量减少扫查盲区的存在。

5）采用糨糊作为本次探伤的耦合剂。

（5）8 号机组转轮全方位探伤过程中发现两处记录缺陷（见表 6.1.27）。

表 6.1.27   缺 陷 记 录 表

叶片编号	位置	距进水边距离/mm	深度/mm	长度/mm	高度/mm	波高	性质	评定	探头
2	正压面	1070	23	12	10	50％	体积型	记录	SWB60
5	负压面	2700	18	点状	5	80％	体积型	记录	SWB60

注   当缺陷深度不大于 100mm，缺陷长度小于 10mm，或缺陷深度大于 100mm，而缺陷长度小于深度的 10％时，均可视作点状缺陷。

5. 结语

（1）经过较长时间的运行实践证明，将图 6.1.24 中 280mm 长度范围内的叶片与下环焊缝进行自 $R35mm \rightarrow R5mm$ 的过渡性打磨，明显收到了降低空蚀的效果。同时也再次验证了，在进行水轮机模型转轮空化试验时，将计算吸出高程 H_s 密切相关的机组参考高程 Z_r 设定为靠近转轮出水边可能最早产生空化的压力最低点，借以保证该高程压力的原、模型相似，并能更有效反映因空化性能变化而引起的机组稳定性及其他方面的变化。

（2）转轮缺陷在工地现场进行打磨、补焊，措施得当的成功实践为混流式水轮机转轮的现场施焊处理提供了有益的借鉴和参考。

（3）厂家使用较好的探伤仪器，精细操作，最终获得的探伤结论报告是可以被接受的，但也仍存在值得商榷之处：

1）由于 8 号转轮发现的裂纹是在水轮机方向出水边邻近包括母材的静应力和动应力

均较高的区域，而对该区域浅表面的探伤缺少评判性依据。这对于1号机组特重大事故后经过特殊处理用于8号安装的转轮，不能不认为还存在一定的潜在风险。

2）转轮叶片与上冠、下环焊缝区域的允许缺陷是按其种类、大小分别根据疲劳和断裂力学的计算和分析判定的，在不同的静态应力和动态应力下的验收标准也是不同的，制造厂家设计部门应该从疲劳和断裂力学的角度形成真正的探伤验收标准。而目前，仅仅按照ASME和法国标准提出传统意义上的验收等级可能存在差距。

3）仅就焊缝探伤或探测较厚部件而言，现使用MWB、SWB等单晶探头是适用的。即对于转轮叶片头部等较厚的焊缝是合适的，但对于叶片与下环焊缝（估计约20~30mm厚）则不尽理想，且越靠近表面的缺陷越难以探测。根据目前的技术研究表明，对于比较浅的靠近表面的缺陷，宜采用双晶探头，如SEB4双晶直探头、MSEB4双晶直探头、SEB4-0°双晶直探头、VS45双晶斜探头45°、VS60双晶斜探头60°等，使用上述这些探头即可探测到厚度3~50mm范围内的缺陷，包括气孔、未熔合、疏松、夹渣等。如若首先采用双晶直探头检查，录像记录明显缺陷，然后再用双晶60度斜探头复查，必要时用双晶45度斜探头再次复核，并录像记录缺陷再据此准确评判无疑将会更有效地提高检测精度。

6.1.4 惠蓄电站2号机组主轴密封漏水事故的分析处理

惠蓄电站2号机组进入可靠性运行过程中主轴密封漏水严重，经检查，发现密封供水管断裂、6套压缩弹簧装配中有两颗导向杆断裂，造成可靠性运行中断。

1. 主轴密封的结构

惠蓄电站主轴密封采用弹簧复位式流体静压平衡轴向机械密封形式，其结构见图6.1.31，主要由活动环（4瓣）、支撑环（4瓣）、密封环（4瓣）、抗磨环（4瓣）、弹簧装配（8根）等部件组成。旋转抗磨环直接把合在主轴下端法兰上端面与静止密封环相对，密封环在弹簧和尾水水压的作用下紧压着抗磨环。当机组在运行时，密封环内腔给适当压力的过滤后的润滑冷却水，在密封环与抗磨环之间建立一层水膜，其作用相当于流体静压轴承将旋转抗磨环与静止密封分开，使他们不发生直接摩擦从而减少磨损量和热量，并起到密封的作用。

压紧弹簧装配包括8个不锈钢材料的压紧弹簧（直径54mm，弹簧单个直径为8mm，自由状态下长度为150mm，加预应力长度为120mm）以及配套的导向杆、垫圈、调整螺杆、螺帽等（见图6.1.32）。

2. 惠蓄电站主轴密封结构存在问题

（1）压紧弹簧装配的结构设计不尽合理，主要是：

1）导向杆与衬套配合较紧，设计间隙仅0.10mm（实际还要偏小）。而衬套是固定在推力板上的，因此活动环的振动必然对导向杆产生不利的影响，甚至可能导致导向杆的疲劳破坏。

2）导向杆（材质2Cr13）下部拧入固定环的丝杆为M20，根部退刀槽最小直径仅ϕ16mm，是结构的一个薄弱环节。

3）弹簧在固定环上平面未设计限位装置，在螺杆压紧时会产生偏移，影响其"保持浮动环的周向稳定"的功能。

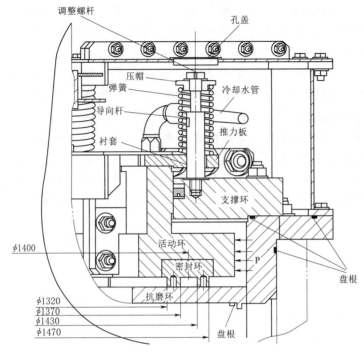

图 6.1.31　主轴密封结构

4）调整螺杆的防松性能较差。

（2）活动环与支撑环间隙设计值 0.40mm，允许偏差 0.10mm，实测为 0.53～0.56mm。其"C"值（见图 6.1.33）略偏大，而整个活动环仅由 U 形盘根约束，其导向性能较差，在高速转动的旋转抗磨环影响下活动环无论在径向、周向还是在轴向都可能产生较大的位移、振动。

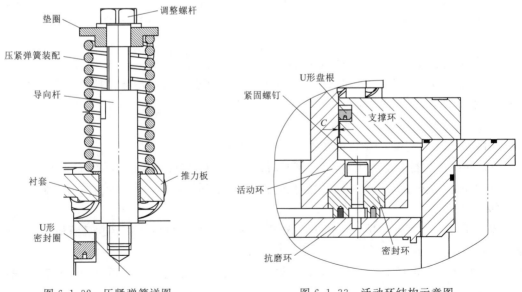

图 6.1.32　压紧弹簧详图　　　　　图 6.1.33　活动环结构示意图

（3）整个活动环的外圆受尾水水压（P）作用。在机组运转时，作用于活动环的 P 也是不均衡的，对导向性能差的活动环而言也是一个激振源。同时。还可能使活动环变形从而产生对导向杆的弯剪应力，加速导向杆的疲劳破坏。

3. 设计修改

（1）调整弹簧装配结构设计的不合理性。

1）取消调整螺杆，重新加工整轴的导向杆，下部增径至 M30，上部为通根丝杆，便于加装备紧螺母上部为丝杆并加装备紧螺母增强防松性能，下部加装卡环定位（见图 6.1.34）。

2）取消 PVC 衬套，重新加工推力板，在推力板上加工压紧弹簧的限位槽［见图 6.1.34（b）］，避免扭紧螺帽时弹簧产生偏移，影响其"保持浮动环的周向稳定"的功能。

3）导向杆穿过的孔与导向杆的直径差为 2.0mm。

4）底部外环加厚 5mm，使其能起到限制炭精环超磨的作用。

5）取消孔盖［见图 6.1.34（a）］。

（2）将约束活动环兼有导向性能的 U 形盘根，改为约束性能稍强、断面为 21mm×18mm 的方形密封圈，并在与活动环接触面增设 4mm 厚的耐磨层［见图 6.1.34（c）］。

（3）将原密封供水环管均更换为接头式高压软管连接。

经上述改造后，经机组长期运行考验证明其功能齐备，基本满足长期、安全、稳定的设计要求。

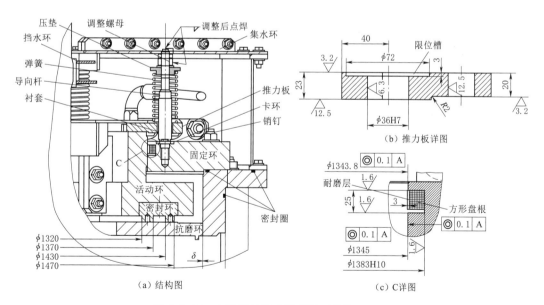

图 6.1.34　主轴密封修改示意图（单位：mm）

4. 推荐的其他主轴密封结构型式

尽管惠蓄电站其他机组均进行了上述改造并收到较好效果，但根据分析类此 ALSTOM 系列的轴向端面主轴密封仍有进一步完善的必要。经汲取 VOITH 系列轴向端面主轴密封的结构特点，推荐如图 6.1.35 所示的主轴密封结构型式。

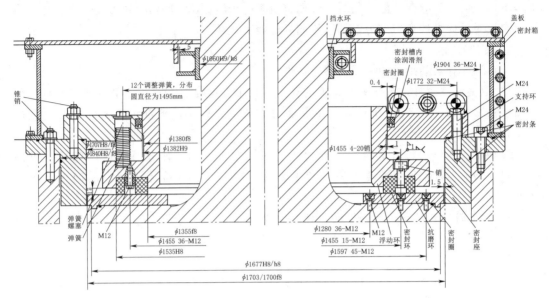

图 6.1.35 某抽水蓄能电站主轴密封结构型式图 （单位：mm）

（1）其与惠蓄电站主轴密封结构设计的主要区别是：

1）ALSTOM 系列的调整弹簧设置在止推板上，由导向杆控制导向压在活动环上，配备有止动卡、轴套等附件。这样的设计可能存在弹簧装置不够均衡稳定、易受密封整体结构振动以及机组振摆影响的隐患。

2）VOITH 系列的支持环设计较厚实，其与弹簧螺塞形成对筒形弹簧的良好的定位和适于调整的功能，同时筒形弹簧下部直接定位于活动环配置的孔槽，整个弹簧装置是相对均衡稳定的。

3）由于密封环采用嵌入浮动环下端面的设计，可以不受径向推力的影响，消除了原 GZ - II 电站（VOITH 系列）设计所存在的弊端。

（2）目前抽水蓄能电站主轴密封的密封环多选用高分子耐磨材料 CESTIDUR（赛思德尔），其平均分子量约为 700000/mol，由于该材料所具有的高分子量和特殊的制造工艺使之具有以下特点：①摩擦系数低，耐磨性和耐腐蚀性好；②适中的机械强度、刚性和耐蠕变性能，即使在低温下，抗冲击强度高；③优越的耐化学性能；④优越的机加工性能，密度比其他非金属材料低（$<1g/cm^3$）；⑤极低的吸水性，极好的电绝缘性和抗静电性；⑥优越的脱模型能，良好的抗高能量辐射性能（gamma - 和 X - 射线）。

6.1.5 水泵水轮机组的降噪减振

深蓄电站 1 号机组在 G 工况 300MW 负荷运行时出现异常声音，持续发出高达 110dB 的噪声，无叶区压力脉动自 160kPa 跃增至 330kPa（见图 6.1.36），顶盖 Z 方向振动（见图 6.1.37）、下机架 Z 方向振动及定子铁芯振动均较 75% 负荷时增大了约一倍。其他一些工况机组振摆及关键部位的压力脉动均也增大（见表 6.1.28）。

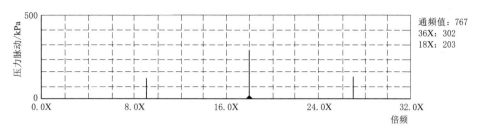

图 6.1.36　机组 300MW 发电工况无叶区压力脉动图

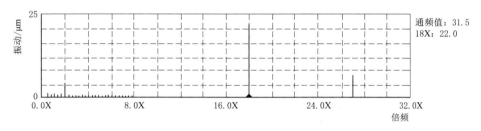

图 6.1.37　机组 300MW 发电工况顶盖 Z 方向振动图

1. 噪声源头寻踪

（1）从频谱图可以看出，噪声和振动的频率主要体现了叶片通过频率 9X（即叶片数×叶轮转速）及其倍频。

表 6.1.28　　　　　　　　　　泵工况热运行测录表

机组部位	摆度值/μm	振动值/μm	噪声/dB
发电机层	592～638（上导）	137～246（上机架）	82.9
水车室内	494～521（水导）	1256（顶盖）	104.4
水车室外			102.2

（2）水泵工况时可能因结构原因使得一部分流体会从出口回流到叶轮中，即发生"回流"，两个或多个反向的液流就可能引起强烈的噪声和振动。

（3）当蜗壳中的环流受到干扰或阻碍流体正常流动时（例如蜗壳流道中的障碍物、直角弯角以及急剧的直径改变等）就会发生紊流，紊流引起振动的幅值和频率是不稳定的，紊流通过壁面压力脉动→自由空间辐射→固体边界散射，也可能会引发起相当高的噪声（见图 6.1.38）。

以上都可归结为转频在机组不同部件之间的互相激励，而要减少不同部件之间互相激励的方法应是在流体传输路径上尽可能减少其反射及叠加。例如，在一些抽水蓄能电站采用了在蜗壳舌板上开孔的尝试并取得了成效。

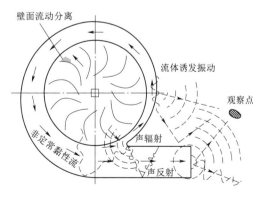

图 6.1.38　离心泵紊流引发噪声示意图

2.清蓄电站的启迪

（1）清蓄电站系由日本东芝电力设计，其蜗壳与进口直管段衔接部位自导流板起始处至座环上下环板的焊接处设置一个上下侧带 $R100$ 圆弧的矩形开口（见图6.1.39），使得固定导叶 G 与蜗壳进口直管段之间有一个水流通道，而不是如同其他混流式水轮机一样采用舌板隔开。

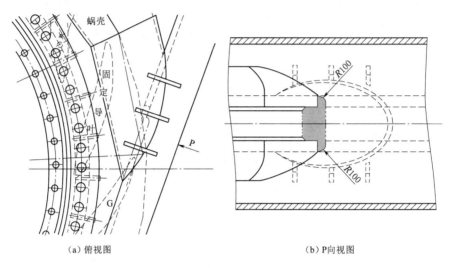

（a）俯视图　　　　　　　　　　　　（b）P向视图

图 6.1.39　清蓄电站蜗壳舌板开孔示意图（单位：mm）

（2）清蓄电站 1 号机组 G 工况水导摆度最大值为 $96\mu m$，水泵工况为 $76\mu m$，四台机组振摆均很接近。

（3）清蓄电站 1 号机组 G 工况水导瓦温最高 56.5℃；水泵工况水导瓦温最高 41.8℃，最低 40.2℃，温差仅 1.6℃；且四台机组瓦温情况均很接近。

3.深蓄电站拟采取的处理措施

东电经综合分析，提出在蜗壳鼻端固定导叶上开孔的建议及实施方案[3]。

（1）其具体步骤是：按设计划开孔轮廓线→在确定位置划排孔线→标定孔距（21～23mm）→使用磁力钻按孔线依次钻出约 50 个 $\phi20$ 孔→使用火焰切割将排孔之间薄壁依次割断→再采用碳弧气刨将上、下面过多的余量吹刨掉，留 10mm 左右打磨量→使用平行砂轮机按所划开孔轮廓线对孔壁进行打磨，光滑过渡→对固定导叶头部进行修型→上述步骤完成后，对所有开孔、修型打磨及附近区域进行 UT＋MT 无损探伤检查，对发现的超标缺陷按焊接规范流程进行处理。最终，达到要求的设计修改效果（见图6.1.40）。

（2）2019 年 8 月，在深蓄电站 1 号机组 B 修期间实施了蜗壳鼻端导叶开孔方案，经试运行验证的效果是：

1）开孔后顶盖的振动优势主频仍然是 2 倍转轮叶片过流干涉频率即 18 倍转频（128.5Hz）。

2）开孔前与开孔后相比较，开孔后各水头下顶盖的振动有明显减小，降至最大 3.89mm/s。

3）开孔前与开孔后相比较，开孔后水车室的噪声总体水平有所下降。

4）总体而言，蜗壳鼻端开孔对于缓解深蓄机组振动和噪声有一定成效，但并不明显。

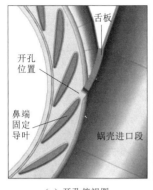
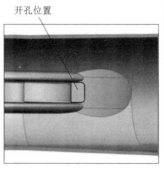
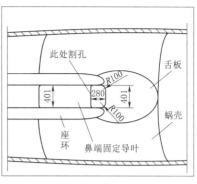

| （a）开孔俯视图 | （b）开孔立视图 | （c）开孔尺寸图 |

图 6.1.40　深蓄座环蜗壳鼻端固定导叶开孔示意图（单位：mm）

由此可以判断，要全面彻底解决深蓄机组振动和噪声问题还得另辟蹊径。

4. 其他抽水蓄能电站针对厂房振动与噪声的转轮改造经验

（1）A 电站水泵水轮机的改造主要通过优化转轮进水边叶片型线（水轮机方向）来改善导叶和转轮之间的流态，即为了减轻动静干涉对机组稳定性运行的影响，降低无叶区压力脉动幅值（降低其激振能量），将导叶分布圆直径比 D_0/D_1，从原来的 1.167 增加到 1.197（见图 6.1.41）。同时，进行了进出口厚度相当的新型水泵水轮机活动导叶的修型。改造后的效果是十分明显：在额定负荷下厂房固定点测量振动平均降幅达到 73%，多点振动测量结果平均振动降低 57%，顶盖平均振动降低 58%；在相近负荷工况下，无叶区压力脉动相对幅值均有所减小，负荷越大减小的幅度越大，尤其是额定负荷工况，相对幅值减小比较明显。

（2）东电设计制造的 M 电站转轮叶片则呈"S"形（见图 6.1.42）。

图 6.1.41　改造后 A 电站新转轮　　　　图 6.1.42　M 电站转轮设计

5. 深蓄电站修型建议

由于东电在深蓄电站原设计的导水叶就是双大圆头形式，为此提出了对水泵水轮机转轮进行类同 A 电站的修型建议。

（1）东电认为，深蓄机组运行中出现的噪声问题，无论其原因是动静干涉本身还是动静干涉引起的相位共振现象，都与无叶区的动静干涉密切相关。因此，解决问题关键就是如何能向好的方向影响动静干涉的特性。修型目的就是在保持水泵水轮机主要性能参数不受大的影响的基础上，减小叶片进口直径从而增大转轮叶片头部与导叶尾部之间的距离，由此达到减小无叶区动静干涉强度的目的。

（2）修型位置位于叶片进水边（详见图6.1.43），每块叶片去除质量约31kg：①修除叶片进水边余量［修型为"C"形，见图6.1.43（a）］；②修叶片头部正背面型线，见图6.1.43（b）；③修叶片与上冠和下环焊缝 R 圆角。

（a）叶片进水边修型为C形　　　　　　　（b）修叶头正背面型线

图6.1.43　拟改造的深蓄转轮图（单位：mm）

6. 结语

（1）实践证明，蜗壳鼻端开孔对于缓解深蓄机组振动和噪声仅有不甚明显的成效，而要全面彻底解决深蓄机组振动和噪声问题还得另辟蹊径。

（2）根据类比电站的经验，实施转轮叶片修型的措施可能有利于深蓄机组振动和噪声的妥善解决，但开发的新转轮应审慎通过模型验收，并兼顾导叶出口脱流引起的脉动力及卡门涡引起的导叶和叶片振动的复核计算和验证。

（3）建议采用CFD对固定导叶和活动导叶进行联合计算分析、修正，达到水泵设计工况水力损失最小、满足水泵工况双列叶栅最优匹配要求，同时兼顾水轮机工况水力性能，亦即完成固定导叶和活动导叶之间翼型参数的匹配。

6.1.6　海蓄电站水泵水轮机压力脉动与振动的分析与处理

海蓄电站机组2017年12月23日完成15天考核试运行，在这期间机组各导轴承温升、摆度及振动均还正常，但顶盖振动及转轮/顶盖、底环的压力脉动幅值却较高、机组噪声也很大，具体测录见表6.1.29。

表6.1.29　　　　　　　　　　顶盖、底环压力脉动测录表

机组运行负荷	振动/(mm/s)			压力脉动/kPa		
	顶盖水平 X 方向	顶盖水平 Y 方向	顶盖垂直 Z 方向	转轮/顶盖	无叶区	转轮/底环
80MW	4.34	2.75	4.49	7.00	—	430
200MW	4.65	4.80	3.47	166	29	233

1. GE（中国）的专题调试简介

（1）鉴于机组异常振动和噪声均发生在80～200MW负荷范围，厂家对机组该范围内水头310～323m（总水头302～326m）进行了测试，其他水头（310m以下及323m以上）未进行。

（2）测试仪器布设。

1）压力脉动测头位置（见图6.1.44）。其中C1共有测头C10、C11、C12、C13和C20、C21、C22、C23；C2共有测头C31、C32；另有测头C35、C36和C70、C71。

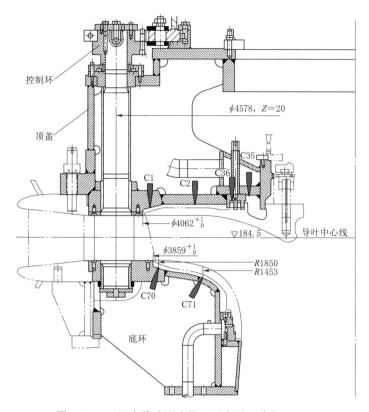

图 6.1.44 压力脉动测头位置示意图（单位：mm）

2）振动传感器位置（见图 6.1.45）。共有五组：HC4；3XZ、3YZ、HC2、HC3；3X（径向）；顶盖 HC‐XZ、HC‐YZ、HC1；底环 BR‐XZ。

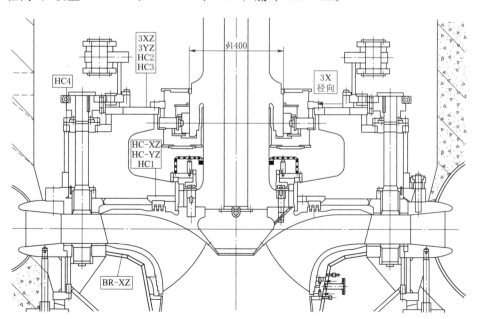

图 6.1.45 振动传感器位置示意图（单位：mm）

（3）测试基本情况。

1）上冠与顶盖及下环与底环两腔压力脉动和振动最大值出现在 130MW 和 200MW 工况（见图 6.1.46）。

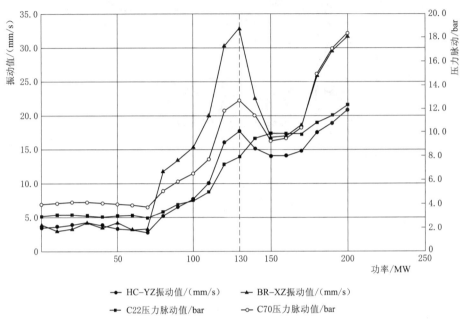

图 6.1.46 出力与压力脉动/振动关系图

2）压力脉动与振动水平有非常强的关联性，140MW 和 200MW 区域主频为 257Hz（41X）和 201Hz（32X）；80～140MW 区域主频为 219Hz（35X）（见图 6.1.47、图 6.1.48）。

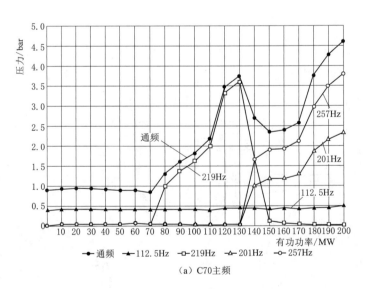

（a）C70主频

图 6.1.47（一） 压力脉动与出力图

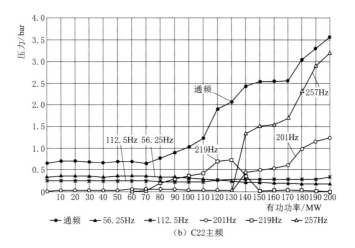

（b）C22主频

图 6.1.47（二） 压力脉动与出力图

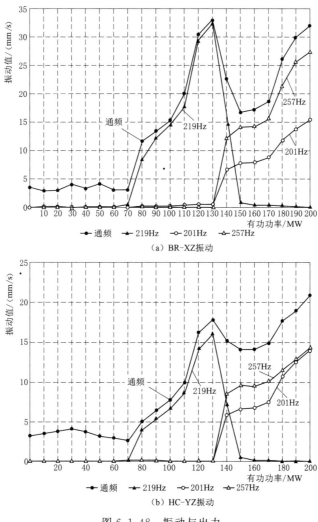

（a）BR-XZ振动

（b）HC-YZ振动

图 6.1.48 振动与出力

（4）对测试数据的分析。

1）转轮叶片和导水叶之间距离的探讨。

a. 导叶尾流中的流速降低引起相对转轮叶片的入流速度矢量的脉动，并对转轮叶片施加水力激振力。当导叶靠近转轮叶片时，导叶尾流中速度降低的回收不充分，而且相对入流速度的脉动较大。试验证明，导叶越靠近转轮，相对速度矢量的脉动越大。因此，应尽可能增大转轮叶片和导水叶之间的距离（如日本东芝电力原设计 $D_1/D_0 = 1.17 \sim 1.18$，现均已修正为 $\geqslant 1.20$）。

b. 部分抽水蓄能电站 D_1、D_0 参数比较见表 6.1.30。

表 6.1.30　　　　　　　　　部分抽水蓄能电站 D_1、D_0 参数比较表

电站名称	导叶分布圆直径 D_1/mm	转轮直径 D_0/mm	D_1/D_0	电站名称	导叶分布圆直径 D_1/mm	转轮直径 D_0/mm	D_1/D_0
GZ - I	4425	3919	1.130	清蓄	5225	4326	1.2078
GZ - II	4500	3825	1.176	深蓄	4905	4210	1.165
惠蓄	4508	3860	1.168	海蓄	4578	4040/3837	1.133
仙蓄	4903.4	4210	1.1647	黑麋峰	5904	5100	1.1576

从表 6.1.30 中可以看出，海蓄电站的 D_1/D_0 仅有 1.133，相对而言，是偏小的（与 GZ - I 电站相近）。

c. 对于设计、制造业已成型并投入运行的机组，转轮叶片和导水叶之间距离这个技术参数是很难再采取措施进行修改的。

2）转轮和顶盖、底环的轴向间隙影响的分析。

a. 根据间隙和转轮固有振动频率的研究（见图 6.1.49），由于工作在水中，转轮在水的附加质量影响下，其固有频率比空气中的要低。而水中的固有频率衰减率 α 值（α 为转轮在水中和空气中固有频率的比值）是模态的节径数和圆盘到固定容器壁之间距离 δ（亦即 δ/D_0）的函数，所以，转轮背压腔的 δ 值对转轮水中的固有频率也有显著影响。相关经验表明，调整 δ 值对其固有频率提高的影响效果可以达到 15% 左右，而调整转轮与底环的轴向间隙，影响效果也可达到 5% 左右。

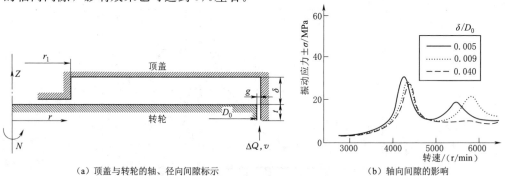

（a）顶盖与转轮的轴、径向间隙标示　　　　　（b）轴向间隙的影响

图 6.1.49　顶盖与转轮的轴向距离对转轮振动影响试验示意图

D_0—转轮外圆半径；r_1—顶盖背压室内径；δ—背压腔间隙；

g—外圆周半径方向间隙；N—转速；ΔQ—漏水流量；V—流入周向速度

b. 通过部分抽水蓄能电站转轮和顶盖间隙资料的对比（见表6.1.31），海蓄电站在模型试验阶段基于圆盘摩擦损失与水泵水轮机效率的关系，试图通过缩小顶盖与转轮的间隙来减少圆盘摩擦损失，但可能忽视了由此所引起的不稳定影响。海蓄的δ/D_0仅为0.0085，是相当小的，其相应的振动应力也就偏大。

表6.1.31　　　　　　　　部分抽水蓄能电站转轮和顶盖间隙资料的对比表

电站名称	顶盖膛口直径/mm	D_0/mm	g/mm	δ/mm	δ/D_0
GZ-I	3960	3919	20.5	40.0	0.01
GZ-II	3840	3825	7.5	25.0	0.007
惠蓄	3908	3860	24.0	40.0	0.01
仙游	4240	4210	15.0	50.4	0.012
清蓄	4336	4326	5.0	100.0	0.023
深蓄	4250	4210	20.0	50.4	0.012
海蓄	4062/3859	4040/3837	11.0	34.2	0.0085

c. 通过有限元计算模拟海蓄电站机组转轮上、下腔流体的固有频率见表6.1.32，由此可推断，转轮固有频率应是产生转轮上、下腔间压力脉动的原因，而转轮上冠与顶盖及下环与底环间隙尺寸是影响转轮固有频率和模态（附加质量效应）的关键因素之一。

表6.1.32　　　　　　　　海蓄电站机组转轮上、下腔流体的固有频率表

谐波指数	频率特征值/Hz	模型转轮	下环与上冠（原型）	谐波指数	频率特征值/Hz	模型转轮	下环与上冠（原型）
0	245.422	B	C	3	201.161	O	B
0	261.327	O	O	3	221.846	B	O
0	285.461	O	P	3	260.484	O	O
1	196.793	O	O	3	295.013	O	P
1	257.858	B	C	4	200.024	O	O
1	288.376	O	P	4	214.121	B	C
2	194.083	O	O	4	232.667	O	P
2	248.597	B	C	4	249.315	O	B
2	294.61	O	P				

注　1. O为通频；B为叶片为主。
　　2. P为相位；O为对边；C为仅上冠；B为仅下环。

2. 补气调试措施

为了确认转轮上下腔的压力脉动是产生振动的主要原因，采取了补气调试措施。

（1）补气位置见图6.1.50。

（2）补气前后顶盖、底环振动水平见表6.1.33。

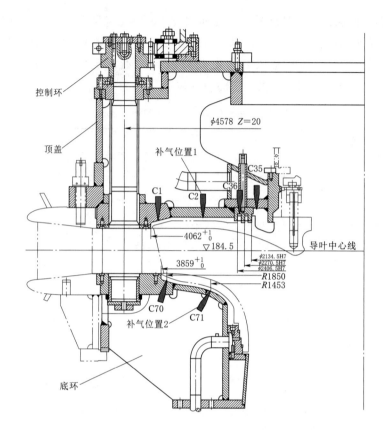

图 6.1.50 补气位置示意图（单位：mm）

表 6.1.33　　　　　　　　　补气前后顶盖、底环振动水平对比表

机组负荷 /MW	振动部位	补气部位	振　动/(mm/s)				
			通频	112.5Hz (RSI)	219Hz (噪声1)	201Hz (噪声2)	258Hz (噪声3)
120	顶盖振动	补气前	16.20	2.07	14.66	0.04	0.06
		下环	5.44	3.86	0.02	0.01	0.02
		上冠	2.10	2.01	0.03	0.02	0.02
		上冠＋下环	3.00	2.91	0.02	0.01	0.02
200		补气前	23.79	2.97	0.05	15.20	17.53
		下环	3.90	1.94	0.03	0.03	0.04
		上冠	6.02	1.62	0.06	2.75	4.93
		上冠＋下环	2.61	2.46	0.02	0.02	0.02
120	底环振动	补气前	30.47	2.53	29.78	0.05	0.06
		下环	2.80	2.54	0.02	0.02	0.02
		上冠	2.60	2.19	0.04	0.04	0.03
		上冠＋下环	2.45	2.30	0.02	0.02	0.02

机组负荷 /MW	振动部位	补气部位	振　动/(mm/s)				
			通频	112.5Hz （RSI）	219Hz （噪声1）	201Hz （噪声2）	258Hz （噪声3）
200	底环振动	补气前	35.42	3.33	0.07	16.78	30.66
		下环	3.23	2.88	0.04	0.02	0.03
		上冠	9.68	3.02	0.09	4.24	7.94
		上冠＋下环	3.57	3.35	0.01	0.02	0.01

从表 6.1.33 中可以看出，当机组承载 120MW 时，补气措施大幅降低了 219Hz 的顶盖和底环的振动水平；当机组承载 200MW 时，补气措施大幅降低了 201Hz、258Hz 的顶盖和底环的振动水平（其中，258Hz 的上冠处虽然降幅明显，但还略有超标之嫌）。

（3）补气调试后机组相应部位振动水平较好，能够满足运行要求（见表 6.1.34）。

表 6.1.34　　　　　　　　补气调试后机组振动水平测录表　　　　　　单位：mm/s

测头	功　率/MW					
	200	180	160	140	120	100
HC3A	1.98	2.10	1.84	2.07	2.16	1.88
BR1A	2.04	1.90	2.03	1.73	1.73	2.39
HC1	1.20	2.05	1.89	1.70	1.85	1.84
BR2A	2.52	2.27	2.11	2.01	2.09	2.29
BR3A	2.68	2.39	2.49	2.19	2.25	—
HC2A	2.28	2.69	2.52	2.87	3.08	2.78
3X	0.85	0.90	1.11	0.91	0.85	1.13
HC5A	3.75	2.60	2.48	2.04	1.87	2.26
3XZ	1.10	1.25	0.96	1.17	1.22	1.02
VIB-HC-XZ	1.20	0.83	0.76	0.64	0.51	0.59
VIB-HC-YZ	1.43	2.04	2.29	2.21	2.47	2.24
VIB-BR-XZ	2.58	2.31	2.38	2.28	2.37	2.45

（4）采取补气方式后机组安全稳定、正常运行（见表 6.1.35）。

表 6.1.35　　　　　　　　　　补气后机组运行测录表

位置	G 工况		P 工况	
	瓦温/℃ （max/min）	摆度/μm （X/Y）	瓦温/℃ （max/min）	摆度/μm （X/Y）
上导	54.01/45.05	122/145	56.43/42.34	144/173
下导	48.46/39.96	63/72	52.11/42.99	64/72
推力瓦	60.74/48.70	—	64.87/46.61	—
水导	48.04/38.85	61/60	48.41/36.79	63/66

续表

位置	毛水头/m	负载/MW	G 工况			P 工况		
			X	Y	Z	X	Y	Z
上机架	317.409	80	0.48	0.43	0.39	0.43	0.51	0.31
		200	0.42	0.43	0.35			
	320.625	80	0.46	0.41	0.36			
		200	0.46	0.46	0.41			
	324.889	80	0.53	0.48	0.33			
		200	0.46	0.49	0.32			
下机架	317.409	80	0.46	0.34	0.73	0.46	0.29	0.48
		200	0.24	0.26	0.26			
	320.625	80	0.36	0.29	0.44			
		200	0.24	0.25	0.35			
	324.889	80	0.33	0.25	0.43			
		200	0.22	0.24	0.25			
顶盖	317.409	80	1.21	1.24	0.97	2.43	2.4	1.38
		200	0.66	1.38	1.02			
	320.625	80	1.17	1.21	0.87			
		200	0.86	1.38	1.27			
	324.889	80	1.05	1.14	0.91			
		200	0.85	1.52	1.54			

表头：振动/(mm/s)

（5）同时，确认所检测顶盖和底环上安装的振动和压力传感器的信号基本同步，说明顶盖和底环的变形与转轮上下腔的压力脉动是同步的。

（6）从以上测录看出，给顶盖、底环的补气措施收到了明显效果，尽管补气方式是解决常规混流式水轮发电机组振动的有效手段之一，但对于抽水蓄能电站却不多见，也违背了机组合同的有关条款和业主意愿。因此，GE（中国）必须寻求其他更为有效的解决方式。

3. GE（中国）对处理措施的决策

GE（中国）同意在从转轮和顶盖、底环结构设计入手的同时寻求其他更加合理有效的解决途径。并认为，由于转轮的振动形式主要表现为其外缘振动的波形，亦即其外缘形状的影响作用是不容忽视的。海蓄电站原设计采取了斜削去转轮上冠和下环外圆的不同于ALS-TOM传统转轮结构的设计，使得转轮质量和刚度有所减小（见图6.1.51）。

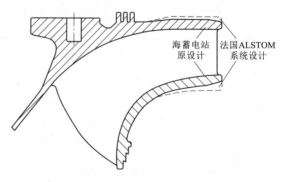

图 6.1.51　海蓄电站原转轮结构设计图

由于水中转轮的质量效应主要是指水的附加质量效应，降低刚度必然影响频率衰减率乃至降低了转轮在水中的固有频率。这就有可能导致顶盖和底环的固有频率未能与具有相同节径数的转轮在水中固有频率错开足够的数值（通常情况下，过流部件的固有频率与水力激振力频率需要避开的比率应为不小于15%），以致转轮的上冠与顶盖、下环与底环由于振型叠加效应而产生强烈的振动波。为了加强转轮背压面的刚度，适当改变转轮固有频率和模态，并减少流道连接处的紊流，GE（中国）决定采取转轮上冠、下环背压面修型及相应的处理措施。

4. 背压腔相应部位的修型

（1）修型前的原设计见图6.1.52。

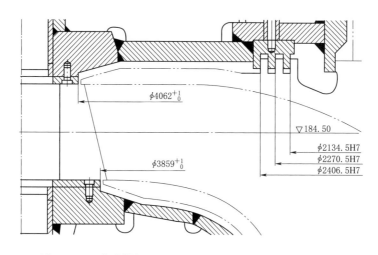

图 6.1.52　海蓄转轮及导水机构原设计示意图（单位：mm）

（2）对背压面进口处转轮上冠的斜边采用焊接钢板的方式进行修型（见图6.1.53）。

1）加工外圆 $\phi4060$mm、内圆 $\phi3845$mm 的环板，镶套在上冠的外缘。

2）采取优化焊接工艺，控制变形、降低残余应力的综合措施，将环板焊接在转轮上冠外缘上（见图6.1.53）。

3）精加工转轮，车削掉上冠背压面设计10mm的余量，确保镶套环板与原背压面齐平。

4）精加工转轮，车削掉镶套环板外圆设计5mm的余量，确保转轮 $\phi4050$mm 的外圆直径，使得上冠与顶盖之间的径向间隙由原设计10.9mm缩小至5.9mm。

（3）对背压面进口处转轮下环的斜边采用焊接钢板的方式进行修型（见图6.1.54）。

1）加工外圆 $\phi3857$mm、内圆 $\phi3645$mm 的环板，镶套在下环的外缘。

2）在严格控制转轮变形的工艺措施下，将环板焊接在转轮下环外缘上。

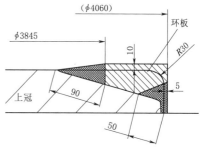

图 6.1.53　转轮上冠示意图（单位：mm）

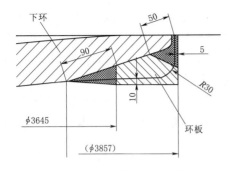

图 6.1.54 转轮下环示意图
（单位：mm）

3）精加工转轮，车削掉下环背压面设计 10mm 的余量，使得镶套环板达到设计要求。

4）精加工转轮，车削掉镶套环板外圆设计 5mm 的余量，确保转轮 $\phi 3847mm$ 的外圆直径，使得下环与底环之间的径向间隙由原设计 10.9mm 缩小至 5.9mm。

（4）顶盖、底环与增强转轮刚度配套的修型措施。

1）顶盖修型见图 6.1.55，从图 6.1.55 中可以看到，虚线标示顶盖原设计，实线标示修型后的形状尺寸。为减少上冠和顶盖之间流体的相互作用，顶盖与转轮上冠之间的背压腔间隙高度由原设计的 30mm 增大至 40mm，也就是恢复法国 ALSTOM 的传统设计结构型式（$\delta / D_0 = 0.01$）。

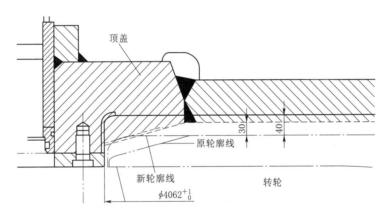

图 6.1.55 顶盖修型示意图（单位：mm）

2）底环修型见图 6.1.56，从图 6.1.56 中可以看出，底环相应部位的配套修型，实际也是恢复法国 ALSTOM 的传统设计结构型式。

5. 对修型的核算及进一步采取的措施

（1）各模态下对转轮上冠和下环进行形状修改以及上冠与顶盖之间间隙变化后进行了有限元计算。

（2）由于上冠和下环局部刚度的增加，可以预计转轮叶片的振幅会有所减小。

（3）虽然顶盖底板厚度减薄，有限元计算仍能确认应力及变形满足原设计要求。

（4）同时完成顶盖修型后动静干涉压力脉动下的振动速度量的动态响应计算，结果见表 6.1.36。

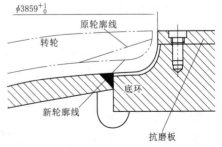

图 6.1.56 底环修型示意图（单位：mm）

表 6.1.36 顶盖修型后动静干涉压力脉动下的动态响应计算结果表

项 目		单位	原设计	修改后
上环板	最大变形	mm	3.550×10^{-3}	4.908×10^{-3}
	最大速度	mm/s	2.509	3.469
	速度	mm/s	1.774	2.453
下环板	最大变形	mm	3.035×10^{-3}	4.418×10^{-3}
	最大速度	mm/s	2.145	3.123
	速度	mm/s	1.517	2.208

（5）由于转轮叶片形状复杂，不同型号的转轮，其在水中固有频率的衰减率 α 值也是不同的。通常，采用经验衰减率 α 值求得转轮在水中的固有频率值的方法可能与实际状况并不相符。因此，除了改变转轮固有频率和模态，还必须寻求减少流道连接处紊流流态的途径。为了避免当转轮发生周期性偏心运动时迷宫间隙压力脉动引发自激弓状回旋的可能性，在转轮背压腔上下修型的同时采取适当扩大止漏环间隙的措施。

1）上止漏环间隙从原设计 1.25mm 增加至 1.5mm，即单边增加 0.25mm。

2）下止漏环间隙从原设计 1.45mm 增加至 1.7mm，即单边增加 0.3mm。

3）厂家修改止漏环间隙虽略影响机组的效率（约 0.1%），但能使得转轮的偏心值相对减小、不平衡力相对减小，同时增加止漏环间隙处的流量以引起背压腔内水流流态的变化，从而有效抑制自激振动的扩大。

6. 水泵水轮机修型后的运行测录

对海蓄电站水泵水轮机转轮、顶盖及底环进行修型之后，机组运行状况有了很大改善，能够满足机组安全稳定运行的基本要求。表 6.1.37 测录了机组发电工况 25%～100% 负荷、水泵工况（抽水）以及抽水调相工况的基础运行数据。

7. 结语

（1）海蓄电站对顶盖、底环及转轮进口处进行了修型，实践证明转轮周围腔体轴向间隙的增大，虽对无叶区压力和压力脉动影响较小，但顶盖与上环间和底环与下环间的压力和压力脉动会随之减小。转轮周围腔体较合理的结构是具有较小的径向间隙和较大的轴向间隙，对改善机组的振动和噪声有一定的作用。最终有效降低了顶盖振动及转轮/顶盖、底环的压力脉动幅值，也大大降低了机组的噪声，给机组创造了安全稳定长期运行的条件。例如，当机组在发电工况带满负荷（200MW）时的顶盖振动水平有了明显改善（见表 6.1.38）：

（2）转轮上冠和下环进口处的加厚加强明显减少了轴向动态位移，从而减少转轮和顶盖水体之间的动态干涉，使得其激振频率和转轮固有频率之间具有足够的余量足以避免共振。

（3）顶盖、底环几何尺寸的修改对应力频率和谐波响应没有明显影响。

6.1.7 控制环侧面滑块固定螺钉剪断故障的处理

有些电站水轮发电机组的控制环经过多年运行后，会发生零部件磨损故障，如沙蓄就曾经出现部分侧面滑块调整垫片被挤出、M8 的沉头固定螺栓被剪断，滑块已不能再起限位、导向作用的故障。同时，滑块材质物理性能也已劣化，强度不能满足现场条件技术要求。

表 6.1.37　　　　　基 础 运 行 数 据 表

工况	测录项目		通频	转频	测录部位		通频	转频
发电工况 25％负荷	上机架	水平振动 $X/\mu m$	44	34	上导	X 摆度 $/\mu m$	148	96
		水平振动 $Y/\mu m$	53	34		Y 摆度 $/\mu m$	163	85
		垂直振动 $Z/\mu m$	18	1	下导	X 摆度 $/\mu m$	247	128
	下机架	水平振动 $X/\mu m$	37	11		Y 摆度 $/\mu m$	210	101
		水平振动 $Y/\mu m$	20	6	水导	X 摆度 $/\mu m$	95	27
		垂直振动 $Z/\mu m$	30	3		Y 摆度 $/\mu m$	107	26
	顶盖	水平振动 $X/\mu m$	30	4	转轮/顶盖压力脉动/kPa		6.0	0
		水平振动 $Y/\mu m$	29	3	转轮/底环压力脉动/kPa		47	1
		垂直振动 $Z/\mu m$	28	4	无叶区压力脉动/kPa		251	42
	尾水进口压力脉动/kPa		128	4	蜗壳进口压力脉动/kPa		154	11
发电工况 50％负荷	上机架	水平振动 $X/\mu m$	33	32	上导	X 摆度 $/\mu m$	110	68
		水平振动 $Y/\mu m$	32	30		Y 摆度 $/\mu m$	105	57
		垂直振动 $Z/\mu m$	6	1	下导	X 摆度 $/\mu m$	173	123
	下机架	水平振动 $X/\mu m$	14	11		Y 摆度 $/\mu m$	168	116
		水平振动 $Y/\mu m$	11	9	水导	X 摆度 $/\mu m$	66	31
		垂直振动 $Z/\mu m$	7	2		Y 摆度 $/\mu m$	59	29
	顶盖	水平振动 $X/\mu m$	10	2	转轮/顶盖压力脉动/kPa		54	1
		水平振动 $Y/\mu m$	8	2	转轮/底环压力脉动/kPa		50	2
		垂直振动 $Z/\mu m$	8	2	无叶区压力脉动/kPa		74	5
	尾水进口压力脉动/kPa		9	0	蜗壳进口压力脉动/kPa		42	3
发电工况 75％负荷	上机架	水平振动 $X/\mu m$	33	33	上导	X 摆度 $/\mu m$	112	88
		水平振动 $Y/\mu m$	33	32		Y 摆度 $/\mu m$	110	76
		垂直振动 $Z/\mu m$	5	1	下导	X 摆度 $/\mu m$	154	136
	下机架	水平振动 $X/\mu m$	14	12		Y 摆度 $/\mu m$	147	130
		水平振动 $Y/\mu m$	11	9	水导	X 摆度 $/\mu m$	61	34
		垂直振动 $Z/\mu m$	5	2		Y 摆度 $/\mu m$	61	32
	顶盖	水平振动 $X/\mu m$	10	2	转轮/顶盖压力脉动/kPa		6.0	0
		水平振动 $Y/\mu m$	9	2	转轮/底环压力脉动/kPa		32	0
		垂直振动 $Z/\mu m$	9	2	无叶区压力脉动/kPa		62	5
	尾水进口压力脉动/kPa		6	0	蜗壳进口压力脉动/kPa		39	1

续表

工况	测录项目		通频	转频	测录部位		通频	转频
发电工况 100%负荷	上机架	水平振动 $X/\mu m$	35	34	上导	X 摆度 $/\mu m$	97	73
		水平振动 $Y/\mu m$	33	32		Y 摆度 $/\mu m$	94	58
		垂直振动 $Z/\mu m$	6	1	下导	X 摆度 $/\mu m$	175	158
	下机架	水平振动 $X/\mu m$	15	13		Y 摆度 $/\mu m$	165	149
		水平振动 $Y/\mu m$	11	9	水导	X 摆度 $/\mu m$	56	32
		垂直振动 $Z/\mu m$	6	3		Y 摆度 $/\mu m$	53	30
	顶盖	水平振动 $X/\mu m$	9	1	转轮/顶盖压力脉动/kPa		30	1
		水平振动 $Y/\mu m$	8	1	转轮/底环压力脉动/kPa		39	1
		垂直振动 $Z/\mu m$	12	2	无叶区压力脉动 kPa		31	2
	尾水进口压力脉动/kPa		7	0	蜗壳进口压力脉动/kPa		34	2
水泵工况 （抽水）	上机架	水平振动 $X/\mu m$	29	29	上导	X 摆度 $/\mu m$	126	113
		水平振动 $Y/\mu m$	33	32		Y 摆度 $/\mu m$	115	92
		垂直振动 $Z/\mu m$	5	1	下导	X 摆度 $/\mu m$	167	156
	下机架	水平振动 $X/\mu m$	15	12		Y 摆度 $/\mu m$	154	145
		水平振动 $Y/\mu m$	9	7	水导	X 摆度 $/\mu m$	54	35
		垂直振动 $Z/\mu m$	7	4		Y 摆度 $/\mu m$	61	35
	顶盖	水平振动 $X/\mu m$	12	2	转轮/顶盖压力脉动/kPa		32	2
		水平振动 $Y/\mu m$	12	2	转轮/底环压力脉动/kPa		53	4
		垂直振动 $Z/\mu m$	9	2	无叶区压力脉动/kPa		26	0
	尾水进口压力脉动/kPa		6	0	蜗壳进口压力脉动/kPa		40	8
抽水调相 工况	上机架	水平振动 $X/\mu m$	33	33	上导	X 摆度 $/\mu m$	144	128
		水平振动 $Y/\mu m$	37	36		Y 摆度 $/\mu m$	133	103
		垂直振动 $Z/\mu m$	6	1	下导	X 摆度 $/\mu m$	169	157
	下机架	水平振动 $X/\mu m$	15	13		Y 摆度 $/\mu m$	155	143
		水平振动 $Y/\mu m$	10	9	水导	X 摆度 $/\mu m$	47	29
		垂直振动 $Z/\mu m$	4	2		Y 摆度 $/\mu m$	52	31
	顶盖	水平振动 $X/\mu m$	1	1	转轮/顶盖压力脉动/kPa		18	0
		水平振动 $Y/\mu m$	1	1	转轮/底环压力脉动/kPa		17	0
		垂直振动 $Z/\mu m$	1	1	无叶区压力脉动/kPa		23	0
	尾水进口压力脉动/kPa		5	0	蜗壳进口压力脉动/kPa		17	1

表 6.1.38   **修型前后顶盖振动对比表**   单位：mm/s

200MW	顶盖水平振动 X	顶盖水平振动 Y	顶盖垂直振动 Z
修型前（甩负荷后）	5.20	4.00	3.50
修型后	1.35	1.19	2.27

清蓄电站 1 号机组在动态调试期间的 G 转 GC 过程中，水导摆度剧增、各部位振动加大并伴随有撞击声，经检查发现控制环＋Y／－X 方位有 2 块立面限位导向滑块滑出，其固定螺栓均被剪断（见图 6.1.57）。

（a）导向滑块滑出　　　　　　　　（b）固定螺栓剪断

图 6.1.57　清蓄电站控制环滑块滑出及固定螺栓剪断

1. 控制环结构分析

（1）清蓄电站控制环滑块结构见图 6.1.58，与沙蓄电站（见图 6.1.59）[4] 的类似。如前所述，两个电站均出现过类似的故障。

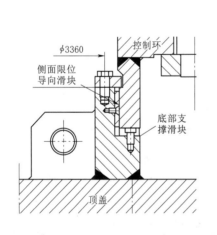
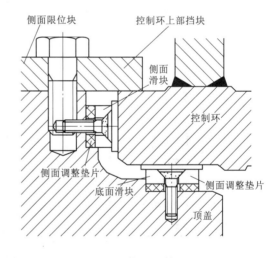

图 6.1.58　清蓄电站控制环
滑块结构图（单位：mm）

图 6.1.59　沙蓄电站控制环滑块结构图

（2）沙蓄电站控制环滑块为 ORKOT TLG 非金属自润滑合成材料，后改用 FZ－5（2）铜基镶嵌固定润滑剂自润滑材料制作滑块（大连三环生产）；清蓄电站采用铜基镶嵌固定润滑剂自润滑材料制作滑块。

（3）沙蓄电站控制环侧面滑块背面垫有约 3mm 厚的多层可调整垫片，用于安装时调整滑块与控制环的侧面间隙以及调整控制环的水平度。调整垫片由若干厚度为0.1mm、0.05mm、0.025mm的不锈钢片压制组成；而清蓄电站则未设置调整垫片，全靠加工精度的控制保证运行正常动作；清蓄电站控制环径向间隙调整是比较理想的（见图6.1.58和表6.1.39）。

表6.1.39　清蓄电站控制环与底座侧面滑块径向间隙及控制环与上部压板间隙表　　单位：mm

测点	与底座侧面滑块径向间隙	与上部压板间隙	测点	与底座侧面滑块径向间隙	与上部压板间隙
1	0.40	0.95	5	0.45	1.05
2	0.35	0.90	6	0.40	1.00
3	0.40	1.00	7	0.40	1.00
4	0.40	1.05	8	0.35	0.95

注　设计值为：径向间隙(0.4 ± 0.10)mm，与压板间隙(1 ± 0.20)mm。

2. 控制环受力分析

控制环在调节导叶过程中，受到多个外力作用：①左右导叶接力器施加的一对力偶，对控制环起主导作用；②控制环自重；③导叶径向水推力经连杆、拐臂传递给控制环的作用力，这个力可分解为一个右转关闭力矩和向上游的轴向拉力；④支持环的反推力和摩擦力。

上述这几个力属异面汇交力系，其合力总不为零，在调节过程中是变化的。因此，在运行中抗磨板必然会受到摩擦，这就要求抗磨板要有良好的抗磨和自润滑性能。同时，也要求抗磨板的就位固定必须满足一定的刚强度。

3. 清蓄电站控制环故障的初步分析与处理

（1）检查控制环轴销的润滑情况：通过检查未发现轴销有卡滞现象，润滑情况良好。

（2）检查两只接力器动作特性及力偶的平衡性。由于调速器主配压阀采用在关闭和开启排油腔节流的方式对接力器最短关闭和开启时间进行整定，这种方式造成排油口小于进油口，可能引起两个接力器动作不同步。而接力器动作的不同步，又使控制环向$-Y$方向产生位移，造成控制环对支撑环上侧滑块的挤压，这可能是抗磨环固定螺钉剪断的主要因素。

（3）同时，在工况转换时剧烈的振动加剧了控制环对支撑环上侧滑块挤压的力度和速度，当侧滑块固定螺钉设计的刚强度不足时就会导致剪断破坏。

（4）工地现场所采取的临时处理措施。

1）仔细清理控制环和侧滑块摩擦面（如油漆、残屑）。

2）在滑块间增加临时固定板、滑块两端采用挡块与顶盖焊接止动限制侧滑块位移（见图6.1.60）。

3）全部拆卸原M16×38mm HPb59-1（铅黄铜）立面导向滑块固定螺钉，更换为M16×40mm QA19-2（锻铝青铜）固定螺钉；同时将固定用的一字槽深度由(2.5 ± 0.3)mm改为(5 ± 0.3)mm（见图6.1.61）。

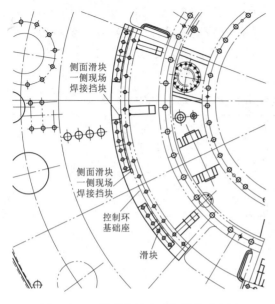

图 6.1.60 清蓄电站止动块焊接示意图   图 6.1.61 导向滑块固定螺栓新（左）、旧（右）

　　机组处理投运以来运行情况还是正常的，但毕竟上述的处理措施只是临时性的过渡办法。

4. 结语

（1）东电吸取仙蓄和清蓄的经验教训，在深蓄电站采取了强化抗磨板固定刚度的措施（见图 6.1.62），在 M12 固定螺钉外圆加衬钢套，其设计安全可靠，无疑是一种积极有效的处理方法。

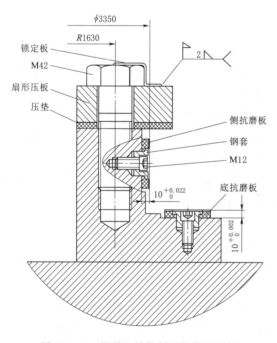

图 6.1.62 深蓄电站控制环抗磨板设计

（2）经对采用两个同侧平行布置的接力器系统的深入分析表明，传统结构的接力器由于活塞两面受压面积的差异（见图 6.1.63 中，$R_1 > R_2$）造成接力器系统拉力与推力的不平衡，导致控制环受力不对称、不平衡，使得抗磨块始终承受较大的挤压力，这也是形成抗磨块偏磨引起损坏的主要原因之一。针对此问题，目前各厂家均对水泵水轮机接力器结构进行了优化改进（见图 6.1.64，$R_1 = R_2$）。这就使得接力器操作过程中，接力器系统推力、拉力始终处于平衡状态，动作趋于平稳流畅，从而使控制环受力也始终处于平衡状态，有效避免了控制环抗磨块的偏磨和损坏。

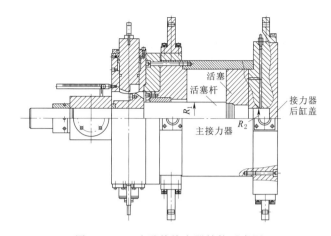

图 6.1.63　改进前接力器结构示意图

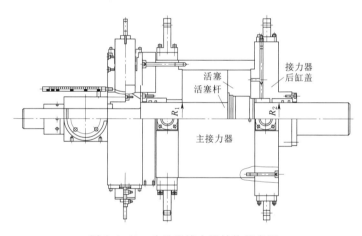

图 6.1.64　改进后接力器结构示意图

6.1.8　惠蓄电站 CP 工况运行转轮迷宫环温升故障分析

　　根据设计规定，惠蓄电站机组 CP 工况运行时间不宜超过 2h，长时间运行会导致转轮迷宫环温度上升（原设计转轮迷宫环冷却水来自球阀上游压力钢管，后改为取自技术供水系统）。类同的宝泉电站转轮迷宫环冷却水来自球阀上游压力钢管，设计规定 CP 工况运行不超过 1h，现该电站基本不承担调相任务。而目前惠蓄电站运行期间，电网中调为保证机组 P 工况热备用的及时性，要求机组提前进入 CP 工况备用。使得机组 CP 工况运行台次、运行时间均大幅度上升，乃至惠蓄电站多台机组转轮迷宫环温度接近甚至达到所设定的报警值。同时，随着各台机组 CP 运行时间明显变长，机组主轴密封温度也有明显上升迹象。因此，对于限制 CP 工况长时间运行的相关因素及所可能采取的措施有必要予以分析、探究。

　　1. 对一般调相压水系统设计的机组抽水调相（CP）工况的剖析（以某抽水蓄能电站为例，见图 6.1.65）

　　（1）调相压水系统由水机设备、尾水管水位测量系统、压缩空气供气系统、压气和排

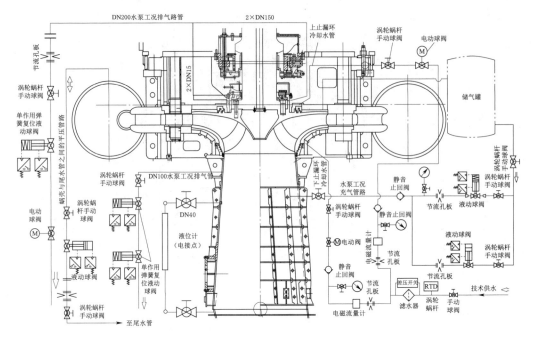

图 6.1.65 某抽水蓄能电站调相压水系统示意图

气阀门及其控制系统、水环形成及排放的蜗壳平压控制系统等组成。

1）机组调相压水用气自储气罐引来，阀门组包括主压气阀（DN125 液动球阀）、补气阀（DN125 液动球阀）、静音止回阀及相应的截止阀。

2）排气阀门及其控制系统。

a. 顶盖上部水泵工况排气阀门组包括节流孔板、涡轮蜗杆手动球阀、单作用弹簧复位液动球阀、电动球阀等排向渗漏水井。

b. 尾水肘管上部水泵工况排气阀门组包括涡轮蜗杆手动球阀、单作用弹簧复位液动球阀、电动球阀等排向渗漏水井。

3）尾水管水位测量装置布置于尾水锥管室，直接向监控系统输出模拟量，由监控系统根据模拟量设定相应点，分为尾水水位过高（跳机）、尾水水位高（触发补气）、尾水水位低（停止补气）。

4）调相压水过程中主要控制和操作的阀门是上、下迷宫环供水阀系统和蜗壳平压系统。

（2）调相压水流程。

发电运行→电力系统发出调相运行指令→关闭导叶→关闭进水阀→打开转轮上下止漏环供水阀（冷却止漏环、水环水来源）→打开蜗壳减压阀（控制水环厚度）→投入压气、补气系统→初期转轮旋转搅动水流引起在尾水管垂直部分的竖向回流和尾水管水平部分的横向回流→引起压缩空气的逸失→增加给气量→转轮室气水分离→转轮脱离水体→将转轮室内水体压低至要求的水位（达到调相运行所要求的水位）→一定延时后（避免水位波动），压水系统处于保持过程（将水位控制在设计上下限之间：当水位上升至上限，开补气阀；将水位压回至下限，关补气阀）→调相运行。

从以上流程可以看出，CP工况时，转轮迷宫环冷却水阀应处于开启状态、蜗壳-尾水管平压阀应处于开启状态。因此，转轮迷宫环冷却水阀的供水量、初始温度将直接影响转轮迷宫环的运行温度上升，并起到重要作用；而蜗壳-尾水管平压阀的供水只是控制水环厚度，对转轮迷宫环运行温升应无直接关联。

2. 转轮迷宫环冷却水的相关参数

在PC工况下转轮在空气中旋转摩擦会产生热量，使转轮和转轮上、下迷宫环发热，因此，必须向转轮上、下迷宫环提供冷却水。

（1）冷却水源类型。

1）GZ-I电站的转轮上、下迷宫环冷却水取自上游引水钢管，经过调压、滤水供水至转轮上、下迷宫环。

2）惠蓄电站的转轮上、下迷宫环在法国ALSTOM初设时为上游钢管取水（见图6.1.66），后经协商将其改为取自技术供水系统。GZ-Ⅱ电站也是经与设计制造商VOITH协商改为来自上游引水钢管和机组技术供水两路并以技术供水为主经减压供水（见图6.1.67）。

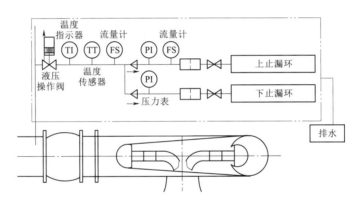

图6.1.66　惠蓄电站转轮迷宫环冷却水取水原设计示意图

3）清蓄电站、深蓄电站和海蓄电站均以技术供水为转轮上、下迷宫环冷却水的主供水水源（见图6.1.68～图6.1.70）。

（2）冷却水源取自技术供水系统的影响因素。

1）当同一机组技术供水取水口与排水口都在尾水管部位（如扩散段）且距离较近时，取自内循环状态尾水管内的机组技术供水冷却水吸收各部位（主变、发电

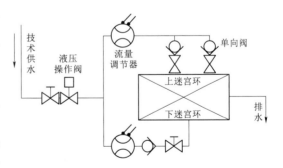

图6.1.67　GZ-Ⅱ电站转轮迷宫环冷却水取水设计示意图

机、各轴承）热量使得尾水水温整体有所升高，即机组排出的冷却水未经过充分冷却，很快又被技术供水泵抽走，如此周而复始。随着CP运行时间的增长，技术供水温度（尾水温度）必然要升高，从而影响了机组的调相运行。

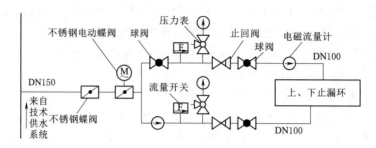

图 6.1.68　清蓄电站迷宫环冷却水设计示意图

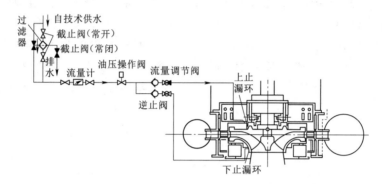

图 6.1.69　海蓄电站迷宫环冷却水设计示意图

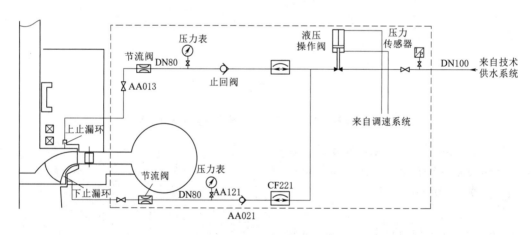

图 6.1.70　深蓄电站迷宫环冷却水设计示意图

2) 目前, 机组设计中技术供水取、排水口相隔一般能够不小于 8~9.0m, 使得机组正常调相时由于冷却水循环导致冷却效果差的影响相应较小。试验测量结果表明, 由于上述因素导致技术供水温度的升高大致可以控制在 5℃ 左右, 对机组调相运行的影响是有限的。

3) 某抽水蓄能机组供水排水系排至尾闸前, 取水口与排水口距离达 69.1m, 其间水体积为 2470.7m³。据此进行热短路计算, 机组各调相时间下水体温度上升情况见表 6.1.40。

表 6.1.40   水体温度上升情况表

调相时间/h	水体温度升高值/℃	调相时间/h	水体温度升高值/℃
1	2.3	7	16.2
4	9.3	8	18.5
5	11.6	10	23.1
6	13.9		

4) 当上下迷宫环冷却水取自技术供水时，技术供水温度会受到季节和气温反差的影响，如惠蓄电站 2017 年技术供水取水温度 17.33～28.02℃；2018 年技术供水取水温度 13.76～29.42℃；2019 年技术供水取水温度 17.25～28.83℃。

(3) 冷却水源取自上游引水钢管的影响因素。转轮迷宫环冷却水取自上游压力钢管时，往往因流态不稳定的高压水进入管路产生振动，管路上装配的减压阀有的甚至发出高达 92dB 的强噪声（当然也可能属于减压阀本身的调整范畴），据分析还是存在引发管路较大水锤等一些不可预见的风险因素。

(4) 对惠蓄电站转轮上下迷宫环冷却水取自技术供水（运行 5.2h）和上游引水钢管（运行 4.3h）进行比较，见表 6.1.41。

表 6.1.41   惠蓄电站转轮上下迷宫环冷却水取自技术供水和上游引水钢管对比表

参数名称		引自技术供水		引自压力钢管		说明
		CP 稳态时	CP 转 P 时	CP 稳态时	CP 转 P 时	
主轴密封	流量/(m³/h)	19.65	19.77	19.29	19.61	无差异
	压力/bar	—	—	16.4	15.5	—
	温度/℃	19.68	20.13	22.8	23.2	差异不大
迷宫环	上迷宫环供水管流量/(m³/h)	24.77	—	28.40	—	差异不大
	下迷宫环供水管流量/(m³/h)	22.73	—	24.64	—	差异不大
	上迷宫环压力/bar	9.74	23.09	10.09	23.40	无差异
	下迷宫环压力/bar	9.16	54.90	9.29	54.41	无差异
	CP 转 P 前温度/℃	26.66	32.91	26.92	33.25	CP 稳态最高温度
	CP 转 P 时 T_3/℃（见图 6.1.74）	26.64	34.00	26.78	33.29	无差异
	温度升高/℃	5.44（上止漏环）	9.49（下止漏环）	5.91（上止漏环）	7.95（下止漏环）	差异不大
	升温速率/(℃/h)	1.05（上止漏环）	1.825（下止漏环）	1.37（上止漏环）	1.83（下止漏环）	差异不大
供水水温	温升范围/℃	17.21～22.89		20.03～23.56		差异不大
	幅值	上升 5.68℃	上升速率 1.09℃/h	上升 3.53℃	上升速率 0.81℃/h	
	水导油温/℃	35.12～41.54		28.55～39.51		差异不大
	溅水功率/MW	−5.86		−6.20		差异不大
	机组振摆	差异不大				

由表 6.1.41 分析可以认为：两种工况并没有太大差异。

3. 法国 ALSTOM 对转轮迷宫环温升的分析

（1）资料显示，转轮上、下迷宫环在 CP 工况和 CP 转 P（或停机）运行过程中的温度数据，其温升可分为 3 个阶段，见图 6.1.71。

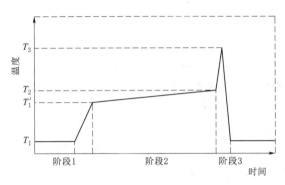

图 6.1.71　转轮上、下迷宫环温升阶段示意图

1）从停机状态到 CP 工况启动、升速逐步达到稳态的过程为阶段 1（开机前迷宫环温度设为 T_1），由于 CP 工况启动过渡过程机组振摆相对较大，转轮迷宫环温度上升较快（至 T_1'）。

2）CP 工况稳态运行为阶段 2（CP 转 P 或停机前的温度设为 T_2），转轮迷宫环温度随技术供水温度升高而逐渐上升。

3）CP 转 P（或停机）的过程为阶段 3，由于球阀下游密封退出，蜗壳内压力升高，迷宫环供水压力小于转轮室内气压或水压，迷宫环供水无法供应，此时迷宫环温度迅速上升。当回水排气时尾水水位上升到迷宫环，对迷宫环进行冷却，迷宫环温度又迅速下降。CP 转 P（或停机）回水期间迷宫环达到的最高温度设为 T_3。

（2）根据厂家技术供水系统运行时间计算说明书，惠蓄电站调相工况最大运行时间 t 的计算公式为

$$t = V\rho C \Delta t / H \tag{6.1.5}$$

式中：t 为最大运行时间，h；V 为尾水管水流量，1002m³；ρ 为水密度，1000kg/m³；C 为水比热容，4.177kJ/(kg℃)；H 为 CP 工况冷却水传热负荷，11.5MW；Δt 为尾水管水温温度变化值。

则 $T \approx 0.101\Delta t$，相当于尾水管水温初始温度为 15℃时，CP 工况最大运行时间约为 1.5h。

（3）因此，法国 ALSTOM 规定机组 CP 运行超过 1.5h（最高不超过 2h）或上、下迷宫环任一温度达 40℃以上，则必须换机或停机。

而近年惠蓄机组 CP 工况运行都能远超 2h，亦即实际运行及所检测的情况与法国 AL-STOM 的设计则明显有一定的差距。实践证明，法国 ALSTOM 对惠蓄电站的相关规定是偏于保守的。

4. 对迷宫环供水管路流量设计裕量的分析

（1）由于管道流速及管路损失往往用节流片或节流阀调节，管路损失不只是管道本身全部承担，有一部分损失可由节流片直径大小控制，即压气时间也可由此调整控制。节流片直径大小调整到某一合适的值时，管道流速及管路损失会较小。但如果管道直径偏小，节流片/节流阀调节的作用会很有限，因此应选择直径较大的管道。

（2）根据法国 ALSTOM 的设计，选择管道/节流片直径计算按：①尾水段的体积流量＝所需气腔的体积/预计压气时间；②节流片直径：流速按音速。

（3）《水电站机电设计手册——水力机械》系根据已运行电站的统计资料粗略确定与

储气罐有直接关系的调相压水管径（见表 6.1.42）。

表 6.1.42 调相管径与储气罐容积关系表

储气罐容积/m³	5～10	10～15	20～50	60～80	90～120	130～160
调相管径/mm	50～80	100	150	200	250	300

注 可以看出，依此进行设计所选择的管径相较于法国 ALSTOM 的设计理念是偏小的。

（4）惠蓄电站在充气压水管路、水泵工况排气管路设计中未能综合考虑各管路流速及流量的裕量，以致出现了部分埋管偏小的瓶颈效应，使得其管路流速、流量无法进行有效调节。

（5）因此，设计者应根据温度上升的幅值范围取一定的余量设定迷宫环供水量的设计值。建议参考清蓄电站迷宫环供水量顶盖侧为 300L/min、底环侧为 400L/min（此时供水压力为尾水压力＋10m 左右）所依据的设计理念。

5. 惠蓄电站多台机组主轴密封报警的分析

（1）主轴密封在压水排气过程的作用是密封并阻止转轮室的压缩气体冒出，其工作原理见图 6.1.72。

1）冷却水供水系统来的压力水经调节装置进入操作腔，在不锈钢移动环上表面形成向下的压力为 P_0。

2）尾水管压力 P_3、密封腔压力 P_2 形成机组运行时不锈钢抗磨环下表面向上压力 P_1 并与 P_0 达到平衡。

3）主轴密封操作腔供压回路所设置调节装置的调节效果决定着机组调相启动和工况转换的稳定性（调节能力应能满足各种工况的运行和各种工况转换的要求）。

4）迷宫环供水取水方式改变时，其冷却水压力和流量的调整与选定应与主轴密封压力的变化（下降）没有直接关系。

（2）机组 CP 工况过程中，转轮在空气中高速旋转，机械能不断转化为转轮室各部件的热能，导致转轮、顶盖、底环的温度不断升高并发生轻微变形。因此，主轴密封温度也就可能有所上升。

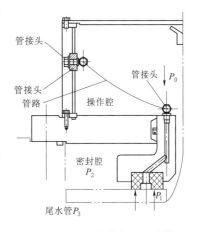

图 6.1.72 压水排气过程主轴密封工作原理示意图

（3）CP 转 P 过程中受排气、振动影响，主轴密封水膜不稳定，在某些特定情况下密封环温度是有可能短时间快速上升而触发报警的。

（4）惠蓄电站采用的是赛思德树脂密封环＋"Ketron HPV"膨胀销结构，热膨胀系数不同的膨胀销磨损的杂质在旋转的情况下不断充填密封环 U 形槽（作用是有助于形成润滑水膜）内和温度传感器测温孔内部，导致主轴密封润滑水膜厚度不均匀、冷却效果变差。尤其是在主轴密封温度测点处淤积严重，形成了密封环与抗磨环摩擦面的局部高温点，从而触发传感器温度过高跳机。

（5）另外，CP 转 P 过程中主轴密封平衡腔冷却水因正常流程而中断以及夏季气温较高等因素也可能间接造成主轴密封温度高报警。

综上所述，可知主轴密封温升报警的原因是多方面的，还有待进一步深入分析。

6. 针对迷宫环报警的有效措施

（1）某抽水蓄能电站（其取水口与排水口距离达 69.1m，两口之间水体积为 2470.7m³）在不同的冷却水温、不同迷宫环报警温度下，机组连续调相运行时长见表 6.1.43。

表 6.1.43　　　　　　　　　某抽水蓄能电站机组连续调相运行时间表

平均水温 /℃	报警温度 40℃时机组连续调相运行时长/h	报警温度 45℃时机组连续调相运行时长/h	报警温度 50℃时机组连续调相运行时长/h	报警温度 55℃时机组连续调相运行时长/h	报警温度 60℃时机组连续调相运行时长/h
15	7.2	9.4	11.5	13.7	15.9
20	5.0	7.8	9.4	11.5	13.7
25	2.8	5.0	7.2	9.3	11.5
30	0.7	2.8	5.0	7.2	9.3

（2）除迷宫环冷却供水水温外，与迷宫环报警值设定相关的技术参数还有迷宫环间隙、水导最大摆度以及调相运行时转轮迷宫环变形等。因此，该抽水蓄能电站的综合评判是：当冷却水温为最高 30℃时，机组连续运行 11.5h 后，冷却水温上升至 56.5℃，迷宫环温度上升至 65℃。此时，由于迷宫环、转轮、顶盖、底环的温度上升，迷宫环间隙将减小 0.26mm，再加上迷宫环旋转变形及摆度的影响，迷宫环间隙最大减小 0.62mm，剩余间隙为 0.98mm，仍具有足够的安全余量。所以，为了提高电站连续调相运行的能力，迷宫环温度报警值可设置为 60℃，跳机值设置为 65℃。

（3）所以，类同惠蓄电站规定的上迷宫环温度报警值为 40℃、跳机值为 50℃和下迷宫环温度报警值为 40℃、跳机值为 45℃是可以根据电站实际运行需要进行合理调整的。

7. 结语

（1）尽管通过迷宫环冷却水取自压力钢管 CP 工况运行 4.3h 与迷宫环冷却水取自技术供水系统 CP 工况运行 5.2h 时的主轴密封流量、温度、压力值，迷宫环流量、温度、压力值，技术供水水温、导轴承油温、瓦温、溅水功率等各个参数的对比，证实两种工况并没有太大差异。但由于迷宫环冷却水取自上游压力钢管时，往往因流态不稳定的高压水进入管路产生振动及减压阀的强噪声（甚至高达 92dB——可能属于减压阀本身的调整范畴）等引发管路较大水锤的不可预见风险因素，目前机组设计理念均倾向于采用迷宫环冷却水源取自机组技术供水系统。

（2）技术供水温度虽然受季节和气温影响较大（最大温差达到 10℃），但只要据此确定合理的运行温度范围、报警和跳机温度，是能够排除季节和气温影响的。

（3）根据其他电站的运行实践以及迷宫环结构、材质的实际情况，还是可以采取适当调整迷宫环报警和跳机设定值的方式达到机组实际运行要求的。亦即，惠蓄电站水系水轮机设计制造商 ALSTOM 的设计理念尚有可斟酌之处。

（4）对迷宫环供水流量和压力的要求主要取决于运行过程中迷宫环的温度变化，一般经过机组调试阶段精心调节均可以达到比较理想的结果。

（5）较长时间 CP 工况运行对主轴密封运行温度的影响是存在的，但只要进行合理调整还是可控的。

6.2 进水球阀

本节介绍了惠蓄电站钢管不排水进行进水球阀故障处理、清蓄电站进水球阀静水无法正常关闭故障处理等都是一般抽水蓄能电站较少接触到但却具有相当广度和深度的故障处理案例，其对业内同行具有较高的借鉴和参考力度。

6.2.1 惠蓄电站钢管不排水进行进水球阀故障处理

由法国 ALSTOM 设计制造的惠蓄电站共 8 台机组，采取一洞四机结构。每台机组前各有一台横轴双密封结构、公称直径 2m 的进水球阀（见图 6.2.1），主要由阀体、阀芯、密封操作机构（接力器）、控制机构以及延伸管、伸缩节等组成，两侧分别连接上游压力钢管和下游蜗壳延伸段。

1. 进水球阀故障情况

（1）进水球阀枢轴故障（详见 4.2.1 高水头水泵水轮机进水球阀安装及运行中的典型问题）。

1）进水球阀拐臂、钢套和进水球阀枢轴通过螺栓及销钉把合在一起，铜套与阀体冷缩镶套在一起，当球阀开关的时候，枢轴、拐臂和钢套同时转动，与铜套产生相对位移。

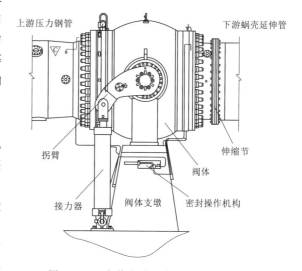

图 6.2.1 惠蓄电站进水球阀结构示意图

2）进水球阀铜套为青铜材质，表面粘接共计 24 块 feroglideT814 材料的 TENMAT 自润滑层，枢轴和钢轴套之间存在 $0.022\sim0.153$mm 间隙，属于间隙配合；钢套与铜套之间的间隙是 $0.29\sim0.495$mm，属于较大间隙配合；铜轴套与阀体的间隙是 $0.026\sim0.206$mm，也属于间隙配合。

（2）惠蓄电站 5 号机组 G 工况开机出现失败故障。经检修球阀仍无法正常开启；P 工况开启时间过长导致启动失败最终也无法正常开启；对 5 号机组控制装置（包括电气控制回路、油压回路、操作水回路）进行逐项排查，均未发现异常；经过电厂和法国 ALSTOM 技术人员的精细工作，排除轴套上的 T 型进水孔（轴套腔体端平压小孔）堵塞后，基本认定 5 号球阀拒动是由耳轴轴套自润滑层损坏抱轴所致。

2. 更换耳轴轴套实施方案选择

在排水工况下更换耳轴轴套是一种常规检修方式，无非全排水和不排水两种实施方案，在常规电站和抽水蓄能电站时有发生（如十三陵抽水蓄能电站等）。

（1）厂家最初的建议为排空上游水道以便对球阀进行全面的检查。

1）球阀各部件在设计时并未考虑在钢管带水情况下更换枢轴轴套的可能性，合同文件也只说明了枢轴套密封可在带水压的情况下更换，而未要求枢轴套自润滑轴套在带水情况下进行更换。

2）厂家认为带水作业更换耳轴轴套操作过程中可能施加的非正常压力或者操作，存在使某些部件如阀芯、密封环等意外损坏的风险。

3）带水作业工序复杂，必须制作一些附加工具，处理时间也许比不带水的更长。

4）带水作业情况下可能由于不同零件加工公差以及外加作用力导致变形等多种因素，最终导致间隙不足或不均匀而使得新轴套无法安装。

5）在 ALSTOM 的历史中并未使用过带水作业的修复程序，因此安全等各方面风险控制是非常重要而且不能忽略的。

（2）由于排空上游水道将导致同水道的 4 台机组无法投入备用，上游水道排水和充水都需要 20 天，加上更换进水球阀轴套处理的工期，所导致 4 台机组退出备用至少 30 天。而拆装进水球阀时还存在损坏法兰密封的风险，导致更换密封将再次排空上游水道。在当时南方电网电力紧张的情况下，确保电厂的机组可用系数不受太大影响是至关重要的。因此，要求法国 ALSTOM 设计一套专用工具，执行在钢管不排水（不拆卸进水阀）情况下完成枢轴轴套更换的方案。

（3）在引水系统保持高压情况下更换轴套在国内是一次开创性的尝试，厂家曾告知难以确保处理结果的成功也不能保证避免任何设备损坏的风险，因此不能对该程序操作过程中可能出现的任何结果负责。但根据英国 Dinorwig 抽水蓄能电站的经验最终决定执行带水进行该修复程序，仍要求厂家全程全力协助，以确保最大限度地成功实施。

3. 英国 Dinorwig 抽水蓄能电站钢管不排水检修球阀枢轴的实例

（1）总体情况。

1）靠近威尔士地区的 Dinorwig 电站是欧洲最大的抽水蓄能电站之一，该电站由一条高压引水管连接 6 台 300MW 立式机组，每台机组设置 Kvaerner Boving 公司设计的重达 160t、直径 3m 的进水阀。自从 1983 年调试完成后，某些抗磨原件的检修，尤其是进水球阀的枢轴套更换亟待进行。因此，挪威 Kvaerner 于 1990 年试图在不排空上游压力钢管的情况下更换进水球阀枢轴套并于 1994 年年底完成所有更换技术的研发和试验。

2）由于整个更换过程进水球阀承担高压钢管中 3500t 的水压，更换程序极为复杂，需要非常高的精度和 94 个之多的实施步骤，每个步骤还包括多个分项程序、检查和测量项目。其中还包括运用特殊设计的支撑环反向承担压力钢管的水压（见图 6.2.2）、其他特殊设备和螺栓，使得支撑环能够将 40t 的阀芯水平方向推进 1mm 并严格保证位于中心位置，为枢轴套的拆卸和更换提供有效间隙等条件。最终，更换、检修工作获得了巨大的成功。

3）不排水更换进水球阀枢轴轴套的方法以前从未试用于任何一个大型阀门，Dinorwig 电站的实践使其在全球范围内获得专利，并作为一种检修程序，提供给其他需要避免因排水引起的长期停机的电站。其后该程序又不断进行更新和改进，更新设计了整套专用设备和工具，多方位提高了拆装枢轴钢套的操作工艺和测量技术。

（2）程序共有 94 个步骤，其中重要步骤简要说明如下（见图 6.2.2）：①关闭阀门，投入上游检修密封和阀芯锁定；②排空阀体的水，检查密封漏水并检查阀芯的轴线与高压钢管轴心垂直；③拆除伸缩节、工作密封和密封座；④安装支撑环，闷头和 M90 的螺杆；⑤拆除接力器和拐臂；⑥安装枢轴套工装和测量平台；⑦平衡高压钢管、阀体和闷头内的压力；⑧打开检修密封，沿着高压钢管轴心方向垂直定位阀芯；⑨投入检修密封，阀体和闷头泄压，排空阀体；⑩增加闷头内的压力（检测间隙 1、间隙 2、间隙 3）

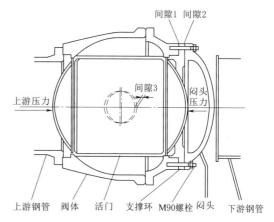

图 6.2.2　Dinorwig 抽水蓄能电站进水
球阀检修示意图

直到阀芯枢轴在轴套的间隙范围内能向上游移动；⑪给间隙 1 和间隙 2 内加入垫块，增加 M90 螺栓的预紧力到 Rotabolt 的最大设置值；⑫降低闷头内的压力，监测轴套间隙；⑬如果当闷头内压力降为零时，枢轴不在轴套的中心位置，重复上述步骤⑪、⑫，并调整垫块和预紧力（预紧力不能降低到 Rotabolt 设置下限）；⑭在一个枢轴后面安装定位板，并开始拆除对面的轴套；⑮检查并测量枢轴套内衬，并确定补救措施（如需要，安装新的轴套）；⑯在另一侧的枢轴上重复上述步骤⑭、⑮；⑰按照相反的步骤恢复部件。

（3）更换轴套过程用于保障安全和数据精确的措施主要包含以下几点：①用 Dinorwig 现有的两个用于封闭压力钢管和球阀的平面法兰来测试支撑环的水力压力，确认支撑环均能承受所施加的内压和外压；②Rotabolt 负荷计全部安装在 48 个 M90 的螺柱上以精确检测螺栓两次预紧力，并通过应变片确保负荷计±5％的精确度；③负载试验实施过程中采用了合适的顶起螺丝和特殊千斤顶；④应变片安装在阀芯、阀体、支撑环和闷头上，用数据记录器监控变形量以便出现问题时可以提早报警，同时能将应变片测量情况与有限元分析值进行快速比较（更换过程中，安装在支撑环上的应变片有效地反映了支撑环均匀作用在阀芯表面并且使得枢轴与轴套完全脱离）；⑤钢套位移变量变送器（LVDTs）也被连接到数据记录器上用来监控轴套间隙的变化；⑥在枢轴套背面安装激光杆，用来显示轴套负荷变化时垂直方向和角度的位移变化。

4．法国 ALSTOM 编制的不排空上游水道进行枢轴套更换的初步方案

（1）进行球阀枢轴套更换的初始状态：①其余三台用同一引水道连通的机组应在整个修复期间保持停机状态；②球阀关闭，拐臂锁定投入，上游密封投入且机械锁定投入，下游密封投入；③退出下游密封（以确保阀芯和阀体排空后，拆卸时下游密封不会黏附在阀芯密封面上）；④排空水轮机和阀体，尾水闸门关闭并在整个修复过程中保持锁定状态；⑤在排空阀体后检查上游密封的漏水情况，并将数据发给法国 ALSTOM 设计部门进行分析；⑥在整个修复过程中，应时刻监控漏水量，如果发现漏水量显著增加，应立刻停止修复程序；⑦检查上游密封的机械锁定（因为在下游排水后，堵头将会少量向前移动），并

保持上游密封环的永久供水。

（2）检查需要拆卸铜轴套另一侧的自润滑铜轴套和钢套间隙：①拆卸需要拆卸铜轴套另一侧的接力器和拐臂；②拆掉限位铜环以及耳轴密封盖；③测量铜套和钢套之间的间隙（测量 8 个点），并将数据发给法国 ALSTOM 设计部门进行分析；④安装假拐臂（见图 6.2.3），投入拐臂锁定（机械锁定或自动锁定），同时持续监测锁定销和销钉孔之间的间隙，以确认其不接触。

（3）检查需要拆卸铜轴套一侧的自润滑铜轴套和钢套间隙。拆掉接力器和拐臂→拆掉限位铜环以及耳轴密封盖→测量铜套和钢套之间的间隙（测量 8 个点），并将数据发给法国 ALSTOM 设计部门进行分析。

（4）拉拔轴套工装装配（见图 6.2.4）。由于钢套上仅有一对 M48 的螺孔，如有必要在钢套上加钻螺纹孔→以拐臂作为模板在枢轴支撑轴的圆盘上钻销钉孔→安装枢轴支撑轴并紧固螺栓，并用销钉定位→在枢轴支撑轴上安装用于拔钢套和铜轴套的环形圆盘→装配支撑千斤顶工装，并在枢轴支撑轴下方用楔块固定。

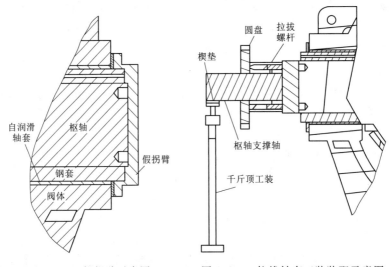

图 6.2.3　假拐臂示意图　　　图 6.2.4　拉拔轴套工装装配示意图

（5）球阀下游装配工作。拆除伸缩节→拆除下游密封支撑座、下游活动环以及下游密封固定环→测量阀体上下游密封座和阀体法兰间的距离（该间隙非均匀分布），测量 16 个点，并将数据发给法国 ALSTOM 设计部门进行分析。

（6）下游闷头工装装配（见图 6.2.5）。安装模拟支撑环和闷头，并用螺栓、螺帽固定好（或采用特殊螺栓，但安装过程不施加预应力）；安装施加预应力的千斤顶（千斤顶应均匀分布），或者采用特殊螺栓方式。

（7）调整间隙工艺：①松开上游密封机械锁定的螺栓，但仍保持密封环投入腔水压；②合理调整分布并逐步增加千斤顶的压力移动上游堵头，使用在阀体上安装的百分表，监测、检查闷头法兰同时平行地向上游移动；③如果使用特殊螺栓，采取 4 个螺栓同时紧固（1/4 圆周方向）的方式，检查闷头法兰同时平行地向上游移动（可根据移动情况重新调整螺栓分布进行施力）；④测量并检测铜轴套和钢套之间的间隙，直至间隙均匀分布时

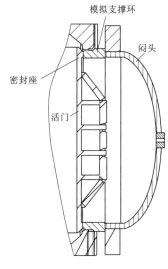

模拟支撑环

闷头

密封座

活门

图 6.2.5 下游闷头工装
装配示意图

停止对下游闷头的紧固；⑤测量闷头法兰和阀体之间的间隙，加工并安装相应的垫片并紧固底部的紧固螺栓；⑥测量铜轴套和钢套之间的间隙，可重复上述步骤，更换不同尺寸的垫片直到铜轴套相对钢套居中（对于已损坏的轴套，有可能已无间隙存在，因此需要参考另外一个轴套调整中心位置）。

（8）拉拔轴套工艺：①投入上游密封机械锁定；②扭紧拔钢套的圆盘环和钢套之间的拉拔螺杆；③在枢轴支撑轴圆盘和拔钢套的环之间安装千斤顶；④使用千斤顶加压，拔出钢套；⑤当千斤顶行程终了时，在千斤顶和拔钢套的环之间装配垫片，重复拆卸操作直到钢套完全拔出；⑥在铜轴套上安装拆卸工具，并拆卸铜轴套（如果铜轴套未能与钢套同时拆卸拔出）；⑦测量枢轴和阀体之间的间隙，安装合适的衬垫，并用楔块调整固定；⑧拆掉千斤顶支撑工装，取出已磨损的轴套；⑨对钢套、铜轴套、枢轴及阀体内表面进行外观检查，将检查照片发给法国 ALSTOM 设计部门。

（9）安装新轴套：①清洁所有接触面的油脂；②安装新的铜轴套（在自润滑部位涂抹特殊油脂）并安装密封圈；③重新就位原拉拔轴套工装；④拆除枢轴和阀体间的衬垫和楔块；⑤对密封进行外观检查并更换各道密封；⑥通过螺杆将钢套和铜轴套一并安装；⑦拆除枢轴支撑工装；⑧重新安装 U 形密封、密封盖、限位铜环和拐臂，定位销以及接力器；⑨在阀体另一侧，拆掉假拐臂，重新安装 U 形密封、密封盖、限位铜环和拐臂，定位销以及接力器；⑩逐步卸掉闷头固定螺栓上的预紧力；⑪拆掉闷头和模拟密封环；⑫重新安装下游密封固定环、下游密封座和下游密封活动环以及伸缩节；⑬重新安装其他部件；⑭检查限位铜环和拐臂间的间隙并将数据发给 ALSTOM 设计部门；⑮关闭所有修复期间开启的排水阀；⑯投入下游密封；⑰退出上游密封机械锁定，但仍保持上游密封供水压力；⑱解除下游尾水闸门锁定，尾水和水轮机分步充水；⑲提起下游尾水闸门；⑳测试球阀功能（下游密封操作、开启/关闭操作）。

5. 惠蓄电站 5 号机组不排水检修处理实施过程

（1）根据 Dinorwig 经验和法国 ALSTOM 的方案需要设计制造一套工装设施。

1）支撑工装装配在需要拆装铜轴套侧的枢轴上，用于平衡阀芯的重力和调整枢轴、轴套和轴承座之间的间隙（枢轴与轴套周向间隙调整均匀以减小拔轴套和装轴套的阻力）。支撑工装需要两个支撑架以便在更替的工况下将轴套从支撑工装上取出，并能安装拔环和压环，通过螺栓把合到枢轴上（见图 6.2.6）。

2）假拐臂安装在枢轴另一侧，用于固定阀芯，避免阀芯发生位移以控制安装间隙。假拐臂外圈用 24 颗 M24 的螺杆与进水阀阀体把合并在其内圈用 6 颗 M52 的螺栓与阀芯把合（见图 6.2.7）。

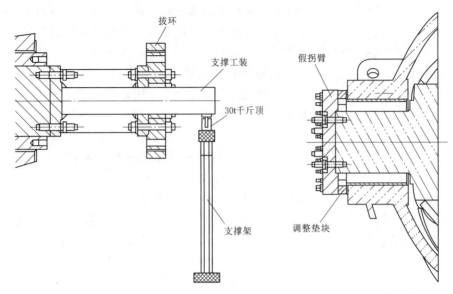

图 6.2.6 支撑工装示意图   图 6.2.7 假拐臂示意图

3）拔环和专用螺杆的设计应考虑到可以同时使用液压拉伸器或液压千斤顶。惠蓄电站加工了 2 根 M48/M52 和 4 根 M36/M42 专用螺杆，当液压千斤顶无法拔出时可外加液压拉伸器，并加工拔环用于配套使用（见图 6.2.8，拔环与专用螺杆的设计需要计算铜套对钢套的最大夹紧力）。

4）为避免安装过程单独安装钢套和铜轴套导致自润滑材料的损坏，设计了安装压环将钢套和铜轴套连接成整体一起装入阀体内（见图 6.2.9）。

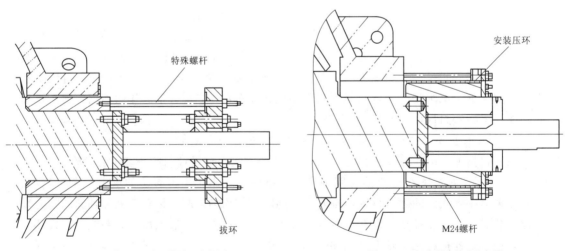

图 6.2.8 拔环和专用螺杆示意图   图 6.2.9 安装压环示意图

（2）施工准备。拆除 5 号机组进水球阀右岸拐臂、铜环、密封盒及 U 形密封；测量左右岸铜套与钢套间隙（均布 8 个测点），（见表 6.2.1）；安装假拐臂，上好与枢轴连接螺栓（M48）及与阀体连接螺栓（M24）。

表 6.2.1　　　　　　　5 号机组进水球阀左右岸铜套与钢套间隙表　　　　　单位：mm

序号	左岸铜套与钢套之间间隙		右岸铜套与钢套之间间隙	
	间隙	塞入深度	间隙	塞入深度
1	0.55	95	0.20/0.15	250/500
2	0.35	203	0.30	500
3	0.10	92	0.35	500
4	0	0	0.30	500
5	0	0	0.10	500
6	0	0	0	0
7	0.10	110	0	0
8	0.35	167	0	0

（3）拔左岸钢轴套（见图 6.2.10）。

1）退出上游密封。缓慢投入退出腔压力水至 10bar，在此过程中，在上游密封活动环与固定环间塞入铜楔块，并用铜锤敲击，逐步退出上游密封，利用塞尺检查圆周上间隙均在 3.85mm 以上，位置传感器可收到密封退出信号。

2）右岸假拐臂固定。对假拐臂与枢轴连接螺栓打 1200bar、与阀体连接螺栓打 500bar 压力进行拉紧，检查发现假拐臂与阀体间无间隙，与枢轴间存在少量间隙。

图 6.2.10　拔钢轴套

3）拔出钢轴套（在拔钢轴套前，先在钢轴套与枢轴上均做好位置标记，同时在两岸合适位置放置百分表，以监测阀芯及轴套移动情况。），整个过程颇为曲折，分述如下：

a. 用支撑下部的千斤顶尝试顶起阀芯，使钢套与铜套间间隙均匀，利用百分表监测发现无法顶动阀芯。

b. 松开右岸假拐臂与阀体连接螺栓，再次用千斤顶稍微顶起阀芯，然后再打紧右岸螺栓。

c. 用两个 M52（拔环上共有两个 M52 螺栓与四个 M42 螺栓与钢套相连）的液压拉伸器在 800bar 压力下拔钢套，无法拔动。

d. 用两个 M52 和两个 M42 液压拉伸器一起在 800bar 压力下拔钢套，无法拔动。

e. 用两个 M52 和四个 M42 液压拉伸器一起在 800bar 压力下拔钢套，无法拔动。

f. 在钢套密封打压孔接入手压泵，利用油介质在 70bar 压力下进行打压，与两个 M52 和四个 M42 液压拉伸器一起作用下，推动钢套向外缓慢拔出。

g. 在钢套密封打压孔无法再次进行打压时（钢套密封已脱开），单独利用两个 M52

和四个 M42 液压拉伸器，在 950bar 压力作用下，缓慢拔出钢套。由于液压拉伸器行程为 3mm 左右，因此每次拔出钢套 3mm 时均要对打压泵进行泄压，以调整液压拉伸器至起点位置，然后再次启动打压泵打压，重复此动作，当天共拔出钢轴套 93mm（在 850bar 时已能拔动）。

h. 用两个 M52 和四个 M42 液压拉伸器反复拔钢套，随着钢套的逐渐拔出，钢套与铜套及枢轴的摩擦力减小，当打压泵压力降低到 400bar 时，改为由四个 M42 液压拉伸器拔轴套，继之改为由两个 M52 液压拉伸器来拔轴套，直至钢套拔出 340mm 时改为由两个液压千斤顶在对称方向进行同时打压加快拔出速度。

i. 拔出时注意：须在钢套与工装之间垫入一层密封材料，以防止钢套内壁刮伤；在最后将要拔出时用天车加手拉葫芦先固定好，以防止突然坠落。

4）拔出钢轴套后，对铜套内壁进行了检查，发现大面积自润滑材料损坏掉落，证明铜套已严重损坏。

5）试拔铜轴套。在钢套拔出后，先放置在工装上，先不拆除拔环；在拔环和在铜轴套上后钻的 M12 螺栓孔上采用两个 M12 长螺栓及其螺母将铜轴套拔出一段，以利于后续拔出铜轴套工序的进行。

6）拆除拔环。在工装靠近阀芯侧装好另一个千斤顶，并监测百分表读数，使其与原千斤顶工作时读数一致；松掉拔环与工装连接螺栓；利用吊点将拔环吊出并下放。

7）吊出钢轴套。利用桥机将穿入吊带并调整在平衡位置的钢轴套移出到工装边缘，继之将其缓慢吊落到地面。

8）拆除铜轴套。在铜轴套上穿入 M24 螺栓，利用与阀体之间的间隙，旋转螺母顶出铜套，并将其吊落到地面。

9）对枢轴、钢轴套、新铜轴套进行全面清理并测量钢轴套内外圆尺寸、新铜轴套内外圆尺寸以及枢轴与阀体之间间隙，并记录填入相应的表格。

图 6.2.11　铜套与钢套套装

10）同时考虑到安装压环与钢轴套、铜轴套组合好后的组合体的翻身及吊装困难，将钢轴套密封打压孔内侧 M20 扩大到 M36。

（4）利用工装装配枢轴轴套。

1）安装压环组装。再次清理钢轴套及新铜轴套并涂抹润滑脂，然后将铜轴套扣进钢轴套中，在此过程中注意防止密封损坏及移位（见图 6.2.11）；用压环上安装的四个导向螺杆将其吊装到钢轴套及铜轴套上端并用螺栓分别与钢轴套及铜轴套连接成组合体，然后吊运至球阀左岸检修平台。

2）钢轴套与铜轴套安装。

a. 拆掉工装外侧千斤顶。

b. 将检修平台上的钢轴套、铜轴套及压环组合体用桥机缓慢套入枢轴，在此过程中注意在工装与轴套组合体之间垫好密封垫，同时在更换工装千斤顶时注意监测枢轴变化。

c. 在轴套组合体塞入阀体前，在枢轴上均匀涂抹二硫化钼、铜轴套外表面均匀涂抹耐水抗压黄油，并将导向螺杆与阀体上 M24 螺栓孔相连，同时注意将钢套密封安装就位。

d. 确认枢轴四周间隙均匀后，利用 M24 螺栓及安装压环（对称四个方向同时拧紧螺母）将轴套组合体垂直压入阀体，并时刻监测安装压环圆周方向与阀体间距离。

e. 在压环距离约阀体 500mm 时，在对称螺栓上穿入空心液压千斤顶，利用液压作用将轴套组合体同步压入（钢尺监测），注意在铜轴套贴合到阀体前铜轴套密封必须安装就位。

3）由于钢轴套及铜轴套与阀体间均有密封，采用液压千斤顶很难将轴套压到位；同时，安装压环也存在加工误差，导致铜轴套及钢轴套均难以安装到位，为此：挪开安装压环→在铜轴套 M24 螺栓孔上用螺母将铜轴套压到与阀体密切接触→将安装压环反过来安装在钢轴套背面，用 M24 的螺栓将钢轴套压入到位→根据拆卸时做好的钢轴套与枢轴之间的对应标记，利用桥机辅之以铜棒敲击对称螺栓，将钢轴套旋转一定角度恢复原位。

（5）其他工序。为简化安装及轴套密封水压实验步骤，特在假拐臂上对应钢轴套密封打压孔位置钻 ϕ43mm 的孔→完成钢轴套及铜轴套装配后，拆除左岸工装及支撑→安装左岸假拐臂→将原左岸工装支撑挪到右岸。

（6）最终拆卸与装配。

1）左岸钢轴套密封打压。松开右岸假拐臂六个与枢轴连接螺栓→按照设定力矩连好左岸假拐臂，确保左岸假拐臂与枢轴间无间隙（可拆开一个与枢轴连接螺栓用塞尺进行测量）、钢轴套与密封紧密接触→用手压泵通过假拐臂上的开孔接入钢轴套密封打压孔，利用油介质在 30bar 压力下保持半小时，压力应无下降。

2）拆卸并吊走右岸假拐臂，然后安装工装轴、拔环及千斤顶等整体工装。

3）拔除右岸钢轴套。

4）拔除右岸铜轴套。

5）全面清理。

6）按照"（4）利用工装装配枢轴轴套"程序复装新轴套。

6. 结语

（1）在 20 世纪 90 年代初期的条件下，Dinorwig 抽水蓄能电站在引水系统保持高压情况下更换轴套是开创性的，Kvaerner 公司付诸了大量时间和精力来进行研究、测试和准备。

（2）在引水系统保持高压情况下更换进水球阀枢轴轴套在国内依然是一次开创性的尝试，无疑需要一定的胆气和魄力。但相对于 Dinorwig 电站而言，当前的惠蓄电站而言并非多大的难事（由于 Dinorwig 电站进水球阀耳轴轴套与轴承体系采用过盈配合，其拔、装的难度均大于惠蓄电站）。

（3）惠蓄电站 2012 年 11 月 26 日开始 A 厂上游水道排水，然后进行球阀轴套更换以及相关的机组检修工作，12 月 20 日 A 厂检修才完成。惠蓄 B 厂 2013 年 2 月 23 日上游水道开始排水，至 3 月 27 日 B 厂球阀就已检修完成。除去排水时间，惠蓄电站完成 B 厂 4 个进水球阀的检修只需要 20 天左右（在每天一班的情况下，平均 7 天完成一个进水球阀的轴套更换工作）。

（4）在惠蓄电站进水球阀检修的过程中，前期准备工作非常充分，工装设计合理，使得整个检修工作得以顺利进行。其高效率检修与检修工装的合理设计和高效使用对于相似结构的进水球阀轴套更换工作有很好的参考意义。

（5）据分析，由于 T 型孔堵塞后铜基轴套两侧压差导致变形，其内部 2mm 厚 24 块拼接而成自润滑材料在无水润滑、挤压变形工况下干摩擦损坏、脱落使铜轴套与枢轴卡塞。检修时拔出钢轴套后发现大面积自润滑材料掉落。事实已经证明，惠蓄电站继续采用 FEROGLIDE T814 自润滑材料系铜基非"DEVA-BM"的双金属自润滑轴承，用于惠蓄是不合适的了。因此决定就轴套的设计进行修改，经对国内外各种形式轴套进行调研并反复论证，最终选定铜基镶嵌自润滑材料轴套（型号：OILES SOOSPI—SL464LT，该轴套抗拉强度为 755N/mm^2，屈服强度为 345N/mm^2，硬度为 HB210）。

6.2.2　清蓄电站 1 号机组进水球阀静水无法正常关闭故障处理

清蓄电站 1 号机组进水球阀在进行静水开启及关闭调试时，能够正常开启，但在关闭操作时，由于主配压阀无法复位，进水球阀接力器开、关操作切换不成功，导致球阀无法正常关闭。

1. 球阀开启、关闭工作原理及主配压阀设计原理

（1）经检查，确认主配压阀已泄压（油回路压力已为零），但阀芯没有按设计要求动作，而只在操作水供水总阀（AA055）关闭且接力器手动阀 472 打开的情况下，主配压阀阀芯才能在弹簧作用下下落复位（见图 6.2.12）。

（2）主配压阀结构（见图 6.2.13）。

图 6.2.13 为阀芯处于下落位置，即球阀接力器处于关闭位置。其工作原理是：

1）当活塞下腔通以 6.30MPa 的压力油，压缩弹簧使阀芯上移（行程 65mm），进水球阀接力器开启腔通过遮程 36.75mm 的主配压阀接通 5.64MPa 操作水源，进水球阀开启。

2）当活塞下腔泄压（0MPa），活塞在弹簧作用下克服操作水对阀芯的上抬力和阀芯部件所受到的摩擦力，使阀芯下移遮断球阀接力器开启腔的压力水源，而接通至接力器关闭腔，进水球阀关闭。

很明显，进水球阀无法正常关闭最大的可能是弹簧力不足以克服操作水所形成作用于阀芯的上抬力以及相关的摩

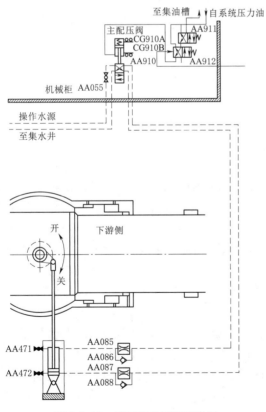

图 6.2.12　球阀开关原理示意图

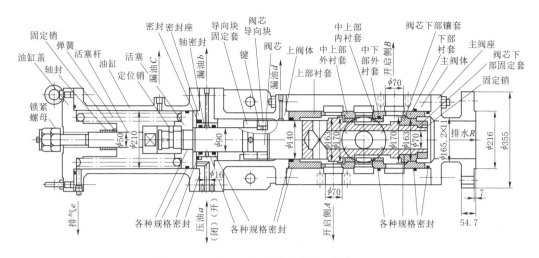

图 6.2.13　主配压阀结构示意图（单位：mm）

擦力。

2. 现场采取验证性质的临时措施

（1）增加厚 28mm 弹簧垫和 200kg 的配重块，球阀主配仍无法下落。

根据 THPC 分析，增加垫板后弹力达 4150kg，大于操作水上抬力 3869kg，但由于主配阀体中活动密封摩擦力太大，阻滞了主配阀体正常下落。

（2）通过采用图 6.2.14 所示加装油压千斤顶的验证，以及把 4 号机组的弹簧加装到 1 号机组相应位置，并经调整均能达到进水球阀正常关闭功能的验证性措施（见图 6.2.15），证实了弹簧力不足以克服操作水所形成作用于阀芯的上抬力以及相关的摩擦力的推断。

图 6.2.14　加装油压千斤顶

图 6.2.15　加装临时弹簧

3. THPC 原设计计算

（1）进水球阀主配压阀自开启状态至关闭全过程：弹簧的轴向作用力 $F >$ 阀芯部件摩擦力 $F_P +$ 操作水上抬力 F_S。

（2）弹簧的轴向作用力（回复力）。

1）弹簧技术参数见表 6.2.2。

表 6.2.2 弹簧技术参数表

项目名称	代号	参数值/mm	项目名称	代号	参数值
线径	d	$\phi30$	有效圈数	N_a	8
弹簧中径	D	$\phi165$	总圈数	N_t	10
自由高度	H	490	两端部圈数	X_1、X_2	1.0
组装高度	h_1	395	弹性系数	G	78500N/mm²
压缩高度	h_2	330	纵横比	$E=H/D$	3.0（$0.8<E<4$）
最小压缩高度	$H_s=N_t d$	$300<h_2=330$	绕旋比	$C=D/d$	5.5（$4<C<15$）

2）弹簧回复力计算。

a. 弹簧刚度 $k=\dfrac{Gd^4}{8N_a D^3}=221.17\text{N/mm}$。

b. 预压缩负载 $F_1=k(H-h_1)=21011\text{N}$。

c. 弹簧总轴向力 $F=k(H-h_2)=35387\text{N}$。

d. 弹簧二分之一行程（32.5mm）时的轴向力 $F=k(H-h_2-32.5)=28199\text{N}$。

（3）阀芯部件摩擦力 F_P（见图 6.2.16）。

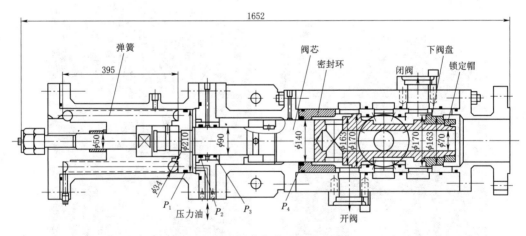

图 6.2.16 阀杆密封摩擦力示意图（单位：mm）

1）THPC 计算书提供：当受压面积为 8.0cm² 时的最大启动摩擦力为 637.4N。

2）$$P_1=(\pi D_S W_1/8)\times637.4=6833.3\text{N} \tag{6.2.1}$$

式中：D_S 为油缸内径，21cm；W_1 为密封槽宽度，1.3cm。

3) $$P_2 = (\pi d_1 W_2 / 8) \times 637.4 = 2252.6 \text{N} \tag{6.2.2}$$

式中：d_1 为活塞杆直径，9cm；W_2 为密封槽宽度，1.0cm。

4) $$P_3 = (\pi d_1 W_3 / 8) \times 637.4 = 1689.7 \text{N} \tag{6.2.3}$$

式中：d_1 为活塞杆直径，9cm；W_3 为密封槽宽度，0.75cm。

5) $$P_4 = (\pi d_2 W_4 / 8) \times 637.4 = 5256.4 \text{N} \tag{6.2.4}$$

式中：d_2 为阀芯直径，14cm；W_2 为密封槽宽度，1.5cm。

6) $$F_P = (P_1 + P_2 + P_3 + P_4) = 16033 \text{N} \tag{6.2.5}$$

（4）操作水上抬力（见图6.2.17）。

$$F_S = F_{S1} - F = \frac{\pi}{4} \left[(D_1^2 - D_4^2) - (D_2^2 - D_3^2) \right] P = 16408 \text{N} \tag{6.2.6}$$

式中：D_1 为170mm；D_2 为163mm；D_3 为140mm；D_4 为135mm；P 为水压，5.64MPa。

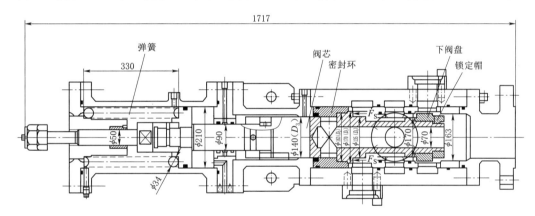

图 6.2.17 阀杆处于开启位置时的操作水上抬力示意图

（5）THPC认为，弹簧总轴向力35387N大于阀芯部件摩擦力 F_P ＋操作水上抬力 $F_S = 32441$N，以此推断进水球阀是能够正常启闭的。

4. 对THPC原设计计算的分析

（1）从图6.2.18可以明显看出，进水球阀正常全开启时，主配压阀阀芯处于上部位置。而在活塞下腔泄压开启状态或转关闭的初始瞬间，操作水源对阀芯的上抬力应是 $\frac{\pi}{4}(D_1^2 - D_4^2)P = 47262.5$N，即公式（6.2.6）中的 "$\frac{\pi}{4}(D_2^2 - D_3^2)P$" 在初始瞬间是不存在的。

（2）由于阀芯部件摩擦力 F_P ＋操作水上抬力 $F_S = 16033 + 47262.5 = 63295.5$N＞35387N，当然靠弹簧力是无法让阀芯复位的。

（3）即使是脱离开初始位置，阀芯部件摩擦力 F_P ＋操作水上抬力 F_S 也应是 $16033 + 16408 = 324415$N＞28199N，靠弹簧力也仍是无法让阀芯复位的。

所以，原设计计算可能有失误。

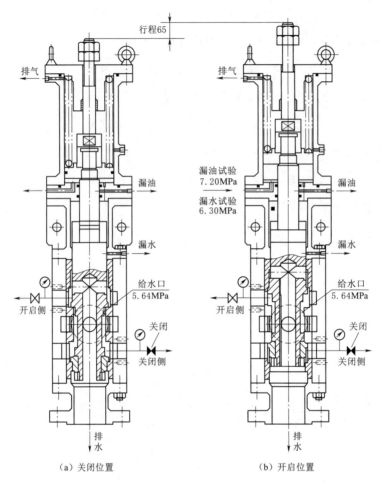

图 6.2.18　主配压阀开、关位置示意图（单位：mm）

5. 处理措施

经协商，确定从减少操作水压上抬力和增强弹簧恢复力两个方面同时实施来提高配压阀的动作稳定性。这就需要重新制作阀芯、弹簧等少部分部件，而主配压阀形体不变、也不需要对球阀控制柜进行改造。具体处理方法是：

（1）阀芯结构改造。

1）阀杆各段外径改变（见图 6.2.19 及表 6.2.3）。

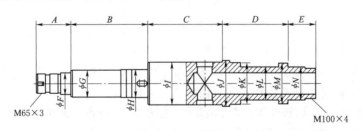

图 6.2.19　新阀芯加工示意图（单位：mm）

表 6.2.3　　　　　　　　　阀杆各段外径实测表（1 号机组实测）　　　　　　　单位：mm

位置	设计值	允许公差	实测值	位置	设计值	允许公差	实测值
A	122	±0.5	122.0	ϕH	92	−0.04 −0.07	91.95
B	278	±0.8	278.0	ϕI	140	−0.02 −0.04	139.97
C	264.5	±0.8	264.5	ϕJ	147	±0.05	147.0
D	236.5	±0.2	236.5	ϕK	135	−0.02 −0.04	134.97
E	104	±0.2	104.0	ϕL	110	±0.5	110.0
ϕF	70	−0.03 −0.06	69.96	ϕM	135	−0.02 −0.04	134.97
ϕG	90	−0.04 −0.07	89.95	ϕN	110	−0.04 −0.07	109.95

2）上衬套加工（见图 6.2.20 及表 6.2.4）。

表 6.2.4　　　　　　　　　上衬套加工实测表（1 号机组实测）　　　　　　　单位：mm

位置	设计值	允许公差	实测值
A	123	±0.1	123.0
B	16	±0.2	16.0
ϕC	210	−0.05/−0.10	209.93
ϕD	160	+0.1/0	160.04
ϕE	140	+0.02/0	140.02

3）改造后阀芯处于顶部开启位置时（见图 6.2.21）的操作水上抬力：

$$\frac{\pi}{4}(D_1^2 - D_4^2)P = 14982\text{N}(20427\text{N}) \quad (6.2.7)$$

式中：$D_1 = 147\text{mm}$；$D_4 = 135\text{mm}$；$P = 5.64\text{MPa}$ （7.69MPa）。

这就意味着开 → 关初始状态时，当水压为 5.64MPa 时，操作水上抬力消减至 14982N，当水压为 7.69MPa 时也仅为 20427N。

4）改造后阀芯处于 32.5mm 行程时（见图 6.2.22）的操作水上抬力：

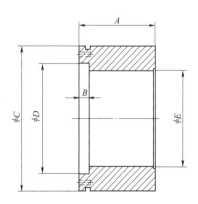

图 6.2.20　上衬套加工图

$$\frac{\pi}{4}\left[(D_1^2 - D_4^2) - (D_1^2 - D_2^2)\right]P = 6088\text{N}(8301\text{N}) \quad (6.2.8)$$

式中：$D_1 = 147\text{mm}$；$D_2 = 140\text{mm}$；$D_4 = 135\text{mm}$；$P = 5.64\text{MPa}$ （7.69MPa）。

也就是说，在其后的行程里，当水压为 5.64MPa 时，操作水上抬力只有 6088N，当水压为 7.69MPa 时也仅为 8301N。

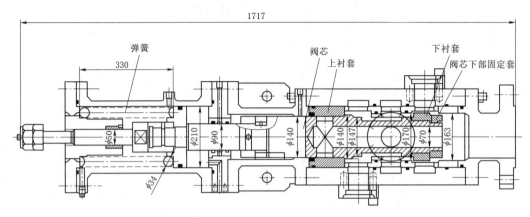

图 6.2.21 球阀开启时的主配压阀示意图（单位：mm）

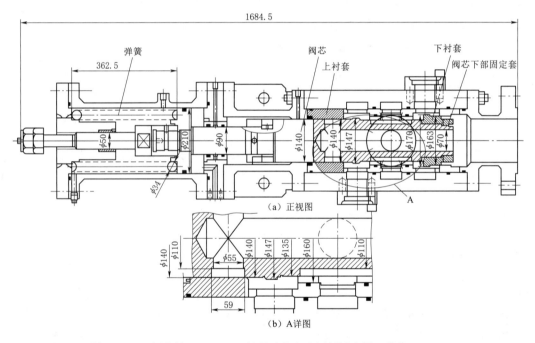

图 6.2.22 阀芯处于 32.5mm 行程时的主配压阀示意图（单位：mm）

（2）在现配压阀本体能容纳的范围内选配强化弹簧，宜选择采用线径 $\phi34$mm（弹性系数：362N/mm）的弹簧取代 $\phi30$mm（弹性系数：221N/mm）的原弹簧。则：

1）阀芯处于开→关初始顶部位置时弹簧轴向力 $F = k(H-h_2) = 362\text{N/mm} \times (490\text{mm}-330\text{mm}) = 57920\text{N}$。

如若仍采用原弹簧，应为 35360N。

2）配压阀从开状态到闭状态动作的过程中，弹簧从压缩状态到开放状态其弹力是一个衰减的过程。而操作水上抬力在水路从开向闭转换完成前始终施压的，所以需要用弹簧从压缩到开放、弹力最小时的开闭切换位置时的弹力来进行评价（也就是阀芯一半行程 32.5mm，见图 6.2.22）。此时的弹簧轴向力 $F = k(H-h_3) = 362\text{N/mm} \times (490\text{mm} -$

362.5mm)＝46155N。如若仍采用原弹簧，应为28178N。

（3）修正后阀芯部件摩擦力的计算。

1）主配压阀阀芯处于上部位置在活塞下腔泄压转关闭的初始瞬间，应使用静止摩擦力进行摩擦力计算。当受压面积为 8.0cm^2 时的最大启动摩擦力为65kg。则：

$$P_1＝(\pi D_S W_1/8)\times65＝696.8\text{kg} \tag{6.2.9}$$

式中：D_S 为油缸内径，21cm；W_1 为密封槽宽度，1.3cm。

$$P_2＝(\pi d_1 W_2/8)\times65＝229.7\text{kg} \tag{6.2.10}$$

式中：d_1 为活塞杆直径，9cm；W_2 为密封槽宽度，1.0cm。

$$P_3＝(\pi d_1 W_3/8)\times65＝172.3\text{kg} \tag{6.2.11}$$

式中：d_1 为活塞杆直径，9cm；W_3 为密封槽宽度，0.75cm。

$$P_4＝(\pi d_2 W_4/8)\times65＝536.0\text{kg} \tag{6.2.12}$$

式中：d_2 为阀芯直径，14cm；W_4 为密封槽宽度，1.5cm。

密封总摩擦力为

$$F_P＝(P_1＋P_2＋P_3＋P_4)\times9.80665＝16033\text{N} \tag{6.2.13}$$

2）配压阀从开状态到闭状态动作的过程中，密封条带来的摩擦力为运动摩擦压力，THPC认定O形圈最大摩擦力应按 20kgf/cm^2 进行演算。则：

$$P_1＝(\pi D_1 W_1/8)R＝(\pi\times21\times1.3)/8\times20＝214.4(\text{kgf/cm}^2) \tag{6.2.14}$$

$$P_2＝(\pi D_2 W_2/8)R＝(\pi\times9\times1)/8\times20＝70.7(\text{kgf/cm}^2) \tag{6.2.15}$$

$$P_3＝(\pi D_3 W_3/8)R＝(\pi\times9\times0.75)/8\times20＝53.0(\text{kgf/cm}^2) \tag{6.2.16}$$

$$P_4＝(\pi D_4 W_4/8)R＝(\pi\times14\times1.5)/8\times20＝164.9(\text{kgf/cm}^2) \tag{6.2.17}$$

$$F_P＝(P_1＋P_2＋P_3＋P_4)\times9.80665＝(214.4＋70.7＋53.0＋164.9)\times9.80665＝4932.7\text{N}$$
$$\tag{6.2.18}$$

（4）平衡力计算。

1）阀芯处于开→关初始顶部位置时：

操作水上抬力＋摩擦力（14982＋16033＝31015N）远小于弹簧恢复力（57920N）；即便水压取7.69MPa，操作水上抬力＋摩擦力（20427＋16033＝36460N）远小于弹簧恢复力（57920N）。

而采用原弹簧时，操作水上抬力＋摩擦力（20427＋16033＝36460N）＞弹簧恢复力（35360N）。

2）阀芯处于32.5mm行程位置时：操作水上抬力＋摩擦力（6088＋4933＝11021N）远小于弹簧恢复力（46155N）；即便水压取7.69MPa，（8301＋4933＝13234N）远小于弹簧恢复力（46155N）；而采用原弹簧时，操作水上抬力＋摩擦力（8301＋4933＝13234N）＜弹簧恢复力（28178N）。

3）以上说明，无论在何种工作状态下，弹簧恢复力远比反弹力（操作水上抬力和密封摩擦力）要大，使得主配压阀具备平稳、准确的开关操作能力。

6. 结语

（1）主配压阀改造完成后在车间进行了7.69MPa操作油压全开→全闭及全闭→全开的动作试验，工作正常：全开至全关行程为64.9mm，符合设计值65±1.0mm的要求；

闭→开动作时活塞最低动作压力仅为 3.1MPa；各部位无泄漏。

（2）以上计算说明，无论在何种工作状态下，弹簧恢复力远比反弹力（操作水上抬力和密封摩擦力）要大，使得主配压阀具备平稳、准确的开关操作能力。

（3）本节从两种工况分别进行反弹力、弹力的计算的，即将水压作用于开启侧上压力的计算分为两个计算模式：①球阀正常全开启主配压阀阀芯处于上部位置时，当活塞下腔泄压阀芯由开启状态或转关闭的初始瞬间；②当阀芯脱离全开启位置后至行程 32.5mm 的整个过程。

（4）同样，弹簧力计算也分为两种计算模式：①阀芯处于开→关初始顶部位置时弹簧回复力；②由于配压阀从开状态到闭状态动作过程弹簧从压缩状态到开放状态其弹力是一个衰减的过程，而操作水上抬力在水路从开向闭转换完成前则是始终施压的，所以需要用弹簧从压缩到开放、弹力最小时的开闭切换位置时的弹力来进行评价（也就是阀芯一半行程 32.5mm）。

6.3　电动发电机

本章集中介绍了电动发电机转子磁轭和磁极故障与处理、推力轴承故障与处理、导轴承故障分析与处理。

6.3.1　转子磁轭和磁极故障与处理

2010 年 EDF 统计显示磁极引线类故障占法国抽水蓄能电站故障之首，我国近年新建抽水蓄能机组磁极极间连接线或励磁引线不断发生事故，包括裂纹、断裂、熔断、接触不良、外护绝缘磨损、支撑件损坏、连接松动、转子接地等。

本节针对抽水蓄能机组励磁引线穿轴结构、磁极挂装（含中心高程偏差）、磁极键、阻尼环脱槽及磁轭叠压过程所发生的诸多事故实例进行了剖析。

6.3.1.1　抽水蓄能机组励磁引线穿轴结构设计改进

国内已有多个抽水蓄能电站都在励磁引线穿轴结构出现故障甚至事故。如蒲石河、响水涧、仙居等抽水蓄能电站励磁引线穿轴结构所发生的烧损事故都是相当严重的（见图 6.3.1）。

（a）蒲石河电站　　　　　　　（b）响水涧电站　　　　　　　（c）仙居电站

图 6.3.1　励磁引线穿轴结构烧损情况

1. 励磁引线穿轴结构的设计类型

(1) 蒲石河电站励磁引线穿轴结构见图 6.3.2，响水涧、仙居等抽水蓄能电站与之类同。其主要特点是：①励磁引线正负极分别采取单根铜质连接螺杆成 180°方向各自穿越上端轴（顶轴）；②连接螺杆外套绝缘套管与大轴隔离；③螺杆两端采用铜螺母＋绝缘板固定于上端轴壁；④再用另一铜螺母夹紧引线铜排导通励磁电流；⑤其中有的上下端均采用穿轴方式（如蒲石河电站、响水涧电站），有的仅有下部采用穿轴结构（如仙居电站）。

(2) 深蓄和海蓄电站的励磁引线穿轴结构基本属于同一设计类型（见图 6.3.3）。

1) 深蓄电站励磁引线上下端均采取连接螺杆穿轴与轴内外侧励磁引线铜排导通的结构方式。

2) 海蓄电站则只有下端的励磁引线为连接螺杆穿轴方式，其轴外侧仅采取单个铜螺母将铜排压紧于绝缘板并固定，而且励磁引线正负极并排穿轴，两极之间最小间距仅约 1cm。

(3) 惠蓄电站励磁引线穿轴结构见图 6.3.4，其特点是：①正负励磁引线铜排各提供两根铜质双头螺栓（中间光

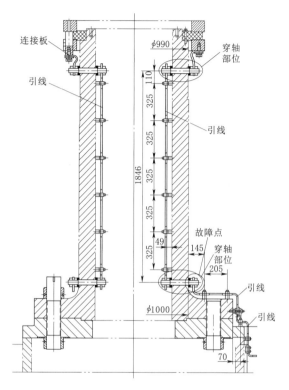

图 6.3.2 蒲石河电站励磁引线穿轴
结构示意图（单位：mm）

杆 $\phi 30$，两头为 M24）连接轴内外的铜排；②双头螺杆的一头拧紧于轴内固定套筒上的铜排，另一头采用上下铜平螺母与励磁引线汇流环连接。

该电站的励磁引线穿轴结构经多年运行未见故障迹象，应属成功设计的电站实例，以此拓宽对励磁引线结构设计的思路是有裨益的。

(4) THPC 设计制造的清蓄电站励磁引线穿轴结构见图 2.3.38，其特点是：①转子支架顶轴在引线铜排穿轴部分预制留有较大孔洞，引线铜排可以直接穿轴分别在内外侧固定，连接铜排的接触面积满足设计并有较大裕量；②励磁引线所有连接部位均采取搪锡并严格执行以下工序：按规定力矩拧紧螺栓→使用加热工具均匀加热→稍拧松螺栓→让焊锡可以流入→确认焊锡完全铺开、流满连接部位→再次按规定力矩拧紧。

(5) 奥地利里奥公司设计制造的浙江桐柏抽水蓄能电站的励磁引线也是采用类似穿轴结构（见图 6.3.5）。

清蓄和桐柏电站所采用的励磁引线穿轴结构经长期运行验证也是能够满足设计要求的结构型式。

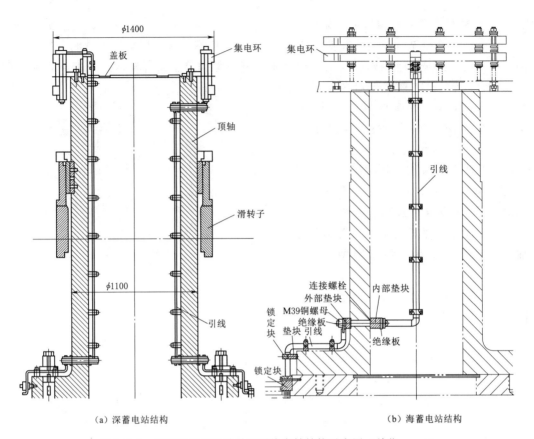

（a）深蓄电站结构　　　　　　　　　（b）海蓄电站结构

图 6.3.3　深蓄和海蓄电站励磁引线穿轴结构示意图（单位：mm）

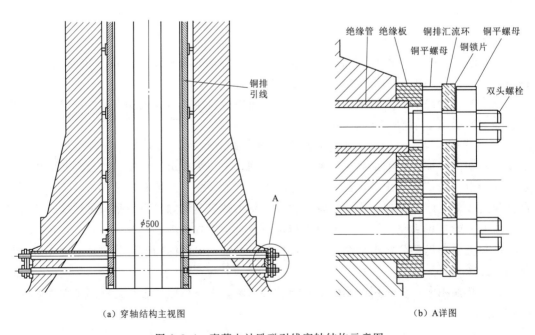

（a）穿轴结构主视图　　　　　　　　　（b）A详图

图 6.3.4　惠蓄电站励磁引线穿轴结构示意图

2. 对励磁引线穿轴结构故障原因的分析

目前，各相关设计制造厂家大致都把励磁引线穿轴结构故障原因归结为：穿轴螺杆连接设计不合理，接触面积过小，造成"接触电密"超标；连接部件无可靠的防松措施等。

对穿轴螺杆连接接触面积过小的质疑，应归结为对连接件的"接触电密"的计算分析。

（1）通用的"接触电密"执行标准。

1）原水电部《电力建设施工及验收技术规范》（水轮发电机组篇）（SDJ 81—79）

图 6.3.5 桐柏电站励磁引线穿轴结构

的"第 182 条磁极接头连接"规定："……接触面的电流密度不应大于 0.25A/mm^2"。

2）苏联相关文献的规定见表 6.3.1。

表 6.3.1 引出线的绝缘和容许电流密度表

电压等级/V	截面电流密度/(A/mm²)	接触电流密度/(A/mm²)
1～3300	3～4	0.5～0.7
3301～6600	2.5～3	0.45～0.5
6601～11000	2～2.5	0.4～0.45
11001～16000	2～2.5	0.35～0.4
16001～22000	1.5～2.0	0.3～0.35

（2）据部分厂家在多台大中型水轮发电机上所采用螺栓连接的转子磁极线圈接头的实践，接触电密均超过 0.25A/mm^2，多年运行中还未发生过由于电密较大造成事故。如葛洲坝二江电厂的 1 号、2 号机组磁极接头接触电密为 0.329A/mm^2、丹江口电厂 3～6 号机组为 0.59A/mm^2、苏联乌拉尔电工厂制造的 1 号、2 号机组则达到 0.71A/mm^2（以上均为计算值）。因此，综合征求各相关厂家意见，采用不大于 0.4A/mm^2 作为控制标准是比较能够被接受的。

（3）如额定电压 18000V、额定励磁电流 1831A 的惠蓄电站，其接头部件接触面积则宜不小于 $1831\text{A} \div 0.4\text{A/mm}^2 = 4577.5\text{mm}^2$。根据穿轴螺栓的铜平螺母实际尺寸（见图 6.3.6）计算平螺母与铜排的接触截面积约为

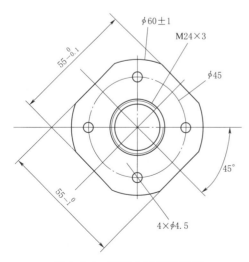

图 6.3.6 惠蓄电站穿轴螺杆
铜螺母示意图（单位：mm）

$2218mm^2$，由于采用的是双螺母＋双螺杆，合计与铜排接触总面积：$2218 \times 2 \times 2 = 8872mm^2 > 4577.5mm^2$；而单个螺母螺纹接触面积（螺母厚度 15mm）约 $1130.4mm^2$，双螺母和双螺杆：$1130.4 \times 2 \times 2 = 4521.6mm^2 \approx 4577.5mm^2$。

由此可见，惠蓄电站双螺杆结构所形成的接触电密是能够满足不大于 $0.4A/mm^2$ 要求的。

（4）深蓄电站额定电压 15750V、额定励磁电流 1660A，其引线铜排截面积宜不小于

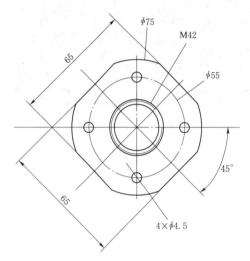

$1660A \div (2 \sim 2.5)A/mm^2 = 664 \sim 830mm^2$，而实用铜排截面 $80mm \times 10mm = 800mm^2$，是基本相符的；而接头部件接触面积则宜不小于 $1660A \div 0.4A/mm^2 = 4150mm^2$。穿轴螺杆铜平螺母的实际尺寸见图 6.3.7，计算平螺母与铜排的接触截面积为 $5035.72mm^2 > 4150mm^2$；两个螺母螺纹与螺杆的接触面积约 $6857.76mm^2 > 4150mm^2$。证明原设计应还是能够满足要求的。

图 6.3.7 深蓄电站穿轴螺杆
铜螺母示意图（单位：mm）

（5）对于额定电压 13800V、额定励磁电流 1532A 的海蓄电站，其引线铜排截面积宜不小于 $1532A \div (2 \sim 2.5)A/mm^2 = 613 \sim 766mm^2$，而实用铜排截面为 $80mm \times 10mm = 800mm^2$，是基本相符的；接头部件接触面积则宜不小于 $1532A \div 0.4A/mm^2 = 3830mm^2$。

图 6.3.8 所示穿轴螺杆铜螺母其接触面积约 $1733.8mm^2 < 3830mm^2$；螺母与螺杆的接触面积约 $4163.64mm^2 > 3830mm^2$；连接螺杆端头接触面积约 $3644mm^2 < 3830mm^2$。由此可见，海蓄电站设计的六角螺母与铜排接触电密达到 $1532A \div 1733.8mm^2 \approx 0.884A/mm^2$，显然不能满足一般的设计要求；连接螺杆端头接触电密为 $1532A \div 3644mm^2 \approx 0.42A/mm^2$，也有一定风险。

3．分析与建议

（1）确保实际接触面积正常传导励磁电流是至关重要的。

1）根据以上计算，惠蓄电站和深蓄电站励磁引线连接部位的接触电密见表 6.3.2。

表 6.3.2　　　　　　惠蓄电站和深蓄电站励磁引线连接部位的接触电密表

电站名称	螺母—铜排间接触电密/(A/mm²)	螺母—螺杆间接触电密/(A/mm²)
惠蓄	0.206	0.405
深蓄	0.33	0.242

2）可以认为，各设计厂商（包括蒲石河、响水涧及仙居等电站）所采用的励磁引线穿轴结构应都能满足设计要求，而造成故障的症结可能是所设计的接触面积并没有能够正常传导励磁电流。

（2）经分析，阻滞励磁电流正常传导的可能因素如下。

1）引线铜排即使在清洁大气中大约只要 $2 \sim 3min$ 其表面便会形成厚度约 $2\mu m$ 的氧化

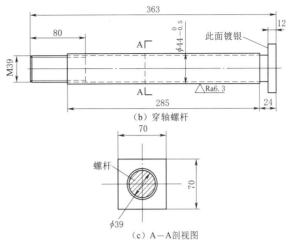

（b）穿轴螺杆

（c）A—A剖视图

（a）穿轴螺杆铜螺母

图 6.3.8　海蓄电站引线穿轴示意图（单位：mm）

铜或氧化亚铜的氧化膜层，其导电性能极差，电阻率可达 $1\times10^{7}\sim1\times10^{10}\ \Omega$。而且该氧化膜层要在其熔点左右的温度下才能分解，即使采用机械方式局部铲除，但若接触面不能随之得到保护，被铲除氧化膜的部分随即又会重新生成氧化膜。

2）当连接部位的运行工作温度升高，接头金属过热膨胀时，原接触表面位置可能错动形成微小空隙而导致氧化；当负荷电流减小温度降低回到原来接触位置时，由于接触面氧化膜的覆盖，原金属的直接接触已被破坏。每次温度变化的循环所增加的接触电阻，将会使下一次循环的热量增加，所增加的温度又使接头的工作状况进一步劣化而形成恶性循环。

（3）实际的导电接触面是由作用于接触件的正压力所形成的金属间无过渡电阻纯金属接触微点和借助"隧道效应"的导电金属接触区两大部分组成。因此，提高接头通流性能、降低损耗、维持热稳定导通的关键措施是：保证接触面的机械正压力即连接螺栓的合适扭矩的紧固；采取导电接触面进行搪锡、镀银等敷设难被空气氧化的惰性金属的措施，有效防止氧化，达到降低接触电阻、保持高导通性能的良好工作形态。

（4）正确设定车间施加镀银的部位及注意事项：铜排与螺母各自的接触面应镀银；螺杆与螺母啮合的丝牙部位应镀银；原设计螺母与铜排之间的止动垫圈应取消，可采取螺母与螺杆电焊（银铜钎焊）止动方式；建议取消螺母与铜排、螺母与螺杆周圈围银铜钎焊的方式。

（5）宜在采取镀银或搪锡的同时，合理、正确使用导电膏（尤其是用于螺母与螺杆的丝牙部位）。导电膏又称为电力复合脂（电阻系数小于 $1\times10^{-4}\ \Omega$），是以矿物油、合成脂类油、硅油作为基础油，加入导电、抗氧、抗腐、抑弧的特殊添加剂，经研磨、分散、改性精制而成的糊状膏体。

1）功能原理。连接导体接触面从细微结构来看，都是凹凸不平的，实际有效接触面只占整个接触面的一部分；更兼金属在空气中还会生成一层氧化层，使有效接触面积更小。

a. 导电膏中的锌、镍、铬等细粒填充在接触面的缝隙中，能有效增大导电接触面。

b. 金属细粒在压缩力或螺栓紧固力作用下，能破碎接触面上的金属氧化层，使接触电阻下降。

c. 导电膏还对接触面起油封作用，减少空气和腐蚀性气体等对导体的氧化和腐蚀，提高导电可靠性。

d. 在其正常工作温度 $0 \sim 40℃$ 范围内，搭接处接触电阻能较有效地降低 $30\% \sim 60\%$。

2）使用方法。

a. 首先用细锉锉去接触面的毛刺，并用砂纸将接触面研磨平整。

b. 采用酸洗、碱洗或去油剂等方式除去表面上的油污。

c. 用细钢丝刷除表面氧化膜，再用干净的蘸有无水酒精（或丙酮）的棉纱将接触面擦拭干净。

d. 待表面干燥后，预涂厚 $0.05 \sim 0.1mm$ 的导电膏，并涂抹均匀以刚好能覆盖接触面为宜。

e. 再用铜丝刷轻轻擦拭除去膜层，擦拭表面、重新涂敷厚 $0.2mm$ 的导电膏。

f. 最后用合适扭矩紧固螺母贴合接触面即可。

3）注意事项。

a. 用砂纸或钢丝刷等对镀银导电面进行打磨时不可过于用力，以免破坏镀银层。

b. 由于导电膏并非良导体，它在接触面上的导电性是借助于"隧道效应"实现的，因此，导电膏不可涂得太厚，否则不但不能提升导电性能，还会造成接触面导电性能下降，大大影响导电效果。

c. 应尽量在干燥、无凝露且尘土较少的环境中涂敷导电膏。

d. 连接部位点涂敷后一般可维持约半年时间，即涂敷后半年左右应进行必要的检查。

4. 深蓄电站励磁引线穿轴结构的设计改进

（1）深蓄电站励磁引线穿轴结构见图 6.3.9（穿轴螺杆的螺纹已在车间完成镀银，但轴内外侧铜螺母的内螺纹及与铜排接触面均未在车间完成镀银作业），原设计要求工地装

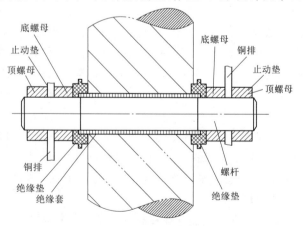

（a）结构实况　　　　　　　　　　（b）结构示意图

图 6.3.9　深蓄电站励磁引线穿轴结构实况与示意图

配时将螺母 1、螺母 2 和引线铜排之间垫以 0.4mm×80mm×80mm 银焊（BCu80AgP）在加热状态下拧紧螺母使其融为一体，并使用 φ2.0 焊丝（BCu80AgP）将螺杆和螺母及引线铜排焊接成为一体。但由于使用大号烤枪对焊接部位进行加热等常规方式难以使焊接部位的温度达到银焊片、银焊丝熔焊的 600～700℃，熔焊和焊接工作均未收到实效。而其时仅只耐热 155℃ 的环氧玻璃布层绝缘板（F 级）已因过热绝缘急剧降低（小于 2MΩ）。

（2）最终决定取消穿轴螺杆改用穿轴铜排的优化方案（见图 6.3.10）。

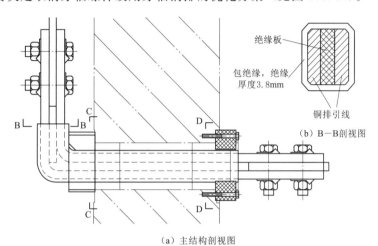

（b）B－B剖视图

（a）主结构剖视图

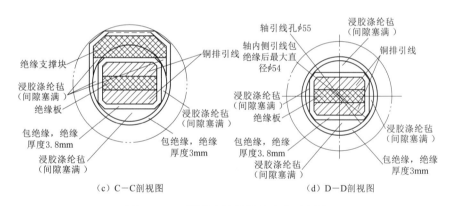

（c）C－C剖视图　　　　　　　　　（d）D－D剖视图

图 6.3.10　深蓄电站的设计改进示意图

1）采用两根 10mm×40mm 的 L 型铜排穿过原顶轴引线孔，两根铜排之间垫有 10mm 厚度的绝缘板，使得穿轴引线与轴内、外侧铜排（10mm×80mm）可靠夹紧把合（接头位置的接触电密和引线本身的导电电密均维持不变），穿轴位置的 L 型铜排在工地预装合格后进行全绝缘包扎（绝缘厚度≥3.8mm）处理。

2）穿轴 L 型铜排转子引线在轴内侧位置增设绝缘支撑块，通过绝缘包扎材料与转子引线固定在一起，该绝缘支撑块设计承受的压应力为 60.2MPa，完全能够满足飞逸工况引线自身重力所产生离心力的支撑要求。

3）包扎绝缘穿轴铜排与引线孔的所有间隙均用浸胶涤纶毡塞紧［见图 6.3.10 (c)、(d)］。

4）为防止机组高速运转时填充物在离心力作用下脱胶甩出，采用加装绝缘材质法兰盘和选配合适尺寸、强度螺栓的固定方式（见图 6.3.10）。

5．海蓄电站励磁引线穿轴结构的设计改进

（1）海蓄电站励磁引线穿轴结构原设计结构见图 6.3.11（a），改进设计结构见图 6.3.11（b）。

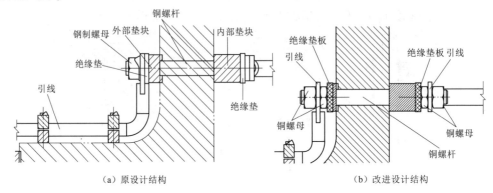

（a）原设计结构　　　　　　　　　　　（b）改进设计结构

图 6.3.11　海蓄电站励磁引线结构改进示意图

（2）将外侧单螺母改为双螺母，由于空间的限制采用一个标准的 M39 铜螺母和一个薄 M39 铜螺母，经测算其接触电密小于 $0.4A/mm^2$。

（3）将铜螺杆改为双头铜螺柱，轴内侧也采用双铜螺母，有效消除因外侧铜螺母拉紧力不足可能导致内侧引线铜排接触不良的隐患。

（4）所有接触部位（包括螺母和螺杆）均采用镀银处理，避免裸铜氧化造成接触电密超标隐患。

（5）在严格控制螺母拧紧力矩的情况下在螺栓丝牙部位涂抹导电膏。

（6）取消原止动锁片，并在机组过速后将螺母再次拧紧，然后采用洋冲法对螺母进行锁定。

6．结语

（1）鉴于多个抽水蓄能电站转子励磁引线在穿轴部位发生烧损事故，各运行单位和设计制造厂商均应予以高度重视并采取预防措施。

（2）从设计角度确保穿轴连接件的接触电密具备足够的安全裕度是至关重要的，长期运行经验证明，励磁引线连接件的接触电密以不大于 $0.4A/mm^2$ 为宜。

（3）通过励磁引线不同穿轴结构型式及其引发事故概率的对比分析，可以认为直接采用铜排穿轴的结构型式是更易于有效控制接触电密、确保连接件具有良好的导电性能的。而采用连接螺杆穿轴的结构型式则需要缜密编制设计技术要求，在装配环节逐一严格执行并尽可能提高作业工艺水平。

6.3.1.2　抽水蓄能电站磁极挂装的事故分析与处理

惠蓄电站 4 号、5 号机组磁极挂装过程中均不同程度出现卡阻、挂装不到位，继而拔出损伤的情况。

1．4 号机组损伤情况

（1）磁极中部 T 尾内侧严重刮磨出深坑（见图 6.3.12）。

（a）损伤情况之一　　　　　　　　　　（b）损伤情况之二

图 6.3.12　磁极 T 尾损伤情况

（2）磁轭上部叠片翘起，最大处达 28mm。

2. 5 号机组损伤情况

（1）磁极中部 T 尾内侧严重刮磨出深坑（见图 6.3.13）。

（a）损伤情况之一　　　　　　　　　　（b）损伤情况之二

图 6.3.13　磁极 T 尾损伤情况

（2）磁极 T 尾侧部严重刮磨出深坑。

（3）磁极 T 尾放置滑动垫侧部挤压损伤（见图 6.3.14）。

（a）损伤情况之一　　　　　　　　　　（b）损伤情况之二

图 6.3.14　磁极 T 尾放置滑动垫侧部挤压损伤情况

（4）磁轭上部叠片翘曲变形严重（含上压板）（见图 6.3.15）。

（a）损伤情况之一   （b）损伤情况之二

图 6.3.15　磁轭叠片及压板损伤情况

3. 4 号机组磁极挂装卡阻的分析及处理

（1）惠蓄电站 4 号机组系由东方电机厂分包制作，由于转子磁极线圈存在制造缺陷，机组初步运行后发现线圈匝间开裂，决定全部更换，代之使用的是 6 号机组采用的法国 ALSTOM 制作的磁极。在拔除原磁极过程中，除 7 号、11 号磁极略有阻滞，采取了压机顶起拔除外，其余磁极拔出均较顺利，拔除过程中磁极、磁轭也基本完好无损。

（2）新磁极挂装前进行了磁极平直度检测，检测情况见表 6.3.3，检测部位见图 6.3.16。

表 6.3.3　　　　　　　　　　新磁极挂装前磁极平直度检测表　　　　　　　　单位：mm

磁极编号	A			B			C		
	A_1	A_2	A_3	B_1	B_2	B_3	C_1	C_2	C_3
1	6.0	6.5	6.5	6.0	6.0	6.0	6.0	6.0	6.5
2	6.0	7.0	6.5	6.0	6.7	6.2	6.2	6.5	6.0
3	6.0	6.0	6.0	5.8	6.0	5.8	6.0	5.5	6.0
4	6.2	7.0	6.5	6.0	7.2	6.0	6.0	7.2	6.2
5	6.1	6.0	6.2	6.0	6.0	6.2	6.3	6.2	6.3
6	6.8	6.0	6.0	5.5	6.0	6.0	5.8	6.0	6.0
7	6.2	6.0	6.2	6.0	6.7	6.2	6.4	7.0	6.5
8	5.8	5.8	6.3	5.8	5.5	6.2	6.0	6.0	6.5
9	5.5	6.0	5.8	5.5	6.0	5.5	6.0	6.8	6.0
10	未测								
11	6.0	7.8	6.0	6.0	7.8	6.0	6.0	7.8	6.0
12	6.0	6.3	6.3	6.0	6.0	6.2	6.0	6.0	6.3

注　1. 测量时均以高 6mm 的标准块为基准拉紧钢琴线，以 6mm 为基准，与之的差值即为平直度的误差。

　　2. A_1、A_2、A_3 为 A 部位平直度的 3 次检测值，后 $B_1 \sim B_3$、$C_1 \sim C_3$ 含义与此类同。

（3）厂家设计要求，磁极平直度为 0.2mm/m，而从表 6.3.3 可以看出，绝大部分磁

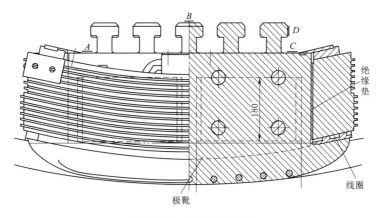

图 6.3.16　磁极检测部位

极 T 尾的平直度均超过 0.2mm/m 的设计要求，最大的甚至达到 1.8mm。显然，这是造成磁极挂装卡阻的主要原因之一。根据检测结果，对新磁极进行打磨后陆续挂装到位。但在挂装 1 号磁极时仍发生因挂装不到位，顶出磁极并比较严重挂伤磁极 T 尾及磁轭 T 槽的情况。

（4）由于磁极 T 尾宽度设计值为 $80^{0}_{-0.1}$mm，磁轭 T 尾槽宽为 $81^{+0.1}_{-0.1}$mm，磁极 T 尾入槽后单侧间隙最小值为 0.45mm，这就意味着磁极 T 尾或磁轭 T 尾槽沿轴向平直度超过 0.2mm/m，就可能出现挂装过程挂磨现象（见图 6.3.17）。

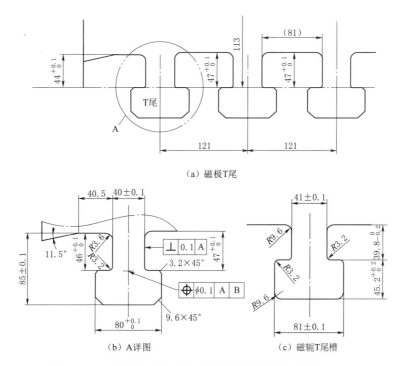

（a）磁极T尾

（b）A详图　　　　（c）磁轭T尾槽

图 6.3.17　磁极 T 尾和磁轭 T 尾槽结构示意图（单位：mm）

4. 5 号机组磁极挂装卡阻的分析

（1）5 号机组挂装磁极之前对磁极的平直度进行了检测，基本情况良好，但也仍有部分磁极 T 尾的平直度超过 0.2mm/m 的设计要求，其中 11 号磁极 B 部位最大偏差达到 1.0mm（见表 6.3.4、表 6.3.5）。

表 6.3.4　　　　　　　　　　5 号机组磁极平直度偏差检测表　　　　　　　　单位：mm

磁极编号	A					B					C				
	A_1	A_2	A_3	A_4	A_5	B_1	B_2	B_3	B_4	B_5	C_1	C_2	C_3	C_4	C_5
1															
2	8.5	8.5	8.4	8.4	8.4	8.5	8.5	8.4	8.4	8.4	8.5	8.5	8.4	8.5	8.4
3	8.0	8.0	8.0	8.0	8.0	8.2	8.0	8.0	8.0	8.0	8.2	8.2	8.5	8.2	8.2
4	—	—	—	—	—	—	—	—	—	—	—	—	—	—	—
5	8.0	8.0	8.0	8.0	8.0	8.0	8.0	8.0	8.0	7.8	8.2	8.2	8.2	8.2	8.2
6	8.0	7.8	8.0	8.0	8.0	8.0	7.6	8.0	8.0	8.0	8.0	7.8	7.6	7.8	8.0
7	8.2	8.2	8.2	8.2	8.2	8.0	8.0	8.0	8.0	8.0	8.2	8.2	8.2	8.2	8.2
8	8.2	8.0	8.2	8.2	8.2	8.0	8.0	8.2	8.0	8.1	8.0	8.2	8.5	8.2	8.2
9	8.3	8.0	8.2	8.2	8.2	8.0	8.2	8.5	8.2	8.2	8.4	8.3	8.4	8.4	8.4
10	8.2	8.2	8.3	8.3	8.3	8.0	8.2	8.2	8.2	8.0	8.3	8.5	8.2	8.4	8.3
11	8.2	8.2	8.2	8.2	8.2	8.2	7.8	8.6	8.8	8.2	8.4	8.4	8.0	8.0	8.4
12	8.2	8.4	8.4	8.2	7.8	8.2	8.8	8.6	8.8	8.2	8.2	8.6	9.0	9.0	8.2
6'	8.0	8.0	8.0	8.0	8.0	8.0	8.2	8.5	8.2	8.0	8.0	8.2	8.5	8.2	8.2
备品	8.0	8.0	8.2	8.0	8.0	8.0	8.0	8.0	8.0	8.0	7.8	7.8	8.0	8.0	

表 6.3.5　　　　　　　　　　　　磁　极　检　测　表　　　　　　　　　　单位：mm

磁极编号	D				
	D_1	D_2	D_3	D_4	D_5
1	—	—	—	—	—
2	8.8	8.8	8.7	8.5	8.3
3	8.5	8.7	8.5	8.5	8.7
4	—	—	—	—	—
5	8.5	8.3	8.3	8.5	8.3
6	8.5	8.5	8.5	8.5	8.6
7	8.8	8.8	9.0	9.0	8.9
8	8.3	8.7	8.5	9.0	9.0
9	8.5	8.5	8.5	8.4	8.5
10	8.5	8.5	8.7	9.0	8.9
11	8.6	8.5	8.5	8.2	8.2
12	8.5	8.5	8.6	8.5	8.5
6'	8.2	8.4	8.5	8.5	8.9
备品	8.5	8.8	8.3	8.5	8.5

（2）在挂装第一个磁极时就发生卡阻，并在顶起拔除时严重损坏磁极和磁轭。为了进一步查明原因，对磁轭进行了详细的尺寸检测。根据检测数据分析，磁轭加工及现场装配之后槽部尺寸是符合设计要求的，但不排除个别部位与磁极 T 尾存在松紧不一的现象。这就必然造成与磁极 T 尾槽部配合的间隙可能刮磨或积存铁屑的不良工作状况。

5. 处理措施

（1）暂时取消滑动垫进行磁极试挂装，以证实上述判断并排除磁极 T 尾侧部等其他部位刮磨卡阻的可能性。

（2）选用合适的铣槽专用工具对磁轭 T 尾槽进行铣削加工。

（3）选用专用磨具，对磁轭 T 尾槽内凸的 Y 部位进行精细打磨，对磁极 T 尾及滑动垫进行精细打磨，尽可能排除卡阻的可能部位。

6.3.1.3 抽水蓄能电站转子磁极楔键产生间隙的分析

1. 磁极楔键间隙简况

（1）惠蓄电站在 1 号机组甩 100% 负荷后进行全面检查中就曾发现转子磁极上部楔键与锁定螺钉（扭矩为 $30N \cdot m$）之间出现大小不等的间隙（见图 6.3.18），最大的达到 6～7mm。

（2）当时虽对磁极上部楔键的固定方式进行了一些改进，但是对楔键与固定螺钉之间间隙的产生一直未能进一步深入分析，甚至可以说没有引起足够重视。

（3）而对正在可靠性运行中的 2 号机组进行检查时又发现磁极下部楔键与锁定螺钉之间出现大小不一的间隙（见图 6.3.19），具体测量数据见表 6.3.6。

2. 对磁极键间隙分析之一

（1）转子磁极的固定主要是凭借上部施加 $30N \cdot m$ 扭力的锁定螺钉进行顶紧（见图 6.3.20）。

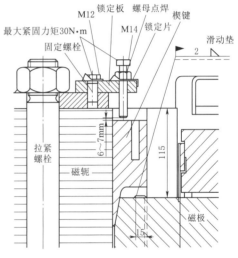

图 6.3.18 惠蓄电站 1 号机组转子磁极楔键间隙情况示意图

图 6.3.19 惠蓄电站 2 号机组转子磁极楔键间隙

表 6.3.6　　　　　　　　惠蓄电站 2 号机组转子磁极楔键间隙测量表　　　　　　单位：mm

磁极编号	1	2	3	4	5	6	7	8	9	10	11	12
左侧间隙	0	2.00	0	2.01	0	0	0	0	0	2.84	0.54	0.74
右侧间隙	0.21	0	0	2.06	0	0	0	0	0	4.03	0.86	0

（2）由于螺栓拧紧力矩：

$$T = 1.25 f F_0 d$$

式中：T 为螺栓拧紧力矩；F_0 为轴向力；f 为摩擦系数；d 为螺栓公称直径；K 为螺栓的拧紧力矩系数，$K = 1.25 f$（一般取 $f = 0.13$）。

则：$F_0 = T/(1.25 f d) = 30\text{N} \cdot \text{m}/(1.25 \times 0.13 \times 0.012\text{m}) = 15384.62\text{N} = 1568.26\text{kgf}$。下部扭矩为 50N·m 时，其轴向力也仅能达到 2613.77kgf。

也就是说，施加该轴向力的楔键对磁极的紧固力 Q 也是有限的（见图 6.3.20）：$Q = F\tan10° = 1568.26\text{kgf} \times 0.17633 = 276.5\text{kgf}$ 或：$Q = F\tan10° = 2613.77\text{kgf} \times 0.17633 = 460.83\text{kgf}$。

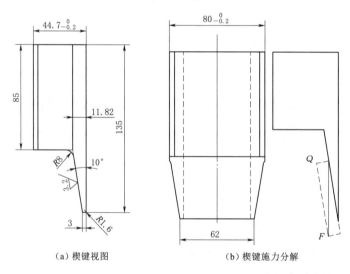

（a）楔键视图　　　　　　　　　（b）楔键施力分解

图 6.3.20　楔键解析图（单位：mm）

（3）显然，施加紧固力 Q 是不足以将挂装磁极时不甚平整的滑动垫贴紧磁极和磁轭键槽的（见图 6.3.21）。但机组运行时，每个磁极在额定转速 $n_H = 500\text{r/min}$ 时所受的离心力达 46t，在飞逸转速 $n_Z = 680\text{r/min}$ 时近 88t，则完全能够将滑动垫压平贴紧磁轭并通过滑动垫将原本参差不平的磁轭叠片挤压平整。这时，磁极的径向位置就会发生变化而使楔键松动，于是最大可达到 6～7mm 的间隙就出现了（见图 6.3.18）。

（4）一般情况下，磁极下部已经松动的楔键会在自身重力作用下落靠到锁定螺钉上，而楔键与磁极 T 尾未楔紧的状况是不易被察觉的。倘若停机过程中松动状态的楔键在上下弹动时恰好被回弹的磁极夹紧而没有落靠到锁定螺钉上，楔键与其锁定螺钉之间的间隙就会被发现（见图 6.3.19），尽管该间隙不一定反映楔键真实的未楔紧程度。

3. 对磁极键间隙分析之二

在挂装磁极之前，磁极 T 尾处的滑动垫下端部已点焊在磁极 T 尾下端平面。往往由于施工的不严谨，个别滑动垫的折角处与磁极残留有间隙。该间隙同样很难凭借楔键的楔紧力而得以消除，而在磁极承受强大的离心力之后此间隙是不复存在的，这就必然影响楔键与磁极 T 尾之间的楔紧程度。

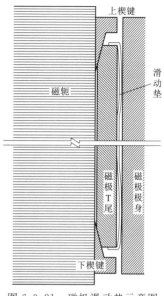

图 6.3.21　磁极滑动垫示意图

4. 对磁极键间隙分析之三

（1）在对 2 号机组进行检查时还发现部分磁极下部垫块位置的磁轭叠片间出现间隙，最大的达到 0.62mm。

（2）针对这种异常状况，我们同时检查了正在挂装磁极的 4 号机组，也发现有类似情况：即当磁极未挂装时磁轭叠片是严密合缝的，但是挂装磁极之后，用塞尺检查磁轭叠片垫块下部的磁轭叠片时，就发现多处存在明显的缝隙。这就证明，由于磁轭下压板刚度不足，在重达 8.3t 磁极作用下叠片发生局部变形。而在机组高速运转或者机组甩负荷工况下，这种变形可能加剧，同样影响到楔键的松紧程度。

5. 结语

（1）由于滑动垫不平度是普遍存在的（只是其不平的程度有所差异），这意味着机组运行时楔键未能楔紧磁极的现象也是普遍存在的；即便是在机组过速之后再次扭紧锁定螺钉也仍然不可能完全消除楔键的松动现象。

（2）虽然滑动垫折角处残留间隙的存在只是个别现象，但也会加剧个别楔键松动情况。

（3）下部磁轭垫块处所产生的间隙在运转中可能增大会使装配在磁轭下压板的锁定螺钉下沉，从而导致楔键松紧程度的变化。

（4）应予引起重视的是：楔键的松动必然导致磁极的松动，进而引发运转时磁极的震颤，影响机组稳定运行；磁极松动程度较大时，可能影响到定、转子的动态气隙从而引发电磁振动。

6.3.1.4　清蓄电站磁轭拉紧螺栓止动焊缝开裂故障

1. 清蓄电站部分磁轭拉紧螺栓止动焊缝的裂纹及初步分析

（1）清蓄电站 M48 磁轭拉紧螺栓的螺母按原设计具有点焊止动要求。

（2）2 号机组在 C 级检修中发现部分磁轭拉紧螺杆螺母止动焊缝有裂纹。

（3）经对磁轭内径侧螺母进行全面检查（外径侧观测困难未进行），其结果见表 6.3.7。

表 6.3.7　　　　　　　　　　磁轭内径侧螺母全面检查情况表

立筋编号	位置	第1段磁轭		第2段磁轭		第3段磁轭		第4段磁轭		第5段磁轭		第6段磁轭		第7段磁轭		第8段磁轭		第9段磁轭	
		下	上	下	上	下	上	下	上	下	上	下	上	下	上	下	上	下	上
1~2	左			○	○														
	右				○			○											

续表

立筋编号	位置	第1段磁轭		第2段磁轭		第3段磁轭		第4段磁轭		第5段磁轭		第6段磁轭		第7段磁轭		第8段磁轭		第9段磁轭	
		下	上	下	上	下	上	下	上	下	上	下	上	下	上	下	上	下	上
2～3	左		○	○	○														
	右																		
3～4	左			○	○			○											
	右			○	○														
4～5	左				○														
	右				○														
5～6	左							○											
	右				○														
6～7	左							○											
	右				○														
7～1	左																		
	右				○														

注　1. "上""下"分别指拉紧螺杆上部螺母和下部螺母。

　　2. 每个螺母有两个焊点，在螺母内侧的焊点无法检查到，未统计在内。

　　3. "○"为焊点存在开裂，无标示为焊点无开裂。

（4）THPC分析认为，35CrMo调质拉紧螺杆、8级强度螺母安全裕度很大，拉紧螺栓也足以承受$13\sim15\text{kg/mm}^2$的拧紧力矩，螺栓在装配时按要求紧贴外径侧，在运行中是不可能被剪切破坏的；只是由于机组振动、磁轭板冷热收缩产生相互错动时受力产生裂纹。而由于焊缝裂纹发生于焊缝本体，其与螺母及磁轭板之间的焊接良好、焊缝本身强度足够，所以不用担心焊缝脱落。

2. 第1、2段磁轭的结构特点

螺母点焊焊缝裂纹基本都集中在第2段的上下螺母（见表6.3.7），因此，有必要全面剖析第1、2段环形磁轭的结构特点。

（1）为了增强第1段磁轭的刚度，磁轭最外周侧14极磁轭拉紧螺杆采用$\phi50$（$-0.02/-0.04$）铰制螺栓与$\phi50\text{H7}$（$+0.025/0$）铰制螺孔装配，同时外径侧将P1、P2、P3磁轭钢板外圆侧坡口（采用分段焊接）焊接在一起。

（2）由于磁轭内径为$\phi2600\text{mm}\pm0.1\text{mm}$，而转子支架外径为$\phi2598\text{mm}$，两者之间具有足够大的间隙。但是磁轭第一段最下部的T部的内径仅为$\phi2599\text{mm}$（$+0.10/+0.05$），转子支架下部相应位置有一高度30mm的立筋外径达到$\phi2599\text{mm}$（$0/-0.05$）。也就是说，T部与转子支架的最小直径间隙只有$2599.05-2598.96=0.09\text{mm}$，但由于加工、装配等多方面原因还是可能出现类似1号机组实际上间隙为零的状况。

（3）各段磁轭之间通过通风叶片H6/js6过渡配合的止口定位，由于磁轭内侧拉紧螺栓的分布节圆直径为3000mm，其上下段紧固螺母也形成止口配合。

3. 螺母止口部位的"动静干涉"作用

（1）如前所述，由于第1段磁轭环板T部与转子支架的立筋凸台径向间隙极小，受制于加工、装配误差，在机组运行中其与转子支架可视为一体。也就是说，相对于转子旋转轴心而言，第 1 段磁轭环板径向的浮动量是很小的，甚至可以视为是相对静止的。

（2）而第 2 段磁轭环板则与其他段磁轭环板一样，作为浮动结构的磁轭，由于径向无合紧量，仅周向用切向键楔紧，在运行中圆周方向不会产生移动，但径向则允许同心收缩、膨胀。

（3）由于第 1 段磁轭拉紧螺杆的上螺母与第 2 段磁轭拉紧螺杆的下螺母之间的止口与导风片止口同样起着上下段磁轭环板定位作用，第 1 段磁轭拉紧螺杆的上螺母与第 2 段磁轭拉紧螺杆的下螺母之间就存在类似"动静干涉"的相互作用。

（4）机组运行中，由于振动、摆度以及温升的影响，尤其是在机组启停、过速及甩负荷过程中，都可能出现两者相互撞击的现象。这种渐进或瞬间突发的应力势必作用于螺母止动焊缝，在某种特定情况下引发裂纹也是完全有可能的。

4. 螺杆松动后的撞击作用

（1）原设计要求环板母材的不平度不大于 3mm，每段环板把合拉紧螺栓后环板之间的间隙不大于 2mm，但由于多方面原因环板把合拉紧螺栓后层间仍普遍存在最大甚至达到 3.5mm 的间隙。初步分析，不规则较大间隙的成因可能有以下几个：

1）由于油压机整形处理有一定难度，THPC 将原设计要求的不大于 2mm 标准修改为不大于 3mm。

2）由于每段磁轭环板上下平面焊接导磁块的位置均在距离拉紧螺杆较远、刚度较差的最外圆 T 槽部位，其难以避免的焊接变形势必增大环板之间原已存在的间隙。尽管在车间采用了两张板背靠背、用工艺螺栓和搭块固定、焊前预热及控制焊接顺序等措施，但效果并不能令人满意。

3）通风叶片焊接变形同样在一定程度上也使得环板之间的间隙状况恶化。

（2）各段拉紧螺栓的长度、把紧力矩及伸长量见表 1.3.6，第 1、2 段的压紧螺杆拉伸量仅有 0.17～0.22mm。

（3）第 1、2 段磁轭环板递次承受上部所有磁轭的重量并传递至转子支架的立筋挂钩，相对于其他段磁轭环板，其所承受的重量是要更大一些的。

（4）由于上部磁轭重量的均压作用以及运行中机组振动、温升等多方面因素的影响，使得第 1、2 段环板非加工接触净面积产生实质性变化（增大）时，环板层间的压应力 $P = F_\delta / A_\delta$（F_δ 为内压力；A_δ 为磁轭环形板受压时接触的净面积）也就会减小，仅有 0.17～0.22mm 的拉紧螺杆拉伸量会变小甚至消失，乃至部分拉紧螺栓实际上可能已处于松弛状态。

（5）已经松动的螺杆在运行中会撞击螺母，尤其在甩负荷及特定的过渡工况其撞击力会更大，对于残余应力较大或原就存在微裂纹的焊缝无疑会雪上加霜而引发裂纹。

5. 焊接时预热、后热不充分的影响

要求焊接前磁轭必须预热，对于 Q690D/WDER650 材质的高强度环形厚钢板与 8 级强度的标准件螺母的点焊焊缝，为了降低焊缝的冷却速度，防止产生冷裂纹，按照惯例应进行焊前预热和焊后后热：焊前预热温度一般在 100～200℃；后热的温度在 200～300℃，一般不少于 0.5h。

如果施工过程中，由于施工人员和监管人员的疏忽，焊前预热、后热措施不到位，则会加大残余应力幅值或产生微小的冷裂纹，也就使得焊缝在受到突发应力或其他因素影响情况下产生裂纹的概率大大增加。

6. 结语

由于清蓄电站磁轭结构具有采用浮动切向键、各段螺栓把合、段间止口定位以及组段环板接合面不加工等特点，所出现的焊点开裂的问题还应引起足够的重视。

6.3.1.5 抽水蓄能电站磁极阻尼环脱槽变形故障的处理

水轮发电机设置阻尼绕组是为了抑制转子自由振荡、削弱过电压倍数，提高发电机承担不对称负荷的能力和加速自同步过程，从而提高电力系统运行稳定性。阻尼绕组一般由阻尼条、阻尼环和连接片（杆）组成。阻尼环的交接部分，伸出极靴之外，相当于一端固支的悬臂梁。对于高速电机，它将承受较大的离心力，在众多投入运行的机组中，由于阻尼环交接部分失稳，阻尼环扭弯，而造成刮碰定子线圈绕组绝缘的事故确也不乏其例。清蓄电站在进行 3 号机组过速试验（130％额定转速）后的例行检查中发现 1 号磁极下端部的阻尼环单侧脱槽下坠、连接片变形。内窥镜检查阻尼条无异常，迹象显示，是阻尼环悬臂部分在机组过速离心力作用下脱槽变形，几乎酿成事故。

1. 清蓄电站磁极阻尼环结构

（1）水轮发电机阻尼环结构型式一般有以下三种：①阻尼环不贴靠极靴，沿极弧设置与阻尼条焊接相连（见图 6.3.22）；②阻尼环除与阻尼条焊接外又配钻销钉，使与磁极压板紧固（见图 6.3.23）。③阻尼环开有弧形槽，极靴上设置凸台与之配合固定，在这种结构中，阻尼环凹槽深度约为阻尼环厚度的 1/2。

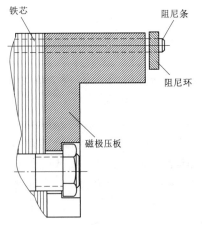

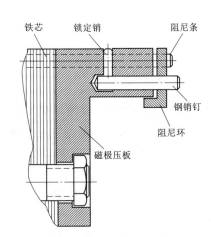

图 6.3.22　阻尼环不贴靠极靴设置示意图　　　图 6.3.23　配钻销钉与磁极压板紧固设置示意图

（2）通常可用下式粗略判定阻尼绕组是否需要加固，THPC 的计算结果是：

$$B = \frac{D_i^2 n_r^2}{2p} = \frac{530^2 \times 690^2}{14} = 9.55 \times 10^9$$

式中：B 为判定阻尼绕组加固方式的经验数据，$cm^2 \cdot r^2/min^2$；D_i 为定子铁芯内径，

cm，清蓄电站为 $\phi 530$cm；n_r 为飞逸转速，r/min，清蓄电站为 690r/min；$2p$ 为磁极数，清蓄电站为 14。

当 $B < 0.6 \times 10^9$ 时阻尼环可采用图 6.3.22 所示的结构型式；当 $0.6 \times 10^9 < B < 2.1 \times 10^9$ 时，阻尼环可采用图 6.3.23 所示的结构型式；而清蓄电站的 $B = 9.55 \times 10^9 > 2.1 \times 10^9$，则应采用磁极压板凸台固定方式。

（3）清蓄电站水轮发电机转子磁极铁芯结构见图 6.3.24，由 7 根 $\phi 23$ 铜质阻尼条连接（银铜焊）上、下阻尼环，阻尼环两端由软连接片用螺栓把合形成纵、横向结构的阻尼绕组。阻尼环两端的悬臂长度达到 350mm，其所可能产生的离心力主要靠磁极极靴嵌入阻尼环的 8mm×870mm×6mm 的凹槽承受。而极靴凸台嵌入阻尼环凹槽的设计深度为 5mm，磁极外侧极靴与阻尼环的间隙设计值 $C = 7$mm、内侧间隙设计值 $D = 2$mm（见图 6.3.25）。

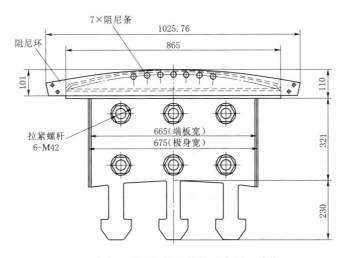

图 6.3.24　清蓄电站磁极铁芯结构示意图（单位：mm）

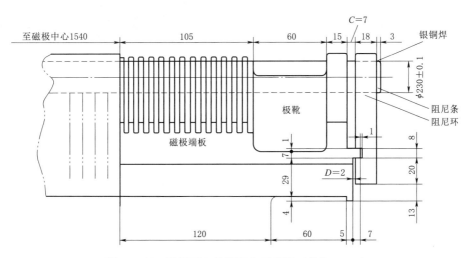

图 6.3.25　阻尼环与极靴配合示意图（单位：mm）

2. 阻尼环脱槽故障剖析

（1）由于清蓄电站转子阻尼环的悬臂长度达到 350mm，相对于惠蓄电站的 244.5mm，其离心力要大得多。同样，由于清蓄电站的阻尼条比较集中于磁极中部，其悬臂所形成的离心力也比响水涧、蒲石河等抽水蓄能电站要大。因此，在阻尼环脱槽的情况下，机组过速时离心力形成的弯矩完全有可能使得参与承受阻尼环伸出端离心力的阻尼环和连接片产生变形。

（2）阻尼环脱槽成因剖析。

1）除阻尼环悬臂过长的劣势外，其结构设计也有不足之处。阻尼环凹槽深度只有环板厚度的 1/3(6mm)，有悖于凹槽深度一般为阻尼环厚度 1/2 的常规设计。磁极压板凸台入槽设计值仅 5mm，加大了脱槽的风险（见图 6.3.26）；惠蓄、响水涧等抽水蓄能电站把凸台设置在阻尼环上的设计较清蓄电站在阻尼环上开凹槽的结构设计会较大增强阻尼环的刚度。

2）THPC 车间装配有所疏漏。

a. 4 号机组转子磁极（见图 6.3.27）挂装完成尚未装配连接片的原始状况，可以看到阻尼环与磁极压板的凸台明显已经处于脱槽状态，完全可以证实车间装配、验收是确有疏漏的。

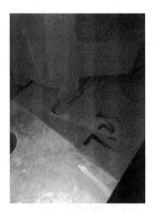 

　　（a）凸台脱槽之一　　　　（b）凸台脱槽之二

图 6.3.26　4 号机组某磁极

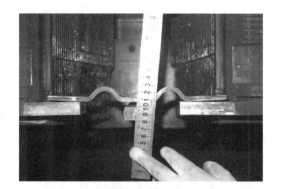

图 6.3.27　4 号机组转子磁极

b. 经检测 3 号机组阻尼环与极靴间隙（见图 6.3.25 之 C 部位），其上部约有 20％、下部约有 36％的间隙值超过了 6.0～7.5mm 设定值（见表 6.3.8），应属于车间装配不善或阻尼条焊接过程控制不力所致（测值小于 6.0mm 的说明凸台或凹槽存在较大的加工误差）。

表 6.3.8　　　　　　　　　3 号机组阻尼环与极靴间隙表　　　　　　　　　　单位：mm

磁极编号	上　部			下　部		
	左侧间隙	中间间隙	右侧间隙	左侧间隙	中间间隙	右侧间隙
1	7.50	8.26	6.00	已处理		
2	7.00	6.75	6.25	8.00	7.20	8.00

续表

磁极编号	上 部			下 部		
	左侧间隙	中间间隙	右侧间隙	左侧间隙	中间间隙	右侧间隙
3	10.5	7.00	6.75	7.50	6.80	7.00
4	6.25	6.25	9.60	5.30	6.80	6.00
5	7.25	7.25	7.75	7.50	7.00	6.50
6	6.25	7.00	7.75	9.90	7.00	8.60
7	6.75	6.25	7.00	6.50	6.70	9.00
8	6.50	6.75	6.50	8.00	6.00	10.5
9	7.75	7.25	6.00	8.20	6.50	7.50
10	7.25	8.00	7.25	8.00	6.40	9.00
11	7.75	7.00	6.25	8.50	6.40	7.20
12	6.26	6.75	6.25	6.70	6.20	7.00
13	8.75	6.00	6.00	5.00	8.30	9.50
14	6.25	6.75	6.00	9.40	7.00	7.20

c. 同样，检测 1 号机组阻尼环均无脱槽现象，但图 6.3.28 之 C 部位的间隙测量数据表明，上部约有 38%、下部约有 67% 的间隙值超过了 6.0～7.5mm 设定值（见表 6.3.9）。

表 6.3.9 　　　　1 号机组阻尼环 C 部位间隙测量数据表 　　　　单位：mm

磁极编号	上 部			下 部		
	左侧间隙	中间间隙	右侧间隙	左侧间隙	中间间隙	右侧间隙
1	6.75	7.75	8.25	8.50	8.25	9.50
2	8.25	6.75	6.75	9.50	7.25	9.00
3	6.75	8.25	7.75	9.00	7.25	7.75
4	8.25	8.25	7.00	6.75	7.50	8.25
5	7.25	7.5	8.25	8.75	8.25	7.75
6	7.75	6.75	7.25	7.25	7.75	9.00
7	6.75	8.25	6.00	7.75	7.25	9.25
8	7.25	7.25	7.75	9.00	7.75	8.25
9	7.25	7.75	6.75	9.25	8.25	9.25
10	7.25	8.0	6.75	9.25	7.25	8.25
11	6.5	6.75	9.25	9.00	7.50	8.25
12	7.25	8.25	6.00	8.75	7.75	9.00
13	7.25	6.75	6.25	8.50	8.25	7.25
14	7.75	7.25	6.25	9.25	7.75	8.50

d. 检测 2 号机组阻尼环虽无脱槽现象，但 C 部位间隙测量数据表明，其上部约有 31%、下部约有 46% 的间隙值超过了 THPC 的 6.0～7.5mm 设定值（见表 6.3.10）。

表 6.3.10　　　　　　2 号机组阻尼环 C 部位间隙测量数据表　　　　　　单位：mm

磁极编号	上　部			下　部		
	左侧间隙	中间间隙	右侧间隙	左侧间隙	中间间隙	右侧间隙
1	6.25	7.00	9.25	6.00	7.25	8.75
2	8.00	6.75	8.25	8.00	6.75	7.00
3	6.00	7.75	6.75	8.25	6.75	7.75
4	7.50	8.75	6.25	6.75	7.25	8.75
5	6.25	7.00	6.25	8.00	7.75	8.25
6	6.25	7.25	6.25	8.75	6.25	8.00
7	6.00	7.00	7.25	7.75	6.25	7.50
8	6.25	7.25	7.25	7.75	8.00	6.25
9	6.75	7.75	8.25	6.25	7.50	8.75
10	7.25	7.25	7.25	8.00	7.75	6.00
11	7.75	7.25	8.75	6.50	7.50	8.50
12	8.25	7.25	6.25	10.00	7.50	7.50
13	7.25	7.75	8.25	6.50	7.00	6.25
14	8.25	6.75	7.25	—	—	—

3）现场装配也存在疏漏。由于原验收质量标准无明确规定，对阻尼环凸台入槽情况均未进行认真检查，当然对入槽偏少部位也都没有采取任何补救措施；从正在现场装配的 4 号机组转子磁极可以看到（见图 6.3.27），大部分中间连接片拉杆的高程都明显低于阻尼环。因此，把合连接片固定螺栓后也就有往下拉动阻尼环的应力，从而加大了脱槽的可能性。

4）运行中不可预见因素的影响。

a. 运行中由于磁极温度上升，铜质阻尼条因其膨胀系数明显高于铁芯部件，使得阻尼环向上下两侧伸长（据 THPC 介绍，平均单侧伸长量为 1.57mm 左右）而减少入槽深度，这种情况尤以下部阻尼环更为突出。因此，原入槽深度不足部位就有可能在甩负荷、过速（甚至飞逸）工况下脱槽造成阻尼环变形。如若机组突发不对称短路运行时，则极靴以外的阻尼环端头和连接片便有可能产生塑性变形甚至触碰、刮坏定子线圈，这样的事故就曾在一些电站发生过，不能不引起高度重视。

b. 由于 3 号机组（原 1 号机组）转子铁芯叠压时是在油压机卸压情况下使用扭力扳手实施压紧形成铁芯片间 29kgf/cm² 压应力的，在拉紧螺杆偏离磁极铁芯重心形成一个对铁芯整体的扭曲力矩的情况下所产生的内应力，在机组运行中受到振动、温度的影响而释放也有可能与阻尼环的变形有关。

3. 现场的处理工作

（1）THPC 安排人员拟采取撬棍＋塑料锤敲击的方式强制将阻尼环入槽就位，但效果不显著。

（2）其后采取强制性方式使得凸台入槽并尽可能消除了应力，基本达到预期装配效果。

（3）处理过程中，主要检测阻尼环 $A \sim G$ 部位（见图 6.3.28）的内外侧间隙，见表 6.3.11。

表 6.3.11　　　　　　　　　　　阻尼环内外侧间隙表　　　　　　　　　　单位：mm

测量点		A	B	C	D	E	F	G
调整前	内侧	4.56	2.60	2.20	1.10	1.20	2.70	3.90
	外侧	10.00	7.75	7.75	7.75	7.90	7.50	7.75
调整后	内侧	2.00	2.50	2.50	2.00	2.00	3.00	3.00
	外侧	7.25	6.75	7.50	7.25	8.00	7.50	7.75

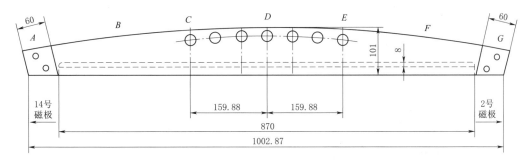

图 6.3.28　阻尼环调整测量点示意图（单位：mm）

（4）最终处理结果基本达到了 C 点间隙不大于 7.5mm，D 点间隙不大于 3.5mm 的设计要求。

4. 评判与建议

（1）结构设计是不尽周全的。在 THPC 提供的阻尼环刚度计算书里凹槽对刚度没有影响的情况下未按常规设计而选择了偏小的槽深，使得阻尼环在阻尼条温升、磁极压板凸台加工误差、阻尼环凹槽加工误差以及阻尼条焊接变形等诸多因素影响下加大了脱槽的可能性；未能充分利用阻尼条的布置条件适当减小阻尼环悬臂长度以削弱离心力的影响。

（2）制造厂装配与验收尚有疏漏。未充分估量阻尼条焊接对阻尼环变形的影响，也就没有采取合适的反变形措施；未将磁极压板凸台入槽深度（即图 6.3.25 之 C、D 间隙值）的设计值及其公差范围明确作为车间验收的质量标准，从还没有安装连接板的 4 号机组阻尼环检查情况来看，所测量的间隙大多超过 THPC 提出的标准值致使凸台入槽量偏小，足以证明是工厂制造时未予足够重视所造成的后果。

（3）由于现场安装验收时未能及时检测阻尼环的入槽状况，致使难以对 1～3 号机组阻尼环相当大一部分入槽量不足的现状作出正确的判断。

（4）THPC 承诺提交间隙不满足标准要求的分析报告，并提出入槽深度标准值及其允许偏差值，使得所有机组转子阻尼板正确实施全方位调整，并确认调整处理后能够满足长期安全运行的要求。

6.3.1.6　清蓄电站磁极挂装中心高程的偏差的处理

1. 清蓄电站 1 号机组磁极中心高程偏差情况

（1）清蓄电站磁极中心设计高程距转子中心体下法兰为 2450mm（见图 6.3.29），但

1号机组磁极在挂装时其实测值偏差为＋5～－7mm，偏差幅值达到 12mm（见表 6.3.12）。

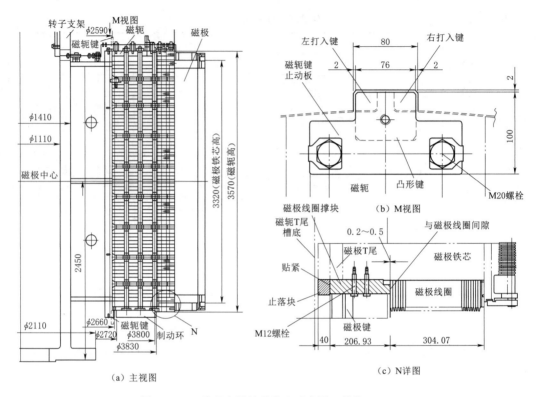

图 6.3.29　清蓄电站转子装配示意图（单位：mm）

表 6.3.12　　　　　　　　　**清蓄电站 1 号机组磁极高程与偏差表**　　　　　　　　单位：mm

磁极号	磁极高程	偏差	磁极号	磁极高程	偏差
1	2455	＋5	8	2446	－4
2	2454	＋4	9	2444	－6
3	2453	＋3	10	2454	＋4
4	2454	＋4	11	2444	－6
5	2455	＋5	12	2443	－7
6	2448	－2	13	2446	－4
7	2454	＋4	14	2444	－6

（2）从表 6.3.12 可以看到，偏差值远远超出了相关规范的质量标准。

1）《水轮发电机组安装技术规范》（GB/T 8564）及《水轮发电机转子现场装配工艺导则》（DL/T 5230）均为：磁极铁芯长度大于 2.0m 的磁极中心挂装高程允许偏差为±2.0mm；额定转速 300r/min 及以上的转子，对称方向磁极挂装高程差不大于 1.5mm。

2）THPC 编制的发电电动机标准：磁极磁力中心高程偏差：±2.0mm 为合格，±1.0mm 为优秀。

3）惠蓄电站执行的磁极挂装标准是：使用水准仪加测微头进行测量，磁极中心高程平均值不大于±2.0mm；各磁极高度与平均值差为±0.5mm；对称方向磁极高程差不大于1.5mm。

2. 对安装各阶段检测数据的分析比较

为了查实磁极中心产生偏差的根源，必须对安装各阶段检测数据进行了分析比较。

（1）转子制动板外圆水平的检测。

1）设计及装配要求：磁轭底部制动环板组合面的加工精度为▽6.3，平行度要求达到0.05mm；止落块上平面加工精度▽6.3，与制动环板组合面的高差控制值为（105±0.1）mm；各段高度偏差±0.3mm；转子支架立筋挂钩高程加工偏差为±0.2mm；整体设计要求是很高的，并在装配环节达到了设计要求。

2）检测时转子中心体水平调整见图6.3.30。

3）磁轭九段装配完成打紧磁轭键后，拆除14个千斤顶装配制动板，磁极挂装前测量转子制动板外圆水平（见表6.3.13），其周向最大偏差约0.44mm，径向外侧略低，最大偏差0.25mm。

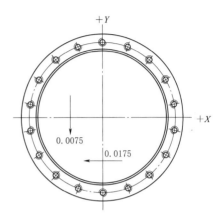

图 6.3.30　转子中心体水平调整示意图

表 6.3.13　　　　　　　　　转子制动板外圆水平测量表　　　　　　　单位：mm

制动块编号	内		内均值	外		外均值	径向偏差值	周向偏差
	左	右		左	右			
1	94.52	94.90	94.71	94.70	94.70	94.70	0.01	
2	94.83	94.90	94.87	94.65	94.70	94.68	0.19	
3	94.65	94.70	94.68	94.55	94.55	94.55	0.13	
4	94.90	94.88	94.89	94.70	94.65	94.68	0.21	
5	94.95	94.90	94.93	94.80	94.70	94.75	0.18	
6	95.00	95.00	95.00	94.90	94.85	94.88	0.12	
7	95.00	95.08	95.04	94.95	95.00	94.98	0.06	0.44
8	94.95	95.00	94.98	94.70	94.85	94.78	0.20	
9	94.75	94.80	94.78	94.55	94.55	94.55	0.23	
10	94.80	94.85	94.83	94.65	94.60	94.63	0.20	
11	94.80	94.80	94.80	94.70	94.60	94.65	0.15	
12	94.90	94.95	94.93	94.60	94.73	94.67	0.26	
13	94.80	94.85	94.83	94.60	94.60	94.60	0.23	
14	95.00	94.88	94.94	94.70	94.65	94.68	0.26	

4）磁极挂装后，经检测磁轭挂钩无间隙，但转子制动板外圆周则出现1.27mm的最大高程偏差，同截面径向水平偏差局部偏差达到0.76mm（见表6.3.14），略超出THPC

《发电电动机安装质量检测标准》制动板整圆高差小于 1mm 的质量标准；也超过了《水轮发电机转子现场装配工艺导则》（DL/T 5230）所规定的"……同截面径向水平偏差＜0.5mm……"。

表 6.3.14　　　　　　制动板外圆周与同截面径向水平偏差表　　　　　单位：mm

制动块编号	内			外			径向偏差值
	左	右	均值	左	右	均值	
1	111.52	111.55	111.54	111.00	110.92	110.96	0.58
2	111.72	111.80	111.76	111.00	111.00	111.00	0.76
3	111.90	111.88	111.89	111.28	111.16	111.22	0.67
4	111.26	111.88	111.57	111.88	111.25	111.57	0
5	111.27	111.18	111.23	111.95	111.70	111.83	−0.60
6	111.36	111.27	111.32	112.00	111.95	111.98	−0.66
7	111.70	111.32	111.51	111.45	112.00	111.73	−0.22
8	111.51	111.76	111.64	110.95	111.48	111.22	0.42
9	111.10	111.39	111.25	111.80	110.73	111.27	−0.02
10	112.00	111.18	111.59	111.30	111.17	111.24	0.35
11	112.00	111.88	111.94	111.43	111.45	111.44	0.50
12	112.00	112.00	112.00	111.52	111.46	111.49	0.51
13	112.10	112.00	112.05	111.50	111.30	111.40	0.65
14	112.32	112.10	112.21	111.48	111.55	111.52	0.69
最大偏差	1.22	0.92	0.98	1.00	1.27	1.02	0.76

（2）挂装磁极后实测止落块的高程（见表 6.3.15）。

表 6.3.15　　　　　　　　　实测止落块高程表　　　　　　　　　单位：mm

磁极编号	左	右	左右偏差值	磁极编号	左	右	左右偏差值
1	790.65	789.90	−0.75	9	792.34	791.76	−0.58
2	791.10	790.45	−0.65	10	793.25	790.70	−2.55
3	791.10	790.50	−0.60	11	793.32	791.50	−1.82
4	793.38	792.21	−1.17	12	791.35	790.70	−0.65
5	792.18	792.50	0.32	13	791.50	790.50	−1.00
6	791.50	791.50	0	14	789.50	789.62	0.12
7	792.76	790.90	−1.86	最大偏差	3.88	2.88	—
8	792.34	790.76	−1.58				

由于磁极已经挂装，止落块顶面高程只能进行间接测量，但从表 6.3.15 可以看到，止落块的实测高程差最大达到 3.88mm，而且呈波浪状、分布几无规律可言。且挂装磁极后磁极 T 尾与左侧止落块（面向轴心）无间隙，而与右侧止落块均有间隙，最大达到 0.80mm。

（3）再次核实表 6.3.12 所列磁极中心高程偏差的同时，对磁极内外侧高程也进行了检测，见表 6.3.16。

表 6.3.16   **磁极内外侧高程检测**   单位：mm

磁极编号	磁极外圆高程	磁极内外侧高差	磁极编号	磁极外圆高程	磁极内外侧高差
1	913.27	3.37	9	908.34	−3.42
2	911.55	1.10	10	917.50	6.80
3	912.90	2.40	11	907.78	−3.72
4	914.95	2.74	12	905.38	−5.32
5	916.95	4.45	13	906.78	−3.72
6	905.92	−6.58	14	903.50	−6.12
7	912.76	1.86	最大偏差	14.00	6.80
8	908.51	−2.25			

尽管我们是按磁极铁芯上下压板设计厚度 120mm 粗略进行磁极内外侧高差及铁芯高程检测的，但从表 6.3.14 中可以看出，1 号机组转子 14 个磁极内外侧高差超过了设计要求。

3. THPC 的分析与处理意见

（1）在磁轭叠装后，受磁轭重量的影响，止落块的高度发生了一次变化；在现场磁极挂装后，受磁极重量的影响，止落块的高度又发生了一次变化。而在这两个过程中都缺少对磁极止落块高度的确认和校对。最终导致磁极止落块的高度与设计值形成一定的偏差。

（2）磁极铁芯出厂检查时，14 只磁极铁芯的高度偏差为 −2～+1mm，尽管偏差是在设计允许范围内的，不过也是影响磁极中心的因素之一。

（3）回顾 1 号机组的制作过程，磁极铁芯在车间压紧过程中对半径方向可能引起的倾斜没有进行有效调整，从而造成一定倾斜而呈侧向的平行四边形状态。同时对倾斜方向又未进行一致性确认，所以实际情况是 14 只磁极一半呈上翘趋势、另一半呈下垂趋势。

THPC 认为，根据目前情况，为了保证转子与定子磁场中心相吻合，建议综合考虑定子的安装中心，确定好最终的磁极高程后，对相应的止落块进行加垫抬高磁极或打磨降低磁极的处理方式。

4. 综合分析

（1）磁轭外圆出现沉降的分析。

1）磁轭叠装时配置了 14 个千斤顶支撑用于调整其圆周、径向的水平度，由于叠装最初几段磁轭环板时部分转子支架立筋挂钩存在间隙，现场施工人员采取调松千斤顶支撑的措施，使得打紧磁轭键之前的装配全过程千斤顶支撑未能有效起到调平作用。

2）由于未有效配置 14 个千斤顶支撑，在研配、打紧磁轭键的过程中，磁轭环板也会在冲击力及其反作用力影响下造成磁轭环板以挂钩为支点不同程度的下沉。

3）由于 9 段磁轭环板是各自独立的结构体，其轴向的整体性仅靠磁轭键维持是相对有限的，磁轭环板叠装过程未能有效配置支撑千斤顶，加剧了转子磁轭产生以挂钩为支点外圆侧呈悬臂端沉降的趋势，但其偏差量毕竟较小，显然不是影响磁极中心高程偏差的主要因素。

（2）根据工厂装配工艺程序，用于安装制动环的环形钢板在设计位置预热焊接 48 只止落块，制动环安装面留 10mm 粗车余量，对止落块进行车削，然后镗、铣孔并与第一段其他环板进行叠压，制动环安装面则是在叠压完成后再进行精加工的。由于是在制动环安装面预留 10mm 粗车余量情况下对止落块进行车削的，可以认为其加工时的参照面与第一段最终进行的制动环安装面及该段上平面是可能存在较大的误差，从而造成止落块高程的少量偏差。同时，由于环板面不平度较大，叠压和进行螺栓紧固过程中环板不可避免的局部变形更加剧了止落块高程的偏差。

但从目前偏差幅值来看，以上两个方面应当不是造成磁极中心高程差严重超标的主要因素，当然，只要重视这些可能因素的纠偏，应能更有效地控制偏差的幅值。

（3）表 6.3.16 所示的磁极端板内外侧高程差最大达到 6.80mm，证实了磁极铁芯压紧阶段未能对半径方向的倾斜进行必要的检测和调整。因此，应重点关注磁极形体尺寸的影响：

1）早在 1 号机组磁极车间装配过程中，业主就指出了采用图 6.3.31 所示的叠压装置

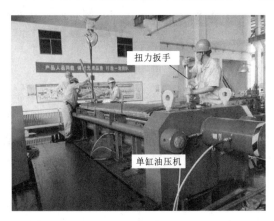

图 6.3.31　THPC 原叠压装置

及工艺所可能存在的弊端（自 2 号机组开始 THPC 才革新采用了可靠、稳妥的施工新工艺）：

a. 在油压机卸压情况下使用扭力扳手实施压紧形成铁芯片间 29kgf/cm² 压应力时，由于每个拉紧螺杆均偏离磁极铁芯的重心，每个拉紧螺杆扭紧力都形成一个对铁芯整体的扭曲力矩，这将产生迫使磁极极身扭曲或平直度出现偏差的内应力。即使采用强制措施使磁极整个形体满足设计要求，而这些内应力始终都有导致磁极铁芯形体变异的可能。尤其当磁极在运输、起吊过程中受到颠簸、振动以及机组运行中振动、温度的影响，磁极的整体稳定性（如平直度等）将会由于内应力的释放而产生变化，甚至超出技术规范的要求引发不可预见的后果。

b. 正是由于扭紧单个拉紧螺栓时，磁极冲片受到偏离其中心点的力矩作用，会使拉紧螺杆与磁极冲片间发生较大的卡阻、摩擦，影响实际形成的铁芯片间压紧应力。

c. THPC 在实际操作时所出现各个拉紧螺杆伸长值失控现象，最终伸长值差异增大导致各个拉紧螺栓压力不均，从而影响磁极几何形状和整体尺寸。

2）由此可能引发磁极极身平直度、扭曲度超标的影响及其危害是不容忽视的。

a. 国内厂家（如哈电）一般规定的磁极铁芯各位置（见图 6.3.32）的允许偏差如下：①磁极压板与极身错牙不大于 0.2mm；②磁极压板与极身 T 尾错牙不大于 0.1mm；③磁极压板与极身角度偏差不大于 0.2/100mm；④高度方向的弯曲不大于 0.4mm/m（铁芯长度不大于 3000mm 的应不大于 1.0mm）；⑤宽度方向的弯曲不大于 0.4mm/m（铁芯长度不大于 3000mm 的应不大于 1.0mm）；⑥纵向扭曲不大于 0.5mm/m；⑦垂直度 A⊥B

不大于 0.5mm/m。

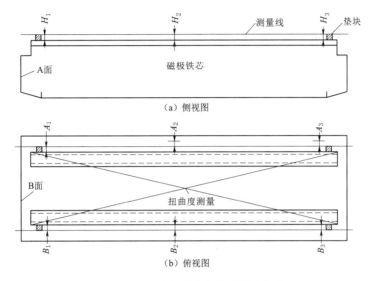

图 6.3.32　磁极尺寸偏差测量示意图

b. 根据法国 ALSTOM 相关图纸的设计要求，磁极 T 尾的平直度标准是 0.2mm/m。

c.《水轮发电机转子现场装配工艺导则》（DL/T 5230）规定："用平尺检查，磁极T（鸽）尾部位铁芯应平直，全长弯曲不应大于1mm"。

d. THPC《广东清远抽水蓄能机组发电电动机安装质量检测标准》中规定的平直度偏差为 1.5mm（相当于 3320mm 长铁芯的平直度为 0.45mm/m）。

3）现场对每个磁极进行了径向和周向的实测，发现径向弯曲较大，在 2～4mm 之间，周向弯曲在 1～2mm 之间，挂装过程有 12 号、6 号磁极有卡阻现象。

（4）1 号机组磁极叠压时加补偿片的数量、厚度也超标。

1）THPC 原设计要求 "磁极铁芯调整片的使用量一般为铁芯总长的 0.45％左右"，亦即对于铁芯总长 3320mm 的每个磁极，其调整片的使用量应控制在 3320×0.45％≈15mm，而实际上基于电磁性能影响，应控制在 3320×0.9％≈30mm。由于采用了不适合于大磁极的叠压工艺，可以看出，1 号机组磁极叠压时加补偿片的总厚度均在 30mm 以上，最大的甚至达到 41.2mm。那么，其对铁芯压紧度、芯片内压的影响程度也是可想而知的。

2）根据国内知名厂家的作业经验，对于铁芯长度 3000mm 左右的磁极，以不加放补偿片为优，一般加放补偿片应控制在 10mm 以内。

3）据监造反馈信息，清蓄电站自 2 号机组采用新工艺叠压铁芯之后，所加补偿片数量均能控制在 20 片以内（见表 6.3.17）。

5. 结语

（1）对于铁芯长达 3320mm 的清蓄转子磁极所存在的隐患是不容忽视的，如：

1）磁极铁芯径向弯曲变形，会影响磁极顺利吊装，同时使磁极鸽尾（或 T 尾）与径向键接触面减小，导致磁极鸽尾（或 T 尾）与磁极键局部受力过大。

表 6.3.17 清蓄电站 2 号机组铁芯叠压补偿片表

磁极	靴部 t0.8 片	阻尼条处 t0.3 片	T 尾 t0.3 片	总片数	厚度 /mm	靴部厚度 /mm	T 尾厚度 /mm
1	20	34	50	104	41.2	26.2	15.0
2	18	30	46	94	37.2	23.9	13.8
3	18	28	48	94	37.2	22.8	14.4
4	16	28	48	92	35.6	21.2	14.4
5	16	42		80	32.6	19.4	12.6
6	16	26	43	85	33.5	20.6	12.9
7	18	26	43	87	35.1	22.2	12.9
8	16	26	40	82	32.6	20.6	12.0
9	16		42	84	32.6	20.6	12.6
10	16	26	40	82	32.6	20.6	12.0
11	16	22	40	78	31.4	19.4	12.0
12	16	22	40	78	31.4	19.4	12.0
13	16	22	42	80	32.0	19.4	12.6
14	16	24	40	80	32.0	20.0	12.0

2）铁芯径向变形影响整个转子的装配圆度，使定、转子的气隙大小不均，导致磁路磁势的不平衡，并由此引起电机的单边磁拉力和产生振动，感生轴电流及轴电压等。

3）由于磁极铁芯的扭曲变形，磁极拉紧螺栓的伸长量发生变化。可能导致部分螺栓松动而另一部分螺栓受力过大（不排除疲劳断裂的可能性），当然，更严重的是整个磁极铁芯松动所可能带来难以预料的危害。

（2）应认真、深入分析装压铁芯工艺落后对磁极形体尺寸造成的影响程度以及磁极平直度、扭曲度、垂直度偏差对磁极键紧度和整个磁极紧固的影响、可能造成的危害。

（3）所有平直度、扭曲度和垂直度超标的磁极均应返厂处理。

（4）凡是加放补偿片超过 30mm（铁芯长度×0.9%）的磁极必须推倒重来，返工处理。

最终经充分协商，THPC 同意拆除所有原 1 号机组 14 只磁极进行返厂处理，将经出厂验收检查合格的 3 号机组磁极用于 1 号机组现场装配，使得 1 号机组转子安装得以顺利进行。

6.3.1.7 深蓄电站转子磁极挂装的卡阻的分析处理

深蓄电站 1 号机组转子单号编码磁极挂装时，挂至第 5 段磁极即发生卡阻情况，疑是磁极铁芯平直度超标所致。但随即选择平直度较好（≤0.50mm）的磁极，有的下落至第 2 段磁轭就卡住，有的挂到第 3 段或第 5 段磁轭，甚至挂到第 7 段还会发生卡阻现象，拔出时磁极 T 尾发现有研刮受损情况。

1. 哈电的初步分析与处理方案

（1）厂家所提交的检查记录表证明车间验收情况是良好的。

1）车间验收时使用靠尺和塞尺对每个磁极 T 尾检测，其平直度控制为不大于

0.75mm（磁极铁芯高度 3150mm，相当于 0.24mm/m，合同规定为 0.4mm/m）。

2）经核查，车间出厂验收时，T 尾平直度标准为不大于 0.5mm（相当于 0.16mm/m），但未见 T 尾侧部平直度检测记录。

（2）工地现场检查情况是：由于磁极垫木方位置不同以及 T 尾平面经过焊缝打磨等对磁极平直度测录数据的影响，与车间测录相比，T 尾平直度已经有了劣化趋势。其中，相当一部分均超出 0.5mm 的验收质量标准。

（3）哈电对磁极挂装卡阻的最初分析意见如下。

1）磁极自身重量偏重，运输及长时间存储过程中支点偏少，导致磁极铁芯平直度发生变化。

2）磁极铁芯装配后，为提高磁极冲片的整体性，每个 T 尾位置均设置两条加强焊缝焊接。由于焊缝内应力经过一段时间后的释放引发磁极平直度发生变化。

3）长 3150mm 的磁极铁芯，由于冲片厚度偏差采用添加非阶梯补偿垫片，影响了磁极的整体平直度。

（4）哈电建议在不拆除磁极线圈的情况下，参照蒲石河、锦屏水电站对磁极平直度增加及扭曲进行校形的经验，拟采取以下两种处理方案中的一种。

1）现场制作压板两件，利用磁极包装，在磁极中间底部垫木方，通过磁极包装的两端 4 个螺杆及压板卡压，平直磁极。操作过程利用平尺和塞尺监测，使得磁极平直度偏差控制在 0.5～0.75mm 范围内。

2）准备 2 块尺寸为 3mm×30mm×500mm 垫板放置在平台上，再将磁极放在垫板上。垫板位于磁极中部正下方，根据变形状况，适当调整 2 块垫板之间的距离。使用桥机吊钩或者再平吊另一个磁极压在平台上磁极的 T 尾部分，使得吊车电子秤显示重量基本相等。如此操作三次，操作过程利用平尺和塞尺监测，使得磁极平直度控制在 0.5～0.75mm/m 范围内。

哈电认为，以上两种方法都是只对磁极铁芯施加力，而对磁极线圈没有影响（可以通过后续的电气试验验证）。校形完成后适当修磨磁极或磁轭 T 尾，尽可能保证磁极竖直吊装即可避免磁极卡阻现象。

2. 对哈电初步分析与处理建议的剖析

（1）对哈电最初分析意见的剖析及相关处理经验。

1）长磁极的运输、存储支放及吊装翻身导致磁极铁芯平直度发生变化的可能性，是每一个设计制造方应预先予以充分重视并提出足够、具体防范措施的。

2）磁极铁芯装配后所焊接的加强焊缝（见图 6.3.33）的内应力及其释放过程中如何控制磁极平直度可能发生的变化，同样属于制造工艺必须预先解决的问题。

3）正是为了补偿磁极冲片自身厚度的偏差、满足磁极铁芯平直度的要求，叠压时必须采取添加调整垫片的措施。显然，是不应把设置调整垫片和无法采用阶梯垫片进行补偿作为影响磁极铁芯平直度的理由。

总之，叠压过程采用强制工艺措施使磁极整个形体基本满足设计要求，但又未能消除其残余内应力是导致磁极铁芯形体变异的内在因素。尤其当磁极在运输、起吊以及机组运行中受到震动颠簸、扭曲及温度变化等外界因素的影响，磁极的整体稳定性（如平直度

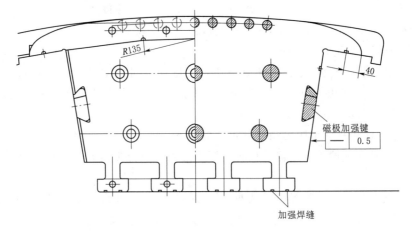

图 6.3.33　铁芯加强焊缝示意图（单位：mm）

等）就会因内应力的释放而产生变化，其至超标较多而引发不可预见的后果。这些都是每一个设计制造厂家应予关注并采取措施予以圆满处理解决的使命。

（2）应予排除强制校形处理方案的理由主要是：

1）外力校形磁极铁芯，现场难以控制，可能发生伤及线圈及使线圈变形等难以预见的状况。

2）由于绕组匝间绝缘采用 F 级上胶 Nomex 纸黏合在相邻匝之间并热压成整体，极身绝缘也是采用 Nomex 纸缠绕（附加角绝缘）并与磁极线圈之间预加、维持适当压力的（用于补偿绝缘材料收缩等），一旦铁芯变形使得铁芯与相互紧固的线圈或绝缘产生错动，无法保证处理质量的隐患，且可能存在其他很难预料的后果。

3）残余应力始终存在，经过机组运行、振动及温升等外界因素影响仍有可能再次释放，难以确认将来磁极一旦出现问题时是否还能顺利拔出来。

4）其对线圈的影响是无法通过后续的电气试验检查出来的。

（3）惠蓄电站处理 2 号机组、4 号机组和 5 号机组转子磁极挂装卡阻的经验。

1）2 号机组 9 号磁极卡阻不能到位，经查系磁极 T 尾宽度方向平直度误差达到 1.2～1.4mm；高度方向的弯曲也达到 1.0mm，均较多地超过法国 ALSTOM 平直度标准 0.2mm/m。

2）4 号机组新磁极绝大部分磁极 T 尾的平直度最大的其至达到 1.8mm/m。

3）5 号机组磁极挂装过程中均不同程度出现卡阻、挂装不到位，部分磁极 T 尾的平直度超标，如 11 号磁极最大偏差达到 1.0mm。

4）拔出磁极挫伤痕迹所在部位大都在 T 尾侧部判断，磁极 T 尾的宽度方向（含颈部）不宜超标也是至为关键的。

5）4 号机组之 7 号磁极 T 尾平直度是满足设计要求的，因此，磁轭 T 槽的垂直、平整是否存在影响磁极挂装的偏差也是一个值得关注的因素。

6）需要说明的是，由于磁极 T 尾宽度设计值为 $80^{0}_{-0.1}$mm，磁轭"T"尾槽宽为 $81^{+0.1}_{-0.1}$mm，磁极 T 尾入槽后总间隙最小值仅 0.90mm；磁极 T 尾颈部为（40±0.1）mm，磁轭 T 尾槽颈部为（41±0.1）mm；这就意味着磁极 T 尾或磁轭 T 尾槽沿轴向平直度可能超出 0.2mm/m 的验收标准，就可能出现挂装过程挂磨现象。

（4）清蓄电站 1 号机组制造工艺的经验。

1）磁极铁芯 3mm 厚冲片长度和宽度两个方向的厚薄不均，可能造成铁芯冲片叠压后形成累积偏差；或铁芯压紧力不够等制造工艺方面因素，都可能造成铁芯弯曲、扭斜。THPC 坦诚说明其在冲制 1 号机组芯片时忽视了钢板延展性的重要性，从而造成多加调整片的不正常现象（如清蓄 1 号机组磁极共用调整片 1200 片，2 号机组磁极共用调整片562 片，1 号机组磁极使用的调整片数量是 2 号机组的 2 倍多）。由于调整片不可能加工成楔形，过多添加调整片是有可能加剧磁极铁芯几何形状和整体尺寸不可控程度的。

2）1 号机组磁极铁芯油压预紧力不足，靠扭矩把紧拉紧螺栓，造成铁芯扭曲变形。后经改造，使得磁极铁芯卸掉预紧力后内部的残余压力 $F_\delta = F_s = 122000\text{kgf}$，片间压力相应的磁极铁芯的弹性回弹量 $\Delta L_\delta = 0.20\text{cm}$，螺杆的弹性伸长量 $\Delta L_s = 0.15\text{cm}$。由铁芯内部受力平衡后可计算出铁芯工作状态下的片间压力为 44.61kgf/cm^2。其后，按照相关要求装配的磁极铁芯具备的冲片片间压力形成足够刚度能够克服在制造、搬运、安装过程中冲片之间可能发生的摩擦位移，避免极身的扭曲变形，确保了磁极的顺利挂装。

3. 哈电的再分析意见及处理方案

（1）再分析意见。

1）磁轭 T 尾槽尺寸见图 6.3.34，其中磁轭外圆至 T 尾槽外壁厚度尺寸为（42±0.10）mm，车间一般均按公差上限尺寸加工，即 42.10mm（与现场实测相符）；槽宽设计尺寸为 $85_0^{+0.5}\text{mm}$；颈部宽为 $41_0^{+0.5}\text{mm}$。

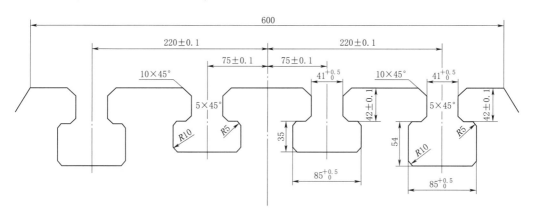

图 6.3.34　磁轭 T 尾槽尺寸示意图（单位：mm）

2）磁极 T 尾尺寸见图 6.3.35，其中磁极 T 尾内槽加工尺寸仅为 $43_0^{+0.1}\text{mm}$；T 尾宽为 $84_{-0.1}^0\text{mm}$；颈部宽为 $40_{-0.1}^0\text{mm}$。

3）由此可知：①磁轭 T 尾槽外部与磁极 T 尾内槽设计理论间隙为 $43_0^{+0.1}\text{mm} - （42\pm0.10）\text{mm} \approx 1\text{mm}$；②磁轭 T 尾槽与磁极 T 尾宽度方向的间隙为 $85_0^{+0.5}\text{mm} - 84_{-0.1}^0\text{mm} \approx 1.6\text{mm}$；③磁轭 T 尾槽颈部与磁极 T 尾颈部宽度方向间隙为 $41_0^{+0.5}\text{mm} - 40_{-0.1}^0\text{mm} \approx 1\text{mm} \rightarrow 1.6\text{mm}$。

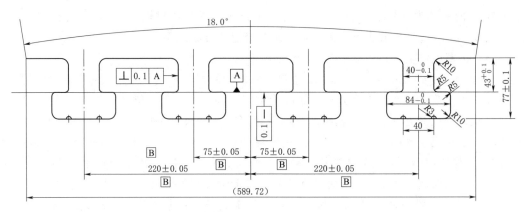

图 6.3.35 磁极 T 尾尺寸示意图（单位：mm）

4）其他因素。磁极 T 尾表面漆膜厚度约 0.15～0.20mm；磁轭在加热后敷加垫片后半径变大，且因收缩不均匀导致磁轭段间错牙，相邻段间半径偏差约为 0.20mm；磁极 T 尾平直度设计要求不大于 0.50mm，而实际由于多方面原因变形劣化，造成其大于 0.60mm。

从上可知，直线度偏差大于 0.60mm＋漆膜厚度 0.20mm＋磁轭段间错牙 0.20mm＞1mm，也就是说，误差累积几乎将 1mm 间隙全部抵消。哈电认为，这可能就是最终导致磁极挂装卡阻研伤、无法顺利挂装的直接原因。

（2）哈电提出的处理方案。①设计制作一套专用打磨工具；②打磨操作前对磁极铁芯与线圈之间缝隙使用面团和胶带粘牢进行防护；③打磨去除磁极 T 尾处表面（含侧面）9130 绝缘漆和高点；④用钢尺进行直线度检查，对磁极 T 尾底槽平直度超过 0.50mm 的进行精细打磨；⑤磁极压板端部修磨倒角；⑥使用砂轮机修磨磁轭外圆，打磨量约 0.50mm，即在符合设计公差范围内适当放大磁轭与磁极之间间隙；⑦打磨后对磁极进行全面清理，磁极挂装前对磁轭外圆表面及槽内全面清理；⑧磁极挂装前后抽查检测绝缘电阻；⑨后续设计将适当放大 1mm 间隙。

4. 结语

（1）磁极出厂检验时对冲片错台、极身弯曲超标等未能从严要求采取必要措施，是导致在现场安装过程中出现卡阻的主要原因。目前，在工地现场只能被动地采取补救善后性质的处理措施。

（2）磁极铁芯压紧设施有待更新，制造工艺也须进一步改进。哈电《水轮发电机磁极铁芯装压通用工艺守则》要求磁极铁芯单位面积压紧力按 4～6MPa 设计应是合适的，而"车间验收记录"中所标明"铁芯紧量 11MPa"，则应予澄清。

（3）磁极 T 尾处表面 9130 绝缘漆（厚度大约 0.15～0.20mm）应不是挂装卡阻的关联因素。

（4）宜重申长磁极铁芯各位置的允许偏差标准，主要有：磁极铁芯高度、宽度方向的弯曲度不大于 0.2mm/m；磁极压板与极身错牙 0.2mm（不允许突出极身）；磁极压板与极身 T 尾错牙不大于 0.1mm（不允许突出极身）。

（5）选用专用磨具，对磁轭 T 尾槽部平直度不能满足设计要求的相关部位进行精细打磨，尽可能排除卡阻的可能部位，直至检测达到标准。

（6）对磁轭段间错台、高低参差不齐的部位进行平整性打磨。

（7）对磁轭段间的错牙、台阶部位仍必须采取过渡性打磨倒角的工艺予以处理。

（8）由此产生的第二气隙对发电电动机基本参数的影响仍应审慎计算，提出令人信服的论据。

（9）哈电对其余机组采取适当修正磁轭 T 尾槽外部与磁极 T 尾内槽设计间隙值的建议应是合理可取的。

6.3.1.8 惠蓄电站磁轭叠压时异常上浮的剖析

1. 惠蓄电站由法国 ALSTOM 制定的磁轭叠压程序

（1）惠蓄电站转子磁轭键由一根主键和上、下两根反键组成（见图 6.3.36）。磁轭键装配程序如下。

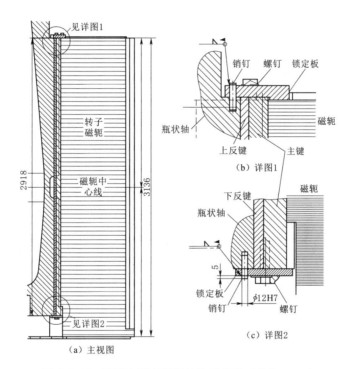

图 6.3.36 惠蓄电站磁轭键结构示意图（单位：mm）

1）在磁轭叠片前安装主磁轭键和下部反键，下部反键支撑在地面上。

2）主键通过点焊在瓶状轴上部的板来固定，以防止主键下滑（磁轭叠完后，磨掉固定主键的板）。

3）顶起下反键直至其贴紧主键。

4）装配上反键并经调整使其端部与下反键距离合适。

（2）磁轭叠片堆叠。

1）在磁轭每块下压板处使用 4 个导向杆定位（共 24 块），开始堆叠磁轭叠片。

2）堆叠达到 318mm 左右，检查磁轭半径和圆度符合要求后拆除导向杆，安装所有的拉紧螺栓，继续往上堆叠。

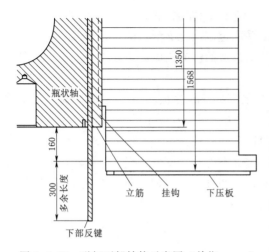

图 6.3.37 磁轭下部结构示意图（单位：mm）

3）其时，连同其上叠装的磁轭形成整体均应承重于瓶状轴立筋下部的挂钩上（见图 6.3.37）。

2. 磁轭与挂钩出现间隙的异常

（1）1 号机组事故发生后，由于对转子磁轭叠压及热打键的施工质量提出质疑，于是在转子解体时检查了磁轭叠片与瓶状轴挂钩，未发现异常。

（2）但在检查 2 号、3 号机组磁轭叠片时发现瓶状轴立筋挂钩处与叠片存在大小不一的间隙，并用内窥镜证实了确实存在间隙（见图 6.3.38）。

（3）经实测证实约 170t 的磁轭质量未按设计要求靠落在挂钩上（见表 6.3.18）。

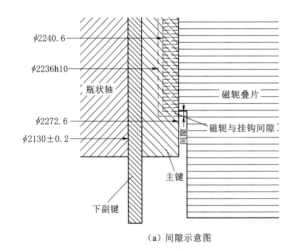

(a) 间隙示意图　　　　　　　　(b) 内窥镜照片

图 6.3.38 磁轭与挂钩间隙示意图（单位：mm）

表 6.3.18　　　　　　　　磁轭与瓶状轴挂钩间隙实测值　　　　　　　　单位：mm

机组	磁轭编号							
	2 号	3 号	5 号	6 号	8 号	9 号	11 号	12 号
2 号	3.20	2.90	2.60	2.40	2.55	2.80	3.30	3.45
3 号	4.00	5.00	5.20	5.50	6.00	6.50	5.50	5.00

3. 分析

（1）由于瓶状轴制作的需要（分为两段对接焊），距离下法兰面 1350mm 的立筋中部有一段约 300mm 的空槽，在这个部位磁轭主键是悬空着的（见图 6.3.39）。

（2）在磁轭叠片堆叠至 318mm 更换拉紧螺栓并继续堆叠至瓶状轴立筋空槽下部时，磁轭叠片应还是由瓶状轴挂钩承重，是不可能产生间隙的。

（3）由于磁轭叠片槽口内侧与主键（图6.3.40中的ϕ2272.6mm）几乎是紧配合，叠压过程中已安装的主磁轭键和下部反键（下部反键下端支撑在地面上并与主键紧贴），叠片压紧、卡阻形成的径向力使瓶状轴空槽配合段部分向轴心产生弹性变形（见图6.3.41，而主键上部仅通过板点焊在瓶状轴上固定，上部反键是虚置未加紧量的，因此图6.3.41中为便于标示未画出上部反键）。

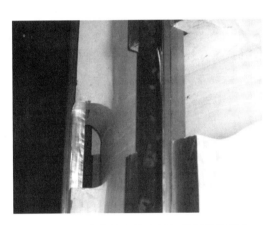

图6.3.39　瓶状轴中部立筋与磁轭键的配合

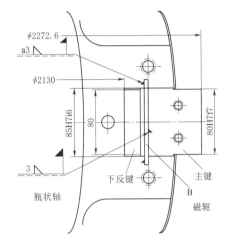

图6.3.40　主键点焊固定示意图

（4）由于主键变形段磁轭叠压后的内径小于下部未变形段，在磁轭上部各段压紧时，磁轭叠片不能往下压紧，反而将叠片往上提升，导致磁轭叠片脱离瓶状轴挂钩形成间隙。

（5）如若在叠片过程中已装入的上反键也有一定紧量，那么磁轭叠片叠压过程中的径向紧力也仍有可能迫使位于瓶形轴中部缺口段的主键产生弹性变形，使该段磁轭内径小于上、下部未变形段（见图6.3.42），在磁轭最终压紧时上下两端叠片以弹性变形段为中心下压和提升。于是，磁轭叠片脱离瓶形轴挂钩形成间隙。

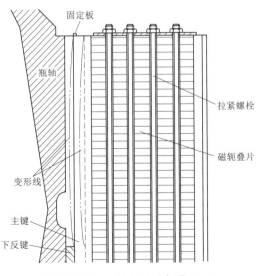

图6.3.41　主键变形示意图（一）

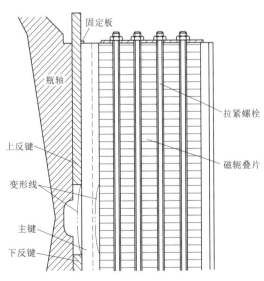

图6.3.42　主键变形示意图（二）

（6）机组投入运行，尤其是甩负荷后超转速时的所形成的离心间隙将使磁轭整体重新下滑支撑于挂钩上，1号机组的检查结果证实了这一点。

4. 排除的其他可能因素

（1）按照磁轭热打键程序，当磁轭键槽膨胀量达到设计要求时，用千斤顶往上顶入下端反键使其达到计算值长度标识。使用100t千斤顶顶入下端反键时，由于正反键之间的摩擦力及顶入量的控制等各方面因素，疑有可能在顶入下端反键的同时磁轭整体也被上顶脱离挂钩形成间隙。

（2）由于正反键的斜度为200∶1，摩擦系数取0.12时，摩擦力只有上顶轴向力的0.0006，下端反键上顶至标识线的阻力是很小的，一般不足以影响磁轭本体靠自重支撑于挂钩的自然状况。

（3）即便在下端反键已经顶紧时仍然对千斤顶施力上顶，也要克服上下部反键与瓶形轴键槽的摩擦力才能依靠主反键与磁轭的摩擦力整体上移脱离挂钩形成间隙，所以，由于监测手段不够健全导致千斤顶顶起磁轭的可能性是不大的。

5. 磁轭与挂钩形成间隙可能造成的危害

无论是何因素造成磁轭与瓶形轴挂钩脱离形成间隙，其对机组运行可能造成的危害是不容忽视的。

（1）定、转子中心高程产生较大偏移。

1）《水轮发电机组安装技术规范》（GB/T 8564）第9.5.3条规定："定子铁芯平均中心高程与转子磁极平均中心高程一致，其偏差值不应超过定子铁芯有效长度的±0.15%，但最大不超过±4mm；"一般，安装人员习惯于将转子中心高程调整低于定子中心高程1～2mm。

2）据实测，2号、3号机组实际安装高程还是出现较大偏差的（见表6.3.19）。

表6.3.19　　　　　　　　　转子中心高程偏差对比表　　　　　　　单位：mm

机组	定子中心设定安装高程偏差	转子中心要求安装高程偏差	实际高程偏差（最高）	实际高程偏差（最低）
2号	0	−0.50	−2.90	−3.95
3号	0	−0.50	−4.50	−7.00

（2）由于挂钩间隙的存在，转子磁轭乃至磁极在超额定转速运转时可能产生轴向窜动和振动。

（3）瓶形轴与磁轭交接处的转子引线（见图6.3.43）骤然受拉，可能造成损伤甚至断裂。

6. 为消除磁轭与瓶形轴挂钩间隙采取的措施

（1）对于已装配的2号机组。

1）由于2号机组已经吊入机坑组装就绪，在机坑采取措施进行磁轭加温已很困难并会产生其他不利的影响，应首先对转子引线采取防止断裂的措施。

2）分别顶起磁极，在磁轭外缘的凸台的梯形垫块下部加上2～3mm的垫块（见图6.3.44）。

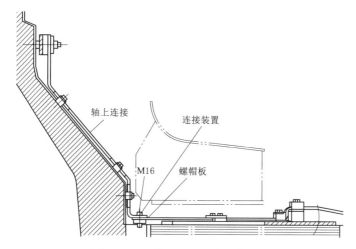

图 6.3.43　转子磁极引出线布置图

3）对转子相关部件做好标记，待机组投入运行后严密观测直至磁轭靠落挂钩为止。

（2）对于在安装间已经完成装配的 3 号机组。在安装间对磁轭再次进行加温，使其形成足够多的膨胀量；在转子下端施加拉力将磁轭复位落到瓶形轴挂钩上；重新检查并正确按照磁轭键工艺程序进行磁极安装。

（3）为了避免 4 号机组及其后各台机组再次出现此类问题必须采取的措施：磁轭下压板必须与瓶状轴采用联结件临时点焊固定，压板合缝处用型钢临时搭焊固定；磁轭钢支墩与基础预埋板（基础板应与基础预埋钢筋固定）点焊固定；磁轭下压板通过钢支墩与基础预埋钢板采用联结件临时点焊固定；磁轭叠压过程中，在预装主键、上下反键的同时，为防止主键在叠压时产生径向变形，瓶形轴中部缺口段采用楔子对支撑遏制主键变形。

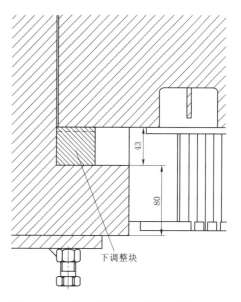

图 6.3.44　磁极下部装配示意图（单位：mm）

（4）磁轭叠压过程中，内、外侧预压的径向差值一般会达到 6.5～10mm，经分析主要是内侧中间压紧后松开螺栓较大的反弹量（一般都达到 5～9.5mm）及其累计效应造成的。消除此类影响的措施主要包括：①在每一次预压紧状态下在磁轭内圆搭焊方钢（按整圆均布 6 根为宜），借以拉紧磁轭避免反弹，然后松开螺栓；②待下次压紧后重新在另外的均布 6 个槽内搭焊新一层的固定防松方钢，然后铲掉原点焊的方钢；③同时，每次压紧时均要采用锤击方法边锤击螺杆边压紧，以消除卡阻确保叠压质量；④最后一次压紧后，全部割除并打磨各分段压紧时搭焊的方钢的焊疤；⑤采取以上措施对防止磁轭与瓶形轴挂钩形成间隙应是有效的。

6.3.2 推力轴承故障分析与处理

推力轴承的安装调试和运行调整仍是机组运行的核心环节之一。本节介绍、分析了抽水蓄能机组推力轴承盘车、推力轴瓦毁损以及导流板（含隔油罩）脱落等故障；同时，对机组轴线调整中盘车失败、轴线变异的现象展开深入剖析。

6.3.2.1 GZ-Ⅰ电站1号机组推力轴承的盘车故障分析处理

1. GZ-Ⅰ电站推力轴承结构、技术参数及盘车故障

GZ-Ⅰ电站安装了半伞式水泵电动发电机组四台，其推力轴承采用法国 ALSTOM 下属的 NEYRPIC 公司制造的皇冠形单波纹弹性油箱（见图 6.3.45）。这种推力轴承结构简单、制造工艺要求高，各瓦之间的不均匀负荷通过联通油压的弹性油箱均衡，具有较优良的运行性能。其主要技术参数见表 6.3.20。

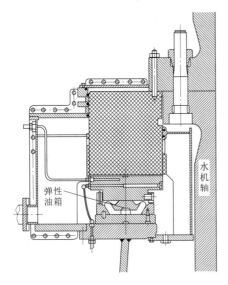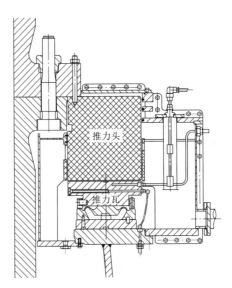

图 6.3.45 GZ-Ⅰ电站推力轴承结构示意图

表 6.3.20　　　　　　　　　　　　主 要 技 术 参 数 表

参数名称	参数值	参数名称	参数值
机组转速 $n/(\text{r/min})$	500	轴瓦名义长度 L/cm	57
总支承面积 $\sum S/\text{cm}^2$	31965	内缘直径 d/cm	155
推力轴承总荷载 F/kg	63000	平均周速 $V/(\text{m/s})$	55.2
总损耗 N/kW	990	外缘直径 D/cm	267
盘车荷载 W/kg	412000	运行油膜厚度 h/mm	0.12
轴瓦宽度 H/cm	56	轴瓦圆心角 $\alpha/(°)$	31
轴瓦块数 K	10	单位压力 P'/bar	19.3

1992 年 9 月，1 号机组具备盘车条件，对于这类配备有高压注油顶起装置的机组，一般可采用 4～8 人进行人力盘车。但当时在上轴端部辐射状设置 4 根长 3m 的 DN80 钢管

作为盘车器械，启动高压油泵后在多达 30 余人合力盘车的情况下机组转动部件纹丝不动，随之又加上两台 3t 葫芦仍无济于事。NEYRPIC 公司督导认为可能是转动部件与固定部件有碰磨现象，然而经多方查找，均无查获症结所在。

2. 盘车启动力矩（即摩擦力矩）的计算

（1）计算公式一般采用：

$$M = Wfd_{mp}/2 \tag{6.3.1}$$

式中：M 为盘车启动力矩，kg·m；W 为机组转动部分总质量，412000kg；f 为摩擦系数；d_{mp} 为镜板摩擦面等效直径，$d_{mp} = (2/3)(D^3 - d^3) = 2.13m$，其中 D 为推力瓦外径 $= 2.67m$；d 为推力瓦内径 $= 1.55m$；则 $d_{mp} = 2.13m$。

（2）当盘车总人数为 8 人时，其盘车力矩约为 825kgm。

（3）由公式（6.3.1）可得，摩擦系数 f 约为 0.002。

（4）初步推断，机组的高压顶起减载系统未能达到上述摩擦系数的要求，或高压注油泵未能在推力瓦与镜板之间形成足够的油膜，因此，无法克服推力轴承的静摩擦转矩。

3. FCB 提出的分析意见

（1）高压油顶起减载装置是减小启动摩擦系数、改善轴承启动润滑条件的有效设施，其注油泵启动后通过管路将不断上升的高压油输送到轴瓦摩擦面的油室，使得镜板和轴瓦在压力作用下分离，并在镜板和轴瓦的摩擦面间形成一个连续的油膜，并借助这层油膜将负荷抬起一个很小的高度以维持机组的高速运转。

（2）FCB 的习惯工艺是在加工高精度平面度的轴瓦表面进行刮花，使得瓦面与镜板的接触点均布而又不连成一片。这些人工刮削的小凹槽相互叠加并与主油室相通，形成一个辅助油室。由于压力油自主油室通过隙缝流到整个瓦面刮花槽时是存在压力降的，而且距主油室越远其压力降越大，油压越低。亦即从主油室到轴瓦边缘的小凹槽内油压是从主油室压力 P 渐次递降至零的。所以，主、辅油室能顶起的质量 W 可用下式计算：

$$W = PSZ \tag{6.3.2}$$

式中：S 为轴瓦面积；Z 为负荷系数。

（3）Z 可根据分析法确定，即根据流体力学中相靠近的两平行板间流动油层的压力分布来进行分析。对于圆形轴瓦，Z 可按式（6.3.4）计算：

$$Z = 0.5 \times \frac{1 - \left(\dfrac{R'}{R''}\right)^2}{\ln\left(\dfrac{R''}{R'}\right)} = 0.15cm（设计计算值） \tag{6.3.3}$$

式中：R' 为主油室半径，原设计为 1.0cm；R'' 为轴瓦外半径，26.70cm（见图 6.3.45）。

（4）由于 NEYRPIC 生产的扇形推力瓦经加工平整后未设置刮花这一工序，而且对于非托盘式支承的推力轴瓦在承受载荷时不可避免地产生机械凸变形，使得主油室外圆周与镜板形成了封闭圈。所以，辅助油室可以说是几乎不存在，仅靠主油室顶起质量达 412t 的机组转动部件，其所承受的压力将不同于公式（6.3.2）和式（6.3.3），而可能达到：

$P = W/S'K = 13121kg/cm^2$

式中：S' 为油室面积，$S' = 3.14 \times (R')^2 = 3.14cm^2$；$K$ 为瓦块数。

这显然是 NEYRPIC 提供的高压注油泵所不能胜任的。

（5）注油泵投入时少数几块瓦有油泄出现象的剖析。

1）由于各弹性油箱压缩量的差异，各块轴瓦所承受的负荷不完全一致，负荷轻的轴瓦其机械变形相对要小，主油室圆周可能未被封闭，油流还可以向周围扩散而形成油膜。

2）当油压上升到一定值时，这些少数的轴瓦将被顶开，在和镜板间产生、形成压力油膜的同时，而在大多数轴瓦未被顶开的情况下压力油会通过这些瓦的油隙不断流出。

3）压力油的溢出致使整个注油系统油压不能继续上升，但这部分轴瓦所形成的压力油膜腔毕竟承担了一部分负载，使推力镜板被检测出有微量上抬值。而这微量上抬值并不足以使得其他大部分轴瓦形成设计要求的油膜。

4. 水轮发电机组推力轴承运行油膜分析

（1）一般，水轮发电机组运行中产生的油膜有三种类型[5]（见图 6.3.46）。

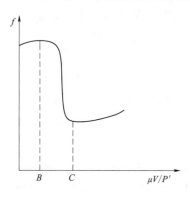

图 6.3.46　油膜类型图

μ—油平均黏度；V—相对速度；P'—单位压力；f—摩擦系数

1）$\mu V/P' > C$ 时呈油膜润滑，油膜具有一定的压强分布即油膜有一定的承载能力，此时摩擦力纯粹为剪切油液所需的力，幅值甚小，摩擦系数一般小于 $0.001 \sim 0.002$。

2）$\mu V/P' < B$ 时，可能由于负载大或油黏度不足，油膜被挤破，仅在摩擦表面形成润滑剂或其他如灰尘污染物附着的几个分子厚度的薄膜，使相对运动的壁面并不完全接触，称为边界润滑，摩擦系数一般为 $0.008 \sim 0.14$。

3）$B < \mu V/P' < C$ 是在边界润滑和油膜润滑之间的过渡润滑区域，即部分油膜被挤破，称混合润滑，摩擦系数为 $0.002 \sim 0.08$。

为了确认盘车转动时的油膜厚度，有必要对其进行深入的分析。

（2）油膜厚度与摩擦系数的计算。在机组运行中，推力轴瓦与镜板摩擦面所必须形成的最小油膜厚度 $h_{\min}$ 可用古典流体力学理论推导的简化润滑计算公式来计算：

1）单位压力 P：

$$P = W/KS''\tag{6.3.4}$$

式中：S'' 为轴瓦实际面积，$S'' = A \times C = 56 \times 57 = 3192\text{cm}^2$；$W$ 为轴瓦静荷载，取 412000kg；轴瓦运行荷载 $F = 630000$kg。则：

轴瓦承受静荷载时的单位压力 $P'' = 412000/(10 \times 3192)\text{kg/cm}^2$

轴瓦运行状态时的单位压力 $P' = 630000/(10 \times 3192) = 19.74\text{kg/cm}^2 = 19.3\text{bar}$

2）轴瓦润滑特性系数 J：

$$J = (\mu V/PL)^{1/2}\tag{6.3.5}$$

式中：μ 为油平均黏度，$\mu = 0.0044\text{s} \cdot \text{kgf/m}^2$；$V$ 为瓦平均周速，$V = 55.2\text{m/s}$；L 为轴瓦名义长度，$L = 57\text{cm}$。

由式（6.3.3）和式（6.3.4）可得轴瓦出口边最小油膜厚度 h'：

$$h' = ZJL \tag{6.3.6}$$
$$h' = 0.15 \times 0.00147 \times 570 = 0.126\text{mm}$$

（3）对于支承点在瓦块的中心线上的双向旋转电机，机组运行时仍会形成一个相应的斜率。

1）其斜率（Y）的大小还与轴瓦的挠曲度有关：

$$Y = 12(1-\nu^2)(P/E)(L/T)^3(L/h') \tag{6.3.7}$$

$$Y = 12(1-0.3^2) \times [19.74/(2.1 \times 10^{-6}) \times (57/20.3)^3 \times (57 \times 0.0126)] = 10.28$$

式中：ν 为泊松比，0.3；P 为平均油膜压力，19.7kg/cm²；L 为轴承名义长度，57cm；T 为轴瓦厚度，20.3cm；E 为纵向弹性系数，2.1×10^{-6}；h' 为最小油膜厚度，0.126mm。

2）根据式（6.3.6）和式（6.3.7）的计算，从中央支承轴瓦油膜形状见图 6.3.47 可查得无量纲油膜厚度 $m = 1.2$。

3）在正常情况下，根据润滑理论，由此计算推力轴承的摩擦系数 f'：

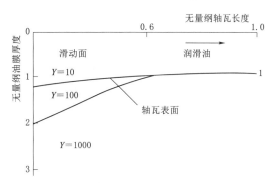

图 6.3.47　中央支承轴瓦油膜形状示意图[6]

$$
\begin{aligned}
f &= \left(\frac{h'}{L}\right) \times \frac{2 \times (m^2-1)\ln m - 3 \times (m-1)^2}{3 \times (m+1)\ln m - 6 \times (m-1)} \\
&= \left(\frac{0.126}{570}\right) \times \frac{2 \times (1.2^2-1)\ln 1.2 - 3 \times (1.2-1)^2}{3 \times (1.2+1)\ln 1.2 - 6 \times (1.2-1)} = 0.0027
\end{aligned} \tag{6.3.8}
$$

（4）从以上计算和分析可以看出，原设计的推力轴承技术参数是能够满足正常运行（$n=500$r/min）时对油膜与摩擦系数的要求。但在静压盘车工况下，其油膜的形成及摩擦系数的幅值完全取决于高压油顶起减载装置，尤其与推力轴瓦的油室结构有关。显然，原设计的推力轴瓦油室结构是不尽合理的。

5. 推力轴瓦高压油室结构分析与改进

（1）剖析原设计结构。NEYRPIC 设计的推力轴瓦结构上采用圆形承载油室，其结构的基本形式业已定型不容改变。同时，NEYRPIC 也不同意在工地施行刮花工序，因此只能在充分考虑了正常运行时，油室所引起的流体动力性能的变化及油对轴承承载能力的影响等诸因素，适度扩刮原设计 $\phi 1.0$ 深达 1mm 的主油室。

从公式（6-8）可以看出，对于采用中间支承的 GZ-I 电站推力轴瓦（周向偏心率为 0.5），瓦面的挠曲度将使推力轴瓦实际有效倾斜度发生变化，当周向有一定凸变形时，油膜最小厚度从出油边向瓦内转移，此时膜厚比不再是 h''/h，而是 $h''/h_{\min}$（见图 6.3.48），这将有利于油膜的形成和油循环，从而增加承载能力。

（2）所以瓦面刮低形成承载油室的尺寸大小和深度必须严格加以控制。一则其不致过多影响推力原设计的凸变形值，二则高压油顶起减载装置只是在机组启动和停机时投入，正常运行 $n>450$r/min 时是切除的，此时油室内并无压力油供给，过深过大的油室，实际上将减少轴瓦有效面积，降低了轴瓦的承载能力，同时油室内存油较多，在推力轴瓦正常摆动时，油体积域压缩，对动压承载峰值及对楔形油膜的形成都产生不良影响。根据鲁布革电站 SIEMENS 公司推力轴瓦的成功经验，一般圆形油室直径与轴瓦宽度之比为 0.2～0.3，深度控制在 0.02～0.03mm。

（3）推力轴瓦油室的改进。

1）经过 NEYRPIC 的法国格勒诺布尔（GRENOBLE）总部同意，确定了改进方案，即油室分为两个部分（见图 6.3.49）。

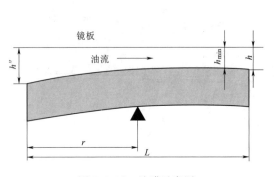

图 6.3.48 油膜示意图

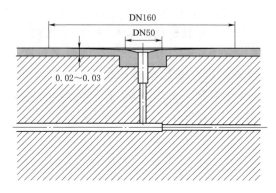

图 6.3.49 推力轴瓦高压注油室改进方案示意图（单位：mm）

a. 主充油室将 R' 自原来的 1.0cm 扩为 2.5cm。

b. 承载油室为 $R''=8$cm，深度为 0.02～0.03mm 的圆形油室，且油室圆周向外围平滑过渡。

2）对于研刮后的推力轴瓦核算如下：

a. 负荷系数 $Z=\dfrac{1}{2}\times\dfrac{1-\left(\dfrac{R'}{R''}\right)^2}{\ln\left(\dfrac{R''}{R'}\right)}=0.369$。

这完全符合国内外目前大型机组推力轴承设计的负荷系数选取值 0.35～0.40 的要求。

b. 油室的工作压力 $G=W/(ZS'K)=46.3$kg/cm²。

式中：W 为静态荷载，412000kg；S' 为轴瓦面积，2412cm²；K 为轴瓦块数，10。

c. 高压注油泵运行工况的总油量 $Q=612\eta N/G=(612\times0.7\times11)/46.3=101.80$L/min。

式中：η 为油泵效率，0.7；N 为注油泵设计功率，11kW。

则每块瓦的平均油量 $Q'=Q/K=101.8/10=10.18$L/min。

d. 流量系数 $q=\dfrac{3.14}{3}\times\dfrac{1}{1-\left(\dfrac{R'}{R''}\right)^2}=\dfrac{3.14}{3}\times\dfrac{1}{1-\left(\dfrac{8}{27.72}\right)^2}=1.142$。

由于油室的结构和压力已具备顶起机组转动部件的条件，则可根据高压注油泵的供油量和流量系数计算油膜厚度。

e. 油膜厚度 $h=[(Q'\times K\times S'\times\mu)/(Wq)]^{1/3}=[(10.18\times2412\times0.0044)/(412000\times$

$1.142)]^{1/3}=0.132mm$。

式中：μ 为油平均黏度，$0.0044s \cdot kg/m^2$。

综上所述，改善后的油室结构高压注油泵投入后即具有顶起推力镜板并产生0.132mm 压力油膜的能力，从而使轴瓦与镜板之间的摩擦系数降低至约 0.002 的准油膜润滑状态，完全达到了机组人力盘车的条件，也极大地改善了机组启动和停机的运行工况。

6.结语

经对推力瓦进行修刮处理，回装工作全部完成后，盘车时高压注油泵工作压力为70bar，仍采用原盘车工具，仅 8 人即可轻松盘动，当天顺利地完成了轴线测定的工序。

上述对推力轴承处理的理论及工艺作为一项合理化建议成功地应用于 2～4 号机组的安装施工，取得较高的经济效益和社会效益。

6.3.2.2 GZ-Ⅱ电站推力轴承烧瓦事故分析

GZ-Ⅱ电站电动发电机由德国 SIEMENS 公司设计制造，由于第二台机组在空载动态调试过程中发生了两次推力轴承严重烧瓦事故，致使整个工程有所滞后。

1.推力轴承结构与技术参数

（1）结构特点。推力轴承结构见图 6.3.50。其结构特点如下。

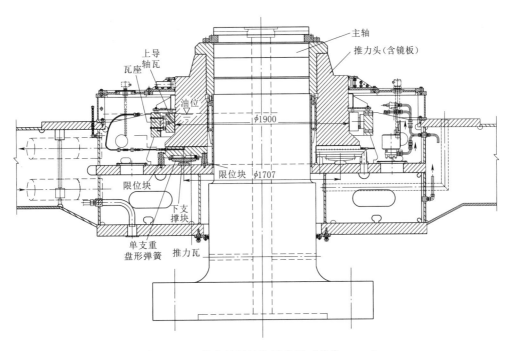

图 6.3.50 推力轴承结构示意图（单位：mm）

1）悬吊式机组的推力轴承与上导轴承均布置于上机架内，推力头与镜板同体热套于主轴上，推导轴承由外置油冷却器和轴承的自泵效应组成循环冷却系统。

2）推力瓦上部为 4mm 厚度的巴氏合金，下部为钢瓦，推力瓦总厚度 120mm（见图6.3.51），支撑于由下支承块和单支重盘形弹簧组成的弹性支承结构。

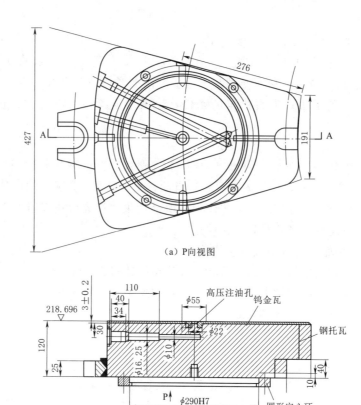

（a）P向视图

（b）A—A剖视图

图 6.3.51　推力瓦结构示意图（单位：mm）

　　3）机组设置高压油顶起装置，由交（AC）、直流（DC）泵分别向与瓦几何中心在同一半径上的梯形高压注油室注入工作压力为 20.6MPa 的高压油。

　　4）在每两块瓦之间均设置刮油板（铜质）和喷油嘴（见图 6.3.52）。

　　（2）推力轴承技术参数见表 6.3.21。

表 6.3.21　　　　　　　　　技 术 参 数 表

项 目 名 称	数据	项 目 名 称	数据
钨金瓦块数	12	推力瓦厚度	120
推力瓦外径/mm	2100	推力瓦内径/mm	1190
轴瓦平均宽度 b/mm	325	轴瓦长度 l/mm	455
轴瓦夹角/(°)	21	轴瓦有效表面面积/mm²	17400
轴瓦周向偏心率/%	50	轴瓦径向偏心率/%	5.68
机组总推力负荷/kN	6230	单位面积负荷/MPa	3.58
轴承 pV 值/(MPa·m/s)	134.58	推力瓦总摩擦损耗/kW	639
平均圆周线速度/(m/s)	44.7	最小油膜厚度/mm	0.059

2. 烧瓦事故简况

（1）GZ-Ⅱ电站第一台机组（5号机组）投入运行后，虽然瓦温偏高，但能够维持安全稳定运行。

（2）6号机组进行机组温升试验和调速器调试→开机达到额定转速→高压油顶起装置 AC、DC 泵退出运行→约 10min 后 10 号推力瓦温升达到 75℃→再次投入 DC 泵→瓦温仍直线升至 80℃→温度显示屏 10 号瓦温超过 232℃（其余瓦均超过 100℃）。

（3）停机检查情况。12 块推力瓦面 4mm 厚巴氏合金全部烧熔（见图 6.3.53）；推力镜板磨损刮痕深达 3～5mm（见图 6.3.54）；所有刮油板都被磨平；在拆除的油盆各处包括润滑系统管路、冷却器内都不同程度沉积了大量巴氏合金粉末及金属丝屑。

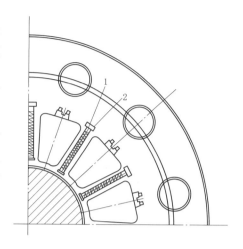

图 6.3.52 推力瓦辅助结构
1—刮油板；2—喷油嘴

图 6.3.53 推力瓦及刮油板

图 6.3.54 推力镜板

（4）对推力轴承进行了更换、修复性处理后进行的空载轴承温升试验中推力瓦温仍高达 82℃，当机组进行发电调相工况调试过程中，由于尾水压水不成功，采取手动紧急停机过程中推力轴承再次发生类似的毁损事故。

3. 事故会诊

（1）德国 SIEMENS 认为：

1）鉴于 5 号机组运行尚属稳定，事故的发生并非源于推力轴承的设计。GZ-Ⅱ电站推力负荷×转速＝311500，远低于当前的国际水平 540000，PV 值的选取对于 GZ-Ⅱ项目而言是合适的；德国 SIEMENS 制造过比压值高达 4.23MPa 的机组，在这方面具有较丰富的经验；其支重盘形弹簧支撑方式使瓦块能较易倾斜形成油膜，精密的制造工艺和安装期间精细的平衡调整是能够解决瓦间负荷较难平衡问题的。

2）鉴于 6 号机组的特殊情况，德国 SIEMENS 提出了针对性的修改意见。建议采用美国轴承专家 Ettles 提出的四支点的轴瓦弹簧板（见图 6.3.55 之"1"部分）取代原圆环支撑方式，以提高轴承性能，减少轴瓦的热变形（这也得到柏林轴承专家的 Kummlee 通过 FEM 计算复核肯定）；在每块轴瓦的进出油边刮削 15～20mm 的倒角，以加大瓦的运行倾斜度；同意研刮瓦面、适当刮低高压注油室深度，使每块瓦的压力分配更其均匀。

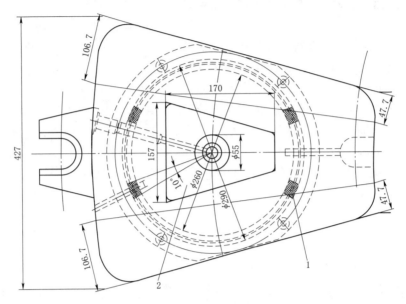

图 6.3.55　四支点弹簧托盘示意图（单位：mm）

1—支点位置；2—高压注油室

（2）国内资深专家运用三维热弹流程序对 GZ-Ⅱ电站单托盘弹性支撑进行了计算分析，提出了分析意见。

1）5 号机组推力瓦温度偏高、6 号机组磨损烧瓦的主要原因，可能与推力轴瓦比压过高、PV 值过高、径向支点偏心过大、单支重盘形弹簧刚性过大等有关；推荐使用双托盘弹性支撑或小弹簧簇支撑并合理选取支撑半径。

2）建议瓦进出油边修刮 8～10×0.2mm 的进油启动坡口。

3）由于瓦间喷油管较低，冷油不易喷到镜板工作面，建议取消刮油板，适当抬高喷油管。

4）建议适当增大循环冷却系统的设计容量。

（3）承担安装调试主体的 FCB 也提出了相应的分析意见：

1）安装调整期间对推力瓦和单支重盘形弹簧托盘的组合尺寸进行了精细调整。

a. 瓦与托盘的相对误差均控制在 0.04mm 范围内（见表 6.3.22）。

表 6.3.22　　　　　　　　6 号机组推力瓦实测、组配记录表　　　　　　　单位：mm

组瓦编号	推力瓦厚度	盘形弹簧厚度	支撑座厚度	组配厚度
1	124.94	36.95	39.76	201.65＋0.05＝201.70
2	125.02	36.94	39.76	201.72
3	125.01	36.95	39.76	201.72
4	124.93	36.97	39.76	201.66＋0.05＝201.71

续表

组瓦编号	推力瓦厚度	盘形弹簧厚度	支撑座厚度	组配厚度
5	125.01	36.95	39.76	201.72
6	125.01	36.94	39.76	201.71
7	124.97	36.95	39.76	201.68
8	124.99	36.96	39.76	201.71
9	124.98	36.95	39.76	201.69
10	124.97	36.96	39.76	201.69
11	125.02	36.94	39.76	201.72
12	125.03	36.92	39.76	201.71

注 组配厚度中+0.05表示在支撑座下加装了0.05mm厚度的垫片。

b. 经检测，机架支承平面加工误差不大于0.05mm、托盘与瓦接触面加工误差不大于0.07mm。其累计误差0.04mm+0.05mm+0.07mm＝0.16mm，是小于弹簧托盘设计弹性变形量的（0.15～0.24mm）。因此，各瓦面受力不均衡的现象应是不存在的，而5号机组能够正常运行的事实也能证明"比压过大"是可排除在引起烧瓦的直接原因之外的。

2）FCB用标准平台研磨瓦面时发现其不平度是十分明显的（见图6.3.56），而由此导致实际"比压"超过设计值，瓦块局部、各瓦之间受力不均衡又是完全可能的。当高压油顶起减载装置突然停止工作时，轴向力产生的冲击压力作用于以热变形为上凸主瓦面的局部油膜受挤压，是有可能导致轴瓦局部形成干摩擦而烧损。所以，FCB认为在推力支撑结构不做大的变更的情况下，解决烧瓦问题的关键之一应是如何有效地控制瓦面的综合变形和优化瓦面的均匀承载。

3）GZ-Ⅱ电站推力瓦面支撑中心所设157mm×59mm×170mm的等腰梯形油池深仅0.005～0.01mm是偏小的，不足以弥补推力轴瓦热变形所形成上凸幅值的。经过一段时间运行的5号机组推力瓦面等腰梯形油池已经磨平消失也证实了这一点（见图6.3.57）。根据鲁布革水电站和GZ-Ⅰ电站的成功经验，FCB建议位于瓦中部呈梯形的高压油顶起装置油室深度增加至0.03～0.04mm。

图 6.3.56 推力瓦研磨后的状况　　　　图 6.3.57 5号机组推力瓦状况

4）关于推力瓦径向偏心率的分析。

a. 为有利于倾斜推力瓦面以形成油楔建立油膜，德国 SIEMENS 选取 φ1706.8mm（大于瓦重心直径 φ1687mm）的支撑直径，使径向偏心量达到 31mm（大于常规计算值 21mm）。

b. 这就可能会影响瓦的径向变形，使瓦的承载面积减少，PV 值加大，6 号机组初期运行中所出现的内侧 90mm，外侧 10mm 未摩擦到的现象便能予以证实。

c. FCB 认为，在不改变已基本定型推力轴承支撑结构的前提下，缓解因径向偏心较大引起瓦变形的有效措施是：通过合适的刮瓦工艺，形成支撑中心扇形反变形刮低区进行补偿；适当减少托盘区域的托瓦厚度以相对增加瓦面的弹性变形。

5）应强调钨金瓦面平面度达到设计要求的必要性。

a. FCB 的传统工艺是对推力瓦进行研刮并达到 2～3 点/cm² 均匀接触，对于高比压、高转速机组的推力瓦，在制造厂家进行刮瓦校核工序是应予高度重视的。

b. 鲁布革水电站的推力轴瓦即是在制造厂温室车间的平台上研合刮平，使总接触面积达到 70% 以上；同样，GZ－Ⅰ 电站的推力瓦也在厂内进行了精细的瓦面研刮工序的；而 GZ－Ⅱ 电站的钨金推力瓦面不平度明显较大，达不到接触面积的要求。

c. 类同 GZ－Ⅱ 机组的推力瓦，有必要通过手工研刮降低瓦面不平度，使整个瓦面接触点达 2～3 点/cm² 以上，从而保证与镜板接触面积达到设计均匀承载的要求。

6）FCB 认为已正常投入运行的 THP 电站推力瓦对进出油边的研刮应是成功的范例（见图 6.3.58）。其进出油边为 0.025mm→0，内侧 50mm，外侧 90mm。实践证明，这既有利于形成油楔又不影响承载面积。

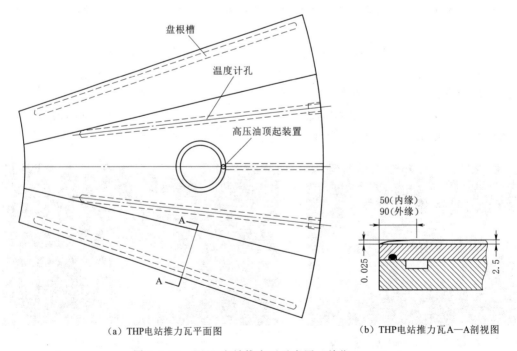

（a）THP电站推力瓦平面图　　　　　　　（b）THP电站推力瓦A—A剖视图

图 6.3.58　THP 电站推力瓦示意图（单位：mm）

4. 最终采取的处理措施

（1）在工地使用标准平台研刮推力瓦使其平面度达到精度要求。经研刮，瓦面按要求达到 $2\sim3$ 点/cm² 均匀接触，总接触面积 70% 以上。同时为保证瓦面光洁度达到 $Ra\leqslant1.6$、$Rz\leqslant6.3$，但摒弃通常流行使用的"挑花"工艺，以确保推力瓦承载面积达到设计要求。

（2）刮削推力瓦面支撑中心原设计的等腰梯形油池深仅 $0.005\sim0.01$mm，使其增加至 $0.03\sim0.05$mm，并增设直径为 55mm 的高压注油杯。

（3）刮削瓦面的进出油边应为 0.025mm$\rightarrow0$，内、外侧宽度分别为 47.7mm 和 106.7mm（见图 6.3.59 和图 6.3.55）。

（4）适当减少瓦的厚度，在瓦块背面机加工一深 23mm 的凹台（见图 6.3.60）。

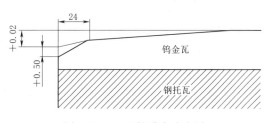

图 6.3.59　瓦的进出油边图

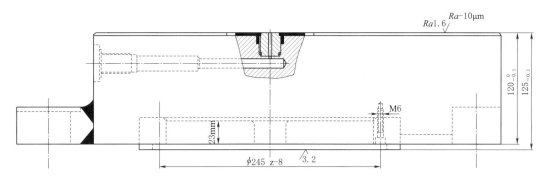

图 6.3.60　修改设计后的推力瓦结构图（单位：mm）

（5）通过安装调整，消除设备误差，较好地解决瓦面受力不均衡的问题（见表 6.3.23）。

表 6.3.23　技术要求表

瓦高度尺寸/mm	$\leqslant0.10$	组合尺寸/mm	$\leqslant0.04$
托盘厚度尺寸/mm	$\leqslant0.05$	上机架水平/(mm/m)	$\leqslant0.02$

（6）经分析，铜质刮油板在贴紧推力镜板时所产生的摩擦可能也是促成镜板及瓦块过热不可忽视的间接因素，根据相关电站的经验，乃决定取消刮油板的设置。

经上述工艺处理后，6 号机组正常投入安全稳定运行。随之，对 7 号、8 号机组均做了同样的工艺处理，运行一直正常（见表 6.3.24）。多年来，GZ-Ⅱ电站发挥了较大经济效益。

表 6.3.24　运行数据表　　　　　　单位：℃

机组	推力轴瓦编号															
	1	2*	3	4	5	6*	7	8	9*	10	11	12*	13	14	15	16
6 号机组	61	53	53	63	55	61	61	55	61	61	57	66	66	55	64	58
7 号机组	55	62	62	54	56	58	57	55	57	58	59	57	62	58	58	57

注　16 块瓦中有 4 块瓦（*）分别在进出油边装设了测温计。

6.3.2.3 惠蓄电站推力轴承导流板脱落的故障分析

1. 故障简况与推力瓦导流板结构

（1）故障简况。

惠蓄电站 2 号机组检修过程中发现推力瓦之间的导流板有一大部分已脱落、斜卡在两瓦中部（见图 6.3.61）。

（a）导流板脱落实况一　　　　　　　　（b）导流板脱落实况二

图 6.3.61　推力轴承瓦间导流板脱落

（2）推力轴承瓦间导流板设计见图 6.3.62，扇形导流板（大头宽 132mm，小头宽 70mm，厚度 4mm）两侧嵌入推力瓦侧部的斜槽中，小头中部设置一根具有平滑导流功能的 φ50 短管，两侧的每块瓦槽内各有一棵 M6 丝杆限位，大头一侧则在推力瓦外圆采用 M6 螺栓加垫圈限位 [见图 6.3.62（b）]，使导流板不至于向内、外移动，导流板若向外径方向移动一定距离则会脱槽下落。

在故障现场还发现，所有脱落导流板部位外侧限位垫圈均被磨穿成齿槽，完全失去限位作用，乃致导流板外移脱落。

2. 对故障的初步分析

回顾当时安装过程并查阅相关资料，初步认为：

（1）法国 ALSTOM 在每块推力瓦单侧设置有限位装置 [见图 6.3.62（d）]，M16 定位螺杆与推力瓦侧面的距离设计值为 1~2mm。而在 2 号机组安装过程中由于锁定座距离推力瓦偏远，M16 定位螺杆稍短，其与推力瓦侧面的距离因无法调整也就偏大，有的甚至达到 5mm。

（2）由于设计图及零件表中均未对 δ 垫圈 [见图 6.3.62（b）] 作明确规定，当时安装单位采用的垫圈明显偏小、偏薄。

（3）当运行中推力瓦沿轴心旋转位移时，导流板可能脱离 δ 垫圈的限位并与垫圈直接产生"锯磨"，日久则"锯磨"缺口达到一定深度后导流板失控外移导致最终脱落。

（4）而在其他机组安装过程中，安装单位则已将锁定座孔加工成腰子孔状，以确保限位距离能按图纸要求调整为 2mm，这就避免了类似 2 号机导流板脱落事故的发生。

3. 对"取消导流板装置"建议的分析

故障发现后，部分人士认为可以取消导流板装置，以杜绝类似事故发生。对此，分析如下：

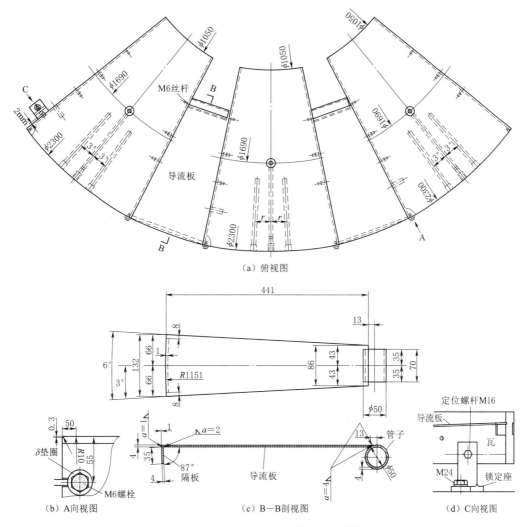

图 6.3.62 推力瓦导流板布置及结构图（单位：mm）

（1）推力油槽冷热油进出方向大体如图 6.3.63 箭头所示，导流板与分离板共同形成冷热油进出流道的分界面，即冷油通过推力瓦下部及瓦间导流板下部进入挡油管与推力头（含镜板）之间，在推力头（含镜板）旋转力作用下一部分楔入推力瓦形成油膜完成冷热交换流经分离板上部泄入出油管口，另一部分通过推力头的辐射泵孔向上导轴承供油。

明显可见，若导流板脱落将导致冷热油短路而严重影响推力瓦和上导轴承的冷却效果。

（2）同时，导流板的功能还在于：与锁定座、M16 定位螺杆调整的 2mm 间距相配合，在瓦间对每块瓦起到既不影响瓦的微量移动自行调整又能同样限位的作用。

因此，"取消导流板设置"的处理方式是不应予以采纳的。

4. 宜采取的措施

严格按照设计要求，调整推力瓦止动距离不超过 2mm；采用外径、厚度较大的 δ 垫

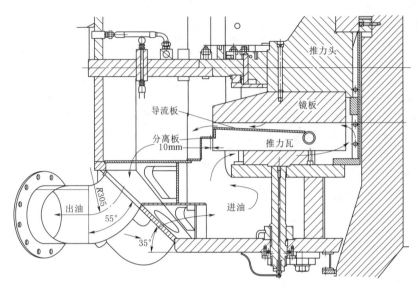

图 6.3.63　推力挖油槽油流分析图（单位：mm）

圈，加强导流板外移的止动效果。

6.3.2.4　惠蓄电站 5 号机组推力轴承隔油罩的脱落故障处理

1. 惠蓄电站 5 号机组推力轴承异常情况介绍

（1）从 1～6 号推力油槽观察孔可以明显看到推力轴承上部隔油罩基本全部脱落（周圈共计 6 块），部分隔油罩与两侧隔油罩连接完全失效（见图 6.3.64、图 6.3.65）。

图 6.3.64　1 号观察孔位置视图　　　　图 6.3.65　2 号观察孔位置视图

（2）隔油罩紧固螺栓 12 颗（共 18 颗）折断在上导油盆支架固定螺纹孔内（见图 6.3.66）；所有隔油罩支座螺栓孔均不同程度变形（见图 6.3.67）。

（3）推力瓦高压注油管路接头共折断 3 根，其余推力瓦高压注油管路均有不同程度损坏。

（4）推力轴承循环油泵进出口以及对侧管路均出现较多数量传感器线碎屑，传感器线碎屑卡在螺杆油泵是造成油泵卡涩的主要原因（见图 6.3.68、图 6.3.69）。

图 6.3.66　固定螺栓折断、损坏情况　　　　图 6.3.67　支座螺栓变形情况

图 6.3.68　传感器碎屑　　　　　图 6.3.69　油泵出口碎屑

2. 推力轴承结构及隔油罩功能剖析

惠蓄电站推力轴承结构见图 6.3.70，其上部隔油罩共 6 块，各用 2 颗 M10 螺栓把合成整圈，再用 3 颗 M10 螺栓固定在上导瓦支撑环下平面。其油流走向为：

（1）冷油通过推力头辐射泵孔从上往下向上导轴承供油。

（2）润滑、冷却上导瓦后：大部分通过隔油罩上部固定螺栓之间的通道排向推力油槽热油区并汇集从出油管排出；另一小部分则被隔油罩阻滞于推力镜板上部并返回主排油流一起排出。

（3）所以，隔油罩的主要功能主要是隔离推力镜板高速旋转对上导轴承排油的扰动，因此：油流对隔油罩支撑座及其 M10 螺栓是具有一定冲击力的；隔油罩与推力镜板径向5mm 间隙内油流紊乱，同样对隔油罩起着较大的冲击作用；实际上，排向推力油槽热油区的主油流也是直接冲击油槽壁的。

3. 咨询设计制造商的意见及其回复分析

（1）就此故障向惠蓄机组现设计制造商 GE（中国）提出取消推力轴承隔油罩的咨询建议。

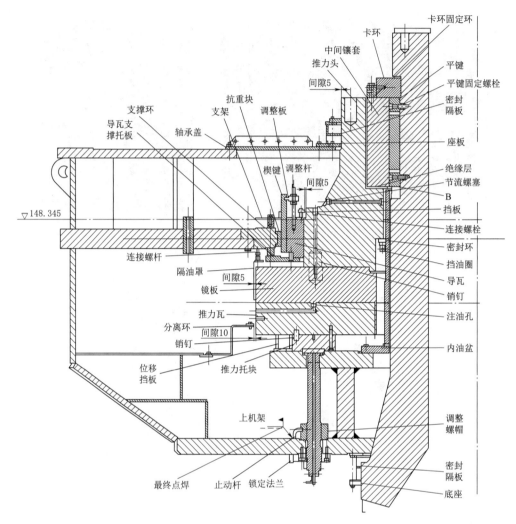

图 6.3.70 惠蓄电站推力轴承结构示意图

（2）GE（中国）认为：

1）隔油罩的作用在于稳定油槽内油面，减少油由于镜板旋转带来的搅动，从而降低油流损耗，降低油温瓦温，减少油雾。

2）如取消该隔油罩，上述问题将有所恶化，但是否恶化到影响开机运行程度，尚需进一步试验确定。主要是担心油大量甩向油槽外壁方向，中心部位上导轴承部油位下降较多，影响导瓦润滑和温度。

3）GE（中国）建议打开上导油槽盖板，机组逐渐升速，观察油搅动情况和上导油位是否过低；如试验确认上导油位依然在允许范围内，各部瓦温基本正常，则该电机可以取消此隔油罩运行。

（3）在取消后的调试试验阶段，观察发现运行过程中油盆内油流搅动较大。

1）机组在抽水工况运行 6h，发电工况运行 1h30min 后，发现 5 号机组两个推力瓦温传感器信号异常（11 号瓦温传感器 305MR 信号跳变，10 号瓦温传感器 303MR 信号丢失），机组退备后检查发现 10 号瓦温传感器 303MR 断线。

2）为了减少传感器断线故障已变更线缆的固定方式，但在机组高速转动下油流搅动仍会对线缆造成一定的冲击磨损，最终导致断线的风险，故确定仍重新回装隔油罩并采取其他加固措施。

（4）由于隔油罩脱落及其固定螺栓断裂所造成的损伤面较大，如传感器、高压注油管路等均可能受损，为安全起见进行了进一步检查：检查镜板周圈未发现明显损伤部位；检查推力油槽底部也未发现粉末状钨金；抽查 6 号瓦未发现烧伤、明显刮痕，瓦面均还正常（见图 6.3.71）；经检查最终认定此次故障未造成对推力瓦的损伤。

4. 处理建议及其分析

（1）隔油罩紧固螺栓换型改造。

1）隔油罩紧固螺栓原设计为双头螺柱，上部为 M12×35mm 左旋螺纹，下部为 M10×25mm 右旋螺纹（见图 6.3.72），材料是德标 S235JR，基本等同于国标 Q235 普通碳素钢，其抗拉强度为 370～500MPa、屈服强度为 235MPa；对于螺栓则相当于 4.8～6.8 级（这种材料常用于对性能要求不高的机械零件加工）。因此，拟将原 Q235 粗牙螺栓更换螺栓材质为 40CrMo 的粗牙螺栓，40CrMo 属于高强钢，其抗拉强度达到 1080MPa，屈服强度达到 930MPa，对于螺栓则相当于 10.9 级。

图 6.3.71 抽查的 6 号瓦

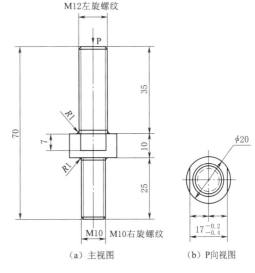

图 6.3.72 原紧固用双头螺栓（单位：mm）

2）单颗螺栓所受拉应力：①M10 的拉应力为 $(F_r/3)/A=1.8\text{MPa}$；②M12 的拉应力为 $(F_r/3)/A=0.46\text{MPa}$；③40CrMo 螺栓的许用应力 $[\sigma]=\sigma_s/(1.2\sim1.7)=461.76\sim654.17\text{MPa}$ 远大于 Q235 的许用拉应力 $[\sigma]=\sigma_s/(1.2\sim1.7)=138.23\sim195.83\text{MPa}$（采用现代机械设计手册表 5.1.2-197 受轴向载荷的松螺栓连接强度校核，A 为螺栓截面积）。

3）单颗螺栓所受切应力。

a. 单颗 M10 螺栓所受切应力 $\tau=\dfrac{F_a/3}{A}=111.65\text{MPa}$，所受挤压应力 $\sigma_P=\dfrac{F_a/3}{d_0L_0}=32.38\text{MPa}$。

b. 单颗 M12 螺栓所受切应力 $\tau=\dfrac{F_a/3}{A}=76.8\text{MPa}$，所受挤压应力 $\sigma_P=\dfrac{F_a/3}{d_0L_0}=26.98\text{MPa}$。

c. 而材质 40CrMo 螺栓的许用切应力 $[\tau]=\dfrac{\sigma_s}{3.5\sim5}=157\sim224\text{MPa}$ 远大于材质 Q235 的许用切应力 $[\tau]=\dfrac{\sigma_s}{3.5\sim5}=47\sim67.14\text{MPa}$；材质 40CrMo 螺栓的许用挤压应力 $[\sigma_p]=\dfrac{\sigma_s}{1.25}\times(0.7\sim0.8)=439.6\sim501.6\text{MPa}$ 远大于材质 Q235 的许用挤压应力 $[\sigma_p]=\dfrac{\sigma_s}{1.25}\times(0.7\sim0.8)=131.6\sim150.4\text{MPa}$（采用现代机械设计手册 5-2-197 受横向载荷的铰制孔用螺栓强度校核）。

d. 从以上比较数据可以认定，材质 40CrMo 的螺栓应能满足紧固隔油罩的强度要求。

（2）隔油罩增设等腰三角形筋板加固的方案。

1）曾建议在每两块隔油罩连接筋板两侧分别使用氩弧焊均匀焊接两个直角边为 150mm 厚度 20mm 的等腰三角形筋板（中间开一个直角边为 120mm 的等腰过流孔减少油流冲击），其中①与上导轴瓦支座点焊相连，②与推力轴承支撑筋板点焊相连（见图 6.3.73）。以这种构造简单、具备可实施性的方式使得隔油罩得到加固，减少由于油流冲击对隔油罩紧固螺栓的剪切力。

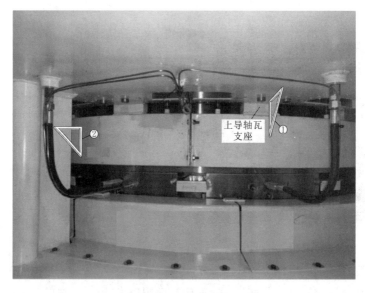

图 6.3.73 三角形筋板加固
注：①、②为等腰三角形筋板。

2）但由于采用了直接焊接的方式，所造成的后果必然是：对以后的检修工作带来刨、磨焊缝的附加工作及许多不可预见因素；焊接过程势必还要采取措施减少隔油罩的变形等难以预见的隐患。GE（中国）最终放弃了该方案。

（3）在每两个隔油罩连接筋板处增加一根角钢支撑的方案。拟在每两个隔油罩连接筋板处增加一根角钢支撑，与隔油罩筋板同用原先配置的两颗螺栓固定 [见图 6.3.73 (b)]；角钢下部焊接一块底座板，用螺栓固定于相对比较牢固的分离环上 [见图 6.3.74 (a)]。

GE（中国）认为，此举虽然可以加固隔油罩，但由于相邻隔油罩的连接筋板正好处在相邻两块推力瓦的中部位置，可能会影响推力镜板旋转油流而造成油流紊乱，只能作为备用方案。

5. 最终采取的方案（含实施步骤）

（1）保留隔油罩原位置上部为 M12×35 左旋螺纹，下部为 M10×25 右旋螺纹的紧固双头螺柱，只是材质改为 40CrMo，每块隔油罩三颗，共计 18 颗。

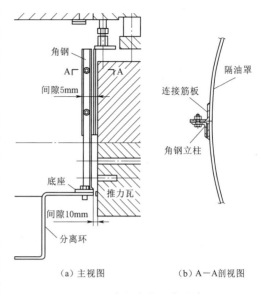

（a）主视图　（b）A－A剖视图

图 6.3.74　角钢支撑方案示意图
（单位：mm）

（2）在两个紧固螺栓所在圆弧中间位置（上导轴瓦支座中间对应位置）定位两个加固螺栓座位置，增设外径 φ30mm、中心 M16mm 螺孔、高度为 25mm 的隔油罩加固螺栓座和 M16×60 螺栓（带螺栓头）的隔油罩加固螺栓，共计 12 套（见图 6.3.75），材质亦为 40CrMo。

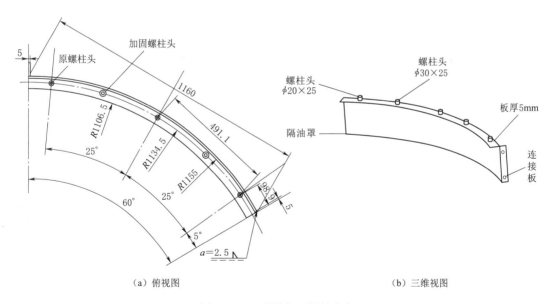

（a）俯视图　（b）三维视图

图 6.3.75　增设加固螺栓方案

（3）定位的准备工作：在现场将隔油罩与 40CrMo 螺栓座按上部 M12 螺栓孔重新定位原每个隔油罩 3 颗紧固螺栓座的位置→在两个紧固螺栓所在圆弧中间位置（上导轴瓦支座中间对应位置）定位两个加固螺栓座位置→试装确认好位置后使用氩弧焊（焊丝 E50）

点焊，点焊固定后拿出风洞满焊→对隔油罩螺栓座（含加固螺栓座）焊缝进行 PT 探伤，检查焊缝有无裂纹，若存在裂纹，需进行焊接处理，直至探伤合格→检查确认隔油罩及上导轴承座已清洁完毕，同时将带螺栓头的加固螺栓旋入加固螺栓座直至其底部。

（4）增设加固螺栓（见图 6.3.76）：将 3 颗双头螺栓涂抹 243 螺纹锁固剂后旋入上部螺栓孔约 10mm→将隔油罩稍稍抬起，使螺栓座顶住双头螺栓下部，使用 18mm 开口扳手旋双头螺栓，使螺栓下部螺纹进入螺栓座。当 3 颗螺栓均进入螺栓座后，同时缓慢上紧 3 颗螺栓，使隔油罩缓缓上升，同时用钢板尺测量上导轴承座底部与隔油罩上端面的距离，当距离为 65mm 左右时即可，依次回装 6 块隔油罩→回装隔油罩组合缝（连接筋板）螺栓，螺栓涂抹 243 胶水，并增加平垫和弹簧垫片，隔油罩组合面把合时应尽量减少变形，以减少双头螺栓受到的剪切力；为了减少偏斜，保证与镜板的间隙，每块隔油罩高度调整时要尽量一致，同时隔油罩双头螺栓螺牙要拧入足够长度→调整完后上导轴承座底部与隔油罩上端面的距离为 60～65mm→使用塞尺测量并记录六块隔油罩和镜板间的径向间隙满足设计间隙 5mm 的要求→隔油罩全部回装完成后，清洁加固螺栓上部导轴承座，将加固螺栓松出后靠近上导轴承座→采用氩弧焊（焊丝 E50）将加固螺栓的六角螺栓头与上导轴承座焊接牢固，焊缝冷却后使用 PT 探伤检查确认焊缝无裂纹。

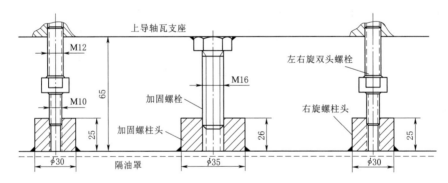

图 6.3.76　增设加固螺栓方式示意图（单位：mm）

6. 结语

（1）惠蓄电站 5 号机组隔油罩经上述检修改造后投入运行，推力瓦温与上导瓦温与发生故障前基本维持一致（G 工况 300MW），并能长期安全、稳定运行（见表 6.3.25）。

表 6.3.25　　　　　　　　　　运 行 数 据 表　　　　　　　　　单位：℃

项 目 名 称		最高温度	最低温度	平均温度	最大温差
推力瓦温	故障前	58.71	50.94	53.08	7.77
	改造后	58.72	50.50	53.5	8.22
上导瓦温	故障前	55.34	48.17	53.26	7.17
	改造后	55.20	47.60	49.98	5.50

（2）GE（中国）遂将惠蓄电站 1～8 号机组全部按改换螺栓材质并增设 12 颗加固螺栓的方式予以改造。

（3）尽管螺栓的破坏 90% 是源于疲劳，隔油罩螺栓的破坏无论是理论分析还是实物判定都是源于疲劳，但改换材质并增设加固螺栓之后，隔油罩紧固螺栓的疲劳强度还是能够满足设计要求，确保机组安全稳定运行的。

6.3.2.5 深蓄电站3号机组推力轴承隔油罩脱落事故处理

深蓄电站发电电动机3号机组在试运行中发生推力轴承隔油罩支撑座与瓦托板焊接焊缝断裂、3块隔油罩脱落以及隔油罩和支撑座 M16 把合螺栓松动、瓦托板和下机架 M16 把合螺栓松动的故障。深蓄电站推力轴承结构见图 6.3.77。

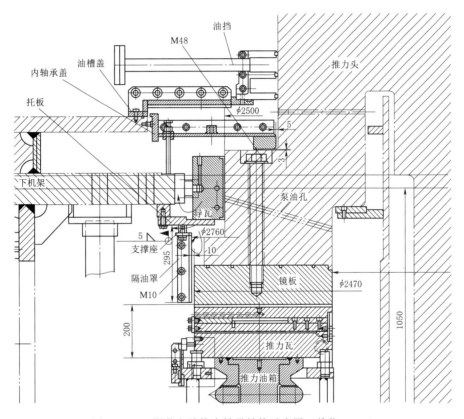

图 6.3.77 深蓄电站推力轴承结构示意图（单位：mm）

1. 结构、功能及油流分析

（1）原结构设计为确保隔油罩安装位置调整的便捷性，采用以下设计（见图 6.3.77）：

1）托板与隔油罩之间沿圆周均布设置 40 个支撑座，支撑座高度 30mm，与托板之间在工地采用圆周角焊形式焊接固定（焊角 5mm）。

2）隔油罩共分为 8 块，隔油罩法兰面与支撑座之间用 M16 螺栓（8.8 级）把合，每块隔油罩通过 5 个支撑座与下导瓦托板连接。

3）两块隔油罩之间用 5 个 M10 螺栓把合，3 个销钉定位。

4）哈电按最危险工况对原结构的焊缝强度、螺栓强度进行了计算复核，均能满足设计要求（按照隔油罩偏心和不考虑偏心的两种情况下对支撑座焊缝的强度进行计算分析，焊缝应力结果均小于许用应力值），见表 6.3.26。

表 6.3.26   支撑座焊缝强度分析表

项 目		拉应力/MPa		许用应力/MPa	是否满足
		不考虑偏心时	考虑偏心时		
焊缝	焊缝高度 5mm	60.651	60.725	82.8	是
	焊缝高度 8mm	35.652	35.697		是
合缝板螺栓		473.668	473.679	533	是
隔油罩与座把合螺栓		310.621	310.643	533	是

注 以上计算均只考虑其受静载荷层面而未能计及油流冲击的循环应力或脉动压力的影响,对于支撑座焊缝还应进行其疲劳寿命的分析计算。

(2)隔油罩主要用于隔离冷、热油区,使得大部分冷油回流与导轴瓦进行冷热交换后从下机架上部回油或进入热油区。

(3)隔油罩内外腔油流分析(见图 6.3.78)。

1)由于隔油罩的作用,大部分油流是按设计意图经过了冷、热交换的。

2)由于 40 个支撑座高度 30mm 以外的圆周空隙仍然不能阻隔油流,即有相当一部分冷油通过该空隙直接流入热油区,该油流对支撑座及其 M16 螺栓有一定的冲击力。

3)油流通过隔油罩与推力镜板 10mm 间隙时受高速旋转推力镜板作用形成环流,能够起到阻隔油流的作用。

2. 哈电建议采取的措施

(1)隔油板的底座焊接时,焊角由 5mm 增大至 8mm,焊接材料可选用 ϕ3.2 GB E5015 碳钢焊条,进行手工电弧焊进行焊接,并采取有效措施减少焊接变形,保证焊角均匀。底座焊接完毕后,对角焊缝表面进行修磨直至满足 PT 探伤要求(PT 探伤标准按 ASME 第Ⅷ卷第一部分附录 8 执行)。支撑座与瓦托板通过焊接融为一体,应是能够满足设计强度要求的。

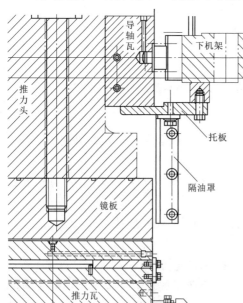

图 6.3.78 直接把合方案示意图

(2)3 号机组重新焊接支撑座是由哈电组织车间焊接团队实施的,哈电提出如下要求:施工团队应加强施工工艺的控制,按设计要求予以逐项逐步骤落实以切实保证焊接质量;要求小修时应重点检查瓦托和下机架把合螺栓是否存在松动,隔油罩和支撑座连接的螺栓是否松动。

(3)哈电还建议考虑取消支撑座焊接结构、直接把合隔油罩于托板上的方案。

1)哈电建议取消支撑座焊接结构、直接把合隔油罩于托板上的方案(简称"直接把合方案",见图 6.3.78),把合螺栓规格,数量及分布均不变。直接把合方案对比原方案在调整隔油罩安装位置的灵活性和便捷性方面稍差,且需要在工厂内将托板上螺纹孔开好，现场安装托板时要考虑隔油罩的预装，但可以消除现场焊接质量问题带来的影响。

2）哈电对直接把合方案的复核计算见表 6.3.27（按照隔油罩偏心和不考虑偏心的两种情况下对隔油罩与机座把合螺栓、合缝板螺栓的强度进行计算分析，其拉应力均小于许用应力值）。

表 6.3.27　　　　　隔油罩与机座把合螺栓、合缝板螺栓的强度分析表

项　　目	把紧力矩 /(N·m)	拉应力/MPa		许用应力 /MPa	是否满足
		不考虑偏心时	考虑偏心时		
合缝板螺栓	40	478.102	478.114	533	是
隔油罩与机座把合螺栓	110	302.091	302.102	533	是

注　以上计算均只考虑其受静载荷层面而未能计及油流冲击的循环应力或脉动压力的影响，对于 M16 把合螺栓还应进行其疲劳寿命的分析计算。

（4）对于哈电建议方案的评判。

1）哈电所进行的复核计算是正确可信的，根据哈电的相应计算，M16 螺栓直接与瓦托板把合的强度和稳定性更优于支撑座焊接方式。

2）由于高度 30mm 支撑座之间的间隙得以消除，部分冷油也就不能直接窜入热油区的通道，由于油流紊乱冲击支撑座及把合螺栓的部分隐患得以排除。

3. 关于疲劳寿命的分析

（1）哈电的复核计算均是按照最恶劣工况的静载荷进行的，即相当于 $S-N$ 曲线（见图 6.3.79）上的 A→B 区。

（2）从原结构焊缝断裂以及支撑座 M16 螺栓、瓦托板 M16 固定螺栓松动的情况分析，支撑座所承受的应是交变的动载荷。那么，焊缝在循环应力和应变作用下，在一处或几处逐渐产生局部永久性累积损伤，经一定循环次数后产生裂纹或突然发生完全断裂，也就是疲劳破坏。这时的循环应力是较多的低于其屈服强度，在经过 $10^4 \sim 10^5$ 周次以上（即图 6.3.79 之 CD 段——有限寿命阶段）循环则是有可能产生疲劳失效的。

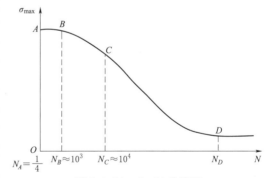

图 6.3.79　$S-N$ 曲线图

注：$S-N$ 曲线的纵轴表示每次作用在材料上的一次疲劳应力（MPa），它定义了材料受疲劳应力时的破坏率；横轴表示该疲劳应力所能维持的周期数 N（次数）；$S-N$ 曲线系描述每次应力对材料寿命的影响。

（3）设计制造单位有责任根据实际情况对支撑座和把合螺栓的疲劳寿命进行复核计算。

4. 3 号机组对推力头周向 6 个泵油孔的设计修改可能带来的弊端

（1）由于在 1 号、2 号机组运行时推力头 6 个泵油孔引起的动静干涉而产生较为明显的 18X，虽然其对导轴承座振摆的影响是不大的，如振动位移均小于 10μm。而且，由于泵油孔沿圆周均布，整个圆周的循环应力也是均布的，其应力幅较小，对隔油板的油流冲

击也是不大的。如应力水平低于 $S-N$ 曲线的 D 点而不论循环次数达到多高也不会形成疲劳破坏。

（2）哈电同意堵塞了其中两个泵油孔，由此可能造成泵油孔的油流冲击沿圆周就不是均布的，紊乱的油流可能产生较大的交变应力，也就可能处于 $S-N$ 曲线的 CD 段而引发疲劳破坏。

（3）如若恢复被堵塞泵油孔的初始状态，固然会带来 18X 的影响（但其影响程度并不会危及机组安全稳定运行），但却使得隔油罩内的油流维持相对均衡的流态，而焊缝、螺栓不至于受到疲劳寿命的困扰。

5. 结语

（1）加强现场实施的支撑座与瓦托板焊缝的施工质量无疑是实践设计意图至关重要的环节。

（2）强化对施工团队施工质量的监督、检测，首先是施工单位的义务和职责，也是监理工程师的应尽的职责，二者不可偏废。

（3）承受交变载荷的支撑座焊缝和 M16 把合螺栓其疲劳寿命的复核计算是设计环节的重要内容。

（4）更多考虑各台机组自身特点、挖掘出现故障可能因素，如恢复 3 号机组被堵塞泵油孔的措施是可能收到预期效果的。

（5）哈电提出的直接把合方案被认为是应予优先采纳的合理化建议。

在采取多方面积极有效措施后，深蓄电站 3 号机组推力轴承隔油罩出现脱落的故障得以较好地解决，保证了机组安全稳定运行。

6.3.2.6 高压注油顶起装置压力下降的处理

清蓄电站 1 号机组试运行初始，机组启动打开导叶的过程中推力轴承高压注油顶起装置注油泵出口压力多次从原来整定的 12.8～13.2MPa（设计值为 13.7MPa）下降至 10.8MPa 而导致 QSD 动作、启动失败。

1. 高压注油顶起装置注油泵出口压力变化过程

（1）在推力轴承装配过程中无负载情况下，进行了高压注油顶起装置的喷油试验（见图 6.3.80）。喷油试验时显示注油泵出口压力 6.86MPa，喷油高度是基本均衡的。

（2）机组启动前高压注油泵压力稳定在 12.8MPa，低于溢流阀泄压设定值 13.7MPa。

图 6.3.80 推力瓦喷油试验

（3）机组静止状态时高压注油泵启动初始，由于管路充油过程造成压力骤升骤降应属正常。清蓄电站 1 号机组开始转动瞬间，注油泵出口压力跃升至 14MPa 左右，然后下降至 10.5MPa 趋于平稳。机组启动瞬间注油泵出口压力产生波动，也应是正常的，且占时极短不会影响机组正常启动进程（见图 6.3.81）。

（4）但机组升速过程中，注油泵出口压力下降且稳定在 10.5MPa 左右（小于整

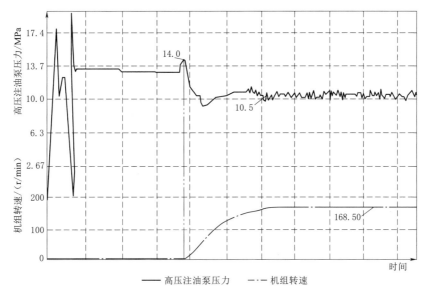

图 6.3.81 启动过程压力变化示意图

定下限 10.8MPa）。

2. 机组静止至运转时高压油顶起装置油压变化过程分析

（1）在正常情况下，高压油顶起装置油压变化整个过程是由压力继电器控制的，其高压油顶起装置油压特性曲线见图 6.3.82。

1）机组自动开机令发出后，高压油泵启动，在 t_1 瞬时建立峰值油压 P_{max}，清蓄电站 1 号机组初调试时的 P_{max} 曾跃升至 $17 \sim 18$MPa（见图 6.3.81），后经调整跃升值控制为 14MPa。

2）油压升高之后很快下降，此时转子已处于顶起状态（$t_2 \sim t_3$），而后趋于平稳。

3）机组转子将要启动时，油压已经处于平稳的压力值，即压力继电器接点动作的整定值，如图 6.3.82 中压力 P。机组初调试时稳态油压 $P = 13.1 \sim 13.2$MPa，继之，又降至 12.8MPa（见图 6.3.81）。

（2）表 6.3.28 系进行高压注油系统相应压力下转动部件顶起量（相当于油膜厚度）的试验数

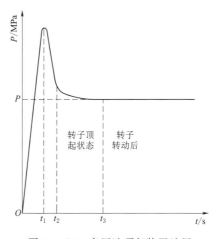

图 6.3.82 高压油顶起装置油压
特性曲线图

据，油压与油膜厚度关系见图 6.3.83。这就意味着当注油泵出口压力为 10MPa 时大约有 0.065mm 顶起量，油膜厚度也仅约 $60\mu m$ 上下。由于 12 块推力瓦面之间不可避免存在一定程度的不均衡性，同时考虑到清蓄电站发电（或者抽水）运行切换为发电调相（或者抽水调相）、发电调相（或者抽水调相）运行切换为发电（或者抽水）时也都必须投入高压注油顶起装置的特殊性，可以判定设计人员将注油泵出口压力下限确定为 10.8MPa、溢流阀整定值确定为 13.7MPa 是比较合理的，不宜再行下调。

表 6.3.28　　　　　　　　　　转 动 部 件 顶 起 量 表

压力/MPa	5	6	7	8	9	10	11	12	13	14
顶起量/mm	0	0.010	0.015	0.030	0.058	0.065	0.075	0.080	0.085	0.090

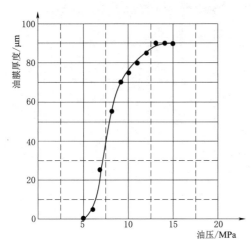

图 6.3.83　油压与油膜厚度关系曲线图

（3）从以上情况初步分析，由于机组启动运转后注油压力稳定值低下至 10.5MPa ＜整定值 10.8MPa（下限），可能是导致机组 QSD 跳机、启动失败的主要原因之一。

3．采取调整措施过程

（1）清蓄电站高压注油顶起装置系统见图 6.3.84。从图 6.3.84 中可以看出，调整各块瓦接通油路上的节流阀是能够起到调节注油压力功效的。根据一般的经验，由于各块推力轴瓦的油膜溢油量是不尽相等的，可以采取适当关闭溢油量大推力瓦的节流阀，直至各轴瓦溢油量调整相差不大，再检测各轴瓦油膜厚度予以验证。继之进行进一步精调整，可使轴瓦油膜厚度调整到相互差值为 0.01～0.02mm，最终锁定节流阀。

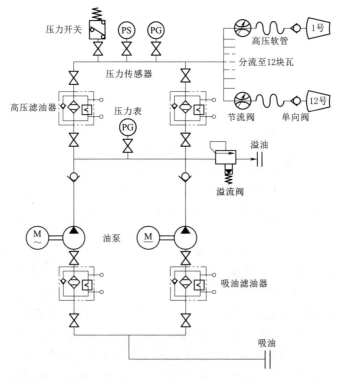

图 6.3.84　清蓄电站高压注油顶起装置系统图

（2）清蓄电站采用 MG 型双向节流阀（见图 6.3.85），其工作原理是：压力油通过图 6.3.85 中的"旁孔"流向阀体和可调套筒之间形成的节流口，转动可调套筒能够改变节流口的断面，进而调节压力油的压力和流量。清蓄机组采用 MG 型双向节流阀，其流量 Q 与压力差 ΔP 的关系曲线见图 6.3.86。

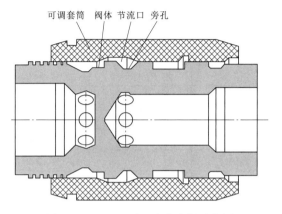

图 6.3.85　MG 型双向节流阀示意图

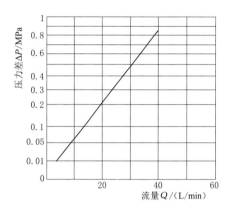

图 6.3.86　MG 型双向节流阀流量 Q 与压力差 ΔP 的关系曲线图

（3）THPC 以达到设计要求为宗旨进行了有序的调整工作。

1）排尽推导油槽全部储油。

2）调整节流阀和溢流阀，对 AC 泵运行时的系统压力进行了反复测试。各块瓦的节流阀均调小了约 $45°$，溢流阀也相应作了适当调整，使得供油管路出口压力保持 13.7MPa。其时，溢流管路上压力表指示为 14.1～14.2MPa，测量溢流阀侧流量约 10L/min。

3）将各供油支管与推力瓦解开，拆除单向阀，在压力表校验仪上手动升压到 14MPa 检查反向安装的单向阀；经处理，12 只单向阀均能保压 14MPa 下无泄漏。

4）在供油管压力达 7MPa 时分别对各支管流量进行检测，经 10 次调整，最终达到设计要求值（见表 6.3.29）。

表 6.3.29　　　　　最 终 调 整 实 测 值

项 目 名 称		第 10 次调整		最终复测	
节流阀调整		调整使供油管压力达 7MPa			
供油管路上压力/MPa		7		7	
溢流阀管路压力/MPa		7.4		7.4	
供油时间/s		11.3		10.4	
		油量/mL	流量/(L/min)	油量/mL	流量/(L/min)
推力瓦支管	1 号	720	3.823	660	3.808
	2 号	730	3.876	690	3.981
	3 号	750	3.982	680	3.923
	4 号	720	3.823	660	3.808
	5 号	720	3.823	670	3.865

		油量/mL	流量/(L/min)	油量/mL	流量/(L/min)
推力瓦支管	6 号	730	3.876	680	3.923
	7 号	720	3.823	660	3.808
	8 号	750	3.982	690	3.981
	9 号	740	3.929	690	3.981
	10 号	750	3.982	690	3.981
	11 号	740	3.929	690	3.981
	12 号	770	4.088	700	4.038
推力瓦供油		8840	46.938	8160	47.077
各块瓦供油平均值		736.67	3.912	680.00	3.923
溢流阀溢油		2110	11.204	1890	10.904
系统供油		10950	58.142	10050	57.981

5）回装单向阀及各支管组件连接推力瓦，在油槽充油完成后运行交流泵，在不同压力进行轴向顶起高度的检测（见表 6.3.30）。

表 6.3.30   轴 向 顶 起 高 度 检 测

供油压力 /MPa	油温 /℃	顶起量/(×0.01mm)				
		制动环 A	制动环 B	制动环 C	制动环 D	主轴
5	27.5	0	0	0	0	0.0
6	27.5	0	0.5	0.5	0.5	0.0
7	27.5	3.0	3.5	3.0	3.0	2.5
8	27.5	5.0	5.5	5.0	5.0	5.5
9	27.5	6.5	7.0	6.5	6.5	7.0
10	27.5	7.5	7.5	7.5	7.5	7.5
11	27.5	8.0	8.0	8.0	8.0	8.0
12	27.5	8.5	8.5	8.5	8.5	8.5
13	27.5	8.8	9.0	8.8	8.5	9.0
13.7	27.5	9.0	9.0	8.9	8.9	9.0
14	27.5	9.0	9.0	8.9	8.9	9.0
15	27.5	9.0	9.0	8.9	8.9	9.0
停泵	27.5	0.0	0.0	0.0	0	—
重启 13.7	27.5	8.9	9.0	9.0	8.9	9.0

注　"主轴"表示水导轴颈和水发联轴法兰各一个测点。

6）进行直流泵试验，其结果基本相同。

4. 最终调整及结论

最终仍按溢流阀溢流压力 13.7MPa、高压注油泵出口压力下限 10.8MPa 的设计要求进行了调整，复测试验及机组投入运行实测情况如下。

（1）机组启动运行后高压主油泵压力一直波动在 12.97～13.56MPa，平均稳定值为 13.3MPa（大于跳机整定值 10.8MPa），符合设计要求。

（2）溢流阀溢流压力整定为 13.7MPa，测得溢流量为 10.7L/min，满足大于 5L/min 的设计计算值。

（3）经测算，推力轴承分块瓦流量为 3.923L/min，符合 3.6～4.0L/min 的设计计算值要求。

（4）推力瓦顶起高度（相当于油膜厚度）为 0.09mm，符合设计要求。

通过正确有序的调整，推力轴承高压注油系统进入安全高效状态，能够保证机组正常稳定运行。

（5）表 6.3.31 是机组运行一段时间后推力轴瓦的瓦温检测记录，可以看出瓦温是稳定均衡的，证实各块轴瓦的负载大致均衡，没有个别瓦因瓦隙泄油偏大的异常情况。

表 6.3.31　　　　　　　　　　推力轴瓦瓦温运行检测表　　　　　　　　　单位:℃

瓦编号	1	2	3	4	5	6	7	8	9	10	11	12
瓦温	47.8	47.8	48.5	48.3	48.1	48.4	47.8	47.8	48.5	47.2	48.4	48.1
	—	52.6	—	—	53.2	—	—	53.7	—	—	52.7	—

注　2号、5号、8号、11号瓦装配有两根测温计。

6.3.2.7　惠蓄电站 5 号机组盘车失败分析

惠蓄电站 5 号机组在发电机单独盘车过程中，自 2010 年 1 月 14 日开始至 2010 年 1 月 22 日共进行了 14 次盘车，刮磨卡环 8 次，机组轴线变幻无常（见表 6.3.32）。

表 6.3.32　　　　　　　　　　盘 车 轴 线 状 况 表

序号	日　　　期	最大绝对摆度/mm	方位/点	说　　明
1	2010 年 1 月 14 日	0.52	6	
2	2010 年 1 月 15 日	0.50	5	
3	2010 年 1 月 16 日	0.56	4	
4	2010 年 1 月 17 日	0.48	1	
5	2010 年 1 月 19 日	0.18	5	测点在下端轴
6	2010 年 1 月 19 日	0.23	4	下法兰处
7	2010 年 1 月 20 日	0.20	3	
8	2010 年 1 月 20 日	0.22	2	
9	2010 年 1 月 21 日	0.24	2	
10	2010 年 1 月 21 日	0.34	4	

1. **盘车失败原因分析**

根据上述异常情况，对照推力轴承结构（见图 6.3.70）就可能的因素全面进行了分析。

（1）首次盘车摆度较大的可能原因：轴心线与推力头下平面不垂直；镜板上下平面不平行；被重新加工过的推力头上平面未能达到设计要求，其一是不平度大于 0.02mm；其二是与孔轴线垂直度超差。根据以往经验，以上偏差均可利用刮削卡环（或处理推力头接合面）的办法进行调整。

（2）首次盘车前检查了推力头与卡环之间无间隙，根据下端轴下法兰处最大摆度进行了研刮，继续盘车发现：大轴摆度数据无太大变化；推力头与卡环之间产生间隙。分析认为，主轴过盈量太大使得推力头与轴抱得太紧可能是造成大轴摆度无法纠偏且推力头与卡环之间产生间隙的主要原因。2010年1月25日测得过盈量并与其他机组进行了比较（见表6.3.33）。

表 6.3.33　　　　　　　　　　　　　　过 盈 量 测 量　　　　　　　　　　　　　　单位：mm

机组	推力头内孔直径平均值	大轴直径平均值	过盈量	备注
新 1 号机组	869.79	870.01	0.22	
2 号机组	869.78	869.94	0.16	
3 号机组	869.73	869.93	0.20	
4 号机组	869.76	869.88	0.12	
5 号机组	869.78	870.05	0.27	套装前
	869.83	870.11	0.28	套装拆除后
6 号机组	869.85	870.12	0.27	
7 号机组	—	870.02	—	

（3）经法国 ALSTOM 技术人员实际检测，5 号机组大轴直径为 $\phi870.15\mathrm{mm}$，与设计图纸标示的 $\phi870h7$，即为 $\phi870^{~0}_{-0.09}$ 明显不符，而且与其他各台机组比较其过盈量确是最大的。

推力头内孔直径为 $\phi870^{-0.15}_{-0.25}$，实测为 $\phi869.78\sim\phi869.83\mathrm{mm}$（法国 ALSTOM 确认推力头孔径为 $\phi869.80\mathrm{mm}$），是符合设计要求的（见图 6.3.87）；即设计最大过盈量为：$\phi870.0-\phi869.80=0.20\mathrm{mm}$；最小过盈量为：$\phi869.91-\phi869.80=0.11\mathrm{mm}$。实测轴颈的过盈量 $\phi870.15-\phi869.80=0.35\mathrm{mm}$，显然是偏大的。

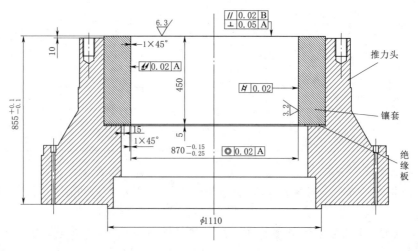

图 6.3.87　推力头结构图（单位：mm）

（4）根据以往的实践经验，如 THP 电站主轴为 $\phi595\text{mm}$，要求按推力头内孔实际加工直径过盈 0.10～0.13mm 控制。因此，一般建议主轴的过盈量按 0.10～0.15mm 控制，即当主轴轴颈为 $\phi870.15\text{mm}$ 时，推力头内孔直径应控制在 $\phi870^{+0.05}_{0.0}$ 为宜，至多按 $\phi870^{+0.05}_{-0.05}$ 控制。

（5）如若推力头外圆与内孔不同心，也会影响盘车测量及摆度的计算（见图 6.3.88），设推力头外圆与内孔（即主轴轴心）的偏心距为 e，盘车时上导轴瓦在推力头的外圆上，这样，外圆之中心就成为盘车时主轴的旋转中心，而主轴中心则以偏心距 e 为半径绕外圆中心转动。偏心距 e 对法兰处所测的轴中心的摆度 δ 可按下式计算：

$$\delta = \sigma + 2e$$

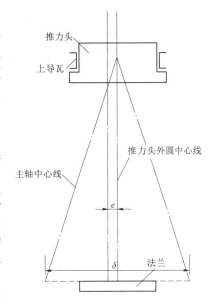

式中：δ 为法兰处全摆度测值；σ 为主轴轴线与推力头摩擦面不垂直造成的全摆度，也就是卡环刮磨的参照值。

1）在计算卡环最大刮削量时，剔除偏心距 e（或不同心度）的影响，其计算结果才是正确的。所以，热套推力头之前，先检测推力头外圆与内孔的不同心度；或热套推力头之后，用测圆架检测推力头外圆与轴心的偏心距 e，是完全必要的。

2）还应再次校核推力头外圆（即上导瓦抱轴处）与内孔的同心度，误差应不大于 0.02mm。

图 6.3.88　推力头与主轴偏心图

2. 其他存在问题

（1）卡环经多次刮磨，其上、下平面的平面度已经与设计要求（见图 6.3.89）相去甚远，如若未进行高精度加工处理是难以再继续使用的。

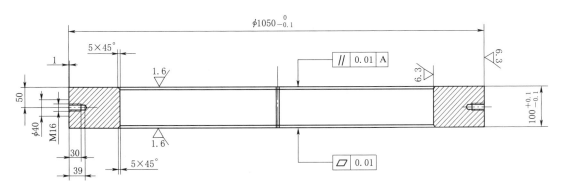

图 6.3.89　卡环结构图（单位：mm）

（2）由于推力头与主轴存在过盈量，在刮磨卡环后应采取推力头加温未冷却的同时，即装入卡环并转换转子重量，使推力头上平面与卡环紧密接触无间隙，才可能收到纠正转动平面与轴线不垂直的效果。因此，推力头在热状态下的上平面不应阻碍卡环入槽。如若由于加工误差出现这种情况，也只能对推力头内孔下部进行切削加工，而不应加工推力头上平面。

（3）当然，刮磨后卡环的局部高点也是一个可能影响盘车摆度的因素，必须严格执行每刮完一遍就重新涂一层蓝丹，用平板推磨检验并用砂布、细油石磨平高点的工艺措施。

（4）同时，我们还注意到，推力头与卡环接触的结合面加工十分粗糙（见图6.3.90），应要求进行精磨达到与卡环相同的精度▽1.6而不应是▽6.3。

图 6.3.90　推力头上平面加工精度

3. 结语

（1）主轴过盈量太大使得推力头与轴抱得太紧应是造成大轴摆度无法纠偏且推力头与卡环之间产生间隙的主要原因。

（2）主轴的过盈量宜按 0.10～0.15mm 控制。

（3）热套推力头前应校核推力头外圆（即上导瓦抱轴处）与内孔的同心度，误差应不大于 0.02mm。

（4）在刮磨卡环后应采取推力头加温未冷却的同时，即装入卡环并转换转子重量，使推力头上平面与卡环紧密接触无间隙，才可能收到纠正转动平面与轴线不垂直的效果。

6.3.2.8　GZ－Ⅰ机组轴线变异的分析

GZ－Ⅰ电站自2002年机组首次A修以来就注意到机组大轴中心与上机架中心偏差较大的异常情况（如A修前偏差达0.70mm），根据现状探析机组轴线垂直度偏差以及产生较大偏移的各种可能性并提出所应采取的有效措施。

1. 机组轴线变异征兆

（1）2009 年 7 月，GZ－Ⅰ电站 2 号机组连续甩负荷后发现机组振动摆度增大达到报警值。

1）经检查发现上导瓦双边间隙从原 A 修调整的 0.60mm、下导瓦 0.50mm 剧增至 0.93mm，而重新调回后开机约 1h 上导瓦温上升至 79.5℃。

2）随之，将上导瓦间隙双边扩增 0.10mm、下导瓦双边间隙扩增 0.08mm 后才略有改善，但上导瓦最高温度仍达到为 73.9℃，油温也达到 58～60℃；而水导瓦温也骤升至 74.6℃（且仍有缓慢上升趋势）。

3）其时，机组的振动、摆度参见表 6.3.34。

表 6.3.34　　　　　　　　　　　机组的振动、摆度表　　　　　　　　　　单位：μm

工况	上导摆度－X	上导摆度－Y	下导摆度－X	下导摆度－Y	水导摆度－X	水导摆度－Y	上机架水平振动
180MW/G	206	253	532	538	211	219	61
250MW/G	151	205	197	220	105	105	45
P	238	243	559	514	188	146	119

4）机组运行振动、摆度及瓦温的特征。上导摆度小、瓦温高，上机架水平振动增大，其中7号、8号瓦的抗顶块有明显磨损现象；下导5号、6号、7号瓦也有明显磨损现象；上导摆度$-X$及$-Y$方向的频谱中均存在多种倍频成分（2倍转频、4倍转频、6倍转频等，最大达到175Hz）；种种迹象表明，很可能是机组的旋转中心偏靠机组一侧，大轴在上导部位严重受限甚至碰磨所致。

（2）2015年1月，GZ–Ⅰ电站1号机组经A修回装时以水导轴承间隙调整机组轴线中心（见图6.3.91）。在水轮机下止漏环处测值也表示机组转轮也基本处于水机中心位置（图中O_1为机组旋转中心轴线，O_2为轴线实际位置）。

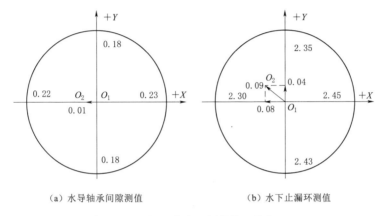

（a）水导轴承间隙测值　　　　　　（b）水下止漏环测值

图6.3.91　机组定中心调整值（单位：mm）

而大轴实际轴线在上导镗口处相对上导油盆中心则往$+X$方向偏移达1.16mm（见图6.3.92），同时，经检测顶盖、推力支架、推力头、上端轴水平测量值均超出规范标准范围（亦应是安装调整时执行的标准）。

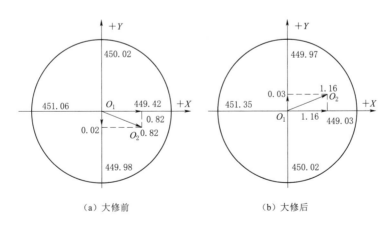

（a）大修前　　　　　　　　　　（b）大修后

图6.3.92　上导轴承座镗口测量值（单位：mm）

（3）2016年9月，3号机组检修前各导轴承处大轴位置。当以水导瓦间隙为基准确定机组中心后，测量大轴轴线在上、下导轴承镗口处的尺寸发现：上导位置向$+Y$方向偏移约$0.33\sim0.35$mm；向$+X$方向偏移约$0.19\sim0.31$mm。（注：X方向为指向安装间方向）；下导位置在 Y 方向基本未变；向 $+X$ 方向偏移约 0.10～0.18mm。

2. 2 号机组异常振摆的分析

（1）2 号机组在运行过程中（尤其是泵工况），机组各轴承处的振动与摆度较大。其中振动较大的区域均位于上、下导轴承处的水平方向，而垂直方向振动是正常的。机组振动、摆度中的转频分量占有很大的比例，其中下导、水导及上、下机架水平振动频率中的转频分量占了 50%～90% 以上；在上导摆度波形图及频谱图中存在多种倍频成分（2 倍转频、4 倍转频、6 倍转频，最大达到 175Hz），所占比例为 70%～80%。

（2）由于 2 号机组大修后已经历过多次甩负荷工况，机组的轴线相对大修后调整的状态可能已发生改变。

1）从机组状态监测系统录得的下导轴心轨迹图（呈椭圆形）来看，机组轴线的确在往 $-X$ 及 $+Y$ 之间方向的偏移。

2）由于 2009 年 7 月对发电机上下导轴承瓦间隙进行调整，机组振动情况略有改善。

3）当 2 号机组在泵工况、带 220MW 以下负荷的发电机工况下运行时，上、下、水导摆度在水平方向较大，在机组启动过程中常有间歇振动大报警（不大于一级报警值），但振动幅值仍在设定的保护允许范围内，机组仍能稳定运行（见表 6.3.35）。

表 6.3.35　　　　　　　　　　2 号机振、摆动数据表　　　　　　　　单位：μm

工况	上导摆度-X	上导摆度-Y	下导摆度-X	下导摆度-Y	水导摆度-X	水导摆度-Y
220MW	73	45	290	182	139	129
P 工况	91	62	401	251	155	138
报警值	600μm					
跳机值	900μm					

（3）鉴于 2 号机组运行振动较大，为防止振动情况继续恶化，采取了进行风险控制的措施。

1）将 2 号机组启、停优先权置于全厂最后，尽量减少机组启停次数与运行时间。

2）为避开机组在高振动区内运行，已与调度沟通，申请在 2 号机组发电工况运行时，尽量将其负荷带至 220MW 以上。

3）由机械分部每周测量、分析一次 2 号机组上、下导轴承处的振动情况及查看各轴承瓦温，获取更多的数据并跟踪变化趋势（目前机组振动无恶化趋势）。

4）由于机组轴线及旋转中心变化易导致轴承瓦温高，已暂时将 2 号机组上导轴承油温、瓦温的跳机值各调高 5℃，由运行值班员在 2 号机组运行时密切注意瓦温、油温变化情况与趋势。若上述温度已接近原设定的跳机温度则尽快向调度申请换机运行，避免跳机事故发生。

（4）对于须长期稳定运行的机组，上述措施显然不是长久之计。应根据机组大轴偏移幅值较大的特征，对机组轴线各相关支承面进行合理、精确的测量并采取相应处理措施。

3. 针对 1 号机组轴线大幅值偏移的剖析

（1）A 修时对顶盖水平的测量。

1）A 修后采用框式水平仪在顶盖正交四个位置测量其水平度，大致是 $+Y$ 偏 $-X$ 方向高 0.07mm/m（见图 6.3.93）。

2）依据法国 ALSTOM 用于惠蓄电站的标准，对顶盖法兰上平面水平度予以评判。

a. 座环的顶盖支撑面经现场研磨后水平度偏差允许值 0.30mm＜0.35mm［《水轮发电机组安装技术规范》（GB/T 8564）的允许值］。

b. 顶盖法兰上下平面的平行度偏差为 0.1mm（见图 6.3.94）。

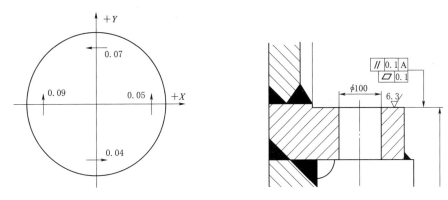

图 6.3.93　顶盖水平测量值（单位：mm）　　图 6.3.94　惠蓄电站顶盖法兰示意图（单位：mm）

c. 顶盖法兰本身的平面度为 0.1mm（见图 6.3.95）。

d. 这就意味着水平度总偏差将可能达到 $(0.3＋0.1＋0.1)＝0.5$mm，相对于直径 $\phi5610$ 的顶盖支撑法兰面而言，其不水平度可能达到 $(0.3\text{mm}＋0.1\text{mm})/5.61\text{m}＝0.09$mm/m。因此，GZ-I 电站 1 号机组顶盖水平的测值应还在其允许偏差范围内。

（2）机组 A 修对推力支架水平度的测量。

1）推力支架检测的水平度见图 6.3.95，大修前后是基本一致为 $-X$ 偏 $+Y$ 方向高约 0.08mm/m。

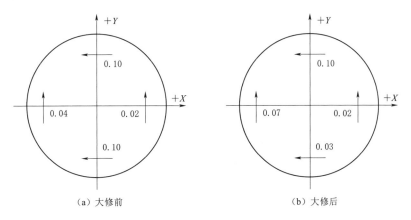

（a）大修前　　　　　　　　　　　　（b）大修后

图 6.3.95　推力支架水平度测量值（单位：mm/m）

2）检测水平度的框式水平仪是放在推力支架上环板上的（见图 6.3.96 下部箭头所指部位），对于推力支架这样加工精度有限的焊接结构加工件来说，其所检测 0.08mm/m 的水平度与推力瓦所形成的摩擦滑动面的水平度密切相关但并不等同。

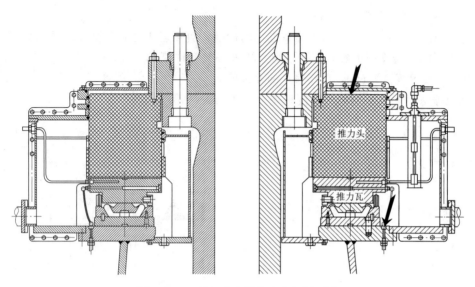

图 6.3.96 GZ-Ⅰ电站推力支架剖面图

（3）推力头水平度的分析。

GZ-Ⅰ机组的推力头结构见图 6.3.97（a），其与发电机下端轴法兰的结合面（即 $\phi1810$ 以内）加工精度为 $Ra3.2$、平面度 $0.02mm$，与镜板摩擦滑动面（A）的平行度达到 $0.02mm$。但是，自 $\phi1810$ 至 $\phi2675$ 低 $1mm$ 的推力头上平面只是一般的加工平面，而 1 号机组大修后正是在机组静止状态下测得该平面推力头水平度的（见图 6.3.96 上部箭头所指部位）。因此，所测得的 $-X$ 方向偏高 $0.07mm/m$ 数据［见图 6.3.97（b）］并不能精准反映镜板摩擦滑动面的水平度。

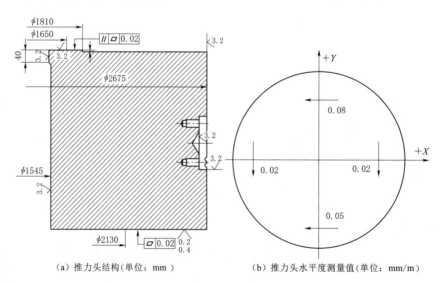

（a）推力头结构（单位：mm）   （b）推力头水平度测量值（单位：mm/m）

图 6.3.97 GZ-Ⅰ推力头结构及水平度测量值

（4）上端轴的水平度。同样，机组处于静止状态在上端轴上法兰面正交四个方向测得的水平度（见图 6.3.98，$-X$ 方向偏高约 0.06mm/m），由于囊括了各个转动部件的加工累积误差，其测值也只能表示一种趋势而不能作为机组镜板摩擦滑动面水平度的表征值。

（5）当前机组轴线现状的成因。

1）从理论上分析，推力头上平面、上端轴上法兰面测得的水平度都是能够反映机组轴线是否处于垂直状态的数据，其趋势表示机组镜板摩擦滑动面是处于 $-X$ 方向偏高且超出规范要求值较多的状态。因此，实际上也是造成机组轴线在上导轴承镗口所呈现的偏移达到 1.16mm 的根源所在。

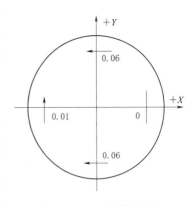

图 6.3.98　上端轴水平度
测量值（单位：mm/m）

2）鉴于 GZ-Ⅰ 电站镜板与推力头一体的结构特点，宜采用"旋转法"操作方式对机组轴线进行测定。测定步骤为：选择与推力镜板轴向距离最短的轴承作为盘车的支撑轴承，并将其四个正交方向的轴瓦间隙调整至 0.02～0.03mm→同时监测推力镜板的轴向跳动量，以不超过镜板平面度偏差 0.02mm 为宜→根据"旋转法"测定的推力镜板不水平度推算机组轴线在上导轴承部位的可能偏移值并将其与机组大修后所测得的偏移值进行比较。

3）基于所测得的推力头不水平度与机组轴线在上导轴承部位偏移值方向一致的特点，可以此推算其可能引起的上导轴承部位偏移值，或以上导镗口测得的机组轴线偏移值反推推力镜板可能存在的不水平度幅值。如若以推力头测得的 0.07mm/m 为基准，推算的与水导轴承相距约 12.25m 的上导镗口处机组轴线的偏移值约为（0.07mm/m）×12.25m＝0.86mm，与实际测值 1.16mm 是相近的；同理，以上导镗口 1.16mm 的偏移值反推，推力镜板的不水平度也与 0.07mm/mm 相去无几。

4）由此可知，推力镜板摩擦滑动面不水平度较大是机组轴线偏离旋转中心线幅值偏大的主导因素之一，为使弹性油箱负载趋于均衡、机组转动部件重心不致严重偏离机组垂线，确保机组长期安全稳定运行，宜力求按照《水轮发电机组安装技术规范》（GB/T 8564）及其他所有规范一致性的镜板水平度不大于 0.02mm/m 的标准。因此，对 GZ-Ⅰ 电站 1 号机组推力轴承采取适当措施进行调整还是很有必要的，只是由于推力轴承的结构特点造成处理的难度太大而务须审慎而已。

4. 3 号机组 A 修前后的对比分析

由于 3 号机组大轴的偏移不是很严重，其各导轴承振摆主要与机组所带负荷及其水力因素有关。

（1）3 号机组 A 修前的运行情况。

1）机组带 180MW、220MW、250MW 及 300MW 4 个 G 稳态工况。

a. 上导摆度随着负荷的增加变化不大，维持在 220～270μm 左右（主要分布在 A 区）。

b. 下导摆度在 260MW、300MW 负荷主要分布在 A 区，在其他工况下下导摆度分布在 B 区，水导摆度峰峰值在 80μm 左右（主要分布在 A 区）。

c. 180MW 负荷以下下导摆度峰峰值在 $400\mu m$ 左右，水导摆度峰峰值在 $170\mu m$ 左右；据分析，其幅值较大与尾水管涡带频率的影响有直接关系。

d. 上机架水平和垂直振动、下机架水平振动、推力轴承垂直振动以及顶盖水平振动基本上均在 A 区 ($<1.6mm/s$)；顶盖垂直振动处于 D 区 ($>4.0mm/s$)，但由于其主频为高频 175Hz，换算为位移值后其幅值仅有 $10\mu m$ 左右，仍在 DL/T 507 要求范围之内，因此还不致妨碍机组安全稳定运行。

2) P 工况运行。稳定运行时，机组上导摆度主要处于 B 区 ($145\sim235\mu m$)，下导摆度主要处于 C 区 ($235\sim475\mu m$)，水导摆度处于 A 区 ($<145\mu m$)；上机架水平和垂直振动、下机架水平振动以及顶盖水平振动基本上均在 A 区 ($<1.6mm/s$)，推力轴承垂直振动和顶盖垂直振动处于 C 区 ($2.5\sim4.0mm/s$)。

3) 由于发电工况下，上导轴承、下导轴承摆度基本上均处于 C 区，且无叶区、下迷宫环处压力脉动值偏大，拟采取的措施：在 A 修期间对其轴瓦间隙进行合理调整；A 修期间对导叶、转轮叶片、上下迷宫环等部件进行检查和处理。

(2) 机组 A 修后的运行情况。

1) 机组带 180MW、220MW、250MW 及 300MW 4 个 G 稳态工况。

a. 带 180MW 负荷时，上导轴承 X、Y 方向摆度均以转频为主，主要分布在 A 区 ($<145\mu m$)。

b. 从负荷 180MW 升至 220MW 下导摆度迅速下降至 $110\mu m$ 左右，之后变化较为平稳，在 260MW、300MW 负荷时下导摆度分布在 A 区，在其他工况时下导摆度主要分布在 B 区 ($145\sim235\mu m$)。

c. 水导轴承 X/Y 向摆度在低负荷时受尾水管涡带影响较大，随着机组带负荷的增加水导摆度总体变化不大，水导摆度主要分布在 A 区 ($<145\mu m$)。

d. 在 260MW 及以上负荷时各导摆度变化较为平稳，在 $75\sim120\mu m$ 之间。

e. 在发电各典型负荷下，上机架水平和垂直振动、下机架水平振动、推力轴承垂直振动以及顶盖水平振动基本上均在 A 区 ($\leqslant1.6mm/s$)，负荷为 300MW 时推力轴承垂直振动处于 B 区 ($1.6\sim2.5mm/s$)；顶盖垂直振动处于 C 区 ($2.5\sim4.0mm/s$)，但由于其主频为高频 175Hz，换算为位移值后其幅值在 DL/T 507 要求范围之内，因此不妨碍机组安全稳定运行。

f. 随着负荷增加顶盖、推力轴承垂直振动呈上升趋势（但增加变化比较平稳），系受转轮与导叶间动静干涉的影响。

2) P 工况稳定运行时。

a. 机组三导摆度均处于 A 区 ($<145\mu m$) 均以转频为主。

b. 上机架水平和垂直振动、下机架水平振动以及顶盖水平振动基本上均在 A 区 ($<1.6mm/s$)。

c. 推力轴承垂直振动处于 D 区 ($>4.0mm/s$) 主频为 175Hz。

d. 顶盖垂直振动处于 C 区 ($2.5\sim4.0mm/s$)，顶盖水平、垂直方向振动主频均为 175Hz。

(3) 检修前后振动摆度对比。

1) 在不同负荷下，三导摆度均有明显改善现象；上机架水平振动、上机架垂直振动、下机架水平振动及顶盖水平振动与检修前基本上处于同一水平；在负荷为180MW和300MW时，检修前后顶盖垂直振动、推力轴承垂直振动有明显差异，其他负荷基本上处于同一水平。

2) P工况下三导摆度有明显改善现象；上机架水平振动、上机架垂直振动、下机架水平振动及顶盖水平振动与检修前基本上处于同一水平；顶盖垂直振动、推力轴承垂直振动比检修前稍大。

3) 3号机组在检修过程期间对机组三导轴瓦间隙进行了重新分配和调整，尤其是将原加工有圆角的抗重块修改成带有退刀槽的抗重块，消除了瓦间隙异常增大的可能因素，确保调整好的瓦间隙的稳定性 [见图6.3.99 (b) 和 (c)]。使得瓦间隙重新分配和调整后机组运行趋于稳定，效果明显。机组部分部位振动、三导摆度比大修前有了较大的改善，尤其是上、下导摆度变化较大。上机架水平、上机架垂直振动、下机架水平振动、顶盖水平振动、顶盖垂直振动与检修前对比基本上在同一水平；P工况下推力轴承垂直振动比检修前稍大，变大约0.8mm/s。

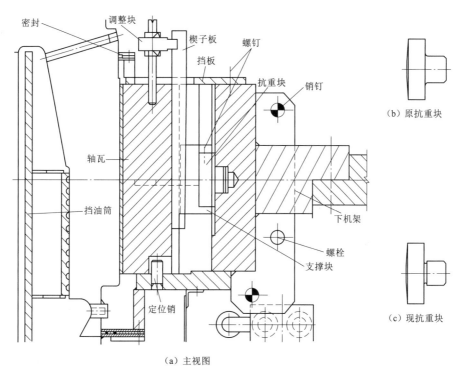

（a）主视图

图6.3.99 下导轴承结构

5. 结语

抽水蓄能机组一般都采用保压浇筑混凝土方式，由于不完全轴对称的、沿水流向断面逐渐收缩的蜗壳，其所浇筑混凝土层的厚薄、密实程度有所不同，在机组甩负荷等多种过渡工况时顶盖承受较大轴向力等多种因素的综合作用下，使得座环平面（亦即顶盖上平面）在多年运行之后产生不同量值的倾斜也是有可能的。由此所导致机组的大轴偏移应根

据各机组的不同情况采取相应不同的处理措施:

(1) 当机组大轴相对于各导轴承(主要是上导轴承)所显示的偏移幅值小于 [《水轮发电机安装技术规范》(GB/T 8564)] 规定的极限值 1mm 时,采取三导轴瓦间隙的重新分配和合理调整,一般是能够收到明显实效的。

(2) 如果机组大轴相对于各导轴承(主要是上导轴承)所显示的偏移幅值偏大,则需采取有效措施致力纠偏。通常有以下两种措施:

1) 在推力支架上环板与弹性油箱基础环板之间加垫(不锈钢片或紫铜片),渐次加垫的厚度视推算的推力镜板不水平度而定。

2) 在推力支架下环板与顶盖之间加垫,同样,渐次加垫的厚度视推算的推力镜板不水平度而定。

6.3.3　导轴承故障分析与处理

目前,楔子板结构型式和小瓦径比的导轴承对于高转速的抽水蓄能机组是普遍得到认可的,但是导轴承处的大轴振摆、导轴瓦间隙的变异以及瓦温依然经常困扰着许多机组的正常运行,本节对之进行了介绍和分析。同时对因油冷却器、顶轴滑转子所存在的结构、装配问题而影响机组正常运行的事例展开探析,还分析了电动发电机下机架 18 倍频振动异常现象。

6.3.3.1　GZ-I 电站 2 号机组上下导摆度异常剖析

1. GZ-I 电站 2 号机组导轴承异常情况

(1) 2005 年 10 月进行了机组投运后的第一次 A 修,A 修前后机组运行各轴承温度、各轴承座振动及各导轴承处摆度均基本正常。

(2) 2019 年安排机组 A 修,其时,机组运行中机组振动摆度、各轴承、主轴密封等运行数据均还正常,机组近期巡检亦未发现影响设备安全运行的异常情况。

A 修完成并进行相应调试工作后,2020 年 3 月 13 日机组运行在 180MW 负荷时,下导-X 方向、-Y 摆度持续增大达 637μm(>I 级报警值 600μm)、485μm,上导-X 方向、-Y 方向摆度分别持续增大至 240μm、300μm;同时上机架、下机架以 1X 转频为主的振动也持续增大,其中上机架 1X 频振动位移最大达 51μm,下机架 1X 频振动位移最大达 72μm,与 A 修后调试时的数据相比较增幅较大,且超过《可逆式抽水蓄能机组启动运行规程》(GB/T 18482)带导轴承支架水平振动位移允许值 50μm 的要求。

2. 检修历程回顾

(1) 2 号机组 2005 年 A 修完成的相关工作。

1) 推力轴承弹性油箱进行了无载和有载情况下的高度比较。

2) 上导轴承检测。轴瓦接触面积约 60%~70%,多在瓦面上部,每块瓦瓦面中部均有一条宽 1mm 左右的线性沟槽;上导拆卸前进行了轴瓦间隙测量;检修前后对上导轴承油盆镗口至轴领距离进行了测量;检修前后对上导挡油圈与主轴间隙进行了测量;以上检测均未发现严重异常。

3) 下导轴承检测(见图 6.3.100)。

a. 拆卸前进行了轴瓦间隙测量。

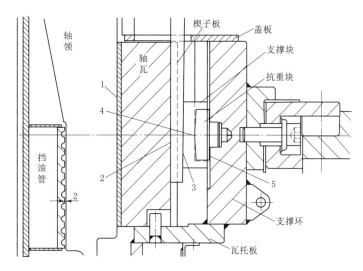

图 6.3.100　下导轴承部件配合面分布图

1—轴瓦面与轴领配合面；2—轴瓦背与楔子板配合面；3—楔子板与支撑块斜槽配合面；
4—支撑块斜槽与抗重块配合面；5—抗重块与镗口配合面

b. 下导瓦接触面积约 40%～60%，上下两端 40mm 内均有接触，中间段局部有接触，无线性磨痕，从接触面看上部 40mm 段受力较大。

c. 瓦座与楔子板工作面接触较差，有明显压痕，接触面积约 40%，主要在上下两端，底部 30mm 段有 0.03～0.07mm 磨损量［见图 6.3.101（a）］。

d. 楔子板磨损较大，用平尺检查最大处磨损有 0.4～0.6mm［见图 6.3.101（b）］。

e. 抗重块良好，楔子板、斜槽和抗重块经 PT 检查未发现裂纹。

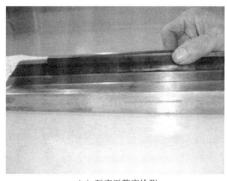

（a）瓦座平整度检测

（b）楔子板磨损状况

图 6.3.101　楔子板

4）A 修前后 2 号机组上导瓦温与其他各机组的比较，其中 2 号机组最高达到 78.2℃；下导瓦温与其他各机组的比较，其中 2 号机组最高达到 73.2℃。

（2）2009 年 7 月，GZ-Ⅰ电站 2 号机组连续甩负荷后发现机组振动摆度增大达到报警值。

1）经检查上导瓦双边间隙从上次大修调整的 0.60mm、下导瓦 0.50mm 均增大到 0.93mm。

2）按原间隙值调整后重新开机约 1h 上导瓦温达到 79.5℃。

3）将上导瓦间隙双边放大 0.10mm、下导瓦双边放大 0.08mm 后略有改善，上导瓦最高温度为 73.9℃，油温 58～60℃，水导瓦最高为 74.6℃，且仍有缓慢上升趋势。

4）2 号机组相关工况机组振动摆度情况见表 6.3.36。

表 6.3.36　　　　　　　2 号机组相关工况机组振动摆度情况表　　　　　单位：μm

工况	上导摆度—X	上导摆度—Y	下导摆度—X	下导摆度—Y	水导摆度—X	水导摆度—Y	上机架水平振动
180MW/G	206	253	532	538	211	219	61
250MW/G	151	205	197	220	105	105	45
P	238	243	559	514	188	146	119

（3）2010 年上半年对机组相关工况的摆度陆续进行了测录。2 号机组在 190～220MW 负载时，上导摆度达到 300～320μm，为四台机组之最；在 190～220MW 负载时，下导达到 250～300μm；在 P 工况时，上导达到 300μm，下导 250～300μm；2～4 号机组上下导摆度趋势大致雷同，但 2 号机组仍为四台机之最；2 号机组运行中各轴承温度还在正常范围内。

（4）2015 年 C 修前后的轴瓦间隙调整。

1）上导轴承按双边间隙 0.75mm 等间隙方式予以均衡调整，其 C 修前后轴瓦间隙见图 6.3.102。

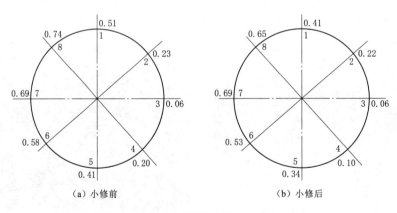

（a）小修前　　　　　　　　　　　　　（b）小修后

图 6.3.102　上导轴承 C 修前后轴瓦间隙图（单位：mm）

2）下导轴承按双边间隙 0.70mm 等间隙方式予以均衡调整，其 C 修前后轴瓦间隙见图 6.3.103。

（5）2017 年 C 修前后的轴瓦间隙调整。

1）上导轴承 C 修前仍有局部间隙增大、摆度较大的现象，其 C 修前后轴瓦间隙见图 6.3.104。

2）下导轴承 C 修前后轴瓦间隙见图 6.3.105。

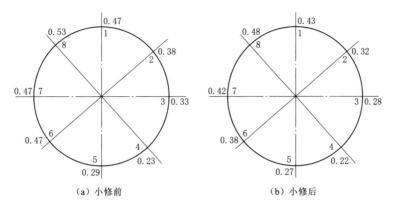

图 6.3.103　下导轴承 C 修前后轴瓦间隙图（单位：mm）

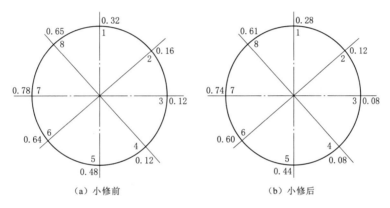

图 6.3.104　上导轴承 C 修前后轴瓦间隙图（单位：mm）

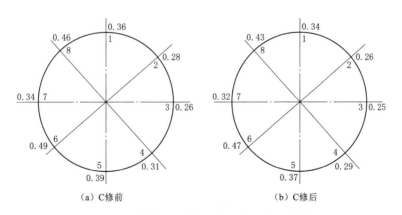

图 6.3.105　下导轴承 C 修前后轴瓦间隙图（单位：mm）

3. 轴线调整情况

2019 年 A 修中，分别进行了抱紧上导、抱紧下导这两种盘车方式。

（1）A 修盘车时水导轴承均是组装后落在水轮机轴法兰上、随轴一起旋转不会产生盘车时与轴颈接触影响盘车摆度值真实度的情况。

（2）两种方式测得的推力镜板轴向跳动量均约 0.015mm（测量位置在推力头的上端）。

（3）A 修后盘车的水导轴承净摆度曲线在 X/Y 方向均呈较完整的正弦曲线。

（4）所以，各抱上、下导这两种盘车方式的结果均应是可信的。由于采取了有效措施使得该方式能够反映刚性盘车的轴线真实状况，抱上导盘车时下导和水导最大摆度分别为 0.06mm 和 0.05mm；尽管拘束下导瓦的拘束点与镜板平面的高程达到差 2245mm，由于措施得当，尽可能让机组拘束点以下的轴线处于自由状态，使得盘车摆度能够反映刚性盘车的轴线真实状况。最终，抱下导盘车时上导和水导最大摆度分别为 0.07mm 和 0.05mm。

（5）可以认为 2 号机组的轴线是比较理想的，也就是说上、下导摆度大这一故障的产生不应源自机组轴线的各相关因素。

4. 机组弓状回旋与动平衡

（1）就目前情况而言，机组弓状回旋的隐患还应是剖析的重点之一[7]。

1）弓状回旋（即变位后转轴轴线绕其原平衡位置所作的旋转运动）形态就由三种因素构成（见图 6.3.106）：①轴承间隙 δ；②质量偏心引起的弹性变形 X'；③转子在轴承内的偏靠引起的附加不平衡力所引起的弹性变形 X''。

2）发动机转子出现弓状回旋时，摆度频率仍为转频。

a. 其离心力按下式计算：

$$F = m\omega^2 A = \frac{\omega}{g}\left(\frac{\pi n}{30}\right)^2 A \qquad (6.3.9)$$

式中：m 为转动部分的质量，kg；ω 为转动部分的重量，N；n 为机组转速，r/min；A 为轴的弓状回旋半径，可取发电机上导或下导摆度的单振幅，m，也可取其平均值。

即在初始离心力作用下，主轴发生变形引起半径为 A 的弓状回旋。

b. 该弓状回旋是一种强迫振源，其重量偏心增大了 A 值，离心力增加。整个过程是：原始外力→主轴变形 A→外力增大 ΔF→增大变形 ΔA→又增大外力 ΔF→又增大变形 ΔA→又增大外力 ΔF，这实质上是一种自激振动的发展过程。在自激弓状回旋情况下，其振动强烈程度犹如共振，更是机组安全运行所不允许的。

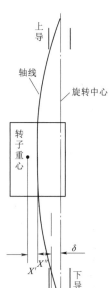

图 6.3.106 弓状回旋示意图

3）配重法是比较简单有效、又易于进行的方法，即利用配重减小不平衡力，以改变弓状回旋形态。

a. 一般，转子一经平衡好后不会发生变化，但这只是对内部质量分布不均所引起的不平衡而言。实际上还存在着由弓状回旋引起的不平衡，对其产生影响的因素是比较多的，尤其是这些因素在检修过程中往往会发生不同程度的变化，因而弓状回旋离心力相应要发生变化。只要对检修前后弓状回旋形态变化进行具体分析，就可能找到振动变化的原因。因此，为了减少检修前后的这种变化，针对具体机组可以在实践的基础上总结出一套控制这种变化的措施及相应的工艺、质量标准。

b. 由于运转情况下转子轴线的形状和静态形状是不同的，这是因为轴线的静态形状和运转时由各种作用力引起的轴线的变形大小、相位一般都不相同。因此，按静态轴线调整轴瓦间隙往往不能使转子和轴承处于最佳状态。显然，运行后按照转子动态轴线形状再调整轴瓦间隙可以保证轴的运转平稳、轴承受力均匀。对初次投入试运的机组，轴的动态轴线为未知，可仍按轴线的静态形状调整导轴承的间隙，待试运行后，按需要根据动态轴线重新调整。

（2）2 号机组于 2018 年 6 月完成了机组 B 级检修，检修后动态调试中机组上导摆度和上机架水平振动偏大。于是在 2019 年 1 月 17 日至 1 月 24 日对 2 号机组进行了动平衡试验，配重后机组在空转工况下，上、下导摆度转频幅值减小为原来的 1/4，上机架水平振动转频幅值减小为原来的 1/8，配重效果明显，基本上消除了检修前后因弓状回旋形态变化而产生的转子质量不平衡现象（见表 6.3.37）。

表 6.3.37   转子配重试验数据表

机组转速	上导—X 摆度		上导—Y 摆度		下导—X 摆度		下导—Y 摆度		上机架水平振动		下机架水平振动	
	辐值 /μm	方位 /(°)	辐值 /μm	方位 /(°)	辐值 /μm	方位 /(°)	辐值 /μm	方位 /(°)	辐值 /(mm/s)	方位 /(°)	辐值 /(mm/s)	方位 /(°)
270r/min	112	89	103	343	24	121	18	12	0.111	350	0.039	26
423r/min	96	89	96	332	31	175	30	66	0.312	6	0.087	70
500r/min	62	36	80	282	61	209	75	114	0.28	324	0.089	236

（3）但由于经过动平衡达到理想运行状态的机组往往经过甩负荷、过速工况之后又会出现变化，所以还是有必要对弓状回旋形态产生变化的缘由展开进一步探索。

5. 导轴瓦间隙畸变分析及其调整

（1）在处理 2009 年导轴瓦间隙畸变的过程中，对抗重块进行了增设退刀槽的设计修改，以达到避免抗重块加工弧角的磨损而增大瓦间隙的目的，进而收到了实效（见图 6.3.99）。

（2）2019 年 2 号机组 A 修中，固定螺杆、楔子板、挡板、支撑块、抗震块等上下导轴承全部金属部件（除了下导 5 号、7 号瓦的楔子板未更换）均更换了新备件。

1）经查，上导换下的旧抗震块全部都有退刀槽，下导换下的旧抗震块 4 个有退刀槽、3 个无退刀槽 ［见图 6.3.107 （a）、（b）］。

2）A 修使用的新备品，上导的新抗重块 3 个有退刀槽、5 个无退刀槽；下导的新抗重块 3 个有退刀槽、5 个无退刀槽。

3）同时，全部抗重块对应的安装孔处均加工有倒角 ［见图 6.3.107 （c）］，只要装配正确，上、下导的抗重块即使未设置退刀槽也不至于因加工弧角的磨损而导致瓦间隙异常增大。

（3）由于在大修后机组交付系统运行 2 个月期间，新更换的导轴承各金属部件（如导轴瓦、楔子板、支撑块、抗重块等）配合面发生磨合，各金属部件配合更为紧密或变形最终是可能导致上导、下导轴瓦间隙异常增大的。但未加工退刀槽的抗重块与机架安装孔倒角的配合难免存在问题，很可能仍是酿成瓦间隙异常增大的主要根源。

（a）有退刀槽的抗重块

（b）无退刀槽的抗重块

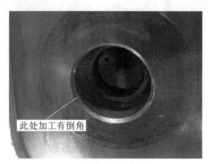
（c）机座安装孔倒角

图 6.3.107　抗重块及机座

6. 推力镜板滑动面水平度

（1）弹性油箱压缩量标准的判定。

1）由于液压支柱式推力轴承可利用支柱螺钉调整镜板的水平及对每块瓦进行受力调整，根据《水轮发电机组安装技术规范》（GB/T 8564）规定：在推力轴承所在机架的水平度达到 0.04mm/m 的条件下，各油箱的压缩量偏差不大于 0.20mm，这应是合理或可以理解的。

2）对于现今广泛采用的无支柱螺栓式弹性油箱，由于推力瓦相对变形小，具有油膜厚度增加，油膜压力降低，承载能力大、可调节范围增大的特点，其安装检查标准可不按 0.20mm 控制，一般由制造厂家设定。

（2）2005 年 2 号机组 A 修时，进行了无载和有载情况下弹性油箱高度的比较（在互相联通的状态下进行测量的）。拆卸前 3 号弹性油壶压缩量较大（0.4075mm），6 号弹性油壶压缩量较小（0.2125mm），差值 0.1950mm；检修后 2 号弹性油壶压缩量较大（0.4925mm），5 号弹性油壶压缩量较小（0.3065mm），差值 0.1860mm；检修后 1～9 号弹性油壶压缩量变大，10 号弹性油壶压缩量变小，但总体而言较 A 修前更均匀且小于 3 号机组的弹性油箱压缩量不均匀程度（其差值达到 0.31mm）；鉴于 3 号机组投入运行后推力瓦温等并无异常，应可推断 2 号机组弹性油箱压缩量不均匀程度应还在允许范围内。

（3）镜板水平度调整、调整的处理。

1）按照一般规范的要求，镜板水平度不大于 0.02mm/m 对保持机组轴线理想状态和长期稳定运行肯定是有利的。但对于弹性推力轴承而言，镜板水平略有偏离的情况下也还不致给机组运行带来太大影响，如 2 号机组在推力机架最大振动不大于 3.63mm/s、最大下导摆度不大于 263.18μm 的运行状况下尚能维持正常运行，可以认为其时的推力镜板的水平度还是能够被接受的。

2）经检查，2 号机组推力瓦之间的镜板面无异常（表面有无锈蚀、有无线性磨痕），推断推力瓦应无线性磨痕（但推力瓦与镜板的接触面积能否保持 70%～80%以上则无法判断）。而在推力头上方测得的水平见图 6.3.108，推力头中控室一侧较低，与上下导瓦间隙偏斜情况一致。

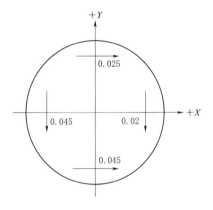

图 6.3.108　推力头上部
水平度测量图（单位：mm/m）

3）如能通过推力机架的调整，使得镜板水平度优化甚或尽可能达到不大于 0.02mm/m 的理想状态，机组运行水平也还会进一步提高。对于 GZ-Ⅰ电站，调整推力机架水平度即意味着调整推力锥管与顶盖的结合面，可能具有一定难度和不可预见性，这就需要权衡比较以便决断采取措施。

4）吊出推力头外送加工（精铣）处理是能收到较好工艺效果的，但审视总装配图（见图 6.3.109）可以看出，由于下机架中心体最小空间内径仅ϕ2060mm，推力头外径是 ϕ2675mm。也就是说，若要吊出推力头就必须吊开下机架中心体，而要整体拆除下机架，就意味着先要吊开落在下机架上的定子。其工序之多、工期之长、投入之大，从机组 A 修角度来看是不可取或者不太现实的。

5）由于机组静态工况、尾水排空状态下测量的推力头水平度约 0.05mm/m（>0.02mm/m），不满足标准要求，由于确难判断当前推力头不平度是否影响 GZ-Ⅰ电站这种弹性推力油箱设计结构的定中心及瓦间隙调整方法，只能暂时不予调整。

7. 略谈其他影响因素

（1）认真检查磁轭键依然是转动部件全面检查的重点。

1）磁轭热打键后叠装工序基本完成，对磁轭键即可点焊固定（见图 6.3.110），但机组运行甩负荷或过速时，磁轭键会有松动的可能，如果机组恢复正常运行后磁轭整体不能回复原来形体，将会导致转子偏心值的变化。其时再进行动平衡试验配重，虽然转子偏心情况会有所好转，但终归还是一个变数。

2）宜在采取安全措施的情况下机组热运行（至少 2～3h），然后进行一次过速试验，并在机组热状态下打开磁轭键锁定板，分别采取打紧打入键的方式再次打紧磁轭键。根据惠蓄电站的同类型设计，上下副键之间理论上应有不小于 10mm 的余量空间，根据经验还是会有些许打入量的。这样可以减少如前所述存在"变数"的幅值，也就是转子偏心值变化的幅值。

3）由于 GE（中国）认为可以用塞尺检查主副键与转子中心体的接触情况，而不可尝试拆键；于是按此进行了检查。

a. 除 1 号、12 号磁极对应支臂处由于安装了励磁引线，未能拆除固定块外，其他上

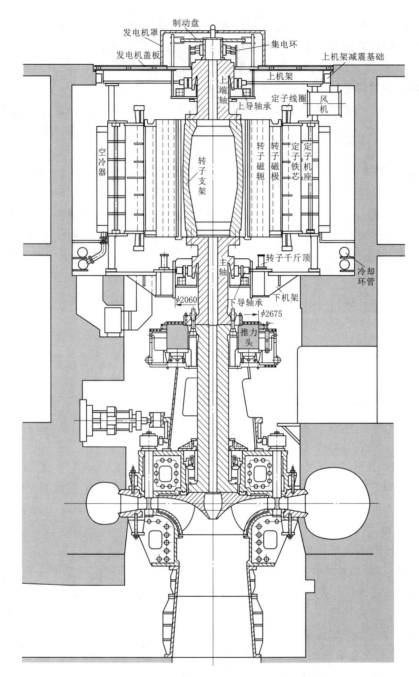

图 6.3.109　机组总装配示意图

部磁轭键固定块全部拆除后检查，磁轭主键与副键、副键与中心体的之间均没有间隙。

b. 4 号磁极对应支臂上部磁轭键的副键比中心体低约 0.8mm。

c. 6 号磁极对应中心体支臂下部磁轭键的副键和转子中心体间隙 0.02mm 塞尺进 20mm，0.04mm 塞尺进 15mm，0.05mm 塞尺不能塞进。

d. 7 号磁极对应中心体支臂下部磁轭键的副键和转子中心体间隙 0.02mm 塞尺进 25mm，

0.04mm 塞尺进 15mm，0.05mm 塞尺进 3mm（间隙主要是在结合缝的中间位置）。

e. 其他下部磁轭键检查无间隙。

4）由此可见，磁轭键的检查仍不可掉以轻心。

（2）4 号机组发电机上导轴承瓦间隙调整螺杆历史上共发生过三次断裂故障，2 号组、3 号机组均有类似情况出现并全部更换了上下导调节螺杆（见图 6.3.111）。经分析，调节螺杆一端固定在上导瓦上，另一端固定在楔子板限位块上，上导瓦在机组摆度作用下所产生在瓦间隙范围内小幅度的位移的径向往复运动是可能导致调节螺杆产生疲劳破坏的。而在调节螺杆疲劳

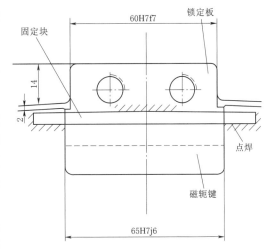

图 6.3.110　磁轭键固定
示意图（单位：mm）

破坏的过程中也必然引起瓦间隙的异常变化，对此不能不引起高度重视。

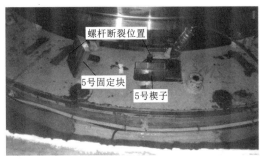

（a）楔子板固定块脱出　　　　　　（b）调节螺杆断裂

图 6.3.111　导瓦装配结构损害坏情况

8. 阶段性调整成果

2 号机组于 2020 年 3 月 23 日至 4 月 14 日对发电机转动部件、固定部件进行了 A 修后的再次全面检查，重新进行了盘车、定中心以及导轴承瓦间隙调整（上导轴承双边间隙 0.60mm、下导轴承双边间隙 0.56mm）。并在调试试验之后进行了空转轴承热稳定和带负荷热稳定试验。

（1）首先分别进行了发电机空载特性试验、发电机短路特性及保护装置检查试验、调速器空载扰动试验。期间，上下导摆度均较平稳没有明显上升趋势、上机架水平振动略有上升但很快趋于平稳，而下机架水平振动则始终较为平稳。

（2）第一次空转轴承热稳定试验运行约 80min。

1）上机架、下机架水平振动 1X 转频位移值分别约为 $12\mu m$、$14\mu m$；上导摆度约为 $100 \sim 140\mu m$、下导摆度约为 $150 \sim 200\mu m$，其幅值均较平稳，无上升趋势。

2）试验全程机组各处温度基本正常，其中上导最高瓦温 65.4℃（平均瓦温接近

65℃，最大温差 1.1℃），下导最高瓦温 65.1℃（平均瓦温接近 64℃，最大温差 2.7℃），推力瓦温在 48～52.5℃ 之间。停机前 20min 内上、下导瓦温升约为 0.3℃/10min，并逐渐趋于平稳。

（3）第二次空转轴承热稳定试验，运行约 2h。

1）上导摆度先下降然后趋于平稳于 90～130μm、下导摆度一直稳定于 150～230μm，无上升趋势。

2）试验全程机组各处温度正常，其中上导最高瓦温为 66℃（平均瓦温 65.4℃，最大温差 1.3℃），下导最高瓦温 65.8℃（平均瓦温 64.4℃，最大温差 2.8℃），推力瓦温在 49.3～53.1℃ 之间，并于运行 1.5h 左右趋于稳定。

（4）两次空转轴承热稳定试验与处理前的测录数据对比详见表 6.3.38～表 6.3.40。

表 6.3.38　　　　　　　　空转轴承热稳定试验振动、摆度测值

测量部位		下导—X	下导—Y	上导—X	上导—Y	水导—X	水导—Y
		摆度/μm					
日期/（年-月-日）	2020-3-13	637	485	230	300	—	—
	2020-4-14	70	67	120	114	84	85
	2020-4-18	65	68	110	110	78	79
测量部位		上机架水平振动/（mm/s）	上机架垂直振动/（mm/s）	下机架水平振动/（mm/s）	下机架垂直振动/（mm/s）	顶盖水平振动/（mm/s）	顶盖垂直振动/（mm/s）
日期/（年-月-日）	2020-3-13	1.10	—	1.50	0.45		
	2020-4-14	2.31	1.22	1.61	0.86	1.52	3.57
	2020-4-18	2.25	1.64	1.65	0.85	1.50	3.90

表 6.3.39　　　　　　　　空转轴承热稳定试验油温、瓦温测值

日期/（年-月-日）	上导油温/℃		上导瓦温/℃							
	SHS1	SHS2	1号（SMS1）	3号（SMS2）	5号（SMS3）	7号（SMS4）	2号（TMS1）	4号（TMS2）	6号（TMS3）	8号（TMS4）
2020-4-14	48.9	47.9	64.9	64.6	65.4	64.4	65.4	64.3	65.3	64.3
2020-4-18	49.3	48.6	65.4	65.2	66.0	65.1	65.9	64.9	66.0	64.7
日期/（年-月-日）	下导油温/℃		下导瓦温/℃							
	SHI1	SHI2	1号（SMI1）	3号（SMI2）	5号（SMI3）	7号（SMI4）	2号（TMI1）	4号（TMI2）	6号（TMI3）	8号（TMI4）
2020-4-14	52.7	49.6	64.3	62.4	64.4	63.6	62.8	65.1	64.1	63.0
2020-4-18	53.1	50.5	65.2	63.0	65.0	64.3	63.6	65.8	64.6	63.8

表 6.3.40　　　　　　　　　　推力轴承瓦温测值　　　　　　　　　　　单位：℃

日期/（年-月-日）	1号（LS1）	2号（LS2）	3号（LS3）	4号（LS4）	5号（LS5）	6号（LS6）	7号（LS7）	8号（LS8）	9号（LS9）	10号（LS10）
2020-4-14	52.1	49.5	50.7	51		50.1	49.1	48.3	50.9	48.3
2020-4-18	53.1	50.6	51.9	52.1		51.0	50	49.5	52.2	49.3

（5）随之，2号机组进行了300MW负荷（运行1h）和180MW负荷（运行1h20min）的稳定性运行，其运行振摆和瓦温数据见表6.3.41。

表 6.3.41　　　　　　　　　　　2号机组运行振摆和瓦温数据表

工况	上导摆度/μm	下导摆度/μm	水导摆度/μm	上机架水平振动/(mm/s)
G 300MW	60～70	55～70	60～70	0.3
G 180MW	60～75	120～160	90～120	0.3～0.4

工况	下机架水平振动/(mm/s)	上导瓦温/℃		下导瓦温/℃	
		最大值	最小值	最小值	最大值
G 300MW	0.4	63.9	62.5	63.5	66.0
G 180MW	0.5～0.6	64.4℃	63.2℃	64.6	67.3

从表6.3.41中可以看出，当机组在G300MW工况下运行时：

1）振摆数据较之A修后调试时略有降低，但无明显差异。

2）上导稳定后瓦温略低于同期3号机组瓦温数据（3号机组最高瓦温65.4℃，最低瓦温62.6℃）。

3）下导稳定后瓦温略低于同期3号机组瓦温数据（3号机组最高瓦温68.4℃，最低瓦温65.4℃）。

4）与A修后数据相比瓦温平均提高5℃左右，（本次检修上、下导瓦间隙均收小，瓦温上升属于正常现象）。

5）无论当2号机组在G300MW还是180MW工况下运行时，上、下导摆度和上下机架水平振动均较稳定，未发现明显的上升趋势；且瓦温温差较小，均稳定在正常范围内。

（6）通过上述空转及带不同负荷的热稳定试验，对上、下导摆度以及瓦温方面的变化情况进行分析，可以认为GZ-Ⅰ电站2号机组上、下导摆度大的故障已经取得基本解决的阶段性成果，可以期待长期运行的考验。

9. 结语

（1）从机组长期运行及历次大、小修情况分析，正常运行中2号机组的振摆及瓦温属于各台机组中状况偏差的。

（2）经分析，初步认定上、下导摆度大的原因为导轴承瓦间隙在A修后的异常增大，其根源是A修后机组交付系统运行2个月期间，新更换的导轴承各主要部件（包括导轴瓦、楔子板、支撑块和抗重块等）配合面（包括没有加工退刀槽的抗重块与机架座孔的不良配合）经磨合后出现磨损乃至变形，最终导致上导、下导轴瓦间隙异常增大，影响了机组正常运行。所以，机组大小修更换导轴承相关部件时，应仔细排除可能导致磨损影响导瓦间隙调整值的潜在因素。

（3）虽则推力轴承滑动面的水平度远达不到不大于 0.02mm/m 的理想状态，但对于 GZ-Ⅰ 电站而言，调整推力机架水平度即意味着调整推力锥管与顶盖的结合面或外送推力头进行精铣加工，这就有相当的难度并具有诸多不可预见性，确需权衡比较才能予以决断。在确难判断当前推力轴承滑动面不平度影响机组运行程度的情况下，现只能采取暂不予调整的态势。但从目前机组调整运行正常的情况来看，推力轴承滑动面的水平度超标应不是直接导致上、下导摆度异常的关键因素。

（4）由于发现机组充尾水后，推力头水平会发生变化，进而说明机组轴向力的变化会影响推力轴承的水平度。由于机组运行过程中轴向力总是处于变动状态，那么也就意味着机组轴线一直处于不断变动中，这是否是引发上、下导摆度增大的一个辅助性诱因或隐患，还有待进一步探讨分析。

（5）转子偏心值的游移以及轴线调整的偏差这两个形成机组轴系弓状回旋的重要因素都还是存在的，由此形成的轴系自激振动的特征与目前机组摆度、振动与时俱增的状况也是吻合的。为此，应认真、彻底检查磁轭键是否存在松动状况，在保持原调整偏心值基本不变的情况下，采取措施排除可能存在的磁轭键松动隐患也仍然是必要的。

（6）宜先按静态轴线居中调整轴瓦间隙，虽然这是不能使转子和轴承处在最佳状态的，可在机组初次投入试运后，再根据轴瓦形态（含瓦温）及对动态轴线的判断按需要进行重新调整。

6.3.3.2 清蓄电站导轴瓦间隙增大现象剖析

1. 各部位导轴承轴瓦间隙增大情况

（1）1 号机组运行一段时间后，水导轴承振摆增大趋势明显，经机组消缺时检测，轴瓦间隙已较原调整值（0.29±0.02）mm 有所增大（见表 6.3.42）。

表 6.3.42　　　　　　　　　1 号机组水导轴瓦间隙实测值　　　　　　单位：1/100mm

编号	1	2	3	4	5	6	7	8	9	10	11	12
轴瓦间隙	37	39	41	41	39	36	36	38	42	44	37	32
总间隙	1～7		2～8		3～9		4～10		5～11		6～12	
	73		77		83		85		76		68	

（2）2 号机组投运之后上导轴承振动及摆度数据增大趋势明显。

1）如 G 工况带 20MW 负荷时，机组振动摆度最大值 X、Y 向分别为 251μm、281μm，达到报警值；两个月后（带 21.4MW 负荷）分别达到 408μm、391μm 跳机值；最初带 320MW 额定负荷时上导 X、Y 向摆度最大值分别为 82μm、81μm，两个月后则分别增至为 156μm、136μm，影响了机组稳定运行。

2）机组 PC 工况试运行后的下导轴瓦间隙见图 6.3.112，较之设计调整值（0.36±0.02）mm 有了较大幅值的变化。

（3）3 号机组在 PC 温升试验期间，下导摆度幅值 SR 工况从 140μm 上升至 240μm，G/M 工况从 90μm 上升至 200μm；水导轴瓦间隙也相对于安装调整值（0.29±0.02）mm 有明显增大的趋势（见表 6.3.43）。

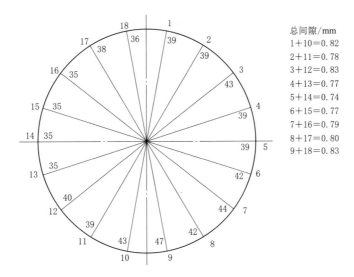

总间隙/mm
1+10=0.82
2+11=0.78
3+12=0.83
4+13=0.77
5+14=0.74
6+15=0.77
7+16=0.79
8+17=0.80
9+18=0.83

图 6.3.112　2 号机组下导轴瓦间隙图

表 6.3.43　　　　　　　　　　3 号机组水导轴瓦间隙实测值　　　　　　　　单位：1/100mm

编号	1	2	3	4	5	6	7	8	9	10	11	12
轴瓦间隙	37	31	40	38	32	30	32	38	44	44	42	36
总间隙	1～7		2～8		3～9		4～10		5～11		6～12	
	69		69		84		82		74		66	

（4）4 号机组也有类似情况。

（5）机组在联甩三台机组满负荷后轴系振摆也发生了变化：1 号机组上导 X、Y 向摆度略有增加，下导 X、Y 向摆度增幅达到 85%；2 号机组上导 X、Y 向摆度变化幅度不大，但是下导 X、Y 向摆度增幅达到 68%。

2. 导轴瓦间隙增大的机理

（1）由于轴线的静态形状和由运转情况下各种作用力引起的轴线变形大小、相位一般都不相同，运转情况下反映轴运转实际的转子动态轴线形状与其静态形状是不可能一致的。因此，按静态轴线调正轴瓦间隙时的转子和轴承并不处于最佳状态，一般都要求在试运行后，按需要根据动态轴线重新进行轴瓦间隙调整，以期更有效地保证轴承受力均匀、轴系运转平稳。

但是，按静态轴线调正轴瓦间隙之后的机组运行产生导轴瓦间隙非正常增大毕竟是不能被接受的，尤其是引起导轴承处轴摆度呈上升趋势并超过报警值甚至摆度过大跳机的运行状况。

（2）由于机组已经进行了动平衡试验并消除了机械不平和衡，轴承间隙增大就成为轴系弓状回旋形态的主要因素，其明显的后果是轴系振摆加剧。[参阅"6.3.3.1 GZ-Ⅰ电站 2 号机组上下导摆度异常剖析"之 4]。并由此可知，轴系的弓状回旋对类似清蓄电站这样的高转速机组有着相当大的影响，轴瓦间隙过度增大是有可能促使轴系弓状回旋形态恶性循环从而影响机组的临界转速引发水轮机的自激振动。

（3）同时，与轴的旋转速度一致的转频弓状回旋，总是使得轴始终不变的靠向轴瓦的一侧，在一定的条件下，轴的这一侧就会发生偏磨而引起热不平衡，最终导致机组的强烈振动。

显然，轴瓦间隙经过一段时间运行后非正常增大的现象是必须避免的，目前只能从轴承结构和安装调整方法两个方面去查找原因并寻求解决途径。

3. 轴承结构方面因素的探析

清蓄电站上下导及水导均采用支柱式抗重螺栓分块轴承瓦，具有结构简单、平面布置紧凑，刚性、自调节功能均好的特点（见图6.3.113、图6.3.114）。

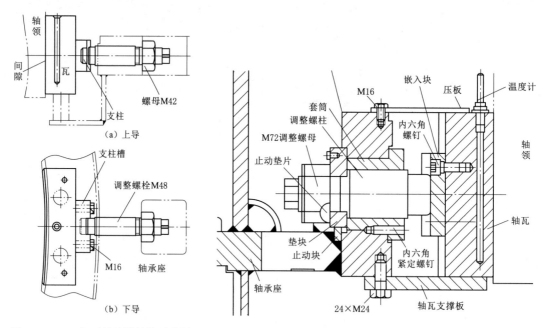

图 6.3.113　上下导轴承结构示意图　　　图 6.3.114　水导轴承结构示意图

（1）上下导的支柱槽内的支柱与调整螺杆头接触面设计为球面、水导调整螺柱前端与嵌入块接触面亦为球面体，可形成稍微动转的支点，使轴瓦在运行中与轴领之间形成楔形，从而效果性地产生油膜反力。该支点处是轴承受力的集中点，应力较高，对承载部件的材质要求也很高。

1）上下导 M48 调整螺栓均采用 40Cr、支柱均采用 T10，据查，T10 的硬度则达到 HRC62～64 即不小于 650HB；设计要求，40Cr 调质处理硬度 250～280，而其 $\phi43$ 前端表面淬火深度 1.5～2mm，硬度达到约 HRC48～55（见图 6.3.115）。

2）水导轴承 M100×3-6g 调整螺栓采用 40Cr 调质硬度 269～331HB，确保与 M72 螺母和套筒的硬度差 30～50HB，而其 SR300 球面则经过淬火处理（深度 15～20mm）硬度为 50～54；设计要求嵌入块采用 40Cr，其 $\phi82$ 区域表面淬火 1.5～2.0mm 深，硬度达到 HRC48～52（见图 6.3.116）。

3）对于上下导而言，由于球面体立柱的硬度大于 M48 调整螺栓的硬度，过大的径向力可能使得螺栓头平面产生洼陷变形，尤其是当 $\phi43$ 前端表面淬火硬度不足时。水导轴承的调整螺栓 $\phi85$ 球头硬度≈嵌入块 $\phi82$ 区域硬度，一般情况下其接触平面应无塑性蜕

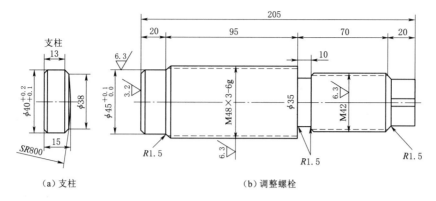

（a）支柱　　　　　　　　　　　　　　　（b）调整螺栓

图 6.3.115　上下导支柱及调整螺栓示意图（单位：mm）

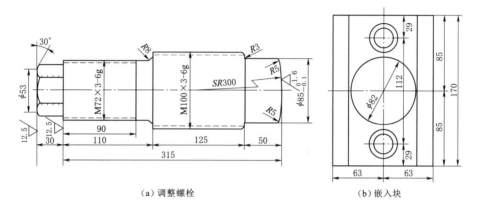

（a）调整螺栓　　　　　　　　　　　　（b）嵌入块

图 6.3.116　水导调整螺栓及嵌入块示意图（单位：mm）

变的可能。

（2）调整螺栓的螺纹分为不同节距的两段（上下导为 M48 和 M42、水导为 M90 和 M72），设计此结构意图起双螺母之效果，固定牢实且能同时止动（水导螺母座面上还设置有止动垫片，使螺母的止动更加完善）。但实际上由于：螺柱与螺母的丝牙是有间隙的；螺孔与端面可能不完全垂直，致使螺牙间受力不是很均匀。这就使得紧螺母在机组运行中仍然会有松动的可能，即便水导增设锁片也仍然难以避免，其与当前大型机组普遍采用的楔子板式分块瓦结构比较也还是有不足之处。

（3）相关部件设计、加工不当也会造成锁紧失效。检查机组水导轴承时发现垫块的 C5 倒角（见图 6.3.117）有与调整螺杆螺牙挤压的痕迹，说明由于 C5 倒角偏小限制了调整螺栓的行程，使得 M72 缩紧螺母未能起到锁紧调整螺栓的作用。遂将 4 台机组的垫块全部重新加工（见图 6.3.118），才基本解决了水导轴承间隙增大的问题。

4. 安装调整过程程序及注意事项

清蓄电站上、下导及水导均系非同心瓦：①上导滑转子外径 $\phi1700$，导轴瓦内径 $\phi1710$mm，径比为 1.006；②水导轴领外径 $\phi1380$mm，导轴瓦的圆面半径为 $\phi1382.8$H8（+0.195/0）mm，径比为 1.002。

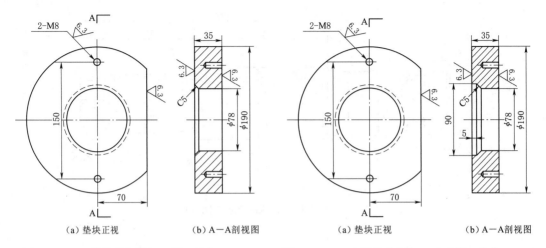

图 6.3.117　水导垫块原加工图（单位：mm）　　图 6.3.118　水导垫块新加工示意图（单位：mm）

　　非同心瓦的特点是轴瓦为线接触式受力，其安装工艺相对于同心瓦要复杂、严密得多，如若在调整过程中存在中心不对正等因素，在运行过程中经、升速、甩负荷、瓦温考验等功能性检验后，瓦间隙一般都会增大。其安装调整程序及注意事项如下。

　　（1）上、下导轴承安装调整程序及注意事项（以下导轴承为例）。

　　1）采用在百分表监视转轴的情况下，用顶紧螺栓（特制螺旋小千斤顶，见图6.3.119）在下油槽内的圆周四个方向（$+Y$、$+X$、$-Y$、$-X$）调整下端轴处于下机架的中心并予以固定（注意：在顶起螺栓与下端轴轴颈之间应设置紫铜片予以保护）；同时，用 4～6 块小楔铁插入转轮和底环的间隙中，将主轴下端固定。

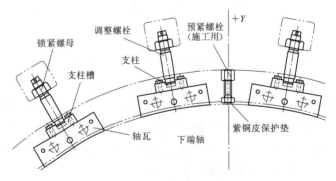

图 6.3.119　大轴中心固定调整示意图

　　2）用顶紧螺栓（特制螺旋小千斤顶）将轴瓦顶靠轴颈后（见图6.3.120），左右螺栓必须均匀把紧（螺栓与轴瓦背面之间应设置紫铜片予以保护），用塞尺检查轴瓦两侧间隙 $C_1 \approx C_2 \approx 0.08$mm，这是调整轴瓦的关键环节。

　　3）用塞尺检测调整螺栓头与支柱槽内球面支柱之间的间隙，使其达到 (0.36 ± 0.02)mm。

　　4）用 M42 螺帽锁紧支柱螺栓后，再次核查间隙应符合要求。

　　5）拆除相关装配设施，间隙调整完成。

（2）水导轴承安装调整程序及注意事项。

1）在大轴轴领圆周四个方向（$+Y$、$+X$、$-Y$、$-X$）设置有调中心专用的 M36 调整螺栓（见图 6.3.121，在主轴侧均采用铜板保护防止擦伤主轴表面）。

2）逐一就位轴瓦，调整螺柱头部对准嵌入块凹槽。

3）使用一对专用小调整螺栓顶紧轴瓦两侧，使瓦面中心单线贴紧轴面，用塞尺检测 $C_1 \approx C_2 \approx 0.04\text{mm}$（见图 6.3.121），这是调整轴瓦的关键环节。

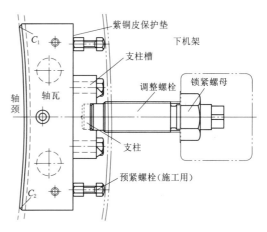

图 6.3.120　轴瓦间隙调整示意图

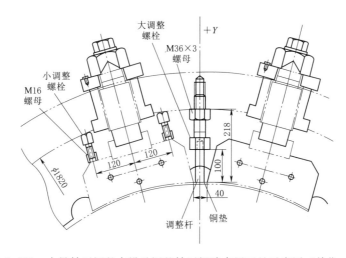

图 6.3.121　水导轴瓦调整布设及调整轴瓦间隙专用工具示意图（单位：mm）

4）将 $(0.29\pm0.02)\text{mm}$ 厚的塞尺置于调整螺栓和嵌入块之间，顶紧 M100×3 螺柱并紧固 M72×3 锁紧螺母（见图 6.3.116）。

5）为消除内、外螺纹间隙的影响，锁紧螺母固定调整螺栓后，应再次测量确认轴承间隙设定值并进行反复调整，直至轴瓦间隙最终符合设计要求。

6）锁定螺母的垫片并点焊止动块。

5. 建议与措施

（1）由于运转的转子轴线不同于静态轴线，为了保证机组稳定运行和优化轴承受力，在试运行后有必要根据动态轴线重新进行轴瓦间隙调整。尤其是当导轴承处轴摆度呈上升趋势甚至报警、跳机时，更应果断采取调整措施。

1）针对2号机组下导在 PC 工况轴摆大幅度增大时，立即检查了导瓦间隙并及时进行了调整，将 18 块瓦间隙均匀调整为 0.34mm（安装调整值为 0.35mm），调整值见表 6.3.44。瓦间隙调整后，2号机组 PC 工况连续运行 5h，大轴摆度和机架振动各测点一倍频均较小，通频幅值也都在标准 A 区范围以内。

表 6.3.44　　　　　**2 号机组下导调整表**　　　　　单位：1/100mm

下导编号	1	2	3	4	5	6	7	8	9
调整值	−5	−5	−9	−5	−5	−8	−10	−8	−13
下导编号	10	11	12	13	14	15	16	17	18
调整值	−9	−5	−6	−4	−1	−1	−1	−4	−2

2）由于 3 号机组过速、甩负荷试验后水导轴承轴摆有明显增大趋势，机组消缺时对导瓦间隙进行了检查和调整，发现导瓦间隙较之原安装调整值［(0.29±0.02)mm］增大较多，即均匀调整为 0.31～0.32mm，3 号机组调整见表 6.3.45。

表 6.3.45　　　　　**3 号 机 组 调 整 表**　　　　　单位：1/100mm

下导编号	1	2	3	4	5	6	7	8	9	10	11	12
调整值	−5	—	−8	−6	—	—	—	−6	−12	−12	−10	−4

调整后机组空载运行水导轴摆不大于 200μm、100％负荷均约 40μm，达到比较理想的稳定运行状态。

（2）目前国内外非同心瓦结构导轴承多采用楔子板式分块瓦轴承结构，而对于非同心瓦＋支柱螺栓支承结构型式的清蓄电站导轴承则需特别关注以下几个方面：

1）安装用的"螺旋小千斤顶"应周密设计，使得装配时能实现定位稳固、便于微调。

2）安装、调整轴瓦时要求精细作业，使用特制螺旋小千斤顶左右两侧均匀顶靠轴瓦，使其中部与轴颈线接触，避免两侧部间隙误差偏大甚或导轴瓦单侧接触轴颈，影响轴瓦间隙调整的真实性。

3）调整螺栓与轴承座或套筒螺纹的配合副时，为了消除丝牙间隙的影响，在用锁紧螺母固定调整螺栓的过程中应反复操作、测量，直至确认轴瓦间隙达到设计要求。

4）在交变荷载下由于螺纹副丝牙的挤压变形仍有轴瓦间隙增大的可能，即使锁紧螺母采取了制动措施，在运行中交变载荷下也还是可能松动而影响已调整的轴瓦间隙。从 2 号机组下导瓦间隙处理前后的状况分析，螺栓挤压已有轻微变形。因此，运行一段时间尤其是经过机组过速、甩负荷及工况转换试验后，是有必要根据运行实际适时进行轴瓦间隙再调整。

（3）惠蓄电站多台机组曾因机组甩负荷及过渡工况时大轴所产生的径向冲击力较大，使得球面抗重块与推力块接触面产生塑性变形（最大值甚至达到 0.07mm），导致导瓦间隙增大影响轴线状态。为此，法国 ALSTOM 决定对材质均为 34Cr2Ni2Mo（调质）的球面抗重圆柱和推力块进行表面淬火处理，使其硬度从 248HB 提高到 52HRC 以上，较好地解决了上述问题。

虽然，清蓄电站设计导轴承对轴瓦支承部件的硬度提出了相应的要求，但毕竟还是存在一定程度的硬度差，尤其是当淬火、调质工艺不当的情况下更有增大其差值的可能。当径向力激增瞬间支撑件洼陷变形导致轴瓦间隙增大的现象还不能排除，同时轴瓦支撑点蜕变成面接触势必限制轴瓦灵活性而影响其性能。因此，适时进行轴瓦支撑部件的检查还是必要的，如若发现变形迹象，则应检测相应部件的硬度加大判断力度，以便采取相应措施避免故障扩大。

（4）机组负荷运行期间，根据其轴系振摆的变化趋势及轴瓦间隙的增大具体状况在调整轴瓦间隙的同时，还可以采取再配重措施，同样能起到抑制机组轴承振动和大轴摆度的功效，例如清蓄电站1号机组就是在重新调整轴瓦间隙未取得理想效果时又重新进行了配重。第一次在1号和2号磁极之间上部试加9.28kg、8号和9号之间上部减去13.85kg；由于轴系振摆仍不理想，复原第一次试加重后，最终在14号和1号之间上部增重7.93kg。最终，机组振摆得以改善。

6.3.3.3 深蓄电站1号机组油冷却器影响上导瓦温的处理

深蓄电站1号机组调试进程中推力轴瓦及下导、水导的瓦温均在正常范围内基本趋于稳定，而上导瓦温却有持续上升趋势（期间曾接近甚至超过70℃，见图6.3.122）。据观测，当瓦温运行至47.15～51.47℃（8块瓦，最大温差4.32℃）时，冷却器进水温度为27.39℃、出水温度为27.88℃，温差仅0.49℃。其中，热油从34℃升至44℃，升幅约10℃；冷油从31.5℃升至39.6℃，升幅达到8℃。其上升趋势基本呈同一速率，最终热油温度达到53℃以上。初步分析认为：冷热油流向紊乱，使得冷却水参与冷热交换的功能未能得到有效发挥。

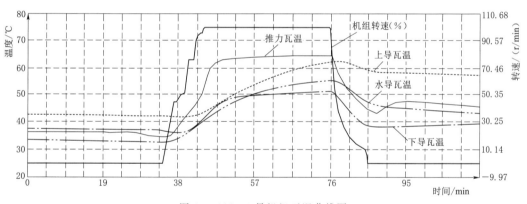

图 6.3.122　1 号机组瓦温曲线图

1. 上导轴承结构及特点

（1）深蓄电站上导轴承结构见图6.3.123，滑转子与固定泵板（泵环）之间的设计间隙为5mm，在机组旋转时形成泵功能将经过冷却器冷却的冷油泵入轴瓦之间，润滑、冷却轴瓦形成如图箭头所示的冷热油循环。

（2）深蓄电站原设计冷却器是没有设置上下端面圆周挡板的［见图6.3.124（a）］，而不是如惠蓄、仙居以及海蓄等电站那样都设置有控制油循环路径的各式挡板［见图6.3.124（b）］。根据流体总是走阻力最小路径的特点，相当一部分油流从未设置挡板的捷径通道直接涌向泵环位置加入循环；还有部分热油从下部空腔未经冷却直接流向泵环（见图6.3.123）。因此，油冷却器的效果就大打折扣了。

（3）油槽冷油和热油温度传感器的布置位置见图6.3.123，由于冷油RTD离冷却器较热油RTD近，开机前（冷却水已投入），冷油热油有明显差异。机组转速下降过程中，

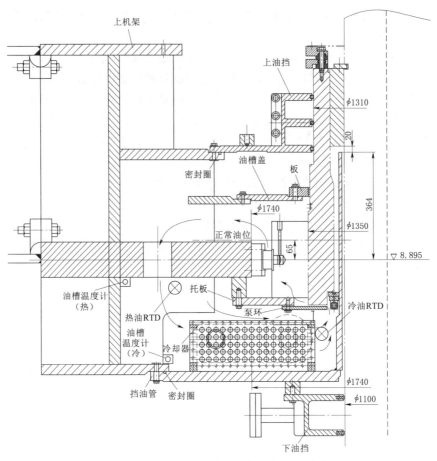

图 6.3.123　深蓄电站上导轴承结构示意图（单位：mm）

（a）深蓄电站原油冷却器

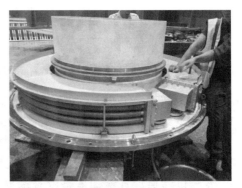

（b）海蓄电站油冷却器

图 6.3.124　油冷却器上下端面圆周挡板的设置

离冷却器近的冷油 RTD 温度比离冷却器较远的热油 RTD 温度下降的更快一些。这也说明上导油盆内部热传导效应是明显高于热对流的。

2. 对检查发现问题的剖析

（1）冷却器一组通道共计 25 根铜管，可能由于装配过程中胀管工作未成功的缘故而堵塞了 5 根铜管 [见图 6.3.125 (a)]，这就意味着这个冷却器的功能丧失了五分之一。

（a）被封堵的冷却铜管　　　　　　　　（b）隔离板和密封垫装配不良

图 6.3.125　冷却器装配质量较差实物

（2）经拆卸检查，冷却水通道所使用的隔离板和密封垫不能很好地起到隔离作用，使得通道之间部分水流短路串通，削弱了冷却器的冷却效果 [见图 6.3.125 (b)]。

3．第一次改造措施及运行效果

（1）哈电采取了以下措施：更换封堵了 5 根铜管的一瓣冷却器；更换冷却器的内部封水密封条，切实保证良好隔离而不出现蹿水；上导瓦单侧间隙由 0.25mm 调整放大至 0.35mm；油盆增加 30mm 高油量，相比设计上导油盆整体油量增加了约 8%；上导油温度暂只设置为报警控制；通过重新标定温度测量，确认测量温度与实际温度的一致性。

（2）处理后再次开机 2h 后温升基本平稳时测得：上导最高瓦温 55.8℃，最高热油温度 51.6℃；上导冷却器冷热水温差 1.2℃，冷热油温差为 0.6℃；上导冷却器水流量 43.78m³/h；由于瓦温还没有完全趋于稳定、冷热油温差只有 0.6℃ 以及冷热水温差也偏小，只能说明改造还是有效果但并未达到令人满意的程度。

4．第二次改造处理及效果

（1）在冷却器上方增加隔油板，采用间断焊接固定（见图 6.3.126）。

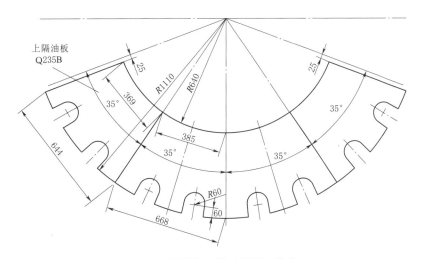

图 6.3.126　上隔油板下料示意图（单位：mm）

（2）在冷却器下方采用折板扣在冷却器下方挡油管上（见图6.3.127）。

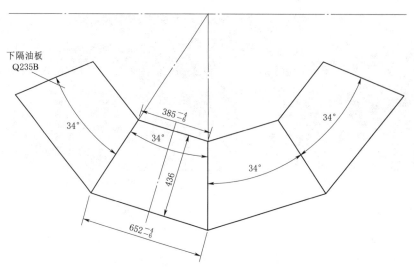

图6.3.127 下隔油板下料尺寸示意图（单位：mm）

（3）总装配见图6.3.128。

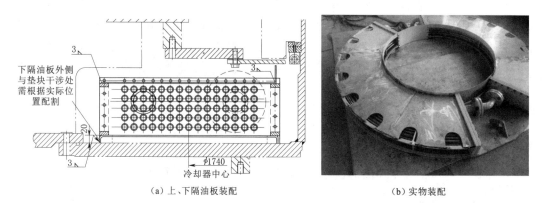

（a）上、下隔油板装配 （b）实物装配

图6.3.128 增加上下挡板的装配图（单位：mm）

（4）改造前后油循环分别见图6.3.123。

（5）改造前后的对比。

1）从表6.3.46的比较可以看出增加冷却器挡板可以提高热对流效果，且瓦温、油温也受导轴瓦间隙挡板直接影响。

表6.3.46 上导相关温度数据变化表

时 间 阶 段	冷热水温差/℃	水流量/(m³/h)	冷热油温差/℃	热油温度/℃	最高瓦温/℃
改造前（运行30min）	0.8	46.58	8.1	53.8	61
第一次改造（上导瓦间隙由0.25mm放到0.35mm）	1.2	43.78	0.6	51.6	55.8
第二次改造（上导瓦间隙由0.35mm缩到0.3mm）	1.7	42.98	0.3	51.6	57.1

2）最终改造的效果。冷却器进水温度为 26.9℃、出水温度为 28.5℃，说明冷却器比较正常地发挥了参与冷热交换的功能；所测得的上导油槽冷油温度为 51.5℃，热油温度仅 51.7℃，两者差异很小。这是由于原冷、热油 RTD 布设的位置不尽合理。两者基本都在纳入正轨后热油未流经冷却器的范围内，只是受冷却器辐射影响大小有些差异而已。

5. 结语

实践证明，厂家随意封堵冷却器铜管（且多达 5 根，占总根数的五分之一）是不能被接受的；冷却器的内部封水密封条应能切实保证良好隔离而不出现串水；RTD 的温度标定应严谨，确认测量温度与实际温度的一致性；修改原设计，增加冷却器合适的挡板，即在冷却器上方增加隔油板（采用间断焊接固定），在冷却器下方采用折板扣在冷却器下方挡油管上，可以卓有成效地提高热对流效果，使得瓦温、油温受到有效控制。总之，采取以上措施均有助于上导瓦温的良性运行。

6.3.3.4 深蓄电站电动发电机顶轴滑转子故障分析及处理

深蓄电站 4 号机组在进行双甩 100％负荷时，上导振摆异常剧增。机组首次双甩后停机过程出现机组摆度没有正常恢复的异常现象，停机检查未发现结构部件出现任何松动现象，再启动时上导摆度却增大了 60μm 左右；经过 1～3 次机组转子配重，再次启动机组，上导 X 向摆度通频达到 418μm、转频达到 348μm；Y 向摆度通频达到 423μm、转频达到 371μm；经检测，转子偏心值增大至 0.16mm。经 4～6 次反复配重，上导 X 向摆度通频仍为 359μm、转频达到 348μm；Y 向摆度通频为 357μm、转频达到 367μm；证明通过配重已经无法改善 4 号机组的摆度和振动。且必须予以重新调整（或调整轴瓦间隙）。机组在低速运转时机组轴线也明显处于不正常状态，虽经调整轴瓦间隙仍无改善。

经分析，最终确定系与滑转子的绝缘层及中间环、顶轴之间的装配、加工等工艺密切相关。

1. 对顶轴滑转子绝缘层装配的检测

（1）轴绝缘一般有两种型式——固化型式和缠绕型式，据查，相当一部分机组皆因绝缘层装配不当而引发事故（见表 6.3.47）。

表 6.3.47　　　　　　　　　　　电站轴绝缘故障资料表

电站名称	周宁	万家寨	乐滩	右江	龙开口	小峡	深蓄
厂家	哈电	哈电	哈电	哈电	VOITH	GE	哈电
总装机容量 /MW	250	1080	600	540	1800	230	1200
单机容量/MW	125	180	150	135	360	57.5	300
型式	悬吊式	半伞式	全伞式轴流转桨式	半伞式	半伞式	轴流转桨式	半伞式
转速/（r/min）	428.6	100	62.5	166.7	83.3	68.2	428.6
投产时间	调试期间	1999～2000 年	2005 年	2006 年 7 月	调试期间	2005 年 3 月	调试期间
故障时间	2004 年 12 月	2010 年 11 月	2015 年	2010 年 2 月	2013 年 12 月	2005 年 5 月	2018 年 10 月

（2）不同绝缘层结构的剖析见表6.3.48。

表6.3.48　　　　　　　　　　　　绝缘层结构的剖析表

电站		绝缘层厚度/mm	紧量/mm	材　质	说　明
万家寨	原	—		191不饱和聚酯树脂，是苯酐、顺酐或反酸与丙二醇等二元醇经缩聚反应合成的聚酯，再与苯乙烯掺合溶解而成的不饱和聚酯树脂，充分固化后再上车床加工	
	新	—	≥0.35		
龙开口	原		0.315～0.6	厚0.2mm环氧玻璃坯布，固化剂及环氧树脂	—
	新	7层绝缘层+1层铜网+20层绝缘层≈6mm	0.6～0.8		绝缘层圆度及与主轴同轴度不大于0.05mm
乐滩	原	2层绝缘层+1层铜网+外层绝缘层=5mm	0.35～0.45	绝缘材料缠绕顶轴一层并加热固化，上卧车加工；装配铜板钢丝网等再二次绝缘，根据紧量要求加工至设计尺寸	
	新	3	0.60～0.65		
小峡	原	—		厚0.2mm EW200无碱玻璃布胚、1040绝缘漆、固化剂及促进剂	
	新	20×0.2mm绝缘层+1层铜网+3mm绝缘层			
哈电专利	原	30层绝缘层+1层铜网+30层绝缘层		玻璃纤维布边刷环氧类室温固化树脂	
	新				
GZ-I	原	5		热固性环氧树脂玻璃纤维带 SILIONNE SAMICA	
	新	—			
深蓄	原	1.075	1.412～1.584	6050聚酰亚胺薄膜	3+1（铜板）+4
	新	1.7	1.8～2.0		6+1（铜板）+6

1）从表6.3.37中可以看出，机组在调试或运行期间不同时段所出现的故障，有的电站甚至已经运行10年及以上才发生故障。

2）故障机组一般都采用玻璃纤维布边刷环氧类室温固化树脂并精加工的工艺予以恢复，经采取措施（如改变厚度、紧量等）均能维持机组正常运行。

（3）不同绝缘处理方式的特点分析。

1）由于"玻璃纤维布边刷环氧类室温固化树脂并精加工"早在鲁布革水电站就已成功被采用，其结构和工艺实践证明是可行的，故习惯称之为"鲁布革方式"；现将深蓄电站所采用的仅绕包6050聚酰亚胺薄膜称为"深蓄方式"。

2）"鲁布革方式"在国内使用的总结应首推哈电专利《水轮发电机顶轴滑转子绝缘结构及其制造工艺的制作方法》，亦即：顶轴滑转子绝缘由两段绝缘构成，两段绝缘内部有一层铜网起到屏蔽电流的作用……两段绝缘均是由玻璃布边包边刷室温固化胶，固化后经车削加工而成，此种绝缘类似于玻璃钢，绝缘机械强度高、电气性能好……此种顶轴滑转子绝缘结构充分发挥其本身抗压性能和耐摩擦性能方面的优势，完全满足大中型水轮发电机及发电电动机运行的安全性。

3）"鲁布革方式"的特点。其绝缘层充分固化然后精车，其外圆的同轴度是能够得到保证的；绝缘的原材料来源广泛，是由环氧类室温固化树脂作为涂刷胶，无碱玻璃布作为补强材料而构成，工艺性好。应用时可以实现室温固化，绝缘在固化时无需进行加热及特殊的防护处理，环氧类室温固化树脂对于环境中温度和湿度的要求不像过去通常采用的不饱和聚酯树脂那样苛刻，制造工艺简单、易于操作；据查，其拉伸、弯曲和压缩强复均达到400MPa以上；在固化过程中，采取合理工艺措施是完全可以做到使绝缘层表面不致受潮而影响质量。

4）"深蓄方式"绕包数层聚酰亚胺薄膜带，由于高级薄膜带本身厚薄公差较小、只要严格控制绕包松紧程度以及注重接缝、尽可能不重叠等工艺质量，其总的绝缘层厚度均匀度还是能得到保证的。更兼滑转子最终经过外圆精车保证了其与顶轴的同轴度，使得热套滑转子后的绝缘层紧量幅值趋于均衡，可以避免运行期滑转子相对于顶轴发生倾斜或周向滑移而导致事故发生。

5）不同方式的绝缘层数和总厚度。"鲁布革方式"的机组一般绝缘层厚度大致为3.5～5mm、紧量约为0.6～0.8mm。"深蓄方式"如若层数过多，则有可能增大厚薄的不均匀度，导致紧量偏差也越大。参考转速375r/min的海蓄电站（见图6.3.129）上端轴滑转子所采用2层绝缘层＋1层铜片＋2层绝缘层＝0.7mm（总厚度）的绝缘方式，最终确认：取消绝缘层铜板，聚酰亚胺薄膜绝缘层减少为4层，总厚度0.5mm。中间环与滑转子之间的紧量保持不变，仍为1.41～1.58mm。同时，上导滑转子热套后，对滑转子外圆进行加工修复，形位公差满足设计要求，兼顾解决1号、2号机组所出现的2倍频故障。

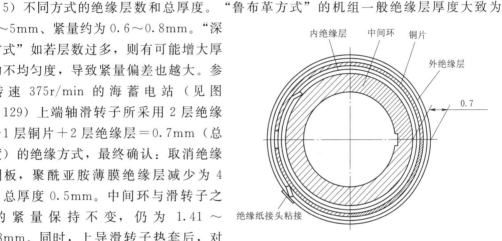

图 6.3.129　海蓄电站滑转子绝缘
示意图（单位：mm）

2. 中间环与顶轴配合过盈量的探讨

（1）但过盈量的设计目前并没有相关标准，当装配时一般采用热套工艺，过大的过盈量需要容量较大的加热设备，保证其加热的均匀性有一定难度，往往使得中间环冷却时收缩不均匀，尤其是中间环与轴身之间设置有平键，更有可能由于受热或冷却收缩的不均衡而导致中间环与轴身配合偏心或失圆。所以，一般尽可能选取较小的过盈量设计（当然，前提是满足设计要求）。

（2）根据经验，常规机组最小过盈量宜取不小于0.02mm；作为抽水蓄能机组的深蓄选取 $0.08 \sim 0.193$mm 的原设计是合理的（深蓄电站实际设计顶轴 $\phi 1094^{+0.087}_{+0.040}$、$\phi 1095^{+0.087}_{+0.040}$；中间环内孔 $\phi 1094^{-0.040}_{-0.106}$、$\phi 1095^{-0.040}_{-0.106}$）。

（3）安装实践告知，常规机组推力头一般按基孔制配合为 H7/h6 或基轴制配合为 K7/h6 的过渡配合，轴孔与轴径采用精密定位过渡配合；过盈量宜在 $0.03 \sim 0.05$mm 范围内。过盈量 $\geqslant 0.05$mm 时，热套与拆卸中间环时，有可能使精密加工的中间环上端面产生变形而破坏其配合均衡度。尤其是中间环与轴身之间设置有平键（深蓄切向键选用紧密连接的极限偏差）时，更可能由于受热或冷却收缩的不均衡而导致中间环与轴身配合偏心或失圆。

（4）在进行中间环与顶轴紧量的合理选取时，哈电最终确认：更换中间环，中间环留有足够的余量与顶轴和滑转子进行配加工；增大中间环与顶轴的配合段长度，中间环上端配合段轴向长度由 36mm，增加至 90mm，下端配合段轴向长度由 80mm，增加至 90mm；增加中间环与顶轴的配合紧量，紧量采用双边 0.30～0.35mm。

3. 顶轴与转子中心体的合理装配

（1）哈电曾对顶轴与转子支架紧固螺栓进行了复核：

1）最小预紧力按设计要求 $F_0 = 1310$kN，在半数磁极短路工况时，螺栓残余预紧力 F_r 为 1002.7kN 与外载荷之比 $K = 2.61$ 是完全满足设计要求（参见新版《机械设计手册》中要求的残余预紧力）。

2）额定工况摩擦力与径向力之比 η' 为 8.92，半数磁极短路时摩擦力与径向力之比 η 为 1.48，甩负荷工况时摩擦力与径向力之比 η_r 为 2.92，均大于 1，所以，顶轴在径向力的作用下是不会滑动的。

（2）由于盘车时明确判断顶轴相对于转子支架产生了一定幅值的平移，其推论可能是顶轴与转子支架 M100×6（材质为 35CrMo）连接螺栓的预紧力（设计拉伸量为 0.3～0.4mm、参考拉力为 1310～1745kN）不足。据分析：

1）《深蓄发电电动机顶轴连接螺栓计算》中"上导径向力产生的弯矩为：$M = F_{ud}L = 2.5927 \times 10^6$N·m"，如若处于双甩 100% 负荷上导摆度达到 1.3mm 时，其径向力所产生的弯矩可能远大于 2.5927×10^6N·m。

2）一般 M100×6（6.8 级）的推荐拉伸力可达 4931.36kN（是理论拉伸力 6575.14kN 的 75%），设计采用的拉伸值只有推荐值的 27%～35%。所以，顶轴与转子支架连接螺栓的设计拉伸值还是应该适当再提高一些。

3）顶轴连接螺栓材质 35CrMo，哈电提供的屈服极限为 670MPa，按常规其预紧应力可以达到 670×0.6 = 402MPa，螺栓最小截面（位于把合面处）面积取 6.4465×10^3m²，则预紧力可达 2591.5kN。

4）对此，哈电最终确认将紧固螺栓的拉伸值提高 10%。

（3）固化型式轴绝缘与缠绕型式轴绝缘的工艺比较。

1）固化型式轴绝缘的主体结构为无碱玻璃丝布刷轴绝缘胶＋铜网或铜带＋无碱玻璃丝布刷轴绝缘胶，胶固化后表面加工成型，利用固化后的轴绝缘胶实现轴绝缘，具体实施过程如下：包第一次绝缘，绕包无碱玻璃丝纤维带→加热固化绝缘→检测绝缘粘接质量，检测绝缘电阻→车一次绝缘→装铜网或铜带→检查绝缘电阻→包第二次绝缘，绕包无碱玻璃丝纤维带→加热固化绝缘→检测绝缘粘接质量，检测绝缘电阻→车二次绝缘→检查绝缘电阻→热套推力头→检查绝缘电阻。

2）缠绕型式轴绝缘的主体结构为聚酰亚胺薄膜＋连接片（铜带）＋聚酰亚胺薄膜，利用聚酰亚胺薄膜本身的绝缘性能实现轴绝缘，具体实施过程如下：推力头加热→中间环外圆绕包聚酰亚胺薄膜→绕包连接片（铜带）→绕包聚酰亚胺薄膜→检查绝缘电阻→中间环与推力头热套→检查绝缘电阻。

3）从实施工艺来讲，缠绕型式轴绝缘结构中间无刷胶序和车序，工艺相对简单，而固化型式轴绝缘结构则相对复杂。

4. 结语

采用固化型式的轴绝缘结构（鲁布革方式）的电站有很多，只要绝缘层选择得当、缠绕工艺质量严谨、内外套热套压紧工艺质量从严控制等，一般是不会引发事故的。缠绕型式轴绝缘结构（深蓄方式）在目前绝缘材料质量有保障、缠绕工艺质量大幅度提高的前提下也已有了不少成功的范例。从绝缘性能来讲，两种绝缘都能够满足轴绝缘要求，应该说固化型式和缠绕型式两种轴绝缘结构均为成熟结构，也都能够保证机组的安全稳定运行。

6.3.3.5 深蓄电站发电电动机下机架 18 倍频振动剖析

1. 深圳电站下机架出现 18 倍频振动的情况

（1）空载工况。下机架水平振动（X 向）通频 1.95mm/s，其中 18X 达到 5.18mm/s；下机架水平振动（Y 向）通频 2.09mm/s，其中 18X 达到 5.70mm/s；Z 向垂直振动通频 1.11mm/s，其中 18X 为 2.51mm/s；顶盖 Z 向垂直振动通频 3.21mm/s，其中 18X 达到 6.16mm/s。

（2）机组带 300MW 满负荷工况。下机架水平振动（X 向）通频 1.99mm/s，其中 18X 达到 5.60mm/s；下机架水平振动（Y 向）通频 2.02mm/s，其中 18X 达到 5.68mm/s；Z 向垂直振动通频 0.74mm/s，其中 18X 为 2.04mm/s；顶盖 Z 向垂直振动通频 2.26mm/s，其中 18X 达到 6.22mm/s。

（3）机组抽水工况。下机架水平振动（X 向）通频 1.62mm/s，其中 18X 达到 4.52mm/s；下机架水平振动（Y 向）通频 1.44mm/s，其中 18X 达到 4.07mm/s；Z 向垂直振动通频 1.21mm/s，其中 18X 达到 3.41mm/s；顶盖 Z 向垂直振动通频 1.51mm/s，其中 18X 达到 4.02mm/s。

（4）机组调相工况。下机架水平振动（X 向）通频 2.18mm/s，其中 18X 达到 6.19mm/s；下机架水平振动（Y 向）通频 1.83mm/s，其中 18X 达到 5.15mm/s；Z 向垂直振动通频 0.73mm/s，其中 18X 为 1.99mm/s；顶盖 Z 向垂直振动无 18X。

2. 现象分析

（1）水轮机 9 叶片转轮，理论上存在产生 18 倍频振动的可能性，但在调相无水工况下仍然存在 18 倍频振动，可以排除水轮机转轮方面的水力振源因素。

（2）发电机为 14 个磁极的转子，理论上也不会造成 18 倍频振动，且运行数据显示转子没有明显的 18 倍频振动分量，可以排除其为振源的可能性。

（3）下导瓦数量为 16，推力轴承瓦数量为 12，理论上是不会对下机架产生 18 倍频影响的。

（4）经有限元核算，下机架满足刚强度使用要求，且自身的刚强度和固有频率在结构设计方面可以避开水轮机固定导叶和转轮叶片产生的共振频率带。

（5）与下机架接触的混凝土基础、机坑里衬、外循环进出油管路也可能将振动传递给下机架，但理论上不会产生 18 倍频的影响。

（6）仅有与转动部件相关的发电机推力头圆周均布的 6 个泵油孔是需要进一步分析探讨的。

3. 分析推力头圆周均布泵油孔的设计理念

（1）推力轴承的循环冷却方式为外循环和内循环两种，由于高转速机组推力轴承 PV 值高、悬吊式机组推导轴承的体积、尺寸不大，选用自身泵内循环颇为多见，例如天荒坪抽水蓄能电站。

（2）半伞式抽水蓄能机组的推导轴承一般多采用外循环冷却方式，外循环方式又依循环动力也分为自身泵和外加泵两种形式。同样，由于高转速机组推力轴承 PV 值高、轴承的体积、尺寸不大，选用自身泵外循环是适宜的；但更多的是选用外加泵方式，例如黑麋峰、白莲河、蒲石河、仙居、洪屏以及清远、海南琼中等诸多抽水蓄能电站；而类似深蓄这样自身泵和外加泵兼而有之的半伞式机组设计则是不多见的。

（3）自身泵一般是利用轴承旋转部件加工数个径向或后倾泵孔形成（径向孔比后倾式斜孔的压头效率稍高一些），当机组运行时，可形成稳定的压头，在旋转体的外侧，附加有集油槽，将泵打出的油汇集入系统油管并进入油冷却器，经冷却后沿环管、喷油管再喷到瓦的进油侧附近。即当推力头旋转时，泵油孔内的润滑油由于离心作用向外甩出，在泵油孔另一侧形成负压，润滑油在负压的作用下从进口流道进入，经过泵油孔进入导瓦室，最后流入外部管道并汇入油池完成循环。

（4）也就是说，不论是径向或后倾泵孔泵出的油都是进入油槽或导瓦室的，而像深蓄电站所设计的直接射向导轴瓦润滑面的倾泵孔则更不多见，其高速油流可能剥蚀损伤钨金瓦面的隐患也不能不引起有关方面的关注。

4. 引发 18 倍频振动的探析

（1）机组运行时，导轴瓦和泵油孔可视同两组相对运动的环列叶栅。当泵油孔滑穿过导轴瓦时，即会产生压力扰动，泵油孔相继掠过导轴瓦尾部，就在该处产生周期性的压力波动。在机组运行过程中，转轴相关部件周向各向均会受到激励。

（2）当图 6.3.130 中泵油孔 1 和 4 在同相位被激振，其后是 2 和 5 同相位被激振，也就是意味着引发了具有两个直径节线型式的振动。导轴瓦和泵油孔可视同两组相对运动的环列叶栅组合同样可以运用：

$$nZ_g \pm k = mZ_r \qquad (6.3.10)$$

式中：n、m 为任意整数（一般 $n=1$）；k 为动静干涉所产生的压力脉动模态的直径节线数；Z_r 为泵油孔数；Z_g 为导轴瓦数。

（3）当 $Z_r = 6$，$Z_g = 16$ 时，激发振动模态的条件为 $k=2(m=3)$ 或 $k=4(m=2)$。即：

$$1 \times 16 + 2 = 3 \times 6 \quad 或 \quad 1 \times 16 - 4 = 2 \times 6$$

那么，会引发下机架振动的频率 $f = mZ_r N$，即 18X 或 12X。

（4）如若采用紧定螺钉 M24×30 将推力头上的泵油孔对称封堵 2 个，则会由于泵油孔分布不对称而不会产生周期性的压力波动。

5. 分析与应对措施的抉择

（1）泵油孔形成负压区域，亦即油源（一般为热油）应系传送入油槽的吸油通道，泵油的目的应是加快其回油的循环；而哈电认为，深蓄的泵油管负压区应系冷油区域，直接

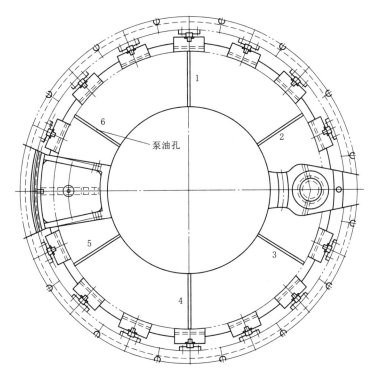

图 6.3.130 推力头泵油孔布设示意图
1～6—泵油孔编号

将冷油喷向导轴瓦热油区以期对导轴瓦形成冷热油交换并改善导轴瓦油楔润滑的正常运行状态。

（2）泵油孔将压力油挤入瓦间隙是造成 18X 激振的根源，所以，取消直接喷向导轴瓦的后倾泵孔是一正确的选择，或者改为径向孔或者改变后倾角度，类似张河湾抽水蓄能电站的设置方式，其泵油孔出口直接通向油槽（在导轴瓦下部，见图 6.3.131）。

（3）下机架 18X 倍频振动的影响程度。

1）虽然在 1 号、2 号机组运行时推力头 6 个泵油孔引起的动静干涉而产生较为明显的 18X，但其对导轴承座振摆的影响是不大的：

a. 当机组转速为 428.6r/min 时，转频振速位移转换公式为

$$S_{P-P} = \sqrt{2}V_{rms} \times 1.85 \times \frac{1}{2\pi \times 7.14 \times 18}$$

b. 即便取机组调相工况下机架水平振动（X 向）中 18X 达到的最大值 6.19mm/s，其相应的转频位移值约为

$$S_{P-P} = \sqrt{2} \times 6.19 \times 1.85 \times \frac{1}{2\pi \times 7.14} = 0.02mm$$

即振动位移均<20μm。

2）由于泵油孔沿圆周均布，整个圆周的循环应力也是均布的，其应力幅较小，对轴承相应部件（如隔油板等）的油流冲击也是不大的。

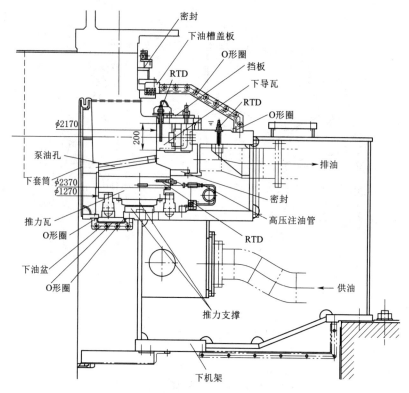

图 6.3.131 张河湾电站推力轴承结构示意图

3）如应力水平低于 S - N 曲线的 D 点而不轮循环次数达到多高也不会形成疲劳破坏。

4）由于在 3 号机组堵塞了其中两个泵油孔，由此可能造成泵油孔的油流冲击沿圆周就不是均布的，紊乱的油流可能产生较大的交变应力，在影响瓦间隙的同时还可能由于处于 S - N 曲线的 CD 段而引发疲劳破坏。

5）所以，如若恢复泵油孔的初始设计状态，固然会带来 18X 的影响（但其影响程度并不会危及机组安全稳定运行），但却使得轴承相应部件（如隔油罩等）内的油流维持相对均衡的流态，而相应的焊缝、螺栓不至于受到疲劳寿命的困扰。对于推导轴承结构已经形成固定格局的深蓄电站，还应是比较合理的抉择。

参 考 文 献

[1] KLEMM D. Stabilizing the Characteristics of a Pump - turbine in the Range between Turbine Part - load and Revese Pumping Operation [J]. Voith Research and Construction，1982，28：2.

[2] 哈尔滨大电机研究所. 水轮机设计手册（水轮发电机组设计手册第一部分）[M]. 北京：机械工业出版社，1976.

[3] 石清华，等. 低水头混流式水轮机叶道涡引起的噪声及其消除 [C] //中国动力工程学会水轮机专委会，等. 第十六次中国水电设备学术讨论会论文集，2007.

[4] 高从闯，黄艳，李德敏，等. 沙河抽水蓄能电站机组运行缺陷分析及处理 [J]. 水力发电，

2004（5）：52－53.

［5］ 田原久祺，林秀资．大型米切尔式推力轴承的几个问题［J］．日本机械学会志，1966，69（572）：
1185－1193.

［6］ 田原久祺，张明．米切尔式推力轴承的变形问题（第一篇：无限宽轴瓦的挠度和轴承性能计算）
［J］．东方电机，1989（4）：159－172.

［7］ 李启章．竖轴水轮发电机组转子的弓状回旋［J］．水电站机电技术，1985（3）：5－10.